漁業関係判例総覧

═続 巻═

増補改訂版

金田禎之 編

大成出版社

はしがき

漁業関係の判例について、漁業法（旧漁業法を含む。）をはじめ、水産資源保護法、水産業協同組合法、漁船法、漁港法、漁業補償等関係法（民法、国家賠償法、公有水面埋立法）の判例を詳細に取りまとめて昭和六十一年一月に約千四百頁に及ぶ「漁業関係判例総覧（増補改訂版）」を出版しました。

それ以来約十年を経過したので、平成七年にその後の漁業関係の重要な判例を取りまとめて「漁業関係判例総覧・続巻」を出版しました。しかし、その後さらに、六年を経過した現在までにぜひ参考にしたい重要な判例も増えたので、「漁業関係判例総覧・続巻」にこれらを追加、補正して本書「漁業関係判例総覧・続巻（増補改訂版）」を出版致しました。

判例総覧（増補改訂版）と判例総覧・続巻（増補改訂版）を加えると約二千頁にもなりますので、読者の便宜をはかるために、これらの約五百例にも及ぶ判例の要旨を取りまとめた「漁業関係判例要旨総覧」を同時に併せて出版致しました。

漁業関係の判例については、

漁業関係判例総覧・続巻（増補改訂版）

漁業関係判例総覧（増補改訂版）

漁業関係判例要旨総覧

の関係の三種類の本を併せてご利用して頂ければ、幸甚であります。

平成十三年三月二十五日

金田禎之

凡例

一　本書に掲載した判例は、直接漁業に関係する法令は、漁業法、水産資源保護法、外国人漁業の規制に関する法律、水産業協同組合法、漁港法及びその省令、規則等で、また、漁業補償等に関する法令は、民法、国家賠償法、公有水面埋立法等に関する判例で、「漁業関係判例総覧（増補改訂版）」に掲載していない最近のものについて、それぞれ収録した。

二　本書の配列は、各判例について、その問題となる各法令の各条項別に分類して配列した。

　また、巻末に関係の用語ごとの索引を掲載した。したがって、目次または索引のいずれかによって、必要とする判例を見い出し得るようにした。

三　表題は原則として判例の内容が一見して分かるように簡易に表示することに努めた。

四　各判例とも、原則として表題の次に、裁判所名、年度別事件名番号、判決年月日、判決の種類、当事者名、原審裁判所名及び関係条文を記載した。

五　各判例とも、冒頭に判決要旨を記載するとともに、本文中の判示事項と思われる個所には傍線を引いた。

六　本書の判例引用資料は、それぞれの判例の末尾に記載した。

七　本書に掲載した主なる略称名は次のとおりである。

水産業協同組合法	水協法
行政事件訴訟法	行訴法
刑事訴訟法	刑訴法
民事訴訟法	民訴法
最高裁判所	最高裁
高裁等判所	高裁
地方裁判所	地裁
簡易裁判所	簡裁
最高裁判所刑事判例集	最高裁刑集
最高裁判所民事判例集	最高裁民集
最高裁判所裁判集(刑)	裁判集刑
最高裁判所裁判集(民)	裁判集民
高等裁判所刑事判例集	高裁刑集
高等裁判所民事判例集	高裁民集
高等裁判所刑事判決特報	高裁刑特報
高等裁判所刑事裁判特報	高裁特報
東京裁判所刑事時報	東京刑時報
東京裁判所民事時報	東京民時報
行政事件裁判例集	行政集
判例タイムズ	タイムズ
判例時報	時報

訟務月報	訟務
判例地方自治	自治
金融商事判例	金融商事
金融法務事情	金融法務
刑事裁判月報	刑裁月報
漁業関係判例総覧（増補改訂版）	総覧

目 次

はしがき
凡 例

第一部 漁業法

第一章 総 則

第一節 法律の目的（一条）

【1】漁業法は、同法第一条の規定からすると、漁業生産力の発展とともに漁業の民主化を目的とする法律であつて、食生活上の国民の生命健康の被害の防止ないし安全の確保を目的とするものではないとして控訴を棄却した事例……一

第二節 共同申請（五条）

【2】小型定置網漁業の許可申請に対する不作為の違法確認請求が却下された事例……二

第二章 漁業権及び入漁権

第一節 漁業権の定義（六条）

【3】しじみ蓄養場において、夜陰に乗じ、作業員を動員して、漁業権者が蓄養し、採捕することとしていたしじみを密漁した事案について偽計による業務妨害罪が成立するとされた事例……五

【4】定置漁業権に基づくマリーナ建設工事等差止請求控訴事件……一〇

【5】漁業権者は免許の対象になつた特定の漁業を営むために必要な範囲及び様態においてのみ水面を使用する権利を有する……一三

【6】共同漁業権の設定海域において、合意に基づいて支払われた潜水料は、法律上根拠がなくして利得したものとはいえない……二三

第二節 組合員の漁業を営む権利（八条）

【7】漁業法第八条第三項及び第五項は、漁業権の変更の場合に適用又は類推適用すべきものではない。……三二

【8】組合員の漁業を営む権利は、漁業協同組合の漁業権に依拠し、そこから派生する権利である。……三四

【9】共同漁業権は総会の特別決議により放棄することができ、放棄された水面においては漁業権から派生する行使権も消滅することになる。……三七
【10】漁業権は、免許を受けた漁業協同組合に帰属するもので、組合員の総有に属するものではない。……四七
【11】新石垣空港建設に伴う漁業行使権確認請求控訴を棄却した事例……五〇
【12】組合員の漁業を営む権利は、漁業協同組合という団体の構成員としての地位に基づき、組合の制定する漁業権行使規則の定めるところに従って行使することのできる権利である。……六一
【13】組合員の有する漁業を営む権利は、構成員たる地位と不可分な、いわゆる社員権的権利であり、漁業協同組合の有する共同漁業権から派生し、これに附従する第二次的権利である。……六七
【14】共同漁業権を準共有している漁業協同組合間で漁業権の行使に関する協定が締結されていないのに、一部の組合が独自に定めた漁業権行使規則を認可した県知事の認可処分が無効とされた事例……七六
【15】共同漁業権は漁業協同組合等に帰属し、各組合員に総有的に帰属するものではない。……八八
【16】漁業法第八条第一項に規定する「漁業を営む」の法的性格……八八
【17】漁業協同組合が漁業法第八条第二項に規定する事項について総会決議により漁業権行使規則の定めと異なった規律を行うことの許否……九五

第三節　漁業権に基づかない定置漁業等の禁止（九条）

【18】漁業共同経営契約に基づく権利の相続性及び漁業権と漁業経営権との関係……一〇〇

第四節　漁業の免許（一〇条）

【19】漁業権免許状には除外区域の記載がなくても、免許に至る諸事情から右除外区域が認められるとして、控訴を棄却した事例……一〇八

第五節　免許内容等の事前決定（一一条、一一条の二）

【20】漁場計画不決定等不作為違法確認請求が棄却された事例……一〇九
【21】共同漁業権の一部放棄を受けてされる変更免許に際し、漁場計画の樹立の必要はない。……一一三
【22】共同漁業権免許の切替手続に関し、知事が切替前の

免許対象となつていた漁場の一部の区域について漁場計画の決定をしなかつたことの違法を争う方法……一一四
【23】県知事が既存の共同漁業権の区域内における区画漁業権の漁場計画を樹立するに際し、異議がない旨の虚偽の組合総会議事録等を看過したことに注意義務違反はないとされた事例……一一四

第六節　免許をしない場合（一三条）

【24】海は、そのままの状態においては、所有権の客体たる土地には当たらない。……一一七
【25】定置漁業権の不免許処分を受けた漁業者からの競争出願者に対する免許処分の違法を理由とする国家賠償法に基づく損害賠償請求が棄却された事例……一二三

第七節　優先順位（一五条、一六条）

【26】漁業法第一六条の優先順位を誤つた判断のもとで行つた不免許処分は違法であつて、慰謝料請求が認容された事例……一五〇

第八節　漁業権の存続期間（二一条）

【27】定置漁業権の不免許処分の取消しの訴えが、存続期間がすでに徒過していることを理由に却下された事例……一五九

第九節　漁業権の分割又は変更（二二条）

【28】公有水面の埋立免許に関するの同意と漁業権の消滅との関係……一六二
【29】漁業権の一部を放棄することは、新たな権利の設定を受けるわけではないから、漁業法第二二条第一項の変更免許の必要はない……一六三
【30】埋立工事について漁業権に基づく物上請求権の放棄を約したときには、右権利行使の効果は、漁業権の変更の有無とは関係なく発生する。……一六三

第一〇節　漁業権の性質(二三条)

【31】海は、そのままの状態においては、所有権の客体たる土地には当たらない……一七〇
【32】漁業権者は免許の対象になつた特定の漁業を営むために必要な範囲及び様態においてのみ水面を使用する権利を有する……一七一
【33】共同漁業権の設定海域において、合意に基づいて支払われた潜水料は、法律上根拠がなくして利得したものとはいえない……一七一
【34】漁業協同組合及び漁民らの電力会社に対する原子力発電所の立地環境影響調査禁止の仮処分申立てが却下

された事例……………………………………………………一七三

第一一節　公益上の必要による漁業権の変更、取消し又は行使の停止（三九条）

【35】漁業法に基づき、水俣湾内外周辺における漁獲禁止及びそこで採捕された魚介類の販売禁止を求める義務付け訴訟が、不適法として却下された事例……………一九六

第三章　指定漁業

第一節　指定漁業の許可（五二条）

【36】沖合底びき網漁業及び小型底びき網漁業の不許可処分に対する損害賠償の訴えが棄却された事例……………二〇一

第二節　公示に基づく許可等（五八条の二）

【37】漁業法第五八条の二は、起業認可を得ることにより、これが実績として評価され、他の申請に優先して許可又は起業の認可が与えられる旨の規定である。……………二〇三

第四章　漁業調整

第一節　漁業調整に関する命令（六五条）

一　都道府県漁業調整規則関係

㈠　北海道海面漁業調整規則

【38】色丹島から一二海里内の海域及び同島から一二海里を超え二〇〇海里内の海域において日本国民が北海道海面調整規則（平成二年改正前）第五条第一五号に掲げる漁業を営むことと同規則第五五条第一項第一号の適用……………………………………………二一三

【39】巻貝の採捕に関し、動力漁船を使用して営む「つぶかご漁業」を知事の許可にかからしめ、これに違反した者を処罰することとしている北海道海面漁業調整規則は、これに使用されている「つぶ」の概念が極めて多義的で不明確であり、このようなあいまいな用語で刑罰法規の犯罪構成要件を定めることは刑罰法定主義に反して許されず、憲法に違反するとの主張を排斥した事例……………………………………………二二四

【40】密漁に使用した漁船の船体等の没収が相当とされた事例……………………………………………二三四

【41】一　日ソ合弁との間のかにの採捕・加工等の共同事業

を目的とする契約に基づく色丹島周辺海域内でのかにかご漁が北海道海面漁業調整規則第五条のかにかご漁業を営んだものにあたるとされた事例
二　旧ソ連漁業省のかに漁業の許可に基づく色丹島周辺海域内でのかにかご漁業について北海道海面漁業調整規則第五五条違反の罪が成立するとされた事例……二三七

㈡　滋賀県漁業調整規則
【42】無許可漁業者の漁業は法的保護に値しないとして、その湖水汚濁等を理由とする損害賠償請求が認められなかった事例……二五三

㈢　広島県漁業調整規則
【43】広島県漁業調整規則第一五条は、小型まき網漁業の許可の内容をなす漁業種類区分が明確でなく、構成要件が不明確であるなどとして無罪を言い渡した一審判決に対し、同規則は漁業許可の内容となる具体的な定めを広島県作成の「漁業の許認可等の事務処理要領」に譲っているが、このような規定の仕方をしているからといって、その構成要件が不明確だということはできないとして、原判決を破棄し、自判した事例……二五八

㈣　愛媛県漁業調整規則
【44】愛媛県漁業調整規則に基づく知事の中型まき網漁業船舶に対する停泊命令の執行を求める申立が却下された事例……二六一

㈤　大分県漁業調整規則
【45】漁業種類を「いわし・あじ・さばまき網漁業」とした大分県知事による中型まき網漁業許可と魚種の制限……二六七

㈥　長崎県漁業調整規則
【46】会社の業務に関し、長崎県漁業調整規則第一三条・第一四条違反行為をした従業員の処罰と同規則第六三条（両罰規定）の適用の要否……二六八

㈦　宮城県内水面漁業調整規則
【47】没収することができる物を刑事訴訟法第一二二条・第二二二条により換価した代金につき、これを没収せずに同額の追徴をした原判決を破棄し、右代金の没収を言い渡した事例……二七四

二　農林水産省令
㈠　指定漁業の許可及び取締り等に関する省令
【48】指定漁業の許可及び取締り等に関する省令に基づく農林水産大臣の遠洋底びき網漁業船舶に対する停泊命令の執行停止を求める申立てが却下された事例……二七七

第二節　許可を受けない中型まき網漁業等の禁止（六六条）

【49】漁業種類を「いわし・あじ・さばまき網漁業」とし

第二部 外国人漁業の規制に関する法律

第一章 漁業の禁止

第一節 漁業の禁止（三条）

第三部　水産業協同組合法

第一章　漁業協同組合

第一節　組合員たるの資格（一八条）

第二節　出資（一九条、九六条）

第三節　議決権及び選挙権（二一条）

第四節　脱　退（二六条、二七条）

第五節　理事の忠実義務（三七条）

第六節　役員改選の請求（四二条）

第四部　漁　港　法

第一章　漁港修築事業

第一節　漁港管理者の決定及び職責（二五条）

【1】漁港管理者である町が漁港水域内の不法設置に係るヨット係留杭を法規に基づかずに強制撤去する費用を支出したことが違法とはいえないとされた事例……………四五一

第五部　漁業補償等関係法

第一章　民　法

第一節　委　任（六四三条・六五六条）

第二節　不法行為（七〇九条）

第二章　国家賠償法

第一節　公権力の行使に当る公務員の加害による損害の賠償責任（一条）

第三章　公有水面埋立法

第一節　埋立の免許又は承認（二条）

第二節　権利者の同意（四条）

第三節　水面に関する権利者

第一部　漁業法

〔昭和二十四年十二月十五日
法律第二百六十七号〕

第一章 総 則

第一節 法律の目的

第一条 この法律は、漁業生産に関する基本的制度を定め、漁業者及び漁業従事者を主体とする漁業調整機構の運用によつて水面を総合的に利用し、もつて漁業生産力を発展させ、あわせて漁業の民主化を図ることを目的とする。

◆1 漁業法は、同法第一条の規定からすると、漁業生産力の発展とともに漁業の民主化を目的とする法律であつて、食生活上の国民の生命健康の被害の防止ないし安全の確保を目的とするものではないとして控訴を棄却した事例

福岡高裁民、平成四年(コ)第六号
平四・八・六判決、棄却
原告人 志垣譲介外五名
被告人 厚生大臣、熊本県知事
一審 熊本地裁
関係条文 漁業法一条、三九条一項、食品衛生法四条、二二条、行訴法三条一項

【要 旨】

漁業法は、同法一条の規定からすると、漁業生産力の発展とともに漁業の民主化を目的とする法律であつて、食生活上の国民の生命健康の被害の防止ないし安全の確保を目的としたものではないから、同法三九条一項に定められている被告熊本県知事の処分権限は漁業調整、船舶の航行、てい泊、けい留、水底電線の敷設その他、以上の場合に類するような公益上の必要がある場合に限つて行使されることが予定されているものと解される。そして漁業法上、国民の生命、健康の被害ないし安全の確保のために、都道府県知事をして漁業協同組合に対し漁業権行使の停止を一義的で明白に裁量の余地なく義務づけた規定は存在しない。

（註）判例は、「一九六頁35」参照

第二節　共同申請

第五条　この法律又はこの法律に基づく命令に規定する事項について二人以上共同して申請しようとするときは、そのうち一人を選定して代表者とし、これを行政庁に届け出なければならない。代表者を変更したときもまた同じである。

2　前項の届出がないときは、行政庁は、代表者を指定する。

3　代表者は、行政庁に対し、共同者を代表する。

4　前三項の規定は、二人以上共同して漁業権又はこれを目的とする抵当権若しくは入漁権を取得した場合に準用する。

◆2　小型定置網漁業の許可申請に対する不作為の違法確認請求が却下された事例

鳥取地裁民、昭和六二年(行ウ)第一号
昭六三・三・二四判決、却下
原告　山口孝
被告　鳥取県知事
関係条文　漁業法五条、行訴法三条五項

【要　旨】

共同申請に係る小型定置網漁業許可申請についての不作為の違法確認請求について、既に代表者に許可処分が通告され、漁業法五条三項により、原告との関係においても許可が有効にされたものであって、訴えの利益を欠く不適法のものである。

○主　文

一　本件訴えを却下する。
二　訴訟費用は原告の負担とする。

○事　実

第一　当事者の求めた裁判
一　請求の趣旨
1　原告が昭和六一年三月一五日、漁業法及び鳥取県海面漁業調整規則に基づき被告に対し訴外山口大と共同でした小型定置網漁業の許可申請について、被告が何らの処分をしないことは違法であることを確認する。
2　訴訟費用は被告の負担とする。
二　請求の趣旨に対する答弁
（本案前の答弁）
主文同旨
（本案に対する答弁）

1　原告の請求を棄却する。
2　訴訟費用は原告の負担とする。

第二　当事者の主張
一　請求原因
1　原告は、昭和六一年三月一五日、共同経営の代表者山口大とともに漁業法及び鳥取県海面漁業調整規則に基づき被告に対し、小型定置網漁業許可申請（以下「本件申請」という。）の手続をした。
2　被告は今日に至るも右申請に対し何らの処分もしない。
3　被告が右処分をするのに通常要する期間は、その性質や従来の許可決定に要した期間等を勘案すれば二、三か月が限度であり、二年近くも処分を放置しておくことを正当とする特段の事情もない本件の場合、被告の不作為は、相当期間経過後の違法なものである。
よつて、原告は、被告に対し、右被告の不作為の違法確認を求める。
二　被告の本案前の主張
被告は、既に昭和六二年七月一一日、本件申請に係る許可処分をし、右処分は、同月一五日ころ、共同申請の代表者である訴外山口大に対し通告されたものであるし、また原告に対しても別途許可証の写しを同封して許可処分がなされたことを通知したものであるから、いずれにしても原告の本件訴えは、訴えの利益を欠く不適法なものである。
三　本案前の主張に対する原告の答弁
被告の右処分は、許可の有効期間（本件の場合昭和六一年四月一日から昭和六二年三月三一日まで）経過後のものであつて許されないものである。
四　請求原因に対する認否
1　請求原因1項は認める。
2　同2、3項は争う。

第三　証拠
証拠関係は、本件記録中の書証目録記載のとおりである。

○理　由

一　本件申請があつたことは当事者間に争いがないところ、いずれも成立の争いのない乙第一号証、第二号証の二（以上は原本の存在も争いがない。）、第三、第四号証、第七、第八号証、付せん部分については弁論の全趣旨により成立が認められ、その余の部分については成立に争いのない乙第二号証の三及び弁論の全趣旨によれば、被告は、本件申請に対し許可する旨の決定をし（許可の有効期間は昭和六二年七月一一日から昭和六三年三月三一日まで）、昭和六二年七月一一日、その旨の漁業許可証（乙第一号証の原本）を作成し、同月一四日、鳥取県境港水産事務所において原告ら共同経営の代表者である訴外山口大に対し右許可証を手交しようとしたところ、同人は、受領を拒み、更に被告において追って郵送するつもりである旨述べたのに対し、これについても受領しない旨の態度を示したこと、被告は、その後右許可証及び「小型定置網漁業（中海地区）の許可について（通知）」と題する書面（乙第二号証の二の原本）を同封した鳥取県農林水産部水産課名のはいった封筒を右山口大に郵送したところ、同人は、同月一六日、これの受領を拒み、自ら受領拒絶などと記載した付せんを右封筒に貼付して郵便配達員に返却したことが認められ、右認定に反する証拠はなく、以上の認定事実によれば、右山口大は、右許可処分の内容を了知しうるべき状態にあったことは明らかであるから、同処分は右山口大に通告されたものといえる。

そうして、本件のような共同申請において代表者の定めがある場合には、代表者に対して処分を通告すれば、他の共同申請者に対する関係でも処分の通告があったものと解するのが相当であるから（漁業法五条三項）、本件の場合原告との関係においても許可処分が有効になされたというべきである。

もっとも、原告は、右処分は、有効期間経過後のもので許されない旨主張するところ、その趣旨は必ずしも明らかでないが、被告の長期にわたる不作為自体について別個に賠償等を問題にするのであれば格別、本件の場合原告らの申請に対して一応許可処分がなされ、これが右申請に対する応答であることは明らかである（成立に争いのない乙第五号証によれば、右申請に際し、求める許可の期間の定めはなく、期間経過により申請自体が失効するものと考えられない。）ので、原告の右主張は採用の限りでない。

そうすると、本件申請に対しては処分がなされたことに帰するから、少なくとも本件訴えに関する限りは、訴えの利益を欠く不適法なものとして却下を免れないものというべきである。

二　以上によれば、本件訴えは不適法であるから、これを却下することとし、訴訟費用の負担について行訴法七条、民訴法八九条を適用して、主文のとおり判決する。

（自治四八号八三頁）

第二章　漁業権及び入漁権

第一節　漁業権の定義

第六条　この法律において「漁業権」とは、定置漁業権、区画漁業権及び共同漁業権をいう。

2　「定置漁業権」とは、定置漁業を営む権利をいい、「区画漁業権」とは、区画漁業を営む権利をいい、「共同漁業権」とは、共同漁業を営む権利をいう。

第一四三条　漁業権又は漁業協同組合の組合員の漁業を営む権利を侵害した者は、二十万円以下の罰金に処する。

2　前項の罰は告訴をもつて論ずる。

◆3　しじみ蓄養場において、夜陰に乗じ、作業員を動員して、漁業権者が蓄養し、採捕することとしていたしじみを密漁した事案について偽計による業務妨害罪が成立するとされた事例

青森地裁弘前支部刑、平成一〇(わ)第七二号
平一一・三・三〇判決、有罪（確定）

関係条文　漁業法六条・一四三条、刑法六〇条・二三三条、出入国管理及び難民認定法七三条二項一号

【要旨】
本件犯行において被告人らが外国人を多数密漁に従事させたり、鋤簾等の道具を使ったのはしじみを大量に採捕して利益を大きくするためのものであって、監視員らに発見された場合に抵抗することを考えてまでのものではなかったとしているところからすると、本件犯行に刑法二三四条の威力業務妨害罪を適用するは相当でなく、同法二三三条の偽計による業務妨害罪を適用するべきであり、漁業法違反の罪と業務妨害罪は観念的競合の関係に立つと解するのが相当である。

〇主　文

被告人Aを懲役二年に処する。被告人Bを懲役一年六月に処する。

被告人両名に対し、この判決確定の日から三年間右各刑の執行を猶予する。訴訟費用のうち、証人Cに関する分は被告人両名の連帯負担とし、国選弁護人横山慶一に関する分は被告人Aの、国選弁護人小田切達に関する分は被告人Bの負担とする。

〇理　由

（犯罪事実）

第一　被告人両名は、車力漁業協同組合組合員または十三漁業協同

組合組合員ではなく、かつ、青森県北津軽郡市浦村及び同県西津軽郡車力村等にまたがつて所在する十三湖におけるしじみ漁業に関する漁業権及び入漁権がないのに、共謀の上、

一　平成一〇年八月二四日午後一〇時三〇分ころから同日午後一一時三〇分ころまでの間、右両漁業協同組合がしじみ漁業に関する第一種共同漁業権を有する前記十三湖内の同県北津軽郡市浦村大字相内字実取地内付近の一般漁区において、しじみ約四三六キログラムを採捕し、もつて、右両漁業協同組合の漁業権を侵害した。

二　平成一〇年八月二五日午前零時ころから同日午前零時三〇分ころまでの間、前記十三湖内の車力漁業協同組合組合員Dがしじみ漁業を営む権利に基いてしじみの蓄養及び採捕等の業務を営む同県西津軽郡車力村大字富萢字清水二六番地付近所在のしじみ蓄養場において、夜陰に乗じ、六名の作業員を動員して蓄養場内に入り込み、多数の鋤簾を用いて湖底を掻き起こし、Dが蓄養し、採捕することとしていたしじみ約三八キログラムを密かに採捕し、もつて、偽計を用いてDの前記業務を妨害するとともに前記両漁業協同組合の漁業権を侵害した。

第二　被告人Aは、しじみ採捕を事業としていたが、別表記載のFほか二名がいずれも報酬その他の収入を伴う活動をすることができる在留資格を有しない外国人であることを知りながら、十三湖内において、被告人Aの事業活動に関し、別表記載のとおり、平成一〇年七月二九日から同年八月二五日までの間、同人らをしじみ採捕に従事させて報酬を与え、もつて、事業活動に関して外国人に不法就労活動をさせた。

（証拠）〈略〉

（法令の適用）

1　被告人A

罰条　第一の各所為のうち漁業法違反について包括して漁業法一四三条一項、刑法六〇条

第一の二の所為　刑法二三三条、刑法六〇条

第二の所為　出入国管理及び難民認定法七三条の二・一項一号

科刑上の一罪の処理　第一の罪について刑法五四条一項前段、一〇条（重い業務妨害罪の刑で処断）

刑種の選択　第一及び第二の罪についていずれも懲役刑

併合罪の処理　刑法四五条前段、四七条本文、一〇条により最も犯情の重い判示第一の罪の刑に加重

刑の執行猶予　刑法二五条一項

訴訟費用の負担　刑事訴訟法一八一条一項本文、一八二条

2　被告人B

罰条　第一の各所為のうち漁業法違反について包括して漁業法一四三条一項、刑法六〇条

第一の二の所為　刑法二三三条、刑法六〇条

科刑上の一罪の処理　第一の罪について刑法五四条一項前段、一〇条（重い業務妨害罪の刑で処断）

刑種の選択　懲役刑

刑の執行猶予　刑法二五条一項

訴訟費用の負担　刑事訴訟法一八一条一項本文、一八二条

（業務妨害罪を認めた理由）

一　弁護人は、本件公訴事実のうち判示第一の二の業務妨害罪について、十三湖における漁業権は、漁業協同組合が保有しているから漁業協同組合組合員個人の業務を侵害することはありえないとかしじみを採捕する行為が業務を妨害したとはいえないということなどを理由に無罪であると主張するので検討する。

二　関係証拠によれば、次の事実を認めることができる。

1　Dは、車力漁業協同組合の組合員で、農業を営むかたわら、十三湖でしじみを漁業する権利を有してしじみ漁業に従事し、家族の生活を維持している。

2　Dの行うしじみ漁業は、主に十三湖の休漁区でしじみを採捕して出荷することと十三湖に二か所あるDの蓄養場でしじみを生育させて採捕して出荷することである。

Dは、公訴事実記載の蓄養場（以下「本件蓄養場」という。）において、例年三月の半ば頃から湖底の土を耕すことから始め、そのころ前年の秋までに蓄養場に蒔いていたしじみを採捕するかたわら、本件蓄養場を四区画に分け、ここに四月に解禁となる一般操業区から採捕したしじみを蒔いて蓄養していた。しじみは孵化後ほとんど移動しないで成育する性質を持つから、Dは、蓄養場においてしじみを一か月くらい成長させた後、沖側から順にこれを採捕し、出荷するという手順で、おおむね年二回程度本件蓄養場全体からしじみを採捕していた。

Dは、平成一〇年六月から八月ころにかけて農作業の合間に蓄養場で蓄養したしじみを採捕していたが、同年九月上旬から一〇月ころまでには本件蓄養場でのしじみの採捕を終了させることを予定していた。

3　蓄養場は、車力漁業協同組合が設定した場所内で個々の組合員の場所が決められ、その場所で組合員が管理を任されてしじみを蓄養し、採捕の時期等に制限を受けずにしじみを採ることのできる場所である。

本件蓄養場は、間口六一メートル、奥行き五四メートルで、湖面にブイと木杭を立てて隣接する他の組合員の蓄養場と区画を分けている。杭は、満潮期でも水面から一ないし二メートル出るようになっていて区画が分かるようになっている。

4　被告人らは、本件蓄養場において鋤簾を使用してしじみを密漁したが、鋤簾を使用するとその籠入口部分の刃を砂に潜らせ、これを引いてしじみを採るため湖底には鋤簾の幅に相当する掘り返した痕が残る。

それによつて、Ｄは、湖底の土に残つた密漁の痕跡から本件蓄養場のうち被告人らに密漁された場所を知ることができた。そして、この場所には被告人らの判示第一の二の密漁によつて小さなしじみしか残つていなかつたことから、Ｄは、しじみを採捕しても成果が望めないと判断し、被告人らに密漁された場所で予定していたしじみ漁を断念した。

5　被告人Ａは、本件犯行当日以前にも密漁させていた外国人らに木杭のある場所でしじみを採らせたこともあつたが、外国人らは、本件犯行当日以前の十三湖におけるしじみの採捕によつて、その場所でしじみを採れば他の場所に比べて大きいしじみが採れること、あるいはしじみが多く採れること、被告人Ａが大きいしじみを採るために杭のある場所に連れてきているとの認識を持つていた。外国人らは、本件蓄養場について、付近の漁民がこの場所にしじみを放して育てている場所ではないかとか本件蓄養場の木杭を見て漁師がしじみを採るための目印ではないかと思つていた。

6　被告人Ａは、捜査官に対し、蓄養場の木杭について、最初は何のための杭かわからなかつたが下見を繰り返すうちにこれが漁協の管理を受けてしじみを採りすぎないようにするために漁師のしじみ採捕をする時期を示しているものではないかと思つた、木杭の立つている場所でしじみを採れば漁師に迷惑をかけることになるとも思つたが、公訴事実第一の一の現場で採つたしじみには小石が多く混じつていたのでその場所でのしじみの採捕を中止した、しじみ採捕には費用もかけていたので、利益を得るために本件蓄養場に行き密漁した、木の杭のあるところでの密漁はできるだけ避けようとしたが外国人らはあまり言うことを聞かなかつたのでかまわず密漁させたなどと供述している。

また、被告人Ｂは、捜査官に対し、密漁の下見をした際に漁師が木杭の枠内でしじみ漁をしているところを何回となく見ており、本件蓄養場は、漁師が専属でしじみ漁をするところと考えた、蓄養場からしじみを密漁すれば漁師に迷惑がかかり、その生活に損害を与える結果となることはわかっていた、外国人達にも被告Ａを通じて杭の外で採るように話してもらつたが外国人達は杭の中でしか採ろうとしなかつた、それにもかかわらずたくさんのしじみを採つて換金するため密漁をやめさせようとはしなかつたなどと供述している。

被告人Ａの妻であるＦ子は、捜査官に対し、平成一〇年七月終わりから八月初めにかけて、十三湖の中の木の杭がたくさんあるところは、しじみを採るライセンスを取つている人のものだということを被告人Ａから教えられていて、タイ人達に杭のないところでしじみを採るよう指示したなどと供述している。

三　以上の事実からすると、本件蓄養場は、Ｄが生活を維持する上で従事していたしじみ漁を営む場所であり、被告人両名は、本件蓄養場が漁師にとつてしじみを蓄養し採捕する場所であるとの正確な認識までは有してはいなかつたと認められるものの、本件蓄養場でしじみを密漁すればDの営むしじみ漁の妨げになることは認識しながら敢えてしじみの密漁をし、これによつてDが本件蓄養場における被告人らが密漁した場所でのしじみ漁を断念したと認められる。

Dが本件蓄養場で営むしじみ漁は、Dの職業であるから、業務妨害罪の保護の対象となる業務に該当することは明らかであり、被告人らがしじみを密漁したのは、密漁によつて利益を得るのが主たる目的であつたとしても、被告人らは、密漁によりDの業務を妨害するおそれのある状態が生じることの認識は有していたのであるから、被告人らの本件犯行によつて、Dに対し、予定していたしじみ漁を断念させた行為は業務妨害罪の構成要件に該当するというべきである。弁護人は、漁協の業務とは別個にDの本件蓄養場における業務性を認めることができないとか被告人らのしじみを採捕した行為が業務の妨害とはならないなどと主張するが採用できない。

検察官は、被告人らの判示第一の二の行為について刑法二三四条の威力業務妨害罪を適用するべきであると主張するが、本件犯行において、被告人らは、深夜、密漁監視員の目を盗むためひそかにしじみ漁を行つており、その結果、Dがしじみの採捕を断念する原因となつた本件蓄養場に残つた鋤簾の痕跡も湖水の濁りからして可視的なものではなく、被告人らの検察官に対する供述調書においても本件犯行において被告人らが外国人を多数密漁に従事させたり、鋤簾等の道具を使つたのはしじみを大量に採捕して利益を大きくするためであつて、監視員らに発見された場合に抵抗することを考えてまでのものではなかつたと供述しているところからすると、本件犯行に刑法二三四条の威力業務妨害罪を適用するのは相当でなく、同法二三三条の偽計による業務妨害罪を適用するべきであり、漁業法違反の罪と業務妨害罪は観念的競合の関係に立つと解するのが相当である。

（量刑事情）

被告人らの本件犯行は、多数の外国人を使い、鋤簾やウエットスーツ、タイヤチューブ付バケツなどを用いて十三漁協や車力漁協が組合員に対する漁期や採捕量の設定、密漁の監視等きめ細かく資源保護をしているしじみを大量に密漁したものであり、被告人らは、犯行場所の下見をしたり、保冷車や密漁のための道具を用意して日中はこれらを隠匿して深夜使用し、密漁したしじみの販売先を確保していたなどその犯行態様は計画的、職業的なもので悪質である。

また、本件蓄養場からDが計画的に生育させていたしじみを採つて、Dにその場所でのしじみ採捕を断念させてしじみ漁の妨害をしたものであるからその刑事責任は重く、Dはもとより漁協関係者は、被告人両名に対して厳重処罰を望んでいる。

さらに、被告人Aは、タイ人らの在留期間が切れていることを知りながら、これを雇い入れて違法行為に従事させるという不法就労活動をさせている。

しかしながら、被告人らに前科はなく、被告人らは本件犯行で逮捕勾留され、自己の行った行為を深く反省し、今後は親族らの監督を受け、正業に就き、まじめに稼働することを誓約していること、被告人らはしじみの密漁によって得た利益の残存部分を十三漁協に弁償していることなどの諸般の情状を考慮すると、今回は、被告人らの刑の執行を猶予し、社会内で更生させるのを相当と認める。

（時報一六九四号一五七頁）

◆4　定置漁業権に基づくマリーナ建設工事等差止請求控訴事件

高松高裁民、平成六年(ネ)第四五六号
平七・九・一判決、棄却・上告
一審　高松地裁
控訴人　　手結大敷組合
被控訴人　高知県
関係条文　漁業法六条二項・三項・二一条・一一条・一一条の二・一三条一項二号

【要旨】

漁業権は免許によってはじめて付与され、その付与された漁業権はその存続期間満了によって当然に消滅するものであり、再新制度も認められていない以上、原告の免許申請の却下等に対して、その無効、取消等を主張し、その中で、いかなる漁場計画が樹立されるべきであったかを論じることの当否はともかく、新たな免許を受けていない同人に、免許を受けたと同じ法的地位を認めることはできない。

○事実及び理由

第三　争点に対する判断

争点に対する判断は、次のとおり付加、訂正するほか、原判決事実及び理由の「第三　争点に対する判断」記載のとおりであるから、これを引用する。

一　原判決四枚目表一〇行目の「ないし一三条」を「、八五条、八六条」と改め、同枚目裏一行目の「同法」の次に「六条、」を、同六行目の「四ないし七、」の次に「一二の1、2」を加える。

二　同五枚目表九行目の後に、次のとおり加える。

「その後、平成五年五月三一日、知事は、平成五年度の漁業計画を定めてその告示を行ったが、同計画の中には控訴人主張の定置漁業権に対応するものは含まれていなかった。」

三　同五枚目裏七行目から同六枚目裏一〇行目までを、次のとおり改める。

「3　右認定事実によれば、控訴人は、平成五年九月一日以降、夜須町住吉沖の定置漁業権につき免許を受けていないのであるから、同漁業権を有していないことになる。

これに対し、控訴人は、その漁場計画設定申請書及び漁業権免許申請書が不受理になつたことの違法を主張して、控訴人と被控訴人間においては、右免許が付与されたと同じ法律関係に立つものとして扱われるべきであると主張する。

しかしながら、現行漁業法においては、漁業権は免許によつてはじめて付与され、その付与された漁業権はその存続期間満了によつて当然に消滅するものであつて、更新制度は認められていない（同法二一条）のであるから、このような制度の下においては、仮に控訴人主張のような事由が存したとしても、新たな免許を受けていない控訴人に、被控訴人との間において、同免許を受けたと同じ法的地位を認めることはできない。

さらに付言するならば、現行漁業法によれば、既存漁業権の存続期間が満了する際に、その時点における当該水面の総合利用や漁業生産力の維持発展の必要性が考慮されて新たな漁業計画が策定され、その計画の内容に適合した免許申請に対してのみ免許が付与されることになつているのである（同法一一条、一一条の二、一三条一項二号）から、既免許業者から従前と同一内容の漁場計画設定申請書が提出されたとしても、知事はこれに拘束されるものではなく、また、既免許業者からの漁業権免許申請に対し、当然に免許が付与されるべきものでもない。

したがつて、漁場計画設定申請書及び漁業権免許申請書不受理の違法に関する控訴人の主張が仮に認められたとしても、当然に控訴人に対し免許が付与されるものではないから、この点においても、控訴人の主張は失当である。

現行法下においては、右不受理の違法に関する控訴人の主張が仮に認められる場合、控訴人の漁業権免許申請は適法な申請となるので、不作為の違法確認の訴えを提起するか、知事の不受理を却下処分とみなしてその取消訴訟を提起する（ただし、訴願前置の制度がある。同法一三五条の二）ことが予定されているのであつて、控訴人が右訴訟に勝訴すると、知事は、控訴人の申請に対して、免許又は不免許等の処分をすることになる。このように、控訴人が主張する知事の違法は、行政訴訟の枠組みのなかで救済されることが予定されているのであつて、これらの予定された救済制度を採らずに、他の民事訴訟において、未だなされていない知事の処分（免許又は不免許等の処分）につき一定の処分（免許）がなされたと同じ法的地位を求めることは許されないものである。

第四　結論

よつて、原判決は相当であつて、本件控訴は理由がないから、これを棄却することとし、控訴費用の負担につき民事訴訟法九五条、八九条を適用して、主文のとおり判決する。

《参　考》高知地裁　平成六年一一月二八日判決（平成四年(ワ)第一九一号）

【事実及び理由】

第三　争点についての判断

一　原告の定置漁業権の有無について検討する。

1　漁業権免許の手続としては、知事は、まず、漁民委員、学識経験委員、公益委員で構成される海区漁業調整委員会の意見を聴いて、水面の総合利用を図り漁業生産力を維持発展させるため、漁業計画すなわち漁業の種類、漁場の位置及び区域、漁業時期、その他免許の内容たるべき事項を定めなければならず、海区漁業調整委員会は、右の意見を述べるに際しては、あらかじめ公聴会を開き、利害関係人の意見を聴かなければならない。（漁業法一一条ないし一三条）

そして、定置漁業権の設定を受けようとする者は、県知事に申請してその免許を受けなければならない（同法一〇条）が、漁場計画と異なる漁業の免許の申請に対しては、（知事が同法一一条二項に基づき、海区漁業調整委員会の意見を聴いて漁業計画を変更する場合を除き）知事は免許をしてはならないものとされている（同法一三条一項二号）。

2　本件における原告の漁業計画設定申請等に関して、〔証拠略〕によれば、次の事実が認められる。

(一)　知事は、海区漁業調整委員会の意見を聴いて漁場計画設定申請要領を作成しているが、その中で、地元市町村長を経由して提出すること等を定めるとともに、定置漁業については、排他独占性が強く、他の漁業に影響を及ぼしやすいことから、関係する隣接漁業との漁業調整を重視し、遅くとも昭和四七年以降、定置漁業の漁場計画の設定申請には、地元漁業協同組合の同意書を添付することを必要としている。

(二)　知事は、平成五年度の漁業免許について、平成四年一二月一五日までに、漁場計画設定申請を提出するよう指示し、これに対して原告は、右期限の数日前に、原告代表者が高知県の水産課に漁場計画設定申請書を持参し、口頭で、原告代表者が地元の手結漁業協同組合と訴訟係争中であることから、地元漁協の同意なく、また、地元町長を経由することなく、申請を受理して欲しいと申し出たが、県側が、これに応じられないとの意向を示したことから、申請書の提出には至らなかった。

(三)　原告は、平成五年八月、知事に対し、定置漁業権免許申請書及び漁場計画設定申請書を送付したが、知事は、町長を経由していないこと、漁場計画設定申請書については、漁場計画は漁業調整の必要から地元漁協の同意を求めており、これが添付されていないこと、漁業権免許申請書については、前提となる漁場計画が樹立されていないこと等を理由として、受理できない旨回答した。

㈣　なお、原告は、地元漁協との紛争の影響もあり、平成二年秋ころから、全く操業を行っていない。

3　原告は、知事が、原告の漁業計画設定申請を受理しないことは違法であり、また、原告のように既に漁場として利用している免許業者がいる場合には、知事は、これを組み込んだ漁場計画を樹立する義務がある旨主張する。

4　そこで、検討するに、現行漁業法は、漁業権を排他的な物権とみなす（同法二三条）一方で、一度免許された漁業権についても固定的な権利とするのではなく、比較的短い存続期間（定置漁業権については五年）を定め、その都度、水面の総合利用や漁業生産力の維持発展の必要性を考慮して漁場計画を樹立するものと定めており、現に漁場として利用している免許業者には計画樹立等の過程で十分な配慮をするのが相当であるとしても、従前の定置漁業権者であるからといって、その申請どおりの漁場計画が樹立されるべきであるとまではいえない。

また、知事が、定置漁業の漁業計画について、排他独占性が強いことから、隣接漁業との漁業調整を重視し、地元漁協の同意を必要としているのは、前記の漁場計画制度の趣旨から考えても、必ずしも不当なものとはいえないこと、さらに、原告は、漁業計画設定申請時においても二年以上操業をしていない状態であったことなども考慮すると、仮に、本件で原告の漁業計画設定申請行為がなされたと評価される余地があるとしても、原告申請どおりの漁場計画が当然樹立されるべきであったとは到底認められない。

したがって、原告の定置漁業権免許申請は、現に樹立されている漁場計画が変更されない限り、漁場計画と異なるものというほかない。

5　そして、現に、原告の免許申請の前提となる漁場計画は樹立されておらず、別個の漁業計画に基づく別個の定置漁業権が設定されている以上、原告の免許申請の却下等に対して、その無効・取消等を主張し、その中で、いかなる漁場計画が樹立されるべきであったかを論じることの当否はともかく、右のような手続も経ていない本件において、被告との間で定置漁業権を保有するのと同様の法律関係に立つと解釈すべき特段の事情は認められない。

二　よって、原告の差止請求は、その前提となる定置漁業権が認められず、その余の点について判断するまでもなく理由がないから、これを棄却することとし、訴訟費用について民事訴訟法八九条を適用して主文のとおり判決する。

（自治一四七号八六頁）

◆5　漁業権者は免許の対象になつた特定の漁業を営むために必要

な範囲及び様態においてのみ水面を使用する権利を有する

東京高裁民、平成七年㈹第四三四一号
平八・一〇・二八判決、控訴棄却（上告）
一審　静岡地裁沼津支部
控訴人　上谷成樹
被控訴人　内浦漁業協同組合
関係条文　漁業法六条・二三条、民法七〇三条

【要旨】

一　海が公共用水面である上、特定の水面に漁業権が重複して免許されることがあることからすると、漁業権を有する者は、免許の対象となつた特定の種類の漁業、すなわち、水産動植物の採捕又は養殖の事業を営むために必要な範囲及び様態においてのみ海水面を使用することができるに過ぎず、右の範囲及び様態を超えて無限定に海水面を支配あるいは利用する権利を有するものではない。

二　共同漁業権を有しているからといつて、本件海域においてダイビングをしようとする者に対し、その同意がないにもかかわらず、一方的に潜水料を支払うことを要求し、その支払いがない場合にダイビングを禁止することはできない。

○主　文

一　本件控訴を棄却する。
二1　被控訴人は、控訴人に対し、九万七五八〇円及びこれに対する平成七年一二月一九日から支払ずみまで年五分の割合による金員を支払え。
2　控訴人の当審におけるその余の予備的請求を棄却する。
三　当審における訴訟費用はこれを五〇分し、その一を被控訴人の、その余を控訴人の負担とする。

○事　実

第一　当事者の求めた裁判
一　控訴人
1㈠　原判決を取り消す。
㈡　被控訴人は、控訴人に対し、四四〇万二五八〇円及びこれに対する平成五年九月一七日から支払ずみまで年五分の割合による金員を支払え。
2　当審における予備的請求として
被控訴人は、控訴人に対し、九万七五八〇円及びこれに対する平成五年九月一七日から支払ずみまで年五分の割合による金員を支払え。
3　訴訟費用は第一、二審とも被控訴人の負担とする。
4　仮執行の宣言。
二　被控訴人
1　本件控訴を棄却する。

2　控訴人の当審における予備的請求を棄却する。
3　控訴費用は控訴人の負担とする。

第二　当事者の主張

当審における主張を次のとおり付加するほか、原判決事実摘示のとおりであるから、これを引用する。

一　控訴人

1　後記二1の主張を争う。

2　仮に、被控訴人に詐欺の故意がないとしても、控訴人の支払った潜水料合計九万七五八〇円は、被控訴人が法律上の原因なくして利得したものであり、控訴人に同額の損害が生じているのであるから、控訴人は、被控訴人に対し、予備的に右金員及びこれに対する訴状送達の日の翌日である平成五年九月一七日から支払ずみまで民法所定年五分の割合による遅延損害金の支払を求める。

二　被控訴人

1㈠　被控訴人の潜水料ないし入海料（以下「潜水料」という。）徴収の法的根拠は、一元的に説明されるべきものではなく、「漁業権侵害の受忍料」の性格を有する部分もあり、「手数料」、「サービス料」あるいは「協力金」の性格、更には、「一村専用漁場の慣習による水面利用料」の性格を有する面もあるのである。

㈡　漁業権とは、一定の漁業をするために特定の漁場を排他的に支配する権利である。したがって、ダイバーが漁業権の対象である漁場内で潜水行為をすることは、漁業権の侵害となるものである。被控訴人が、予め漁場の一部分をいわゆる潜水スポットとして解放することは、漁業権侵害を受忍するものであり、ここに潜水料を徴収する根拠があるのである。

被控訴人がダイバーから徴収する潜水料は、三三〇円（他に消費税一〇円）であるが、内金一二〇円については、安全対策費、漁場管理費、遭難対策費、漁業補償費に充てられ、現にダイビングスポットの近くに設置されている江梨地先漁民の小型定置網二張り分に対し、年間五〇万円の漁業補償費が支払われ、更には、当初、ダイビングスポットの開設により、刺し網や採貝等の漁業の操業ができなくなるということで、組合員から漁業補償の要求が出ていたものを、種苗放流を条件にダイビングスポットを開設した経緯があり、被控訴人は、この補償費の支払に替えて、漁業振興費として受け取るダイバー一人当たり三六円の中から、あわび、たい、ひらめ等の稚魚を放流しているが、これらも漁業権侵害に対するものである。

㈢　寛保元年（一七四一年）の律令要略には、「一　磯猟は地附根附次第也、沖は入会。　一　小猟は近浦之任例、沖猟は新規にも免之例あり。　一海石或浦役永於納之は、他村の漁場たりとも、入会候例多し」と定められ、右のうち、前二者の沖猟と磯猟の観念の区別は、明治漁業法の沖合の自由漁業ないし許可漁業と、沿岸漁業における免許漁業の観念の区別の起源となつたといわれ、後者は、慣行によつて他村の地先へも入漁することを法制化したもの（入漁料）とされている。

そして、現在における漁業権も沿岸部だけに限定して免許されているのは「磯は地付き」の思想を受け継いでいるのであり、根底には「一村専用漁場」の慣習が存在することを裏付けている。したがつて、この慣習により、被控訴人の漁業権漁場においてダイビングする者は、潜水料を支払う必要があるのである。

㈣　被控訴人には控訴人を騙す意思はなかつたので、潜水料の徴収が控訴人に対する不法行為を構成するものではないし、また、潜水料の徴収には法的根拠があるので、これが不当利得となることはない。

2　前記一2の主張を争う。

第三　証拠関係

本件記録中の証拠関係目録記載のとおりであるから、これを引用する。

○理　由

一　被控訴人による潜水料の徴収について

証拠（甲三の1ないし287、乙一ないし五、六の1ないし4、一三、原審証人原田正敏、当審証人田中克哲、原審における控訴人本人）及び弁論の全趣旨によれば、次の事実が認められる。

1　被控訴人は、昭和二四年九月に設立された協同組合で、沼津市大瀬崎を含む内浦周辺の漁業者である組合員によつて構成されており、本件海域について、協同漁業免許を有しているところ、免許に係る漁業としては、第一種共同漁業がいせえび漁業、なまこ漁業、あわび漁業、さざえ漁業、たこ漁業、のり漁業、ひじき漁業、わかめ漁業、はばのり漁業、第二種共同漁業が磯魚刺網漁業、第三種共同漁業がいわし・しらす地びき網漁業、雑魚地びき網漁業で、その組合員において網漁具を敷設するなどして操業している（被控訴人が大瀬崎を含む内浦周辺の漁業者で構成された協同組合であることは、当事者間に争いがない。）。

2㈠　昭和五六年ころから、本件海域でスキューバダイビングを楽しむ人が多くなつたため、ダイバーと漁船との接触のおそれやダイバーによる密猟をめぐつていざこざが発生するようになり、更には定置網漁業における被害も予想されるようになつた。

㈡　そこで、昭和六〇年九月二一日、大瀬崎を利用するダイバー、地元の民宿及びダイバーショップの経営者で作られた大瀬崎潜水利用者会（後にその名称を「大瀬崎潜水協会」

に変更した。）と被控訴人は、本件海域のうち、第一海域、第二海域及び特定海域を「ダイビングスポット」として潜水できる海域を指定し、これ以外の海域での潜水を禁止するとともに、海水浴客並びに鮎の稚魚及び定置網を保護する必要上、各海域での潜水時間を制限することなどを内容とする協定を結び、以後、被控訴人の組合員は、ダイビングスポットにおける操業を差し控えている。なお、右協定は毎年更新されている。

㈢　右協定と同時に、被控訴人は、潜水料としてダイバー一名から三四〇円（消費税一〇円を含む。）の潜水料を徴収するため潜水整理券を発行し、江梨地区の漁業者で構成されている江梨地先漁業会に対し、その販売を委託した（被控訴人が三四〇円の潜水整理券を発行していることは、当事者間に争いがない。）。

㈣⑴　被控訴人は、右協定後、ダイバーに対しては、大瀬崎潜水協会の会員であると否とを問わず、江梨地先漁業会から潜水整理券を購入した上で、被控訴人が設置したダイビングスポットのみで潜水することを求め、それ以外の海域で潜水することを禁止した。

⑵　最近、大瀬崎においては、年間六万七〇〇〇人程度のダイバーが訪れ、ダイビングのシーズンには、海浜がダイバーで埋め尽くされるような状態である。

㈤　被控訴人は、潜水料から消費税を差し引いた三三〇円のうち、大瀬崎潜水協会に運営費などとして三〇円を、江梨地先漁業会に販売委託費などとして九〇円をそれぞれ交付し、残りの二一〇円については、定置網の設置業者への漁業補償費、安全を呼び掛ける看板やダイビングスポットを示すブイの設置、監視船の運航などの安全対策費及び漁場管理費、ダイバー遭難時に被控訴人による捜索を行うための遭難対策費などとして一二〇円を、あわび、ひらめ、たいの稚魚の放流の事業等のための漁業振興費として九〇円（被控訴人に三六円、江梨地先漁業会に五四円）をそれぞれ使用している。なお、被控訴人は、当初、ダイビングスポットが開設されたことにより、刺し網や採貝等の漁業の操業ができなくなることから、漁業補償金を要求していたが、種苗の放流を条件にダイビングスポットの開設に応じた経緯があるので、あわび、たい、ひらめなどの種苗を放流している。

3㈠　控訴人は、潜水器材の開発及び製造販売並びにダイビング講習を業とする者であり、器材の購入者を対象として、本件海域でダイビング講習を実施している。

㈡　控訴人は、大瀬崎潜水協会の会員ではないが、本件海域でダイビング講習を行う都度、江梨地先漁業会から潜水整理券を購入して潜水しており、潜水整理券の購入額は、平成元年九月一六日から平成五年五月一〇日までの間に、二八七回合計九万七五八〇円に達した（ダイバーが潜水整理券を購入して潜水していることは、当事者間に争いがない。）。

二　潜水料徴収の法的根拠について

被控訴人は、潜水料徴収の法定根拠は、一元的に説明されるべきものではなく、「漁業権侵害の受忍料」の性格を有する部分もあり、「手数料」「サービス料」あるいは「協力金」の性格、更には、「一村専用漁場の慣習による水面利用料」の性格を有する面もある旨主張するので検討する。

1　漁業権侵害の受忍料としての性格について

(一)　漁業法（以下、単に「法」ともいう。）は、「漁業生産に関する基本的制度を定め、……もつて漁業生産力を発展させ、あわせて漁業の民主化を図ることを目的とする」（法一条）ものであり、この法律において、「漁業権」とは、定置漁業権、区画漁業権及び共同漁業権をいい（法六条一項）、「定置漁業権」とは、定置漁業を営む権利を、「区画漁業権」とは、区画漁業を営む権利を、「共同漁業権」とは、共同漁業を営む権利をそれぞれいい（同条二項）、「漁業」とは、水産動植物の採捕又は養殖の事業をいう（法二条一項）ものとした上、漁業権の設定を受けようとする者は、都道府県知事に申請してその免許を受けなければならない（法一〇条）ものとし、漁業権について存続期間を定め（法二一条）、漁業権を物権とみなし、土地に関する規定を準用している（法二三条一項）。なお、公共の用に供しない水面には、別段の規定がある場合を除き、この法律の規定を適用しない（法三条）ものとしている。

そして、右の規定によれば、漁業権は、すべて行政庁の免許という行政行為によつて設定され、これ以外の方法によつては発生しない権利であり、原則として、免許で定められた公共の用に供する水面の特定の漁場区域において特定の種類の漁業、すなわち、水産動植物の採捕又は養殖の事業を排他独占的に営む権利であるところ、水産動植物の採捕又は養殖の事業を営むためには、水面を使用することが必要不可欠であるから、漁業権には、当然、漁業のために水面を使用する権能をその中に含むものと解するのが相当である。しかしながら、元来、海が公共用水面である上、特定の水面に漁業権が重複して免許されることがあることからすると、漁業権を有する者は、免許の対象となつた特定の種類の漁業、すなわち、水産動植物の採捕又は養殖の事業を営むために必要な範囲及び態様においてのみ海水面を使用することができるにすぎず、右の範囲及び態様を超えて無限定に海水面を支配あるいは利用する権利を有するものではないといわなければならない。そして、漁業権が物権とみなされていることからして、漁業権者は、漁業権の侵害に対しては、妨害排除及び妨害予防請求権並びに損害賠償請求権を有するものと解されるが、右請求権が発生するためには、漁業権が現実に侵害されたか又は侵害される具体的なおそれがあるなどの要件が存在することが必要であることは、いうまでもないところである。

(二)　これを本件についてみると、前記一に認定したとおり、本件海域において、ダイビングの実施により、漁業者の操業に支障を来すようなことがあったことなどから、被控訴人と大瀬崎潜水協会との間で協定を締結し、被控訴人の組合員が、「ダイビングスポット」での操業を差し控えてダイバーに開放する見返りとして、ダイバーから料金を徴収することになったのであるから、被控訴人が徴収する潜水料のうち、定置網の設置業者への漁業補償費及び稚魚等の放流に要する経費である漁業振興費の各名目に相当する分については、漁業権者である被控訴人あるいは漁業権を行使する被控訴人の組合員が、漁業権あるいは漁業権行使権の侵害行為に対し予めこれを受忍し、その対価（受忍料）として徴収する趣旨のものと考えることができる。

しかしながら、漁業権あるいは漁業権行使権の侵害に対する損害賠償を請求することができるためには、具体的なダイビングによって、漁業への悪影響が生じ、かつ、そのために現実に損害が発生したことが必要であるところ、証拠（乙五、原審証人原田正敏、当審証人田中克哲）によれば、本件においては、大勢のダイバーのダイビングによって漁場が荒らされ、漁業に対して悪影響を及ぼすおそれがあることが認められるが、そのことによってその額を具体的に算定することのできるような損害が生じた事実を認めることはできず、他に右事実を認めるに足りる証拠はないので、被控訴人ないしその組合員が、特定のダイバーに対して損害賠償請求権を有するということができないことはもとより、ダイビングによって生じるおそれのある被害の額が、被控訴人が徴収する潜水料に相当する程度あるいはそれ以上のものであるかどうかも、明らかではない（なお、被控訴人が、潜水料のうち漁業補償費相当分を漁業権行使者に分配していないことは、既に認定したところから明らかである。）。このような事情のもとにおいては、被控訴人は、漁業権を有しているからといって、本件海域においてダイビングをしようとする者に対し、その同意がないにもかかわらず、一方的に潜水料を支払うことを要求し、その支払がない場合にダイビングを禁止することはできないものというべきである。

2　手数料等の性格について

また、前記一に認定したところによれば、被控訴人が徴収する潜水料のうち、販売委託費名目の分については「手数料」、漁場管理費及び遭難対策費名目の分については、被控訴人がダイバーに対してサービスを提供する対価としての「サービス料」、被控訴人による「ダイビングスポット」の管理等に対する「協力金」としての性格をそれぞれ有しているものとされているということができる。

しかしながら、これらは、あくまでもダイバーから徴収した潜水料三四〇円を使途配分するためにその内訳について一応の性格付けをしたものにすぎず、例えば「サービス料」としての性格を有するものについてみても、「サービス料」に相当する金額だけを支払えば、ダイバーが被控訴人のサービスだけを受けられるものとされているわけではなく、また、「手数料」は、潜水料を当然に徴収することができることを前提として初めて必要となる経費であって、これによって潜水料を徴収することの根拠とすることはできず、更に、「協力金」については、そもそもダイバーに対しその支払を強制すべき性質のものでないことはいうまでもない。そうすると、被控訴人の徴収する潜水料に前記のような性格があるとしても、これによって、被控訴人において、本件海域においてダイビングをしようとする者に対し、その同意がないにもかかわらず、一方的に潜水料を支払うことを要求し、その支払がない場合にダイビングを禁止することができることの法的根拠とすることはできないというべきである。

3　一村専用漁場の慣習について

(一)　証拠（乙五、七、一〇、一一、一四、一五、当審証人田中克哲）及び弁論の全趣旨によれば、次の事実が認められる。

(1)　江戸時代の一般的法規である「山野海川入会」のうちの「魚猟海川境論」において、「魚猟入会場は、国境之無差別」、「磯猟は地附根附次第也、沖猟は入会」として、磯猟と沖猟とを区別し、沖猟は境界なき漁場とされたが、村前海又は地元の磯根続きは、土地の延長と同一視して、地元浦一村専用の漁場と解され、一村専用の漁場については、その村の漁民等が各自又は共同利用して漁業を行っていた。一村専用漁場に対する村の支配は、使用収益処分をなし得る私法上許された最高の物権的支配であり、入会漁業を目的とする漁場は、「村総持」すなわち総有に属するものであり、漁民の総体が有する管理権能に基づいて漁場の利用方法が定められ、構成員たる漁民は、個別的な固有の権能に基づき、取り決められた事項の範囲内において漁場を利用していた。

(2)　明治時代になり、山野の入会については、民法において「各地方ノ慣習ニ従フ」ところの入会権（民法二六三条、二九四条）として継受されたが、入会漁業については、明治三四年に制定された漁業法（法律第三四号。以下「明治旧漁業法」という。）

は、「四条　水面ヲ専用シテ漁業ヲ為スノ権利ヲ得ムトスル者ハ行政官庁ノ免許ヲ受クヘシ。　前項ノ免許ハ漁業組合ニ於テ其ノ地先水面ヲ専用セムトスル場合ヲ除クノ外従来ノ慣行アルニ非サレハ之ヲ与ヘス。　三四条　従来ノ慣行ニ因ル第三条又ハ第四条ノ漁業者ハ本法施行ノ日ヨリ一箇年以内ニ出願スルトキハ之ニ免許ヲ与フヘシ。

前項ノ漁業者ハ其ノ免許ヲ出願シタル者ニ在リテハ許否ノ処分ヲ受クル迄ノ間其ノ他ニ在リテハ本法施行後一箇年間仍従前ノ例ニ依リ漁業ヲ為スコトヲ得」と規定して、従前の入会漁業を専用漁業として規律し、行政官庁の許可を受けるべきものとした。ここにおいては、封建的な旧慣行がそのまま生かされていたということができる。

(3)　明治四三年に改正された漁業法（法律第五八号。以下「明治漁業法」という。）は、漁業権を物権とみなすとともに、新たに入漁権を創設し（一二条ないし一五条）、従来の入会権をこれに整理導入したが、その内容は、依然として旧慣維持という立場を採るものであった。

(4)　第二次大戦後の経済民主化政策の一環として、陸の農地解放に続いて、海の漁業制度の改革が行われた。この改革は、従前の漁場秩序を一旦全面的に否定し、旧来の漁場の利用関係を白紙に還元した上で新しい漁場秩序を作り上げるというものであった。昭和二四年に制定された漁業法（法律第二六七号）は、長年の慣行として行われてきた沿岸漁場の権利関係の全面的な整理を行い、従前の漁業権及びこれに関連する権利関係はすべて二年以内に消滅させて、新しく計画的に漁業権を免許しようとするものであった。このために必要な漁業法施行法（昭和二四年法律第二六八号）を同時に公布し、従前の漁業権及びこれに関連する権利を消滅させることに伴い、漁業権者等に対して補償金を交付することとした（漁業法施行法九条以下）。このようにして、江戸時代から長い間慣行によって続いた漁場の権利関係については、すべて補償をして一旦消滅させた上で、現行漁業法に基づいて、新たに漁業権等が設定されたのである。

(二)　以上の事実によれば、江戸時代には、村前海又は地元の磯根続きは、土地の延長と同一視して、地元浦一村専用の漁場と解され、一村専用の漁場においては、その村の漁民等が各自又は共同利用して漁業を行っていたとの慣行があり、明治旧漁業法には、右の慣行が専用漁業として取り入れられ、更に、明治漁業法において、専用漁業権及び入漁権として整理されたところ、第二次大戦後の漁業制度の改革に際し、長年の慣行として行われてきた沿岸漁場の全面的な整理を行い、従前の漁業権及びこれに関連する権利関係は、補償金を交付した上、すべて二年以内に消滅させることとしたのであるから、現行漁業法が施行されて二年経過したのちには、従前の漁場の権利関係は、一村専用漁場の慣行に基づく権利関係も含めてすべて消滅し、その後は、現行漁業法に基づいて設定された権利関係だけが存続しているにすぎないと解するのが相当である。

そうすると、一村専用漁場の慣行も、入会料徴収の根拠とすることができないものというべきであるから、この点に関する被控訴人の主張も、採用することができない。

三　控訴人の請求について

1　不法行為に基づく損害賠償請求について

控訴人は、被控訴人がダイバーから潜水料を徴収する法的な権限がないことを知りながら、その権限があるように装つて、控訴人に潜水整理券を購入させ、潜水料を徴収した旨主張するところ、右の事実を認めるに足りる証拠はない（なお、前掲各証拠によれば、控訴人が潜水整理券を購入した当時、潜水料徴収の可否に関する文献も乏しく、これを徴収する法的根拠があるとする見解も考えられないではないことが認められるので、被控訴人が控訴人に対して過失による不法行為責任を負う者と解することもできない。）。

したがつて、その余の点について判断するまでもなく、控訴人の不法行為に基づく損害賠償請求は、理由がないので棄却すべきである。

2　不当利得返還請求について

既に判示したところによれば、被控訴人は、本件海域でダイビングをしようとするダイバーから潜水料を徴収する法的根拠がないにもかかわらず、その同意がないのに、潜水料の支払がない場合には、本件海域においてダイビングをすることを禁止する措置を採り、本件海域においてダイビングをしようとする者に対して、事実上潜水料の支払を余儀なくさせたものであり、控訴人は、被控訴人の採つた右の措置により、本件海域においてダイビングをするため、潜水整理券を購入して潜水料を支払うことを余儀なくされ、平成元年九月一六日から平成五年五月一〇日までの間に、その支払額が二八七回合計九万七五八〇円になつて、右と同額の損失を被り、被控訴人は、右と同額の利益を得たのであるから、右の金員は、被控訴人において、法律上の原因なく不当に利得したものというべきである。

よつて、控訴人の不法行為に基づく損害賠償請求を棄却した原判決は相当であり、本件控訴は理由がないからこれを棄却し、控訴人の当審における予備的請求は、被控訴人に対し、九万七五八〇円及びこれに対する予備的請求を記載した書面が被控訴人に送達された日の翌日であることが記録上明らかな平成七年一二月一九日から支払ずみまで民法所定年五分の割合による遅延損害金の支払を求める限度で理由があるから認容し、その余は理由がないので棄却し、当審における訴訟費用の負担につき民事訴訟法九五条、八九条、九二条を適用し、仮執行の宣言は相当でないからこれを付さないこととして、主文のとおり判決する。

（タイムズ九二五号二六四頁）

◆6　共同漁業権の設定海域において、合意に基づいて支払われた潜水料は、法律上根拠がなくして利得したものとはいえない

最高裁二小民、平成九年(オ)第三五三号
平一二・四・二一判決、一部破棄・差戻し
一審　静岡地裁　二審　東京高裁
上告人　内浦漁業協同組合
被上告人　上谷成樹
関係条文　漁業法六条・二三条、民法七〇三条

【要旨】
漁業協同組合の発行した潜水整理券を購入し、その代金を支払った上でダイビングを実施したのは、右の支払をした時点において、潜水整理券の購入に関して一定の内容を有する合意が成立し、その合意に基づいて金銭が給付されたものと解する余地があるといわざるを得ない。

○主　文

原判決中上告人敗訴部分を破棄する。
右部分につき本件を東京高等裁判所に差し戻す。

○理　由

上告代理人新里秀範の上告理由について

一　原審の確定した事実関係は、次のとおりである。

1　上告人は、昭和二四年九月に設立された漁業協同組合であり、静岡県沼津市大瀬崎地先を含む同市内浦周辺の海域（以下「本件海域」という。）において、第一種ないし第三種の共同漁業権を有しており、その組合員が網漁具を敷設するなどして漁業を営んでいる。

2　上告人は、昭和六〇年九月二一日、大瀬崎地先で潜水するダイバー及び地元の民宿の経営者等によってつくられた大瀬崎潜水利用者会(後にその名称を大瀬崎潜水協会に変更した。以下「潜水協会」という。）との間で、本件海域において潜水するダイバーは、上告人が指定した区域（以下「ダイビングスポット」という。）で潜水し、それ以外の区域では潜水しないこと、潜水時間を守ることなどを内容とする協定を締結した。上告人の組合員は、右協定が締結された後、ダイビングスポットにおける漁業を差し控えている。上告人は、右協定の締結と同時に、ダイバー一名から一日当たり三四〇〇円の金員を徴収するために潜水整理券を発行してこれをダイバーに購入させることにし、沼津市西浦江梨地区の漁業者で構成されている江梨地先漁業会（以下「漁業会」という。）

に対して、これを一枚三四〇円で販売することを委託し、ダイバーに対しては、潜水協会の会員であるかどうかにかかわりなく、漁業会から潜水整理券を購入した上でダイビングスポットにおいてのみ潜水することを求め、それ以外のところで潜水することを禁止した。

3　被上告人は、潜水器材の開発及びその製造販売等を業とする者であり、右器材の購入者を対象として、ダイビング講習を実施している。被上告人は、潜水協会の会員ではないが、平成元年九月一六日から平成五年五月一〇日までの間、本件海域においてダイビング講習を実施する都度、漁業会から潜水整理券を購入し、その代金として漁業会に合計九万七五八〇円を支払った。

二　本件において、被上告人は、予備的請求として、上告人は潜水整理券の代金相当額を法律上の原因なく利得したものであると主張し、不当利得返還請求権に基づき、右代金相当額九万七五八〇円及びこれに対する遅延損害金の支払を求めている。

上告人は、右代金相当額は共同漁業権の侵害の受忍料、手数料、一村専用漁場の慣習による水面利用料等の性格を有するものであって、上告人はこれを徴収する法的根拠を有すると主張して争った。

原審は、上告人はダイバーから潜水整理券の代金相当額を徴収する法的根拠を有しないにもかかわらず、潜水整理券を購入しない者が本件海域において潜水することを禁止する措置を採り、本件海域においてダイビングをしようとする者に対して潜水整理券の購入を余儀なくさせ、右代金相当額の支払をさせたものであって、被上告人はダイビング講習を実施するために上告人に対して九万七五八〇円を支払うことによって同額の損失を被り、上告人はこれと同額の利益を得たのであるから、右金員は上告人において法律上の原因なく不当に利得したものというべきであると判断して、右金額の返還の請求及び遅延損害金の請求の一部を認容した。

三　しかしながら、原審の右判断は、是認することができない。その理由は、次のとおりである。

前記一のとおり、被上告人は、平成元年九月一六日から平成五年五月一〇日までの間、上告人が潜水整理券の販売を委託した漁業会から潜水整理券を購入し、その代金として合計九万七五八〇円を支払った上で、本件海域においてダイビング講習を実施しているのである。これによれば、被上告人と上告人との間には、被上告人が漁業会に対して右の支払をした各時点において、潜水整理券の購入に関して一定の内容を有する合意が成立し、その合意に基づいて金銭が給付されたものと解する余地があるといわざるを得ない。そうすると、被上告人の上告人に対する不当利得返還請求権の成否を判断するためには、被上告人と上告人との間における右の合意の有無、合意が成立していた場合にはその内容、効力等について審理判断することを要するものといわなければならない。

ところが、原審は、これらの点について何ら審理することなく、前記事実関係から直ちに、上告人は被上告人が支払った潜水整理券の代金相当額を法律上の原因なく利得したと判断したものであって、原審の右判断には、民法七〇三条の解釈適用の誤り、審理不尽の違法があるというべきであり、右違法は原判決の結論に影響を及ぼすことが明らかである。論旨は、右の趣旨をいうものとして理由があり、原判決中、被上告人の予備的請求につき請求を認容した部分は、その余の上告理由について判断するまでもなく、破棄を免れない。そして、右部分については、更に審理を尽くさせる必要があるので、原審に差し戻すこととする。

よって、裁判官全員一致の意見で、主文のとおり判決する。

○参　照

差戻審判決

東京高裁民、平成一二年(ネ)第二三四〇号

平一二・一一・三〇判決、一部棄却

一審　静岡地裁沼津支部

○主　文

一　控訴人の当審における予備的請求のうち、九万七五八〇円及びこれに対する平成七年一二月一九日から支払ずみまで年五分の割合による金員の支払を請求する部分を棄却する。

二　訴訟の総費用は控訴人の負担とする。

○事実及び理由

第四　当裁判所の判断

一　証拠（原審証人原田正敏、差戻前の控訴審証人田中克哲、原審における控訴人本人）及び弁論の全趣旨によれば、次の事実が認められる。

1　被控訴人は、昭和二四年九月に設立された協同組合であり、大瀬崎地先を含む本件海域において漁業を営む漁業者によって構成されており、本件海域において共同漁業免許を有している。

被控訴人が有している共同漁業免許に係る漁業は、第一種共同漁業がいせえび漁業、なまこ漁業、あわび漁業、さざえ漁業、たこ漁業、のり漁業、ひじき漁業、わかめ漁業、はばのり漁業、第二種共同漁業が磯魚刺網漁業、第三種共同漁業がいわし・しらす地びき網漁業、雑魚地びき網漁業であり、組合員において網漁具を敷設するなどして漁業操業をしている。

2　ところで、昭和五六年ころから、本件海域でスキューバダイビングを行うダイバーが多くなったため、ダイバーと漁船との接触のおそれやダイバーによる密漁をめぐってトラブルが発生するようになり、また、定置網漁業における被害も予

想されるようになった。

3　そこで、昭和六〇年九月二一日、大瀬崎地先の海域を利用するダイバー並びに地元の民宿及びダイバーショップの各経営者で組織された大瀬崎潜水利用者会（後にその名称を「大瀬崎潜水協会」に変更した。）と被控訴人は、ダイバーが潜水できる場所として被控訴人が本件海域内に設定した第一海域、第二海域及び特定海域のみとすることを合意し、この三つの海域（潜水スポット）以外では潜水をしないこと、海水浴客並びに鮎の稚魚及び定置網を保護する必要から潜水スポットでの潜水時間を制限すること、大瀬崎潜水利用者会は右潜水スポットが被控訴人において漁業権を有する海域であることを十分に認識して漁業関係者の漁場管理及び漁業操業に支障を生じないようにすること、大瀬崎潜水利用者会は魚貝類等を採捕するなどの違法行為をするダイバーを発見した場合には指導を行いその排除に努めること、大瀬崎潜水利用者会は協定の趣旨を周知させるために印刷物を作成しダイビング業者などに配布するなどすること、等を内容とする協定を結んだ。

被控訴人の組合員は、右協定の締結後は右潜水スポットにおいて漁業操業をすることを差し控えており、この協定は毎年更新されて、平成元年四月ないし平成五年五月当時も結ばれていた。

4　被控訴人は、右協定締結後、大瀬崎地先の海域において潜水を行うダイバーから一人一日当たり三四〇円（消費税一〇円を含む。）の潜水料を徴収することとし、「潜水整理券」を発行してその販売を江梨地区の漁業従事者（被控訴人の組合員）で構成される江梨地先漁業会に委託した。

そして、被控訴人は、大瀬崎地先の海域において潜水を行うダイバーに対して、その者が大瀬崎潜水協会の会員であると否とにかかわらず、江梨地先漁業会から潜水整理券を購入して潜水スポットのみで潜水することを求め、潜水整理券を購入しない者に対しては右潜水スポットで潜水することを禁止する措置をとった。

5　平成二、三年当時、大瀬崎地先の海域には年間約六万七〇〇〇人のダイバーが訪れ、ダイビングシーズンには海浜がダイバーで埋め尽くされるような状態を呈した。

6　被控訴人は、潜水料から消費税を差し引いた三三〇円の内、大瀬崎潜水協会に運営費などとして三〇円を、江梨地先漁業会に販売委託費などとして九〇円をそれぞれ交付し、残る二一〇円について、定置網の設置業者への漁業補償費、安全を呼び掛ける看板や潜水スポットを示すブイの各設置、監視船の運航などの安全対策費及び漁場管理費、ダイバー遭難時に被控訴人による捜索を行うための遭難対策費などに一二〇円を使用し、あわび、ひらめ、たいの稚魚の放流事業等のための漁業振興費に九〇円（被控訴人に三六円、江梨地先漁業会に五四円）を使用している。

7　控訴人は、潜水器材の開発と製造販売並びにダイビング講習等を業とする者であるが、その業務の一環として大瀬崎地先の海域で潜水を行い、大瀬崎潜水協会の会員ではないものの、平成元年四月八日から平成五年五月四日までの間、合計二八七枚の本件潜水整理券を被控訴人から購入し、代金合計九万七五八〇円を支払った。

以上の事実が認められる。

二　不当利得の成否について

1　控訴人は、「被控訴人は、大瀬崎地先の海域において潜水を行うダイバーに潜水整理券を購入させ、潜水料としてダイバー一人につき一日当たり三四〇円を徴収しているが、それは何ら法律上の根拠を有しないものである。控訴人は、ダイビング講習の受講生を伴うなどして大瀬崎地先の海域において潜水を行った際、平成元年九月一六日から平成五年五月一〇日までの間、少なくとも二八七枚の本件潜水整理券を購入して合計九万七五八〇円を被控訴人に支払ったが、それは何ら法律上の根拠がなく、したがって、被控訴人は法律上の原因なくして右九万七五八〇円を利得したものであり、控訴人は同額の損失を被ったものであるから、控訴人は被控訴人に対しその返還を求める。」旨を主張する。

2　しかしながら、前記認定のとおり、控訴人は、たとえ潜水整理券を購入しなければ潜水を許してもらえないという事情があったにせよ、平成元年四月八日から平成五年五月四日までの間、合計二八七枚の本件潜水整理券を購入して代金合計九万七五八〇円を被控訴人に支払い、大瀬崎地先の海域で潜水を継続したものである。

そうすれば、右事実に前記一で認定した事実を併せ考えると、被控訴人と控訴人との間においては、控訴人が本件潜水整理券を購入して代金を支払った各時点において、「被控訴人が潜水整理券の購入者である控訴人に対し前記潜水スポットでの潜水を許容して自己の漁業権への侵害を受忍し、かつ、被控訴人の組合員をしてその潜水スポットでの漁業操業をその日一日に限り差し控えさせ、もって控訴人の潜水の自由と安全を保障し、他方、控訴人においては、自己の潜水による被控訴人の漁業権への侵害に対する損害の賠償及び自己の潜水の自由と安全を被控訴人が保障したことの対価として、潜水料を支払う。」旨の合意が成立し、その合意（以下「本件合意」という。）に基づいて潜水料が支払われたものと認めるのが相当である。そして、控訴人もその内容を認識した上で本件潜水整理券を購入し続けたものと認めるべきである（控訴人も、本件潜水整理券を購入した際には、被控訴人が潜水料徴収の権利を持っているのだろうと思っていた旨を主張している。)。

3　そして、以下に述べるとおり、本件合意が無効とされる根拠はない。

被控訴人は本件海域において静岡県知事から免許された共同漁業権を有しているものであり、漁業権は免許で定められた公共の用に供する水面の特定の漁場区域において特定の種類の漁業すなわち水産動植物の採捕又は養殖の事業を排他的独占的に営むことができる権利であって(漁業法二条、六条)、漁業権は当然に漁業のために水面を使用する権能を含むものであるから、そうとすれば、漁業権者たる被控訴人は、漁業権が物権とみなされていることからしても(同法二三条一項)、その漁業権を侵害する者に対しては妨害排除及び妨害予防の請求並びに損害賠償の請求をすることができるものである。

本件海域における潜水は、たとえダイバーにおいて魚貝類の採捕を目的とするものではないとしても、それによって漁場を荒らし、漁業操業に支障や危険を生ぜしめ、漁獲量の低減など漁業に対して悪影響を及ぼすものであることは明らかであるから(原審証人原田正敏、差戻前の控訴審証人田中克哲、弁論の全趣旨)、そうとすれば、本件海域における漁業権者である被控訴人は、本件海域において潜水を行ったダイバーに対して、漁業権の侵害を理由に損害賠償の請求を行うことができるものというべきであり、また、本件海域において潜水を行おうとするダイバーに対しても、予め損害賠償の請求をすることができるものというべきである。

もっとも、あるダイバーの潜水によって具体的にどのような侵害が被控訴人の漁業権に加えられたかあるいは加えられるか、また、その潜水によって具体的にいくらの被害ないし損害が被控訴人に発生したかあるいは発生するか、ということについてはたしかにそれを認定することは困難であるが、しかし、だからといって損害賠償請求権そのものを否定するのは相当でなく(民事訴訟法二四八条参照)、それは損害額の認定の問題として解決すべきである。

そうとすれば、本件海域において漁業権を有する被控訴人は、本件海域において潜水を行おうとするダイバーに対して、その潜水により発生する漁業権への侵害及び被害ないし損害の発生を予め受忍してその対価として一定額の潜水料を請求し徴収することは許されるものというべきであり、その潜水料の額が著しく不相当でない限り本件合意が無効とされるいわれはなく、潜水料の徴収は法律上の根拠を欠くものとしての不当利得の問題は生じないものというべきである。

被控訴人が控訴人から徴収した潜水料は一人一日当たり三四〇円(内消費税一〇円)というものであり、これは決して高額であるとはいえずむしろ低額であるといえるから(なお、被控訴人が右の三三〇円をどのように使用しているかは、被控訴人内部の問題であり、それはダイバーから徴収する潜水料が相当であるか否かとは直接には関係がないというべきである。）、その金額の故に本件合意が無効であるということはできない。

4　以上の理は、仮に、被控訴人において静岡県知事から免許されて取得した漁業権を自由に処分することはできず、したがって、その漁業権の及んでいる本件海域の一部を勝手にダイバーに開放して漁業権への侵害を理由に潜水料を徴収することが法的にはできないとしても、変わるものではない（けだし、被控訴人が本件海域において漁業権を有しており、漁業のために水面を排他的独占的に使用する権限を有していることは前記認定のとおりであり、被控訴人はその使用権限の行使の一部を差し控えてダイバーに使用（潜水）させているのであるから、それはあたかも転貸を禁じられた賃借人が賃借物の一部を他人に転貸したときと類似するものであり、賃借人が転借人から転貸料を取得することが転借人との関係においては不当利得とならないのと同様に、被控訴人がダイバーから潜水料を徴収してもダイバーに実際に潜水をさせている以上ダイバーとの関係においては不当利得とはならないと考えられるからである。）。

結局、本件合意に基づいて支払われた潜水料は、被控訴人において法律上の根拠がなくして利得したものであるとはいえず、控訴人の前記主張は採用することができないものというべきである。

三　よって、その余の点について判断するまでもなく、控訴人の当審における予備的請求のうち、最高裁判所から差し戻された部分は理由がないから、これを棄却することとし、訴訟の総費用の負担につき民事訴訟法六七条、六一条を適用して、主文のとおり判決する。

（口頭弁論終結の日　平成一二年一〇月五日）

東京高等裁判所第四民事部

第二節　組合員の漁業を営む権利

第八条　漁業協同組合の組合員（漁業者又は漁業従事者であるものに限る。）であつて、当該漁業協同組合又は当該漁業協同組合を会員とする漁業協同組合連合会がその有する各特定区画漁業権若しくは共同漁業権又は入漁権ごとに制定する漁業権行使規則又は入漁権行使規則で規定する資格に該当する者は、当該漁業協同組合又は漁業協同組合連合会の有する当該特定区画漁業権若しくは共同漁業権又は入漁権の範囲内において漁業を営む権利を有する。

2　前項の漁業権行使規則又は入漁権行使規則（以下単に「漁業権行使規則」又は「入漁権行使規則」という。）には、同項の規定による漁業を営む権利を有する者の資格に関する事項のほか、当該漁業権又は入漁権の内容たる漁業につき、漁業を営むべき区域及び期間、漁業の方法その他当該漁業を営む権利を有する者が当該漁業を営む場合において遵守すべき事項を規定するものとする。

3　漁業協同組合又は漁業協同組合連合会は、その有する特定区画漁業権又は第一種共同漁業を内容とする共同漁業権について漁業権行使規則を定めようとするときは、水産業協同組合法（昭和二十三年法律第二百四十二号）の規定による総会の議決前に、その組合員（漁業協同組合連合会の場合には、その会員たる漁業協同組合の組合員。以下同じ。）のうち、当該漁業権に係る漁業の免許の際において当該漁業権の内容たる漁業を営む者（第十四条第六項の規定により適格性を有するものとして設定を受けた特定区画漁業権及び第一種共同漁業を内容とする共同漁業権については、当該漁業権に係る漁場の区域が内水面（第八十四条第一項の規定により主務大臣が指定する湖沼を除く。第二十一条第一項を除き以下同じ。）以外の水面である場合にあつては沿岸漁業（総トン数二十トン以上の動力漁船を使用して行なう漁業及び内水面における漁業を除いた漁業をいう。以下同じ。）を営む者、河川以外の内水面である場合にあつては当該内水面において漁業を営む者、河川である場合にあつては当該河川において水産動植物の採捕又は養殖をする者）であつて、当該漁業権に係る第十一条に規定する地元地区（共同漁業権については、同条に規定する関係地区）の区域内に住所を有するものの三分の二以上の書面による同意を得なければならない。

4　漁業権行使規則又は入漁権行使規則は、都道府県知事の認可を受けなければ、その効力を生じない。

5　第三項の規定は特定区画漁業権又は第一種共同漁業を内容とする共同漁業権に係る漁業権行使規則の変更又は廃止について、前項の規定は漁業権行使規則又は入漁権行使規則の変更又は廃止について準用する。この場合において、第三項中「当該漁業権に係る漁業の免許の際において当該漁業権の内容たる漁業を営む者」とあるのは、「当該漁業権の内容たる漁業を営む者」と読み替えるものとする。

【備考】平成一三年六月「漁業法等の一部を改正する法律」によって、新しく次の第三一条（組合員の同意）が追加される。

第三十一条　第八条第三項から第五項までの規定は、漁業協同組合又は漁業協同組合連合会がその有する特定区画漁業権又は第一種共同漁業を内容とする共同漁業権を分割し、変更し、又は放棄しようとするときに準用する。この場合において、同条第三項中「当該漁業権に係る漁業の免許の際において当該漁業権の内容たる漁業を営む者」とあるのは、「当該漁業権の内容たる漁業を営む者」と読み替えるものとする。

◆7　漁業法第八条第三項及び第五項は、漁業権の変更の場合に適用又は類推適用すべきものではない。

最高裁三小民、昭和五七年(行ツ)第一四九号
昭六〇・一二・一七判決、棄却
上告人（原告）　佐々木弘外一名
被上告人（被告）　北海道知事
参加人　北海道電力株式会社
一審　札幌地裁　二審　札幌高裁
関係条文　公有水面埋立法（昭和四八年法律第八四号による改正前のもの）二条、四条、二二条、漁業法八条三項、五項、行訴法九条

【要　旨】
一　公有水面埋立法（昭和四八年法律第八四号による改正前のもの）二条の埋立免許及び同法二二条の竣功認可の取消訴訟につき、当該公有水面の周辺の水面において漁業を営む権利を有するにすぎない者は、原告適格を有しない。
二　漁業協同組合の有する特定区画漁業権又は第一種共同漁業を内容とする共同漁業権について漁業権行使規則を定め、又は変更もしくは廃止しようとするときは、水産業協同組合法の規定による総会の議決前に、その組合員のうち、当該漁業権に係る漁業の免許の際においては当該漁業権の内容たる漁業を営む者であって地元地区又は関係地区の区域内に住所を有する者の三分の二以上の書面による同意を得なければならない旨規定する漁業法八条三項及び五項は、漁業権の変更の場合に適用又は類

推適用すべきものではない。

○主　文

本件上告を棄却する。
上告費用は上告人らの負担とする。

○理　由

上告代理人高野国雄、同入江五郎、同大島治一郎及び同下坂浩介の上告理由並びに上告人らの上告理由について

一　原審の適法に確定したところによれば、本件の事実関係はおおむね次のとおりである。

1　参加人は、伊達火力発電所建設工事の一環として、本件公有水面を埋め立てて取水口外郭施設用地を造成することを計画し、本件公有水面を含む水面において漁業権を有する伊達漁業協同組合（以下「伊達漁協」という。）に対し、本件公有水面を右漁業権に係る漁場の区域から除外することを要請した。

2　伊達漁協は、右要請を受け、水産業協同組合法四八条一項及び五〇条の規定に基づき、昭和四七年五月三一日の総会において、議決権を有する全組合員一四六名の無記名投票の結果、賛成一〇三票、反対四三票をもつて、本件公有水面を右漁業権に係る漁場の区域から除外する旨の漁業権の変更を議決し、漁業法二二条一項の規定に基づき、昭和四八年六月二五日、右漁業権の変更につき被上告人の免許を受けた。右漁業権は同年八月三一日をもつて存続期間の満了により消滅し、伊達漁協は同年九月一日新たな漁業権の免許を受けたが、本件公有水面は新たな漁業権に係る漁場の区域からも除外されている。

3　参加人は、昭和四七年八月一四日、被上告人に対し、本件公有水面の埋立ての免許（以下「本件埋立免許」という。）を出願した。被上告人は、参加人に対し、昭和四八年法律第八四号による改正前の公有水面埋立法（以下「旧埋立法」という。）二条の規定に基づき、昭和四八年六月二五日、本件埋立免許を行うとともに、同法二二条の規定に基づき、昭和五〇年一二月一八日、本件公有水面の埋立工事の竣功認可（以下「本件竣功認可」という。）を行つた。

4　上告人佐々木弘は、伊達漁協の組合員として、その漁業権の内容たる漁業を営む権利を有する者である。上告人野呂光男は、有珠漁業協同組合（以下「有珠漁協」という。）の組合員として、その漁業権の内容たる漁業を営む権利を有する者であるところ、有珠漁協の漁業権は、伊達漁協の漁業権の存する水面の北西側に連接し、かつ、本件公有水面に近接する水面に存する。

二　上告人らは、本件埋立免許及び本件竣功認可の取消しを請求して本件訴えを提起しているところ、行政処分の取消訴訟は、その取消判決の効力によつて処分の法的効果を遡及的に失わしめ、処分の法的効果として個人に生じている権利利益の侵害状態を解消させ、右権利利益の回復を図ることをその目的とするものであり、

行政事件訴訟法九条が処分の取消しを求めるについての法律上の利益といっているのも、このような権利利益の回復を指すものである。したがって、処分の法的効果として自己の権利利益を侵害され又は必然的に侵害されるおそれのある者に限って、行政処分の取消訴訟の原告適格を有するものというべきであるが、処分の法律上の影響を受ける権利利益は、処分がその本来的効果として制限を加える権利利益に限られるものではなく、行政法規が個人の権利利益を保護することを目的として行政権の行使に制約を課していることにより保障されている権利利益もこれに当たり、右の制約に違反して処分が行われ行政法規による権利利益の保護を無視されたとする者も、当該処分の取消しを訴求することができると解すべきである。そして、右にいう行政法規による行政権の行使の制約とは、明文の規定による制約に限られるものではなく、直接明文の規定はなくとも、法律の合理的解釈により当然に導かれる制約を含むものである。

三　これを本件についてみるに、旧埋立法に基づく公有水面の埋立免許は、一定の公有水面の埋立てを排他的に行って土地を造成すべき権利を付与する処分であり、埋立工事の竣功認可は、埋立免許を受けた者に認可の日をもって埋立地の所有権を取得させる処分であるから、当該公有水面に関し権利利益を有する者は、右の埋立免許及び竣功認可により当該権利利益を直接奪われる関係にあり、その取消しを訴求することができる。しかしながら、原審の認定した前記事実関係に照らせば、上告人らは、本件公有水面に関し権利利益を有する者とはいえないのである。この点に関し、論旨は、漁業権変更の議決については、漁業法八条三項及び五項の規定により、特定区画漁業又は第一種共同漁業を営む者で地元地区又は関係地区の区域内に住所を有するものの三分の二以上の書面による事前の同意を必要とするところ、伊達漁協の前記漁業権変更の議決は右同意を欠き無効であるから、伊達漁協は本件公有水面において依然漁業権を有し、したがって上告人も本件公有水面において漁業を営む権利を有するというが、漁業権の変更につき漁業法八条三項及び五項の規定の適用はなく、また、これを類推適用すべきものともいうことができないから、伊達漁協の前記漁業権変更の議決を無効とすることはできない。さらに、論旨は、上告人野呂光男の所属する有珠漁協は、本件公有水面に近接する水面において漁業権を有しているから、本件公有水面から引水をなしこれに排水をなす者又はこれに準ずる者であるというが、近接する水面において漁業権を有しているからといって本件公有水面に関し引水又は排水の権利利益を有するとは到底いうことができない。

そうすると、上告人らは、本件公有水面の周辺の水面において漁業を営む権利を有するにすぎない者というべきであるが、本件埋立免許及び本件竣功認可が右の権利に対し直接の法律上の影響を与えるものでないことは明らかである。そして、旧埋立法には、当該公有水面の周辺の水面において漁業を営む者の権利を保護することを目的として埋立免許権又は竣功認可権の行使に制約を課している明文の規定はなく、また、同法の解釈からかかる制約を導くことも困難である。

四　以上のとおりであるから、上告人らは、本件埋立免許又は本件竣功認可の法的効果として自己の権利利益を侵害され又は必然的に侵害されるおそれのある者ということができず、その取消しを訴求する原告適格を有していないといわざるをえない。これと同旨の見解のもとに、上告人らの原告適格を否定し、本件訴えを不適法とした原審の判断は、正当として是認することができる。原判決に所論の違法はなく、論旨はいずれも採用することができない。

よつて、行政事件訴訟法七条、民訴法四〇一条、九五条、八九条、九三条に従い、裁判官全員一致の意見で、主文のとおり判決する。

（タイムス五八三号六二頁、時報一一七九号五六頁、自治二五号四四頁）

○参　照

第一審判決要旨、主文、事実及び理由（総覧一一九頁参照）
第二審判決要旨、主文、理由（総覧一一一頁参照）

◆8　組合員の漁業を営む権利は、漁業協同組合の漁業権に依拠し、そこから派生する権利である。

長崎地裁民、昭和六二年(行ウ)第一号
昭六三・五・二七判決、却下（確定）
原告　法村進外一六名
被告　長崎県知事
関係条文　漁業法八条、一〇条、一一条、一四条、行訴法三六条

【要　旨】

一　漁業協同組合の組合員の漁業を営む権利は、当該漁業協同組合の漁業権に依拠し、そこから派生する権利である。

二　漁業協同組合の組合員は、知事が当該漁業協同組合に対し、その申請どおりにした共同漁業権免許処分につき、その無効確認を求める原告適格を有しない。

三　共同漁業免許の切替手続に関し、知事が従前の免許対象となつていた漁場から一部の区域を除外した漁場計画を決定し、右除外区域について漁場計画の決定をしなかつたときは、当該漁業権の帰属主体である漁業協同組合は、決定された漁場計画を超える右除外区域を含む範囲についての免許申請を行い、その拒否処分に対する取消しを求めることにより、その違法を争うことができる。

○主　文

一　本件訴えをいずれも却下する。
二　訴訟費用は原告らの負担とする。

○事　実

第一　当事者の求めた裁判
一　請求の趣旨
1　被告が五共第一六号共同漁業権免許の昭和五八年九月一日付切替手続に関し、従前の同漁業権漁場の範囲の中から別紙2図の赤線で囲まれる部分（上五島洋上石油備蓄基地計画部分）を除いて、その余の範囲につき、上五島町漁業協同組合に対して行った、五共第一六号共同漁業権の免許処分は無効であることを確認する。
2　訴訟費用は被告の負担とする。

○理　由

一　原告らの本訴請求は、要約すると、訴外漁協の共同漁業権免許切替手続に関し、被告は、訴外漁協の免許申請に対してその申請のとおり本件免許処分を行ったが、本件備蓄基地計画部分を共同漁業権の漁場から除いている点に無効事由があるので本件免許処分の無効確認を求めるというのである。
被告は、そもそも訴外漁協の組合員である原告らには、本件免許処分の無効確認を求める法律上の利益がない旨主張するのに対し、原告らは、共同漁業権は訴外漁協に免許されるものの同漁協はその漁業権を自ら営むことはなく実際の漁業はその構成員である組合員が行うものであるから、実質的な漁業権者は組合員たる原告らであり、原告らに本件免許処分の無効確認を求める原告適格があると主張するので判断する。

漁協の組合員が漁場に対して有する権利は、沿革的にみれば、各部落の漁民が入会漁場についての管理処分権を総有的に有していた入会権的なものの系譜をひくものであるが、現行漁業法制は、右入会権的なものをそのまま追認したものではなく、これとは、別個の観点から漁業権を定めたものと考えられる。すなわち、現行漁業法の規定を本件で問題となっている共同漁業権についてみれば、漁業権は都道府県知事の免許を受けることによって初めて取得するものとされ（同法一〇条）、その免許を受けうる適格者は、個々の漁民ではなくて所定の要件を備えた漁業協同組合又はその連合会に限られる。そして、組合員は組合員たる資格に基づいて当然に漁業を営む権利を有するものではなく、知事の認可を受けた組合の定める漁業権行使規則の範囲内で漁業を営む権利を有するものとされ（以上、同法八条一項）、右漁業権行使規則には、漁業を営む権利を有する者の資格や、漁業を営む場合において遵守すべき事項などが規定されるのである。（同条二項）。また、水産業協同組合法五〇条によれば、漁業協同組合は、その総会において、総組合員（准組合員を除く。）の半数以上が出席し、その議決権の三分の二以上の多数による議決があれば漁業権を放棄しうるものと規定されている。以上のような漁業法及び水産業協同組合法の規定に鑑みると、現行漁業法制においては、組合員に直接漁業権を帰属させるのではなく、組合が漁業権の帰属主体となってその管理処分権能を有するものとされていることが明らかである。そして、組合員の漁業を営む権利は右組合の漁業権に依拠し、そこから派生する権利であるといわねばならない。

以上によると、訴外漁協の組合員である原告らは、訴外漁協が被告の免許により取得した共同漁業権に依拠してその範囲で漁業を営む権利を有するもので、共同漁業権の免許申請権は訴外漁協に帰属し、組合員たる原告らにはその適格性を認められているものではない。

そうだとすると、本件の場合、共同漁業免許の切替に際し、訴外漁協は本件備蓄基地計画区域を除く部分について免許申請をし、その免許申請どおり免許を得たというのであり、本件免許処分によりなんら法律上保護された利益を侵害されておらず、まして訴外漁協の共同漁業権に依拠し漁業権を営む権利を有するに過ぎず、独自に共同漁業権の免許申請の適格性を有しない原告らが、法律上保護された利益を侵害されたとは考えられないのであって、本件免許処分の無効確認を求める原告適格はないものというべきである。

二　もっとも、原告らは訴外漁協が従前本件備蓄基地計画区域を含む部分について共同漁業免許を得ており、漁業法一一条の規定により右免許の範囲が継続されるべき利益を有していたのに、訴外漁協の免許申請に先立つ漁場計画において本件備蓄基地計画区域が除外されたため、訴外漁協は右区域について免許申請をなしえず、やむをえず本件備蓄基地計画区域を除いて免許申請したのであるから、右漁場計画と本件免許処分とを一体として考えるときには、訴外漁協の権利利益が侵害され従って原告らの利益も侵害されたものであると主張する。

しかしながら、漁業法一〇条は免許申請についてなんらの制限を付していないから、同法一三条一項二号の規定（法第一一条五項の規定により公示した漁業の免許の内容と異なる申請があった場合）にもかかわらず、訴外漁協は漁場計画を超える範囲についての免許申請をして、その拒否処分についてはその取消しを求めうると考えられるので、訴外漁協が本件備蓄基地計画区域部分につき免許申請をなし得なかったことを前提とする原告らの右主張は失当で、採用することができない。

しかも、本件免許処分は、訴外漁協の申請どおりの漁場につき共同漁業権の免許を付与しているものであることは原告らの主張からも明らかである。そうすると、原告らは、本件備蓄基地計画部分を共同漁業権の漁場から除いた点を本件免許処分の無効事由としているけれども、もともと、本件備蓄基地計画部分の漁場については、訴外漁協から本件免許申請はなされておらず、従って、当然のこととして、本件備蓄基地計画部分の漁場についての免許申請に対する拒否処分自体が存在しているとは認め難いから、本件免許処分に本件備蓄基地計画部分の漁場についての被告の拒否処分が含まれていることを前提とする原告らの主張は当を得ているとはいえない。このことは、原告らが、先に当裁判所に対し「被告が本件備蓄基地計画部分の漁場につき、漁場計画の決定をしなかつたこと、並びに同部分につき訴外漁協に免許を行わなかつたこと」の違法確認請求を提起（当裁判所昭和五九年行(ウ)第四号）したが、訴えを却下され、控訴、上告を経て右訴え却下の判決は確定していることが当裁判所に顕著であることからも窺える。

三　（略）

四　以上のとおりであつて、原告らの本件訴えは不適法であるからこれを却下することとし、訴訟費用の負担につき行政事件訴訟法七条、民訴法八九条、九三条一項を適用して、主文のとおり判決する。

〈訟務三五巻一号、一二六頁〉

◆9　共同漁業権は総会の特別決議により放棄することができ、放棄された水面においては漁業権から派生する行使権も消滅することになる。

福岡高裁民、昭和六二年(行コ)第三号
昭六三・六・一二判決棄却

控訴人（原告）　若松與吉外九名
被控訴人（被告）　波見港港湾管理者の長、鹿児島県知事
一審　鹿児島地裁
関係条文　公有水面埋立法二条、四条、五条、六条、七条、漁業法八条一項、一四条八項、二二条、水協法四八条、五〇条、行訴法九条

【要　旨】

一　漁業協同組合は、総会において、本件公有水面に関し共同漁業権の一部放棄の特別決議を行ったものであるから、これにより右共同漁業権及びこれから派生する権利である漁業を営む権利も本件公有水面につき消滅することとなる。

二　漁業協同組合は、公有水面埋立完成による漁業権の事実上の消滅に同意したに過ぎず、埋立完成までは漁業権は消滅しないのであるから、それ以前の段階で漁業権変更につき、都道府県知事の免許を受くべき必要性を見出すことはできず、したがつて控訴人からは、変更免許の有無にかかわらず、本件埋立免許処分の取消を求めるにつき法律上の利益がない。

○主　文

本件控訴を棄却する。

控訴費用は控訴人らの負担とする。

○事　実

第一　当事者双方の求める裁判

一　控訴人ら

「1　原判決を取消す。

2　本件を鹿児島地方裁判所に差し戻す。

3　控訴費用は被控訴人の負担とする。」

との判決

二　被控訴人

主文同旨の判決

第二　当事者双方の主張並びに証拠

当事者双方の主張は、次に付加するほかは、原判決事実摘示中控訴人らに関係する部分の記載と同一であり、証拠の関係は本件記録中の原審及び当審における証拠関係目録記載のとおりであるから、いずれもこれを引用する。

（当審における主張）

一　控訴人ら

控訴人若松與吉、同柳井谷道雄（以下右両名を「控訴人若松等」という。）は、本件処分の取消につき当事者（原告）適格を有する。

1　高山町漁協は、昭和五八年一〇月二二日開催の臨時総会において、特別決議を以て、本件公有水面に関する漁業権（五七号共同漁業権）の一部放棄をしているが、これは、本件埋立工事施行区域（別紙図面中青色で囲んだ部分）中、埋立区域（別紙図面中赤色で囲んだ部分）及び漁業権廃止区域（別紙図面中緑色で囲んだ部分）に関してであつて、その余の区域については高山町漁協は依然として漁業権を有しており、したがつて同漁協の正組合員である控訴人若松等も右区域において漁業を営む権利を有している。

2　公有水面埋立に対する漁業権者の同意は、公有水面埋立免許を免許権者（都道府県知事又は港湾管理者の長）がなすことの同意であつて、漁業権の権利内容に何らの制限も加えるものではなく、右同意後においても漁業権は従前の権利内容のまま存続しており、したがつて、高山町漁協の正組合員である控訴人若松等も従前の権利内容の漁業を営む権利を有している。

(一)　即ち、公有水面埋立法は、公有水面の埋立が右公有水面に利害関係を有する者に対して多大の損害を与えるところから、公有水面埋立免許を与えるに際し、右の者から公有水面埋立につき同意を得ることとし、もつてまず免許を与える時点において、埋立をしようとする者と右利害関係人間の利害を調整しようとした。したがつて、公有水面埋立同意は、公有水面埋立免許を与えるための手続要件の一つにすぎず、漁業権の権利内容を制限、変更するという実体的効果を招来するものではない。

公有水面埋立法は、漁業法との相互の優劣関係を定めておらず、埋立同意がなされた公有水面について漁業法の適用を排除していないから、同一公有水面に於ける漁業権を制限しようとする場合は、公有水面埋立法上の意思表示だけではなく、漁業法上の意思表示も必要である。

また、公有水面埋立同意は、埋立自体を一般的抽象的に認める意思表示にすぎず、それ自体漁業権の制限、変更等何らかの受忍を具体的に承認したものではない。即ち、仮に、公有水面埋立同意が、漁業権の内容についての制限を受忍する趣旨を含むのであれば、公有水面埋立法は、公有水面埋立同意に先立ち、埋立免許出願者において漁業権制限の区域の範囲を決定し、これについて、同意権者である漁業権者において同意するか否かを具体的に決定するという手続を履践すべき旨を定める筈であり、かような手続を履践せずに漁業権の制限を認めることは、憲法第三一条の適正手続の保障条項に違反することとなるが、公有水面埋立法は、埋立同意を得たことを証する書類を免許出願願書の添付書類と定めるのみで（公有水面埋立法施行規則三条一一号）、右同意に埋立区域、埋立施行区域、埋立工事期間、埋立工事方法等が確定していることを前提としていない。現に、高山町漁協は、公有水面埋立に同意するという一般的な意思表示をしたにすぎない。

さらに、公有水面埋立法は、埋立免許取得者が埋立工事に着工する為には、損害防止施設の設置（六条）、着工の同意（八条）、補償金の支払い（六条）、補償金額の供託（七条）の手続を履践することが必要であることを明示して、埋立同意権者を埋立免許時だけでなく着工時においても保護しているところからすると、公有水面埋立同意の内容を公有水面埋立免許取得の為の手続規定に制限しているということができ、したがって公有水面埋立同意を一度なせば、その後は漁業権者において、埋立工事施行区域内に於ける埋立及び埋立工事を受忍すべき事態に陥る旨を定めてはいない。

(二)　次に漁業法の面から検討すると、同法は、漁業を営む権利の内容（区域、期間、漁業の方法等）については、漁業権行使規則で定めるものとし（八条）、その権利の内容の変更についても、漁業権行使規則の変更によるものとし、第一種共同漁業権については、関係地区の区域内に住居を有する組合員の三分の二以上の書面による同意（八条五項、三項）及び都道府県知事の認可（同条五項、四項）の手続を履践することが必要である旨を規定して、漁業権の行使方法の制限は、漁業法によるべき旨を定めており、公有水面埋立法の埋立同意によるべきものではないことが明らかである。

㈢　更に民法の解釈からすると、共同漁業権あるいは漁業を営む権利を制限する意思表示は、制限の区域、期間、程度を具体的に特定してなされるべきところ、公有水面埋立の同意は抽象的であってこれらの点を具体的に特定していない。

もともと共同漁業権および漁業を営む権利は、実体的には入会権の一種であるから、その制限は、消滅の場合と同様、関係地区漁民全員の同意を必要とし、そうでないとしても、本質的に関係地区漁民の生活に直接的な影響を及ぼすものであるから、消滅に準じて漁協総会において、制限の内容を明示して、決議することが必要であると解すべきである。

現に、鹿児島県と高山町漁協間の覚書においては、漁業権等が制限区域において制限されることは、総会の決議事項と定めている。

しかるに、昭和五八年一〇月二二日開催の高山町漁協臨時総会においては、右制限区域における漁業権の制限については、議題として提示されておらず、また決議もされていない。

3　右に述べたとおり共同漁業権は、漁業権者の埋立同意や埋立免許によっては、何ら権利内容に変更を生じることはなく従前のまま存続し、共同漁業権の内容の変更は、漁業法二二条による変更行為によって生じるか、又は現実の埋立の結果事実上生じるものである。そして、漁業権を一部放棄して漁場区域を縮小することは漁業権の変更に該当するから、新規漁場計画の樹立を経ての漁業権の変更免許を受けなければならないところ、漁業計画は、漁業上の総合利用を図り漁業生産力を維持発展させることを目的として樹立されるから、漁業生産力を従前より減少させる内容の新たな漁場計画の樹立はあり得ず、また漁業権の変更及び新規漁場計画の樹立は、天災等により海況、漁況の著しい変動等真にやむを得ない場合に限られることは明らかである。

そうすると、本件公有水面埋立に際しての漁業権の一部放棄による漁業権の変更免許はありえないから、高山町漁協は依然として漁業権を有しており、したがって同漁協の正組合員である控訴人若松等も右区域において漁業を営む権利を有している。

4　控訴人若松等は、本件埋立に同意していないし、補償金も受領していない。

二　被控訴人

1　公有水面について、漁業権者の同意を得て、埋立免許処分がなされた場合、当然に公有水面埋立法に基づく埋立権が、漁業権、漁業を営む権利に優先し、漁業権、漁業を営む権利は、埋立権を侵害しない限りにおいて認められるにすぎない。

2　漁業権者の埋立同意は、漁業補償等を条件とする、漁業権乃至漁業を営む権利が埋立権に劣後することを受け入れる旨の意思表示であり、埋立区域については、漁場の埋立によって将来漁業権の消滅を招くことを、埋立工事施行区域については、埋立工事に必要な限度で漁業権の行使が制限されることをそれぞれ受忍する法律行為である。

そして、埋立同意には、埋立工事施行区域の確定が前提とされており、本件においても、埋立権者である鹿児島県は、高山町漁協に対し五七号共同漁業権漁場及び埋立工事施行区域を示した図面を添付して埋立同意を求めており、高山町漁協も埋立区域、埋立工事施行区域における漁業権の行使が制限を受けることを認識した上で、前記臨時総会において同意の決議をしている。

3　また、埋立権者である鹿児島県は、高山町漁協に対し、漁業補償金を支払済である。

即ち、高山町漁協は、前記臨時総会において組合員の多数決により、漁業補償金の請求および受領を組合長に一任する旨を決定し、組合長は、昭和五九年一〇月八日、漁業補償金の請求を行ったので、鹿児島県は、同日付けで漁業補償金を支払い、その配分は高山町漁協に設置された漁業補償金配分委員会においてなされた。

〇理　由

一　当裁判所も、控訴人らは、当事者適格を欠き、訴えを却下すべきものと判断するが、その理由は、次に付加訂正するほかは原判決理由説示中控訴人らに関係する部分と同一であるから、これを引用する。

1　原判決三三枚目表七行目の「第三八号証、」の次に「第三九号証の三、」を、同行の「第六六号証、」を、同八行目の「原本の存在と成立に争いがない甲第七三号証、」の次に「弁論の全趣旨により成立が認められる乙第二〇ないし第二三号証、」をそれぞれ加える。

2　原判決三三枚目裏五行目の「六日」とあるのを「三日、高山町漁協との間で、波見港港湾計画の実施に係る漁業補償について、同漁協の総会決議により、別紙図面に明示する漁業補償計画区域（右図面では、埋立地その他が消滅補償区域、これを除く埋立施行区域が制限補償区域として明示されている。）において鹿児島県が行う同計画に同意し、かつ当該区域に存する同漁協の漁業権その他漁業に関する権利を消滅区域においては放棄し、制限区域においては制限を受けることに同意した場合、この漁業権等の放棄及び制限により生ずる漁業に関する一切の損失に対する補償金を、金一五億余円とする旨の協定を、鹿児島県議会の予算議決後締結することを合意し、同月六日付け書面をもって」と改め、同七行目の末尾に「右書面には波見港港湾計画説明図上に五七号共同漁業権の漁場及び同意を求める埋立区域、埋立工事施行区域を明示した図面が添付されていた。」を加える。

3　原判決三三枚目裏一一行目から同三四枚目表二行目末尾までを次のとおり改める。

「右書面及び図面に基づき審議し、事前に行なわれた鹿児島県との漁業補償の交渉が前記のとおり妥結したこと、金額面でこれ以上県側の譲歩を得る余地がなく漁業振興対策の条件も提示されていることなどが報告された結果、特別決議をもつて、右埋立区域の漁業権の一部放棄の議決（有効投票数一二三票中、賛成一〇二票、反対二一票）、五七号共同漁業権行使規則の対象区域から右の漁業権放棄区域を除外するための所要の改正の議決（有効投票数一一〇票中、賛成一〇六票、反対四票）、前記埋立同意の議決（有効投票数一一〇票中、賛成一〇六票、反対四票）、普通決議をもつて、右漁業権放棄の補償、埋立工事等による被害の補償等の漁業補償に関する契約締結を理事会に一任する旨及び漁業補償金の請求及び受領を組合長に一任する旨の議決の決議をなした。

そして鹿児島県議会は、前記（二）の損失補償につき予算の議決をしたので、鹿児島県は高山町漁協との間で、前記（二）の合意に基づき補償金の協定を締結し、高山町漁協の組合長は、昭和五九年一〇月八日、右一任決議に基づき、鹿児島県に対し漁業補償金を請求したので、鹿児島県は、同日付けで漁業補償金を支払った（なおその配分は高山町漁協に設置された漁業補償金配分委員会においてなされている。）。」

4　同三四枚目裏一行目から同七行末尾までを、次のとおり改める。

「ところで、公有水面埋立法四条三項一号、五条二号が、漁業権者の同意を埋立免許の要件としたのは、右免許が付与されて埋立工事が行なわれると、当該水面において漁業権の目的である特定の漁業の遂行が実際上阻害され、また、埋立てにより水面が陸地になると、権利の性質上漁業権が消滅することから、漁業権者の同意を得さしめることにより、漁業権者に右権利の消滅につき対策を講じ自己の利益を擁護する機会を与え、もって漁業権者らの権利を保護し、権利侵害を救済するためであると解される。そうすると、公有水面埋立法は、当該水面における漁業権者に対し、埋立工事による漁業権の権利侵害を防止する機会を与えられるとの利益を保護しているものということができる。

しかし右漁業権者である漁業協同組合は、埋立免許出願者に対し、右同意によって法が間接に保障しようとした各種の社会的経済的利益を放棄し、将来の右埋立工事及び埋立のため漁業権の権利内容が侵害されることにより生じる物上請求権を行使しないことを約し、またこれを原因として生じる損害賠償請求権を免許を条件として予め放棄することは可能であり、埋立免許出願者との関係でこれらの利益ないしは権利が放棄されたときには、漁業権者が埋立免許処分の取消を求める法律上の利益は消滅するというべきである。そして右消滅とともに右漁業権から派生する権利である漁業を営む権利を有するに過ぎない組合員も、右組合と同様、右漁業を営む権利に基づく物上請求権を行使することができず、また損害賠償請求権を失い、したがつて同人についても、埋立免許処分の取消を求める法律上の利益は消滅するといわなければならない。

もつとも右の請求権放棄の意思表示は、公有水面埋立法六条、七条等によつて漁業権者に与えられた権利に及ぶものではないし、また、右の権利放棄が漁業権の得喪又は変更に類するものといえるから、水産業協同組合法四八条一項九号、五〇条四号が類推適用され、漁業協同組合総会の特別決議を要するといわなければならない。

以上の見地にたつて本件を見るに、前示の事実関係からすると、高山町漁協は、総会の特別決議をもつて、鹿児島県に対し、別紙図面中赤色部分を含む緑色で囲んだ部分に相当する埋立区域及び埋立工事施行区域内の漁業権消滅補償区域と、これらの部分を同図面中青色及び紫色で囲んだ部分から除外した部分に相当する埋立工事施行区域については、埋立免許に基づく埋立工事及び埋立により同漁協の五七号共同漁業権の一部が侵害され消滅する結果生じる、物上請求権や損害賠償請求権など一切の権利を放棄する旨を議決し、鹿児島県との間でその旨合意したものというべきであるから、控訴人若松等は本件埋立免許処分の取消につき法律上の利益を有する者に当たらず、当事者（原告）適格を欠くといわなければならない。」

5　原判決三四枚目裏一〇行目の「主張するが」とあるのを「主張するが、もともと漁業権者である漁業協同組合が埋立免許出願者に対し漁業権の行使を制約されることを約したときには、右漁業権から派生する権利である組合員の漁業を営む権利に基づく物上請求権の行使は許されず損害賠償請求権も消滅するものと解されるうえ、」と改め、同三五枚目表二行目の「（独自の見解であり）」を「独自の見解であり」と訂正し、同九行目から同枚目裏五行目の「解されるから」までを次のとおり改める。

「しかしながら高山町漁協は、公有水面埋立完成による漁業権の事実上の消滅に同意したに過ぎず埋立完成までは漁業権は消滅しないのであるから、それ以前の段階で漁業権変更につき都道府県知事の免許を受けるべき必要性を見出すことはできず、したがつて控訴人らは、変更免許の有無にかかわらず、本件埋立免許処分の取消を求めるにつき法律上の利益がないといわなければならない。」

6　原判決三五枚目裏六行目と七行目との間に、次のとおり加える。

「5　控訴人らは、公有水面埋立に対する漁業権者の同意や埋立免許によつては、漁業権は消滅せずその権利内容の変更も生じない旨主張するが、高山町漁協は、前示のとおり漁業権に基づく物上請求権及び損害賠償請求権を放棄して公有水面埋立法によつて保護された利益を放棄したのであるから、もはや本件埋立免許処分の取消を求めるにつき法律上の利益がないとの前示判断を左右できない。

6　そのほか当審における控訴人らの新たな主張にかんがみ、原審及び当審で提出された全証拠を参酌しても、控訴人らが本件処分の取消を求めるにつき法律上の利益を有するものということができない。」

二　よつて原判決は相当であつて、本件控訴は理由がないから、これを棄却することとし、訴訟費用の負担につき民事訴訟法九五条、八九条、九三条を適用して、主文のとおり判決する。

第一審の主文及び理由

○主　文

一　本件訴えをいずれも却下する。

二　訴訟費用は原告らの負担とする。

○理　由

第一　本案前の抗弁について

一　公有水面埋立免許取消訴訟の原告適格について

行訴法九条によると、行政処分の取消しの訴えを提起し得る者は、当該処分の取消しを求めるにつき「法律上の利益を有する者」に限られる旨規定されている。そして行政処分の取消訴訟は、その取消判決によつて処分の法的効果を遡及的に失わしめ、処分の法的効果として個人に生じている権利利益の侵害の状態を解消させ、右権利利益の回復を目的とするものであるから、右法条にいう「法律上の利益を有する者」とは、当該処分により自己の権利利益を侵害されまたは侵害されるおそれのある者をいい、右「権利利益」は行政処分がその本来的効果として制限を加える権利利益に限定されるものではなく、当該行政法規が私人等権利主体の個人的利益を保護することを目的として行政権の行使に制約を課していることにより保障されている権利利益もこれに当たるものというべきである。

したがつて、右の行政法規による行政権行使の制約に違反して処分が行われ行政法規による権利利益の保護を無視されたとする者も、当該処分の取消しを訴求することができ、また右制約とは明文の規定によるものに限られず、直接法律に規定がなくても、法律の合理的解釈により当然導かれる制約をも含むものと解される（最高裁昭和六〇年一二月一七日第三小法廷判決、判例時報一一七九号五六頁）。

しかし、右権利利益は、行政法規が個人的利益の保護を目的とするのではなく、他の目的特に公益の実現を目的として行政権の行使に制約を課している結果、たまたま一定の者が受けることとなるいわゆる反射的利益とは区別すべきものである（最高裁昭和五三年三月一四日第三小法廷判決、民集三二巻二号二一一頁）。

法二条に基づく公有水面の埋立免許は、一定の公有水面の埋立を排他的に行つて土地を造成すべき権利を付与する処分であるから、法五条各号所定の権利者に限らず、当該公有水面に関し権利利益を有する者は右埋立免許により当該権利利益を直接に奪われる関係にあり、その取消しを訴求することができるが、埋立免許に関し、法四条一項各号により課せられている制約によつて埋立予定地域付近に居住する住民が間接的に受ける利益の如きは反射的利益にすぎないものというべきである。

二　(1)ないし(3)の原告らの原告適格について

1　被告が鹿児島県に対し本件埋立処分をしたこと、本件公有水面には五七号共同漁業権が設定されていること及び本案前の答弁の理由5の㈠及び㈡の事実は当事者間に争いがなく、右争いのない事実に《証拠略》によると次の事実が認められ、右認定に反する証拠はない。

㈠　被告は、昭和五八年九月一日、本件公有水面を含む高山町地先の海面に高山町漁協のため五七号共同漁業権の免許をなし、(1)ないし(3)の原告らは同漁協が定めた漁業権行使規則に基づき右共同漁業権の範囲内で漁業を営む権利を有していた。

㈡　鹿児島県は、志布志石油国家備蓄基地建設のため本件公有水面を埋立てることを計画し、昭和五八年一〇月六日、本件公有水面に関し五七号共同漁業権を有する高山町漁協に対し、埋立につき法四条三項に基づく同意を求めた。

㈢　そこで、高山町漁協は、同月二二日、臨時総会を開催し、水協法五〇条、四八条一項に基づき、議決権を有する正組合員一二七名のうち一二四名の出席を得て、無記名投票の方法による特別決議を行つた結果、五七号共同漁業権の漁場区域のうち本件公有水面につき五七号共同漁業権を放棄する旨の漁業権一部放棄の議決（有効投票数一二五票中、賛成一〇二票、反対二一票）及び前記埋立同意の議決（有効投票数一一〇票中、賛成一〇四票、反対六票）をなした。

㈣　鹿児島県は、昭和五九年二月二七日、法二条に基づき、波見港湾管理者の長である被告に対し、本件公有水面埋立免許の出願をなし、被告は同年八月一一日本件埋立免許処分をなした。

2　前記一の判断及び右認定事実によると、(1)ないし(3)の原告らは、本件公有水面につき共同漁業権を有する者ではないから、法五条所定の公有水面に関し権利を有する者には該当しないものの、漁業法八条一項により高山町漁協の有する共同漁業権の範囲内で漁業を営む権利を有していたから、当該行政法規たる公有水面埋立法には明文の規定はないが、本件公有水面に関し権利を有してしたものというべきである。

しかしながら、高山町漁協は、臨時総会において、本件公有水面に関し共同漁業権を放棄する旨の漁業権一部放棄の特別決議を行つたものであるから、これにより右共同漁業権及びこれから派生する権利である右原告らの漁業を営む権利も本件公有水面につき消滅に帰し、右原告らは本件埋立免許処分の取消しにつき法律上の利益をもたず、原告適格を欠くものとしなければならない。

3 右原告らは漁業権は入会権と同様に関係地区住民の総有に属するから、関係地区住民全員の同意がなければ放棄できない旨主張するが漁業権は入会権とは異なり、知事の免許によつて発生する権利であり（漁業法一〇条）、一定の存続期間の経過によつて消滅し（同法二一条）、また漁業権の得喪又は変更が漁業協同組合の総会の特別決議事項であること（水協法四八条一項九号、五〇条四号）等からすると、総有に属する権利ということはできないから、右原告らの主張は（独自の見解であり）採用できない。

4 また右原告らは、漁業権の一部放棄は漁業権の変更に当たるから、知事の変更免許を受けなければ法的に実現しないのに、高山町漁協は右変更免許を受けていないし、また、漁業権の一部放棄を内容とする変更免許は法的にはあり得ない旨主張する。

《証拠略》によると本件公有水面に関し五七号共同漁業権を放棄することについて、漁業法二二条に基づく知事の変更免許を受けていないことが窺われるけれども、新たな漁場区域を一部を加えることなく、従前の漁場区域を一部除外し、もつて漁業権の一部を放棄することは新たな権利の設定を受けるわけではないから、右法条にいう知事の免許を要する「漁業権の変更」には当たらないものと解され、また漁業権は放棄することができ（同法三一条一項）、漁業権の対象となる漁場区域のうちその一部を除外する一部放棄も当然なし得るものと解されるから、右原告らの主張はいずれも理由がないものというべきである。

三 (4)ないし(22)の原告らの原告適格について

志布志港湾奥一帯が日南海岸国定公園に指定されていること、同国定公園について鹿児島県側の公園計画は別紙図面のとおり定められていること、本件埋立免許処分に伴い建設が予定されている志布志国家石油備蓄基地の西側海岸寄りの護岸は汀線から約五〇〇メートルの距離にあり、基地面積約一九六ヘクタールのうち三分の一強、約七〇ヘタクールが国定公園普通地域に位置することになること、右原告らは高山町、東串良町及び志布志町に住民登録していることは当事者間に争いがなく、弁論の全趣旨によると右原告らは右国定公園志布志海岸地区に隣接した地域に居住しているものと認められる。

右原告らは、本件埋立免許処分の取消しを求めるにつき、自然公園法及び自然環境保全法に定められた生命、健康上の利益等を有しているから、原告適格をもつ旨主張するが、このような利益は右各法律の適正な運用によって生じる公益の実現の結果右原告らに生じる反射的利益にすぎないものと解され、右原告らも本件埋立免許処分の取消しを求めるにつき、法律上の利益がなく、原告適格を欠くものというべきである。

第二　むすび

よつて、原告らの訴えは、いずれも不適法なものであるから、却下することとし、訴訟費用の負担につき行訴法七条、民訴法八九条、九三条を適用して主文のとおり判決する。

鹿児島地裁民、昭和五九年(行ウ)第二号、昭和六二年五月二九日判決（時報一二四九号四六頁）

◆10　漁業権は、免許を受けた漁業協同組合に帰属するもので、組合員の総有に属するものではない。

仙台高裁民、昭和六一年(ネ)第五四四号

昭六三・三・二八判決、棄却（確定）

控訴人（原告）　松橋幸四郎

被控訴人（被告）　日本原子力研究所

参加人　青森県知事

一審　青森地裁

関係条文　漁業法八条一項、一一条、二二条

【要　旨】

一　漁業権は免許を受けた漁業協同組合又は漁業協同組合連合会に帰属するものであって、関係地区漁民ないし組合員の総有に属するものではない。

二　共同漁業権の免許を受けている者が従前の漁場区域を一部除外し、漁業権の一部を放棄することは、新たな権利の設定を受けるわけではないから、漁業法二二条一項の変更免許を受けなければ法的な効果な生じないものとは解されず、なお、同法二二条、一一条その他の規定に照らしてみても、共同漁業権の一部放棄を受けてされる変更免許に際し、漁場計画の樹立が法律上要求されているものとは解されない。

○主　文

本件訴訟を棄却する。

控訴費用は控訴人の負担とする。

○事　実

第一　当事者の求めた裁判
一　控訴人
1　原判決を取消す。
2（主位的請求）
被控訴人は、原判決添付図面記載ウエオカキクケコの各点を順次結んだ線と高潮時海岸線で囲まれた区域で公有水面埋立をしてはならない。
3（予備的請求）
被控訴人は、原判決添付図面記載タクケセタの各点を順次結んだ線内の区域で公有水面埋立をしてはならない。
4　訴訟費用は第一、二審とも被控訴人の負担とする。
二　被控訴人及び参加人
主文同旨
第二　当事者の主張及び証拠
（以下略）

〇理　由

一　関根浜漁協が係争区域一を含むところの原判決添付図面テイアツの各点を順次結んだ線と高潮時海岸線とで囲まれた区域に東共第三一号及び第三二号共同漁業権（漁業権一斉切替後は東共第三三号及び第三四号共同漁業権）を、また係争区域二を含むところの同図面スシサセスの各点を順次結んだ線によつて囲まれた区域に東こわ区第一六号区画漁業権（漁業権一斉切替後は東こわ区第一五号区画漁業権）をそれぞれ免許取得したことは当事者間に争いがなく、控訴人が同漁協の正組合員であることは当審における〈証拠略〉によりこれを認めることができる。

二　控訴人は、関根浜漁協に免許された右各漁業権が控訴人を含む同漁協組合員ないし関係地区漁民に入会権と同様に総有的に帰属していると主張し、この漁業権に基づき、あるいは控訴人が同漁協組合員として有する漁業行使権ないし漁業を営む権利に基づく妨害排除請求として、被控訴人が本件各係争区域において行う公有水面埋立の差止を求めている。

そこで判断するに、少なくとも現行法上、漁業権は都道府県知事の免許によって設定されるものとされ（漁業法一〇条）、共同漁業権及び特定区画漁業権は、漁業協同組合又はこれを会員とする漁業協同組合連合会に帰属し、その構成員たる個々の組合員は、行使規則に従って、漁業協同組合又は漁業協同組合連合会の有する共同漁業権若しくは区画漁業権の範囲内において漁業を営む権利を有するものとされ（同法八条一項）、漁業権自体が一定の存続期間の経過によって消滅するものとされる（同法二一条）ほか、その保有主体たる漁業協同組合が適格性を喪失したときや公益上の必要が生じた時などは取消されるものとされ（同法三八条、三九条）、また、漁業権の得喪又は変更は漁業協同組合の総会の特別決議によってこれをなすものとされている（水産業協同組合法四八条一項九号、五〇条四号）ことに照らすと、現行法の下においては、漁業権は免許をうけた漁業協同組合又は漁業協同組合連合会に帰属するものというべく、漁業権が、関係地区漁民ないし組合員の総有に属するとの控訴人の主張は採用できない。右にみたところによれば、前記各漁業権は関根浜漁協に帰属し、控訴人は同漁協の組合員として、同漁協が右各漁業権を有することを前提として、行使規則に従って、同漁業権の範囲内において、漁業を営む権利を有するにすぎないものである。

三　被控訴人は、関根浜漁協が本件各係争区域に対して有する共同漁業権及び区画漁業権は、同漁協の昭和五八年八月七日の臨時総会においてこれを放棄する旨の特別決議がなされたことにより消滅し、これに伴い、控訴人が本件各係争区域で漁業を営む権利も消滅した旨主張するので、以下この点について判断する。

〈証拠略〉によれば、関根浜漁協は、昭和五八年八月七日臨時総会を開催し、同漁協の有する東共第三一号及び東共第三二号共同漁業権（漁業権一斉切替え後は、東共第三三号及び第三四号共同漁業権）を一部変更して、本件係争区域一（係争区域二を含む。）を右各共同漁業権に係る漁場の区域から除外し、かつ本件係争区域二についての東こわ区第一六号区画漁業権（漁業権一斉切替え後は、東こわ区第一五号区画漁業権）を放棄する旨の議案について、当時の正組合員二五四名のうち過半数が出席し、投票総数二三三票、賛成一五九票、反対七四票の特別決議をもって可決し、右共同漁業権の一部放棄については、漁業法二二条一項の規定に基づき、同年九月二九日、青森県知事の変更免許を受け、同日共同漁業権については漁場区域変更の登録、区画漁業権については漁業権消滅の登録がそれぞれなされたことが認められる。

そうすると、右決議は、前記水産業協同組合法四八条一項九号、五〇条四号所定の漁業権の得喪、変更に必要な特別決議の要件を満たしており、これにより、関根浜漁協は本件各係争区域についての右各共同漁業権及び区画漁業権を放棄し、これに伴い控訴人の右各係争区域内での漁業を営む権利も消滅したものというべきである。

四　控訴人は、右各漁業権は、入会権と同様に関係地区漁民ないし組合員全員の総有に属するから、その放棄には関係地区漁民ないし組合員全員の同意を要する旨主張する。

しかし、漁業権の帰属に関する右のような主張が採用し難いことは前記第二項においてみたとおりであり、現行法上、右各漁業権は前記水産業協同組合法の規定に従い、漁業協同組合の正組合員の二分の一以上が出席した総会の三分の二以上の多数による特別決議により放棄することができ、このほかに格別の同意その他の要件を必要とするものとは解されないから、控訴人の右主張は採用できない（最高裁第三小法廷昭和六〇年一二月一七日判決・最高裁民事裁判集第一四六号三二三頁参照（註）本書六頁）。

五　次に控訴人は、右臨時総会決議においてした共同漁業権の一部放棄は、漁業権の変更にあたり、漁業権の変更免許を受けなければ法的に実現しないところ、本件の変更免許はその前提として必要な漁場計画の樹立がなされておらず、またそもそも漁場計画の樹立ができない場合であるから、変更免許は無効であり右共同漁業権の権利内容は何ら変更はされていない旨主張する。

しかし、右臨時総会決議のごとく従前の漁場区域を一部除外し、漁業権の一部を放棄することは、新たな権利の設定を受けるわけではないから、漁業法二二条一項の変更免許を受けなければ法的な効果を生じないものとは解されないし、なお漁業法二二条、一一条その他の規定に照らしてみても、右のような漁業権の一部放棄の決議を受けてなされる変更免許に際し、漁場計画の樹立が法律上要求されているものとも認められないから、これを欠くことにより右漁業権の放棄が効力を生じていないとの控訴人の主張は採用し難い。

六　更に控訴人は、右臨時総会の特別決議には、正組合員の資格を欠く者が三三名加わっていて、これを除外すると右決議は否決された蓋然性が高く、右決議は無効である旨主張する。

しかし、〈証拠略〉によれば、控訴人主張の三三名はいずれも、関根浜漁協の定款の定めるところに従い、正組合員としての資格について資格審査委員会の審査を経た後理事会において正組合員と決定された者であることが認められ、これらの者が控訴人主張のごとく実際には正組合員資格を欠くのに決議に参加したというような事由は、水産業協同組合法一二五条所定の決議の方法の瑕疵として同条による行政庁に対する決議の取消請求の事由とはなりえても、右決議が右取消の手続をまたずに当然に無効となるものとはとうてい解されない。そして、〈証拠略〉によれば、関根浜漁協の組合員松橋幸次郎が他組合員二九名の同意を得て青森県知事に対してした右議決取消請求は、昭和五八年九月二七日棄却され、更に同人は同年一一月一五日に農林水産大臣に対し行政不服審査請求をなし、現に審査中であることが認められる。

そうすると右決議が無効であるとの控訴人の右主張は採用することができない。

七　以上によれば、関根浜漁協は、本件各係争区域に共同漁業権及び区画漁業権を有し、同組合の組合員である控訴人は、同漁業権の範囲内において漁業を営む権利を有していたものであるが、同漁協において本件各係争区域に対する漁業権を放棄する旨の特別決議を行ったことによって右各漁業権は消滅し、これに伴い控訴人の漁業を営む権利も消滅したものであるから、もはや控訴人は、本件各係争区域において被控訴人の行う公有水面埋立を差し止める何らの権利を有しないものであり、控訴人の本訴請求はいずれも理由がない。

そうすると、控訴人の本訴請求をいずれも棄却した原判決は相当であり、本件控訴は理由がないから、民訴法三八四条、九五条、八九条を適用して主文のとおり判決する。

（訟務三四巻一〇号一九六五頁）

◆11　新石垣空港建設に伴う漁業行使権確認請求控訴を棄却した事例

福岡高裁民、昭和六三年㈵第二五号
平元・三・七判決、棄却
原告人　内原克外二八名
被告人　沖縄県
一審　那覇地裁
関係条文　漁業法八条一項、一〇条、一一条

【要　旨】
一　漁業行使権確認請求につき、被告が訴訟中に右権利の存在を認めたとしても、それだけでは確認の利益は失われない。
二　漁業権免許状には除外区域の記載がなくても、右免許に至る諸事情から漁業権の漁業区域から除外区域が除外されていることは、明らかである。

〇主　文

本件控訴をいずれも棄却する。
控訴費用は、控訴人らの負担とする。

〇事　実

第一　申立て
一　控訴人ら
1　原判決中控訴人ら敗訴部分を取り消す。
2　控訴人らが、沖縄県知事が訴外八重山漁業協同組合に対し昭和五八年九月一日免許した共同漁業権（免許番号共同第二四号）に基づき、原判決添付別紙区域目録㈠記載の漁業権除外区域及び同㈢記載の施行区域において各自漁業を営む権利を有することを確認する。
3　訴訟費用は、第一、二審とも被控訴人の負担とする。
二　被控訴人
主文同旨
第二　主張
次のとおり付加する外は、原判決事実摘示のとおりであるから、ここにこれを引用する。
一　控訴人ら
1　施行区域について
㈠　漁業協同組合あるいはその連合会が共同漁業権を取得した場合において、その漁業権を管理し、あるいは、組合員にその行使をさせる場合には、必ず漁業権行使規則を作成し、都道府県知事の認可を受け、これに基づいて行わなければならない（法八条）ところ、施行区域においては、埋立工事中漁業権の行使を制限されることとなるので、右規則の変更が必要である。
そして、本件海域においては第一種共同漁業権を内容と

する共同漁業権があるから、右規則の変更には、水産業協同組合法五〇条の規定する特別決議と関係区域内に住居を有するものの三分の二以上の書面による同意を得なければならない（法八条三号）。

ところが、控訴人らの所属する訴外組合においては、有効な特別決議も書面による同意もなされていない。

(二) 被控訴人は、訴外組合の「漁業権に関連する決議」のあつた漁業総会に出席し、右手続きの違法を知つており、また、漁業権行使規則については沖縄県知事の認可を受けねばならないことから、右規則の変更がされていないことも十分承知している。したがつて、被控訴人は、控訴人らにおいて本件施行区域で何らの制限を伴わない漁業行使権があることを知りながら、埋立工事に伴い、違法に右区域における漁業行使権を制限しようとしている。

(三) 漁業権は、漁業法上物権とみなされており、漁業権の主体である漁業協同組合に属する組合員も、右漁業権（共同漁業権）に基礎をおく権利として、漁業行使権を有し、いわゆる物上請求権を有している。

(四) 被控訴人は、前記のように、施行区域内の漁業行使権に対する制限が適法になされていないことを知りながら、施行区域内の漁業権の一時行使制限を行おうとしており、控訴人らの漁業行使権を不法に侵害する現実の危険が存在するので、右危険を抜本的に解決するための有効適切な手段として、本件確認判決を得る必要がある。

2 除外区域について

(一) 漁業免許の記載事項については、法律上の定めはないが、昭和三八年四月二〇日三八水漁第二三七八号水産庁長官通達、昭和三一年五月四日三一水第四二八九号水産庁長官通達は、漁業免許を付与した海域を特定する上で漁場図面が不可欠であるため、免許状の交付と同時に免許漁場図面を交付することを要求している。

(二) 右免許状は、多数の漁業協同組合員に物権的効力を有する「漁業を営む権利（漁業行使権）」という権利（私権）を創設し、また、制限するものであるから、その様式は、形式に従つたものでなければならず、その意味解釈も、免許状の記載内容のみから客観的に判断しうるものでなければならない。そうでなければ、多数の組合員間において、権利の内容、漁業権の範囲等について疑義を生ぜしめ、法的安定性に欠ける事態となるからである。

(三) したがつて、免許状以外の事情により、漁業権の存否・範囲を判断するのは、著しく法的安定性を欠く解釈というべきであり、免許状及びこれとともに交付された漁場図面の記載によつて客観的に判断すべきである。本件免許状及び漁場図面には、除外区域の記載はないので、本件海域に設定された漁業区域は全部に及び、いわゆる除外区域も含めて漁業権が存在するというべきである。

二　被控訴人

控訴人らの右主張は、いずれも争う。

第三　証拠

本件記録中の証拠目録（原審）記載のとおりである。

○理　由

一　当裁判所も、控訴人らの本訴請求のうち、控訴人らにおいて、施行区域において漁業行使権を有することの確認を求める訴えは確認の利益を欠き、却下すべきであり、除外区域において漁業行使権を有することの確認を求める部分は理由がないので棄却すべきであると判断するが、その理由は、次に付加・訂正する外は原判決の理由説示のとおりであるから、ここにこれを引用する。

1　原判決一六丁表一二行目の次に、行を改めて、「なお、控訴人らは、施行区域内において、埋立工事中漁業権の行使を制限されるので、漁業権行使規則の変更が必要であるところ、本件においては、右規則の変更に必要な訴外組合の特別決議も、関係住民の書面による同意もなされていないから、右漁業行使権の制限は違法であり、被控訴人は、これを知りながら、漁業権の一時制限を行い、控訴人らの漁業行使権を侵害しようとしているから、右侵害の危険を抜本的に解決するため、本件確認判決を得る必要があると主張する（当審における控訴人らの主張1）けれども、本件において控訴人らが求めているのは、施行区域において控訴人らが漁業行使権を有することの確認であり、控訴人らが右区域において漁業行使権を有していることは、被控訴人が一貫して認めて争わないところであることは、先に説示したとおりであるから、控訴人ら主張の事由は、施行区域についての本件訴えの確認の利益を基礎づけるものではない。」を付加する。

2　原判決二二丁表六行目の「いる。」を「おり、」と改め、その次に、「漁業権免許の申請が右公示された免許の内容と異なる場合は、都道府県知事は漁業の許可をしてはならない（同法一三条一項二号）こととされている。」を付加する。

3　原判決二三丁裏四行目の「計画」の次に、「の『免許の内容たるべき事項』中の『漁場の区域』」を、同末行の「二八日、」の次に、「前記告示によって公示された共同第二四号共同漁業の免許を受けたいので申請する旨の」を、それぞれ挿入する。

4　原判決二四丁表三行目の次に、行を改め、「そして、前記認定のとおり、右同日、県公報に右免許した旨が公示された（沖縄県告示第五二一号）が、その免許の内容としては、『昭和五八年沖縄県告示第三七〇号で告示したとおり』と表示された。」と挿入する。

5　原判決二四丁裏六行目の「められる。」の次に、「控訴人らにおいても、本件免許の漁場区域から本件の『除外区域』なるものが除外されていること自体は本件免許の当時から熟知していたことは、本訴においても、右除外区域にも控訴人らが漁業行使権を有している理由として、当初は（昭和六一年一一月四日付準備書面を提出するまでの間）、右「除外」がなされていることを前提としたうえで、原判決添付別紙図面表示のJ点が最大高潮時の海岸線に結びつかないから、右除外区域の特定がなされていないので除外の効果は発生していないという理由のみを主張していたことが本件記録上認められることからも、明らかである。」を付加する。

6　原判決二五丁裏七行目の次に、行を改めて、「なお、控訴人らは、本件免許が、多数の漁業協同組合員らに、物権的効力を有する漁業行使権を付与する行為であるから、法的安定性の観点からも、本件免許状及び漁場図面以外の事情を斟酌して漁業権の存否・範囲を決定することは許されないと主張する（当審における控訴人らの主張2）けれども、右の認定したとおりの現行漁業法の漁場計画制度の特質・漁業権免許の手続き及び本件における具体的な免許手続き並びに訴外組合（その組合員である控訴人らを含めて。）においても、右漁場計画制度及び免許手続きの当然の結果として、本件免許の申請及び免許がなされた当時、本件免許により設定される漁業権の漁場区域から除外区域が除外されていることは、明白に了知し、これを前提として免許申請などの行動をとっていたことなどに照らし、控訴人らの右主張が理由のないことは明らかである。」を付加する。

二　よって、原判決は正当で、本件控訴はいずれも理由がないから、これらを棄却することとし、訴訟費用の負担につき民訴法九五条、八九条、九三条を適用して主文のとおり判決する。

第一審の理由

○理　由

第一　本案前の主張に対する判断

被告は、本件海域のうち、施行区域及び消滅区域の両区域についての訴えは、確認の利益を欠き不適法であると主張するので、以下検討する。

一　施行区域について

1　弁論の全趣旨によれば、本件における施行区域は、埋立工事等の施行のために工事目的物の周囲を一時期占有して、作業舟等の往来、汚濁防止膜の展張等に供する区域であって、同区域においては、工事期間中という限定された期間、漁船の往来、漁業の禁止など漁業権者の漁業に一定の制限が加えられるものであり、埋立区域と異なり、現在あるいは将来においても漁業権を消滅させる区域でないことが認められる。

被告は、右施行区域に関して、本件訴訟を通じて一貫して、原告らの漁業行使権の存在を認めていることも、当裁判所に顕著な事実である。

2　一般に、確認訴訟において確認の利益が存するといえるためには、被告に対する関係で、原告らの権利又は法的地位に現在の危険あるいは不安定が存在し、それを除去するために確認判決を得ることが有効適切な手段であることが必要であると解される。

右見地に立って、本件の施行区域に関して確認の利益の存否を検討するに、前記のとおり、施行区域は漁業行使権の存在を認めたうえで工事期間中に漁業行使権の行使に一定の制限を加えるにすぎないこと、被告において原告らの右区域における漁業行使権を認め、原告らの漁業行使権について疑義、紛争が存しないことに鑑みると、本件においては、右施行区域につき、一般的には確認の利益は存しないといわなければならない。

右状況のもとで、なお確認の利益が存するといえるためには、原告らにおいて、右区域における原告らの漁業行使権に対し、現時点でそれが存在しないことを根拠として被告が制限の名のもとで否定したりあるいは奪おうとするなど、漁業行使権の存在を危険あるいは不安定ならしめる事情について主張し立証しなければならないものと解される。本件において、原告らからこの点に関する主張立証はない。

以上のとおりであって、原告らの施行区域についての訴えは、結局確認の利益を欠くものと認められ、不適法といわなければならない。

二　消滅区域について

1　〔証拠略〕によれば、消滅区域は、被告が新石垣空港建設のため埋立を予定している埋立区域と、漁場計画によって漁場区域から除外されるに至った除外区域とが一致しないことによって生じた誤差部分であって、いずれ漁業権消滅の手続を履践することが予定されている区域であること、右誤差が生じた原因は、空港基本計画作成図面（二五〇〇分の一）の精度と漁場計画作成図面（二〇万分の一）の精度の差など行政手続上の誤りに起因することが認められる。

2　右消滅区域につき、被告は本件訴訟において、当初、原告らの漁業行使権を争っていたこと、その理由として、訴外組合が昭和六一年四月二八日開催の臨時総会で消滅区域についての共同漁場権放棄及び新石垣空港建設のための公有水面埋立ての同意を決議したことにより、右区域についての訴外組合の共同漁業権は消滅した旨を主張していたこと、ところが、被告はのちに、右主張を撤回して右区域についての原告らの漁業行使権の存在を認め、右区域について確認の利益がないとして訴え却下を求めるに至ったことは、本件訴訟記録上明らかな事実である。

3　一般に、確認訴訟において、原告の権利を争っていた被告が右訴訟進行中にこれを認めるに至つても、被告において再度原告の権利を争う危険がないことを示す事情が存する場合を除き、直ちに当該訴訟において原告の権利を確認する利益が失われるものと解することはできない。

そこで、本件において、右に述べた事情が存するか否かについてみるに、本件記録を精査するもこれを求めることはできず、かえつて次のような事情が認められる。

(一)　被告が従前の主張を撤回した理由は、漁業権者がその漁業権の一部を放棄した場合は、漁業権の全部を放棄した場合と異なり、漁業権消滅の法的効果が確定的に生ずるのではなく、漁業権者が一部放棄を根拠として、漁業法二二条所定の変更免許を受けたときにはじめて、漁業権一部消滅の法的効力が生ずるものと解し、本件においては、消滅区域の共同漁業権消滅につき未だ変更免許がなされていないから、被告としては消滅区域につき原告らの漁業行使権が存していると解する外はない、というものである（この点も本件訴訟記録上明白である。）。

(二)　このように、被告は、漁業法二二条の解釈等についての見解を変更したことにより、従前の主張を撤回したものである。右の漁業法二二条の解釈等については、被告の見解と異なる見解も存する（福岡高裁昭和四八年一〇月一九日判決・判例時報七一八号一〇頁以下参照）から、被告が今後異なる見解を採用して、訴外組合の消滅区域における共同漁業権の消滅を主張し、原告らの漁業行使権を争う可能性がないとは言えない。以上のとおりであつて、本件において、被告が消滅区域について、再度原告らの漁業行使権を争う危険がないものと認めるに足る事情は見当たらず、かえつて、消滅区域が生じた原因及び右認定の諸事情に照らすと、被告は暫定的に原告らの漁業行使権を認めているに過ぎないものと解され、今後これを再度争う可能性があることを否定できない。

したがつて、消滅区域について、原告らが本件訴訟を維持し、漁業行使権の確認を求める利益が存するものと認めるのが相当であつて、この点に関する被告の本案前の主張は失当である。

第二　本案に関する判断

一　消滅区域における原告らの漁業行使権について

1　請求の原因1（原告らが訴外組合の正組合員又は准組合員であつて、現に漁業を営んでいるものであること）の事実は、当事者間に争いがない。

2　訴外組合が、昭和五八年九月一日沖縄県知事から本件海域のうち消滅区域について第一種及び第二種共同漁業権の本件免許を受けていることも、当事者間に争いがない。

3　消滅区域について確認の利益が存することは前記のとおりであり、右の事実によれば、原告らはいずれも訴外組合が取得した共同漁業権に基づき、本件海域のうち消滅区域において漁業行使権を有するものと認めることができる。

二　除外区域における原告らの漁業行使権の存否について

原告らは、訴外組合は本件免許により除外区域についても共同漁業権を取得したと主張し、その理由として、訴外組合に送付された本件免許状には、漁場区域から除外区域を除外する旨の記載が一切存しないから、本件免許状記載のとおり除外区域についても共同漁業権設定の効力が生じている旨を述べる。

以下、右主張の当否について検討する。

1　原本の存在及び〔証拠略〕によれば、昭和五八年九月一日沖縄県知事による本件免許処分がなされたのち、右同日訴外組合に対し本件免許状が送付されたこと、本件免許状には、「漁場の位置及び区域」と題する項目が存するが、右項目欄には「別紙漁場図のとおり」との記載があるにとどまり、添付された漁場図には、本件免許にかかる漁場区域の全体枠が図示されているものの、本件係争の除外区域を始めその他の除外すべき水域については図示されていないことが認められる。

2　現行漁業法は、漁業権免許の意思表示方法については規定をしていない。しかし、水産庁長官通達「漁業権の免許に関する事務処理について」（昭和三八年四月二〇日三八水漁第二三七八号）が存在し、右通達が免許をした者に対する免許状（指令書）の交付を指導していることに鑑みると、漁業権免許の意思表示については、右通達に従って免許状の交付によって行われているものと解され、訴外組合に対する本件免許の意思表示も本件免許状の交付により行われたものと認めることができる。

なお、原本の存在及び〔証拠略〕によると、本件免許状の送付日と同日、沖縄県告示第五二一号をもって、県公報に本件免許の公示がなされたことが認められるが、免許の公示をする趣旨は、他の漁業権者との間の漁業調整等公益上の必要の見地から、免許申請者のみならず広く一般に免許内容を通知することにあると思料されるから、右公示をもって本件免許の意思表示がなされたものと解することはできない。

3　また、一般に、行政行為は表示行為によって成立するものであることは、原告ら主張のとおりであって、行政機関の確定した内部的意思が書面によって表示されたときは、書面の作成によって行政行為が成立し、右書面が相手方に到達したときに行政行為の効力を生じ、その書面によって表示された内容が原則として当該行政行為の内容となるものと解される。

しかしながら、書面に表示された行政行為の内容が如何なるものであるかについて、原告らの主張のように、当該書面の記載内容のみから一義的に判断し、その他の事情は一切考慮しないとすることは形式的に過ぎて相当でないものと解される。行政行為の内容を判断するにあたり、当該書面の記載内容が最も重要な判断材料であることはもちろんであるが、右記載内容と矛盾しない限り、記載事項の重要度、記載省略の相当性などに照らし、当該行政行為の当時、関係当事者間において既に了解されあるいは明白な当該行政行為手続にあらわれた諸事情をも補充資料として、当該書面に表示された行政行為の内容を解釈あるいは判断することは当然許されるものと解される。

4 そこで、右見地にしたがい、本件において、漁業権免許制度の趣旨及び本件免許に至る手続経過などについてみることとする。

(一) 現行漁業法は、漁業権免許（同法一〇条）について、旧漁業法（明治四三年法律第五八号）の先願主義と更新制度を廃止し、漁業権免許の内容等を事前に決定するいわゆる漁場計画制度を採用している（同法一一条）。すなわち、漁業権の設定については、漁場の利用方式につきあらかじめ都道府県知事が漁場の利用計画（漁場計画）を定め（同法一一条一項）、これに従つて漁業権免許の申請を行わせ、漁場計画の内容と合致した申請についてのみ、申請者の適格性を審査し（同法一四条）、優先順位に従つて（同法一五条）免許することとされた。そして、漁場計画の内容と異なる個別的な申請を認めないため、漁業権取得の機会を広く保障する必要があるので、都道府県知事は、漁場計画を公示しなければならない（同法一一条五項）としている。

このような漁場計画制度の特質上、免許申請者は、申請にあたり、既に、免許により設定される漁業権の確定的内容を了知しているということができる。

(二) 前掲〔証拠略〕、原本の存在及び〔証拠略〕を総合すると、本件免許に至る手続経過は、次のとおりであることが認められる。

沖縄県農林水産部漁政課は、本件免許の準備作業として、昭和五六年四月ころから、訴外組合、関係行政機関等に対して漁場利用の調査等を行い、昭和五七年九月二八日漁場計画の素案を作成、配布して、意見照会を行つた。これに対し、同年一〇月二六日付で、沖縄県土木建築部空港課から縮尺二万分の一の地図を提出したうえ、右地図表示の新石垣空港建設予定海域（護岸から一〇〇メートル離れた海域及び誘導灯周辺海域を含む。）について漁場計画を樹立しないようにとの要望がなされた。

昭和五八年二月八日、沖縄県知事は、漁場計画案を作成し、同日これを沖縄海区漁場調整委員会（以下「漁業調整委員会」という。）に諮問した。右漁場計画案においては、新石垣空港建設のため公有水面埋立てが予定されている区域等を漁場区域から除外することとし、前記空港課提出の地図（写し）に右区域を赤線で表示した図面（以下「除外区域図」という。）を右計画案に添付した。

漁業調整委員会は、同月一〇日から審議を開始し、漁場計画案を訴外組合や、関係行政機関の縦覧に付するとともに、昭和五八年三月二二日、八重山地区において公聴会を開催した。右席上、新石垣空港建設に伴う漁場区域の除外部分について格別の意見は述べられなかった。

同年五月三〇日、漁業調整委員会は、沖縄県知事に対して漁場計画案どおり答申し、同年六月二二日、沖縄県知事は漁場計画（本件漁場計画）を決定し、同月三〇日、これを沖縄県告示第三七〇号をもって、県公報に公示した。

本件漁場計画には、合計一七か所の除外水域が存するところ、そのうち新石垣空港建設のため漁場区域から除外される区域は、前記除外区域図に基点及びAないしJの各点を定めて、各点の方位及び距離を読み取って表示され、漁場計画の公示において、右AないしJの各点を順次結んだ線及び最大高潮時海岸線により囲まれた区域として表示された。

訴外組合は、昭和五八年七月二〇日、臨時総合を開催し、本件漁場計画の内容どおりの共同漁業権を取得する旨を決議し、同月二八日、免許申請を行った。これに対して沖縄県知事は、昭和五八年九月一日本件免許を行い、同日訴外組合に本件免許状を交付したものである。

以上の事実が認められ、他に右認定を覆すに足る証拠は存しない。

㈢　右認定事実によると、本件免許により設定される共同漁業権の漁場区域から、新石垣空港建設に伴う埋立て予定海域が除外されることは、遅くとも昭和五八年三月二二日ころから訴外組合には明らかとなり、さらに本件漁場計画が公示されたことにより、除外される区域の存在及びその具体的位置、範囲も訴外組合に明白となったものと認めることができる。

また、訴外組合は、本件漁場計画の内容どおりの共同漁業権を取得することを決議し、これにしたがって本件免許の申請を行ったのであるから、前述の漁場計画制度の特質に照らし、本件免許により設定される共同漁業権の漁場区域から除外区域が除外されていることは、本件免許の当時、明白に了解していたことが認められる。

㈣　前掲〔証拠略〕によれば、沖縄県における漁業権免許状の記載方式は、従前から、漁場の位置及び区域については、漁場区域の全体枠のみを表示した漁場図のみを添付し、除外水域図の添付を省略してきたことが認められる。

以上の諸事情に照らして、本件免許状に記載された行政処分の内容がいかなるものであるか、除外区域について共同漁業権設定の免許がなされたものであるかについて判断するに、本件免許状に添付された漁場図には、漁場区域の全体枠のみが図示され、除外される区域が図示されていないものの、現行漁業法の漁場計画制度の特質に照らし、訴外組合は免許申請以前の段階から本件漁場計画の内容を了知することができたこと、訴外組合は右漁場計画の内容どおりの共同漁業権を取得することを決議し、右決議にしたがつて本件免許の申請を行つたものであること、したがつて訴外組合は本件免許当時、前記の新石垣空港建設のため除外される区域を始め合計一七か所の区域について漁場区域から除外するとの本件漁場計画の内容を明白に了解していたことが認められること、その他漁業免許状に全体枠のみを表示した漁場図を添付し、除外区域図を省略してきた経緯等に鑑みると、本件免許は、訴外組合に対し、本件免許状に添付の漁場図に表示された漁場区域のうち、本件漁場計画の過程で除外された区域を除くその余の区域について共同漁業権を設定するものであると解することができる。

また、本件免許の表示内容を右のように解釈しても、本件免許状の記載内容と矛盾するものでもない。

そして、弁論の全趣旨によると、本件漁場計画における前記除外区域図に点AないしJとして表示された各点は、別紙図面表示の点AないしJの各点と一致すると認められ、結局、訴外組合に対する本件免許によつては、本件係争の除外区域については共同漁業権は設定されていないものといわざるを得ない。

本件記録上、他に、訴外組合が本件免許により除外区域についても共同漁業権を取得したとの原告らの主張を認めるに足る証拠は存在しない。

したがつて、この点に関する原告らの主張は結局失当といわなければならない。

第三　結語

以上の次第であるから、原告らの本訴請求中、原告らが施行区域において各自漁業行使権を有することの確認を求める訴えは、確認の利益を欠き不適法であるからこれを却下し、原告らが消滅区域において各自漁業行使権を有することの確認を求める請求は、理由があるからこれを認容し、原告らが除外区域において各自漁業行使権を有することの確認を求める請求は、理由がないからこれを棄却し、訴訟費用の負担につき民事訴訟法八九条、九二条本文、九三条一項本文を適用して、主文のとおり判決する。

那覇地裁民、昭和六一年(ワ)第四九号、昭和六三年二月二三日、判決

（自治四六号六六頁）

◆12　組合員の漁業を営む権利は、漁業協同組合という団体の構成員としての地位に基づき、組合の制定する漁業権行使規則の定めるところに従って行使することのできる権利である。

最高裁一小民、昭和六〇年(オ)第七八一号

平元・七・一三判決、破棄差戻

上告人（被告）　大分市白木漁業協同組合

被上告人（原告）　若林公正

一審　大分地裁　二審　福岡高裁

関係条文　漁業法六条一項、八条、水協法八条一項九号、五〇条

【要　旨】

一　共同漁業権は、古来の入会漁業権とはその性質を全く異にするものであって、法人たる漁業協同組合が管理権を、組合員を構成員とする入会集団が収益権能を分有する関係にあるとは到底解することができず、共同漁業権が法人としての漁業協同組合に帰属するのは、法人が物を所有する場合と全く同一であり、組合員の漁業を営む権利は、漁業協同組合という団体の構成員としての地位に基づき、組合の制定する漁業権行使規則の定めるところに従って行使することのできる権利である。

二　漁業協同組合がその有する漁業権を放棄した場合に漁業権消滅の対価として支払われる補償金は、法人としての漁業協同組合に帰属するものというべきであるが、現実に漁業を営むことができなくなることによって損失を被る組合員に配分されるべきものであり、その方法について法律に明文の規定はないが、漁業権の放棄について総会の特別決議を要するものとする水協法の規定の趣旨に照らし、右補償金の配分は、総会の特別決議によってこれを行うべきものと解する。

〇主　文

原判決中上告人敗訴部分を破棄する。

前項の部分につき本件を福岡高等裁判所に差し戻す。

〇理　由

上告代理人岡村正淳の上告理由第一点について

一　原審が確定した事実関係は、次のとおりである。

(一)　上告人は、昭和二四年一二月一〇日設立された漁業協同組合であり、被上告人は、昭和四二年四月一日以降上告人の正組合員である。

(二)　上告人は、大分市及び別府市の他の四漁業協同組合（大分漁業協同組合、大分市西部漁業協同組合、三佐漁業協同組合及び

別府市漁業協同組合）とともに、昭和五〇年三月一日、国（九州地方建設局長）との間で、建設省が施行する一般国道一〇号線（いわゆる別大国道）拡幅工事に伴う漁業に関する損失につき損失補償契約を締結した。右契約において、国は、上告人ら五組合がその有する共同漁業権の一部を放棄することに対する補償金として四億三八三〇万円を支払うものとされ、右補償金のうち一億七六七〇万円（以下「本件補償金」という。）が上告人に支払われた。

㈢　上告人は、昭和五〇年三月三一日、本件補償金の配分の件を議題とする臨時総会を開催し、組合員総数六三名（正組合員五九名、准組合員四名）のうち五五名（うち委任状によるもの一〇名）が出席した。そして、組合執行部から、⑴　本件補償金のうち一二〇〇万円は組合員に分配せず、組合に留保しておき、その一部で建設省が設置を約した船溜りに付属施設を作る、⑵　残りの一億六四七〇万円のうち四七〇万円を調整金とし、その余の一億六〇〇〇万円を、漁業依存度七〇パーセント、年功二〇パーセント、資材五パーセント、均等割五パーセントの基準により各組合員に配分するものとし、右基準に基づく各組合員への具体的配分額の決定を執行部役員に一任するとの執行部案が提示され、討議が行われた結果、反対のあるままその旨決議された（以下、右決議を「本件総会決議」という。）。

㈣　被上告人は、昭和五〇年四月頃上告人から補償金配分額払込みの通知を受けて、自己に対する配分額が約六六〇万円であることを知り、一〇〇〇万円を下ることはないものと思っていたことなどから、右配分額に納得できず、昭和五二年六月一五日、本件訴訟を提起するに至った。

二　原審は、右事実関係に基づき、次のように判示し、被上告人の請求を棄却した第一審判決を変更して、本件総会決議が無効であることを確認した。

㈠　漁業法（昭和二四年法律第二六七号）は、従来の入会的権利である地先水面専用漁業権と慣行専用漁業権を廃止して共同漁業権とし、その免許は申請により漁業協同組合又は漁業協同組合連合会に与え（一四条八項）、漁業協同組合の組合員は当該漁業協同組合又は漁業協同組合連合会の有する共同漁業権の範囲内において漁業を営む権利を有するものとしているが（八条）、これは、従来の権利の性質に変更を加えたわけではなく、漁業協同組合を設立して団体的規律を加えるとともに、主として漁民の厚生保護、資材・施設の共同購入、共同管理等の便宜を与えることを目的としたものであるから、入会漁業権の帰属関係に実質的な変更をもたらしたとはいえず、法人たる組合が管理権を、組合員を構成員とする入会集団（漁民集団）が収益機能を分有する関係にあると認められる。

㈡　そして、本件補償金は、右収益権能喪失による損失の補償を目的として入会集団に支払われたものと認められるから、上告人の組合員を構成員とする入会集団に、分割されない一体のものとして総有的に帰属するものというべきであり、帰属主体たる入会集団の規範による分割手続を経て、構成員たる個々の漁民に分配帰属するものと解されるが、右分配は、特段の慣行的規範が形成されていない限り、構成員全員一致の協議によるのを原則とし、右協議が成立しないときは、民法二五八条一項を準用して分配するほかはないものと解される。

㈢　総有は入会集団の慣行に由来するものであるから、総有における全員一致の原則も入会集団の慣行の変化に伴って修正されることがあり得ることは否定できず、漁業法及び水産業協同組合法は、入会集団に法人格を付与し、その組織及び活動に近代的原理を導入し、共同漁業権の放棄、漁業権行使規則の制定・変更等本来入会集団の権限であった事項につき組合総会の特別決議事項として多数決原理を採用しているから、そのことが組合と表裏の関係にある入会集団の意思決定方法についての組合員の規範意識に変化をもたらし、多数決の慣行が生成されることはあり得ることではあるが、共同漁業権の実質的内容をなす漁業を営む権利は組合員に総有的に帰属するもので、漁業協同組合の特別決議事項とされている漁業権の管理の側面とは異なっているばかりでなく、漁業権の消滅によって被る組合員の損害は均質ではなく、多数決原理が必ずしも公平に妥当するとはいい難いから、たやすく多数決原理の慣行を認めることは問題があるところ、上告人において、本件以前に、漁業補償金の配分につき多数決原理が慣行として確立していたものとは認められない。

㈣　そうすると、本件総会決議は、全員一致を欠くものであり、無効というべきである。

三　しかしながら、原審の右判断はたやすく是認することができない。その理由は次のとおりである。

1　現行漁業法の定める共同漁業権は、旧漁業法（明治四三年法律第五八号）のもとにおける専用漁業権及び特別漁業権を廃止して、従来の定置漁業権の一部とともに第一種ないし第五種の共同漁業権に編成替えされたものであり、沿革的には、入会的権利と解されていた地先専用漁業権ないし慣行専用漁業権にその淵源を有することは疑いのないところである。

2　しかしながら、現行漁業法によれば、漁業権は都道府県知事の免許によって設定されるものであり（一〇条）、しかも、旧漁業法が先願主義により免許していたのを改めて、都道府県知事が海区漁業調整委員会の意見をきき水面の総合的利用、漁業生産力の維持発展を図る見地から予め漁場計画を定めて公示し（一一条）、免許を希望する申請人のうちから、適格性のある者に、かつ、各漁業権について定められた優先順位に従って免許を与えるものとされており（一三条ないし一九条）、漁業権の存続期間は法定されていて、その更新は認められていない

（二一条）。

3　また、同法は、共同漁業権につき、その免許について適格性を有する者を漁業協同組合又は漁業協同組合連合会（以下「漁業協同組合等」という。）に限定し（一四条八項）、右適格性を有する漁業協同組合等に対してのみ免許をするものとする（一三条一項）一方、漁業協同組合の組合員（漁業者又は漁業従事者である者に限る。）であって、当該漁業協同組合等がその有する共同漁業権ごとに制定する漁業権行使規則で規定する資格に該当する者は、当該漁業協同組合等の有する当該共同漁業権の範囲内において漁業を営む権利を有するものとしている（八条一項）。右八条一項の規定は、昭和三七年法律第一五六号による改正前の漁業法八条が、漁業協同組合の組合員であって漁民（漁業者又は漁業従事者たる個人をいう。）である者は、定款の定めるところにより、当該漁業協同組合等の有する共同漁業権の範囲内において「各自漁業を営む権利」を有すると規定していたものを改めたものであるところ、右改正前の規定については、右のように漁民である組合員全員が「各自漁業を営む権利」を有するものとしていたところから、漁民による漁場管理というわゆる組合管理漁業権の本質を法的に表現したもので、組合が管理権限を持ち組合員がそれに従って漁業を営む関係は陸における入会山野の利用関係と同じであり、組合員たる資格を有する漁民は各自漁業を営む権利を有するが、その行使方法を定款で定め、形式的、機械的にではなく、団体規制下に実質的平等に権利を行使させようとするものであるとの見解を容れる余地があった。これに対し、右改正後の規定は、いわゆる組合管理漁業権について、組合員（漁業者又は漁業従事者である者に限られる。）は、組合が定める漁業権行使規則に規定された資格を有する場合に、当該漁業権の範囲内においてその内容たる漁業を営む権利を有するものとし、組合員であっても漁業権行使規則に定める資格要件を充たさない者は行使権を有しないことを明らかにしたもので、全組合員の権利という意味での「各自」行使権は存在しなくなるため、旧規定の「各自」の文言は削除された。そして、右漁業法の改正と同時に行われた水産業協同組合法の改正により、漁業権行使規則の制定、変更及び廃止が、総組合員（准組合員を除く。）の半数以上が出席しその議決権の三分の二以上の多数による議決を要する総会の特別決議事項とされたが（四八条一項一〇号、五〇条五号）、同時に、右改正後の漁業法では、特定区画漁業権及び第一種共同漁業権について漁業権行使規則を定めるについては、右議決前に、当該漁業又は沿岸漁業を営む者の三分の二以上の書面による同意を得なければならないものとして（八条三項）、関係地区内の漁業者等の利益保護の見地から組合意思の決定に制約を加えているほか、漁業権行使規則は、都道府県知事の認可を受けなければその効力を生じないものとされている（同条四項）。

4　他方、水産業協同組合法によれば、漁業協同組合は法人とされ（五条）、組合員たる資格要件（一八条）を備える者の加入を制限することはできず（二五条）、組合からの脱退も自由とされている（二六条）。また、漁業協同組合は、組合員に対する事業資金の貸付け等同法一一条一項各号所定の事業を営むほか、一定の組合は、組合員の三分の二以上の書面による同意があるときには、自ら漁業を営むことができるものとされている（一七条）。更に、漁業権又はこれに関する物権の設定、得喪又は変更は総会の特別決議事項とされており（四八条一項九号、五〇条四号）、漁業権の放棄は組合員の全員一致を要するものとはされていない。

5　以上のように、現行漁業法のもとにおける漁業権は都道府県知事の免許によつて設定されるものであり、しかも、その免許は、先願主義によらず、都道府県知事が予め定めて公示する漁場計画に従い、法定の適格性を有する者に法定の優先順位に従つて付与されるものであり、かつ、漁業権は、法定の存続期間の経過により消滅するものと解される。そして、共同漁業権の免許は漁業協同組合等に対してのみ付与され、組合員は、当該漁業協同組合等の定める漁業権行使規則に規定された資格を有する場合に限り、当該漁業権の範囲内において漁業を営む権利を有するものであつて、組合員であつても漁業権行使規則に定める資格要件を充たさない者は行使権を有しないものとされており、全組合員の権利という意味での各自行使権は今や存在しないのである。しかも、共同漁業権の主体たる漁業協同組合は、法人格を有し、加入及び脱退の自由が保障され、組合員の三分の二以上の同意があるときには組合が自ら漁業を営むこともできるものとされているほか、総会の特別決議があるときには、漁業権の放棄もできるものとされている。このような制度のもとにおける共同漁業権は、古来の入会漁業権とはその性質を全く異にするものであつて、法人たる漁業協同組合が管理権を、組合員を構成員とする入会集団が収益権能を分有する関係にあるとは到底解することができず、共同漁業権が法人としての漁業協同組合に帰属するのは、法人が物を所有する場合と全く同一であり、組合員の漁業を営む権利は、漁業協同組合という団体の構成員としての地位に基づき、組合の制定する漁業権行使規則の定めるところに従つて行使することのできる権利であると解するのが相当である。そして、漁業協同組合がその有する漁業権を放棄した場合に漁業権消滅の対価として支払われる補償金は、法人としての漁業協同組合に帰属するものというべきであるが、現実に漁業を営むことができなくなることによつて損失を被る組合員に配分されるべきものであり、その方法について法律に明文の規定はないが、漁業権の放棄について総会の特別決議を要するものとする前記水産業協同組合法の規定の趣旨に照らし、右補償金の配分は、総会の特別決議によつてこれを行うべきものと解するのが相当である。

6　そうすると、共同漁業権は従来の入会漁業権の性質を失つておらず、法人たる漁業協同組合が管理権を、組合員を構成員とする入会集団（漁民集団）が収益権能を分有するものであり、右収益権能喪失による損失の補償を目的として支払われた本件補償金は上告人の組合員を構成員とする入会集団に総有的に帰属するものであるから、その分配手続については、構成員全員の一致の協議によるべきであり、右協議が成立しないときは民法二五八条一項の準用により分配すべきであるとの見解に立つて、本件総会決議を無効とした原審の判断には、法令の解釈適用を誤つた違法があるというほかはなく、右違法が判決に影響を及ぼすことは明らかであるから、その点をいう論旨は理由がある。

四　したがつて、その余の論旨に対する判断を省略し、原判決中上告人敗訴部分を破棄して、右部分につき更に審理を尽くさせるため、本件を原審に差し戻すこととする。

よつて、民訴法四〇七条一項に従い、裁判官全員一致の意見で、主文のとおり判決する。

上告代理人岡村正淳の上告理由

原判決には、左記の通り判決に影響を及ぼす法令違反がある。

一　上告理由第一点（補償金配分手続の判断に関する法令違反）

1　原判決は、漁業協同組合に対する漁業補償金の帰属の性質を「総有」と解し、そこから直ちに、漁業補償金の配分手続は全員一致によるべきであるとの判断をなしている。

2　しかし、総有関係における総有団体内部の意志決定手続が全員一致によるべきであるか否かは、その法律関係の性質が「総有」であることから直ちに演繹されるものではない。

総有的帰属関係における当該権利の処分管理が、常に全員一致主義を要するものでないことは、原判決が総有だとする共同漁業権の処分（得喪変更）や管理（漁業権行使規則の制定変更）が、特別決議で足りるものとされていることに照らしても明白である（水産業協同組合法第四八条、同第五〇条）。

3　漁業権の処分管理についてすら、水産業協同組合法上特別決議で足りるものとされていることからすれば、漁業権が金銭に変化したものである漁業補償金の配分についても、これと異なる慣行的規範の存在が具体的に立証されない限り、漁業権の得喪変更に関する水協法の規定が類推適用されるものというべきである。

4　しかるに原判決は、何ら具体的慣行的規範を認定することなく、「総有」という、漁業権ないし漁業補償金の帰属の性質に関する一般論から直ちに全員一致主義を認定するに至つているのであるから、右認定は、第一に、総有関係の解釈を誤つたものであり、第二に、全員一致主義の認定判断に関し、理由不備の違法を冒しているものといわざるを得ない。

（その他の上告理由は省略する。）

（最高裁民集四三巻七号八六六頁）

◆13　組合員の有する漁業を営む権利は、構成員たる地位と不可分な、いわゆる社員権的権利であり、漁業協同組合の有する共同漁業権から派生し、これに附従する第二次的権利である。

仙台高裁民、昭和六三年(ネ)第四一号平元・一〇・三〇判決、棄却（確定）

一審　秋田地裁
控訴人（原告）　山内博外三名
被控訴人（被告）　秋田県知事
関係条文　民法七〇九条、漁業法八条、九条、一〇条、一四三条

【要旨】

一　組合員の漁業を営む権利は、漁業協同組合という団体の構成員としての地位に基づき、漁業協同組合が制定し知事の認可により効力を有するに至る漁業権行使規則の定めるところに従つて行使することのできる権利である。したがつて、組合員の有する漁業を営む権利は、右構成員たる地位と不可分な、いわゆる社員権的権利であり、また、漁業協同組合の有する共同漁業権から派生しこれに附従する第二次的権利であるから、共同漁業権の消滅、廃止や制限と関わりのある問題については、漁業権の設定者である知事及び当該都道府県並びに国及びその所轄行政庁との関係は間接的なものになると解するのが相当である。

二　国の港湾計画にもとづいて被控訴人秋田県が行った能代港の港湾整備工事に伴う土砂投棄により、漁業を営んでいた控訴人らの漁獲高が減少したなどとしてなされた損害賠償請求が、控訴人らの漁業を営む権利の基礎となる共同漁業権の主体である漁業協同組合と被控訴人との間での漁業補償契約の締結とこれに基づく補償金の支払いによつて、すでに処理済みである。

〇主　文

本件控訴を棄却する。
控訴費用は控訴人らの負担とする。

〇理　由

一　控訴人らが損害として主張しているのは、被控訴人のなした土砂投棄等により控訴人らの漁獲高が減少し、控訴人らの漁業を営む権利ないし漁業上の利益が侵害されたということである。

右の、漁業を営む権利とは、漁業法上の概念であり、その基礎ないし上位の概念として漁業権がある。漁業権は所轄都道府県知事の免許によつて設定され、漁業権の一態様である共同漁業権は漁協（漁業協同組合）又はその連合会に対してのみ与えられる

（同法一〇条、一四条八項）。そして、同法及び水協法（水産業協同組合法）によれば、共同漁業権が漁協に帰属する関係は法人が物を所有する場合と全く同一であり（漁業法二三条。但し、所有権というよりは用益物件に近いと考えられる。）、これに基礎を置く組合員の漁業を営む権利は、漁協という団体の構成員としての地位に基づき、漁協が制定し知事の許可により効力を有するに至る漁業権行使規則（同法八条一項、四項）の定めるところに従つて行使することのできる権利である。したがつて、組合員の有する漁業を営む権利は、右構成員たる地位と不可分な、いわゆる社員権的権利であり、また、漁協の有する共同漁業権から派生しこれに附従する第二次的権利であるから、共同漁業権の消滅、廃止や制限と関わりのある問題については、漁業権の設定者である知事及び当該都道府県並びに国及びその所轄行政庁との関係は間接的なものになると解するのが相当である（ちなみに、漁業法第一四三条は右の意味における漁業権と漁業を営む権利とを並列的に掲げ、その侵害行為者に対して同じ刑罰を科する旨規定しているが、これは刑事処罰ないし刑事取締の上で両者を同等ないし不可分の法益として保護しようとした結果にすぎず、民事法、行政法上の権利として両者が同質同格のものであることを意味するわけではない。）。

以上説示のとおり、漁業権は物権と同質のものとして所定の海域ないし水面において排他的に漁業を行いうる権利であるが、公法的には自由権の一種にすぎず、漁獲高まで保証されているわけではなく、後者の点は組合員の有する漁業を営む権利の場合も同様である。それ故、操業そのものは障りなくなしえた筈の本件においては、控訴人ら主張の事由、すなわち公共工事の実施に伴う土砂投棄等による漁獲高の減少が漁業を営む権利の侵害に当るということはできない。しかし、主張のとおりであれば漁業上の利益が損われているのは確かであるから、被害回復の方途がなければならない。

そこで問題となるのは、個々の組合員が直接都道府県等に対して被害の回復を求めうるかということであるが、漁業上の利益は漁業を営む権利によつて生ずるものであり、右権利は県等との関係で間接的なものであるから、該権利に基づいてすら直接の関係に立たない相手に対して右請求をすることはできず、漁業上の利益や漁業を営む権利の基礎となつている共同漁業権の主体であり且つ県等と直接的な関係を有している漁協のみがこれをなしうるものと考えるべきである。この帰結は、漁業権と漁業を営む権利とが不可分の法益であり、一方に対する侵害を即他方に対するそれと同視しうる関係にあることからも裏付けられると考える。

漁協が右の請求、すなわち補償交渉をする場合に、それがいかなる資格、権限に基づいてするのかの点及び漁協内部でどのような手続を経る必要があるのかを次に検討する。

水協法四八条一項一一号は、「漁業権又はこれに関する物権に関する不服申立て、訴訟の提起又は和解」を総会の議決事項としているが、漁業被害の補償交渉をすることがこれに該当しないのは明らかであり、他にもこれを議決事項としている規定はないので、漁協の業務執行機関たる理事は、このような議決なしに補償交渉をすることができる。尤も、補償契約が漁業権の放棄を伴う場合には、総会の特別決議を経て妥結に至ることが必要である（同法四八条一項九号、五〇条四号）。そして、右理事は漁協の代表機関としてのみの資格で、裏からいえば組合員からの受任者という資格ではなしに、右交渉をすることになる。けだし、自ら請求権を有しない組合員からの授権とか委任ということはありえないからである。但し、いうところの被害が組合員所有の漁船や漁具漁網等について生じたものである場合には、以上とは全く逆に、組合員からの授権なしに理事が交渉をすることができないのは当然であるが、本件はそのような事案ではない。

二　しかるところ、後に引用する原判決説示（略）のとおり、参加人組合と被控訴人との間で昭和五四年三月二九日に本件の一連の土砂投棄により個々の組合員が被り或いは被るべき漁獲高減少による損害についての補塡を含む内容の本件漁業補償契約が締結され、同契約に基づいて参加人組合に対して支払われた補償金が控訴人らに配分されたことが認められる。したがつて、控訴人ら主張の損害回復問題は処理済みであるということができる。のみならず、本件においては、控訴人らを含む組合員らから参加人組合に対し本件漁業補償契約につき交渉及び契約締結を含む包括的な権限が授与されていたと認められるから、仮に第一段で説示した考え方をとらないとしても、同契約により控訴人らが主張する損害は塡補ずみであるとの被控訴人の主張は理由がある。その詳細は、次の1ないし7〔略〕のとおり補正し、三の項の説示〔略〕を付加するほか、原判決の理由第一項ないし第三項と同一であるから、これを引用する。なお、本件で損害として主張されていない漁具等の被害も右契約の補償対象となつているが、この点については組合員から理事に対する授権を要することは前に説示したとおりである。

したがつて、控訴人らの本訴請求はその余の点について判断するまでもなくいずれも理由がないから棄却を免れない。

（自治七一号八八頁）

第一審の主文及び理由

○主　文

原告らの請求をいずれも棄却する。
訴訟費用は原告らの負担とする。

○理　由

一　請求原因1は当事者間に争いがない。

二　成立に争いのない〈証拠略〉を総合すれば、㈠被告による能代港改修工事に伴う土砂の海上投棄の状況について、次のような事実が認められる。

1　被告は国の第四次港湾整備計画に基づき、能代港において昭和四八年から港湾整備工事に着工した。

右の事業内容は、能代港を一万五〇〇〇トン級の入港可能な港湾に整備するとともに、周辺付近の臨海地区に木材工業団地を造成するための土地の大規模造成工事にあり、そのため既存の北防波堤の延長工事と合わせその南側の港内を浚渫し、右大型船舶の入出港可能な水深を保つことと、右港内から浚渫した土砂の一部を右港に隣接する陸地に堆積して土地の造成をするというものであった。

2　ところで、右整備事業計画を実施するに先立ち、被告は能代港を包含する日本海沿岸に共同漁業権（旧共第四号、現共第一号）を有する参加人組合（当時能代市漁業協同組合、昭和四八年二月五日合併して参加人組合となる。）との間において、昭和四七年一二月一二日別紙図面(一)の緑線で囲んだ範囲の海域について同組合の漁業権を消滅せしめる旨の合意をなし、同時に右漁業権の放棄に対し、漁業が操業不能となる一切の補償として金八二〇〇万円を支払う旨の漁業補償に関する覚書が被告代表者である知事と合併前の参加人組合の組合長理事の名義で締結され、右覚書の約旨に従って同月二七日被告は同組合に対し同額の支払いをなした（なお、右漁業権消滅の合意及び漁業補償に関する覚書が被告と参加人組合との間で有効に締結されたことについては、当事者間に争いがない。）。

3　ところが、昭和四八年ころから開始された浚渫工事により生じた土砂による土地造成工事が同五一年度には完了したため、能代港内の浚渫土砂の処分が困難となったので、被告は右土砂を海上投棄して処分することとし、参加人組合の組合長の同意を得て、米代川河口の基点から方位二八四度三七分から三一八度二二分の間の沖合四マイルから五マイルの海域に同五二年八月一三日から同日一九日までの間二万六五三六立方メートルの浚渫土砂を投棄していたところ同月一九日に、同組合長から漁場の関係上との理由で土砂投棄場所の変更を求められたので、これに応じ、同月二〇日から同年一一月ころまでの間前記基点から同方位の沖合三マイルから四マイルの海域に約九一万立方メートルの土砂を投棄した。

4　ところが、同年一一月ころ、被告は土砂投棄場所の周辺海域で底引き漁業を営む漁民の間から漁業被害を理由とする土砂投棄の中止を求められたため、同所への土砂投棄を一時中止した。

その後、被告は昭和五三年二月から同年三月八日まで約四万七〇〇〇立方メートルの土砂を右海域に投棄したほかは、前記の漁業権消滅区域に投棄することとし、同年三月一七日から同年四月三〇日までは別紙図面(二)、①の海域に四五万四一三一立方メートルを、同年五月一日から同月二七日までは同図面②の海域に一〇万二五七一立方メートルの土砂を投棄した。

三　昭和五四年三月二九日付補償覚書について

1　ところで、原告らの損害賠償請求に対して、被告は、昭和五三年度までの間に能代港港湾建設に伴う工事施行及び浚渫土砂投棄に起因して原告らを含む参加人組合の組合員たる個々の漁民が被つた、あるいは将来被るかもしれない漁業被害一切の損害を、右組合員から授権を受けた同組合との間で補償契約を締結したと主張するので、まず、右補償契約の締結に至つた経緯等の事情について検討することとする。

2　前掲各証拠に〈証拠略〉によれば、

㈠　前記のように、被告による能代港沖合三ないし五マイルの海域への土砂投棄に対し周辺海域を漁場としている漁民らから投棄の中止を申入れられたのであるが、更に被告の右漁業権消滅区域内への土砂投棄についても、能代地区漁民を主体とする沿岸漁民の間からその工期や投棄場所について漁民への事前説明がなされておらず右土砂投棄により漁業被害を受けたとの問題を提供されるに至つた。被告としては浚渫土砂の処分方法について検討したが、海上投棄以外の方法は考えられないとの結論に達したのであるが、漁民らは漁業補償に応じなければ土砂投棄に同意しないし能代港港湾工事に一切協力しないという意向であつたので、このままの状態を続ければ浚渫土砂の投棄問題だけでなく、当時同時に進められていた防波堤延長工事の問題や、火力発電所の誘致の件についても漁民の協力を得ることができなくなるという配慮もあり、この際漁民側の補償の要求を受け入れて、今後の港湾整備事業の進捗を図ることにした。

㈡　そこで、昭和五三年五月二九日、参加人組合能代支所二階会議室において前記能代地区組合員らの要望を受けて、同組合理事及び監事、原告山内、同北川、同菊地を含む同組合能代地区組合員約四〇名と被告県の職員らとの間で話合いの機会がもたれ、その席上出席組合員らを代表して原告山内から、被告の一連の土砂投棄については漁民に説明がなされておらず、これにより漁民らは損害を被つているとの不満が述べられ、これを受けて被告側は海上投棄は即時中止することを確約し、更に右山内から今後は土砂投棄に関連する問題の折衝は組合員らの意向を受けた参加人組合が統一的に行なう旨の提案がなされた。更に、昭和五三年六月七日付の書面で、原告ら四名を含む参加人組合能代地区組合員を代表して原告山内から同組合に対し、浚渫土砂の海上投棄による漁業被害の補償交渉を同組合が被告に対して早急に行なうこと等の申し入れがなされ、これを受けて同組合においても被害調査をした結果、右能代地区以外でも漁民に漁業被害が生じているのを確認したので、同年六月二四日同組合理事会において、今後は組合が各組合員の漁業被害について被告に対し損害賠償を求めることを決議し、その旨能代地区漁民の代表者であつた原告山内に通知した。

(三) その後、参加人組合は、右決議に沿つて同組合長及び理事らを構成員として土砂対策委員会を設け、同委員会によつて被告と土砂投棄、漁業被害の補償等の交渉が開始され、昭和五三年八月二九日に最初の交渉がなされ、一時交渉は難航したが、被告としては前記のような港湾事業の円滑な進行のため補償に応ずるほかないと判断し、曲折を経て最後は能代市の仲介もあり、昭和五四年二月二四日、被告と同組合との間で、漁業補償金額を三五〇〇万円とする合意が成立した。右交渉では、委員会側は、被告による沖合への土砂投棄の中止を求めるとともに、これまでの被告による土砂投棄により漁民である個々の組合員らが被つた損害の賠償（迷惑料）の支払いを要求し、右補償額については個々の漁民が被つた損害額を出すことは困難であるので、個々の組合員の個別的事情を捨象して、個々に算出することはせず全組合員のすべての漁業に対する損失を包括して総額で示す方式で交渉に臨み、被告も同様の判断から農林統計に基づく昭和四六年から同五一年までの能代港を中心とした漁業の水揚げの平均を算出して、公共用地取得のための補償方式を基に補償金額を算出して委員会側に提示したりして進められ、数度の交渉を経て前記の合意が成立したのである。そして、参加人組合理事会も、同年三月一七日これを全員一致で承認し、同月二九日、被告と同組合との間で、被告が昭和五三年度までに実施した能代港港湾整備事業にかかる港湾工事及び浚渫土砂投棄に起因して参加人組合の組合員が受けた漁具及び漁獲減少等漁業被害一切に対する損失補償として被告が同組合に対して合計三五〇〇万円を支払うということを内容とする覚書が交された（以下「本件漁業補償契約」という。）。

その後、被告は右覚書及びその支払方に関する契約書に基づき、昭和五四年四月一九日に二〇〇〇万円を、同五五年五月三一日に一五〇〇万円を参加人組合に支払つた（以下「本件補償金」という。）。

なお、その間、原告らから参加人組合が被告と原告ら個々の組合員の漁業被害の補償交渉を止めるようにとの申し出はなく、また、原告らが被告と直接補償交渉を行なうということもなかつた。

(四) そして、参加人組合は、昭和五六年五月二三日臨時総会を開催し、被告から支払いを受けた本件補償金のほか、同様に同組合が被告と交渉して得た北防波堤延長工事に伴つて漁民らが被る損害等に対する補償金、火力発電所設置のための事前調査により漁民らが被る損害等に対する補償金をも含む総額八五〇〇万円の補償金について、これを同組合の構成員たる組合員に配分するための配分委員会の設置及び配分委員の構成等についての議案を提出したほか、右各補償金の配分に当たり要する事務費用の負担等についての議案も提出し、いずれの議案も議決権を有する正組合員の賛成により可決された。

右総会においては、土砂投棄による漁業被害の補償金を含む補償金総額が八五〇〇万円である旨の説明がなされたほか、今後の配分委員の日当額を決めるについてこれまで補償交渉に当たつてきた交渉委員の日当額等の話題が出たりした。

また、原告山内、同飯坂、同菊地も発言権のある準組合員の資格で総会に出席して右議案の審議に参加したが、その際本件漁業補償契約を参加人組合が締結したこと、更には組合理事会で選出された委員らが右契約の締結交渉の任に当たつてきたことや、妥結した補償金額等について、右原告を含めて誰からもこれを問題視する発言はなく、総会に出席しなかつた原告北川に対しても、右総会の開催とその目的は通知されたが、同人からもその後何らの異議の申出もなかつた。

㈤　その後、右可決案に基づき各地区ごとに配分委員が選出され、配分委員会において審議して配分基準及び配分額に関する案が作成され、昭和五九年十二月八日、参加人組合は臨時総会を開催し、右委員会案に従つて本件補償金を含む補償金の配分案を提案し、これも正組合員らの賛成により可決された。

右総会には原告らは出席しなかつたが、その開催と目的、趣旨は原告らにも通知されていたが、原告らからは何らの異議の申出もなかつた。

㈥　そして、参加人組合は、可決された配分案に基づき、昭和五九年一二月一七日同組合の組合員に対し補償金の支払いをし、その結果、原告山内に六六万三八〇〇円、同飯坂に三四万五三〇〇円、同北川に九四万七二〇〇円、同菊地に四四万六〇〇〇円が配分された。

以上の事実が認められ、右認定を覆すに足る証拠はない。

3　参加人の交渉権限について

㈠⑴　まず、漁業権は行政庁の免許により設置される権利（漁業法一〇条）で、区画漁業等は漁業権に基づくものでなければ営むことはできない（同法九条）とされているが、他方同法は漁業権を組合員の漁業を営む権利とは別個に区別して規定し（同法八条）、漁業権とは別個に漁業を営む権利も保護の対象としている（同法一四三条参照）のであつて、このいわば操業利益ともいうべき漁業を営む権利は具体的な漁業者である組合員個人が享受の主体となるのであつて、その利益の放棄及びこれに対する補償については、漁業権自体の放棄及びこれに対する補償の場合と同一に考えることができず、漁業権の帰属主体である単位漁業協同組合が当然にはこれにつき処分権限を有することにはならないというべきである。

(2) そこで検討するに、前記認定事実によれば、本件漁業補償契約は、昭和四七年一二月一二日付で被告と参加人組合との間で交された同組合が有する共同漁業権の消滅に関する合意及び右漁業権の放棄により操業が不能となることに対する補償の覚書のように、参加人組合が有する共同漁業権自体の処分及びこれに対する補償を目的とするものではなく、あくまで被告が能代港付近の海上に投棄した土砂によつて同組合に所属する組合員が被つたと主張する個人的な損害すなわち操業利益についての補償を内容とするものであるから、当然には組合が被告との交渉及び補償契約締結の権限を有することにはならないというべきである。

(一)

(1) ところで、前記認定事実によれば、本件漁業補償契約の内容は、被告が昭和五三年度までに実施した能代港港湾整備事業に係る浚渫工事及び浚渫土砂投棄に起因して、参加人組合に所属する個々の組合員に右契約締結時点まで現実に発生した、あるいは将来発生するかもしれない漁具及び漁獲減少等の漁業被害一切に対する補償を目的とするものであるから、参加人組合が原告らの授権を得て被告と右補償契約を締結したとすれば、原告らはもはや本訴において主張する損害を被告に請求することはできないというべきである。

　そこで、以下右授権の存否について検討する。

(2) まず、前記認定事実に経験則を加えて検討するに、本来漁業そのものは気象状況や海流などの諸般の事情により大きく影響を受け易いものであり、それゆえ本件のような被告による公共事業の施行により被る個々の漁民の被害損害は、その因果関係の点でも、額の点でも調査、把握が極めて困難であるという性質を持ち、しかも公共事業が広範囲にわたつて施行され、そのため被害を被つたと主張する漁民の数が多数であるという本件のような場合には、個々の漁民が自己の被害損害を主張、立証して被告と交渉を持つというのは、漁民にとつても、また交渉の相手方である被告にとつても非現実的、かつ非合理的な方法である。

　むしろ、このような場合には、右の交渉を漁民が所属する単位漁業協同組合（参加人組合）に漁民が交渉、妥結権限を委ね、同組合が個々の組合員の被害損害額を個別的に算出せず、全組合員の現在及び将来の漁業損失を包括した総額で要求交渉することの方が現実の紛争処理としては合理的な方法であり、かえつて集団交渉による有利な成果が期待できるというべきである。

　そして、このような事情は原告らも当然認識していたということができる。

(3) 前記認定事実によれば、参加人組合が被告と原告ら漁民の被害損害の補償交渉をするに至ったのは、まず被告による漁業権消滅区域内への土砂投棄に対して能代地区漁民らの間から漁業被害を受けたという問題提起がなされ、これを受けて、昭和五三年五月二九日、参加人組合員幹部に原告山内、同北川、同菊地らを含む能代地区組合員らと被告との間で話合いの機会が持たれ、この席上、右組合員らを代表して右山内から、今後は土砂投棄に関連する問題の折衝は組合員らの意向を受けた参加人組合が統一的に行なう旨の提案がなされ、更に原告ら四名を含む参加人組合能代地区組合員を代表して原告山内から同組合に対し同五三年六月七日付の書面で、浚渫土砂の海上投棄による漁業被害の補償交渉を同組合が被告に対して早急に行なう旨の申し入れがなされ、これを受けて、同組合は理事会において同組合が組合員らに代り被告に対し漁業被害の賠償を求める旨を決め、直ちに被告とその交渉についたのであって、参加人組合が被告との漁業補償の交渉をするに至ったのは、原告らが同組合に強く働きかけた結果であって、むしろ同組合が被告と交渉をしたのは原告ら組合員らの意向に沿ったものであるということができる。

(4)　しかも、前記認定事実によれば、参加人組合が原告ら組合員に代って被告との補償交渉を担当することは前記申入れをした能代地区組合員の代表者である原告山内に通知され、その後参加人組合が被告となした交渉及び締結された本件漁業補償契約についても原告らはもとより、その他の組合員からも一切異論が出ず、昭和五六年五月二三日に開催された臨時総会においても、被告と参加人組合が交渉した結果得た本件漁業補償金の分配のための委員会の構成等についての議題が出され、原告山内、同飯坂、同菊地らは右総会に出席していたのであるから、参加人組合が被告との間で組合員たる漁民の被害補償について交渉し、本件漁業補償契約を締結したことについて異議を述べる機会がありながら異議を述べなかったのであるし、その他の組合員からも一切右点について問題視する発言はなかったのである。

(5)　更に、土砂投棄による補償交渉と同時に参加人組合が担当交渉していた被告による北防波堤の延長工事に伴う漁民の被る損害等に対する損失補償金及び火力発電所建設のための事前調査により漁民らが被る損害等に対する損失補償金については、その交渉及び損失等補償契約の締結については原告らを含めて組合員らには何らの異議もなかったのである。

(6)　以上の諸事実を総合すれば、参加人組合が被告との間で締結した被告の一連の土砂投棄により個々の漁民が被った、あるいは将来被るかもしれないすべての損害についての補償を内容とする本件漁業補償契約につき、原告らを含む組合員らから参加人組合に対し、交渉及び契約締結を含む包括的な権限が授与されていたと認めるのが相当である。

これに反する原告山内の供述はにわかに措信できない。

(7) したがつて、本件漁業補償契約により原告らが主張する損害は塡補済みであるとの被告らの主張は理由がある。

なお、原告らは、右被告らの主張は民訴法一三九条により却下されるべきだと主張するが、理由がない。

四 以上によれば、その余の点について判断するまでもなく、原告らの請求には理由がないので棄却し、訴訟費用の負担につき民事訴訟法八九条、九三条一項を適用して、主文のとおり判決する。

秋田地裁民、昭和五六年(ワ)第一〇三号、昭和六三年三月二五日判決

（訟務三五巻二号一九五頁）

◆14 共同漁業権を準共有している漁業協同組合間で漁業権の行使に関する協定が締結されていないのに、一部の組合が独自に定めた漁業権行使規則を認可した県知事の認可処分が無効とされた事例

宮崎地裁、平成元年(ワ)第一四四号（甲事件）、平成二年(ワ)第一一二号（乙事件）、共同漁業権共有確認請求事件（甲事件）、漁業権妨害禁止等請求事件（乙事件）

平成四・三・二五判決一部認容

甲事件原告人・乙事件被告人　大瀬川漁業協同組合

甲事件被告人・乙事件原告人　五ケ瀬川漁業協同組合

ほか二組合

関係条文　漁業法八条、二二条、二三条、民法二四九条、二五二条

【要　旨】

漁業権行使協定がないままに漁業権行使規則を認可したという瑕疵は、原告所属の組合員と被告ら所属の組合員との間で、実力による漁場の奪い合いが生ずる可能性が高いという意味においてその結果も重大であるので、県知事による取消又は行政処分の取消判決を待つまでもなく無効であるといわなければならない。

○主　文

一 甲事件被告（乙事件原告）らと甲事件原告（乙事件被告）が、別紙漁業権目録記載の内共第四号第五種共同漁業権を共有していることを確認する。

二 甲事件被告（乙事件原告）らは、甲事件原告（乙事件被告）に対し、前記記載の共同漁業権につき、管理区域の配分、漁場の管理方法、瀬付あゆ竿つり漁・やな漁・その他漁法に関する行使区域及び行使期間の配分、その他漁業権の行使に関する協議を拒絶

してはならない。

三　その余の甲事件請求をいずれも棄却する。

四　甲事件原告（乙事件被告）は、「安賀多橋下」（別紙図面⑴の①の区域）、「延岡やな下」（同図面②の区域）、「三須地区」（同図面③の区域）、「百軒河原」（同図面④の区域）の各瀬の漁場において、杭を打つなどして実力をもって瀬割りをし、又は、甲事件原告（乙事件被告）所属の組合員をして「瀬付あゆ竿つり漁」をさせてはならない。

五　甲事件原告（乙事件被告）は、「延岡やな」（別紙図面⑴に青色に表示した区域）において、やなを設置するなどして実力をもってこれを支配し、又は、甲事件原告（乙事件被告）所属の組合員をして、「やな漁」をさせてはならない。

六　甲事件原告（乙事件被告）は、甲事件被告（乙事件原告）らの管理する五ケ瀬川水系の各管理区域において、その管理を妨害したり、甲事件被告（乙事件原告）ら所属の各組合員がその漁業権を行使するのを妨害してはならない。

七　訴訟費用は、甲事件及び乙事件ともにこれを五分し、その四を甲事件原告（乙事件被告）の負担とし、その余を甲事件被告（乙事件原告）らの負担とする。

〇事　実

第一　当事者の求める裁判

（甲事件について）

一　請求の被告

1　甲事件被告（乙事件原告、以下「被告」という。）らと甲事件原告（乙事件被告、以下「原告」という。）が、別紙漁業権目録記載の内共第四号第五種共同漁業権（以下「本件共同漁業権」という。）を共有していることを確認する。

2　被告延岡五ケ瀬川漁業協同組合は原告に対し、原告に所属する組合員が、本件共同漁業権に基づき「瀬付あゆ竿つり漁」（いわゆる「瀬掛け漁」）を行う場所を次のとおり指定し、被告延岡五ケ瀬川漁業共同組合はこれを妨害してはならない。

㈠　安賀多橋下（左岸）別紙図面⑴の①及び別紙図面①の赤斜線部分

㈡　延岡やな下（左岸）別紙図面⑴の②及び別紙図面②の赤斜線部分

㈢　三須地区（左岸）別紙図面⑴の③及び別紙図面③の赤斜線部分

㈣　百軒河原（左岸）別紙図面⑴の④及び別紙図面④の赤斜線部分

3㈠　主位的請求

被告延岡五ケ瀬川漁業協同組合は原告に対し、原告に所属する組合員が、本件共同漁業権に基づき「やな漁」（いわゆる「あゆやな漁」を「延岡やな」（但し、その行使場所は、別紙図面(1)に青色で表示した区域）において、被告延岡五ケ瀬川漁業協同組合に所属する組合員と共同行使することを妨害してはならない。

㈡　予備的請求

4　被告らは、原告に対し、前項記載の共同漁業権につき、管理区域の配分、漁場の管理方法、瀬付あゆ竿つり漁・やな漁・その他漁法に関する行使区域及び行使期間の配分、その他漁業権の行使に関する協議を拒絶してはならない。

被告延岡五ケ瀬川漁業協同組合は原告に対し、平成四年一〇月一〇日より同年一二月一五日までの間、原告に所属する組合員が、本件共同漁業権に基づき「やな漁」を前記「延岡やな」において行使することを妨害してはならない。

5　被告らは、原告及び第三者に対し、原告が、内共第四号第五種共同漁業権を共有している事実を否定する言動をしてはならない。

6　被告延岡五ケ瀬川漁業協同組合は原告に対し、金六九〇万円及びこれに対する平成三年一〇月三〇日から支払い済みまで年五分の割合による金員を支払え。

7　訴訟費用は被告らの負担とする。

8　第2ないし第6項につき仮執行宣言を求める。

二　請求の趣旨に対する答弁

1　原告の請求をいずれも棄却する。

2　訴訟費用は原告の負担とする。

（乙事件について）

一　請求の趣旨

1　主文四項ないし六項と同旨。

2　訴訟費用は原告の負担とする。

二　請求の趣旨に対する答弁

1　被告の請求をいずれも棄却する。

2　訴訟費用は被告らの負担とする。

〈以下略〉

○理　由

第一　甲事件の本案前の判断（瀬付あゆ竿つり漁の場所の指定請求並びに瀬付あゆ竿つり漁及びやな漁についての妨害排除請求の可否について）

一　漁業権の設定を受けようとする者は、都道府県知事に申請してその免許を受けなければならず（漁業法一〇条、以下条文のみを表示するものはすべて同法を指すものとする。）、都道府県知事は、管轄に属する水面につき、漁業上の総合利用を図り漁業生産力を維持発展させるためには漁業権の内容たる漁業の免許をする必要があり、かつ、当該漁業権の免許をしても漁業調整その他公益に支障を及ぼさないと認めるときは、漁業種類、漁場の位置及び区域、漁業時期その他免許の内容たるべき事項、免許予定日、申請期間、共同漁業についてはその関係地区を定め（一一条一項）、海区漁業調整委員会（内水面漁業においては内水面漁場管理委員会、一三〇条四項）の意見を聞いた上（一二条）、一四条に定めるところに従って適格性を有する者に漁業権の免許を与えるものである。

このように漁業権は、免許の際に都道府県知事の定める漁業計画においてその内容が規定されているものであるが、免許後の水族の繁殖、回游状態の変化その他の漁業事情の変化に伴い、権利の内容をこれに合わせる必要性が生ずる場合があり、このような場合、漁業法上は、漁業権を有する者が、都道府県知事に申請して漁業権の分割又は変更の免許を受けなければならないと規定されており（二二条一項）、都道府県知事は、漁業権の分割ないし変更の申請があったときには、海区漁業調整委員会（内水面漁業においては内水面漁場管理委員会）に諮問のうえ（二二条三項）、漁業調整その他公益に支障を及ぼさないと認める場合に、これを免許するのである。

二　一方、漁業権は、二三条一項において、漁業権は、物権とみなし、土地に関する規定を準用すると規定しており、漁業権を数名の者が準共有する場合の共有関係の処理については、漁業権の性質に反しないかぎり民法の共有に関する規定が準用されることになる。しかしながら、民法二五六条ないし同法二六二条の共有物の分割についての規定は、漁業権については、漁業法二二条一項の規定に抵触するため、準用されないものと解されれ、したがって、漁業権の共有者が、民事訴訟手続によって裁判所に漁業権の分割の請求をすることは許されないというべきである。

三　そして、原告は、数名のものが準共有する漁業権について共有者間で漁業権の行使方法について協議が調わないときは、裁判によってその行使方法を定めてもらうことができると解すべきである旨主張する。

しかしながら、前記のとおり、漁業権は、都道府県知事が定める漁業計画の中においてその内容が規定され、また、その免許に際しても、漁業権の分割又は変更の免許に際しても、漁業従事者の代表や学識経験者をもって構成される海区漁業調整委員会（内水面漁業においては内水面漁場管理委員会）に諮問したうえで免許が与えられるところ、裁判所が、判決をもって、都道府県知事が免許した漁業権の内容とは異なる内容のものとするような形で漁業権の行使方法を定めることは、都道府県知事の定める漁業計画との整合性を欠く結果となるおそれがあり、また、例えば本件の第五種共同漁業権において、共有者である漁業協同組合所属の組合員に漁業行使権を配分するにあたっては、組合員数等に応じて単純に配分を決定すれば良いわけではなく、各組合の増殖義務の負担能力、各組合所属組合員による漁業の実態、各組合の過去の漁業の実績等を加味して、当該河川等の全体の漁業計画の中でその配分を合目的に決定しなければならない性質のものであつて、訴訟において提出された証拠資料のみによつて裁判所がこれを判断するという司法判断になじまないものというべきである。さらに、判決をもつて漁業権の行使方法を定めた場合には、行使方法についての判断に既判力が生じ、たやすくこれを変更することはできなくなるが、漁業権においては、水族の繁殖、回游状態の変化その他の漁業事情の変化に伴い、権利の内容をこれに合わせる必要性が不断に生ずる可能性があるのであつて、判決をもつて行使方法を固定してしまうこともまた相当ではない。したがつて、漁業権の内容を変更する必要があるときは、二二条所定の手続によるべきであつて、裁判所に対し、民事訴訟手続によつて、二二条一項の「漁業権の変更」にあたるような漁業権の行使方法の決定を求めることはできないというべきである。

四　被告らが、宮崎県知事から免許を受けた本件共同漁業権は、別紙漁業権目録記載のとおり、河口部分と支流の一部を除く、五ケ瀬川本流、支流及び派流の全域について、毎年六月一日から一二月三一日までの期間、あゆ漁業を行う権利を与えるもので、その免許に加えられた制限は、敷設できる「あゆやな」を六統以内とすること及び河川の維持・管理その他保全のため公共団体の行う事業の施行をみだりに阻んではならないというもののみである。

したがつて、共同漁業権の共有者相互が、協定を結んで漁業権の管理区域を決めたり、共有者である漁業協同組合が、自主的に所属組合員による瀬付あゆ竿つり漁及びびやな漁の実施場所を一定の範囲に限ることはともかく、原告が甲事件請求の趣旨2項において求めているように、裁判所が、判決によつて五ケ瀬川本流、支流及び派流の内の一部の区域を原告所属の組合員が瀬付あゆ竿つり漁を行う場所として排他的に指定することは、被告らの漁業権の内容を、県知事の免許を受けたものとは異なる内容のものとするものであつて、二二条一項の「漁業権の変更」にあたると解されるから、前記の如く民事訴訟手続によつて請求することは許されないというべきである。

五　また、原告が甲事件請求の趣旨2項及び同3項(二)で求めているように、裁判所が、判決によつて、五ケ瀬川本流、支流及び派流の内の特定の区域において原告所属の組合員が、瀬付あゆ竿つり漁及びびやな漁を実施することについて、被告延岡五ケ瀬川漁協に対し、期間・方法を問わず全面的な妨害の禁止を命ずることは、右区域において原告に漁業権の行使を独占させることに外ならないのであつて、やはり、二二条一項の「漁業権の変更」にあたると解されるから、これまた民事訴訟手続によつて請求することは許されないというべきである。

もつとも、原告所属の組合員が、本件共同漁業権の漁業行使権を有しているとした場合には、原告が甲事件請求の趣旨2項及び同3項に掲げる区域において、原告所属の組合員も被告延岡五ケ瀬川漁協の所属組合員も、共に瀬付あゆ竿つり漁及びやな漁を実施することができるのであるから、右地域において被告延岡五ケ瀬川漁協所属の組合員が、実力をもつて、原告所属の組合員による瀬付あゆ竿つり漁及びやな漁の実施を阻止するような事情があるような場合には、暴力行為等の発生を避けるために、その具体的妨害行為について禁止を請求することは、民事訴訟手続において可能である。そして、原告が甲事件請求の趣旨2項及び同3項㈡で求める妨害排除請求は、右の趣旨であるとも解されるので、以下、このような請求であるとの前提の下に本案の判断をする。

第二　甲事件の本案の判断

〈中略〉

四　原告所属の組合員の漁業行使権の存否

1　共同漁業権においては、漁業権者である漁業協同組合等は、もつぱらその漁業権の管理にあたるに過ぎず、免許された漁業権の内容たる漁業は、漁業権ごとに漁業協同組合等が制定する漁業権行使規則に定められた一定の資格を有する組合員が、権利としてこれを営むのであり（八条一項）漁業権行使規則には、右の漁業行使権を有する者の資格に関する事項の外、当該漁業を営む場合の区域、期間、漁業の方法、その他当該漁業を営む場合に遵守しなければならない事項を規定するものとされ（八条二項）、この漁業権行使規則の効力発生には、都道府県知事の認可が必要である（八条四項）。

そして、漁業法は、地元漁民世帯数の三分の一未満の漁業協同組合の組合員の保護のために共同漁業権の共有請求制度（一四条四項、一〇条）を設けているので、内水面の第五種共同漁業権を複数の漁業協同組合が準共有することは、漁業法が本来予定しているものというべきであり、漁業法上、内水面の第五種共同漁業権の管理団体としてはできるだけ包括的で単一のものが予定されているとの被告らの主張は採り得ないが、地元漁民世帯数の三分の一未満の漁業協同組合が共有請求をして共同漁業権を準共有することになつた場合、右三分の一未満の漁業協同組合は、共有持分に応じた漁業権を行使することしかできないはずであるから、漁業権行使規則も右共有持分に応じた漁業権の行使内容を定めたものでなければならず、共有請求を受けた漁業協同組合との調整を図る必要が生ずる。

ところが、漁業法にはこの点についての規定がないので、同法二三条の規定により、漁業権の性質に反しないかぎり、民法の共有に関する規定に従って処理されるものと解される。そして、民法二四九条は、「各共有者は、共有物の全部につき、その持分に応じたる使用をなすことを得。」と規定しているが、この規定自体からは、抽象的な共有物の使用権というものを考えることができるにすぎず、共有持分権に基づく具体的な使用権は民法二四九条だけでは決まらず、共有者間の協議が成立し初めて決定されると解され、漁業権の中で、一定区域の漁場の排他的占有を認めなければ成立が困難な漁業を目的とするものについては、民法の所有権の場合と同様に共有者間の協議がなければ漁場の具体的使用に支障が生ずるのであるから、右の共有物の使用に関する民法上の解釈が適用されるというべきである。

定置漁業及び区画漁業（漁業法六条）が、一定区域の漁場の排他的占有を認めなければ成立が困難な漁業を目的とする漁業権であるのに対し、共同漁業権の内容となりうる漁業には、一定区域の漁場の排他的占有を認めなければ成立が困難なものも、漁場の重複的使用が可能なものも含まれており、共同漁業権が準共有されている場合の漁業行使権の決定の解釈にあたつては、当該漁業権が、一定区域の漁場の排他的占有を認めなければ成立が困難な漁業を含むものであるか否かを検討する必要がある。

2　宮崎県知事が、昭和六〇年五月三一日付けで、原告に対し本件共同漁業権についての漁業権行使規則を認可したことは当事者間に争いがなく、前掲〈書証番号略〉、原告代表者R_2の本人尋問の結果及び〈書証番号略〉、被告延岡五ケ瀬川漁協代表者井上忍の本人尋問の結果、〈書証番号略〉並びに弁論の全趣旨を総合すれば、次の事実が認められる。

(一)　本件共同漁業権は、あゆ漁業がその内容の一つになつているが、宮崎県知事が認可した原告の漁業権行使規則には、正組合員である個人にやな漁の行使権を与える旨の規定及び一年以上の組合員である個人に瀬付あゆ竿つり漁の行使権を与える旨の規定がある。

(二)　他方、被告延岡五ケ瀬川漁協が、宮崎県知事から認可を受けている漁業権行使規則には、正組合員である個人にやな漁の行使権を与える旨の規定及び五年以上の組合員である個人に瀬付あゆ竿つり漁の行使権を与える旨の規定があり、被告五ケ瀬川漁協及び被告西臼杵漁協も、被告延岡五ケ瀬川漁協の漁業権行使規則に合わせて、漁業権行使規則を定めて宮崎県知事からそれぞれ認可を受けている。

(三)　被告延岡五ケ瀬川漁協の漁業権行使規則には、第四条に「理事は、水産動植物の繁殖保護、漁業調整上必要と認める場合は漁業の方法、統数（人数）若しくは規模区域または期間を制限することができる。」との規定があり、被告らは、昭和四八年九月に宮崎県知事より内共四号共同漁業権の免許を受ける際に締結した「五ケ瀬川内共四号共同漁業権管理協定書」と同内容の協定をそのまま本件共同漁業権の免許にあたつても締結し、右協定には、被告延岡五ケ瀬川漁協は、五ケ瀬川及び大瀬川の河口から旧延岡と旧南方村との境界までの区域、被告五ケ瀬川漁協は、五ケ瀬川の旧延岡市と旧南方村との境界から西臼杵郡日の影町八戸ダムまでの区域、被告西臼杵漁協は、五ケ瀬川の八戸ダムから上流の区域を管理区域とするものと定められ、右協定に従って、被告らの間では、やな漁及び瀬付あゆ竿つり漁の行使は、それぞれの管理区域に限るとの合意がなされている。

㈣　ところが、原告に対する漁業権行使規則が認可された時点で、原告と被告らの間には本件共同漁業権の行使、管理に関する協定はなかった。

㈤　やな漁は、木材等を川の中に打ち並べて水を堰き止め、一箇所ないし数箇所に流すようにし、そこに流れてくるあゆをやな簀に落し入れて採る漁法であり、一旦やなを設置した場合は、あゆやな漁の期間中はやなを移動することはなく、また、やなの上流及び下流の数百メートルにわたって、魚道を遮断し又は散逸する行為を禁止する保護区域を設けることが必要であり、宮崎県内水面漁場管理委員会も、あゆやな漁の保護区域を漁場の上流七〇〇メートル、下流の三〇〇メートルとする委員会指示を出している。

㈥　そして、別紙漁業権目録のとおり、本件共同漁業権には、敷設できるあゆやな六統以内とするとの制限があるのみであるが、実際にあゆやなが設置されるのは、被告延岡五ケ瀬川漁協の管理区域内において一統（延岡やな）、被告五ケ瀬川漁協の管理区域内において二統（岡元やな及び川水流やな）のみで、被告西臼杵漁協の管理区域内には、あゆやなは設置されていない。

㈦　瀬付あゆ竿つり漁は、河原の瀬にあたる部分の両側に石等を積み上げて、その瀬を通過するあゆを掛け針で吊り上げる漁法であり、一区画の瀬は、川幅にして五メートル程度、上下流方向に一〇数メートルの広さで、瀬に杭を打って区別し、各漁業協同組合が、瀬割りをして各組合員に瀬を指定し、瀬を指定された組合員は、その年の瀬付あゆ竿つり漁の期間中は瀬を独占的に使用することができ、一般遊漁者はもちろん、他の組合員も、指定を受けた組合員の承諾なしには瀬に入ってあゆ漁をすることはできない。

㈧　瀬付あゆ竿つり漁は、浅瀬でなければできない漁法なので、これができる漁場は、被告延岡五ケ瀬川漁協の管理区域内では、安賀多橋下（別紙図面(1)の①）、延岡やな下（同(1)の②）、三須地区（同(1)の③）及び百軒河原（同(1)の④）に限られ、瀬割りの数は年によって変わるが、最近の被告延岡五ケ瀬川漁協の瀬割りにおいては、安賀多橋下の漁場で一四ないし二五箇所、延岡やな下の漁場で七ないし一一箇所、百軒河原で二〇箇所位、三須地区では、右岸で三、四箇所、左岸で一四、五箇所（但し、昭和六一年度以降は、被告延岡五ケ瀬川漁協は、三須左岸では瀬割りをしていない。）であり、被告延岡五ケ瀬川漁協の組合員（約一四四人）のうち瀬の指定が受けられるのは一部の者に限られている状態である。

(九) 瀬によって、あゆのとれる量がかなり違ってくるため、組合員のあいだでは、どの瀬が指定されるかに重大な関心を有しており、通常は抽選によって公平に瀬を指定するようにしている。

3 前項の事実によれば、やな漁及び瀬付あゆ竿つり漁は、一定区域の漁場の排他的占有を認めなければ成立が困難な漁業というべきであるところ、被告らの漁業権行使規則は、やな漁及び瀬付あゆ竿つり漁の行使をそれぞれの管理区域に限るとの合意を前提として、その行使の資格が定められているのに対し、原告の漁業権行使規則は、本件共同漁業権の及ぶ範囲全域につき、漁業権の共有者である被告らとの調整を経由することなく、やな漁及び瀬付あゆ竿つり漁を行使する資格を組合員に与えているものであって、右漁業権行使規則に基づいて原告所属の組合員がやな漁及び瀬付あゆ竿つり漁を行使することができるとするなら、前記二、三記載の原告の役員及び組合員の実態並びに漁業権行使規則認可に至るまでの原告と被告らとの間の本件共同漁業権をめぐる紛争の経緯を考慮すれば、原告所属の組合員と被告ら所属の組合員との間で、やな漁及び瀬付あゆ竿つり漁に適した漁場を実力で奪い合う事態が発生することは極めて容易に予想できるところである。したがって、本件共同漁業権の場合は、一定区域の漁場の排他的占有を認めなければ成立が困難な漁業を含むものであるから、他の共有者である被告らとの間で漁業権の行使に関する協議がなされなければ、具体的な行使ができないものと解すべきであり、右協議がなされないまま原告が勝手に定めた原告の漁業権行使規則は、共有物の使用方法に関する定めに基づかない規則であって無効というべきである。

よって、原告は、被告らに対して共有請求をして本件共同漁業権の共有者となった時点で、改めて被告らとの間で、漁業権行使規則を制定するために漁業権の行使に関する協議をするべきであったのであり、原告による漁業権行使規則の認可申請を受けた宮崎県知事としても、原告及び被告らに対し、漁業権の行使に関する協定の締結をした上でこれに基づく新たな漁業権行使規則を各組合で定めて認可申請をするように指導すべきであったということができる。そして、原告と被告らとの間で全員一致の合意が得られない場合には、民法二五二条により、共有者の持分の過半数によって行使協定を定めることも可能であると解されるが、このようにして定められた行使協定に基づく新漁業権行使規則もまた宮崎県知事の認可を受けなければ効力を有しないのであるから、小数組合に不当に不利益に定められた漁業権行使規則であれば、県知事の認可を受けられないことになるので、多数決によって行使協定が定められるとしても、原告にとって不当に不利益なものにはならないものと考えられる。

もとより、都道府県知事の漁業権行使規則の認可は、行使規則に効力を付与するものであって、公権力の行使に当たる行為として行政事件訴訟法三条二項の抗告訴訟の対象となる行政行為というべきであるが、宮崎県知事による原告の漁業権行使規則の認可には、前記の如く右行使規則中に漁場区域の排他的占有を認めなければ成立が困難な漁業であるやな漁及び瀬付あゆ竿つり漁の行使に関する規定が含まれているにもかかわらず、他の共有者である被告らとの間で漁業権の行使に関する協定が全くなされないまま勝手に定めた原告の漁業権行使規則を認可した瑕疵があり、やな漁及び瀬付あゆ竿つり漁が漁場区域の排他的占有を認めなければ成立が困難な漁業であるとの事実及び行使協定が締結されていなかったという事実は、認可当時の状況の下で、誰が判断しても同一の結論が出る程度に明白であったというべきであるし、行使協定がないままに漁業権行使規則を認可したという瑕疵は、前記の如く原告所属の組合員と被告ら所属の組合員との間で、実力による漁場の奪い合いが生ずる可能性が高いという意味においてその結果も重大であるので、宮崎県知事による取消又は行政処分の取消判決を待つまでもなく無効であるといわなければならない。

4　このように、原告の定めた漁業権行使規則は、その効力を有しないものであるから、原告所属の組合員には、本件共同漁業権に基づく漁業行使権はないものといわざるを得ない。したがって、前記第一の五のとおり、甲事件請求の趣旨2項及び3項のうち㈡の請求を、被告延岡五ケ瀬川漁協所属の組合員による具体的な妨害行為の禁止を求める請求であると解したとしても、甲事件請求の趣旨2項並びに3項㈠及び同項㈡の各請求は、いずれも原告所属の組合員が本件共同漁業権に基づく漁業行使権を有することを前提とする請求であるから、その余について判断するまでもなく、右各請求は失当といわざるを得ない。

五　本件共同漁業権に関する協議の拒絶

1　原告が本件共同漁業権の共有請求認可を受けて被告らに対して共有請求をした昭和六〇年二月以降も、被告延岡五ケ瀬川漁協が、原告の漁業権行使に関する協議の申出を拒絶し、同年四月には、宮崎地方裁判所に対して宮崎県知事の共有請求認可処分の取消等を求める行政訴訟を提起したこと、被告延岡五ケ瀬川漁協を始めとする被告らは、その後も、原告と被告らが本件共同漁業権を共有していることを争い、原告の再三再四にわたる協議の申入れに対し右訴訟の提起を理由に協議を拒絶し続けていることは当事者間に争いがない。

2　前記二のとおり、宮崎県知事の共有請求認可は公権力の行使たる行政行為であるから、単に抗告訴訟を提起している事実をもつてその効力を否定することはできないのはもちろん、右認可に重大かつ明白な瑕疵があるものとしてこれを無効とすることもできないのであるから、被告らは、右認可が宮崎県知事によつて取り消されるか、あるいは裁判所の取消判決がなされるまでは、右認可の瑕疵を理由に、原告が本件共同漁業権を準共有していることを法律上争うことができない。

したがつて、原告と被告らが本件共同漁業権を共有していることの確認を求める甲事件請求の趣旨1項は理由がある。

そして、前記三のとおり原告による本件共同漁業権の行使が公序良俗に反するともいえないのであるから、被告らは、本件共同漁業権の共有者である原告からの漁業権行使に関する協議の申出に当然応じなければならないものであつて、協議の拒絶禁止を求める甲事件請求の趣旨4項もまた理由がある。

六　本件共同漁業権の共有を否定する言動の禁止請求の可否

前項のとおり、被告らは、宮崎県知事の原告に対する共有請求認可が宮崎県知事によつて取り消されるか、あるいは裁判所の取消判決がなされるまでは、右認可の瑕疵を理由に、原告が本件共同漁業権を準共有していることを法律上争うことができないが、被告らが、右認可の取消等を求める抗告訴訟の中で原告による本件共同漁業権の準共有を否定する主張をすること等はもとより何ら差し支えないのであつて、原告には、被告らに対し本件共同漁業権の準共有を否定する言動の全てを一律に禁止する請求権がないことは明らかであるから、右権利があることを前提とする甲事件請求の趣旨5項の請求は失当である。

七　やな漁の行使を妨害されたことによる原告の損害

1　甲事件請求の趣旨6項の請求は、原告が、被告延岡五ケ瀬川漁協に対して「延岡やな」におけるやな漁の共同行使を要求したのに対し、同被告が、これを拒絶して原告の得べかりし収益金の収受を妨害したことによる損害賠償の請求を、同被告のみに求めるものであつて、この請求は、被告らが本件共同漁業権の行使協定締結のための協議を拒絶していることによつて、原告の漁業権行使規則が効力を有せず、その結果原告の本件共同漁業権の共有持分が実効性を有しないものとなつていることに対する損害の賠償を請求するものではないことは、原告主張の請求原因から明らかである。

2　そして、前記四のとおり、原告と被告らとの間で本件共同漁業権の行使協定が締結された上で、原告が新しい漁業権行使規則を定めて宮崎県知事の認可を得るまでは、原告所属の組合員には本件共同漁業権に基づくやな漁の行使権はないから、原告所属の組合員がやな漁の行使権を有することを前提とする甲事件請求の趣旨6項の請求は、その余について判断するまでもなく失当である。

第三　乙事件についての判断

一　被告延岡五ケ瀬川漁協、被告五ケ瀬川漁協及び被告西臼杵漁協が、いずれも水産業協同組合法に基づき設立された漁業協同組合であり、宮崎県知事より本件共同漁業権の認可を受けた者であることは、当事者間に争いがない。

二　前記第二のとおり、宮崎県知事による原告の設立認可手続及び原告の本件共同漁業権の共有請求認可手続には、重大かつ明白な瑕疵があるとはいえないので、これらの処分を無効とすることはできないが、宮崎県知事による原告の漁業権行使規則の認可手続には重大かつ明白な瑕疵があるので、右認可は、宮崎県知事の取消又は行政処分の取消判決を待つまでもなく無効と解される。

そして、共同漁業権は、漁業権者である漁業協同組合自体が漁業を営むものではなく、免許された漁業権の内容たる漁業は、漁業権行使規則に定められた一定の資格を有する組合員が権利としてこれを営むものであり（八条一項）、有効な漁業権行使規則がなければ、たとえ共同漁業権の共有者であっても、自ら共同漁業権の内容たる漁業を営むことができないのはもちろん、その所属組合員が、共同漁業権に基づく漁業を営むこともできないというべきところ、原告の漁業権行使規則は、宮崎県知事の認可が無効であるから、その効力を有しないものであって、（八条四項）、原告及び原告所属の組合員は、漁業行使権を有しない。

三　他方、被告らも、昭和六〇年二月に原告から共有請求を受けたことによって、本件共同漁業権の持分が減縮し、従来と同一内容の漁業権の行使をすることができなくなったため、被告らが、それ以前に制定し認可を受けていた漁業権行使規則も、実体にそぐわないものになったものということができる。

しかしながら、漁業法は、共有請求がなされた後に漁業権の行使に関する協議がなされることも予想しているというべきところ、このような場合に、共有請求を受けた漁業協同組合の漁業権行使規則が自動的に無効となり、行使協定が成立するまでは共同漁業権に基づき漁業を営み得る者が誰もいなくなるとするのも不合理であるから、共有請求を受けた被告らの漁業権行使規則は、原告との間の行使協定が締結される以前においても有効と解するのが相当である。

四　したがって、被告ら所属の組合員は、本件共同漁業権に基づく漁業行使権を有しているのに対し、原告所属の組合員は、右漁業行使権を有していないのであるから、被告らは、本件共同漁業権に基づき、原告に対し、原告が、五ケ瀬川水系において瀬付あゆ竿つり漁の瀬割りをしたり、原告所属の組合員に瀬付あゆ竿つり漁を実行させること及びあゆやなを設置したり、原告所属の組合員にやな漁を実行させることを禁止し、又は、被告らによる五ケ瀬川水系での漁業権の管理及び被告ら所属の組合員の漁業権行使への妨害排除を求めることができるというべきである。

第四　結論

以上のとおり、甲事件請求の趣旨1項及び4項は理由があるのでこれを認容するが、仮執行宣言は相当ではないからこれを付さないこととし、その余の甲事件請求は、いずれも理由がないのでこれを棄却し、被告らが、原告に対し、本件共同漁業権に基づき妨害排除を求める乙事件請求の趣旨は、いずれも理由があるのでこれを認めることとし、訴訟費用の負担につき民訴法八九条、九二条、九三条一項本文を適用して、主文のとおり判決する。

〈タイムズ七九四号二二〇頁〉

◆15　共同漁業権は漁業協同組合等に帰属し、各組合員に総有的に帰属するものではない。

和歌山地裁民、平成元年(行ウ)第二号
平五・三・三一判決、却下（確定）
原告　梅本廣史
被告　和歌山県知事
関係条文　漁業法八条・一四条八項、水協法五〇条四号、公有水面埋立法四条三項・五条、行訴法九条・三六条

【要　旨】

共同漁業権は漁業協同組合等に帰属し、各組合員に総有的に帰属すると解することはできず、各組合員は、当該漁業協同組合の有する共同漁業権の範囲内で、協同組合の制定した漁業権行使規則に従って漁業権を行使する地位を有するにすぎない。

（註）判例は、「五七五頁21」参照

◆16　漁業法第八条第一項に規定する「漁業を営む権利」の法的性格

青森地裁民、昭和五九年(ワ)第一五号
昭六一・一一・一一判決、棄却
原告　松橋幸四郎
被告　日本原子力研究所
関係条文　漁業法八条一項、公有水面埋立法二条

【要　旨】

一　漁業法八条一項に定める漁業協同組合の組合員が有する「漁業を営む権利」は、漁業権そのものではなくて漁業権から派生している権利であり、漁業協同組合の構成員たる地位と不可分

の社員権的権利というべきである。

二　公有水面埋立免許がなされた以上は、漁業法八条に規定する「漁業を営む権利」に基づき、右埋め立て免許を受けた者に対し妨害排除請求権を行使することはできない。

○主　文

一　原告の請求をいずれも棄却する。

二　訴訟費用は原告の負担とする。

○事　実

第一　当事者の申立

一　原告

（主位的申立）

被告は、別紙図面ウエオカキクケコの各点を順次結ぶ線と高潮時海岸線で囲まれた区域で公有水面埋立をしてはならない。

訴訟費用は被告の負担とする。

（予備的申立）

被告は、別紙図面タクケセタの各点を順次結ぶ線内の区域で公有水面埋立をしてはならない。

訴訟費用は被告の負担とする。

二　被告

主文同旨

第二　請求原因

一　原告は関根浜漁業協同組合（以下「関根浜漁協」という。）の正組合員である。

関根浜漁協は正組合員二五四名、准組合員一一三名であり、同漁協は、別紙図面ウエオカキクケコの各点を順次結ぶ線と高潮時海岸線とで囲まれた区域（以下「係争区域一」という。）を含むところの別紙図面テイアツの各点を順次結んだ線と高潮時海岸線とで囲まれた区域に二個の共同漁業権（東共第三三号、第三四号）を、また、別紙図面タクケセタの各点を順次結ぶ線で囲まれた区域（以下「係争区域二」という。）を含むところの別紙図面トスシサケセソの各点を順次結ぶ線と高潮時海岸線とで囲まれた区域に区画漁業権を免得取得した。

二　漁業協同組合（以下「組合」という。）が免許取得した漁業権は、漁業経営者が免許された漁業権を「経営者免許漁業権」というのと対比して「組合管理漁業権」といわれ、組合は原則として漁業を営まず、その組合員であり、かつ、漁業権行使規則に定める者が漁業を営むのである。

この組合管理漁業権において、漁業権は、組合でなくして組合員に総有的に帰属しているのであり、漁業権の主体は全体の組合員である。これは、以下に述べるところに根拠がある。

㈠　江戸時代、漁村部落の漁民が地元漁場を全員で独占的に入会利用する村中入会漁場が成立し、この漁場占有利用権は漁株と称せられ、この権利は漁民全体の総有であった。明治に入り、漁業法の制定、その改正が行われ、漁業権や漁業組合について規定されたが、これは江戸時代からの漁業慣行に基づいて漁業権を定め、従前の漁場利用の慣行をそのまま認めたのである。

(二) 昭和二四年の漁業法改正にあたり、昭和二四年九月五日の第五回国会衆議院水産委員会で政府委員（農林事務官松元威雄）は、組合に免許される共同漁業権が陸地における総有関係にある入会権と同じ性質のものであると説明した。

水産庁漁政部長昭和三四年三月二六日通達では、共同漁業権、区画漁業権の内容たる漁業は、沿革に徴すれば、共同、入会漁業から発展した漁業であり、漁場利用の態様において旧浦浜部落秩序を基盤とした部落民全体による総有的支配である、と述べている。

(三) 組合は、その沿革および水産業協同組合法一一条の反対解釈からみて、漁業を営まないのであるから共同漁業権の主体ではあり得ない。

組合員たる漁民が漁業を営む権利を有するのであるが、その個々の漁民は、対外的に何人に対してもこの権利を主張し、これが侵害された場合は、損害賠償を請求し得ることはもとより、侵害が継続する場合にはその排除を請求できる、と説明され（前記漁政部長通達）、漁業を営む一種の物権的権利であつていわゆる社員権的な権利でないことを明らかにしているが、これは漁業権が組合員たる漁民に総有的に帰属していることを示すものである。

三　関根浜漁協に免許された前記二個の共同漁業権および区画漁業権は原告を含む組合員に総有的に帰属している。漁業権は物権とみなされるから、原告は漁業権の行使を妨げる者に対し妨害排除請求権を行使することができる。

四　被告は、原子力船「むつ」の母港を建設する目的で、青森県知事から公有水面埋立免許を得たとして係争区域一の埋立をしている。係争区域一の一部に係争区域二がある。係争区域一は前記各共同漁業権の区域内であり、係争区域二は前記区画漁業権の区域内である。

五　被告による右の埋立によつて前記各漁業権の行使が妨げられるので、原告はその妨害の排除を求める権利がある。そこで原告は被告に対し埋立工事の差止を求める。

第三　請求原因の認否、被告の抗弁（参加人の主張）

一　請求原因一のうち、原告が関根浜漁協の正組合員であることは不知、その余は認める。同二のうち、共同漁業権および区画漁業権が組合員に総有的に帰属する点は否認し、その余は不知。右各漁業権は、組合又は組合を会員とする漁業協同組合連合会に帰属し、組合員は行使規則に従つて漁業を営む権利を有するにすぎない。これは、漁業権行使規則に規定された資格を備える組合員に限つて右権利を有するものとされていることや漁業権の得喪変更が総会の特別決議で決定され得ること、組合の適格性喪失又は漁業に関する法令違反、公益上の必要により漁業権が取消されること、共同漁業権が一〇年の存続期間により消滅することなど現行漁業法の規定が原告主張の解釈と相容れないことからも明らかである。

請求原因三は否認する。同四は認める。同五は否認する。

二　関根浜漁協は、昭和五八年八月七日の臨時総会において、同漁協の有する東共第三一号および東共第三二号共同漁業権（漁業権一斉切替後は東共第三三号および東共第三四号共同漁業権）の一部変更および東こわ区第一六号区画漁業権（漁業権一斉切替後は東こわ区第一五号区画漁業権）の放棄を所定の手続によつて議決したから、原告の係争区域一（係争区域二を含む）における漁業を営む権利は消滅した。

三　被告は、昭和五八年八月一〇日、参加人に対し、関根浜漁協組合長理事西口才太郎による公有水面埋立についての同意書を添付して係争区域一につき公有水面埋立免許の申請をした。参加人は被告に対し同年九月二七日、青森県告示第七二五号をもつて右区域につき埋立を免許（以下「埋立免許」という。）した。

埋立免許は、免許出願者に対し特定の公有水面を埋立てて土地を造成する権利を付与し、その竣功認可を条件に埋立地の所有権を取得させる行政処分であり、被告はこれに基づいて埋立工事を行つているのであるから、これに何ら違法はない。

また、埋立免許は、当該埋立区域内に漁業権を有する者に対し、埋立工事および工事に伴う漁業上の被害を受忍すべき義務を課するから、これにより漁業権に基づく私法上の差止請求権も剥奪されると解すべきであり、従つて原告には被告の埋立工事を差止める権利はない。

第四　抗弁の認否と原告の再抗弁

一　関根浜漁協の昭和五八年八月七日の臨時総会において被告主張の議決が外形的に存することは認めるが、原告の漁業を営む権利が消滅したことは否認する。組合管理共同漁業権において、漁業権は組合員に総有的に帰属しているのであるから、全員の同意がなければこれを消滅させることはできないのである。

次に、被告主張のように、被告が関根浜漁協組合員の同意書を添付して参加人に対し係争区域一につき公有水面埋立免許の申請をなし、これにつき参加人が被告に対し埋立を免許したことは認めるが、その余は否認する。

埋立の免許は、当該公有水面の水面たる性質および公共の用に供する性質を失わせるものでないし、免許による埋立権は物権ないし物権的権利でないから、埋立の免許と漁業権が相排斥するものでなく、同一水面に両者は併存し得る。

従つて、埋立の免許がなされたことによつても漁業権は存在し、漁業権に基づく妨害排除請求権も消滅することなく存在する。

二　参加人の被告に対する公有水面埋立免許は次の理由により無効であるから、被告の埋立は違法である。

公有水面埋立免許は、漁業権者又は入漁権者の同意を要件として行われるのであるから、その同意を欠いた免許は無効である。

公有水面埋立に対する同意は、関根浜漁協の昭和五八年八月七日における臨時総会の決議に基づいてなされたのであり、その決議は、正組合員出席総数二四三（うち委任状八〇）、投票総数二三三、賛成数一五九、反対数七四により、出席組合員数三分の二以上の賛成で可決されたことになっている。しかし、右の二三三名および賛成数一五九名の中には正組合員の資格を欠く者が二一名含まれている。七四の反対票はすべて資格ある正組合員の投票によって構成された蓋然性が高いから、右決議が有効に可決されるためには、二二四票以上の投票がなされ、一四八票以上の賛成がなければならない。しかるに本件決議においては、投票総数二三三から無効な二一票を差引いた二一二の投票しかなく、また賛成者は一五九から無効な二一を差引いた一三八名しかいない可能性が強く、否決となった蓋然性が高いのである。

そうすると、臨時総会における公有水面埋立についての同意の決議は無効であり、従って関根浜漁協組合長の同意書も無効であるから無効な同意に基づく埋立免許もまた無効である。

第五　原告の再抗弁に対する被告の認否

一　関根浜漁協が昭和五八年八月七日開いた臨時総会において、公有水面埋立の同意を賛成一五九、反対七四の投票で可決したことは認めるが、投票総数は二三四であり、この投票総数および賛成票の中に無資格者の投票二一があることは否認する。この二一名は正規の手続を経て正式に正組合員としての処遇を受けているのである。

右決議が無効であり、従って公有水面埋立免許が無効であるとの原告の主張は否認する。

仮に原告主張のように無資格者が議決に参加したとしても、その事による決議の瑕疵に重大性、明白性を認めることはできず、それは決議の方法違反として取消事由となるに過ぎない。

第六　証拠〈略〉

○理　由

一　（漁業を営む権利に基づく原告の物権的請求権の行使）

関根浜漁協が係争区域一を含むところの別紙図面テイアツの各点を順次結ぶ線と高潮時海岸線とで囲まれた区域に二個の共同漁業権を、また係争区域二を含むところの別紙図面トスシサケセソの各点を順次結ぶ線と高潮時海岸線とで囲まれた区域に区画漁業権を免許取得したことは当事者間に争いがなく、原告が同漁協の正組合員であることは弁論の全趣旨によりこれを認めることができ、これを左右するに足る証拠はない。

原告は、組合管理漁業権における漁業権は、組合員に総有的に帰属するから、原告が漁業権者であり、漁業権に基づく妨害排除請求権を行使して被告の右各係争区域における公有水面埋立を差止めることができると主張する。

我国の漁業経営が、江戸時代に形成された部落民総有にかかる入会漁場による漁業を基盤としているという沿革を根拠に組合管理漁業の性格を入会漁業とし、漁業権が組合員に総有的に帰属するとの見解があることは否定できない。しかし、現行漁業法が、漁業権と漁業を営む権利とを用語において区別するほか、共同漁業を営む権利は共同漁業権であつて漁業権の一種とし（六条一項、二項）、組合員は組合制定にかかる漁業権行使規則に規定された資格を有する場合に組合の有する共同漁業権又は特定区画漁業権の範囲内において漁業を営む権利を有するものとしている（八条一項ないし三項）ことからみて、組合員の権利すなわち漁業を営む権利は、漁業権そのものでなくて漁業権から派生している権利であり、組合の構成員たる地位と不可分の社員権的権利というべきものである。

従つて、漁業権の帰属主体に関する原告の右主張は採用できない。もつとも、組合管理漁業における漁業権の帰属主体が組合員でなくて組合であるからといつて、個々の組合員による妨害排除請求権の行使が否定されることにはならない。漁業権が物権とみなされ、漁業を営む権利がこれから派生した権利であつて内容的には漁業権と同じものであるから、これが違法に侵害された場合にこれにより蒙つた損害の賠償を請求できるし、また、侵害が継続する場合にはこれを除去するため妨害排除請求権の行使ができるものと解すべきである。

従つて原告はその漁業を営む権利に基づいてその違法な侵害者に対し妨害排除請求権を行使することができる。

二　（公有水面埋立免許の効力）

1　被告が昭和五八年八月一〇日参加人に対し、関根浜漁協組合長の埋立同意書を添付して、係争区域一の公有水面埋立免許を申請し、参加人が同年九月二七日被告に対し埋立免許をしたことは当事者間に争いがない。

埋立免許は、申請者に対し対象区域を独占的に埋立てる権限を付与することとその竣功を条件に埋立地の所有権を取得せしめるところの特許に属する行政処分である。被告は、埋立免許による被告の埋立行為は正当な権利行使であつて原告の妨害排除請求権は消滅したと主張し、これに対し原告は、埋立同意が無効であるから埋立免許も無効であると主張するのでその当否を検討する。

2　漁業権者の同意を欠いた場合の埋立免許の効力は、同意を必要とする趣旨、目的により決せられるべきであり、右のような埋立免許の効力および埋立の実行によつて漁業権が漸次減縮し最後には消滅するものであることに鑑みると、同意を必要とした法の趣旨は、埋立によつて利益を受ける事業主体と埋立によつて権利を失う漁業権者との対立する利害を調整し、漁業権者の利益を担保するという点にあると解されるから、同意を欠いた場合の埋立免許はその免許に重大かつ明白な瑕疵ある場合に該当するものとして無効と解すべきである。同意が権限のない者によつてなされた場合のように同意に重大、明白な無効事由がある場合には同意を欠いた場合と同一であり、同意の内容に右以外の瑕疵がある場合でも免許権者がこれを知り乍ら免許した場合にはその免許を無効と解すべきであるが、右以外は同意の無効がただちに免許を無効にするものではない。

3　組合管理漁業権において漁業権の帰属主体が組合であることと前述のとおりであるから、同意は組合の決議に基づいて組合代表者がなすものである。その組合内部の手続である決議の瑕疵がそのまま同意の瑕疵となるという一体性を有するのではなく、決議に瑕疵あることが同意の効力を左右するという事で影響を及ぼすこととなる。そしてかかる同意の効力が更に免許の効力に影響を及ぼすこと前述のとおりであるから、決議の瑕疵が免許の効力を左右してこれを無効たらしめるには右二段階の無効事由、しかも重大、明白な無効事由を経なければならないものということができる。

原告主張にかかる漁協総会における埋立同意の決議に係る手続上の瑕疵は、その決議に基づく同意を当然無効ならしめるものということはできず、更に埋立免許に対する影響ではそれが埋立免許の取消事由になるか否かの点はともかくとして、その無効事由にはなり得ないものというべきである。

従つて、被告は埋立免許に基づいて係争区域一を埋立てる権限を有するのであり、埋立行為は適法な権利行使にあたる。

三　(妨害排除請求権と埋立免許の関係)

埋立免許によつてただちに対象区域が公有水面たる性格を失うものでなく、また埋立免許を得た者がその区域に排他的支配を及ぼすことになるわけでもないから、埋立免許を得た者が有する埋立権限と漁協組合員の漁業を営む権利とが同一区域に併存し得ることとなり、双方の権利が併存するという原告の主張はその限りにおいては正当である。

しかし、免許を得た者はその権限に基づいて水面を埋立てて行き究極的には公有水面たる性質を失うことになるのであるから、右の両者の権利が最後まで共存し得るものではなく、漁業を営む権利は消滅することが予定されていることになるのである。また、埋立免許はその要件とされる漁業権者の同意があるとして発せられ、免許を無効ならしめるような同意の瑕疵が無いこと前述のとおりであるから、埋立免許により対象区域を独占的に埋立てる権利が付与されれば、当然に埋立てる権利は漁業を営む権利に優先する。両者併存するとしても漁業を営む権利は埋立権を侵害しない限りにおいて認められるにすぎない。従つて、埋立免許がなされた以上は、漁業を営む権利に基づいて埋立免許を受けた者に対し妨害排除請求権を行使し得なくなつたものというべきである。

四　（結論）

以上のとおりであるから、漁業権放棄による消滅に関する被告の主張につき判断をするまでもなく原告の被告に対する埋立差止を求める本訴請求は理由がない。

よつてこれを棄却することとし、訴訟費用の負担につき民事訴訟法八九条に従い、主文のとおり判決する。

（訟務三三巻七号一八五四頁）

◆17　漁業協同組合が漁業法第八条第二項に規定する事項について総会決議により漁業権行使規則の定めと異なつた規律を行うことの許否

最高裁三小民、平成五年(オ)第二七八号

平九・七・一判決、破棄自判

一審　高松高裁　二審　高松高裁

上告人　　松本鶴松

被上告人　羽根町漁業協同組合

関係条文　漁業法八条、水協法四八条一項一〇号（平成五年改正前）・五〇条

【要　旨】

共同漁業権についての法制度にかんがみると、漁業協同組合が、その有する共同漁業権の内容である漁業を営む権利を有する者の資格に関する事項その他の漁業法八条二項に規定する事項について、総会決議により漁業権行使規則の定めと異なった規律を行うことは、たとえ当該決議が水産業協同組合法五〇条五号に規定する特別決議の要件を満たすものであったとしても、許されないものと解するのが相当である。

○主　文

一　原判決を破棄し、第一審判決を取り消す。

二　被上告人の昭和六〇年八月一四日の通常総会における上告人の漁業権行使を禁止する旨の決議及び被上告人の昭和六一年一月一九日の臨時総会における上告人を除名する旨の決議がいずれも無効であることを確認する。

三　訴訟の総費用は被上告人の負担とする。

○理　由

上告代理人土田嘉平の上告理由第一点について

記録によれば、原判決に所論の理由不備、理由齟齬の違法はなく、論旨は採用することができない。

同第二点について

一　原審の適法に確定した事実関係の概要は、次のとおりである。

1　被上告人は、水産業協同組合法に基づいて設立された漁業協同組合であり、上告人は、被上告人の組合員で理事の地位にあつた者である。

2　被上告人は、高知県知事から第二種共同漁業を内容とする五個の共同漁業権の免許（以下「旧免許」という。）を受けていたが、昭和五八年八月三一日でその存続期間が満了するため、昭和五七年八月一四日の通常総会の決議に基づき、同年一一月ころから右五個の共同漁業権に係る漁場と同一の漁場について新たに共同漁業権の免許を受ける手続を進めていた。右五個のうち四個の共同漁業権に係る漁場については、花岡漁重外の組合員が共同漁業権の内容である漁業を営んでおり、右総会において新たに免許を受けた後も従前と同じ者がそのまま漁業を営むことが承認されたが、残りの一個の共同漁業権に係る漁場（以下「本件漁場」という。）については、その後面に位置する漁場で漁業を営んでいた花岡漁重との間で以前に紛争が生じたことがあり、昭和五三年ころ以降は漁業を営む者がいなかつた。

3　旧免許に係る各共同漁業権について被上告人が制定した漁業権行使規則によれば、同規則の規定に基づいて別に組織される漁業権管理委員会が漁業を行う者及び漁業を行う者の行使区域、行使期間その他行使の内容たるべき事項を定める旨規定されていたが、現実には漁業権管理委員会は機能しておらず、漁業を行う者の決定は、希望者が被上告人の理事会に申し込み、理事会の決定を経た上、総会の議決により行うという方法が採られていた。前記通常総会において、被上告人は、漁業権管理委員会を漁業権行使規則に従って活動させることにし、五名の管理委員を選出したが、その際、併せて「漁業権の行使者変更又は漁業変更の件については総会の議決に基づいて行う」との議決を全員一致で行つた。しかし、右総会決議の内容に沿つた漁業権行使規則の変更はされなかつた。

4　被上告人は、昭和五八年七月二三日、高知県知事から第二種共同漁業を内容とする五個の共同漁業権の免許（共第二五三二号ないし共第二五三六号）を受けた。そして、同年の通常総会において、右各共同漁業権に係る漁業権行使規則（以下「本件漁業権行使規則」という。）の制定が議決され、高知県知事の認可を受けたが、同規則においても、五名の管理委員により構成される漁業権管理委員会が漁業を行う者及び当該漁業を行う者の行使区域、行使期間その他行使の内容たるべき事項を定める旨の規定（七条一項）が置かれたにとどまり、右3の総会決議の内容に沿った規定は置かれなかつた。

5　上告人は、昭和五七年一二月一九日、被上告人の組合長に対し、右免許後の本件漁場に係る共同漁業権（共第二五三四号。以下「本件漁業権」という。）の行使を申請した。組合長は、右免許を受けた後、本件漁業権行使規則の規定に従って、その審議を漁業権管理委員会に付託し、同委員会は、上告人の申請を入れて、本件漁業権の行使者を上告人とすることに決定した。しかし、上告人が本件漁業権を行使することを承認する旨の総会の議決はされなかった。

6　上告人は、昭和五九年四月ころから本件漁場において操業を開始したが、かねてから本件漁場における共同漁業権の行使に難色を示していた花岡漁重らとの間で紛争が生じ、上告人と花岡らとの関係が険悪化した。そのため、被上告人の同年の通常総会において、一部の理事から操業区域を調整した上で上告人の漁業権行使を認める方向の提案がされ、これを受けて上告人と花岡との間で話合いが行われたが、右話合いは決裂し、上告人はその後も操業を続けた。

7　被上告人の昭和六〇年八月一四日の通常総会において、上告人が本件漁業権を行使することを禁止し、上告人に対し同年九月三〇日までに漁具を引き揚げるように求める旨の決議（以下「本件漁業権行使禁止決議」という。）がされた。これを受けて、被上告人は、上告人に対し、同月二一日付け書面により、本件漁業権行使禁止決議に基づき、本件漁業権の行使は違反操業であるから同月三〇日までに漁具、漁網を撤去するよう勧告し、さらに、同年一二月九日付けの内容証明郵便により、同月一六日までに漁具を撤去するよう請求した。しかし、上告人は右請求に従わなかったため、被上告人の昭和六一年一月一九日の臨時総会において、上告人を除名する旨の決議（以下「本件除名決議」という。）がされた。上告人に対する除名理由は、(1)　本件漁業権行使規則七条一項に違反し、被上告人の信用を著しく失わしめた、(2)　役員の忠実義務に違反した行いをした、というものであった。

二　上告人の本訴請求は、本件漁業権行使禁止決議及び本件除名決議の無効確認を求めるものであるところ、原審は、次のとおり判示して、本訴請求をいずれも棄却すべきものとした。

1　被上告人においては、本件漁業権行使規則が制定された後も、被上告人が免許を受けた共同漁業権の行使者の決定権限は総会が有していた。総会は、組合員の総意により組合の意思を決定する最高の機関であり、組合の組織運営等に関する一切の事項について議決することができるのであるから、共同漁業権の行使者の決定権限を総会に留保する旨の前記一3の総会決議は有効であり、右決議について県知事の認可を受けていないからといって、右決議が無効であると解すべき理由はない。

2　上告人による本件漁業権の行使は、漁業権管理委員会の許可を得たのみでいまだ総会の承認の議決を経ていない段階において行われたものであるから、被上告人の昭和六〇年八月一四日の通常総会において上告人に対し本件漁業権の行使を禁止し漁具の撤去を求める旨の議決をしたことに違法はなく、本件漁業権行使禁止決議は有効に成立したものと認められる。

3　上告人は、被上告人の理事でありながら、総会の承認を得ることなく本件漁業権を行使するという本件漁業権行使規則違反行為を行い、本件漁業権行使禁止決議及びその後数度に及ぶ被上告人の同旨の勧告にも従わずに違反操業を続けたというのであり、上告人の右行為は、被上告人の定款三五条一項の「役員は法令、定款、規約及び総会の決議を遵守し、組合のため忠実にその職務を遂行しなければならない」との規定に違反し、定款が除名事由として定める「組合の定款もしくは規約に違反し、その他組合の信用を著しく失わせるような行為をしたとき」に該当するものであり、その違反は決して軽度なものではないから、上告人の除名は相当であり、本件除名決議は有効に成立した。

三　しかしながら、原審の右判断はいずれも是認することができない。その理由は、次のとおりである。

漁業法によれば、共同漁業権は、同法一四条八項に規定する適格性を有する漁業協同組合又は漁業協同組合連合会（以下「漁業協同組合等」という。）に対する都道府県知事の免許によってのみ設定されるものであり（同法一〇条、一三条一項一号）、漁業協同組合の組合員（漁業者又は漁業従事者であるものに限る。）であって当該漁業協同組合等がその有する共同漁業権ごとに制定する漁業権行使規則で規定する資格に該当する者のみが当該漁業協同組合等の有する当該共同漁業権の範囲内において漁業を営む権利を有し（同法八条一項）、漁業権行使規則には、漁業を営む権利を有する者の資格に関する事項のほか、当該漁業権の内容である漁業につき、漁業を営むべき区域及び期間、漁業の方法その他当該漁業を営む権利を有する者が当該漁業を営む場合において遵守すべき事項を定める旨規定されている（同条二項）。また、同法及び水産業協同組合法によれば、漁業権行使規則の制定、変更及び廃止のためには、総組合員（准組合員を除く。）の半数以上が出席し、その議決権の三分の二以上の多数による議決を要すること（水産業協同組合法五〇条五号）に加えて、都道府県知事の認可を受けなければその効力を生じないものとされている（漁業法八条四項、五項）。このように、漁業法が同法八条二項に規定する事項についての規律は専ら漁業権行使規則の規定によるものとした上で都道府県知事の認可を同規則の制定、変更及び廃止の効力要件として規定しているのは、共同漁業権も漁業権の一種として水面の漁業上の総合利用を図り漁業生産力を維持発展させるという公益的見地から都道府県知事の免許によって設定されるものであることにかんがみ、同規則の制定、変更及び廃止をすべて漁業協同組合等の自治的手続にゆだねてしまうのは相当でないとして、公益的見地から都道府県知事に審査権限を付与する趣旨のものであると解される。

右に述べた共同漁業権についての法制度にかんがみると、漁業協同組合が、その有する共同漁業権の内容である漁業を営む権利を有する者の資格に関する事項その他の漁業法八条二項に規定する事項について、総会決議により漁業権行使規則の定めと異なった規律を行うことは、たとえ当該決議が水産業協同組合法五〇条五号に規定する特別決議の要件を満たすものであったとしても、許されないと解するのが相当である。

四　これを本件についてみるのに、前記事実関係によれば、本件漁業権行使規則は、五名の管理委員により構成される漁業権管理委員会が漁業を行う者及び当該漁業を行う者の行使区域、行使期間その他行使の内容たるべき事項を定める旨規定しており、右事項についての総会の権限を定めた規定は置かれていないというのであるから、前記一3の総会決議が右決定の最終的権限を総会に留保する旨を定めたものであるとしても、同規則は、本件漁業権の内容である漁業を営む権利を有する者の決定を専ら同規則に基づいて組織される漁業権管理委員会の権限として規定したものと解さざるを得ず、右決議は、同規則と抵触する限度において、その効力を有しないものというべきである。

しかるところ、前記事実関係によれば、漁業権管理委員会は本件漁業権の内容である漁業を営む権利を有する者を上告人に決定したというのであるから、右決定につき総会の承認決議を経ていないとしても、上告人は本件漁業権の内容である漁業を営む権利を有するものといわなければならない。そして、本件漁業権行使禁止決議は、上告人が本件漁業権の内容である漁業を営む権利を有しないことを専らその理由とするものであるから、右決議は、その前提を欠き、無効と解するほかはない。また、本件除名決議も、上告人が本件漁業権の内容である漁業を営む権利を有しないにもかかわらず右漁業を営み、本件漁業権行使禁止決議及びこれを受けた被上告人の勧告、請求に従わなかったことが被上告人の定款の定める除名事由に該当することを理由とするものであるから、右決議は、除名事由に該当する事実がないにもかかわらずこれがあるものとしてされたもので、その要件を欠き、無効というべきである。

右と異なる原審の判断は、法令の解釈適用を誤った違法があり、右違法は判決に影響を及ぼすことが明らかであるから、論旨は理由があり、原判決は、その余の点について判断するまでもなく、破棄を免れない。そして、以上によれば、上告人の請求をいずれも棄却した第一審判決を取り消して、右請求をいずれも認容すべきである。

よって、民訴法四〇八条、三九六条、三八六条、九六条、八九条に従い、裁判官全員一致の意見で、主文のとおり判決する。

（時報一六一七号七二頁）

第三節　漁業権に基づかない定置漁業等の禁止

第九条　定置漁業及び区画漁業は、漁業権に基づくのでなければ、営んではならない。

◆18　漁業共同経営契約に基づく権利の相続性及び漁業権と漁業経営権との関係

長崎地裁民、昭和三一年(ワ)第五〇三号、同三二年(ワ)一九四号

昭三六・一一・二九判決

原告　田尾　勇　外二名

参加人　田尾源蔵

被告　大洋漁業株式会社

被告　三井楽町漁業協同組合

関係条文　漁業法九条・一〇条・二二条・二七条・二八条・三〇条

【要　旨】

参加人がなんら漁業権を有せずして、原告らの定置漁業共有権に基づかない別個独立のいわゆる漁業経営権を取得し、参加人の

みが直接利益配分請求権を行使し得るような趣旨において共同経営契約が締結されたとしたならば、かかる共同経営の形態は漁業法の精神に相背馳することとなり、当事者の合理的な意思解決にも相反するものといわねばならない。なぜならば、定置漁業においては、漁業権の譲渡性は原則としてなく（漁業法二七条）、漁業権の貸付は禁止され（同法三〇条）、もとより漁業権に基づかない定置漁業を営むことは許されない（同法九条）。そして漁業権の取得、変更には設権的行政処分たる行政官庁の免許を必要とし（同法一〇条・二二条）、免許がその効力発生要件であると解しなくてはならない。参加人自身が本件漁場に関する漁業権自体を有するものでないことは明らかである。しかるに、このように漁業権者でない参加人において、原告らの共有漁業権に基づかない漁場管理をなし、その収益を直接取得してこれを漁業権者たる原告らに配分するがごとき共同経営の形態は、さきに述べた通り、定置漁業権を原則として漁業権者固有のものとし、漁業権者に対しては自らの意思で経営することを期待し、かつての漁業を営む利益を保護する建前を採る漁業法の精神に違背するものと解しなくてはならない。

○主　文

一　被告大洋漁業株式会社は、原告田尾勇、田尾イ子に対し、それぞれ一、二三六、四〇八円ずつ、原告田尾久江に対し、五五六、一八一円、および右各金員に対する昭和三一年一二月一〇日から右各完済まで年五分の割合による金員をそれぞれ支払え。

二　被告両名は原告田尾勇、田尾イ子に対し連帯して、一、二九七、六九〇円およびこれに対する昭和三一年一二月一〇日から右完済まで年五分の割合による金員を支払え。

三　参加人の被告大洋漁業株式会社に対する請求はこれを棄却する。

四　訴訟費用中本訴に関する部分は被告両名の負担、参加によって生じた部分は参加人の負担とする。

五　この判決は、第一項につき、被告大洋漁業株式会社に対し、原告田尾勇、田尾イ子において各四〇万円、原告田尾久江において一八万円、第二項につき、被告両名に対し、原告田尾勇、田尾イ子において各四〇万円の担保をそれぞれ供するときは、確定前に右各項についてそれぞれ執行することができる。

○理　由

一　原告らの被相続人田尾弥守の生前における本件漁業（俗称三井楽町高崎漁場）の支配関係につきまず考察する。

右弥守と被告両名が昭和二六年に長崎県知事から本件漁場につき「五定第二〇号共有漁業権」の免許を得て、本件漁場の定置漁業権について共有関係が発生したこと、右三者間で右免許期間満了の日たる昭和三一年六月末日まで漁業共同経営の契約を締結し、その契約内容として、右三名の持分ならびに純利益の配分率が弥守四〇%、被告会社四〇%、被告組合二〇%で、右計算は被告会社がして他の二者に支払うこと、したがつて、経営に必要な諸資材の持分も右利益配分率と同率であること、右利益配分金中から若干を次年度の準備金として被告会社が保管すること、前記免許期間満了のときにはすみやかに残存資材を評価すること、もし次期の経営から脱退する者がある場合には、引続いて経営する者が右脱退者に対し連帯して残存資材につきその評価額の脱退者の持分相応額を支払うこと等が約定されたことは各当事者間に争いがない。(証拠)を総合すれば、右弥守の生前においては、前記三名の五定第二〇号共有漁業権の行使は、右三者共同経営契約に基いて円滑に実施され、右三者協調して右契約に基き本件漁場経営がなされてきたこと、参加人(右弥守の実弟、弥守が長男、参加人が四男)は当初から弥守のもとで漁業に従事し、右三者の共同経費の一部から参加人に対する賃金が支給されていたこと、昭和二七年一〇月一日、その頃から弥守が病弱であつたので、弥守は前記共有漁業権に基き、右権利行使の代行者として、右共同経営につき弥守の持分比率に応じ経営上の諸決定をなす一切の権限を参加人に委任したこと、なお、弥守と参加人間には昭和二六年一〇月一日付で、参加人の代理権行使につき弥守の持分一〇〇分の四〇より生ずる純取得額の一〇〇分の一五を報酬として弥守より参加人に与える旨の報酬契約がなされたが、現実には、弥守は、つぎの免許権獲得の経費等にあてるため、右報酬は支給していなかつたこと、右報酬契約については被告らにも通知していない内輪の取りきめであつたことが認められ、これをくつがえすに足りる証拠はない。

以上の事実関係(各当事者間に争いなき事実ならびに右認定事実)に徴すれば、弥守の生前における本件漁場の支配は、弥守、被告両名が本件定置漁業権を共有し、右三者間に民法上の組合に該当する漁業共同経営契約が締結され、右契約に従いその漁業権に基く本件漁場支配がなされていたものというべきである。

二　つぎに弥守の死亡と本件漁場支配における原告らおよび参加人の法律的地位について考察する。

(証拠)によれば、右弥守が昭和三〇年六月二〇日死亡し、原告らにおいて共同相続(各原告の相続分はいずれも三分の一)をしたことが認められ、これに反する証拠はない。

そして、前記三者共同経営契約は民法上の組合に該当するところ、民法第六七九条は死亡をもつて組合員脱退の事由と定めているが、右規定の性質上当事者の反対の意思を禁ずる趣旨ではないと解すべきであるが、前記三者共同経営契約についてこれをみるに、定置漁業権については免許期間は五年(漁業法第二一条)と法定されており、定置漁業権の譲渡性の原則的禁止の例外としてその相続による承継取得が明定されていること（同法第二七条、第二八条）、免許期間が満了のとき、残存資材を評価し、次期の経営から脱退する者に対し、残留経営者において連帯して、残存資材の評価額につき脱退者の持分相応額を支払う旨の特約が本件共同経営に存することと（証拠）を総合すれば、法定免許期間中における弥守の死亡をもつて組合員脱退事由とはなさず、右期間満了に至るまで、相続人をして組合員たる地位および権利を承継させる旨の黙示的合意が存在したものと認めるのが相当であり、これをくつがえすに足りる証拠はない。

右認定事実と（証拠）を総合すれば、原告らは、昭和三〇年六月二〇日、右弥守の死亡により相続人として右弥守の共有漁業権の物権的持分を含めて前記三者漁業共同経営における組合員としての地位および権利を承継すべきところ、原告田尾勇、田尾イ子の両名は、昭和三〇年一〇月二二日、法定の権利取得の日から二カ月以内に、長崎県知事に対し、右両名において右弥守の五定第二〇号共有漁業権持分の相続による取得を原因として移転登録を申請し、同年一一月二一日、同知事より右登録換を許可されたこと、原告久江（原告勇の妻）は右法定期間内に右権利の申告をせず、弥守の死後、同人の定置漁業権の物権的持分を放棄し（定置漁業権は一般の財産権と同様漁業権者は原則として放棄し得るものと解する。）、昭和三〇年六月二〇日以降の前記三者漁業共同経営における組合員たる地位をも放棄したこと、換言すれば原告田尾勇、イ子は弥守の定置漁業権の持分権、前記組合員たる地位および権利を相続により承継取得したものであること、原告久江は昭和三〇年六月二〇日右弥守の死亡前に具体的に発生した右弥守の組合員たる権利に基く財産上の請求権のみを右相続により承継取得したものであることが認められ、これをくつがえすに足りる証拠はない。

しかるに、参加人は、「被告会社に保管してある一、四五八、九九七円および資材評価額一、二九七、六九〇円については、被告らにおいて被告らに対してその支払請求をするのは失当である。右金員は原告らの主張するような相続財産ではなく、昭和二六年以降本件漁場経営の実権を委ねられ、その利益を造出した参加人にこそ配分されるべきものである。」旨主張するけれども、弥守生前における本件漁場の支配関係については前認定のとおりであり、参加人は昭和二七年一〇月一日頃より弥守の前記共有漁業権行使を代行した事実が認められるとしても、参加人における右労務の提供は弥守の委任に基いてしたものであつて、もとより参加人固有の漁業経営権の行使と目すべきものではなく、弥守の本件漁業持分権に基くものであると解すべく、右持分権行使から生じた利益は前記三者共同経営契約に基いて弥守に配分さるべき筋合であり、参加人は弥守より委任事務処理による報酬を求め得るとしても、直接参加人に右利益金が帰属すべきいわれはなく、参加人の主張は失当であって排斥を免れない。また前認定に反する被告会社の主張も採用しがたい。

さらに、参加人、被告会社は、昭和三〇年七月一五日付契約書を根拠として、右弥守の共有漁業権に基く本件漁場経営に関し、「参加人が経営代表者として本件漁場経営に関する一切の権限を掌握する。原告田尾勇、同イ子、訴外田尾五太郎は参加人に協力する。その純益配分率を参加人四〇％、他の三名は各二〇％と定める。右利益金は参加人において直接受領したのち、右原告両名、五太郎に配分する等の取りきめがなされ、原告ら主張の本件利益金配分請求権は参加人においてのみ、その漁業経営権に基いて直接行使し得る旨主張する。なるほど、丙第一号証には、参加人主張のごとく参加人を経営主体とする旨、その利益配分の割合に関することなどの記載があるけれども、弥守生前における前記三者共同経営契約、前認定の本件漁場の支配関係に（証拠）をあわせ考えると、昭和三〇年七月一五日、原告勇、イ子、参加人、右五太郎間において作成された契約書は、弥守、被告両名間の三者共同経営契約を変更する趣旨のものではなく、弥守の本件漁場に関する漁業権の持分について前認定の承継取得者たる原告勇、イ子がその持分権に基いて本件漁場経営の代行者として、参加人に経営を委任し、右五太郎も右経営に参与することとし、前認定のごとく原告勇、イ子が、弥守の死後、被告らとの共同経営契約により組合員たる地位に基いて請求し得るその利益金配分請求権を行使し得た範囲内でその純益の配分を参加人主張のごとき配分率で行うべきことを定めた契約であり、もとより右契約は、これにより本件漁業権の内容たる免許期間を延長し（漁業権の変更となる）、あるいは本件漁場に関する原告らの利益配分請求権の直接行使を禁止するごとき主旨のものではないと認定するのが相当である。（中略）他にこれをくつがえすに足りる証拠はない。

かりに、参加人主張のごとく、右昭和三〇年七月一五日付契約書に基いて原告勇、イ子と参加人との間に、参加人がなんら漁業権を有せずして、右原告らの定置漁業共有権に基かない別個独立のいわゆる漁業経営権を取得し、参加人のみが直接利益配分請求権を行使し得るような趣旨において共同経営契約が締結されたとしたならば、かかる共同経営の形態は漁業法の精神に相背馳することとなり、当事者の合理的な意思解釈にも相反するものといわねばならないであろう。なぜならば、定置漁業においては、漁業権の譲渡性は原則としてなく（漁業法二七条、二八条）、漁業権の貸付は禁止され（同法第三〇条）、もとより漁業権に基かない定置漁業を営むことは許されない。そして漁業権の取得、変更には設権的行政処分たる行政官庁の免許を必要とし（第一〇条、第二二条）、免許がその効力発生要件であると解しなくてはならない。而して参加人自身が本件漁場に関する漁業権自体を有するものでないことは弁論の全趣旨により明らかである。しかるに、このように漁業権者でない参加人において、右原告らの共有漁業権に基かない漁場管理をなし、その収益を直接取得してこれを漁業権者たる原告らに配分するがごとき共同経営の形態は、さきに述べたとおり、定置漁業権を原則として漁業権者固有のものとし、漁業権者に対しては自らの意思で経営することを期待し、かつての漁業を営む利益を保護する建前を採る漁業法の精神に違背するものと解しなくてはならないからである。

してみれば、前認定に反する参加人、被告会社の右主張は、爾余の争点につき立ち入つて判断するまでもなく失当であり、とうてい採用し得ない。

また、参加人および被告会社は、参加人が原告勇、イ子の漁業共有権とは別個独立の漁業経営権を有するものとして、すなわち参加人固有の権利として、本件漁場の利益配分請求権のみならず資材評価額一、二九七、六八九円の請求権をも直接行使し得る旨主張するけれども、本件漁場支配における参加人の法律的地位は弥守ないし相続人たる原告勇、イ子の共有漁業権行使の権限を委任代理する立場（法的地位）にほかならないことはさきに説示したとおりであるから、参加人らの右主張もまた失当である。右原告らの利益配分請求権ないし持分に応じた残存資材評価額請求権の直接行使を妨げる根拠は全く存在しないのである。

なお、全証拠によるも前認定の昭和三〇年七月一五日付委任契約は原告ら主張のごとく要素の錯誤により無効とは認めがたいが、（証拠）ならびに弁論の全趣旨によれば、昭和二六年九月一日免許の本件定置網漁業権の最終年度事業はすでに終了し、原告勇、イ子両名は昭和三一年八月六日頃到達の同日付内容証明郵便をもつて参加人に対し、前認定の昭和三〇年七月一五日付委任契約取消の意思表示をなし、これにより右契約は完全に取消されたものと認められ、これをくつがえすに足りる証拠はないので、参加人において、被告会社の仮定抗弁のごとく被告会社よりその主張の金員を昭和三一年九月以降受領したとしても、参加人の右原告らの代理人たる法的地位は前認定のとおりこれよりさきすでに失われているのであり、且つ又被告会社も右事実を昭和三一年八月頃すでに知悉していたものであることは明らかであるから、すでにこの点において、被告会社の右支払は、同原告らに対し弁済としての効力を有するものではない。それ故被告会社の仮定抗弁もまた失当である。

以上の理由から参加人、被告会社の前記主張は全部失当であり、参加人の本訴請求は理由がないのでこれを棄却するほかはない。

三　そこで進んで、原告らの本訴請求金額につき判断する。

㈠　原告らの利益配分請求金額

前記三者共同経営契約により昭和二九年度分の右弥守の受けるべき本件漁場の利益配分金残額は（証拠）によれば、同年一〇月二七日現在で、一、〇〇六、三六四円であり、帳簿上次期繰越とされていることが認められるところ（これに反する証拠はない）、右金員のうち右弥守が昭和三〇年四月九日五〇万円を受領していることは原告らにおいて自認するので、五〇六、三六四円が次年度に繰越されたというべきである。さらに、昭和三〇年度分の右弥守生前（昭和三〇年六月二〇日まで）において同人の受くべき利益配分金は、（証拠）によれば、三、二三二、一七九円であることが明らかであり（これに反する証拠はない）、右二口合計三、七三八、五四三円が昭和三〇年六月二〇日現在における右弥守の利益配分請求金であり、同日右弥守の死亡により原告らが共同相続をした金額である。右金員のうち原告らが昭和三〇年八月一五日から昭和三一年三月三一日までの間に合計二〇七万円の支払を被告会社より受けたことは、原告らにおいて自認するところであるから、前記三者共同経営契約により、被告会社は原告に対してそれぞれ右三、七三八、五四三円から二〇七万円を控除した金額の三分の一（各原告の相続分）たる五五六、一八一円ずつを支払うべき義務がある。

つぎに、昭和三〇年一一月二一日、右弥守の本件共有漁業権の持分権移転登録を了した原告勇、同イ子の昭和三一年度分として受くべき利益配分金は（証拠）によれば、昭和三一年六月二〇日現在で一、七一〇、四五四円であることが明らかであり、（これに反する証拠はない）、右原告両名において、右金員のうち被告会社から合計三五万円を受領したことは自認するところであるから、残金一、三六〇、四五四円が残存するものというべきである。それ故前記三者共同経営契約により被告会社は右原告両名に対しそれぞれその二分の一たる六八〇、二二七円ずつを支払うべき義務がある。

したがつて、原告勇、同イ子は、被告会社に対し、それぞれ前記二口の債権合計一、二三六、四〇八円の支払を求める利益配分請求権がある。また原告久江は被告会社に対し、右五五六、一八一円の支払を求める利益配分請求権を有する。

(二) 原告勇、同イ子の脱退による残存資材評価額取戻請求金額

弥守、被告両名の本件共有漁業権の免許期間が昭和三一年六月末日をもつて終了したことは各当事者間に争いがない。（証拠）を総合すれば、原告勇、イ子の承継した本件共有漁業権の免許期間が昭和三一年六月末日限り終了したことにより、右原告両名は右共同経営契約（民法上の組合にあたる）から脱退し、その後は被告らが本件漁場につき共有漁業権の新免許を得て、本件漁場経営がなされるに至つたことが認められ、これをくつがえすに足りる証拠はない。したがつて、被告らは、前記三者共同経営契約に基き、残存資材を評価し

て、右評価額の四〇％を右原告両名に対し連帯して支払うべき義務がある。そして右免許期間満了時における残存資材評価額が三、二四四、二二九円であることは、原告らと被告会社との間において争いがなく、原告らと参加人、被告組合との間においては成立に争いのない乙第一〇号証によりこれを認めることができ、これに反する証拠はない。

してみれば、原告勇、イ子は被告らに対し、連帯して右三、二四四、二二九円の四〇％にあたる一、二九七、六九〇円（ただし一〇円未満切捨）の残存資材評価額につき持分払戻請求権を有するものというべきである。

㈢　前記（証拠）と前記三者共同経営契約とをあわせて考えると、被告らが原告らに対し連帯して支払うべき前記各金員の弁済期は、遅くとも、前認定のごとく原告らがすでに前記三者共同経営契約から脱退したのちであり、且つ昭和三一年八月三一日現在の残存資材評価額が被告ら間で参加人立会のもとに決定された日（同年一二月七、八日）のあとである同年一二月九日であることは明らかである。

四　以上の次第で、被告会社は、原告勇、イ子に対し、それぞれ一、二三六、四〇八円ずつ、原告久江に対し五五六、一八一円、およびそれぞれ右金員に対する弁済期の到来後である昭和三一年一二月一〇日から右各完済まで民事法定利率たる年五分の割合による遅延損害金を支払うべき義務がある。また被告両名は原告勇、イ子に対し連帯して一、二九七、六九〇円およびこれに対する弁済期の到来後である昭和三一年一二月一〇日から右完済まで民事法定利率五分の割合による遅延損害金を支払うべき義務がある。

五　よって、原告らの本訴請求はいずれも正当であるのでこれを認容し、参加人の本訴請求は失当としてこれを棄却すべきものとし、訴訟費用の負担につき民事訴訟法第九三条、第八九条、第九四条仮執行の宣言につき同法第一九六条を適用して、主文のとおり判決する。

（タイムズ一二七号一一九頁）

第四節　漁業の免許

第十条　漁業権の設定を受けようとする者は、都道府県知事に申請してその免許を受けなければならない。

◆19　漁業権免許状には除外区域の記載がなくても、免許に至る諸事情から右除外区域が認められるとして、控訴を棄却した事例

福岡高裁民、昭和六三年(ネ)第二五号
平元・三・七判決、棄却
原告人　内原克外二八名
被告人　沖縄県
一審　那覇地裁
関係条文　漁業法八条一項、一〇条、一一条

【要　旨】

控訴人らは、本件免許が、多数の漁業協同組合員らに、物権的効力を有する漁業行使権を付与する行為であるから、法的安定性の観点からも、本件免許状及び漁場図以外の諸事情を斟酌して漁業権の存否・範囲を決定することは許されないと主張するけれども、右に認定したとおりの現行漁業法の漁場計画制度の特質・漁業権免許の手続き及び本件における具体的な免許手続き並びに訴外組合（その組合員である控訴人らを含めて）においても、右漁場計画制度及び免許手続きの当然の結果として、本件免許の申請及び免許がなされた当時、本件免許により設定される漁業権の漁場区域から除外区域が除外されていることは、明白に了知し、これを前提として免許申請などの行動をとっていたことなどに照らし、漁業権免許状には除外区域の記載がなくても、右免許にいたる諸事情から右除外区域が認められ、控訴人らの右主張が理由のないことは明らかである。

（註）判例は、「五一頁11」参照

第五節　免許内容等の事前決定

第十一条　都道府県知事は、その管轄に属する水面につき、漁業上の総合利用を図り、漁業生産力を維持発展させるためには漁業権の内容たる漁業の免許をする必要があり、かつ、当該漁業の免許をしても漁業調整その他公益に支障を及ぼさないと認めるときは、当該漁業の免許について、海区漁業調整委員会の意見をきき、漁業種類、漁場の位置及び区域、漁業時期その他免許の内容たるべき事項、免許予定日、申請期間並びに定置漁業及び区画漁業についてはその地元地区（自然的及び社会経済的条件により当該漁業の漁場が属すると認められる地区をいう。）、共同漁業についてはその関係地区を定めなければならない。

2　都道府県知事は、海区漁業調整委員会の意見をきいて、前項の規定により定めた免許の内容たるべき事項、免許予定日、申請期間又は地元地区若しくは関係地区を変更することができる。

3　海区漁業調整委員会は、都道府県知事に対し、第一項の規定により免許の内容たるべき事項、免許予定日、申請期間及び地元地区又は関係地区を定めるべき旨の意見を述べることができる。

4　海区漁業調整委員会は、前三項の意見を述べようとするときは、あらかじめ、期日及び場所を公示して公聴会を開き、利害関係人の意見をきかなければならない。

5　第一項又は第二項の規定により免許の内容たるべき事項、免許予定日、申請期間及び地元地区若しくは関係地区を定め、又はこれを変更したときは、都道府県知事は、これを公示しなければならない。

第十一条の二　都道府県知事は、現に漁業権の存する水面についての当該漁業権の存続期間の満了に伴う場合にあつては当該存続期間の満了日の三箇月前までに、その他の場合にあつては免許予定日の三箇月前までに、前条第一項の規定による定めをしなければならない。

◆20　漁場計画不決定等不作為違法確認請求が棄却された事例

福岡高裁、昭和六一年、(行コ)第一六号
昭和六二・一・二八判決、棄却
原告人　法村進ほか二二名
被告人　長崎県知事
一審　長崎地裁
関係条文　行訴法三条一項、漁業法一一条

【要　旨】
共同漁業権免許の切替手続に関し、長崎県知事が、上五島洋上石油備蓄基地計画部分につき、漁業協同組合に免許をしなかつたこと及び漁場計画の決定をしなかつたことの違法確認を求める訴えが、別途取消訴訟の可能性があつたことを理由に、不適法であるとされた。

〇主　文

本件控訴を棄却する。
控訴費用は控訴人らの負担とする。

〇事　実

一　控訴人ら代理人は、主位的請求として「原判決を取り消す。五共第一六号共同漁業権免許の昭和五八年九月一日付切替え手続に関し、被控訴人が原判決添付別紙『共同漁業漁場図㈡』の赤線で囲まれる部分（上五島洋上石油備蓄基地計画部分）につき、漁場計画の決定をしなかつたこと並びに同部分につき上五島漁業協同組合に免許を行わなかつたことは違法であることを確認する。訴訟費用は第一、二審とも被控訴人の負担とする。」との判決を、当審における予備的請求として、「五共第一六号共同漁業権免許の昭和五八年九月一日付切替え手続に関し、被控訴人が原判決添付別紙『共同漁業漁場図㈠』の範囲から、同『共同漁業漁場図㈡』の赤線で囲まれる部分（上五島洋上石油備蓄基地計画部分）を除外して行つた漁場計画決定処分並びに昭和五八年九月一日上五島町漁業協同組合に対して行つた五共第一六号共同漁業権免許処分は無効であることを確認する。訴訟費用は被控訴人の負担とする。」との判決を求め、被控訴代理人は、主位的請求に対し「本件控訴を棄却する。控訴費用は控訴人らの負担とする。」との判決を、予備的請求に対し「控訴人らの予備的請求にかかる訴えをいずれも却下する。訴訟費用は控訴人らの負担とする。」との判決を求めた。

二　当事者双方の事実上及び法律上の主張並びに証拠の関係は、次のとおり付加するほか、原判決事実摘示及び当審記録中の書証目録記載のとおりであるから、これを引用する。

1　控訴人らの予備的主張

被控訴人が昭和五八年九月一日に行つた五共第一六号共同漁業権の免許切替え手続において、上五島洋上石油備蓄基地計画部分に該当する本件水域を従前免許の範囲から除外したのは漁業法一一条、三九条に違反していることは明らかであり、右水域が切替え前の五共第一六号共同漁業権漁場への魚類の回遊路となつている最重要部分であつて、右水域が除外され石油備蓄のための諸施設が置かれることにより現実に魚類の回遊系に変化が生じ全体が漁場としての価値を喪失するに至つたが、かように重大な結果を招来することは右免許時において十分予想できたのであるから、本件免許処分には明白かつ重大な瑕疵がある。

控訴人らは、いずれも本件免許前から本件水域において別紙漁業の種類目録記載の各漁業に従事したきた者で、本件免許処分によって生計の手段であった漁場を奪われることになったのであるから、予備的に、被控訴人が右水域を除いて行った本件漁場計画決定及び共同漁業権免許処分の無効確認を求める。

2　予備的主張に対する被控訴人の本案前の答弁

㈠　控訴人らの予備的請求にかかる訴えは、次のとおり併合の要件を有しないから、不適法である。

(1)　本件各訴えは、本件共同漁業権免許手続に関し、本件水域を除いたことが違法であるとして、これを、主位的請求においては、本件水域につき漁場計画決定をせず、共同漁業権の免許を与えなかつたという不作為の面から、予備的請求においては、本件水域を除いて漁場計画決定をし、共同漁業権の免許を行った作為の面からとらえているものである。そうすれば、本件予備的請求は、行訴法一三条各号の関連請求のいずれにも該当しないから、併合の要件を欠き不適法である。

(2)　仮に、本件予備的請求が関連請求に該当するとしても、被控訴人は、その併合に同意しないから、行訴法三八条一項、一九条一項、一六条二項の規定により本件予備的請求にかかる訴えは不適法である。

(3)　仮に、本件予備的請求にかかる訴えが行訴法一九条二項、民訴法二三二条の規定による訴えの追加的変更であるとしても、本件のごとく第一審において訴訟判決がされた場合には、従前の請求にかかる本案について審理がなされていないのであるから、もし訴えの変更を許すとすれば、事実審の中心をなすべき証拠調べが控訴審においてはじめて行われる結果、事実審を二審級とする現行上訴制度の趣旨に反し、被控訴人の有する審級の利益を害することは明らかであるから、被控訴人の同意がない限り許されるべきでないところ、前記のとおり被控訴人は、その併合に同意しないから、右訴えの追加的変更は許されない。

㈡　仮に本件各訴えの併合が許されるとしても、控訴人らの本件予備的請求にかかる訴えのうち漁場計画決定は、次のとおり訴えの利益を欠き、それ自体不適法である。

すなわち、本件漁場計画決定は、漁業権免許の前段階における計画の策定にすぎず、それ自体としては直接個人の具体的な権利義務に影響を及ぼすものではないから、控訴人らは右計画決定を争う法律上の利益を有しない。

〇理　由

一　当裁判所も、控訴人らの本件主位的請求にかかる訴えは不適法として却下を免れないものと判断するものであるが、その理由は、原判決理由説示のとおりであるから、これを引用する（但し、原判決八枚目裏一〇行目から同九枚目表四行目までを削る。）。

二　そこで、本件予備的請求にかかる訴えの適否について検討する。

本件予備的請求が行訴法一三条各号の関連請求に該当しないことは、控訴人らの主張自体から明らかであるから、右訴えについて行訴法一九条一項による追加的併合は許されない。

そこで、次に本件予備的請求にかかる訴えが、民訴法二三二条により訴えの追加的変更として許されるかどうかについて検討するに、控訴審において訴えの変更が許されるのは、当該請求の基礎が同一であり、かつ第一審においてすでに旧請求につき証拠調べ等の審理が一応終了し、相手方の有する審級の利益を害するおそれがなく、また新請求に対する審理もその訴訟状態を利用できる状況にあること等が前提となつているものと解すべきところ、一審判決が訴え却下の訴訟判決である場合の控訴審においては、通常は右のごとき前提を欠くから、原則として訴えの変更は許されないものといわなければならない。しかし一審判決が訴訟判決である場合の控訴審でも、一審被告が訴えの変更に同意し、また異議を述べないで新請求につき弁論をした場合や、一審において本案についての審理が事実上行われて、右のごとき前提が充足されているような場合には、一審被告の審級の利益を考慮する必要がないから、例外的に訴えを変更することが許されると解するのが相当である。

そこで、これを本件についてみるに、被控訴人は、本件予備的請求の追加申立てに対して不同意を表明しており、かつ原審においても、控訴人らから甲第一、二号証として漁業法関係の一般解説書が証拠として提出されているのみで、実質的な証拠調べは何ら行われていないことは本件記録に徴し明らかであるところ、右書証のみで、当審が本件予備的請求の当否を判断することは到底不可能であるから、本件予備的請求にかかる訴えの追加的変更は許されないといわざるをえない。

三　そうだとすれば、主位的請求にかかる訴えを却下した原判決は相当であり、本件控訴は理由がないのでこれを棄却することとし、なお、控訴人らの当審における訴えの追加的変更はこれを許さないこととするが、理由中の判断にとどめることとし、控訴費用の負担につき民訴法九五条、八九条、九三条を適用して、主文のとおり判決する。

第一審の主文及び理由

〇主　文

本件訴えを却下する。

訴訟費用は原告らの負担とする。

〇理　由

一　不作為の違法確認の訴えは、私人からする「法令に基づく申請」に対し、行政庁が相当の期間内に何らかの処分又は裁決をすべきにかかわらず、これをしないことについての違法を求める訴訟であり（行政事件訴訟法（以下「行訴法」という。）三条五項）、まず、私人から「法令に基づく申請」のされていることが訴えの要件になるというべきところ、本件訴えは、原告らによる「法令に基づく申請」の主張もないから、本訴を行訴法三条五項の不作為違法確認の訴えと解すれば不適法たるを免れない。

二　原告らは、本訴を「無名抗告訴訟」として提起したものであると主張するので検討する。

ところで、仮に法定抗告訴訟以外の無名抗告訴訟なる類型を認めるとしても、かかる訴訟類型は法定抗告訴訟の例外として補充的にのみ認められるものであるから、法定抗告訴訟によつて救済の余地のないものに限つてのみ認められるべきものと解される。

ところで本件をみるに、原告主張の本件水域に関する漁場計画の不決定ないし免許の不授与は、その局面のみを見れば被告の不作為の如く看取されないものでもないが、その実質は、被告が本件処分をなすに先立ち、本件水域を別紙「共同漁業漁場図㈠」に図示された部分から除外して漁場計画を決定し、これに対して訴外漁協が免許申請をし、その結果従来の漁場から本件水域を除外した免許がなされたということであつて、以上より明らかな如く、本件水域に関する「漁業計画の不決定ないし免許の不授与」を本件処分と切り離して論ずることは相当でないといわなければならない。

したがつて、本件訴えは、被告による本件処分が本件水域を含まない違法があると主張しているにとどまり、被告の不作為の違法を主張するかにみえて、その実質は、被告の作為一共同漁業権の免許」の違法を争うものにほかならない。

したがつて、これに関しては別途取消訴訟の提起の可能性があつた以上、本件訴えは不適法である。

もつとも、出訴期間徒過などの事情により取消訴訟提起ができなくても、行政処分の無効等確認の訴え（行訴法三条四項）を、これとは別に提起する余地はあるが、本件訴えは「漁場計画の決定をしなかつたこと」及び「免許を行わなかつたこと」の「違法」を確認すべきことを求めていること、主張自体、本件処分の瑕疵の明白性を具体的に指摘するに至つていないことなどよりすれば、本件訴えをもつて、行政処分の無効等確認の訴えを提起したものとみることもできない。

三　以上のとおり、本件訴えは不適法であるからこれを却下し、訴訟費用の負担につき行訴法七条、民訴法八九条を適用して、主文のとおり判決する。

長崎地裁民、昭和五九年(行ウ)第四号、昭和六〇年七月三一日判決

（訟務三二巻五号一〇七三頁）

◆21　共同漁業権の一部放棄を受けてされる変更免許に際し、漁場計画の樹立の必要はない。

仙台高裁民、昭和六一年(ネ)第五四四号

昭六三・三・二八判決、棄却（確定）
控訴人（原告）　松橋幸四郎
被控訴人（被告）　日本原子力研究所
参加人　青森県知事
一審　青森地裁
関係条文　漁業法八条一項、一一条、二二条

【要　旨】
漁業法二二条、一一条その他の規定に照らしてみても、共同漁業権の一部放棄を受けてされる変更免許に際し、漁場計画の樹立が法律上要求されるものとは解されない。

（註）判例は、「四七頁10」参照

◆22　共同漁業免許の切替手続に関し、知事が切替前の免許対象となつていた漁場の一部の区域について漁場計画の決定をしなかつたことの違法を争う方法

長崎地裁、昭和六二年(行ウ)第一号
昭和六三・五・二七判決、却下
（確定）
原告人　法村進ほか一六名
被告人　長崎県知事
関係条文　漁業法八条、一一条、一四条、行訴法三六条

【要　旨】
共同漁業免許の切替手続に関し、知事が従前の免許対象となつていた漁場から一部の区域を除外した漁場計画を決定し、右除外区域について漁場計画の決定をしなかつたときは、当該漁業権の帰属主体である漁業協同組合は、決定された漁場計画を超える右除外区域を含む範囲についての免許申請を行い、その拒否処分に対する取消しを求めることにより、その違法を争うことができる。

（註）判例は、「三四頁」参照

◆23　県知事が既存の共同漁業権の区域内における区画漁業権の漁場計画を樹立するに際し、異議がない旨の虚偽の組合総会議事録等を看過したことに注意義務違反はないとされた事例

広島地裁民、昭和五四年(ワ)第七八六号
昭六一・六・一六判決、一部認容・一部棄却
原告　北本信好ほか二名
被告　広島県ほか三名
関係条文　漁業法一〇条・一一条、国家賠償法一条

【要　旨】

一　共同漁業権の区域内に区画漁業権の設定を受けようとする者に共同漁業権者の同意を得させ、これを漁業計画の樹立ないし免許の許否の判断資料とすることは、県知事の裁量に属する相当な措置というべきであり、また、共同漁業権者が右の同意をするに当たつては、漁業協同組合の総会の決議を経るのが相当である。

二　県知事が既存の共同漁業権の区域内における区画漁業の免許を付与するに際し、共同漁業権者である漁業協同組合の組合長が作成した右区画漁業に異議がない旨の虚偽の組合総会議事録について特段瑕疵の存在を疑わせるような形式上の不備又は内容の不自然な点は見受けられなかつたこと、区画漁業権を取得しようとする区域と共同漁業権の区域が重なり合う部分はわずかであつたこと、海区漁業調整委員会が実施した公聴会においても反対意見は出ず、同委員会も異議がない旨の答申をしたこと等から、漁業調整その他公益上の支障はないものと判断して漁場計画を樹立し、区画漁業の免許を付与したものと認められ、知事が虚偽の右組合総会議事録等を看過したことに注意義務違反はない。

○主　文

一　被告蒲刈町漁業協同組合及び被告河原正市は、連帯して、原告北本信好に対し、金四〇万円を支払え。

二　原告北本信好のその余の請求並びに原告日浦藤男及び原告安森正純の請求をいずれも棄却する。

三　訴訟費用は、原告北本信好に生じた費用の一〇分の一を被告蒲刈町漁業協同組合及び被告河原正市の負担とし、原告北本信好に生じたその余の費用並びに原告日浦藤男及び原告安森正純に生じた費用は各自の負担とし、被告蒲刈町漁業協同組合及び被告河原正市に生じた費用の各一〇分の一は各自の負担とし、被告蒲刈町漁業協同組合及び被告河原正市に生じたその余の費用並びに被告愛媛県真珠養殖漁業協同組合及び被告広島県に生じた費用は原告らの負担とする。

○理　由

一　当事者

原告北本（第一、第二回）及び原告日浦の各本人尋問の結果並びに弁論の全趣旨を総合すれば、請求原因1の㈠の事実が認められ（右事実は原告らと被告蒲刈漁協及び被告河原の間では争いがない。）、請求原因1の㈡の事実は各当事者間に争いがない。

二　成立に争いのない乙第一号証の一、同号証の三ないし七、第二号証の四、第三、第四号証の各一、二、第五号証の一ないし四、第七号証の一、二、第一一号証、第一五号証、内第三ないし第五号証（第四号証は前掲乙第七号証の二と同じ。）、第七、第八号証、第九号証の一、二、第一一号証の一、二、原告北本本人尋問の結果（第一回）及び弁論の全趣旨により昭和五五年一〇月九日に原告らの漁船又は漁具を撮影した写真であると認められる甲第一号証の一ないし七、証人柴田金生の証言及び弁論の全趣旨により真正に成立したものと認められる乙第一号証の二、乙第二号証の一ないし三、同号証の五、被告河原本人尋問の結果により真正に成立したものと認められる乙第二号証の一一、弁論の全趣旨により真正に成立したものと認められる乙第一〇号証、証人西村秋光の証言及び被告河原本人尋問の結果により真正に成立したものと認められる丙第一〇号証の一ないし三、証人柴田金生の証言及び被告河原本人尋問の結果により真正に成立したものと認められる丁第一、第二号証、第三号証の一、二、昭和五四年一〇月四日当時の恋湾を撮影した写真であることに争いがない丁第四号証、乙第一号証の九及び内第六号証の存在、証人重森民夫、同藤井数行、同西村秋光、同柴田金生の各証言、原告北本（第一回）及び被告河原の各本人尋問の結果並びに弁論の全趣旨を総合すれば、次の事実が認められる。

1　被告蒲刈漁協は、広島県安芸郡蒲刈町内に住所を有する漁民で組織する漁業協同組合であり、同町地先の海岸線から一五〇メートルまでの海域についていそ建網漁業、も建網漁業、あさり漁業、えむし漁業等の共同漁業権（本件共同漁業権）を有し、同町大浦恋ケ浜地先の恋湾の一部（沿岸から一五〇メートルの海域）は、右共同漁業権の区域に属する（被告蒲刈漁協が蒲刈町地先に本件共同漁業権を有し、恋湾の一部（沿岸部分）がその区域に属するとの点は各当事者間に争いがない。）

そして、恋湾では、従前から被告蒲刈漁協の組合員によりのべ縄漁、いか玉漁、たこつぼ漁、えむしこぎ漁等の漁業が行われており、被告河原は、被告蒲刈漁協の一部の組合員が恋湾で漁業を行つていることを知つていた。

2　被告蒲刈漁協は、組合員に対する賦課金以外の収入の増収を図るため、一部組合員と他地区の業者に恋湾でかき養殖を行わせてこれらの者から入漁料を得ることを計画し、そのための漁場計画案を作成し、昭和五二年九月二六日、右漁場計画案を添付して広島県知事に対し、漁場計画樹立の要望書を提出したが、当時、広島県の漁業免許事務の担当課である広島県農政部水産課は、過剰生産などのためかき養殖の区画漁業の新規免許については消極的態度をとつており、そのため被告蒲刈漁協の右計画の実現は困難な情勢にあつたところ、昭和五三年五月初めころに至つて、かねてから蒲刈町附近で真珠養殖に適する海面を物色していた被告愛媛真珠らから被告蒲刈漁協に対し、恋湾で真珠養殖を行いたいので、これについて被告蒲刈漁協の同意を得たい旨の申入れがあり、その際、被告愛媛真珠らは、被告蒲刈漁協に対し、恋湾で真珠養殖を行うことができれば、入漁料として年間三〇〇万円を支払う旨を申し出た。

3　そこで被告蒲刈漁協は、昭和五三年五月一九日と同月二〇日に理事会、同月二四日に役員会（理事のほか監事、管理委員を構成員とするもの）をそれぞれ開催して被告愛媛真珠らの前記申入れについて協議した結果、前記のとおりかき養殖の区画漁業の免許を受けることは困難な情勢にあるので、かき養殖の計画を真珠養殖に切り換えて右申入れを承諾することとし、先に広島県知事に対して行ったかき養殖の漁場計画樹立の要望は取り下げることを決議した。

4　ところで、広島県農政部水産課は、漁業協同組合から共同漁業権を有する区域内又は右区域に隣接する区域に真珠養殖業の区画業権を設定すると、共同漁業権の内容たる漁業に影響を及ぼし右漁業が事実上制約を受けるから、右漁業権の免許申請の前提手続である漁場計画の樹立の要望書に共同漁業権者である漁業協同組合の組合総会において右漁業権の設定に異議がない旨の決議がされたことを証する総会議事録を添付させ、更に、右漁場計画が樹立されたのちに提出する、右漁業権の免許申請書にも右漁業協同組合の同意書を添付させる扱いをしていた。

そこで、被告愛媛真珠らは、広島県農政部水産課に前記真珠養殖についての漁場計画樹立の要望書を提出するに先立ち、被告蒲刈漁協の組合長である被告河原に対し、被告蒲刈漁協の組合総会において被告愛媛真珠らが恋湾で真珠養殖の区画漁業を行うことに異議がない旨の決議がなされたことを証する総会議事録の交付を要請し、右要請を受けた被告河原は、実際はそのような組合総会が開催されたる事実も、そのような決議がなされた事実もないのに、昭和五三年五月二九日に被告蒲刈漁協の臨時組合総会が開催され、同総会において被告愛媛真珠らが恋湾で真珠養殖の区画漁業を行うことに異議がない旨の決議がなされたことを内容とする虚偽の議事録（本件議事録）を作成し、これを被告愛媛真珠らに交付した。なお、右議事録の末尾には議長、議事録署名者二名及び組合長以下の五名の理事全員の記名押印があった。

5　そこで、被告愛媛真珠らは、昭和五三年六月二日、広島県知事に対し、右議事録を添付して、恋湾を漁場とする真珠養殖の区画漁業の漁場計画樹立の要望書を提出し、これを受けて広島県知事は、右漁場計画について広島海区漁業調整委員会に諮問し、右諮問を受けた同委員会は、昭和五三年六月一九日、広島県庁において、利害関係人の意見をきくための公聴会を開催した。右公聴会には被告蒲刈漁協から被告河原ほか一名が出席して被告愛媛真珠らから要望のあった漁場計画については被告蒲刈漁協として異議がない旨の意見を述べ、その他の出席者からも格別の反対意見は出なかったので、同委員会は、この結果を踏まえて、広島県知事に対し、被告愛媛真珠らから要望のあった真珠養殖の漁場計画については異議はない旨の答申をした。

6　広島県農政部水産課は、漁業免許に関する事務の所管部課として、被告愛媛真珠らから提出された漁場計画樹立の要望書について審査、検討したが、同要望書には前記のとおり同組合からが恋湾で真珠養殖の区画漁業を行うことに異議がない旨の被告蒲刈漁協の総会決議の議事録が添付されており、右議事録には議長、議事録署名者二名及び組合長以下の五名の理事全員の記名押印があり、特段瑕疵の存在を疑わせるような形式上の不備又は内容上の不自然な点は見受けられなかつたこと、被告愛媛真珠らが漁場計画の樹立を要望する区画漁業権の区域と被告蒲刈漁協の共同漁業権の区域が重なり合う部分はごくわずかであり、公聴会においても反対意見はなく広島海区漁業調整委員会は右要望について右公聴会の結果を踏まえて前記のとおり異議がない旨の答申をしていることなどから、右区画漁業権の免許を付与しても漁業調整その他公益に支障を及ぼすことはないものと判断し、右検討結果に基づき、広島県知事は、昭和五三年六月三〇日、右要望のとおりの漁業計画を樹立し、右区画漁業の免許の内容たるべき事項を定めた。

7　そこで被告愛媛真珠らは、広島県知事に対し、右漁場計画において定められた区画漁業権の免許申請をすることとしたが、右免許申請書には前記のとおり被告蒲刈漁協の同意書を添付する必要があるので、右免許申請に先立ち、被告河原に対して右同意書の交付を求めて、昭和五三年七月一〇日、被告河原から同被告が被告蒲刈漁協の組合長名義で作成した被告愛媛真珠らの右区画漁業権の取得に同意する旨を記載した同意書（本件同意書）の交付を受け、同月一九日、右同意書を添付して、広島県知事に対し、右区画漁業の共同免許（被告愛媛真珠持分一〇〇分の八一、三浦漁協持分一〇〇分の一九）の申請をし、昭和五三年九月一日、存続期間を同日から昭和五八年八月三一日までの五年間とし、漁場の区域を沿岸部分を除く恋湾の大半の海面とする右免許を受けた。

8　被告広島県知事、その補助職員である広島県農政部水産課の職員及び広島海区漁業調整委員会の委員らが本件議事録が虚偽のものであり、従つて本件同意書は被告蒲刈漁協の組合総会の決議に基づかないものであることを知つたのは、昭和五四年三月一四日に原告らが呉農林事務所にその旨を申し出てきてからであり、また被告愛媛真珠の理事、担当者らが右事実を知つたのも、本件免許処分後に原告らが本件訴訟等で右事実を問題にしてからである（少なくとも、右の者らが本件免許処分前に右事実を知つていたことを認めるに足りる証拠はない。）。

以上の事実が認められ、右認定を左右するに足りる証拠はない。

三　区画漁業権の設定と共同漁業権者の同意について

漁業協同組合が共同漁業権を有する区域内に、都道府県知事が真珠養殖の区画漁業権の漁場計画を樹立し、右漁場計画に基づいて区画漁業権の免許を付与する場合、右共同漁業権に基づく漁業が右区画漁業権に基づく漁業により一定の制約を被ることは容易に想像されるところであるが、右各処分をするについて、右共同漁業権を有する漁業協同組合の同意を必要とする旨の規定は漁業法上存在しない。

しかし、都道府県知事が漁業免許を付与するかどうかを判断するにあたつては、水面の総合的利用による漁業生産力の発展（漁業法一条）という見地のみでなく、漁業調整その他公益に支障を及ぼすことがないかどうか（同法一一条）という見地からも検討すべきであるから、区画漁業権の設定を受けようとする者に共同漁業権を有する漁業協同組合の同意を得させ、これを漁場計画の樹立ないし免許の許否の判断の資料とすることは都道府県知事の裁量に属する相当な措置というべきである。

ところで前記二の認定事実によれば、漁業免許事務を担当する広島県農政部水産課は、真珠養殖等の区画漁業権を設定する場合、漁場計画樹立の要望書に、その免許の対象となる区域内又は隣接する区域に共同漁業権を有する漁業協同組合の組合総会で右区画漁業権の設定について異議がない旨決議されたことを証する議事録を添付させ、更に右組合意思を確認する意味で、右区画漁業の免許の申請書にも右漁業協同組合の同意書を添付させているというのであるから、右のような観点から相当な措置ということができる。

もつとも、既存の共同漁業権の区域内に真珠養殖業等の区画漁業権が設定されると、共同漁業権に基づく漁業は区画漁業権に基づく漁業により事実上制約を受けることは前記のとおりであるが、右制約は事実上のものにとどまり、法律上はもちろん事実としても右制約を受けない限度で当該区域を当該共同漁業権のために使用することは可能であるから、右区画漁業権の設定は漁業権の変更（水産業協同組合法四八条一項九号）にはあたらず、従つて、当該共同漁業権を有する漁業協同組合が前記同意をするにあたつては、組合総会の決議が法律上当然に要求されるものではない。しかし、漁業協同組合の有する共同漁業権の区域内に真珠養殖の区画漁業権を設定することは、前記のようにその組合員の漁業に影響を及ぼし、組合員の利害に関係するものであるから、右同意は組合総会の決議を経てするのが相当であると考えられる。

四　そこで、以上認定、説示したところを前提に以下被告らの責任について判断する。

1　被告広島県の責任について

(1)　漁業協同組合が共同漁業権を有する区域内に真珠養殖の区画漁業権を設定すると、右共同漁業権に基づく漁業が右区画漁業権に基づく漁業によつて事実上制約を受けることは前記認定のとおりであり、本件のように区画漁業権を設定する区域と共同漁業権の区域とが重なり合う部分が少く、区画漁業権の区域の大部分は共同漁業権の区域外であつても、右共同漁業権を有する漁業協同組合の組合員が区画漁業権の設定を予定している区域で自由漁業や許可漁業等の操業を行つており、これらの漁業に影響を及ぼすであろうことは容易に想像しうるところであるから、広島県知事は、右漁場計画の樹立、免許の付与をするにあたつては自ら又はその補助職員をして区画漁業権の設定を受けようとする者が提出した書類を十分審査するとともに、海区漁業調整委員会の意見をきくなど法定の手続を履践して漁場計画樹立及び免許付与の処分を適正に行ない、もつて右共同漁業権者はもちろん、隣接する漁業協同組合の組合員に不当な損害を被らせることのないようにすべき義務があるものというべきである。

ところで、前記認定事実によれば、本件議事録は虚偽のものであり、従つて、本件同意書は被告蒲刈漁協の組合総会の決議に基づかないものであるのに、広島県知事は、これを看過して漁場計画を樹立し、被告愛媛真珠らに本件区画漁業免許を付与したものといわざるを得ない。

しかしながら、前記認定事実によれば、広島県における漁業免許事務の担当課である広島県農政部水産課の担当者は、被告愛媛真珠らから提出された漁場計画樹立の要望書には同被告らが恋湾で真珠養殖の区画漁業を行うことに異議がない旨被告蒲刈漁協の組合総会で決議されたことを内容とする議事録が添付されており、右議事録には議長、議事録署名者二名及び組合長以下の五名の理事全員の各記名押印があり、特段瑕疵の存在を疑わせるような形式上の不備又は内容上の不自然な点は見受けられなかつたので、被告蒲刈漁協の総会決議に基づく同意があつたものと考え、また、被告愛媛真珠らが区画漁業権を取得しようとする区域と被告蒲刈漁協の共同漁業権の区域が重なり合う部分はわずかであり、広島海区漁業調整委員会が実施した公聴会においても、右区画漁業権の付与に反対する意見は出ず、同委員会も右区画漁業権を内容とする漁場計画について異議がない旨の答申をしていることなどから、右区画漁業権を付与しても被告蒲刈漁協又はその組合員に不当な損害を被らせることはなく、漁業調整その他公益上の支障はないものと判断し、右検討結果に基づき、広島県知事は、昭和五三年六月三〇日、右要望のとおりの漁場計画を樹立し、次いで、同年九月一日、被告愛媛真珠らに対して右区画漁業権の免許を付与したものと認められ、かつ、法定の手続も履践していることが認められるから、本件免許処分前に本件議事録が虚偽である旨の申し出があつたというような特段の事情の主張、立証のない本件においては、広島県知事が前記義務に違反して違法に本件区画漁業免許を付与したものということはできない。

従つて、その余の点について判断するまでもなく、被告広島県には原告らに対する損害賠償責任はないものというべきである。

2　被告愛媛真珠の責任について

被告愛媛真珠の理事及び担当者らが、本件議事録が虚偽のものであり、従つて、本件同意書が被告蒲刈漁協の組合総会の決議に基づくものではないという事実を知つたのは、原告らが本件区画漁業の免許が付与されたのちに右事実を問題にしてからであることは前記認定のとおりで、少くとも本件区画漁業の免許を受ける以前に右の者らが右事実を知つていたことを認めるに足りる証拠のないことは前記のとおりであり、更に、本件議事録には議長、議事録署名者及び組合長以下の五名の理事全員の記名押印があり、特段瑕疵の存在を疑わせるような形式上の不備又は内容上の不自然な点は見受けられなかつたことも前記認定のとおりであるから、被告愛媛真珠の理事及び担当者らが本件議事録及び本件同意書を添付して漁業計画樹立の要望及び本件区画漁業の免許申請を行つたことにつき故意又は過失があつたということはできない。

従つて、被告愛媛真珠に対する損害賠償請求は、その余の点について判断するまでもなく理由がないものというべきである。

3　被告河原、同蒲刈漁協の責任について

(一)　漁業協同組合の理事は、法令、定款及び総会の決議を遵守し、組合のため忠実にその職務を遂行するべき義務があるところ、前記認定のとおり、被告河原は、被告蒲刈漁協の理事（組合長）に在任していた間に、被告愛媛真珠らが被告蒲刈漁協において共同漁業権を有する恋湾内に真珠養殖の区画漁業の漁場計画を樹立することを広島県知事に要望するにあたり、右要望書に添付されるものであることを知りながら、実際にはそのような組合総会が開催された事実も、そのような決議がなされた事実もないのに、昭和五三年五月二九日に被告蒲刈漁協の臨時組合総会が開催され、同総会において被告愛媛真珠らが恋湾で真珠養殖の区画漁業を行うことに異議がない旨の決議がなされたことを内容とする虚偽の総会議事録を作成して、被告愛媛真珠らに交付したのであるから、被告河原には前記職務を行うにつき悪意があつたものというべきであり、更に、前記認定事実によれば、本件議事録及び本件同意書を被告愛媛真珠らに交付すれば、同被告に本件区画漁業権が付与され、恋湾で操業していた被告蒲刈漁協の組合員の漁業が一定の制約を受け、損害を被るかも知れないということは容易に予測し得たものと認められるから、被告河原の右所為は故意又は過失による不法行為を構成するものというべきである。

従つて、被告河原は、民法七〇九条に基づき、右所為によつて被告蒲刈漁協の組合員である原告らが被つた損害を賠償する責任があり、この場合、被告蒲刈漁協も原告らに対し民法四四条に基づく損害賠償責任があり、右の両責任は不真正連帯債務の関係にある。

(二)　ところで、被告河原、同蒲刈漁協は、原告らは被告愛媛真珠らが恋湾で真珠養殖を行うことを追認しており、これにより原告らの損害賠償請求権は消滅した旨主張し、前掲丙第七号証、証人重森民夫の証言、原告北本（第一回）及び被告河原の各本人尋問の結果並びに弁論の全趣旨を総合すれば、昭和五四年一一月一五日に被告蒲刈漁協の通常総会が開催されて、本件区画漁業権の区域の拡張について審議がされ、これが否決されたものの、本件区画漁業権に基づく被告愛媛真珠らの真珠養殖の中止を求めるような決議はされなかつたことが認められるが、原告らが右総会において、被告愛媛真珠らの真珠養殖を追認し、又は被告河原及び同蒲刈漁協に対する損害賠償請求権を放棄し、若しくはこれを免除する旨の意思表示をしたことを認めるに足りる証拠はない。

五　従つて、被告河原、同蒲刈漁協の右主張は採用できない。そこで、次に原告らの損害について検討する。

1　昭和五四年一〇月四日当時の本件区画漁業権の漁場（恋湾）を撮影した写真であることに争いがない丁第四号証、証人柴田金生の証言により真正に成立したもの認められる丁第一第二号証、同証言、原告北本（第一、第二回）、原告日浦及び被告河原の各本人尋問の結果並びに弁論の全趣旨を総合すれば、被告愛媛真珠らは、昭和五三年九月一日に本件区画漁業権の免許を受けたのち、右漁業権の区域の相当範囲の水面を占める筏を設置して（但し、昭和五三年度は免許区域の約半分のみを使用し、その後数年をかけて使用区域を免許区域全域に拡張して行った。）真珠養殖の操業を開始し、現在に至るまで右操業を続けており（もつとも、前掲乙第一一号証、成立に争いのない乙第一四号証、弁論の全趣旨により真正に成立したものと認められる乙第一二、第一三号証及び弁論の全趣旨を総合すれば、この間、本件区画漁業権は昭和五八年八月三一日に存続期間の満了により消滅したので、被告愛媛真珠らは、被告蒲刈漁協の組合総会の決議による同意を得たうえで、同年九月一日に本件区画漁業権と同一内容の新たな区画漁業の免許を得ていることが認められるから、同日以降の操業は本件区画漁業権に基づくものとはいえない。）、このため恋湾における他の漁業の操業は大巾な制約を受け、漁法によつては全く操業が不可能になつていることが認められ、右認定を左右するに足りる証拠はない。

しかし、前記認定のとおり、本件区画漁業権の区域と本件共同漁業権の区域が重なり合う部分はごく僅かであるから、恋湾内における本件共同漁業権に基づく漁業が本件区画漁業権に基づく被告愛媛真珠らの真珠養殖により重大な影響を受けているとは考えられない。

2　原告北本の損害について

㈠　成立に争いのない乙第八号証、証人西村秋光の証言、原告北本（第一、第二回）及び被告河原の各本人尋問の結果被告蒲刈漁協代表者尋問の結果、広島県安芸郡蒲刈町に対する昭和五七年六月二一日付調査嘱託の結果並びに弁論の全趣旨を総合すれば、原告北本は、夏場は主として一本釣り漁、冬場は主としてのべ縄（はえ縄）によるあなご漁を行っており、本件区画漁業権が設定されるまでは、主として恋湾で右のべ縄漁を行い、一回の出漁で平均して一二、三キログラムの漁獲を得て、これを一キログラム一〇〇〇円前後で仲買人に売り渡していたが、右売り上げ額の三分の一程度はえさ代、燃料代等の経費として支出していたこと、原告北本が右漁に使用する漁船は総トン数が五トン未満であるから、右のべ縄漁は、広島県漁業調整規則上、広島県知事の許可を要しないいわゆる自由漁業に属すること、のべ縄漁は例年一〇月ころから三月ころまで操業できるが、一回出漁すれば何日かの間隔をおかなければ漁獲は少なく、また、天候のため出漁できない日も少なくないこと、原告北本は、本件区画漁業権の設定前は、前記のとおり一本釣り漁とのべ縄漁を行い、双方を合わせて年間二〇〇万円程度の水揚げ（経費を差し引く前の売上額）を得ていたが、税務申告においては、本件区画漁業権の設定前の昭和五一年には二〇万円、同五二年には三〇万円の漁業収入の申告をしているのみであり、他方、本件区画漁業権の設定後は、昭和五三年に四五万円、同五四年に二〇万円、同五五年に五〇万円、同五六年に五五万円の申告をしていること、原告北本は、本件区画漁業権の設定により恋湾でのべ縄漁を行うことができなくなつたので、その後は、のべ縄漁は恋湾以外の海で行っていること、以上の事実が認められ、右認定を左右するに足りる証拠はない。

㈡　ところで、原告北本が恋湾において行っていたのべ縄漁は、前記認定のとおり自由漁業であり、一定の水面について排他的な権利を有する漁業権に基づいて行っていたものではないから、本件区画漁業権の設定により恋湾で得ていた漁獲収入が得られなくなつても、その額を直ちに損害とみることはできない。すなわち、自由漁業であるのべ縄漁は、恋湾で操業することができなくなつたとしても、漁業の許可を要することなく他の海域で操業することができ、相当期間経過後は恋湾以外の他の海域に新漁場を開拓することができるはずであるから（現に、原告北本が他の漁場で右漁を行っていることは前記認定のとおりである。）、相当時間経過後は、新漁場の開拓に努力してもなお免れ得なかつたことが立証された減収についてのみ相当因果関係を認めうるものというべきである。

そして、前記認定の各事実、特に本件区画漁業権設定以後の税務申告状況等を考慮すると、原告北本本人尋問の結果（第一、二回）中の恋湾に匹敵する新漁場は開拓できず最近においてもなお減収が生じているという趣旨の供述部分はたやすく信用できず他に相当期間（この期間は真珠養殖による水面の使用開始又は使用面積の拡張があつてから六か月程度と認めるのが相当である。）経過後も原告北本に損害が発生していることを認めるに足りる証拠はない。

㈢　右㈠、㈡で認定、説示した諸事情を考慮すると、原告北本は、昭和五三年度に本件区画漁業権区域の約半分を使用し、次いで昭和五四年度にその使用面積を拡張して真珠養殖が行われたために操業することができなくなつたのべ縄漁について、新漁場を開拓するまで少くとも四〇万円程度の損害を被つたものと認めるのが相当であるが、右の額をこえる損害についていては、これを認めるに足りる証拠がない。

3　原告日浦の損害について

㈠　原告日浦本人尋問の結果によれば、原告日浦は、いか玉漁及びたこつぼ漁の許可を受けて、これらの漁業を行うほか、みかん耕作の農業をも行つている兼業漁民であることが認められ、右認定に反する証拠はない。

㈡　ところで、許可を受けていか玉漁及びたこつぼ漁を行つている場合でも、これらの漁業は一定の水面について排他的な権利を有する漁業権に基づいて行うものではないから本件区画漁業権の設定により恋湾で得ていた漁獲収入が得られなくなつても、その額を直ちに損害とみることができないことは、前記2の㈡で述べたとおりであるところ、成立に争いのない内第九号証の一、二、証人藤井数行、同北林春正の各証言、被告河原本人尋問の結果、被告蒲刈漁協代表者尋問の結果及び弁論の全趣旨を総合すれば、原告日浦ら被告蒲刈漁協の組合員のいか玉漁の操業区域は昭和四七年八月三一日までは恋湾のみとされていたが、昭和四六年ころからいかの漁獲が沿岸部から沖合に移動し、恋湾における漁獲量が著しく減少し、恋湾の漁場としての価値が低下したため、広島県知事は、被告蒲刈漁協の陳情により、昭和四七年九月一日、右操業区域を恋湾の外にまで拡張し、従前の操業区域の数倍の面積とすることを許可したので、その後被告蒲刈漁協の組合員らは主として恋湾外でいか玉漁を行つていたことが認められ（右認定を左右するに足りる証拠はない。）、原告日浦本人尋問の結果中被告愛媛真珠らの真珠養殖開始後いか玉漁の漁獲収入が半減したとの供述部分はたやすく措信できず、他に原告日浦が他の漁場でいか玉漁の操業に努力しても、被告愛媛真珠らの真珠養殖開始前で本件区画漁業権の区域内での操業が可能であつた当時の漁獲収入に比して具体的な減収が生じたとの事実を認めるに足りる証拠はない。

また、前掲乙第八号証、証人北林春正の証言、原告日浦本人尋問の結果及び弁論の全趣旨を総合すれば、たこつぼ漁は、広島県漁業調整規則上、これを営むには広島県知事の許可を要する（但し、漁業権又は入漁権に基づいて営む場合はその限りでない。）旨定められているところ、原告日浦は本件区画漁業権の免許前右たこつぼ漁の許可を得てこれを営んでいたが、右許可は恋湾のほか同湾沖等相当広い範囲の海域でたこつぼ漁ができることになつていたこと被告愛媛真珠らによる真珠養殖の開始前は被告蒲刈漁協の組合員により恋湾内でたこつぼ漁が行われていたが、その漁獲量は少なかつたこと、被告愛媛真珠による真珠養殖の開始後は、被告蒲刈漁協の組合員は原告日浦を含めて恋湾沖などで右漁を行つていること の各事実が認められ（右認定を左右するに足りる証拠はない。）、右認定事実に照らすと原告日浦本人尋問の結果中被告愛媛真珠らの真珠養殖開始後たこつぼ漁による漁獲収入が三分の一になつたとの供述部分はたやすく措信できず、他に原告日浦が他の漁場でたこつぼ漁の操業に努力しても、被告愛媛真珠らの真珠養殖開始前で本件区画漁業権の区域内での操業が可能であつた当時の漁獲収入に比して具体的な減収が生じたとの事実を認めるに足りる証拠はない。

従つて、原告日浦が被告愛媛真珠らの真珠養殖により具体的な損害を被つたものと認めることはできない。

4　原告安森の損害について

㈠　前掲乙第八号証、原告北本（第一、二回）及び被告河原の各本人尋問の結果、被告蒲刈漁協代表者尋問の結果、広島県安芸郡蒲刈町に対する昭和五七年六月二一日付調査嘱託の結果、同県呉福祉事務所に対する調査嘱託の結果並びに弁論の全趣旨を総合すれば、原告安森が本件区画漁業権の免許前から恋湾においてえむしこぎ漁を行つていたことが認められるが、えむしこぎ漁はたこつぼ漁と同じくこれを営むには広島県知事の許可を要する（但し、たこつぼ漁と同じく漁業権又は入漁権に基づいて営む場合にはその限りでない。）漁業であるところ、原告安森は本件区画漁業権の設定日と同じ日である昭和五三年九月一日に大竹市、広島市、呉市、安芸郡及び佐伯郡の各地先海面を操業区域とする右漁の許可を初めて受けたものであるから、原告安森が本件区画漁業権の免許前に恋湾内で行つていたえむしこぎ漁は、本件共同漁業権に基づき同漁業権の区域内においてのみ行いうるものであつたこと、原告安森は、税務申告においては、昭和五一年から昭和五七年まで漁業収入が零又は赤字であつた旨の申告をしており、また、同原告は昭和五六年ころからは病気がちで入退院を繰り返していたため殆んど漁業を営むことができなくなり、昭和五八年四月から昭和五九年七月までは生活保護費の支給を受けていたことの各事実が認められ、右認定を左右するに足りる証拠はない。

㈡　右認定事実によれば、原告安森が被告愛媛真珠らの真珠養殖により本件区画漁業権の区域内でえむしこぎ漁を行うことができなくなつたとしても右えむしこぎ漁は一定の水面に排他的な権利を有する漁業権に基づいて行うものではないから、右区域内でうべかりし漁獲収入が当然に損害となるものではないことは、前記2の(二)で述べたとおりであり、そのうえ同原告は広島県知事の許可にかかる他の海域において右漁を行うことができ、更に、前記認定のとおり本件区画漁業権の区域と本件共同漁業権の区域が重なり合う部分はごく僅かで、恋湾内の本件共同漁業権区域のほとんどは従前同様に漁場として使用することができるのであるから、前記区域でうべかりし収入が直ちに損害となるものではなく、また、同原告が本件区画漁業権の区域外の他の漁場で操業に努力しても右区域で操業が可能である場合に比して具体的な減収を生じているとの事実を認めるに足りる証拠はない。

従つて、同原告が被告愛媛真珠らの真珠養殖により具体的な損害を被つたものと認めることはできない。

六　以上によれば、原告らの本訴請求中、原告北本が被告河原及び被告蒲刈漁協に対し、連帯して四〇万円の損害賠償金の支払をすることを求める部分に限り理由があるから、これを認容し原告北本のその余の請求及びその余の原告らの請求はいずれも理由がないからこれを棄却することとし、訴訟費用の負担につき民訴法八九条、九二条、九三条、仮執行宣言につき同法一九六条を各適用して、主文のとおり判決する。

（自治三〇号八六頁）

第六節　免許をしない場合

第十三条　左の各号の一に該当する場合は、都道府県知事は、漁業の免許をしてはならない。

一　申請者が第十四条に規定する適格性を有する者でない場合

二　第十一条第五項の規定により公示した漁業の免許の内容と異なる申請があつた場合

三　その申請に係る漁業と同種の漁業を内容とする漁業権の不当な集中に至る虞がある場合

四　免許を受けようとする漁場の敷地が他人の所有に属する場合又は水面が他人の占有に係る場合において、その所有者又は占有者の同意がないとき

2　前項第四号の場合においてその者の住所又は居所が明らかでないため同意が得られないときは、最高裁判所の定める手続により、裁判所の許可をもつてその者の同意に代えることができる。

3　前項の許可に対する裁判に関しては、最高裁判所の定める手続により、上訴することができる。

4　第一項第四号の所有者又は占有者は、正当な事由がなければ、同意を拒むことができない。

5　海区漁業調整委員会は、都道府県知事に対し、第一項の規定により漁業の免許をすべきでない旨の意見を述べようとするときは、あらかじめ、当該申請者に同項各号の一に該当する理由を文書をもつて通知し、当該申請者又はその代理人が公開の聴聞において弁明し、且つ、有利な証拠を提出する機会を与えなければならない。

◆24　海は、そのままの状態においては、所有権の客体たる土地には当たらない。

最高裁三小、昭和五五年(行ツ)第一四七号
昭和六一・一二・一六判決、破棄自判
上告人　控訴人　被告　名古屋法務局豊橋支局登記官外一名
被上告人　被控訴人　原告　夏目平三郎外四九名
第一審　名古屋地裁　第二審　名古屋高裁
関係条文　民法八五条、八六条一項、漁業法一三条一項四号

【要旨】

海は、社会通念上、海水の表面が最高高潮面に達した時の水際線をもつて陸地から区別されている。そして、海は、古来より自然の状態のままで一般公衆の共同使用に供されてきたところのいわゆる公共用物であって、国の直接の公法的支配管理に服し、特定人による排他的支配の許されないものであるから、そのままの状態においては、所有権の客体たる土地に当らないというべきである。

○主　文

原判決を破棄し、第一審判決を取り消す。
被上告人らの請求を棄却する。
訴訟の総費用は被上告人らの負担とする。

○理　由

上告代理人柳川俊一、同緒賀恒雄、同松永榮治、同平野信博、同西川賢二、同岡崎真喜次、同渡辺信の上告理由について

一　原審が確定したところによれば、(1)　第一審判決の第一ないし第三物件目録（原判決主文で一部訂正後のもの）記載の物件（以下「本件係争地」という。）は地目を池沼として土地登記簿に登記され、被上告人らはこれにつき同目録記載のとおりの共有持分の登記を経由していたところ、上告人名古屋法務局田原出張所登記官は、昭和四四年九月二四日第一及び第二物件目録記載の物件につき、同月二五日第三物件目録記載の物件につき、それぞれ登記原因及びその日付を「年月日不詳海没」とする滅失登記処分（以下「本件滅失登記処分」という。）をした（なお、登記管轄の変更により、第一物件目録記載の物件に係る上告人名古屋法務局田原

出張所登記官の権限は、上告人名古屋法務局豊橋支局登記官に承継された。)、(2) 本件係争地は、上告人名古屋法務局田原出張所登記官が本件滅失登記処分に先立ち実地調査を行った昭和四四年九月二三日の秋分の日の満潮時においても、また、昭和五二年三月二一日の春分の日の満潮時においても、海水下に没していた、(3) 本件係争地は、愛知県豊橋市大崎町、老津町及び杉山町並びに同県渥美郡田原町にまたがる田原湾の沿岸に位置し、日二回の満潮時には海水下に没し干潮時には砂泥質の地表を海水上に現す干潟の一部である、(4) 田原湾の潮の干満の差は最大約三メートルに達し、昭和四四年九月二三日の秋分の日のほぼ満潮時における本件係争地の水深は〇・六メートルないし二メートルであったが、この潮の干満の程度は昔も今も余り変わらない、(5) 田原湾は、古くから、藻草魚貝の採捕等を行う漁場となっており、船舶の出入りも行われている、(6) 尾張国名古屋桑名町平民堀田徳右衛門(以下「堀田」という。)は、田原湾内の大崎、老津、杉山、谷熊、今田、吉胡、浦及び波瀬の八か村地先の海面を埋め立て新田を開発することを計画し、安政五年(一八五八年)、徳川幕府から新田開発許可を受け、地代金三一両一分と永一四〇文を上納して開発に着手したが、資金の欠乏から失敗に終わった、(7) 堀田は、徳川幕府から新田開発許可を得ていることを理由に、明治七年七月二日、愛知県令鷲尾隆聚に対し、前記八か村地先の海面の新開大縄反別一三七八町歩のうち本件係争地を含む新開反別八八七町九反歩につき、地券の下付を願い出て、同月四日、鍬下年季中の新開試作地として地券(以下「本件地券」という。)の下付を受けた、(8) 本件係争地は、その後、地租台帳、土地台帳に池沼・汐溜として登載され、不動産登記法施行後は土地登記簿に池沼として登記された、(9) 本件係争地は、埋立てをされないまま、堀田から他へ転々と譲渡され、被上告人らは、その共有持分を取得し、前記のとおり共有持分の登記を経由した、というのである。

二　そして、原判決は、(1) 私法上の所有権の客体たる土地であるための要件としては、人による事実的支配が可能でありかつ経済的価値を有する地表面であることをもつて足りると解すべきであつて、海水下の地盤であつても、右の要件を充足する限り、これを土地と認めて差し支えがない、(2) 本件係争地は、その現況及び過去の経緯にかんがみ、右の要件を充足し、所有権の客体たる土地に当たると認めることができる、(3) 堀田は、被上告人らが主張するように、安政五年に徳川幕府から埋立ての目的で前記八か村地先の海面の払下げを受けて本件係争地の排他的総括支配権を取得したものである、と断定することは困難であるけれども、明治七年に本件地券の下付を受けたことにより本件係争地を含む前記新開反別八八七町九反歩の払下げを受けたものと認めるのが相当である、(4) 本件係争地は、その後の譲渡により被上告人らにおいて共有持分を取得することとなつたものであり、本件係争地が海没により滅失したものとしてされた本件滅失登記処分は、取消しを免れない、と判断した。

三　上告理由は、(1) 所有権の客体となる民法八六条一項の土地とは日本領土内の陸地部分をいい、陸地と海との境界は春分の日及び秋分の日における満潮時の水際線であって、原審の前記二(1)の判断は同項の解釈適用を誤るものである、(2) 仮に、原審の前記二(1)の判断が正当であるとしても、本件係争地が所有権の客体たる土地に当たるとした原審の認定判断には、理由不備、経験則違背の違法がある、というのである。

四　不動産登記法による登記の対象となる土地とは、私法上の所有権の客体となる物としての土地をいう。所有権の客体となる物は、人が社会生活において独占的・排他的に支配し利用できるものであることを要する。日本領土内の陸地が所有権の客体たる土地に当たることについては疑いがないが、海水とその敷地（海床）とをもって構成される統一体としての海が土地に当たるかどうかについては、一考を要する。

海は、社会通念上、海水の表面が最高高潮面に達した時の水際線をもって陸地から区別されている。そして、海は、古来より自然の状態のままで一般公衆の共同使用に供されてきたところのいわゆる公共用物であって、国の直接の公法的支配管理に服し、特定人による排他的支配の許されないものであるから、そのままの状態においては、所有権の客体たる土地に当たらないというべきである。

しかし、海も、およそ人の支配の及ばない深海を除き、その性質上当然に私法上の所有権の客体となりえないというものではなく、国が行政行為などによって一定範囲を区画し、他の海面から区別してこれに対する排他的支配を可能にした上で、その公用を廃止して私人の所有に帰属させることが不可能であるということはできず、そうするかどうかは立法政策の問題であって、かかる措置をとった場合の当該区画部分は所有権の客体たる土地に当たると解することができる。

そこで、現行法をみるに、海の一定範囲を区画しこれを私人の所有に帰属させることを認めた法律はなく、かえって、公有水面埋立法が、公有水面の埋立てをしようとする者に対しては埋立ての免許を与え、埋立工事の竣工認可によって埋立地を右の者の所有に帰属させることとしていることに照らせば、現行法は、海について、海水に覆われたままの状態で一定範囲を区画しこれを私人の所有に帰属させるという制度は採用していないことが明らかである。

しかしながら、過去において、国が海の一定範囲を区画してこれを私人の所有に帰属させたことがあったとしたならば、現行法が海をそのままの状態で私人の所有に帰属させるという制度を採用していないからといって、その所有権客体性が当然に消滅するものではなく、当該区画部分は今日でも所有権の客体たる土地としての性格を保持しているものと解すべきである。

ちなみに、私有の陸地が自然現象により海没した場合についても、当該海没地の所有権が当然に消滅する旨の立法は現行法上存しないから、当該海没地は、人による支配利用が可能でありかつ他の海面と区別しての認識が可能である限り、所有権の客体たる土地としての性格を失わないものと解するのが相当である。

原審の確定するところによれば、本件係争地は昔から海のままの状態にあるものであって、海没地ではないことが明らかであるから、本件係争地が所有権の客体たる土地に当たるかどうかは、国が過去において本件係争地を他の海面から区別して区画し私人の所有に帰属させたことがあったかどうかにかかるものということができる。

五　まず、原審の確定するところによれば、本件係争地を含む前記八か村地先の海面については、堀田が、安政五年に徳川幕府から新田開発許可を受け、地代金を上納して開発に着手したものの失敗に終った、というのである。

徳川幕府の新田開発許可は、当該開発地につき、開発権を付与する性格のものであって、後の民法施行により所有権に移行するところの排他的総括支配権を付与するものではない。新田開発許可を受けた者は、開発を完了した後、幕府の検地を受けることによって初めて、当該開発地に対する排他的総括支配権を取得するのであって、一定期間内に開発を完了しないときは開発権も原則として没収されるのである。開発に先立ち上納する地代金も、開発対象地の売買代金ではなく、開発免許料ともいうべきものである（大阪控訴院大正六年㈹第一四四号同七年二月二〇日判決・法律新聞一三九八号二三頁参照）。

そうすると、徳川幕府から堀田に対し新田開発許可があっただけで、埋立てがされないままの状態においては、徳川幕府が本件係争地を堀田の所有に帰属させたものということができず、本件係争地が所有権の客体たる土地としての性格を取得したものとはいうことができない。

六　次に、原審の確定するところによれば、本件係争地については、堀田が明治七年七月四日に鍬下年季中の新開試作地として本件地券の下付を受けた、というのである。

当時の地券発行の根拠法令である明治五年二月二四日大蔵省達第二五号、同年七月四日大蔵省達第八三号、同年九月四日大蔵省達第一二六号、明治六年三月二五日太政官布告第一一四号及び同年七月二八日太政官布告第二七二号に照らすと、地券は、土地の所持（排他的総括支配権）関係を証明する証明文書であって、土地を払い下げるための文書とか、権利を設定する設権文書ではないことが明らかである（大審院大正七年㈲第三九四号同年五月二四日判決・民録二四輯一五巻一〇一〇頁、同昭和八年㈲第一九五九号同一二年五月一二日判決・民集一六巻一〇号五八五頁参照）。

そうすると、本件地券の下付があったからといって、それによつて本件係争地が堀田に払い下げられ、堀田の所持するところとなつたものということはできない。堀田は、徳川幕府から新田開発許可を得ていることを理由に本件地券の下付を願い出たものであるが、前記のとおり、新田開発許可を得ただけで埋立てを行つていない状態では、本件係争地の排他的総括支配権を取得するいわれはないのであつて、本件地券は、実体関係に符合しないものであり、せいぜいが開発権を証明するものでしかないものといわざるをえない。したがつて、本件地券の下付によつても、国が本件係争地を堀田の所有に帰属させたものということができず、本件係争地が所有権の客体たる土地としての性格を取得したものということができない。

そして、被上告人らは、本件係争地につき地券が下付され、本件係争地が土地登記簿に池沼として登記されていたという事実のほかに、本件係争地が固定資産税等の課税対象とされ、本件係争地と同様の田原湾内の干潟の一部の共有持分につき海軍省による買上げ、大蔵省、愛知県及び田原町による差押・公売処分が行われた等の事実を挙げ、被上告人らは本件係争地を時効取得したものであると主張するが、右の事実に照らし本件係争地につき公有水面埋立法に基づく埋立てを行うような場合には被上告人らに対する何らかの個別的な補償を要するものと解すべきかどうかはともかくとして、本件係争地がもともと所有権の客体たる土地としての性格を有していない以上は、被上告人らがこれを時効取得するいわれはない。

七　ちなみに、明治四年八月大蔵省達第三九号（明治六年七月二〇日太政官布告第二五七号により廃止）は、「荒蕪不毛之地」の開墾を希望する者があれば入札のうえ払い下げるものとし、明治八年二月七日内務省達乙第一三号は、海面の開墾を希望する者があれば無償で下げ渡すものとしていたが、明治一二年三月四日内務省地理局通知「水面埋立願ニ付取調上心得」は、水面埋立てについては、まず埋立ての許可を与え、埋立工事が完了した時点で無代価で下与するか払い下げるものとし、明治一四年四月一五日内務省指令は、右の明治一二年三月四日内務省地理局通知の以前に払い下げられた海面のうち鍬下年季中に埋立ての成功しないものは国に返地させるべきものとした。そして、最高裁判所昭和五一年(オ)第一一八三号同五二年一二月一二日第一小法廷判決（裁判集民事一二二号三二三頁）は、右の明治四年八月大蔵省達第三九号に基づき現場で区画を定めて私人に払下げられその後陸地となつた海岸寄洲及び海面につき、「当時の法制によれば、海水の常時侵入する地所についても、これを払い下げにより私人の取得しうる権利の対象としていたと解することができる」としたうえ、右の私人が払下げにより排他的総括支配権を取得したと判示した。当裁判所も、前叙のとおり、国において行政行為などにより海の一定範囲を区画し、他の海面から区分して私人の所有に帰属させるということが立法政策として行いえないことではないと解するものであるが、本件係争地は、右の明治四年八月大蔵省達第三九号、明治八年二月七日内務省達乙第一三号等に基づき私人に払い下げられたものではなく、また、埋め立てられずに海のままの状態にあるという点で、右の海岸寄洲及び海面とはその性格が異なり、右の第一小法廷判決は本件とは事案を異にするものというべきである。

八　以上のとおり、本件係争地は、昔から海のままの状態にあり、私法上の所有権の客体たる土地に当たるものとはいうことができない。そうすると、本件滅失登記処分は、本件係争地が登記されるべき土地として存在しないという実体的な法律状態に符合した処分であって、これを違法ということはできない。

なお、本件係争地は、かつては陸地であったが後に海没したというものではなく、もともと土地には当たらないものであるから、「不存在」又は「錯誤」を登記原因として表示登記の抹消登記をするのが本来の手続であったというべきであるが、本件滅失登記処分も処分時の実体的な法律状態に符合した処分である以上、右の手続的瑕疵をもって本件滅失登記処分の取消原因とすることはできない。

また、被上告人らは、本件威失登記処分は専ら政治的配慮に基づいてされたものであると主張するが、本件係争地が登記の対象たる土地に当たらない以上は、右主張事由をもって本件滅失登記処分の取消原因とすることはできない。

九　したがって、本件係争地が私法上の所有権の客体たる土地に当たり本件滅失登記処分を取り消すべきものとした原審及び第一審の判断は、法令の解釈を誤ったものといわざるをえず、右の違法が判決の結論に影響を及ぼすことは明らかであるから、この点をいう論旨は結局理由があり、原判決及び第一審判決は破棄又は取消しを免れない。

そして、既に説示したところによれば、本件滅失登記処分にはこれを取り消すべき違法はないというべきであるから、その取消しを求める被上告人らの本訴請求はこれを棄却すべきである。

よって、行政事件訴訟法七条、民訴法四〇八条、三九六条、三八六条、九六条、八九条、九三条に従い、裁判官長島敦の補足意見があるほか、裁判官全員一致の意見で、主文のとおり判決する。

裁判官長島敦の補足意見は、次のとおりである。

私は、法廷意見のとおり、本件滅失登記処分自体にはこれを取り消すべき違法はないと解するものであるが、本件事案の特殊性にかんがみ、なお以下のとおり私見を付加しておきたい。

本件係争地は、前叙のとおり、明治年間に地券が下付され、地租台帳、土地台帳に池沼・汐溜として登載され、不動産登記法施行後は土地登記簿上に池沼として登記されてきた。そして、原審の確定するところによれば、(1)　本件係争地については、大正一五年ころ鍬下年季が廃止された後に国が地租の徴収を開始し、その後昭和三六年に豊橋市が、昭和三八年に田原町が、それぞれ固定資産税の徴収を停止するまで、租税が賦課されていた、(2) 本件係争地と同様の田原湾内の干潟の一部につき、大正一五年一月二六日大蔵省が、昭和八年五月二五日愛知県が、昭和二九年八月二六日田原町が、それぞれ当時の共有者の持分について差押をし、特に後二者の場合は公売処分を行っている、(3) 昭和一四年ころには海軍省が飛行場建設のため田原湾内の地盤の一部を買収した、というのである。以上のような事実が存したからといって、もともと私法上の所有権の客体とならない本件係争地が所有権の客体たる土地になったものということはできないであろう。しかしながら、右の事実からすると、国及び地方公共団体は過去長年月にわたって本件係争地が所有権の客体たる土地であるとして取り扱ってきたものであり、これに従って本件係争地は経済的な取引の対象とされてきたものであるから、何らの補償もせず本件係争地につき公有水面埋立法に基づく埋立てを行うことは信義則上許されないものというべく、これを行うにあたっては、被上告人らに対し同法所定の水面権利者に対する補償に準じて相当な補償を行うことが要請されるものと解するのが相当である。原審の確定するところによると、愛知県は、昭和三九年ころ本件係争地を含む田原湾一帯の干潟について埋立てを計画し、その登記簿上の共有持分権者のうち任意に滅失登記申請をしたものに対し、協力感謝金の名目で一坪当たり二五〇円の金員を支払った、ということであるが、右の金員の支払は、恩恵的なものではなく、信義則上当然に要請される補償金の支払と理解すべきものといわなければならない。

（最高裁民集四〇巻七号一二三六頁）

第一審判決要旨、主文、事実及び理由（総覧二七〇頁参照）

◆25　定置漁業権の不免許処分を受けた漁業者からの競争出願者に対する免許処分の違法を理由とする国家賠償法に基づく損害賠償請求が棄却された事例

札幌地裁民、昭和五七年(ワ)第二一三三号
昭六二・三・二五判決、棄却（確定）
原告人　渡辺良之
被告人　北海道
関係条文　漁業法一三条、一六条、国家賠償法一条、三条

【要　旨】

原告の漁業法一三条一項一号（適格性を有する者でない場合）及び同条同項三号（同種の漁業を内容とする漁業権の不当な集中がある場合）所定の不免許事由の存在を理由とする本件免許処分の違法性の主張は失当であり、その余の点を判断するまでもなく、原告の本件国家賠償請求は理由がない。

○主　文

一　原告の請求を破棄する。
二　訴訟費用は原告の負担とする。

○理　由

一　本件各処分に至る経緯等

定置漁業権（その存続期間は、原則として五年とされている―法二一条）は、都道府県知事が、漁場の位置、区域など免許の内容等につき事前に決定、公示したうえ（法一一条）、申請に基づき個別に免許を与えることにより設定される（法一〇条）が、都道府県知事は、右免許申請があれば、申請内容の右事前決定事項との適合性のほか、当該申請者の適格性（法一四条）の有無をはじめ法一三条一項所定の不免許事由の有無及び、競争出願のあるときは免許の優先順位（法一五、一六条）について、それぞれ審査して免許処分の可否を決することとされ、また、その際、右処分の可否につき管轄海区委に諮問してその意見（答申）をきかなければならないこととされている（法一二条）。

そこで、本件漁業権についてこれをみるに、請求原因1は当事者間に争いがないところ、右争いのない事実、〈証拠略〉によれば、本件各処分に至る経緯等は次のとおりであることが認められる。

1　石狩後志海区におけるさけ定置漁業権については、昭和四四年の第四次切替え（免許期間　昭和四四年から昭和四八年まで）では、石狩町の沿岸全域にわたつて第一ないし七号の七か統の定置漁業権が免許、設定されていたが、右沿岸区域のかなりの部分が新設される石狩湾新港の港湾区域となつたため、昭和四九年の第五次切替え（免許期間　昭和四九年から昭和五三年まで）では、これより一か統減の第一ないし六号の六か統の定置漁業権が免許、設定され、更に、昭和五四年の第六次切替え（免許期間　昭和五四年から昭和五八年まで）では、右港湾区域内（右第四次切替えでは第二ないし四号の三か統の、右第五次切替えでは第二、三号の二か統の各定置漁業権が免許、設定されていた。）には定置漁業権が全く設定されることなく、その余の同町沿岸区域に第一ないし四号の四か統のみの定置漁業権が免許、設定される結果となつた。

2　右第五次切替えにおいて、石狩漁協は、新たに第五次第三ないし六号の四か統の定置漁業権の免許を受け、原告と渡辺精一郎は、従前から共同で一か統の定置漁業権の免許を受けて長くさけ定置漁業を自営していたところ、これと同一の区域に第五次第二号定置漁業権の免許を受けた。

3㈠　前記第六次切替えにおいては、道知事は、前記港湾区域を除く区域に四か統の定置漁業権を設定することにし、法一一条に基づき、漁業種類、漁場の位置・区域、漁業時期その他免許の内容たるべき事項等を定めて、昭和五四年一月二九日付でこれを公示したところ、これに対し、石狩漁協（組合自営）と原告・渡辺精一郎（共同）とが本件漁業権（第六次第四号定置漁業権）免許につき競争出願の形で免許申請をした。

前記のとおり、原告らが第五次切替えで免許を受けていた第五次第二号の漁場区域には、第六次切替えでは定置漁業権が設定されないことになり、原告らは右区域とは別個の区域に設定される本件漁業権の免許申請をしたものである。

石狩漁協は、前記四か統全部につき免許申請し、このうち本件漁業権のほか、第一、第三号についても、他の共同申請漁業者との競争出願となつた。

(二)　道知事は、昭和五四年二月二六日、法一二条に基づき石狩後志海区委に対し、右第六次切替えの免許処分に関して諮問し、海区委は、以後、現地調査や関係者からの事情聴取をしながら、五回にわたるかなり詳細かつ慎重な審議を経て、同年七月三〇日付で道知事に対し本件漁業権免許につき次のとおり答申した。
すなわち、海区委は、まず競争出願者たる石狩漁協、原告らの双方について、その申請内容が前記事前決定事項と適合することを前提にして、法一四条一項所定の欠格要件がなく、適格性が認められるとともに、他の法一三条一項各号所定の不免許事由もないとし、次に、右漁協は法一六条八項一号柱書、イ号、ロ号のいずれの要件をも充足する漁協であること、原告らは同条一項一号、二項一号、四項一号所定の各要件を充足する漁業者であることを認定して、双方ともに単独出願であれば免許を受け得る資格を有する旨認めたうえ、法一六条八項柱書に基づき、いわゆる八項法人として定置漁業権免許の第一順位にある右漁協が原告らに優先する旨判断して、その旨答申した。

(三)　道知事は、右答申を受けた後、その内容を検討し、海区委の右判断は相当なものであると評価して、法一〇三条所定の付再議の措置などをとることなく、海区委と同様の判断過程を経て、石狩漁協、原告らの双方に適格性があり、免許資格があるものの、前記優先順位において右漁協が原告らに優先することを理由に、昭和五四年八月八日付で右漁協に対し本件免許処分をする一方、原告らに対し本件不免許処分をした。

(四)　前記競争出願となつた他の二か統の免許申請についても、前記(二)と同様の答申がなされ、道知事は、右(三)と同様、競争出願者間の優先順位によつて石狩漁協が優先することを理由にこれに対し免許処分をし、結局、右漁協は、単独申請した一か統を含め、前記のとおり第六次切替えに係る全定置漁業権免許を取得することになつた。
以上のとおり認められ、右認定に反する証拠はない。

なお、右認定の事実関係を前提にすれば、本件漁業権の免許に関して、仮に、道知事において、法一四条一項一号の欠格要件を含め、石狩漁協には法一三条一項所定の不免許事由があると判断していたならば、競争出願者間の優先順位を考慮するまでもなく、原告らに対し本件漁業権の免許処分がなされ、反面、右漁協に対してはその不免許処分がなされるべきことになつたことは明らかである。

二　本件各処分の違法性の有無（請求原因2）について

1　石狩漁協の適格性の欠如に関する原告の主張について

(一)　原告は、法一四条一項一号前段後段により石狩漁協には定置漁業権免許取得の適格性がないこと（請求原因2(一)）及び右漁協に対し右免許を与えることにより同種漁業権の不当集中をきたす虞れがあったこと（同2(二)）の二点から、右漁協には法一三条一項一号、三号所定の不免許事由があったことを理由に、本件免許処分は違法である旨主張する。

(二)(1)　ところで、右各主張のうち、適格性の欠如に関しては、法一四条一項一号の規定によれば、当該免許申請者につき、漁業若しくは労働に関する法令を遵守する精神の著しい欠如、又は漁村の民主化阻害者という事由があること自体が欠格要件となつているわけではなく、海区委が総委員の三分の二以上の多数決による投票をもつて右事由の存在を認定する旨議決することが欠格要件となつているところ、原告は、石狩漁協につき右各事由が存することを具体的に主張する（同2(一)(1)、(2)）一方、海区委による右欠格議決がなされたことについては何ら主張立証せず、かえつて、〈証拠略〉によれば、右の議決が存在せず、逆に海区委の総委員一五名中一一名の多数決による投票をもつて右漁協に適格性を認める旨の議決がなされたことが認められ、原告もこの点を自認している（同2(一)(3)イ）。

そうして、原告は、請求原因2(一)(3)ロのとおり、本件においては、右欠格議決を欠くものの、道知事は、法一〇三条所定の付再議の措置を経て、海区委の欠格議決を得、あるいはその独自の判断により、右漁協には欠格要件があるとして法一三条一項一号により本件漁業権につき不免許処分をなすべきであり、本件免許処分は、結局法一三条一項一号に違反すると主張する。

(2)　しかるところ、右欠格議決は、海区委が議決機関としてその独自の権限に基づいてなすものであるから、右議決がなされていない場合でも、当該免許申請者につき法一四条一項一号所定の事由があると認められることをもつて、直ちにその適格性が否定されると解することができないのは当然であるが、反面、法一〇三条の規定の趣旨等に鑑みると、客観的には右事由の存在が明らかであつても、海区委の（当初の）審議の中で右議決がなされてさえいなければ、当該免許申請者の適格性の存否を問題にする余地はなく、常に、都道府県知事がその適格性を承認して免許処分をすることが違法ではないとまで解するのもまた相当とはいえない。本件において、仮に、原告主張のように石狩漁協につき法一四条一項一号前段後段所定の事由が存すると認められる場合に、海区委が右欠格議決をしなかつたことが違法又は著しく不当であり、加えて、道知事において、海区委への付再議の措置を経て、その欠格議決を得たうえ、あるいは海区委があくまで右議決をしなければその独自の判断により、右漁協の適格性を否定して法一三条一項一号に基づき本件漁業権の不免許処分をなすべき義務があつたとするに足りる事実関係が認められるときには、本件免許処分は違法であると解する余地が存するというべきである。

したがつて、法一三条一項一号との関係で道知事の本件免許処分の違法性を主張する原告の前記請求原因２(一)の主張は、右に述べた趣旨において必ずしも主張自体失当とはいえない。

(3)　そこで、原告の右主張については、まず、石狩漁協に係る法一四条一項一号前段後段所定の事由の存否（請求原因２(一)(1)、(2)）につき判断し、それが認められる場合には、更に、右(2)で指摘したような事実関係の存否につき検討することにする。

2　漁業法一三条一項一号違反の有無（請求原因２(一)）について

(一)　同法一四条一項一号前段所定の事由の存否（同(1)）

(1)　漁業権の貸付けの有無等（同イ）

イ　請求原因２(一)(1)イのうち、石狩漁協が、前記第五次切替えに際し、昭和四九年八月二〇日付で道知事から第五次第四、五号の各定置漁業権免許を受けたこと、荒谷が昭和四九年から昭和五一年までの三年間右第四号の、丹野一美及び丹野義美が昭和四九年から昭和五三年までの五年間右第五号の各定置漁業をそれぞれ操業したことは当事者間に争いがなく、弁論の全趣旨によれば、石狩漁協は、右第四号につき昭和四九年から昭和五一年までの三年間、右第五号につき昭和四九年から昭和五三年までの五年間、各年ごとに道知事に休業届をし、これに対応して、右各休業期間中各年ごとに各第四号については荒谷が、右第五号については丹野らが共同で、それぞれ道知事に休業中の漁業許可の申請をし、その許可を受けたことを認めることができる。

ロ　次に、請求原因２(一)(1)イ(ロ)のうち、原告主張の覚書の存在及びその記載内容は当事者間に争いがないところ、右争いのない事実、〈証拠略〉によれば、前記第五次第五号定置漁業権については、当時の石狩漁協の組合長が右漁協の免許取得の五か月前の昭和四九年三月一四日付けで丹野一美との間で、同人に対しさけ定置漁場を同年四月一五日までに与えるよう取り計ることを確約する旨明記した「確約書」（〈証拠略〉）を取り交わし、更に、右免許取得後同年九月一四日付で、右組合長が、石狩漁協組合長理事との顕名をし、名下に組合長印を押捺したうえ、丹野ら両名との間で、右漁協は右免許に係る定置漁業を丹野らに無条件で昭和四九年より五年間操業させること、右漁協は一年ごとに右定置漁業につき遅滞なく休業届を道知事に提出し、丹野らの操業に支障を与えないようにすることを明記した「覚書」(〈証拠略〉)を作成して、当事者双方が各一通を保有することにしたことが認められる。

ハ　そうして、右イ、ロの各認定事実に加えて、〈証拠略〉を総合すると、

(イ)　漁業法上、法一六条八項一号の要件を充足する漁協は定置漁業権の免許の優先順位が常に第一順位であるとされているところ、前記第五次切替えに際して、丹野らは、従前から丹野一美が共同申請漁業権者(第四次第六号)の一員として自営してきたさけ定置漁業の継続を強く希望して、右第四次第六号と同一区域に設定される第五次第五号定置漁業権の免許を申請し、また、荒谷は、新たに個人漁業権者として右定置漁業を自営しようとして第五次第四号定置漁業権につき免許を申請したものの、従前右定置漁業を自営していなかつた石狩漁協が新たにこれらと競争出願の形で右各免許の申請をしたため、丹野ら及び荒谷は、いずれも、右各免許につき適格性や他の免許資格を備えていたにもかかわらず、右漁協の適格性等が否定されない限り、前記優先順位の定めによつて右各免許を取得し得ない結果になることは、当初から明らかであつたこと。

(ロ)　そのため、右の者らは、右漁協の免許申請に対し強い不満を抱き、とりわけ丹野らは、右免許申請は、その既得権を喪失させ、長く継続してきた生業の場を奪うものとして、これに強く反発し、右免許の審査の過程で、海区委や石狩支庁、北海道の関係部局の担当者等に対しても、右の者らの右定置漁業操業を可能にするよう善処方を強く要請したこと、

(ハ)　これに対し、石狩漁協としては、右各免許申請を維持することにより、水協法五〇条所定の組合員による特別決議を経た申請であることや多数組合員の利益擁護などの建前を貫く必要があつた反面、その組合員でもある右の者らの利益の侵害や紛争の深刻化の回避をも考慮せざるを得ない状況にあつたことに加えて、前記関係部局の担当者等も右両者間の利害調整をあつせんしたことから、右担当者等をも混じえて話合いがもたれるなどしたこと、

(ニ)　その結果、少なくとも、右漁協と荒谷及び丹野らとの間では、右漁協において、取得した前記各免許に係る定置漁業を一定期間自ら操業せずに、それぞれ無償で専ら右の者らに操業させるという合意がなされ、更に、道知事の許可処分という法的には右両者の処分権の埒外にある不確定要因を残しつつも、右両者の意図としては、右担当者等の了解が得られることを期待したうえ、右の合意を履行する手段として前記イの休業届及び休業中の漁業許可申請をなすことも約束されたこと、

(ホ)　右約束に基づき前記イのとおり右両者が現に右の各措置をと

つたところ、それについて道知事の許可処分がなされた結果、荒谷及び丹野らの前記各定置漁業操業は、法的には、右許可によつて創設された権能に基づくものであることになつたこと、以上の各事実が認められ、右認定に反する証拠はない。

ニ　そうすると、右ハ(二)の合意は、競争出願者間の利害調整のため無償でなされたものではあるが、実質的には、石狩漁協が前記各定置漁業権の行使をそれぞれ荒谷及び丹野らに委ね、その利益を専ら右の者らに帰属させるという意味で漁業権の貸付けを目的とした合意に当たるというべきであり、かつ、右両者は、右合意内容を実現するために休業中の漁業許可の制度を脱法的に利用したものであり、右漁協がなした前記ハ(二)の合意、約束及び休業中の漁業許可申請は、全体としてこれをとらえれば、実質的には法三〇条の趣旨に違反するものといわなければならない。

なお、本件全証拠によつても、道知事の右各休業中の漁業許可処分自体の手続の過程等は必ずしも明らかではなく、また、右処分が前記のような休業届や許可申請に対するものであることをもつて直ちにそれについて重大明白な瑕疵があり、右処分が無効であるとすることはできない。

(2)　無届休業の有無等（同ロ）

イ　法三五条によれば、漁業権者が一漁業時期以上にわたつて休業することをあらかじめ決めた場合はもとより、当初着業の予定であつたものが、途中から一漁業時期以上にわたつて休業せざるを得ない見通しになつた場合にも、休業期間を定めてその旨都道府県知事に届け出なければならないと解されるところ、請求原因2(一)(1)ロのうち、石狩漁協は、前記第五次切替えに際し、第五次第三号及び第六号の各定置漁業権の免許を受けたが、右第三号については昭和四九年から昭和五一年までの三年間、右第六号については昭和五〇年の一年間、いずれも一漁業時期以上にわたつて休業したこと、右各休業につき道知事に対し休業届をしなかつたことは当事者間に争いがない。

ロ　そこで検討するに、〈証拠略〉によれば、右第六号については、石狩漁協は、当初昭和五〇年の漁期にも着業する予定であつたものが、着業に必要な従業者の確保が難航したり、さけの来遊状況の見極めなどに時日を費やすなどして、休業の見通しを立てることができないままに結果的に休業してしまうことになつたと認められるものの、右第三号については、右漁協は、昭和四九年当時、その漁場が石狩湾新港の港湾区域内にあり、既に工事も進行していたのに、あえて免許を取得し、前記の三か年とも、当初から休業の見通しを立てていたにもかかわらず、法三五条に違反して休業届を懈怠したことが明らかである。

ハ　もつとも、〈証拠略〉によれば、右第三号は、右のとおり当初から着業・操業することが危ぶまれた区域に設定され、被告主張のように、仮に右漁協の休業届が履践されていたとしても、他の漁業者が休業中の漁業許可により定置漁業を営むこともまた、困難な状況にあつたと窺われる（なお、右各証拠によれば、右漁協が昭和五二年右第三号定置漁業権を放棄していることが認められる。）

(3) 北海道内水面漁業調整規則違反、北海道海面漁業調整規則違反の有無等（同ハ）

イ 請求原因2(一)(1)ハ(イ)のうち、昭和五一年一〇月七日夜から翌八日朝にかけて、当時の石狩漁協の理事一名、同監事一名を含む五名の者が石狩町生振地内石狩大橋から上流二キロメートルの石狩川左岸において、川舟七隻を用いて刺し網をかけてさけ成熟漁一〇〇余匹を密漁し、内水面規則違反等（〈証拠略〉によれば、水産資源保護法二五条違反も含まれていると認められる。）により現行犯逮捕されたことは当事者間に争いがなく、〈証拠略〉によれば、その後、右五名のうち少なくとも三名が右密漁を理由に有罪判決を受けたこと（正確な罪名及び刑罰は不明）、当時右事件は漁協の役員が積極的に関与した密漁事件として大きな社会的非難を受け、北海道の関係部局が、右漁協の組合ぐるみの不祥事と指摘されてもやむを得ない旨の見解を表明したとの新聞報道もなされたことが認められる。

ロ 請求原因2(一)(1)ハ(ロ)のうち、昭和五一年一〇月一四日、当時の石狩漁協の組合長及び理事等八名の役員を含む組合員三四名がさけを密漁し、海面規則違反により小樽海上保安部に摘発されたことは当時者間に争いがなく、〈証拠略〉によれば、その後、右事件に関して右三四名のうち二名が罰金刑を受け、他の者は起訴猶予処分になつたこと（正確な罪名は不明）、右の事件は他種の刺し網によるさけ混獲防止が求められていた中で摘発されたものであり、右漁協の組合員の半数近くが関与したものとして社会的非難を受けたことが認められる。

ハ しかし、請求原因2(一)(1)ハ(ハ)については、〈証拠略〉によれば、前記第六次切替えの際の海区委の審議や知事の審査の過程において、一部の委員や関係者から、右イ、ロの各事件以外にも、右主張事実を含め右漁協の組合員による違法採捕事案がある旨指摘されたことを認めることができるが、この点を超えて原告主張の右違法行為の存在まで証明するに足りる証拠はない。〈証拠略〉中には、一部右主張に沿う供述部分もあるが、〈証拠略〉に照らせば、右供述部分に依拠して右主張事実を認めることはできない。

ニ ところで、前記イ、ロの各認定事実は、直接的には役員を含む石狩漁協の個々の組合員による犯罪行為の存在を示すものではあるが、右漁協自体が内水面規則、水産資源保護法、海面規則所定の法人処罰規定によつて処罰され、あるいは検挙されたことを示す証拠はなく、むしろ、弁論の全趣旨によれば、右処罰、検挙はなかつたと窺われる。

そうして、前記イ、ロで挙げた各証拠によれば、前記イ、ロの各事件は、石狩漁協の役員が関与、加功していたことなどから、当時、世間的には、右漁協がいわば漁協ぐるみで違法行為をなしたと評されてもしかるべき状況にあったと認められるが、本件全証拠によっても、右漁協が組合としての意思決定に基づいてこれらの違法行為を敢行したこと、あるいは、犯行の態様、各組合員の加功の状況等からみて、右行為を実質的に組合の行為として評価し得るとするに足りる事実関係の存在を認めることはできない。

(4)　法令遵守精神の著しい欠如の有無（同ニ）

法一四条一項一号前段所定の漁業に関する法令を遵守する精神を著しく欠く者とは、たびたび悪質な漁業関係法令（漁業法、水産資源保護法、内水面規則、海面規則がこれに当たることは当然である。）違反を行い、あるいは重大な右法令違反をなすなどして、右法令を遵守する精神が全く認められないか、又は極めて希薄であると認められる者をいうと解され、一回の違反であっても、右法令遵守精神の著しい欠如の表徴となり得べきものもあると解されるところ、以上(1)ないし(3)の認定説示を前提にして、本件免許処分当時石狩漁協について、右のような意味で法一四条一項前段所定の事由が存したといえるか否かにつき検討する。

イ　まず、前記(1)ニのとおり、同ハ(ニ)、(ホ)で認定した石狩漁協の行為は、実質的には法三〇条に違反するものであるが、同ハ(イ)ないし(ハ)で認定したように、右行為は、専ら競争出願をしたいわゆる八項法人たる漁協と個人又は共同申請漁業者との利害調整を図るために無償でなされたものであり、不在地主的漁業権者の排除により現実の漁業操業者を保護するという法三〇条の主たる立法趣旨に反する面は少ないことに鑑みると、右の点をもって右行為を直ちに正当化することはできないものの、その違法性の程度は必ずしも高くはなく、また、これに起因して右漁協の定置漁業権免許の適格性の否定という一般的かつ重大な結果をもたらしめるほどに悪質なものでもないと解される。

原告は、右漁協が休業中の漁業許可制度を脱法行為的に利用したことをもって一層悪質であるとも主張するところ、確かにこのような脱法的手段をとったこと自体非難に値することは当然であるが、逆に、前記荒谷や丹野らの定置漁業操業が、まがりなりにも道知事の審査を経てその許可処分に基づきなされたことは、全体的に見て右漁協の行為の違法性、非難可能性を減ずる面もあると解される。

ロ　次に、前記(2)ロで認定説示したように、石狩漁協の第五次第六号定置漁業の休業は必ずしも法三五条に違反しないが、第五次第三号の休業は法三五条に違反する無届休業である。

しかし、無届休業の一般的な違法性の程度自体は必ずしも極めて高いとはいえないことに加え、法三五条の立法趣旨及び前記(2)ハの認定事実に鑑みると、右認定の右漁協の無届休業が右イで述べたと同様の意味で悪質、あるいは重大な法令違反行為であるとまで断ずることはできない。

ハ　また、前記(3)イ、ロで認定した違法行為自体は悪質かつ相当に重大なものであると解されるものの、同ニで認定説示したところによれば、もともと石狩漁協自体が右違法行為をなしたという前提に立つて、その法令遵守精神の欠如を論じることは当を得たものとはいえないばかりでなく、右漁協の役員や組合員が前記(3)イ、ロのような態様で右違法行為を敢行したことをもつて、右各個人を超えた組織体である右漁協の前記法令遵守精神の著しい欠如を推認させるに足りる事実関係もまた見い出し難い。

ニ　更に、前記(1)ないし(3)の各認定事実を総合して観察すると、確かに、当時、石狩漁協においては、漁業法等の漁業関係法令遵守の精神に欠ける面があり、右法令軽視の風潮があつたことは否めないものの、なお、右イないしハで認定説示したところを前提とする限り、右漁協が、全体的に見て悪質な違法行為を繰り返し、右法令遵守精神を著しく欠いていたとまで認めることはできない。

ホ　（まとめ）以上のとおり、本件においては、本件各処分当時石狩漁協について法一四条一項一号前段所定の事由があつたとまではいえない。

㈡　漁業法一四条一項一号後段所定の事由の存否（同(2)）

(1)イ　請求原因2㈠(2)イのうち、原告がかつて石狩漁協の組合員であつたが、これから任意脱退した後、昭和五三年一二月二三日再加入を申請したこと、原告は右漁協の組合員資格を有していたが、右漁協が加入を拒絶したこと、原告が昭和五四年四月右加入承諾を求めて訴えを提起した（当庁昭和五四年(ワ)第六二八号）ところ、その第一審判決（昭和五七年二月一日言渡し）は、右加入拒絶には正当理由が認められないとして原告の請求を認容したことは、当事者間に争いがなく、〈証拠略〉によれば、右漁協の右加入拒絶については水協法二五条所定の正当理由があつたとはいえないこと（被告はこの点につきほとんど反証していない。）が認められる。

ロ　しかし、右争いのない事実並びに〈証拠略〉を総合すれば、右漁協の理事であつた原告が組合の赤字解消策等に強硬に反対したうえ、昭和五〇年六月右漁協を突然脱退した経緯や、右脱退前後から再加入申請に至るまでの原告のかなり強引な言動に関し、事の当否は別として大多数の組合員が強く反感を抱き、原告に対する対立感情は抜き難いものになつていたこと、原告の右脱退当時の言動には、他の組合員の立場から見れば身勝手ないしは無責任とみられてしかるべき面もあつたこと、もまた認められ、〈証拠略〉中右認定に反する部分は採用できず、他に右認定に反する証拠はないところ、これらの点に鑑みれば、確かに前記加入拒絶は水協法二五条に違反するものではあるが、前記当時、右漁協は、右認定のような状況を考慮して多数組合員の意向を尊重する限り、原告の前記再加入申請を容易には承諾し難い立場にあったことも否定できず、右加入拒絶に係る紛争に関し右漁協のみを一方的に強く非難することは必ずしも当を得ない状態にあったと認められる。

ハ　しかして、法一四条一項一号後段所定の「漁村の民主化を阻害する者」とは、漁村で漁民が自由に自己の意思を表明することができ、その自由意思による討議に基づいて漁場の利用や漁協の管理運営などが決せられることについて、各個の漁民の自由意思を不当に圧迫し、自由な意見表明の機会を奪つて、自己の力でほしいままに漁村を支配しようとする者をいうと解されるところ、右ロで認定説示した事実関係の下では、右イのように石狩漁協が、組合員資格のある原告の加入を拒絶したことをもつて、右の意味において漁村の民主化阻害者に当たるとまではいえない（なお、前記(一)(1)ないし(3)で認定した各違法行為と右水協法違反の事実とを併せても、前記(一)(4)及び右(二)(1)ロの各認定説示に鑑みれば、なお石狩漁協につき法一四条一項一号前段所定の事由があると認めることもできない。）。

(2)イ　次に、請求原因２(一)(2)ロのうち、まず、原告の右訴え提起後昭和五四年六月ころから、石狩漁協の元監事長が中心になつて、組合長に対し原告の組合加入を絶対に拒否するよう求める請願署名運動を展開し、多数の組合員の署名を集めたことは当事者間に争いがない。

そこで検討するに、前記(1)ロで述べたように、当時右漁協の多数の組合員が原告の再加入に反対していたと認められるところ、これらの組合員がその旨自己の意思を表明し、自ら加入拒絶の正当理由があると判断したうえ、組合執行部に対し、自主的にその請願活動を行うこと自体は、何ら非難されるべきことではなく、むしろ組合員による民主的活動の範ちゆうに属するものである。

しかし、右争いのない事実並びに〈証拠略〉を総合すれば、前記請願署名運動は、既に右漁協が原告に加入拒絶を通知し、これに対して原告が法的手段をとつた後になつて、右のような意味での組合執行部に対する原告の加入反対の意見表明、加入拒絶要請の範囲を超え、少なくともその主導者においては、一方的に原告を強く非難し、漁村社会から排斥する内容の文書を配付又は提示して各組合員に同調、署名を求め、ことさら地元漁村における原告排斥の地域感情を助長させて原告を白眼視し、一層孤立化させ、また、訴訟の過程で原告に対し心理的に圧力を加えることを十分認識したうえなされた、原告排斥運動の色彩が強いことや、右運動が展開される中で、原告は現に孤立の度合を一層深め、日常生活においても有形無形の支障が生じたことが確認される。

そうすると、右運動の主導者は、右認定の限りにおいて、前記の意味で漁村の民主化を阻害する畏れの強い行為をなしたものというべきである。

ロ　しかしながら、請求原因2㈠(2)ロのうち、石狩漁協の組合長等理事らが前記運動の中止を勧告、指導せず、これを傍観したことは当事者間に争いがなく、更に、〈証拠略〉によれば、右組合長ら執行部において右運動の展開を黙認し、なすにまかせていた節が見受けられるものの、本件全証拠によっても、右執行部が右運動に積極的に関与、加担し、若しくは背後でこれを画策、指導し、又は右運動が実質的には右漁協による組織的活動として展開されたことまでは認めることができない。

そうすると、前記イで認定説示した事実関係の下では、右執行部に強制的権限はないものの、制度上漁村の民主化の中核的機構とされている漁協の指導者としては、右運動が前記イの正当な範囲内のものにとどまるよう勧告、指導することが望ましく、右のとおり傍観、黙認したことは相当ではなかったというほかないが、前記(1)で認定した水協法違反事実と併せ考慮しても、それ以上に、石狩漁協が組合として自ら漁村の民主化を阻害し、又は阻害する畏れの強い行為をなしたものであるとまで認めることはできないことになる。

(3)　（まとめ）以上のとおり、本件においては、本件各処分当時石狩漁協について法一四条一項一号後段所定の事由があったとまではいえない。

㈢　（まとめ）

以上㈠、㈡で各認定説示したとおり、本件においては、本件各処分当時石狩漁協について法一四条一項一号前段後段所定の事由があったことを認めることはできないから、原告の法一三条一項一号所定の不免許事由の存在を理由とする本件各処分の違法性の主張（請求原因2㈠）は、前記1㈡(2)で述べた特段の事実関係の存否について検討するまでもなく失当といわなければならない。

3　漁業法一三条一項三号違反の有無（請求原因2㈡）について

㈠　前記一で認定したとおり、前記第六次切替えにおいては、石狩町沿岸に設定されることになった四か統のさけ定置漁業権のすべてにつき石狩漁協が組合自営として免許を申請し、うち本件漁業権を含む三か統については他の共同申請漁業者と競争出願となったが、結局右漁協が本件免許処分を含め、右四か統全部につき定置漁業権の免許処分を受けた結果（請求原因2㈡(2)のうち右全免許取得の点については争いがない。）、同一海域に設定される同種漁業権が右漁協に集中することになった。

㈡　そこで、本件各処分当時、石狩漁協への右漁業権集中が法一三条一項三号所定の不当集中の畏れのあるものに当たったか否かについて検討する。

(1)　前記一、二2㈠(1)の各認定事実並びに〈証拠略〉によれば、石狩町沿岸では、従前第五次切替えまでは個人又は共同申請漁業者に対してもさけ定置漁業権免許が与えられ、これらの者は長く舟隻、漁具等の資本投下をして生業として右定置漁業を営んできたが、前記第六次切替えで石狩漁協が全定置漁業権の免許を取得した結果、これらの自営漁業者による定置漁業は廃止され、右の者らは自営漁業経営者として定置漁業操業の利益を得る機会を失つたこと、右切替えの際の免許の競争出願は、いずれも原告を含め右従前からの自営漁業者が主体となつて共同申請したものであるが、右各共同申請者は、いずれも原告と同様定置漁業の欠格要件や不免許事由はないものの、法一六条所定の優先順位によれば、所定の割合を超える多数の地元漁民により構成される石狩漁協に劣後するとの理由で不免許処分を受けたこと、従前、漁業法上定置漁業権免許の優先順位第一位とされ、欠格要件や不免許事由さえなければ必ず右漁業権免許を取得し得る法一六条八項所定の漁協等の法人が、前記海域に設定される定置漁業権のすべてにつき免許を申請したことはなかつたのに、第六次切替えでは、右漁協は、前記自営漁業者らの強い反対にもかかわらず、右全免許取得を図つて免許を申請したことが認められる。

右認定事実によれば、第六次切替えにおいて石狩漁協に前記定置漁業権が集中したことは、結果的には、前記海域でさけ定置漁業経営を希望する漁業経営者相互間での均等な漁業権配分にもとる面があつたことは否定できず、また、従前右定置漁業を自営してきた漁業者の側から見れば、その既得の利益を無視するものに見えたことも否めない。

(2)イ　しかしながら、漁業法は、共同漁業権の主体を漁協又はその連合会に限定する（法一四条八、九項）とともに、前記のとおり定置漁業権についても、水協法所定の組合員の特別多数による議決を経て申請される限り、漁協に最優先にその免許を取得させる旨規定する（法一六条八項）が、これは、漁業法自体が、漁業経営者レベルでの漁利の均てんよりも現実に漁業に従事する漁民レベルでのそれを大きく重視、優先させ、加えて、個人又は共同申請漁業者による操業の場合とは異なつて、漁協が定置漁業を自営する場合には、組合員たる多数の漁民がこれに従事し、漁利の配分にあずかり得ることが制度的に保障されており、漁民レベルでの漁利の均てんを図るためには、制度上漁協に定置漁業権を最優先で取得させることが必要であろうとしていることにほかならないと解される。

この点に鑑みれば、第六次切替え当時、石狩漁協に前記定置漁業権が集中することにより、右(1)で述べた漁業経営者相互間での漁業種の均等配分に欠けるという面に加えて、漁民レベルでの漁利の均てんを著しく害する畏れがあつたと認められなければ、右漁業権集中について不当集中の畏れがあつたとはいい難いことになる。

ロ　そこで、右のような事実関係の存否について更に検討するに、請求原因2㈡⑴のうち、石狩漁協は第五次切替えに際し、さけ定置漁業を組合で自営するとして、第五次第三ないし六号の各定置漁業権の免許を受けたにもかかわらず、休業や漁業権の放棄をして、右各漁業権の免許期間中組合として右定置漁業を自営したのは、わずか第四号につき二年間、第六号につき四年間にすぎなかつたことは当事者間に争いがなく、第四、五号の休業は実質的には法三〇条違反の漁業権貸付けに当たる行為の一環としてなされ、第三号の休業は法三五条に違反する無届休業であつたことは前記認定のとおりである。

そうすると、〈証拠略〉によれば、個人又は共同申請漁業者が定置漁業を自営する場合にも相当数の地元漁民を雇い入れて、これに漁業機会をあたえることが認められるのであるから、第六次切替え当時、石狩漁協において、全定置漁業権免許を申請しながら、右のように実質的には他の自営漁業者に漁業権を行使させ、あるいは無届休業をなす事態が容易に予測できる状態にあつたとしたら、前記のとおり制度的には漁協自営の場合多数の漁民への漁利の均てんが保障されているとはいえ、石狩漁協への前記定置漁業権集中については、漁民への漁利の均てんを著しく害する畏れがあつたといい得る余地があると解される。

ハ　しかし、〈証拠略〉によれば、第六次切替手続の過程においては、前記2㈠⑴で認定したような競争出願者間の利害調整作業や実質的な漁業権貸付合意などはなされなかつたこと、右切替えに係る各定置漁場は、前記港湾区域外にあることから、同⑵ロで認定したような当初から休養が見通されるものはなかつたこと、現に第六次切替免許期間中右漁協は前記全漁業権につき休業せずに自営したことが認められるのであつて、結局、本件においては、右切替当時、右ロで指摘したような事態が容易に予測される状況にあつたとはいえないことになる。

ニ　〈証拠略〉中には、当時、右漁協が前記定置漁業権を取得しても十分な操業態勢を組むことができず、組合員に漁業機会を与え得ないことが明らかであつたとの供述部分があるが、前記⑴の各証拠に照らせば、右供述部分をそのまま採用することはできず、また、本件全証拠によつても、ほかにも、当時、右漁協への前記定置漁業権の集中が漁民レベルでの漁利の均てんを著しく害する畏れがあつたとするに足りる事実関係を認めることはできない。

⑶　なお、前記一、二2㈠⑴の各認定事実並びに〈証拠略〉によれば、前記⑴の認定事実のほかに、荒谷及び丹野らも第六次切替えで不免許処分となつた競争出願者の一員であるが、右の者らについては、前記2㈠⑴で認定説示したとおり、本来第五次切替えの結果定置漁業権を取得しないことになつたのに、その

既得の利益を擁護するため、石狩漁協は休業中の漁業許可制度を借りて右の者らにさけ定置漁業を操業させるという手当てをしていたこと、原告及び渡辺精一郎はもともと第五次切替えまでは第六次切替えによる定置漁業権設定区域とは別の区域に右漁業権免許を受けていたが、前記港湾建設に伴う右漁業権消滅に対する補償を受領したうえ、第六次第四号の免許を申請したこと、右港湾建設によって石狩町沿岸の定置漁業権設定海域が大きく狭められ、設定統数も減少したことも、右漁協による前記全定置漁業権免許申請の大きな理由となったことが認められ、前記(1)の認定事実と右認定の点を併せ考慮すると、もともと漁業法上存続期間を限定して設定される定置漁業権について、第六次切替えにおいて、法定の優先順位に従って石狩漁協が免許を受け、反面、原告ら従前免許を受けていた自営漁業者が右免許を取得できない結果となったことをもって、右漁業者の保護されるべき利益を不当に奪ったとまで断ずることもできない。

(三)　（まとめ）以上によれば、第六次切替えにおいて、石狩漁協に対し本件免許処分をなしても、同種漁業権の不当集中をきたす畏れがあったとはいえないから、原告の法一三条一項三号所定の不免許事由の存在を理由とする本件各処分の違法性の主張（請求原因2(二)）は失当といわなければならない。

4　まとめ

以上1ないし3で認定説示したとおり、本件においては、本件各処分が違法な行政処分であるとする原告の主張は失当である。

三　結論

以上によれば、その余の点を判断するまでもなく、原告の本件国家賠償請求は理由がないことになるので、これを棄却することとし、訴訟費用の負担について民事訴訟法八九条を適用して、主文のとおり判決する。

（訟務三三巻一二号三〇一一頁）

第七節　優先順位

第十五条　漁業の免許は、優先順位によつてする。

（定置漁業の免許の優先順位）

第十六条　定置漁業の免許の優先順位は、左の順序による。

一　漁業者又は漁業従事者

二　前号に掲げる者以外の者

2　前項の規定により同順位である者相互間の優先順位は、左の順序による。

一　その申請に係る漁業と同種の漁業に経験がある者

二　沿岸漁業であつて前号に掲げる漁業以外のものに経験がある者

三　前二号に掲げる者以外の者

3　前項の規定において「経験」とは、その申請の日以前十箇年（この法律施行後主務大臣が指定する期日までの間は、昭和二十三年九月一日以前十箇年）の間において、漁業を営み又はこれに従事したことをいう。以下第十九条までにおいて同じである。

4　前三項の規定により同順位である者相互間の優先順位は、左の順序による。

一　その申請に係る漁業の漁場の存する第八十四条第一項の海区（以下「当該海区」という。）において経験がある者

二　前号に掲げる者以外の者

5　前四項の規定により同順位の者がある場合においては、都道府県知事は、免許をするには、その申請に係る漁業について左に掲げる事項を勘案しなければならない。

一　労働条件

二　地元地区内に住所を有する漁民（以下「地元漁民」という。）特に当該漁業の操業により従前の生業を奪われる漁民を使用する程度

三　地元漁民が当該漁業の経営に参加する程度

四　当該漁業についての経験の程度、資本その他の経営能力

五　当該漁業にその者が経済が依存する程度

六　当該漁業の漁場の属する水面において操業する他の漁業との協調その他当該水面の総合的利用に関する配慮の程度

6　地元漁民七人以上が構成員又は社員となつている法人であつて左の各号の前部に該当するものは、前五項の規定にかかわらず、第一順位とする。

一　漁業を営むことを主たる目的とする者であること。

二　構成員又は社員の過半数が、当該海区においてその申請に係る漁業と同種の漁業に経験がある者であるか又は当該漁業の免許が他の者にされたときは従前の生業を失うに至る者であること。
三　構成員又は社員の三分の二以上がその営む事業に常時従事する者であること。
四　当該漁業に常時従事する者の二分の一以上がその構成員又は社員であること。
五　構成員又は社員のうちその営む事業に常時従事する者の出資額が総出資額の過半を占めていること。
六　構成員又は社員が各自一箇の議決権を有すること。

7　前項の規定により同順位の者がある場合においては、都道府県知事は、免許をするには、その申請に係る漁業について第五項第三号から第六号までに掲げる事項を勘案しなければならない。

8　左の各号の一に該当する者は、前七項の規定にかかわらず、第一順位とする。
一　地元地区の全部又は一部をその地区内に含む漁業協同組合であつて、次のすべてに該当するもの
イ　組合員（二以上共同して申請した場合には、これらの総組合員）のうち地元漁民である者の属する世帯の数が、地元漁民の属する世帯の数の七割以上であること。
ロ　組合員たる地元漁民が議決権及び出資額において過半を占めていること。
二　地元漁民が構成員又は社員となつている法人（漁業協同組合を除く。）であつて、次のすべてに該当するもの
イ　構成員又は社員（二以上共同して申請した場合には、その総構成員又は総社員）のうち地元漁民である者の属する世帯の数が、地元漁民の属する世帯の数の七割以上であること。
ロ　当該漁業に常時従事する者の二分の一以上が、その構成員若しくは社員であるか又はこれと世帯を同じくするものであること。
ハ　構成員又は社員が各自一箇の議決権を有すること。
ニ　構成員又は社員たる地元漁民が議決権及び出資額において過半を占めていること。
三　第一号の漁業協同組合又は前号の法人が構成員又は社員となつている法人であつて、次のすべてに該当するもの
イ　当該漁業に常時従事する者の二分の一以上が、その構成員若しくは社員たる第一号の漁業協同組合若

しくは前号の法人の構成員若しくは社員であるか又はこれと世帯を同じくする者であること。

ロ　構成員又は社員たる第一号の漁業協同組合又は前号の法人が議決権及び出資額において過半を占めていること。

9　前項第一号イ又は第二号イの規定により世帯の数を計算する場合において、その構成員又は社員が法人であるときは、当該法人の構成員若しくは社員又は当該法人の構成員若しくは社員たる法人の構成員若しくは社員のうち地元漁民である者の属する世帯の数により計算するものとする。

10　地元漁民又は地元漁民が構成員若しくは社員となつている法人が第八項第一号の漁業協同組合又は同項第二号若しくは第三号の法人に加入を申し出た場合には、その申出を受けた者は、正当な事由がなければ、これを拒むことができない。地元地区の全部若しくは一部をその地区内に含む漁業協同組合又は地元漁民が構成員若しくは社員となつている法人が第八項第一号の漁業協同組合又は同項第二号の法人に対し当該漁業の免許を共同して申請することを申し出た場合も、同様とする。

11　二人以上共同して申請した場合において、その申請者が第一項、第二項又は第四項の各号のいずれに該当するかは、各申請者のうちいずれに該当する者が議決権及び出資額において過半を占めているかによつて定める。この場合において、いずれに該当する者も議決権及び出資額において過半を占めていない場合は、その申請者は、第一項第二号、第二項第三号又は第四項第二号に該当するものとみなす。

12　二人以上共同して申請した場合において、その申請者が第六項又は第八項に規定する者に該当するかどうかは、各申請者のうち第六項又は第八項に規定する者に該当する者が議決権及び出資額において過半を占めているかどうかによつて定める。

13　法人が第一項第一号、第二項第一号若しくは第二号又は第四項第一号に該当しない場合であつても、その構成員又は社員のうちこれに該当する者が議決権及び出資額において過半を占めている場合は、その法人は、これに該当するものとみなす。

14　第十一項又は前項の議決権及び出資額の過半の計算については、第二項第一号に該当する者は、同項第二号に該当する者でもあるとみなす。

◆26　**漁業法第十六条の優先順位を誤つた判断のもとで行つた不免許処分は違法であつて、慰謝料請求が認容された事例**

札幌地裁民、昭和六二年(行ウ)第一一号
平六・八・二九判決、一部認容・確定
原告　渡邊清壽　外一名
被告　北海道
関係条文　漁業法一〇条・一六条、国家賠償法一条一項・三条一項、民法七一〇条

【要　旨】
漁業法一六条の優先順位を誤った判断のもとで行った不免許処分は違法であって、被告は、国家賠償法一条一項、三条一項に基づき、原告らが本件不免許処分によって被った損害を賠償すべき責任がある。

○主　文

一　被告は、原告らに対し、各金一一〇万円及びこれに対する昭和五九年八月三一日から支払済みまで年五分の割合による金員を支払え。
二　原告らのその余の請求をいずれも棄却する。
三　訴訟費用はこれを一〇分し、その九を原告らの負担とし、その余は被告の負担とする。

○事実及び理由

第一　請求
被告は、原告渡邊清壽に対し、金四五一〇万円及びこれに対する昭和五九年八月三一日から支払済みまで年五分の割合による金員を、同渡邊朱美に対し、金一八七〇万円及びこれに対する昭和五九年八月三一日から支払済みまで年五分の割合による金員を、それぞれ支払え。

第二　事案の概要
本件は、さけ定置漁業権の免許申請について不免許処分を受けた原告らが、右処分は違法であると主張して、被告に対し、国家賠償法一条一項、三条一項に基づき、損害賠償を請求した事件である。

一　争いのない事実及び証拠上明らかな事実
1　当事者
㈠　原告渡邊清壽及び原告渡邊朱美（以下それぞれ「原告清壽」、「原告朱美」という。）は、昭和五一年五月ころから、北海道小樽市銭函において漁業を営んでいた者である。
㈡　北海道知事（以下「道知事」という。）がその諮問機関である石狩後志海区漁業調整委員会（以下単に「海区漁業調整委員会」という。）の答申を受けてした後記3記載の免許処分及び不免許処分にかかる事務は、国の委任に基づく機関委任事務であり、被告は、右機関委任事務に関して費用を負担する者である。
2　本件漁業権の告示

道知事は、昭和五九年一月三〇日、漁業法（以下単に「法」という。）一一条一項に基づき、北海道告示第一五一号をもつて、小樽さけ定第三号定置漁業の免許（以下「本件漁業権」という。）について次のように定めた（乙一）。

㈠ 免許予定日　昭和五九年三月八日

㈡ 申請期間　昭和五九年一月三〇日から昭和五九年二月一三日午後五時まで

㈢ 存続期間　免許の日から昭和六三年一二月三一日まで

㈣ 漁業時期　九月一日から一一月三〇日まで

㈤ 漁場の位置　小樽市地先

㈥ 漁場の区域　海区漁業調整委員会に備え置く漁場図のとおり

㈦ 地元地区　小樽市

3 原告らの申請等と道知事の行政処分

本件漁業権について、原告らは、訴外松坂研三と共同で、昭和五九年二月一日（後志支庁による収受は同月四日）、小樽市役所において道知事宛てに免許申請をしたところ、訴外有限会社協栄水産、訴外子出藤明一、訴外子出藤輝美及び訴外子出藤ミエも、共同して（以下単に「協栄水産」というようにいい、協栄水産とともに免許申請をした者を総称して「協栄水産ら」という。）、昭和五九年二月一〇日（後志支庁による収受は同月一三日）、同様に免許申請をしたため、本件漁業権はいわゆる競争出願の状態となった（乙二、三の各1）。

4 道知事は、法一二条に基づき、右各申請について海区漁業調整委員会の意見をきいたところ、右委員会は、右各申請者はいずれも免許について適格性がありとしたうえで、法一六条一二項、六項を根拠に、協栄水産らが第一順位となる旨の答申をし、道知事は、右答申のとおり、昭和五九年八月三一日、協栄水産らに対しては免許する旨の処分をし、原告ら外一名に対しては免許しない旨の処分をした（以下それぞれ「本件免許処分」、「本件不免許処分」といい、右各処分をあわせて「本件各処分」という。）（乙四、五、七の1ないし8）。

二 主たる争点

1 本件各処分の違法性

原告らは、海区漁業調整委員会の答申及びそれに基づいてされた本件各処分には、原告ら外一名と協栄水産らとの間の優先順位の判断を誤った違法があり、本来なら原告ら外一名が本件漁業権の免許を受けるはずであったと主張しているのに対し、被告は、協栄水産は法一六条六項の要件を満たす法人であって共同申請者の中で議決権及び出資額において過半を占めているから、協栄水産らが法一六条一二項、六項に基づいて第一順位になるとし、本件各処分は適法である旨主張している。

2　原告らの損害

原告らは、本件漁業権の免許が受けられなかつたことによつて、本来取得できるはずであつた本件漁業権による収入が得られなかつたと主張し、逸失利益及び慰謝料等の損害を請求するのに対し、被告は、仮に本件漁業権において原告ら外一名が協栄水産らに優先すべきであつたとしても、原告らの主張する損害が発生したとは考えられないし、少なくとも原告らが右期間中に他の漁業等に従事して得た所得は損益相殺されるべきである旨主張する。

第三　争点に対する判断

一　本件各処分に至る経過について前記第二の一の事実と証拠（甲一、二の1・2、三の1ないし9、四の1ないし4、五ないし七、乙二の1ないし11、三の1ないし34、四ないし六、七の1ないし8、八、証人青山栄、同山田和慶、同子出藤明一、同廣部武男、同永井孝季、原告清壽本人）によれば、次の事実が認められる。

1　本件漁業権について、原告ら外一名の申請と協栄水産らの申請とが競争出願になつたため、道知事は、昭和五九年二月二〇日付けで、法一二条に基づいて海区漁業調整委員会に諮問したところ、右委員会は、同年五月八日、一〇日及び三〇日に現地調査を実施したうえ、同年七月六日、①原告ら外一名及び協栄水産らはいずれも法一四条一項一・二号に該当せず、定置漁業権の適格性を有するが、②協栄水産らは、議決権及び出資額において過半を占める協栄水産が法一六条六項の要件に該当するため、同条一二項により第一順位となり、原告ら外一名に優先する旨の決議をし、同年七月九日、道知事に対し、その旨答申した。

2　ところで、原告清壽は、右決議に先立つ同年二月一三日ころ、海区漁業調整委員会に対し、①子出藤明一や協栄水産の社員である訴外石井賢治郎らは、過去において小樽さけ定三号の免許を受けたことがあるが、分割操業や無免許操業等の違法操業を行なつていた、②協栄水産は、その社員である藤田氏や石橋氏が地元漁民ではない等の理由から、法一六条六項の要件を欠いている旨の記載のある書面（甲三の2）を提出し、その実態を把握したうえ審査を求めると要望し、また、海区漁業調整委員会の右決議を知った後においては、原告ら外一名の名義で、同年七月九日ころ、道知事及び右委員会に対し、原告清壽の右各要望書と同趣旨の要望書（甲三の7）を提出していた。

3　その結果、海区漁業調整委員会は、同年七月一六日及び同月一七日、再び調査を行つたところ、協栄水産の社員の大半について、その職歴や同種漁業の経験の時期等に関し従前の調査とは異なる結果となり、同年八月六日開催の委員会において、海区事務局から、従前の判定資料に訂正があった旨の報告がなされたものの、結局、そのことは協栄水産らと原告ら外一名との優先関係には影響がないとして、単に報告事項として処理され、再審議はされなかつた。

4　海区漁業調整委員会の前記1記載の答申を受けた道知事は、右答申のとおり、協栄水産らが第一順位であると判断したため、同年八月三一日付けをもつて、協栄水産らに対する本件免許処分及び原告ら外一名に対する本件不免許処分をした。

5　なお、原告ら外一名のうち、原告清壽は、本件各処分を不服として、同年一〇月二九日付けで、農林水産大臣に対し審査請求を申立て、本件各処分の取消と本件漁業権について免許する旨の処分を求めたが、農林水産大臣は、「原告清壽に対する免許処分を求める部分を却下し、本件各処分の取消を求める部分を棄却する」旨の裁決をした。

二　原告ら外一名と協栄水産らとの間の優先関係

1　原告ら外一名について

原告ら外一名は、いずれも法一六条一項一号の漁業者又は漁業従事者に該当し、そのうち議決権及び出資額において過半を占める原告清壽が、昭和四九年から同五一年まで、石狩後志海区においてさけ定置漁業（石さけ定第二号）に従事した経験を有していることは当事者間に争いがないから、同条一一項により、原告ら外一名の共同申請については、原告ら三名が同条一項一号、同条二項一号、同条四項一号に該当するとみなされる。

2　協栄水産らについて

㈠　まず、協栄水産が法一六条六項の要件に該当するか否かについて検討する。

同項本文は「地元漁民七人以上が構成員又は社員となつている法人」と規定しているが、「漁民」とは、漁業者または漁業従事者をいい、「漁業者」とは漁業を営む者であるのに対し、「漁業従事者」とは漁業者のため水産動植物の採捕又は養殖に従事する者と規定されているところ（法二条二項）、水産動植物の採捕又は養殖に従事する者とは、採捕行為又は養殖行為自体に直接従事している者のほか、社会通念上、採捕又は養殖なる連続した行為の一部分に従事する者を含むと解するのが相当である（乙一〇、一七、一八）。

ところで、協栄水産の社員は「石井賢治郎、小野松雄、佐藤秀明、石井カツヱ、小野恵子、佐藤和子、石橋和男、藤田政昭」の計八名であり、そのうち藤田政昭は漁民でないことは当事者間に争いがないから、協栄水産が前記要件を満たすためには、その余の社員全員がここでいう「漁民」でなければならない。

そこで、協栄水産の社員である小野恵子が「漁民」であるかについて検討すると、被告は、「小野恵子は、西村食品に勤務するかたわら、出勤前や退社後ないしは日曜等の休日に、同女の父親である小野松雄が経営するほつき桁曳網、雑刺網などの漁業に従事していた者であり、法八六条一項の海区漁業調整委員会の選挙権をも有していたのであるから、同女は漁民である」旨主張し、同女も同趣旨の証言をするほか、証人佐藤和子、同石井カツヱ、同石橋和男及び子出藤明一もその具体的内容は異なるものの、小野恵子が小野松雄の手伝いをしていたとの趣旨の証言をし、前記海区漁業調整委員会の最終的な判定資料でも右主張のとおりの調査結果になつている。

しかしながら、そもそも協栄水産らの本件漁業権設定の免許申請書に貼付された同女の職歴調書（乙三の25）には、昭和五五年から昭和五八年までの間、同女が小樽さけ定第三号のさけ定置漁業の従事者であり、昭和四九年から昭和五五年までの間、ほつき桁曳網、しやこ刺し網及び雑刺網の従事者であつた旨記載されていたが、原告清壽や子出藤明一の要望によつて再調査した結果、昭和五九年七月六日開催の海区漁業調整委員会でその判定資料上、右のように訂正されたものであるところ（乙五、六）、右調査は関係当事者からの事情聴取を中心にしたものにすぎないうえ、小野恵子の証言する具体的労務内容は、「父親に弁当を届けにいつたり、船を浜に引き上げるのを手伝つたり、取れたものを加工屋に引渡したり、しやこの皮をむいたりする」というものであるから、同女が小野松雄の子であり、他に仕事をもつていて、その合間に父親の手伝いをしていたということをも考慮すると、同女が従事していた右労務は、単に家族として父親の漁業にかかわつていたと評価すべきものであつて、社会通念上、同女が採捕または養殖なる連続した行為の一部分に従事していたということはできず、したがつて、同女が漁民であるとはいえない（なお、右事実関係のもとでは、同女が海区漁業調整委員会の選挙権を有していることから直ちに同女を漁民であると推認することはできない。）。

更に、石橋和男が「漁民」であるかについて検討すると、被告は、「同人はかねてよりほつき桁曳網やしやこ刺し網などの漁業に従事していたし、石井賢治郎らが免許を受けて小野松雄と共同経営していた昭和五七年ないし五八年の小樽さけ定第三号のさけ定置漁業についても、主にいわゆる陸廻りとして魚の選別、運搬等の作業に従事していた」旨主張し、前記のとおり、海区漁業調整委員会の最終的な判定資料でも右主張のとおりの調査結果になつている。

しかしながら、協栄水産らの本件漁業権設定の免許申請書に貼付された同人の職歴調書（乙三の27）には、昭和四九年から昭和五八年までの間、同人が小樽さけ定第三号のさけ定置漁業の従事者であり、かつ、右の間、ほつき桁曳網、しゃこ刺し網及び雑刺網の従事者であった旨記載されていたものが、昭和五九年七月六日開催の海区漁業調整委員会での判定資料上は、右さけ定置漁業の名称は小樽さけ定第一及び第三号とされ、更に、その後の海区漁業調整委員会の調査を経て、前記のとおり、訂正されたものであるところ（乙五、六）、右調査は、前記のとおり、関係当事者からの事情聴取を中心にしたものにすぎず、そもそも石橋和男は、「昭和五六年九月ころ、札幌厚生病院を退院し、以後、同病院に通院しながら石井賢治郎が経営していた漁業に従事した、また、昭和五九年九月一日から開始される石井賢治郎が経営するさけ定置漁業に従事するため当時勤務していた極東高分子株式会社を右同日付けで退職した」旨証言しているものの、同人が漁業に従事していた時期について前記被告の主張との間に齟齬があるうえ、その労務内容についても、同人が、さけ定置漁業において従事していた労務内容として具体的に証言するのは、「魚箱の目方かけ（計量）のほかは、漁箱を並べたり、風袋の計量をしたり、船の巻き上げのフックかけや薪を拾って焚く」というものであるのに対し、証人小野恵子、同佐藤和子及び石井カツヱの各証言ではいずれも石橋がさけ定置の船に乗って沖に出ていた等の証言をしており、両者の間には、労務内容の性質につき看過できないくい違いがあって、結局、石橋和男が漁民であるとの右各証拠はいずれも直ちに採用することはできず、他に同人が漁民であるとの的確な証拠はないというべきである。

したがって、法一六条六項のその余の要件を検討するまでもなく、協栄水産が同項の要件を満たす法人であるとは認められないから、本件競争出願において、法一六条一二項、六項を根拠として、協栄水産が原告ら三名に優先するとは認められない。

㈡　他方、法一六条一一項二文によって、協栄水産が同条一項二号（漁業者又は漁業従事者以外の者）に該当するものとみなされて、同条一項に基づき、原告ら外一名が協栄水産らに優先するかについて検討すると、原告らは、協栄水産と子出藤明一との昭和五九年二月五日付け協定書（甲三の3）を根拠として、漁業権の実質的な持分は右両者がそれぞれ五〇パーセントずつ有しているから、協栄水産が協栄水産らのなかで議決権及び出資額において過半を占めているとはいえない旨主張するが、そもそも右協定書は漁業権の持分についての定めがあるだけであって議決権等の定めはないのであって、協栄水産らの本件申請の際、申請書に貼付された協栄水産らの共同経営契約書（乙三の34）によれば、協栄水産が五一パーセントの出資をし、議決権及び出資額において過半を占めていることが認められる。したがって、原告らの右主張は理由がない。

3　もっとも、協栄水産は、その目的は漁業を営むことを主たる目的とする法人であると認められるから、原告らと同様、漁業者として漁民に該当するというべきであるが、本件漁業権の免許申請をした昭和五九年二月一〇日よりわずか数日を先立つ同年二月六日に設立された有限会社（乙三の3）であり、それ自体は同種の漁業に経験がある者とは到底いえないから、原告清壽が、法一六条二項に基づいて協栄水産に優先するというべきであり、結局、本件漁業権について、法一六条一一項に基づき、原告らが協栄水産らに優先することとなる。

三　道知事ないし海区漁業調整委員会の過失

以上のように、本件申請において原告らが協栄水産らに優先すべきであったところ、前記一記載のように道知事及び海区漁業調整委員会に対し本件各処分前の段階で原告清壽からの指摘があったことをも考慮すると、道知事及び右委員会は、原告ら外一名と協栄水産らとの優先関係についてより慎重に検討すべきであるにもかかわらずこれを怠り、誤った判断のもとで本件各処分をしたというべきであって、本件各処分をするにつき過失があったというべきである。したがって、被告は、国家賠償法一条一項、三条一項に基づき、原告らが本件不免許処分によって被った損害を賠償すべき責任がある。

四　原告らの損害

1　逸失利益

原告らは、本件漁業権による営業によって、その存続期間である五年間に計一億円を超える利益が得られたはずであり、これを松坂研三との出資額の割合（原告清壽は六〇万円、原告朱美及び松坂研三は各二〇万円、乙二の10）で計算すると、原告清壽は六〇〇〇万円以上、原告朱美は二〇〇〇万円以上の収入となり、そこから経費を四割としてこれを控除しても、原告清壽は三六〇〇万円、原告朱美は一二〇〇万円の利益を得られたはずであると主張し、原告清壽も右主張に沿った供述をしている。

そこで、原告らの右主張の当否を検討するが、前記のとおり、本件漁業権において、原告ら外一名が協栄水産らに優先するのであるから、本来であれば、原告ら外一名が本件漁業権の免許を受け、その存続期間である昭和六三年一二月三一日までの五年間、その営業をなし得たはずであるから、本件不免許処分によって原告ら外一名はその営業利益を得ることができなかったというべきである。

しかしながら、そもそも、証拠（甲二八）によれば、右の間に協栄水産が得た利益は別紙計算書1のとおり計四一八万九七七八円であり、これを協栄水産の共同申請者間における出資割合（五一パーセント）を考慮するとしても、その二倍の八三七万九五五六円にしかならないところ、原告ら外一名の中にはさけ定置漁業を経営した経験のある者がいないこと（乙二の2ないし4）や本件漁業権の着業に要する資金として計上されていた金額は、協栄水産らが計三六〇万円であること（乙三の8）のに対し、原告ら外一名は計六〇万円であったこと（乙二の5）等に照らすと、原告ら外一名において協栄水産らと同程度の漁獲量を得られたという蓋然性そのものが認められず、また、仮に協栄水産らと同程度の漁獲量を得て同程度の利益を得られたとしても、本件漁業権の営業によつて原告らが得られたであろう利益を正確に算出するには、原告らがその間に他の漁業で得ていた利益を損益相殺しなければならないが、原告らのこの間の収入は証拠上明らかでないから、原告らそれぞれについて当該年の男女別の賃金センサスによつて本件漁業権の漁期（毎年九月一日から一一月三〇日までの三か月間）の収入を推認するに、別紙計算書2のとおり、原告清壽は計五五五万六四〇〇円、原告朱美は計三三九万七八五〇円、その合計は八九五万四二五〇円となり、前記協栄水産らの収入概算を上回ることとなる。

したがつて、原告らの逸失利益を認めることはできない。

2　慰謝料

本件不免許処分によつて、原告らに逸失利益が生じたとは認められないが、本件各処分には原告ら外一名と協栄水産らとの間の優先順位を誤つた違法があり、道知事ないし海区漁業調整委員会にこれについて過失があることは前記のとおりであつて、原告らは、右違法な不免許処分によつて精神的損害を受けたことは明らかであるから、本件事案の内容及び結果、原告らが本件漁業権による漁業をできなかつたこと、その他本件審理に顕れた一切の事情を考慮すると、原告らが本件不免許処分によつて受けた精神的苦痛を慰謝するには、それぞれ一〇〇万円をもつてするのが相当である（請求額は、原告らそれぞれについて五〇〇万円）。

3　弁護士費用

本件事件の内容、認容額、審理の経過等に鑑みると、本件不免許処分と相当因果関係のある損害として被告に賠償を求められる弁護士費用は、原告らそれぞれ一〇万円とするのが相当である（請求額は、原告清壽について四一〇万円、原告朱美について一七〇万円）。

第四　結論

以上によれば、被告は、原告らそれぞれに対して、金一一〇万円及びこれに対する本件不法行為の日である昭和五九年八月三一日から支払済みまで民法所定の年五分の割合による遅延損害金を支払うべき義務がある。

よつて、本訴請求は右の限度で理由があるからこれを認容し、その余は理由がないからこれをいずれも棄却することとし、訴訟費用の負担について民訴法八九条、九二条本文、九三条一項本文を適用し、仮執行宣言の申立てについては相当でないからこれを却下することとし、主文のとおり判決する。

（タイムズ八八〇号一六九頁）

第八節　漁業権の存続期間

第二十一条　漁業権の存続期間は、免許の日から起算して、真珠養殖業を内容とする区画漁業権、第六条第五項第五号に規定する内水面以外の水面における水産動物の養殖業を内容とする区画漁業権（特定区画漁業権及び真珠養殖業を内容とする区画漁業権を除く。）又は共同漁業権にあつては十年、その他の漁業権にあつては五年とする。

2　都道府県知事は、漁業調整のため必要な限度において前項の期間より短い期間を定めることができる。

◆27　定置漁業権の不免許処分の取消しの訴えが、存続期間がすでに徒過していることを理由に却下された事例

札幌地裁民、昭和六二年(行ウ)第一〇号
平元・五・一九判決、却下
原告　有限会社第十二号漁業部
被告　北海道知事
関係条文　漁業法二一条、行訟法七条・九条、民訟法八九条

【要　旨】

鮭定置網漁業を営む者に対して知事がした漁業権を免許しない旨の処分の取消しを求める訴えが、右免許申請に係る漁業権の存続期間は最終口頭弁論期日においてすでに徒過しており、その取消しを求める訴えの利益がない。

○主　文

一　原告の本件訴えを却下する。
二　訴訟費用は原告の負担とする。

○事　実

第一　当事者の求めた裁判
一　原告
1　被告が昭和五九年七月一四日付けで原告に対してした斜さけ定第一二号定置漁業権は免許しない旨の処分を取消す。
2　訴訟費用は被告の負担とする。
との判決を求める。
二　被告（本案前）
主文同旨の判決を求める。
第二　当事者の主張
一　原告の請求の原因
1　原告は、北海道斜里郡斜里町の地元漁民を構成員として鮭定置網漁業を営むことを目的とする有限会社であって、昭和五九年二月二一日、北海道告示昭和五九年第二〇二号にかかる斜さけ定第一二号定置漁業権（以下「本件漁業権」という。）の免許申請をしたところ、右漁業権の免許権限を有する被告は、同年七月一四日、本件漁業の免許申請について原告と競願関係に立っていた訴外有限会社寿水産（以下「訴外寿水産」という。）に対して本件漁業権を免許し、原告に対しては本件漁業権を免許しない旨の処分（以下「本件処分」という。）を行った。
2　しかし、被告は、訴外寿水産が本件漁業権の免許を取得するについて原告の構成員らを脅迫して離脱させるなどの違法な手段を用いたのを看過するなどして本件処分をしたものであって、本件処分は違法なものである。
3　よって、原告は、本件処分の取消しを求める。
二　被告の本案前の主張
原告の免許申請にかかる本件漁業権の存続期間は、昭和六三年一二月三一日までであって既にこれを経過しているから、原告には本訴において本件処分の取消しを求める利益はなく、本件訴えは、訴訟要件を欠く不適法な訴えとして却下を免れない。
三　被告の本案前の主張に対する原告の認否及び主張
1　本件漁業権の存続期間が既に経過していることは認め、その余は争う。
2　本件漁業権の存続期間が経過しているとしても、原告は、原告と競願関係にあって本件漁業権の免許を違法な手段で取得した訴外寿水産に対して、損害賠償請求権を行使する必要があり、なお本件処分の取消しによって回復すべき法律上の利益があるから、本件訴えにつき訴えの利益を有する。

○理　由

一　原告の本件訴えは、原告に対して本件漁業権を免許しない旨の本件処分の取消しを求めるものであるところ、本件漁業権の存続期間が昭和六三年一二月三一日までであって、本件最終口頭弁論期日において既に右期間が経過していることは当事者間に争いがない。

そして、行政処分の取消訴訟は、当該処分の取消しを求める法律上の利益を有する者（処分の効果が期間の経過その他の理由によりなくなつた後においてもなお処分の取消しによって回復すべき法律上の利益を有する者を含む。）に限り提起することができるものであって（行政事件訴訟法九条）、原告は本件処分の取消しを得ても、もはや本件漁業権の免許を得る余地はなく、他には本件処分の取消しによって回復すべき法律上の利益がないことは明らかであるから、原告は、本件訴えにつき訴えの利益を有しないものというべきである。なお、原告は、原告と競願関係にあって違法に本件漁業権免許を取得した訴外寿水産に対して損害賠償請求権を行使する必要上、なお本件処分の取消しによって回復すべき法律上の利益を有する旨を主張するけれども、仮に原告主張のような事実があったとしても、損害賠償請求権を行使するためには予め本件処分を取消しておかなければならないものではないことはいうまでもないところであって、原告の右主張は失当である。

二　以上によれば、原告の本訴請求は不適法であるからこれを却下することとし、訴訟費用の負担については行政事件訴訟法七条及び民事訴訟法八九条を適用して、主文のとおり判決する。

（自治七九号一八六頁）

第九節　漁業権の分割又は変更

第二十二条　漁業権を分割し、又は変更しようとするときは、都道府県知事に申請してその免許を受けなければならない。

2　都道府県知事は、漁業調整その他公益に支障を及ぼすと認める場合は、前項の免許をしてはならない。

3　第一項の場合においては、第十二条（海区漁業調整委員会への諮問）及び第十三条（免許をしない場合）の規定を準用する。

◆28　公有水面の埋立免許に関する同意と漁業権の消滅との関係

福岡高裁民、昭和六二年行(コ)第三号

昭六二・六・一二判決棄却

控訴人（原告）　若松與吉外九名

被控訴人（被告）　波見港港湾管理者の長鹿児島県知事

一審　鹿児島地裁

関係条文　行訴法九条、公有水面埋立法二条、四条、五条、六条、七条、漁業法八条一項、一四条八号、二二条、水協法四八条、五〇条

【要　旨】

漁業協同組合は、公有水面埋立完成による漁業権の事実上の消滅に同意したに過ぎず、埋立完成までは漁業権は消滅しないのであるから、それ以前の段階で漁業権変更につき、都道府県知事の免許を受くべき必要性を見出すことはできず、したがつて控訴人らからは、変更免許の有無にかかわらず、本件埋立免許処分の取消を求めるにつき法律上の利益がない。

（註）判例は、「三七頁9」参照

◆29　漁業権の一部を放棄することは、新たな権利の設定を受けるわけではないから、漁業法第二二条第一項の変更免許の必要はない

仙台高裁民、昭和六一年(ネ)第五四四号

昭六三・三・二八判決、棄却（確定）

控訴人（原告）　松橋幸四郎

被控訴人（被告）　日本原子力研究所

参加人　青森県知事

一審　青森地裁

関係条文　漁業法八条一項、一一条、二二条

【要旨】

一 共同漁業権の免許を受けている者が従前の漁業区域を一部除外し、漁業権の一部を放棄することは、新たな権利の設定を受けるわけではないから、漁業法二二条一項の変更免許を受けなければ法的な効果を生じないものとは解されない。

二 同法二二条、一一条その他の規定に照らしてみても、共同漁業権の一部放棄を受けてされる変更免許に際し、漁業計画の樹立が法律上要求されるものとは解されない。

（註） 判例は、「四七頁10」参照

◆30 埋立工事について漁業権に基づく物上請求権の放棄を約したときには、右権利行使の効果は、漁業権の変更の有無とは関係なく発生する

福岡高裁民、昭和六二年(行ワ)第四号
平元・五・一五判決、棄却
控訴人（原告） 若松與吉外一名
被控訴人（被告） 鹿児島県
一審 鹿児島地裁
関係条文 公有水面埋立法六条、七条、八条、漁業法六条、七条、八条一項、一四条八号、二二条、水協法四八条、五〇条

【要旨】

漁業権者が埋立権者に対し埋立工事につき漁業権に基づく物上請求権の放棄を約したときには、漁業権者及び漁業を営む権利を有する者は、漁業権の消滅の効果ではなく右合意の効果として、埋立権者との関係で埋立工事につきこれらの権利に基づく物上請求権を行使できなくなるのであるから、右権利行使の禁止の効果は漁業権の変更免許の有無とは関係なく発生するものである。したがって、前示の事実関係のもとでは、変更免許の有無にかかわらず控訴人らの本件被保全権利は存在しないものといわなければならない。

〇主 文

本件控訴を棄却する。
控訴費用は控訴人らの負担とする。

〇事 実

第一 当事者双方の求める裁判
一 控訴人ら
「1 原判決を取り消す。
2 被控訴人は、原判決添付紙図面㈠、㈡記載の公有水面において、現に自らもしくは第三者をしてなしている埋立工事を

中止しなければならない。

3 被控訴人は、前項記載の公有水面において、自らもしくは第三者をして埋立工事を続行せしめてはならない。

4 被控訴人は、第二項記載の公有水面において、控訴人らが行う水産動植物の採捕を妨害してはならない。

5 申請費用は、第一、二審とも被控訴人の負担とする。」との判決

二 被控訴人

主文同旨の判決

第二 当事者双方の主張並びに証拠

当事者双方の主張は、原判決三四枚目表四行目の「同法」を「漁業法」と訂正し、また次に付加するほかは、原判決事実摘示のとおりであり、証拠の関係は本件記録中の原審及び当審証拠関係目録記載のとおりであるから、いずれもこれを引用する。

(当審における主張)

一 控訴人ら

1 控訴人らは、すくなくとも原判決添付別紙図面(二)記載の公有水面においては、漁業を営む権利を有しており、したがって本件埋立工事の中止等を求めるについて被保全権利を有する。

高山町漁協は、昭和五八年一〇月二二日開催の臨時総会に於いて、特別決議を以て、公有水面に関する漁業権(五七号共同漁業権)の一部放棄をしているが、これは、本件埋立工事施行区域(別紙図面中青色で囲んだ部分)中、埋立区域(別紙図面中赤色で囲んだ部分、即ち原判決添付別紙図面(一)記載の公有水面に該当する部分)及び漁業権廃止区域(別紙図面中緑色で囲んだ部分)に関してであって、同図面(二)記載の公有水面に該当する部分を含むその余の区域については、高山町漁協は依然として漁業権を有しており、したがって同漁協の正組合員である控訴人らも右区域において漁業を営む権利を有している。

2 公有水面埋立に対する漁業権者の同意は、公有水面埋立免許を免許権者(都道府県知事又は港湾管理者の長)がなすことの同意であって、漁業権の権利内容に何らの制限をも加えるものではなく、右同意後においても漁業権は従前の権利内容のまま存続しており、したがって、漁協の正組合員である控訴人らも従前の権利内容の漁業を営む権利を有している。

(一) 即ち、公有水面埋立法は、公有水面の埋立が右公有水面に利害関係を有する者に対して多大の損害を与えるところから、公有水面埋立免許を与えるに際し、右の者から公有水面埋立につき同意を得ることとし、もってまず免許を与える時点において、埋立をしようとする者と右利害関係人間の利害を調整しようとした。したがって公有水面埋立同意は、公有水面埋立免許を与えるための手続要件の一つに

すぎず、漁業権の権利内容を制限、変更するという実体的効果を招来するものではない。

公有水面埋立法は、漁業法との相互の優劣関係を定めておらず、埋立同意がなされた公有水面について漁業法の適用を排除していないから、同一公有水面に於ける漁業権を制限しようとする場合は、公有水面埋立法上の意思表示だけではなく、漁業法上の意思表示も必要である。

また、公有水面埋立同意は、埋立自体を一般的抽象的に認める意思表示にすぎず、それ自体漁業権の制限、変更等何らかの受忍を具体的に承認したものではない。即ち、仮に公有水面埋立同意が、漁業権の内容についての制限を受忍する趣旨を含むのであれば、公有水面埋立法は、公有水面埋立同意に先立ち、埋立免許出願者において漁業権制限の区域、時期、範囲を決定し、これについて、同意権者である漁業権者において同意するか否かを具体的に決定するという手続を履践すべき旨を定める筈であり、かような手続を履践せずに漁業権の制限を認めることは、憲法第三一条の適正手続の保障条項に違反することとなるが、公有水面埋立法は、埋立同意を得たことを証する書類を免許出願願書の添付書類と定めるのみで（公有水面埋立法施行規則三条一一号）、右同意に埋立区域、埋立施行区域、埋立工事期間、埋立工事方法等が確定していることを前提としていない。現に、高山町漁協は、公有水面埋立に同意するという一般的な意思表示をしたにすぎない。

さらに、公有水面埋立法は、埋立免許取得者が埋立工事に着工する為には、損害防止施設の設置（六条）、着工の同意（八条）、補償金の支払い（六条）、補償金額の供託（七条）の手続を履践することが必要であることを明示して、埋立同意権者を埋立免許時だけでなく着工時においても保護しているところからすると、公有水面埋立同意の内容を公有水面埋立免許取得の為の手続規定に制限しているということができ、したがって公有水面埋立同意を一度なせば、その後は漁業権者において埋立工事施行区域内に於ける埋立及び埋立工事を受忍すべき事態に陥る旨を定めてはいない。

㈡　次に漁業法の面から検討すると、同法は、漁業を営む権利の内容（区域、期間、漁業の方法等）については、漁業権行使規則で定めるものとし（漁業法八条）、その権利の内容の変更についても、漁業権行使規則の変更によるものとし、第一種共同漁業権については、関係地区の区域内に住居を有する組合員の三分の二以上の書面による同意（同法八条五項、三項）及び都道府県知事の認可（同条五項、四項）の手続を履践することが必要である旨を規定して、漁業権の行使方法の制限は、漁業法によるべき旨を定めており、公有水面埋立法の埋立同意によるべきものではないことが明らかである。

㈢　更に民法の解釈からすると、共同漁業権あるいは漁業を営む権利を制限する意思表示は、制限の区域、期間、程度を具体的に特定してなされるべきところ、公有水面埋立の同意は抽象的であってこれらの点を具体的に特定していない。

もともと共同漁業権および漁業を営む権利は、実体的には入会権の一種であるから、その制限は、消滅の場合と同様、関係地区漁民全員の同意を必要とし、そうでないとしても、本質的に関係地区漁民の生活に直接的な影響を及ぼすものであるから、消滅に準じて漁協総会において、制限の内容を明示して、決議することが必要であると解すべきである。

現に、鹿児島県と高山町漁協間の覚書においては、漁業権等が制限区域において制限されることは、総会の決議事項と定めている。

しかるに、昭和五八年一〇月二二日開催の高山町漁協臨時総会においては、右制限区域に於ける漁業権の制限については、議題として提示されておらず、また決議もされていない。

3　右に述べたとおり共同漁業権は、漁業権者の埋立同意や埋立免許によっては、何ら権利内容に変更を生じることはなく従前のまま存続し、共同漁業権の内容の変更は、漁業法二二条による変更行為によって生じるか、又は現実の埋立の結果事実上生じるものである。そして、漁業権を一部放棄して漁場区域を縮小することは漁業権の変更に該当するから、新規漁場計画の樹立を経ての漁業権の変更免許を受けなければならないところ、漁業計画は、漁業上の総合利用を図り漁業生産力を維持発展させることを目的として樹立されるから、漁業生産力を従前より減少させる内容の新たな漁場計画の樹立はあり得ず、また漁業権の変更及び新規漁場計画の樹立は、天災等による海況、漁況の著しい変動等真にやむを得ない場合に限られることは明らかである。

そうすると、本件公有水面埋立に際しての漁業権の一部放棄による漁業権の変更免許はありえないから、高山町漁協は、依然として本件公有水面において漁業権を有しており、したがって同漁協の正組合員である控訴人らも右区域において漁業を営む権利を有している。

二　被控訴人

1　公有水面について、漁業権者の同意を得て、埋立免許処分がなされた場合、当然に公有水面埋立法に基づく埋立権が、漁業権、漁業を営む権利に優先し、漁業権、漁業を営む権利は、埋立権を侵害しない限りにおいて認められるにすぎない。

2　漁業権者の埋立同意は、漁業補償等を条件とする、漁業権乃至漁業を営む権利が埋立権に劣後することを受け入れる旨の意思表示であり、埋立区域については、漁業の埋立によって将来漁業権の消滅を招くことを、埋立工事施行区域については、埋立工事に必要な限度で漁業権の行使が制限されることをそれぞれ受忍する法律行為である。

そして、埋立同意には、埋立工事施行区域の確定が前提とされており、本件においても、埋立権者である鹿児島県は、高山町漁協に対し五七号共同漁業権漁場及び埋立工事施行区域を示した図面を添付して埋立同意を求めており、高山町漁協も埋立区域、埋立工事施行区域に於ける漁業権の行使が制限を受けることを認識した上で、前記臨時総会において同意の決議をしている（なお付言すると、原判決添付別紙図面(一)記載の公有水面は、埋立区域として漁業権消滅補償がなされたが、同図面(二)記載の公有水面は、地元の要望に基づく地元漁民用施設である「柏原地区小型船だまり」建設のための埋立工事施行区域であることから、右区域については、補償の対象とはしない旨の同意がなされている。）。

○理　由

一　当裁判所も、控訴人らの本件仮処分申請は、いずれも被保全権利の疎明を欠きかつ疎明に代えて保証を立てさせることも相当と認めることができず、よってこれを却下すべきものと判断するが、その理由は、次に付加訂正するほかは原判決理由説示と同一であるから、これを引用する。

第一　債権者らの被保全権利について

一　債権者らはいずれも高山町に居住していること、債務者は鹿児島県知事から本件埋立免許処分を受けたこと、本件埋立免許処分にかかる工事施工区域内には本件公有水面を含んでおり、本件公有水面には五七号共同漁業権が設定されていること、以上の事実は当事者間に争いがなく右争いのない事実に成立に争いのない疎甲第二ないし第四号証、第七ないし第九号証、第三七、三八号証、第三九号証の二、第四〇号証、第六五、六六号証、疎乙第五号証、原本の存在と成立に争いがない疎甲第七三号証、債権者柳井谷五男の本人尋問の結果及びこれにより真正に成立したものと認められる疎甲第五、六号証、弁論の全趣旨により真正に成立したものと認められる疎乙六、七号証、弁論の全趣旨により成立が認められる疎乙第六一号証、並びに弁論の全趣旨によると次の事実が認められ、右認定に反する証拠はない。

1　鹿児島県知事は、昭和五八年九月一日、本件公有水面を含む高山町地先の海面に高山町漁協のため五七号共同漁業権の免許をなし、債権者らは同漁協が定めた漁業権行使規則に基づき右共同漁業権の範囲内で漁業を営む権利を有していた。

2　債務者は、志布志国家石油備蓄基地建設のため本件公有水面を埋立てることを計画し、昭和五八年一〇月三日、高山町漁協との間で、波見港港湾計画の実施に係る漁業補償について、同漁協の総会決議により、別紙図面に明示する漁業補償計画区域（右図面では、埋立地その他が消滅補償区域、これを除く埋立施行区域が制限補償区域として明示されている。）において被控訴人が行う同計画に同意し、かつ当該区域に存する同漁協の漁業権その他漁業に関する権利を消滅区域においては放棄し、制限区域においては制限を受けることに同意した場合、この漁業権等の放棄及び制限により生ずる漁業に関する一切の損失に対する補償金を、金一五億余円とする旨の協定を、鹿児島県議会の予算議決後締結することを合意し、同月六日付け書面をもって、本件公有水面に関し五七号共同漁業権を有する高山町漁協に対し、埋立につき同意を求めた。右書面には波見港港湾計画説明図上に五七号共同漁業権の漁場及び同意を求める埋立区域、埋立工事施行区域を明示した図面が添付されていた。

3　そこで高山町漁協は、同月二二日、臨時総会を開催し、水協法五〇条四号、四八条一項九号に基づき、議決権を有する正組合員一二七名のうち一二四名の出席を得て、右書面及び図面に基づき審議し、事前に行なわれた被控訴人との漁業補償の交渉が前記のとおり妥結したこと、金額面でこれ以上県側の譲歩を得る余地がなく漁業振興対策の条件も提示されていることなどが報告された結果、特別決議をもって、右埋立区域の漁業権の一部放棄の議決（有効投票数一一三票中、賛成一〇二票、反対一一票）、五七号共同漁業権行使規則の対象区域から右の漁業権放棄区域を除外するための所要の改正の議決（有効投票数一一〇票中、賛成一〇六票、反対四票）、前記埋立同意の議決（有効投票数一一〇票中、賛成一〇六票、反対四票）をなした。

4　債務者は、昭和五九年二月二七日法二条に基づき、波見港港湾管理者の長である鹿児島県知事に対し、本件公有水面埋立免許の出願をなし、債務者は同年八月一一日本件埋立免許処分をなした。また鹿児島県議会は、前記2の損失補償につき予算の議決をしたので、被控訴人は高山町漁協との間で、前記2の合意に基づき補償金の協定を締結した。

二　右認定事実によると、債権者らは、本件公有水面につき共同漁業権を有する者ではないものの、漁業法八条一項により高山町漁協の有する共同漁業権の範囲内で漁業を営む権利を有していたから、本件公有水面に関し権利を有していたものというべきである。

しかしながら、漁業協同組合は、その有する漁業権が公有水面の埋立及びその工事により侵害される結果生じる妨害排除や損害賠償等の請求権を予め放棄することができ、ただそれには、右の権利放棄が漁業権の得喪又は変更に類するといえるから、水産業協同組合法四八条一項九号、五〇条四号が類推適用され、総会の特別決議を要するものといわなければならない。

これを本件について見るに、前示の事実関係からすると、高山町漁協は、総会の特別決議をもつて、被控訴人に対し、別紙図面中赤色部分を含む緑色で囲んだ部分に相当する埋立区域及び埋立工事施行区域内の漁業権消滅補償区域と、これらの部分を同図面中青色及び紫色で囲んだ部分から除外した部分に相当する埋立工事施行区域については、同漁協の五七号共同漁業権その他漁業に関する権利が本件埋立及びその工事により侵害される結果を生じる、妨害排除や損害賠償等一切の請求権を放棄し、右工事を受忍する旨を議決し、これに基づき被控訴人との間で、その旨の合意を締結したものというべきであつて、その結果同漁協の右漁業権その他漁業に関する権利は、その範囲で制限を受けるに至つたものといわなければならない。

そうすると右漁業権から派生する権利である控訴人らの漁業を営む権利もまた同様の制限を受け、控訴人らは、高山町漁協と同様に、本件埋立工事を受忍すべきものであつて、その有する漁業を営む権利から生じる妨害排除請求権等一切の権利を被控訴人に対して行使することはできず、したがつて控訴人らの本件仮処分申請における被保全権利は存在しないといわなければならない。

三　債権者らは漁業権は関係地区住民の総有に属するから、関係地区住民全員の同意がなければ放棄できない旨主張し、漁業権に基づく妨害排除等の請求権についても同様の趣旨を主張するものと解されるが、もともと漁業権者である漁協が埋立権者に対し漁業権の行使を制約されることを約したときには、右漁業権から派生する権利である同漁協組合員の漁業を営む権利も同様の制約を受け、右組合員はその有する漁業を営む権利に基づく妨害排除等の請求権を行使することができないものと解されるうえ、漁業権は知事の免許によつて発生する権利であり（漁業法一〇条）、一定の存続期間の経過によつて消滅し（同法二一条）、また漁業権の得喪又は変更が漁業組合総会の特別決議事項であること（水産業協同組合法四八条一項九号、五〇条四号）等からすると、総有に属する権利ということはできない。右判断に反する債権者らの主張は独自の見解であり、採用できない。

四　また債権者らは、漁業権の一部放棄は漁業権の変更に当たるから、知事の変更免許を受けなければ法的に実現しないのに、高山町漁協は右変更免許を受けていないし、また漁業権の一部放棄を内容とする変更免許は法的にはあり得ない旨主張する。

しかしながら、漁業権者が埋立権者に対し埋立工事につき漁業権に基づく物上請求権の放棄を約したときには、漁業権者及び漁業を営む権利を有する者は、漁業権の消滅の効果ではなく右合意の効果として、埋立権者との関係で埋立工事につきこれらの権利に基づく物上請求権を行使できなくなるのであるから、右権利行使の禁止の効果は漁業権の変更免許の有無とは関係なく発生するものである。したがつて、前示の事実関係のもとでは、変更免許の有無にかかわらず控訴人らの本件被保全権利は存在しないものといわなければならない。

五　控訴人らは、公有水面埋立に対する漁業権者の同意や埋立免許によつては、漁業権は消滅せずその権利内容の変更も生じない旨主張するが、前示のとおり高山町漁協の前示漁業権に基づく妨害排除請求権等の物上請求権は、被控訴人との関係では放棄及び受忍の意思表示により消滅し埋立工事の受忍義務が生じているものであるから、右主張によつては控訴人らの本件被保全権利が存在しないとの前示判断を左右できないものというべきである。

二　よつて以上の判断と同旨の原判決は相当であつて、本件控訴は理由がないからこれを棄却することとし、訴訟費用の負担につき民事訴訟法九五条、八九条、九三条を適用して、主文のとおり判決する。

第一〇節　漁業権の性質

第二十三条　漁業権は、物権とみなし、土地に関する規定を準用する。

2　民法（明治二十九年法律第八十九号）第二編第九章（質権）の規定は定置漁業権及び区画漁業権（特定区画漁業権であつて漁業協同組合又は漁業協同組合連合会の有するものを除く。次条、第二十六条及び第二十八条において同じ。）に、第八章から第十章まで（先取特権、質権及び抵当権）の規定は特定区画漁業権であつて漁業協同組合又は漁業協同組合連合会の有するもの及び共同漁業権に、いずれも適用しない。

◆31　海は、そのままの状態においては、所有権の客体たる土地には当たらない

最高裁三小、昭和五五年(行ツ)第一四七号
昭和六一・一二・一六判決、破棄自判
上告人　控訴人　被告　名古屋法務局豊橋支局登記官
外一名
被上告人　被控訴人　原告　夏目平三郎外四九名
第一審　名古屋地裁　第二審　名古屋高裁

関係条文 民法八五条、八六条一項、漁業法一三条一項四号・一二三条

【要 旨】

海は、社会通念上、海水の表面が最高高潮面に達した時の水際線をもつて陸地から区別されている。そして、海は、古来より自然の状態のままで一般公衆の共同使用に供されてきたところのいわゆる公共用物であつて、国の直接の公法的支配管理に服し、特定人による排他的支配の許されないものであるから、そのままの状態においては、所有権の客体たる土地に当たらないというべきである。

（註）判例は、「一二七頁24」参照

◆32 漁業権者は免許の対象となつた特定の漁業を営むために必要な範囲及び様態においてのみ水面を使用する権利を有する

東京高裁民、平成七年㋤第四三四一号
平八・一〇・二八判決、控訴棄却
一審 静岡地裁沼津支部
控訴人 上谷成樹
被控訴人 内浦漁業協同組合
関係条文 漁業法六条・二三条、民法七〇三条

【要 旨】

一 海が公共用水面である上、特定の水面に漁業権が重複して免許されることがあることからすると、漁業権を有する者は、免許の対象となつた特定の種類の漁業、すなわち、水産動植物の採捕又は養殖の事業を営むために必要な範囲及び様態においてのみ海水面を使用することができるに過ぎず、右の範囲及び様態を超えて無限定に海水面を支配あるいは利用する権利を有するものではない。

二 共同漁業権を有しているからといつて、本件海域においてダイビングをしようとする者に対し、その同意がないにもかかわらず、一方的に潜水料を支払うことを要求し、その支払いがない場合にダイビングを禁止することはできない。

（註）判例は、「一一三頁5」参照

◆33 共同漁業権の設定海域において、合意に基づいて支払われた潜水料は、法律上根拠がなくして利得したものとはいえない

最高裁二小民、平成九年㋔第三五三号
平一二・四・二一判決、一部破棄・差戻し
一審 静岡地裁 二審 東京高裁
上告人 内浦漁業協同組合

被上告人　上谷成樹
関係条文　漁業法六条・一二三条、民法七〇三条

【要　旨】
漁業協同組合の発行した潜水整理券を購入し、その代金を支払った上でダイビングを実施したのは、右の支払をした時点において、潜水整理券の購入に関して一定の内容を有する合意が成立し、その合意に基づいて金銭が給付されたものと解する余地があるといわざるを得ない。

（註）判例は、「一二三頁6」参照

◆34　漁業協同組合及び漁民らの電力会社に対する原子力発電所の立地環境影響調査禁止の仮処分申立てが却下された事例

山口地裁岩国支部民、平成七年(ヨ)第三号
平七・一〇・一一決定、却下
債権者　祝島漁業協同組合
債務者　中国電力株式会社
関係条文　漁業法二三条、民法七〇九条、民事保全法二三条二項

【要　旨】
債権者らが本件立地調査により蒙る損害が前記で認定した限度にとどまっていること、右立地調査において債権者らの漁業操業に最も重大な影響を及ぼす機器を固定して行う流況調査については、漁業権と同様物権とみなされるものではないにしろ、同一の法的性質を有するいわゆる公共用物に対する特許使用権を生じさせる本件占有許可を得たうえで、右権利に基づき行われていること、本件立地調査の実施は一時的なものであり恒常的なものではないこと等を併せ考えると、本件立地調査により債権者らの漁業操業に支障を来し損害が発生していることは認められるにしろ、本件立地調査の実施により蒙る債権者らの被害の程度が同人らが有する共同漁業権等に基づく差止め請求を是認するまでに至っていると認めるのは困難である。

○主　文

一　債権者らの本件仮処分申請をいずれも却下する。
二　申請費用は債権者らの負担とする。

○理　由

第一　申請の趣旨
債務者らは、別紙目録記載の海域（以下、本件調査海域という。）において、別紙「共第一〇七号共同漁業権海域内調査内容」と題する書面に記載された立地環境調査をなすことにより、債権者祝島漁業協同組合の共第一〇七号第一種及び第二種共同漁業権（山

口県知事平成六年一月一日免許第一〇七号～以下、本件共同漁業権という。）に基づく管理漁業権の行使、債権者河野太郎及び債権者久保信孝の右共同漁業権に基づく漁業操業、債権者河村長一の右共同漁業権及び許可漁業権（山口県知事平成七年四月二七日許可番号柳水第一〇九八号）に基づく漁業操業並びに債権者浜村柳次の右共同漁業権及び自由漁業権に基づく漁業操業を妨げてはならない。

第二　事実及び争点

一　前提となる事実

1　当事者

(1)　債権者祝島漁業協同組合（以下、債権者漁協という。）は、共第一〇七号第一種及び第二種共同漁業権（山口県知事平成六年一月一日免許第一〇七号～以下、本件共同漁業権という。）を有する水産業協同組合法に基づき設立された法人たる漁業協同組合であり、債権者河野太郎（以下、債権者河野という。）、同久保信孝（以下、債権者久保という。）、同河村長一（以下、債権者河村という。）及び同浜村柳次（以下、債権者浜村という。）は、いずれも債権者漁協の正組合員である（当事者間に争いがない。）。

債権者河野が行つている主たる操業は、「たこ壺漁」、同久保が行つている主たる操業は、「建て網漁」、同河村が行つている主たる操業は、「かかり釣り漁」、同浜村が行つている主たる操業は、「太刀魚漁」（甲五ないし八）である。

(2)　債務者は、主に電気事業を業とする株式会社であり、本件調査海域において、原子力発電所建設のための立地環境調査を実施し、実施しようとしている（以下、本件立地調査という。～当事者間に争いがない）。

2

(1)　本件共同漁業権の内容となつているのは「たこ壺漁」及び「建て網漁」であり（甲一）、同漁業権の範囲となつている海域は、別紙「共第一〇七号海域と本件海域」と題する図面上で赤線で囲まれた範囲であり、債権者ら（債権者漁協を除く。）は、右海域の全域で右各漁を行うことができる（甲一、乙三）。

(2)　債権者河村が行つている「かかり釣り漁」は、山口県知事の許可に基づくいわゆる許可漁業であり、その漁協範囲は、別紙「まきえづり漁業の漁業区域と本件海域」と題する図面上で青線で囲まれた範囲であり、その範囲は、本件共同漁業権の範囲を越えて山口県光市以東の山口県内海の全域に及んでいる（甲二）。

(3)　債権者浜村が行つている「太刀魚漁」はいわゆる自由漁業であり、その操業範囲については制限はない（当事者間に争いがないものとみなす。）。

3　本件調査の目的

本件調査は、「発電所の立地に関する影響調査及び環境審査の強化について」と題する昭和五二年七月四日付通産省省議決定及び「発電所の立地に関する環境影響調査及び環境調査の実施について」と題する昭和五四年六月二四日付通産省資源エネルギー庁通達（五四資庁第八七七五号）により、債務者によって実施されるものである（当事者間に争いがない。）。

4　本件立地調査の概要

債務者が本件調査海域において実施し、実施しようとしている調査内容は、別紙「共第一〇七号共同漁業権海域内調査内容」と題する書面に記載されたとおりであり（なお、定点連続観測の期間は一五昼夜である。）、その範囲と本件共同漁業権の範囲との対比は、別紙「共第一〇七号と本件海域」と題する図面に示されたとおりである（甲一〇、乙一、三）。

5　本件立地調査と関係漁協の対応

(1)　債務者は、債権者漁協を含む隣接八漁協（本件共同漁業権の共有主体である光、牛島、田布施、平生町、室津、上関、四代及び祝島の各漁業協同組合）に対し、本件立地調査をなす旨の申し入れを行い、これを受けて、右八漁協が、平成六年一月一日締結した共第一〇七号第一・第二種共同漁業権行使契約（以下、本件共同管理権行使契約という。）に基づき設置した各漁協の代表者一名により構成する共同漁業権管理委員会（以下、共同管理委員会という。）は、同年八月一一日本件立地調査に同意する旨の決議を行った（以下、本件同意決議という。～当事者間に争いがない。）。

(2)　債権者漁協は、債務者の右申し入れに対し、本件立地調査の実施に反対する旨の決議を行い（甲四）、併せて、当庁に対し、右共同管理委員会の同意決議が無効であること等を求める訴訟（当庁平成六年ワ第一三九号）を提起した（当事者間に争いがない。）。

(3)　債務者と共同管理委員会、四代漁協及び上関漁協は、平成六年九月一日、協定を締結し（以下、本件同意協定という。）、右協定書第1条には「共同管理委員会、四代漁協及び上関漁協は、債務者が平成六年三月三〇日付けをもって申し入れた上関原子力地点に係る立地環境調査の実施について同意する。」との、第2条1項には「債務者は、調査の実施に伴う迷惑料及び協力金として、共同管理委員会、四代漁協及び上関漁協に対し総額一億八一二〇万円を平成六年九月二日に支払う。この金員には、共同管理委員会及び共同管理委員会を構成する各漁業協同組合の連絡・調整等の事務費用を含むものとする。」との、第3条1項には「債務者は、調査の実施により漁業操業に及ぼす迷惑を事情の許す限り少なくするよう配慮するものとし、共同管理委員会、四代漁協及び上関漁協は、調査が円滑に実施できるよう配慮するものとする。」との各記載がある（甲九）。

6　債務者の占有許可の取得

債務者は、本件海域内で、定点連続観測の流況調査を行うための流向流速計を設置する目的で、平成六年九月一三日山口県知事に対し、一般海域の占有許可を申請し、同年一一月七日、占有期間を平成七年一月九日から同八年一月八日まで、占有面積を二万五〇五四平方メートルとする占有許可を得た（以下、本件占有許可という。～乙二）。

7　本件立地調査の実施

債務者が、本件海域で既に実施した本件立地調査は次のとおりである（年はいずれも平成七年である。～乙一六）。

(1)　春季定点連続観測による流況調査

三月二三日、二四日　流向・流速計の設置

三月二五日～四月一〇日（三月三〇日を除く）　流向・流速計の点検

四月一一日　流向・流速計の撤去

(2)　夏季定点連続観測による流況調査

七月二〇日　流向・流速計の設置

七月二一日～八月四日　流向・流速計の点検

八月五日　流向・流速計の撤去

(3)　春季測流板追跡調査による流況調査

四月一日及び四月三日

(4)　夏季測流板追跡調査による流況調査

七月二七日

(5)　春季水温・塩分分布調査

四月二日及び四月五日

(6)　夏季水温・塩分分布調査

七月二八日

(7)　春季水質・底質調査

四月一五日及び四月一六日

(8)　夏季水質・底質調査

七月二七日及び七月二八日

(9)　春季海生生物調査

四月一日～一七日（九日、一二日及び一四日を除く）

(10)　夏季海生生物調査

七月二五日～八月六日

(11)　深浅測量

二月一四日～二月二七日（一九日、二一日、二五日及び二六日を除く）

三月一日～三月二五日（四日、五日及び一〇日ないし一二日を除く）

三月二七日～四月六日（三〇日及び二日を除く）

二　争点

1　債権者らには、本件立地調査の差し止めを求める根拠となるいかなる権利があると認められるか。

（債権者らの主張）

(1) 人格権（ただし、債権者漁協を除く）

憲法一三条は、国民の幸福追求権を規定している。したがつて、人は、人間として生存する以上、平穏で自由で人間たるにふさわしい生活を営むことも最大限尊重されるべきであつて、憲法二二条に保障する居住、職業選択の自由、二五条に保証する生存権も反面からそれを裏付けている。このような個人の居住、職業、生活に関する利益は、各人の人格に本質的なものであつて、その総体を人格権ということができる。

そして、右の人格権を侵害する行為に対しては、これを妨害排除し、また、この妨害を予防する請求権が認められる。

債権者ら（債権者漁協を除く。）は、豊かな水産資源に恵まれ、穏やかな海と緑に囲まれた祝島で出生し、同島付近で漁を行うことにより、平穏に生活してきたものである。それゆえ、右債権者らは、本件立地調査が右人格権を侵害する場合には、人格権に基づき、右立地調査の差し止めを請求することができる。

(2) 本件共同漁業権

① 債権者漁協は、本件共同漁業権を有する。そして、漁業法二三条は、漁業権は物権とみなす旨を規定しているのであるから、債権者漁協は、本件立地調査が本件共同漁業権の内容となつている漁業操業を妨害する場合には、右権利に基づき、右立地調査の差し止めを請求することができる。

② 債権者漁協を除く債権者らは、漁業法八条により、本件共同漁業権の範囲内において漁業操業を行う権利（以下、漁業行使権という。）を有する。そして、漁業行使権は、共同漁業権それ自体ではないとしても、漁業権から派生しこれを具体化した権利であるから、共同漁業権と同様に物権的性格を有するから、本件立地調査が右債権者らの漁業行使権に基づく漁業操業を妨害する場合には、右権利に基づき、右立地調査の差し止めを請求することができる。

(3) 許可漁業権及び自由漁業権

「漁業権」は、漁業法により創設された権利ではなく、歴史的に形成されてきた漁業操業を行う権利である。そして、本件共同漁業権に規定された魚種や漁法に照らすと、これに規定されたものだけが漁業でないことは公知のことであるから、本件共同漁業権は、その規定する漁業以外の漁業を当然の前提としていることは明らかであり、「許可漁業権」や「自由漁業権」に基づき行われる漁業操業も、また、本件共同漁業権を前提とする漁業である。したがつて、「許可漁業権」や「自由漁業権」も本件共同漁業権と同様に物権としての法的性質を有すると解すべきであるから、本件立地調査が、右各権利に基づき行われる漁業操業を妨害する場合には、右各権利に基づき、右立地調査の差し止めを請求することができる。

（債務者の主張）

「認可漁業権」及び「自由漁業権」は、漁業法に規定する共同漁業権とは権利の性質を異にする権利であり、物権的請求が認められないのは明らかである。

2　債権者らの妨害排除及び妨害予防請求権の行使は、本件同意協定の効力により妨げられるか。

（債務者の主張）

本件同意協定第1条、第3条1項により、共同管理委員会は本件立地調査の実施に協力する義務を負う。

ところで、本件共同漁業権行使契約第2条4項は、「漁業の行使方法、制限事項及び増殖事業等並びに土砂採取及び水面占有等について、共同管理委員会において協議決定するものとし、各組合はその決定事項を忠実に履行するものとする。」と規定されている。

したがって、債権者らは、共同管理委員会が締結した本件同意協定を忠実に履行すべき義務を負うことになるから、本件共同漁業権に基づく妨害排除及び妨害予防請求権の行使は許されない。

（債権者らの主張）

共同管理委員会は、共同漁業権の適切な管理及び行使を図るために組織されたものであり、また、右委員会は、漁協の代表者個人によって構成され、同人らは漁業権利者として漁業権の処分権限を有するものではない。

本件立地調査は、明らかに漁業操業を妨害するものであるから、これに同意することは漁業権の変更に該当する事項として、右委員会の権限を超えた事項である。したがって、本件同意協定の効力は債権者らには及ばない。

3　債権者らの妨害排除及び妨害予防請求権の行使は、本件占有許可の効力により妨げられるか。

（債務者の主張）

物権的請求権の行使が認められるためには、物権の侵害状態が客観的に違法と評価されるものであることを要し、右請求権の相手方が正当な権利を有し、これに基づき当該行為を行っている場合には、物権的請求権は発生しないと解せられる。

そして、債務者は、本件立地調査を行うにつき、本件占有許可を得ているのであるから、いわば正当な権利に基づき、右調査を行うものである。

したがって、債権者らが、本件立地調査に対し、本件共同漁業権に基づき妨害排除及び妨害予防請求権を行使できるいわれはない。

なお、債権者らは、本件占有許可処分が違法であると主張するが、右許可は行政処分であり、これが取り消されない限り、いわゆる公定力により、適法とみなされることはいうまでもない。

(債権者らの主張)

債務者が本件占有許可を得たことが、債権者らの有する本件共同漁業権に対抗できる占有権限を形成するものではない。したがつて、本件占有許可を得たことをもつて、物権的請求権の行使に制約が課せられるいわれはない。

4　本件立地調査が債権者らの漁業操業に与える影響及び損害はいかなる程度か。

(債権者らの主張)

(1)　総論的主張

①　本件調査海域は、本件共同漁業権の範囲内でも、債権者らの主要漁場となつている海域である。そして、本件調査は、機器を固定して行う流況調査と船を利用して行う測流板追跡調査等に大別されるが、いずれの調査についても、債権者らが使用する漁船との衝突の危険及び漁具破損の危険を内包し、債権者らの漁業操業に与える影響は甚大である。

②　本件同意協定により、債務者は、共同管理委員会、四代漁協及び上関漁協に対し、合計一億八一二〇万円もの金員を支払つている。右金員の趣旨が漁業補償であることは明らかであり、四代漁協の組合員はこのうち一人当たり約三〇数万円の配分を受けている。したがつて、債権者漁協に対しても右基準を適用すると、本件調査が、債権者漁協組合員全体に与える損害は約二二〇〇万円となり、このことは債務者も認めざるを得ない。

(2)　各論的主張

①　船を利用して行う調査について

債務者が行う測流板追跡調査等の船を使用して行う調査は、その使用船舶が債権者らの使用船舶よりはるかに巨大であること、債権者らが原則として一人で操船していること、債務者の行う調査が債権者らの操業実体を全く調査せずに行われていることからすると、右調査がなされることにより船舶同士が衝突する危険は極めて高く、これを避けることに労力を費やすことが債権者らの漁業操業の支障となることは明らかである。

②　「たこ壺漁」について

Ⅰ　漁場と妨害ブイの位置関係

本件調査海域に定点測量のために設置される調査用ブイ（以下、これを単にブイという。）のうち、別紙平面図赤丸地点No.1、2、3、5、7の各ブイ（以下、ブイの地点を示す場合は別紙平面図の赤丸地点の番号で示す。）を含む地点は、たこ壺漁の好漁場である。内でも、No.2、3、5の各ブイは好漁場で、債権者漁協の組合員は、漁具を入れる場所をくじ引きで決め、自由に漁具を入れることを禁止し、組合員間の調整を図つているほどである。

Ⅱ　妨害の現状

別紙「タコつぼ漁の漁労範囲及び影響図」と題する平面図（甲二九の一を当裁判所において縮小した略図）の赤色で囲まれた範囲は、ブイの設置により漁業操業が直接影響を受ける範囲であり、黄色で囲まれた範囲は、赤色の範囲で漁業操業ができないため、漁具を他の地点に入れた場合に漁具が重なつて毀損したり、同業者の操業が阻害される範囲を示したものである。

債権者河野は、No.5のブイ地点に二組一本一六〇〇メートルの漁具を二本入れていた。しかし、債務者が右ブイを設置したため、内一本の漁具を引き上げることができず、そのまま放置せざるを得なかつたし、本件立地調査中は、二本のうちの一本の漁具を入れることができなかつた。

また、No.2地点にブイが設置されたため、四組一本（三二〇〇メートルの長さ）の漁具を入れて操業していたが、本件立地調査中は、右ブイがある地点にかかる一組の漁具を引き上げられず、他の三組の漁具の引き上げにも非常な困難を来した。

Ⅲ　債権者河野の損害

定点測量調査が実施される期間が八〇日間であり、この期間中No.5地点のブイにより二組各一本とNo.2地点のブイにより四組一本の内の一組の漁具が使用できなくなる。ところで、漁獲高は、漁具を三日間で引き上げるとして、四組のうちの一組で三万円であるから、八〇日間で二七回操業が不可能になるのであるから、総損害額は、約一〇〇万円となる。

なお、債権者河野以外の債権者漁協組合員にも同額の損害が生じることはいうまでもない。

以上のとおり、No.1、2、3、5、7の各地点にブイが設置されることにより「たこ壺漁」が不可能となり、操業が困難となつた。

③　「たて網漁」について

Ⅰ　漁場と妨害ブイの位置関係

No.1のブイが設置された地点は、たて網漁の漁場となつている。

Ⅱ　妨害の現状

たて網漁は、一二〇〇メートルないし一八〇〇メートルのたて網を海中に入れ操業する漁法であるから、網が潮に流されることを予測し、網が浮きなどに引っ掛かつて毀損しないように海に入れることになる。しかも、潮の流れによつては、網が五〇〇メートルも流されることがあり、その間に浮きなどの妨害物があれば、漁網が毀損されることになる。

以上のとおり、No.1地点のブイが「たて網漁」の妨害となることは明らかである。

④「太刀魚漁」について

Ⅰ 漁場と妨害ブイの位置関係

本件調査海域の全域が太刀魚漁の好漁場となつている。

Ⅱ 妨害の現状

別紙「たちうお漁の漁労範囲及び影響図」と題する平面図(甲三〇の一を当裁判所において縮小した略図)で赤色で囲まれた範囲が、ブイの設置により、漁業操業が妨害される範囲である。

現に、No.1及び7のブイのために、漁具が引っ掛かり、毀損される事故が発生している。しかも、本件調査海域は、債権者漁協の組合員にとつて重要な漁場であることから、三〇人の同業者が同一時期に操業することになり、他船との衝突の危険性が高くなる。

債権者浜村は、ブイ（No.10、11を除く）の設置により、漁業操業を休んだり、操業しても十分な操業ができなかった。

Ⅲ 債権者浜村の損害

債権者浜村は、夏季調査中、二、三日休業し、その他の操業日も約三〇〇〇円程度漁獲量が減少したのであるから、一日七〇〇〇円の所得があるとして、この期間の稼働日を一五日とし、約五、六万円の損害が発生した。太刀魚漁の魚期は夏季と秋季であるから、その損害額は金一〇万円を下ることはない。

なお、債権者漁協の組合員のうち太刀魚漁に従事するものは三〇名であるから、その損害額の合計は三〇〇万円となる。

以上のとおり、本件調査ブイが、「太刀魚漁」の妨害となることは明らかである。

⑤「かかり釣り漁」について

Ⅰ 漁場と妨害ブイの位置関係

かかり釣り漁にとって最適な漁場はごく限定されたものであり、No.2ブイ地点は、債権者漁協の組合員にとって最良の漁場である。

Ⅱ 妨害の現状

かかり釣りは、別紙「かかり釣漁参考図B」と題する平面図（甲三一の四を当裁判所において縮小した略図）に示すとおり、操業の地点で潮の流れに直角に三〇〇メートルの間隔で錨を二本打って漁船を固定しつり糸を流して魚を釣る漁法である。No.2のブイが設置された場合には、ブイの端から半径一三五メートルの範囲は漁具が引っ掛かり操業できないことになる。また、右地点での操業が不能となると、他の漁場が過密化し、操業できない組合員が出てくる。

Ⅲ　債権者河村の損害

債権者河村は、No.2地点のブイにより、この地点での操業が不可能となつた。同人の漁獲高は一日一万円であるから、その総額は八〇万円となる。

なお、右ブイにより操業できなくなる債権者漁協組合員は五名であるから、その総損害額は四〇〇万円となる。

以上のとおり、No.2地点のブイがかかり釣りの漁業妨害となることは明らかである。

（債務者の主張）

(1)　本件共同漁業権の範囲と本件調査実施範囲との対比

①　本件共同漁業権が認められた範囲の面積をプラニメーターで算出した値は、約四億五〇〇〇万平方メートルであり、本件調査海域全体との対比は、別紙「共第一〇七号と本件海域」と題する図面に示されたとおりであり、右調査海域の面積が約二〇〇〇万平方メートルであることからすると、これが本件共同漁業権の範囲に占める面積割合はわずか四・五パーセントにすぎない。

②　本件占有許可に伴う占有面積（すなわち、機器を固定して行う流況調査のためにブイを設置することにより占有することになる面積）は、別紙「調査に伴う海域占用面積」と題する書面に記載したとおり二万五〇五四平方メートル（これは最大範囲であり、実際はこれを大きく下回る。）となり、これを本件共同漁業権の範囲と対比すると、その面積比率は〇・〇〇六パーセントとなるにすぎない。

(2)　調査方法と操業に対する影響

①　機器を固定して行う流況調査は、四季別に年四回、流れの方向及び速さを一五昼夜連続して観測するものであるから、機器の設置及び撤去に要する日数を含めても、年間約八〇日程度、当該海域を占有するのみである。また、調査のための機器を設置するにあたつては、事前に共同管理委員会等の関係先に周知徹底を図つたうえで行うこととしているのであるから、特段債権者らの漁業操業に影響を及ぼすものではない。

②　次に、船を利用して行う調査は、本来航行が自由な海

上で船舶を航行させながら行うものがほとんどであり、測流板追跡調査、水温・塩分分布調査・水質・底質調査及び海生生物調査は、四季別に各季一回あたり一日ないし二週間程度実施するものである。また、深浅測量は、水深及び位置などを測定する機器を搭載した船数隻を使用して、測線間隔一〇ないし五〇メートルで実施するものであり、調査期間は延べ二ないし三か月程度である。また、船の航行上にたて網等がある場合は迂回して測深し、周辺の調査結果により補完することも可能である。したがつて、船を使用して行う調査が何ら債権者らの漁業操業に影響を及ぼすものではない。

(3) 債権者らの操業実態からみた影響

債権者らは、本件調査海域が、債権者らの極めて重要な主漁場であり、生命線ともいえる海域であると主張する。しかし、債務者の行つた操業実態調査の結果によると、右主張は著しく事実と相違している。

さらに、債権者らの漁法は、どの漁をとつても、ブイが設置された場所を避けても操業できるものであり、本件調査の実施は、債権者らの漁業操業を直接妨害するものではない。

(4) 本件同意協定の締結により支払われた金員の性質について

本件立地調査に伴う迷惑料及び協力金は、共同管理委員会らとの交渉の結果総額において妥結したものである。その内容は、調査に伴う漁業操業の妨害あるいは漁業権侵害に対する漁業補償ではなく、過去一二年間にも及ぶ原子力発電所問題に関する会合等への出席に伴う費用弁済的な性格をもつた迷惑料と調査を円滑に行うための協力金などであり、債権者らの主張は的外れである。

5 共同漁業権等本件で債権者らが差し止めの根拠として主張する権利の性格とこれにより差し止め請求が認められるために必要な侵害の程度

（債務者の主張）

(1) 本件共同漁業権（他の権利はいうに及ばず）は、所有権のように海洋水面を排他的に支配占有する権利ではなく、公共の福祉、水面の総合的利用という観点から、他の者が海域を利用することによる不便性を容認しなければならないという内在的制約をもつた権利である。したがつて、他の者による水面の利用等が漁業権の範囲に及ぶとしても、そのことのみで妨害排除等を請求することはできない。これを認めるなら、他の漁業権者と利害が衝突し、あるいは漁業以外の船舶運行その他の利用者との調整もできなくなるからである。

このような権利の性質に鑑みれば、漁業権者が妨害排除を求めうるのは、他の者の水面の利用が「直接漁業操業を妨害する形態でなされる場合」、そうでなくても「相当な注意を欠いて行われるとか、または、故意に漁業権に顕著な損害を及ぼすような方法をもってなされ、その結果として漁業権に基づく漁獲に相当な影響を与えた場合」のように、極めて限定された事例に限られる。

(2)　これを本件についてみると、債務者の調査は、本件占有許可を得たうえで行われる正当な権利行使であるうえ、その調査方法、内容、範囲、期間等からみて、債権者らの漁業操業を直接妨害するかたちとか、故意に顕著な損害を与える方法でなされたものでないことは勿論のこと、事前に調査の内容、時期を知らせるなどして、細心の注意をもって行われているものである。したがって、本件立地調査は債権者らが有する漁業権等の権利を侵害するものではない。

(3)　仮に、百歩譲って、債権者らが主張するとおり、調査ブイを避けて操業することにより、債権者らの漁業操業に支障があるとしても、その影響は軽微なものであること、しかも、その影響は一時的なものであり恒常的なものではないこと、そのうえ、漁業方法の工夫や操業場所のわずかな移転により漁獲量の減少は極めて僅少なものにとどまること、そして、漁業権が前記のとおり内在的制約を有する権利であることからすると、債権者らが蒙る損害は、受忍限度内にあることは明らかであるから、妨害排除請求権等を根拠に本件立地調査の差し止めを求めることはできない。

（債権者らの主張）

(1)　共同漁業権は、土地所有権と同様絶対的な性格を有する権利であり、許可漁業権及び自由漁業権も本件共同漁業権が前提とする漁業である限りにおいて同様な性格を有する権利である。

(2)　債権者らが、本件立地調査により蒙る被害は、前記4の（債権者らの主張）で述べたとおり、甚大なものである。債務者は、前記迷惑料の支払からも明らかなとおり、本件調査海域が債権者らの主要漁場であり、右被害が莫大なものであることを十分認識しながら、あえて本件立地調査を強行しようとするものである。しかも、本件立地調査は、原子力発電所建設の準備的な行為にすぎず、右建設の見通しが全くたっていない現時点においては、その必要性や緊急性が皆無な行為であることからすると、右行為は、債権者漁協を混乱に陥れ、債権者らの漁業操業を妨害する意図を有する悪質な意図的行為である。

(3)　債権者らは、このような立地調査を同意したこともなければ、債務者に債権者らに対抗できる権利が設定されているわけでもない。したがって、債権者らが、これにより蒙る損害を受忍しなければならない理由は全くなく、これが受忍限度内であるとの債務者の主張は、詭弁というほかない。

第三　争点に対する判断

一　争点1につき判断する。

1　人格権が本件立地調査の差し止めを求める根拠となる権利といえるかにつき判断する。

(1)　一般論として、債権者漁協を除くその余の債権者らが人格権を有すること、この権利を侵害する行為に対しては妨害排除及び妨害予防請求権が認められることは債権者らの主張するとおりである。

(2)　しかしながら、本件立地調査の概要及び既に実施された調査内容は、前記第二の一4及び7で認定したとおりであり、また、債権者らが主張する本件立地調査が債権者らの漁業操業に与える影響及び損害は、それ自体から判断しても、人格権の内容となる人の生命身体及び居住環境らに影響を与えるものでないことは明らかである（人格権の内容に債権者らが主張する職業選択の自由が含まれるとしても、本件立地調査の期間、程度からみて、これを侵害するものでないことは明らかである。）から、人格権が、本件立地調査を差し止める根拠となり得るとする債権者らの主張は失当である。

2　本件共同漁業権が本件立地調査の差し止めを求める根拠となる権利となるといえるかにつき判断する。

債権者漁協が本件共同漁業権を有すること、その余の債権者らが、債権者漁協の組合員であることは、前記第二の一1(1)で認定したとおりである。

右事実によると、本件立地調査が、債権者らに与える被害、影響如何によっては、債権者漁協は本件共同漁業権に基づき、その余の債権者らは漁業行使権に基づき（右権利の性格については後に詳述する。）、本件立地調査の差し止めを請求することができる。

3　許可漁業権及び自由漁業権が本件立地調査の差し止めを求める根拠となる権利といえるかにつき判断する。

債権者らは、許可漁業権に基づき行われているかかり釣り漁及び自由漁業として行われている太刀魚漁も、本件共同漁業権が前提とする漁業であると主張するが、右主張のうち、「前提とする」との趣旨は不明であり、かかり釣り漁及び太刀魚漁が、本件共同漁業権の内容となっている漁業操業でないことは甲一号証により明らかである。したがって、右債権者らの主張は採用できない。

しかし、当裁判所は、許可漁業として行われているかかり釣り漁及び自由漁業として行われている太刀魚漁も、その漁業操業が妨害される程度如何によっては、妨害排除等の請求をなし得る余地がないではないと解する。

すなわち、公共用物たる公有水面に対しては、何人も、他人がこれを使用することにより得られる利益ないしこれを使用する自由を侵害しない程度において、自己の生活上必須な行動を自由に行い得る使用の自由を有してると解するのが相当であり、この自由使用の利益は、公法関係から由来するものであるとはいえ、これがある人にとって日常生活上諸般の権利を行使するについて欠くことのできない要具である場合には、これに対しては民法上の保護が与えられ、この利益が妨害されたときは民法上不法行為の問題が生じ、この妨害が継続するときは、その排除を求める権利を有するものと解するのが相当だからである（最高裁昭和三九年一月一六日判決・民集一八巻一号一頁参照）。

これを本件についてみると、甲七、八、債権者浜村、同河村各本人尋問の結果によると、本件調査海域を含む近海において、債権者浜村は太刀魚漁を、債権者河村はかかり釣り漁を、いずれも何十年にもわたり営み、これを唯一の収入源として生活してきたことが一応認められるのであるから、右債権者らが本件調査海域を含む公有水面を使用することにより得られる利益は、生活上欠くことのできない要具であると認めるのが相当である。

したがつて、自由漁業としてなされる太刀魚漁、許可漁業としてなされるかかり釣り漁のいずれについても、本件立地調査がこれらの漁業操業を妨害する程度如何によつては（右妨害が本件共同漁業権に対する妨害よりも著しい程度に達することが要件となるとしても）、右債権者らは、これを差し止める権利を有するものというべきである。

これに反する債務者の主張は採用しない。

二　争点2につき判断する。

1　債務者と共同管理委員会の間で本件同意協定が締結されたこと、右協定の第1条には「共同管理委員会が債務者の申し入れた上関原子力地点に係る立地環境調査に同意する。」旨が、第3条1項には、「共同管理委員会は、立地調査が円滑に実施できるよう配慮する。」旨が各定められていることは、前記第二の一5(3)で認定したとおりである。したがって、共同管理委員会は、本件立地調査の実施に協力する義務を負うことが認められる。
そして、乙九によると、本件共同管理権行使契約第2条4項には、債務者が主張するとおりの文言が規定されていることが一応認められる。

2　共同管理委員会が、債務者の本件立地調査の実施申し入れにつき、債権者らを拘束する趣旨でこれに対する同意決議をなし得る権限を有しているか否かはともかくとして、本件同意協定が債権者らに対し直接効力を生じるためには、共同管理委員会は、債権者漁協及びその余の債権者らから、本件同意協定をなす代理権あるいは債権者らが有する権利について の包括的な処分権限の授与を受けていることが必要であると解せられる。

しかるに、共同管理委員会が、右各受権を得ていることについては、その主張も、疎明もなく、本件共同管理権行使契約の各条項にも、これを定めた規定は見あたらない。

したがつて、仮に、本件立地調査に対する同意が漁業権の変更に該当せず、また、共同管理委員会が、右同意をなす権限を有しているとしても、債権者らが、共同管理委員会に対する関係で本件同意決議の不遵守の責任を負うことはあっても、本件同意協定の効力が債権者らを直接拘束するとの法的根拠はないから、右協定の効力それ自体から、債権者らが有する妨害排除等の請求権の行使が許されないということはできない（もつとも、右協定が締結されたとの事実が、後の受忍限度等の判断において考慮される事情であるとはいえる。）。

よつて、債務者のこの点に関する主張は採用できない。

三　争点3につき判断する。

1　債務者が本件占有許可を得たことは、前記第二の一6で認定したとおりである。右事実と乙二によると、債務者は、本件立地調査のうち、機器を固定して行う流況調査（定点連続観測による流況調査）のために、別紙平面図赤丸地点No.1ないし3、5ないし7、10ないし17の各地点の合計14の地点において合計二万五〇五四平方メートルの面積を有する公有水面を一年間にわたり継続的に使用する権利の設定を受けたことが一応認められる。

債務者は、右権利の設定を受けたことを理由として、本件調査のうち機器を固定して行う流況調査は正当な権利に基づくものであるから、債権者らが、これに対し妨害排除請求権等を行使することはできないと主張する。

2　確かに、債務者が、本件占有許可を得たこと（特許使用権を得たこと）により、公有水面の管理権者との関係で、その許可の内容に従つて公有水面を使用できる権利を得たことしたがつて、その占有が管理権者との関係で適法なものであることは疑いがない。

しかし、このことは、占有許可に基づく使用が私人たる第三者の権利を侵害する場合にまで、右使用を第三者との関係で適法とすることまでを意味するものではないというべきである。なぜならば、仮に、占有許可があったことが、私人との関係においても公有水面の使用を適法とするものとすると、債務者が、債権者らによる本件占有許可に基づく立地調査の妨害に対し、本件占有許可に基づき、債権者らの漁業操業の差し止めを求めた場合、債権者らは、本件許可と同じ公有水面の特許使用の性質を有する本件共同漁業権を得ていることを根拠とし、債務者からする妨害排除請求権の行使を妨げ得るとの不当な結果を招来することになるからである。

　したがつて、公有水面の使用権を得ている私人（これには、いわゆる自由使用を行つている者を含む）相互の関係においては、相互に他人の違法な妨害を排除する私法上の権能があり、その侵害の程度が一定の限度に達した場合には、妨害排除等の請求権の行使が許されると解するのが相当である。

　よつて、この点に関する債務者の主張は採用できない。

四　争点4につき判断する。

1　まず、個別漁業操業に与える影響を除き、本件立地調査が債権者らの漁業操業に与える影響の全体像につき検討する。

(1)　本件共同漁業権の範囲と本件調査海域及び本件占有許可により占有を認められた範囲の面積的対比について

　乙一、二、一四、証人藤原茂範の証言によると、本件共同漁業権が認められた範囲全体の面積が約四億五〇〇〇万平方メートルであること、本件調査海域全体の面積が約二〇〇〇万平方メートルであること、本件占有許可を受けた面積が二万五〇五四平方メートルであること及び本件共同漁業権の範囲と本件調査海域とを図面上対比が別紙「共第一〇七号と本件海域」と題する図面のとおりであることが一応認められ、右事実によると、共同漁業権の範囲に占める本件調査海域の面積比は約四・五パーセントであり、本件占有許可を受けた面積比は約〇・〇〇六パーセントであることが認められる。なお、乙三及び前記藤原証言によると、かかり釣り漁の許可範囲は、別紙「まきえづり漁業の操業区域と本件海域」と題する図面のとおりであり、と本件調査海域との面積比は約〇・四パーセントであることが一応認められる。

(2)　本件調査海域は、債権者漁協の組合員の漁場全体にとつてどのような意味を持つか（債権者漁協組合員の主たる漁場といえるか）。

　甲四ないし八、一二、一九ないし二一、三三、三五、乙三、二〇、証人内藤末男（以下、証人内藤という。）、同福永正人（以下、証人福永という。）、同松中譲（以下、証人松中という。）の各証言、債権者漁協代表者山戸貞夫（以下、証人山戸という。）、債権者河野、同浜村、同河村各本人尋問の結果を総合すると、以下の事実が一応認められる。

①　債権者漁協の漁獲高のうち、本件調査海域で獲れる魚量がどれだけかを客観的に示す疎明資料は提出されていない。

②　たこ壺漁について

　債権者漁協に所属する組合員の内たこ壺漁を主に行つている組合員の数は、一〇名であり、その主な漁場は、本件調査海域内のほか、祝島周辺並びに宇和島及びホウジロ島周辺（この位置は、別紙「共第一〇七号海域と本件海域」と題する図面参照）である。各組合員が、右三か所でどの程度の漁獲高を上げているかは、債権者河野の供述によっても明らかでないことからすると、各場所での漁獲高は、三分の一を越えるものではないと判断するほかない。

③　太刀魚漁について

債権者漁協に所属する組合員の内太刀魚漁を主に行っている組合員の数は、三〇名である。債権者浜村の供述によると、本件調査海域にその全ての人が出漁することもあるが、平均すると約一〇ないし一五隻が同海域で太刀魚漁を行っていることが一応認められることからすると、本件調査海域内の漁獲量は、太刀魚漁全体の半分を越えるものではないと判断することができる。

④　かかり釣り漁について

債権者漁協に所属する組合員の内かかり釣り漁を主に行っている組合員の数は、約五〇名である。そして、九、一〇月から三月（秋季から冬季）にかけての主なかかり釣り漁の漁場は、本件調査海域中でも、鼻繰島周辺及び現後鼻周辺に限定されており（別紙「かかり釣り漁の漁労範囲及び影響図」と題する図面〔甲三一の一を当裁判所において縮小した図面〕参照）、主に鯛、やず等の好漁場となっていることが認められる。ただし、かかり釣り漁は、祝島周辺の地先海域でも行われており、右場所との漁獲高の対比は不明であるので、仮に時期的に割り振るとすると、その漁獲高の約半分が本件調査海域内の漁獲高となることになる。

⑤　たて網について

債権者漁協に所属する組合員の内たて網漁を主に行っている組合員の数は一三名である。この内、本件調査海域内で操業している者及びその回数を明らかにする疎明資料はない。甲一二には、№1地点のブイ付近を漁場としている旨が記載されているが、右記載は、甲三三及び証人福永の証言に照らして措信できない。

⑥　債権者漁協の平成六年一年間の総漁獲高は、一億八二八一万三〇〇〇円である。この内、たこ壺漁の総漁獲高は三〇二五万四〇〇〇円、太刀魚漁の総漁獲高が八七一万五〇〇〇円である。かかり釣り漁の総漁獲高は、一本釣り漁の従事者が約九〇名でそのうち約五〇名がかかり釣り漁に従事していることからこれを案分すると、一本釣り漁の総漁獲高が五〇四五万一〇〇〇円であるからその九分の五である約二八〇二万円であると推定することができる。

これを右②ないし④で認定した割合を当てはめると、本件調査海域内での総漁獲高は、約二八〇〇万円となり、これは債権者漁協の総漁獲高の約一五パーセントとなる。

⑦　右認定事実からすると、債権者漁協全体にとってはともかくとして、同漁協に所属する組合員のうち、たこ壺漁、太刀魚漁及びかかり釣り漁に従事する組合員にとっては、本件調査海域は、その主要な漁場の一つであることが一応認められる。

(3)　本件同意協定に伴い共同管理委員会らに支払われた金員の趣旨について

①　債務者が、本件同意協定の締結に伴い共同管理委員会、四代漁協及び上関漁協に対し、総額一億八一二〇万円の金員を支払ったこと、右協定書には、右金員の性質として迷惑料及び協力金と記載されていることは前記第二の一5(3)で認定したとおりである。

②　ところで、証人内藤、福永、松中の各証言によると、四代漁協及び上関漁協に所属する組合員は、右金額の中から一人当たり三六万円を得ており、右金額は、共同管理委員会を構成する漁協の中で債権者漁協を除く他の五漁協の組合員の倍額であること、右各証人らは、右金額の趣旨を漁業操業への影響に対する迷惑料であると認識していることが一応認められる。さらに、乙七、八によると、本件同意協定の締結主体が共同管理委員会と四代及び上関漁協となっているのは、本件立地調査が行われる海域の内、本件海域を除く地先部分に、右両漁協がそれぞれ共第一〇一号及び共第九六号共同漁業権を有していることから、右漁業権の主体として本件同意協定に締結主体となる必要があつたからであることが一応認められ、右事実を併せ考えると、前記金員の趣旨は、債務者が主張する会合等への出席に伴う費用弁済的性格あるいは本件立地調査を円滑に行うための協力金たる性格を含むものであるにせよ、その主な趣旨は、本件立地調査が漁業操業に与える影響に対する迷惑料であると一応認めるのが相当である（ただし、右金額が何らかの算定根拠に基づき算出された損害賠償金であるとまで認めることはできない。）

(4)　右各認定事実からすると、本件調査海域の範囲が本件共同漁業権の範囲に占める面積割合は債務者の主張するとおりであるにしても、本件立地調査が債権者らの漁業操業に与える影響は、単純な面積比率によつて想定されるそれより大きく、債務者自らもそのことはある程度は認識していたことが一応認められる。

2　そこで、本件立地調査の具体的態様とそれが債権者らの漁業操業に与える具体的影響につき検討する。

(1) 本件立地調査の実施計画及び既に春季及び夏季に実施された立地調査の内容は、前記第二の一4、7で認定したとおりである。

(2) 船舶を使用して行う調査について

船舶を使用して行う調査により、債権者の漁業操業が妨害を受けたことを認めるに足りる疎明資料はない。

のみならず証人松中、藤原の各証言によると、債務者は、船舶を使用して行う調査の際には、四代漁協所属の組合員の助けを借りながら債権者らの漁業操業を避けてこれを実施するよう配慮していることが一応認められること、債権者浜村が、本件調査海域で太刀魚漁を行う船舶は通常は一〇ないし一五隻であるが、三〇隻の全てが同時期に出漁することもあり、それでも漁を行うことが可能である旨を証言しているのと比較して、船舶を使用して行う調査で使用される船舶数は、最大でも四月一三日に実施された海生生物調査に使用された一六隻（作業船一四隻、警戒船一隻、自主監視船一隻）であると一応認められること（乙一六）等を併せ考えると、船舶を使用して行う調査が具体的に債権者らの漁業操業に妨害を与えるものとまでは認められない。

(3) 機器を固定して行う調査について

① 乙一、二によると、債務者は、本件占有許可により、本件立地調査のうち、機器を固定して行う流況調査のために、別紙平面図赤丸地点No.1ないし3、5ないし7、10ないし17の合計一四地点において合計二万五〇四五平方メートルの面積を有する公有水面を一年間にわたり継続的に占有する権利の設定を受け、右各地点において、四季別に一五昼夜連続の観測を行う予定であり（春季、夏季は既に実施済み）、このため、ほぼ各季二〇日間、右各地点にブイを設置し、別紙「調査に伴う海域占用面積」と題する書面に記載された形態で、海底にアンカーを打つ必要があることが一応認められる。

そこで、以下、右アンカーとブイを繋ぐロープが漁業操業に与える影響につき考える。

② たこ壺漁について

甲五、一九、二九の一ないし四、三五、証人松中の証言、債権者河野本人尋問の結果によると、以下の事実が一応認められる。

Ⅰ たこ壺漁は、原則として一本八〇〇メートルの幹綱を海底に沈め、これに一五メートルの間隔で付いている技綱にたこ壺（餌入り）をつけて行う形態の漁法である。

たこ壺は、ほぼ三日に一回の割合で引き上げられ、たこ壺に入った蛸を漁獲する。
　その漁期は、九月と一〇月を除く一〇か月である。
Ⅱ　債権者漁協の組合員が、本件調査海域内で行うたこ壺漁のうち、好漁業であるのは、別紙「タコつぼ漁の漁労範囲及び影響図」と題する図面中で赤色及び黄色で囲まれた範囲であり、中でもNo.2、3及びNo.5の各ブイを含む周辺部分は特に好漁場とされているので、No.2、3のブイを含む黄色部分には幹綱四本を繋いだ合計三二〇〇メートルの綱が約一〇〇メートルの間隔で一〇本（ただし、最も西側に入れられる綱は、南側基点が本件調査海域の南西角になるので、黄色部分には含まれず、本件調査海域内に存在する幹綱は、正確には五本程度となる。）入れ、No.5のブイを含む黄色部分には幹綱二本を繋いだ合計一六〇〇メートルの綱が同じく約一〇〇メートル間隔で四本入れられており、その位置は、たこ壺漁従事者のくじ引きで決定されている。
Ⅲ　たこ壺漁の漁法上の制約から、ブイがあることにより、右図面中の赤色で囲まれた部分に幹綱を置くことは事実上不可能となり、したがつて、債権者漁協組合員は、ブイが設置される期間中は、同部分に幹綱は入れることはないので、ブイにより設置できない幹綱の本数は最大限に見ても、一〇本となる。
Ⅳ　既に実施された本件立地調査により、No.1、2、5の各地点で、ブイとアンカーを繋ぐロープと幹綱が絡まった事故がそれぞれ一回ずつ発生した。このうち、一回（No.5のブイの件）は、幹綱が引き上げられずブイが撤去されるまで放置する結果となり、漁獲した蛸は商品価値を失つていた。この事故は、いずれも幹綱を海底に入れた後にブイが設置された場合に生じたものである。
Ⅴ　しかし、右組合員は、これまで幹綱を現に入れていた位置（すなわちたこ壺漁にとって最良の漁場）と各ブイとの位置関係が同図面のとおりであるか否かには疑問があること、さらに、ブイを避けて幹綱を設置することにより、そうしなかつた場合との間でどれだけの漁獲高の減少が生じるかについてはこれを認めるに足りる疎明資料はないので、その意味からいうと、同漁協組合員の本来あるべき漁獲高（本件立地調査が行われない場合の漁獲高）が、各ブイの設置によりどれだけ減少するかの認定は困難である。
Ⅵ　債権者河野本人は、幹綱一本当たり（八〇〇メートル）の一回の漁獲高が三万円であると供述するが、同人の年収が六〇〇万円であるとの証言に照らして右供述は到底措信できない。

右六〇〇万円の年収を前提とすると、No.5地点のブイの影響により二組の幹綱が設置できなかったとして（この幹綱を他の箇所には設置しないことを前提とする。）漁業期間を三〇〇日、ブイ設置による影響を六〇日（九、一〇月が休漁期であるので）、幹綱の引き上げ頻度を三日に一回、常時稼働幹綱数を一五本として、計算すると、債権者河野が機器を固定して行う調査により蒙る損害額は約一六万円となる。

（計算式　600万円÷300÷15×３×60×２÷３＝16万円）

なお、他の債権者漁協組合員については、ブイにより幹綱を入れられない本数が最大でも一〇本であること、本件調査海域のみがたこ壺漁の漁場ではないことからすると、その損害を認定することは困難であるが、債権者漁協の平成六年一年間の総漁獲高が三〇二五万四〇〇〇円であること、たこ壺漁従事者が一〇名であることを前提に（他の条件は前記河野の計算値と同じとして）計算すると、その損害の総額は四〇万円となる。

（計算式　3000万円÷300÷150×３×60×10÷３＝40万円）

③　太刀魚漁について

甲八、二一、三〇の一ないし五、証人内藤の証言、債権者浜村本人尋問の結果によると、以下の事実が一応認められる。

Ｉ　太刀魚漁は、約一五〇メートルの幹糸に三メートルの間隔で二・七メートルの枝糸を付け、その先に重り及び餌を付け、潮の流れの上から下に流れに直角に約五〇〇メートル余り微速前進させながらこれを投入し、約一〇分程度（約一〇〇〇メートル）漕ぎ、船を止めて引き上げる形態で行う漁法である。

その漁期は七月から一一月ころである。

なお、太刀魚漁では、右漁具が海底、海中の障害物に接触し、切れてしまうことがたまにあるため、各船は予備の漁具を積んで操業している。

II　本件調査海域は、全体として太刀魚漁の好漁場となっている。

太刀魚漁は、右形態で行う漁法であるため、ブイが設置された場合は、右設置箇所から潮上一〇〇〇メートル×七〇〇メートルの長方形で囲まれた範囲のうちのある部分では操業が困難となる。債権者は、別紙「たちうお漁の漁労範囲及び影響図」と題する図面の赤色部分全体で操業ができなくなると主張するが、例えば、No.1地点のブイでいうと、潮が図面の上から流れるとすると、その影響範囲は、ブイから上の部分でありかつほぼ同図面上の黒斜線部分を除く部分であることが認められる。右限度では、債権者が主張する漁業操業に影響のある範囲が、同図面の赤色部分であることが認められる。

Ⅲ　既に実施された本件立地調査により、七月二一日No.1の地点ブイで、八月二日か三日にNo.7の地点ブイで、漁具がアンカーとブイを結ぶロープに引っ掛かる事故が発生した。

Ⅳ　債権者浜村は、夏季の機器を固定した流況調査の期間中、ブイによる影響のために二、三日休業し、その他出漁した日でも三〇〇〇円程度（通常の操業漁獲高は一日七〇〇〇円程度）の減少があったと供述する。しかし、太刀魚がそもそも回遊魚であることからして、Ⅱで認定した影響に照らすと、ブイの設置により一日の漁獲高の約半分が失われるとの右供述はにわかに措信できないし、また、本件調査海域以外にも操業場所があるにもかかわらず、ブイの影響のみで、二、三日休業したとの供述についても疑問の余地がある。

したがつて、ブイの設置が漁業操業に支障があることは認められるにしろ、これにより、具体的に漁獲高の減少が生じるとの右供述には疑問があり、本件ブイの設置により債権者浜村に生じた損害がいくらであるかについてはこれを認めるに足りる疎明資料はないというほかない。

④　かかり釣り漁について

甲七、二〇、三一の一ないし四、証人松中の証言及び債権者河村本人尋問の結果によると、以下の事実が一応認められる。

Ⅰ　かかり釣り漁は、船の前後から海底にアンカーを下ろし、潮の流れに逆らつて船を固定し、活きたエビをポイントに届くよう撒餌し、魚を集め、そこに同じく活きたエビをつけた釣針数本を付けた釣糸を延ばして鯛などの高級漁を漁獲する漁法である（右操業形態は、別紙「かかり釣参考図B」と題する図面のとおりである。）。

Ⅱ　本件調査海域内のかかり釣り漁の主要漁場は、別紙「かかり釣漁の漁労範囲及び影響図」と題する図面で黄色に黒斜線が入つた部分であり、鼻繰島周辺では、No.2ブイ地点周辺ほか二か所と現後鼻の付近の四か所に魚の根付くポイントがあり、九月から三月までは、特に好漁場となつている。なお、債権者河村は、No.2ブイが設置された地点が、右ポイントの真上であると供述するが、右供述は、債権者河村が正確にNo.2ブイ地点を認識しているのか否かにつき疑いがあること（債権者河村は今年No.2地点付近で操業していないのではないかと思われるふしがある。）及び証人松中の右ポイントはNo.2地点から西側にあるとの証言（債権者らはこの証言は、近年No.2地点でかかり釣漁を行っていないはずの松中の証言は措信できないと主張するが、同人が債務者の立地調査を度々手助けしていることが認められることからすると、むしろNo.2地点のブイの場所については河村よりも正確に認識している可能性が高い）に照らして、にわかに措信できない。

Ⅲ　かかり釣の右漁業形態からして、魚が根付くポイントに近接してブイが設置されると、その箇所での操業は著しく困難となることは認められる。

Ⅳ　債権者河村は、一日当たりの漁獲高が一万円であると供述し、債権者らはこれに基づき、No.2地点のブイが設置されることにより五隻のかかり釣り漁の船が操業できなくなるとして、債権者河村の損害額は八〇万円、債権者漁協組合員五名の総損害額は四〇〇万円であると主張する。

しかし、この供述を前提としても、右漁期との関係で、被害が生じるのは六〇日であること、債権者河村は出漁日数を年二〇〇日と証言していることからすると、債権者河村の損害は、三三万円となること、No.2地点のブイの影響でこの地点での操業が不可能となったとしても、他のポイントでの操業が不可能となるわけではないこと、さらに、No.2地点ブイの位置が正確に前記ポイントになるか否かにつき疑いがあることは前記のとおりであることからすると、債権者らの右損害額の主張を認めるに足りる疎明資料はない（債権者河村本人も、自ら及び債権者漁協組合員のNo.2地点での損害額については明確な供述をしていない。）。

五　右四で確認した事実に基づき争点5につき判断する。

1　本件共同漁業権等の権利の性格について

本件共同漁業権が漁業法により物権とみなすと規定していることは債権者らの主張するとおりである。しかしながら、右権利が、公共用物の特許使用として設定された使用権であり、公共用物が、本来一般公衆の共同使用に供せられ（太刀魚漁が自由使用としてなし得ることの根拠もここにある。）公共の福祉のために使われるものであることからすると、漁業権者といえども公有水面を完全に排他的独占的に使用することは、右公共用物としての性質に反するものというべきであり、したがつて、漁業権が及ぶ範囲は、その使用目的達成のために必要な限度にとどまるものと解するのが相当である。

いわんや、許可漁業として行われるまきえ釣り漁及び自由漁業として行われる太刀魚漁については、他人の自由な共同使用を妨げない範囲及び方法により行われなければならないというべきである。

したがつて、共同漁業権並びに許可漁業及び自由漁業を行う権利が、所有権と同様絶対的な性格を有する権利であるとの債権者らの主張は採用できない。

2　債務者が本件立地調査を行う意図について

債権者らは、本件立地調査はその必要性及び緊急性の全くない行為であり、これを現時点で強行するのは、債権者漁協を混乱に陥れ、債権者らの漁業操業を妨害する意図であると主張する。

しかし、その実現が可能か否かはともかく、債務者は本件海域に近接する地域に原子力発電所の建設を計画し、その実現の一過程として、通産省省議決定等に基づき本件立地調査を実施していることは審尋及び弁論の趣旨から認められるとしても、債務者が右意図を越えて、債権者らが主張する混乱あるいは妨害を意図していると認められる疎明資料はない。

したがつて、債権者らの右主張は採用できない。

3　債務者が本件立地調査を実施する態様について

債権者各本人尋問によると、債務者は、債権者各個人に対しては本件立地調査の内容を伝達する手段を講じていないことが一応認められ、また、債務者において、本件立地調査に備えて債権者らの漁業操業実態を調査し、その影響を少なくする手段を講じたと認められる疎明資料はない。

しかし、乙一八及び一九の各一、二によると、債務者も共同管理委員会を通じて不十分なものとはいえ最低限の調査内容の伝達を行っていることが一応認められること、共同管理委員会との間では本件同意協定を締結していること、そして何より本件立地調査に対する債権者らの対応からみて、債務者において右実態調査等を実施したとしても、債権者らがこれに応じなかつたことは明らかであること、等からすると、債務者の右態度にもやむを得ないところがあるものというべきである。

4　右1ないし3で説示したことに加えて、債権者らが本件立地調査により蒙る損害が前記四で認定した限度にとどまっていること、右立地調査において債権者らの漁業操業に最も重大な影響を及ぼす機器を固定して行う流況調査については、漁業権と同様物権とみなされるものではないにしろ、同一の法的性質を有するいわゆる公共用物に対する特許使用権を生じさせる本件占有許可を得たうえで、右権利に基づき行われていること、本件立地調査の実施は一時的なものであり恒常的なものではないこと、等を併せ考えると、本件立地調査により債権者らの漁業操業に支障を来し損害が発生していることは認められるにしろ、また、債権者らが、同人らにとって自らの庭のごとき存在であり、しかも何代にもわたり自由に操業して自らの生活の糧を得ていた場所である本件調査海域において、同人らが反対する原子力発電所設置を前提とする本件立地調査を債権者漁協の個別同意なしに実施することが、あたかも「平穏な住居に無断で侵入するような暴挙」(債権者ら準備書面からの引用)であるかのように受け止める心情が理解できないではなく、このような精神的怒りや苦しみを考慮に入れても、なお、本件立地調査の実施により蒙る債権者らの被害の程度が、同人らが有する共同漁業権等に基づく差し止め請求を是認するまでに至っていると認めるのは困難である。

第四　結論

以上によると、債権者らの本件請求は、被保全権利についての疎明を欠くから、その余の点につき判断するまでもなく理由がないので却下し、民事保全法七条、民訴法八九条、九三条一項本文を各適用して、主文のとおり決定する。

(タイムズ九一六号二三七頁)

第一一節　公益上の必要による漁業権の変更、取消し又は行使の停止

第三十九条　漁業調整、船舶の航行、てい泊、けい留、水底電線の敷設その他公益上必要があると認めるときは、都道府県知事は、漁業権を変更し、取り消し、又はその行使の停止を命ずることができる。

2　漁業権者が漁業に関する法令の規定に違反したときもまた前項に同じである。

3　前二項の規定による処分をしようとするときは、都道府県知事は、海区漁業調整委員会の意見をきかなければならない。

4　前項の場合には、第三十四条第四項(聴聞)の規定を準用する。

(以下略)

◆35　漁業法に基づき、水俣湾内外周辺における漁獲禁止及びそこで採捕された魚介類の販売禁止を求める義務付け訴訟が、不適法として却下された事例

福岡高裁民、平成四年(ネ)第六号

平四・八・六判決、棄却

原告人　志垣譲介外五名
被告人　厚生大臣、熊本県知事
一審　熊本地裁
関係条文　漁業法一条、三九条一項、食品衛生法四条、二二条、行訴法三条一項

【要旨】

一　漁業法は、同法一条の規定からすると、漁業生産力の発展とともに漁業の民主化を目的とする法律であって、食生活上の国民の生命、健康の被害の防止ないし安全の確保を目的としたものではないから、同法三九条一項に定められている被告熊本県知事の処分権限は漁業調整、船舶の航行、てい泊、けい留、水底電線の敷設その他、以上の場合に類するような公益上の必要がある場合に限って行使されることが予定されているものと解される。そして漁業法上、国民の生命、健康の被害ないし安全の確保のために、都道府県知事をして漁業協同組合に対し漁業権行使の停止を一義的で明白に裁量の余地なく義務付けた規定は存在しない。

二　食品衛生法四条二項は、有害あるいは有害の疑いがある食品等の販売等の禁止を規定しているものであって、被告に告知すべき作為義務を課した規定ではない。

また、同法二二条は、被告らに対して、食品衛生上の危害を除去するために必要な措置をとるよう命令する権限を付与したことが明らかであって、国民一般に対して採捕及び販売を禁止することまでの権限を付与したものではない。

○主　文

一　本件控訴をいずれも棄却する。
二　控訴費用は控訴人らの負担とする。

○事　実

一　控訴人らは「原判決を取り消す。被控訴人熊本県知事は、水俣市漁業協同組合に対し、漁業法三九条一項に基づき、熊本県水俣湾内外周辺における同組合の漁業権の行使の停止を命ぜよ。被控訴人厚生大臣及び同熊本県知事は、水俣湾内外周辺の魚介類が、食品衛生法四条二号に該当する旨告示し、同法四条二号及び同法二二条に基づき、熊本県水俣市の水俣湾内外周辺の魚介類の採捕及び販売を禁止する措置を講ぜよ。訴訟費用は第一、二審とも被控訴人らの負担とする。」との判決を求め、被控訴人らは主文同旨の判決を求めた。

二　当事者双方の主張は、控訴人らの主張を別紙のとおり付加するほか、原判決事実摘示のとおりであるからこれを引用する。

○理　由

一　当裁判所も、控訴人らの本件訴えはいずれも不適法であって却下を免れないものと判断する。その理由は、次のとおり削除のう

え訂正付加するほか、原判決の理由説示と同一であるからこれを引用する。

1　原判決一六枚目裏九行目冒頭から同一七枚目表四行目末尾まで及び同一八枚目裏一一行目冒頭から同枚目裏六行目末尾までを削除し、同一七枚目表五行目及び同一八枚目裏七行目に(1)とあるのを(一)と、同一七枚目裏四行目及び同一八枚目裏一二行目に(2)とあるのを(二)と、同一八枚目表六行目及び同一九枚目表一〇行目に(3)とあるのを(三)と、同一八枚目表八行目及び同一九枚目表一二行目に(三)とあるのを(四)とそれぞれ訂正する。

2　同判決一七枚目裏六行目の「同法三九条一項」の前に「食生活上の国民の生命、健康の被害の防止ないし安全の確保を目的としたものではないから、」を付加し、同裏八行目の「公益上必要がある」から同裏一〇行目末尾までを「以上の場合に類するような公益上の必要がある場合に限って行使されることが予定されているものと解される。」と訂正し、これにつづけて「そして、漁業法上、国民の生命、健康の被害の防止ないし安全の確保のために、都道府県知事をして漁業協同組合に対し漁業権行使の停止を一義的で明白に裁量の余地なく義務づけた規定は存在しない。」と付加し、また同一三行目の「国民の生命、健康の」の次に「被害の防止ないし」を加える。

3　同一八枚目裏七行目の「原告らは、」の前に「行政庁に対し一定の作為を求める訴えについては、前記1(一)に述べた要件が具備された場合に限って許容されること前述のとおりであるところ、」と付加する。

二　よって、原判決は相当であって本件控訴はいずれも理由がないからこれを棄却すべく、控訴費用の負担につき行政事件訴訟法第七条、民事訴訟法第九五条、第八九条、第九三条を適用して主文のとおり判決する。

第一審の主文及び事実、理由

○主　　文

一　本件訴えをいずれも却下する。

二　訴訟費用は原告らの負担とする。

○事　　実

第一　当事者の求めた裁判

一　請求の趣旨

1　被告熊本県知事は、水俣市漁業協同組合に対し、漁業法三九条一項に基づき、熊本県水俣湾内外周辺における同組合の漁業権の行使の停止を命ぜよ。

2　被告厚生大臣及び同熊本県知事は、水俣湾内外周辺の魚介類が、食品衛生法四条二号に該当する旨告示し、同法四条二号及び同法二二条に基づき、熊本県水俣市の水俣湾内外周辺の魚介類の採捕及び販売を禁止する措置を講ぜよ。

3　訴訟費用は被告の負担とする。

二　本案前の答弁

主文同旨

三　請求の趣旨に対する答弁

1　原告らの請求をいずれも棄却する。

2　訴訟費用は原告らの負担とする。

（以下略）

○理　由

一　本件訴えの適法性

1　請求の趣旨第一項について

㈠　まず、請求の趣旨が特定されているかどうかについて判断するに、原告らは、被告熊本県知事に対し、水俣市漁業協同組合の熊本県水俣湾内外周辺における漁業権の停止を命ずるよう求めているが、原告らの主張を総合しても、右の「水俣湾内外周辺」というのが、具体的に水俣市漁業協同組合が有する漁業権の及ぶ海域のうちどの海域を指すのかその範囲を客観的に確定することができず、請求の趣旨の特定を欠くものとして不適法といわざるを得ない。

㈡　なお、義務付け訴訟の要件を充足しているかどうかについても判断する。

⑴　行政庁に対し一定の作為を求める訴えについては、被告らの主張するように、行政事件訴訟法に明文の規定はなく、三権分立の原則からして、当該行政行為をなすことまたはなさないことについて行政庁の第一次判断権は尊重されなければならず、裁判所の審理・判断は基本的には事後審査を原則とすることに鑑みると、原告らの本件訴えが無条件に許されるということはできず、行政庁が当該処分をなすべきことまたはなすべからざることについて法律上羈束されており、行政庁に自由裁量の余地が全く残されておらず、事前審査を認めないことによる損害が大きく、事前の救済の必要性が顕著であって、他に適切な救済方法がない場合に限って許容されるというべきである。

⑵　ところで、漁業法は、同法一条の規定からすると、漁業生産力の発展とともに漁業の民主化を目的とする法律であって、同法三九条一項に定められている被告熊本県知事の処分権限は漁業調整、船舶の航行、てい泊、けい留、水底電線の敷設その他公益上必要があるというように右法律の目的達成のためにのみ行使できるというべきである。

ところで、原告らの主張から明らかなように、原告らが、被告熊本県知事に対し、右三九条一項の漁業権の停止を求める目的は食生活上の国民の生命、健康の安全確保を図るという目的であって、右三九条一項が予定していないものといわざるを得ないのであって、被告熊本県知事が右三九条一項に基づいて水俣市漁業協同組合に対し、水俣湾内外周辺における同組合の漁業権の行使の停止を命じることについて法律上の根拠を欠くものと解するほかない。

(3) したがって、原告らの請求の趣旨第一項の訴えは、義務付け訴訟の要件を欠くものといわざるを得ない。

㈢ 以上によれば、原告らの請求の趣旨第一項の訴えは、不適法である。

2 請求の趣旨第二項について

㈠ まず、請求の趣旨が特定されているかどうかについて判断するに、前述したように、原告らの主張する「水俣湾内外周辺」というのが、具体的にどの海域を指すのかその範囲を客観的に確定することができないものであるから、「告示」の客体となる「魚介類」も、採捕及び販売が禁止される海域及び販売が禁止される「魚介類」も不特定であり、請求の趣旨の特定を欠くものとして不適法といわなければならない。

㈡ なお、義務付け訴訟の要件を充足しているかどうかについても判断する。

(1) 原告らは、被告らに対して、食品衛生法四条二号に該当する旨の告示をなすことを求めているが、同条は、有害あるいは有害な疑いがある食品等の販売等の禁止を規定しているものであって、被告らに告知すべき作為義務を課した規定ではないことが明らかである。

(2) 原告らは、更に、被告らに対して、食品衛生法四条二号及び二二条に基づき、採捕及び販売を禁止する措置を講ずるよう求めているが、前示のとおり同法四条二号は被告らの規制権限を定めたものではない。

そして、同法二二条も、同法二条八項が定める「営業者」が同法四条等に違反した場合に、被告らに対して、食品衛生上の危害を除去するために必要な措置をとるよう命令する権限を付与したものであることが明らかであって、国民一般に対して採捕及び販売を禁止することまでの権限を付与したものではない。そうすると、右各条に基づき、被告らが原告主張の禁止措置を講ずべきとする法律上の根拠はないものと解するのが相当である。

(3) したがって、原告らの請求の趣旨第二項の訴えも、義務付け訴訟の要件を欠くものといわざるを得ない。

㈢ 以上によれば、原告らの請求の趣旨第二項の訴えも、不適法である。

二 そうすると、その余の点について判断するまでもなく、本件訴えはいずれも不適法であるから、これを却下することとし、訴訟費用の負担については、行政事件訴訟法七条、民事訴訟法八九条、九三条一項を適用して、主文のとおり判決する。

熊本地裁民、平成二年(行ウ)第二号、平成三年一二月二六日判決

（自治九七号八〇頁）

第三章　指定漁業

第一節　指定漁業の許可

第五十二条　船舶により行なう漁業であつて政令で定めるもの（以下「指定漁業」という。）を営なもうとする者は、船舶ごとに（母船漁業（製造設備、冷凍設備その他の処理設備を有する母船及びこれと一体となつて当該漁業に従事する独行船その他省令で定める船舶（以下「独行船等」という。）により行なう指定漁業をいう。以下同じ。）にあつては、母船及び独行船等ごとにそれぞれ）、主務大臣の許可を受けなければならない。

（以下略）

◆36　沖合底びき網漁業及び小型底びき網漁業の不許可処分に対する損害賠償の訴えが棄却された事例

福島地裁民、平成五年(ワ)第四三号

平六・一・三一判決、棄却

原告　岩佐富十郎

被告　国、福島県知事

関係条文　漁業法五二条一項・六六条一項、国家賠償法一条一項・二条一項

【要　旨】

沖合底びき網漁業及び小型底びき網漁業の各許可申請に対し、農林水産大臣及び福島県知事が意を通じ、経済的制裁を加える目的で原告を差別して扱い、いずれも許可を与えなかったとする損害賠償の訴えに対し、原告を差別して取り扱ったものであることを認めるに足りる証拠はない。

〇主　文

原告の請求をいずれも棄却する。

訴訟費用は原告の負担とする。

〇事　実

第一　当事者の求めた裁判

一　請求の趣旨

1　被告らは、原告に対し、金五〇万円及びこれに対する昭和三八年九月一日から支払済みまで年三割の割合による金員を支払え。

2　訴訟費用は被告らの負担とする。

3　仮執行宣言

二　請求の趣旨に対する答弁
　主文同旨
第二　当事者の主張
一　請求原因
　1　農林水産大臣は、沖合底びき網漁業（以下「沖底漁業」という。）の許可につき、福島県知事は、小型機船底びき網漁業（以下「小底漁業」という。）の許可につき、原告の各許可申請に対し、いずれも意を通じ、経済的制裁を加える目的で原告を差別して取り扱い、右の各漁業許可を与えない。
　2　そのため、原告は、昭和三八年九月一日以降漁業を営むことができず、三〇億円相当の得べかりし収益を失い、損害を被っている。
　3　よって、原告は、被告らに対し、国家賠償法一条一項に基づき、右損害の内金五〇万円及びこれに対する昭和三八年九月一日から支払済みまで年三割の割合による遅延損害金の支払を求める。
二　請求原因に対する認否
　1　請求原因1の事実について、農林水産大臣が沖底漁業の許可につき、福島県知事が小底漁業の許可につき、いずれも原告の申請に対し許可を与えなかったことは認め、その余は否認する。
　2　同2の事実は不知。
　3　なお、原告が許可申請をしたのは、沖底漁業が平成四年七月一日の一回（書類返戻処理）、小底漁業が昭和五一年四月八日をはじめとして合計七回（うち五回が不許可処分で、その余は書類返戻処理）であるところ、農林水産大臣あるいは福島県知事が原告に対して許可を与えなかったのは、その申請が漁業法及び規則に定められた要件を満たしていなかったためであり、原告のみを不当に差別して取り扱ったものではない。
第三　証拠関係
　証拠の関係は、本件口頭弁論調書中の書証目録記載のとおりであるから、これを引用する。

〇理　由

一　農林水産大臣が沖底漁業の許可につき、福島県知事が小底漁業の許可につき、いずれも原告の申請に対して許可を与えなかったことは当事者間に争いがないが、被告らが、意を通じて、原告に対し、経済的制裁を加える目的で差別して取り扱ったものであることを認めるに足りる証拠はない。
二　よって、原告の請求はいずれも理由がないから、これらを棄却することとし、訴訟費用の負担につき民事訴訟法八九条を適用して、主文のとおり判決する。

（自治一三一号一〇五頁）

第二節　公示に基づく許可等

第五十八条の二　前条第一項の規定により公示した許可又は起業の認可を申請すべき期間内に許可又は起業の認可を申請した者の申請に対しては、同項の規定により公示した事項の内容と異なる申請である場合及び第五十六条第一項各号の一に該当する場合を除き、許可又は起業の認可をしなければならない。ただし、当該申請が母船式漁業に係る場合において、当該申請が前条第一項の規定により公示した事項の内容に適合する場合及び第五十六条第一項各号の一に該当しない場合であつても、当該申請に係る母船と同一の船団に属する独航船等についての申請の全部又は当該申請に係る独航船等と同一の船団に属する母船についての申請が前条第一項の規定により公示した事項の内容と異なる申請である場合及び第五十六条第一項各号の一に該当するときは、この限りでない。

2　（略）

3　主務大臣は、第一項の規定により許可又は起業の認可をしなければならない申請に係る船舶の隻数が前条第一項の規定により公示した船舶の隻数をこえる場合において、その申請のうちに現に当該指定漁業の許可又は起業の認可を受けている者（当該指定漁業の許可の有効期間の満了日が前条第一項の規定により公示した許可又は起業の認可を申請すべき期間の末日以前である場合にあつては、当該許可の有効期間の満了日において当該指定漁業の許可又は起業の認可を受けていた者）が当該指定漁業の許可の有効期間（起業の認可を受けており又は受けていた者にあつては、当該起業の認可に係る指定漁業の許可の有効期間）の満了日の到来のため当該許可又は起業の認可に係る船舶と同一の船舶についてした申請（母船式漁業にあつては、同一の船団に属する母船及び独航船等の全部について、当該許可又は起業の認可に係る母船又は独航船等と同一の母船又は独航船等についてした申請）があるときは、前項の規定にかかわらず、その申請に対して、他の申請に優先して許可又は起業の認可をしなければならない。

◆37　漁業法第五八条の二は、起業認可を得ることにより、これが実績として評価され、他の申請に優先して許可又は起業の認可が与えられる旨の規定である。

東京高裁民、昭和五六年(行コ)第八号

昭五六・八・二七判決、棄却（確定）

控訴人（原告）　川村三郎

被控訴人（被告）　農林水産大臣
一審　東京地裁
関係条文　漁業法五八条の二、三項、一三五条の二、行訴法三条二、三項一〇条二項

【要　旨】
一　漁業法五八条の二、三項によれば、起業認可を得ることにより許可期間の満了に伴う次期申請時において、右認可はいわゆる実績として評価され、他の申請に優先して許可又は起業の認可が与えられる旨規定されているのであるから、操業期間の終了による操業不能のみをもって訴えの利益がないとすることはできない。
二　行政事件訴訟法一〇条二項によれば、処分の取消しの訴えとその処分についての審査請求を棄却した裁決の取消しの訴えとを提起することができる場合には、裁決の取消しの訴えにおいては処分の違法を理由にして取消しを求めることができない旨定められているところ、本件訴えは本件不認可処分についての審査請求を棄却した裁決の取消しを求める訴えであり、右不認可処分に対する取消し訴訟の提起が許されることは漁業法一三五条の二の規定に照らして明らかであるから、原告は本件決定の取消しを求める本訴において本件不認可処分の違法を主張することは許されないものといわねばならない。

〇主　文
本件控訴を棄却する。
控訴費用は控訴人の負担とする。
〇事　実
控訴人は、「原判決を取消す。被控訴人が指定漁業起業不認可処分に対する控訴人の異議申立てに対し昭和五五年七月二三日付でした右申立てを棄却する旨の決定を取消す。訴訟費用は第一、二審とも被控訴人の負担とする。」との判決を求め、被控訴人は控訴棄却の判決を求めた。
当事者双方の主張並びに証拠関係については、左に付加するほか、原判決事実摘示のとおりであるから、これを引用する。
（主張）
一　控訴人
控訴人は、本件起業の認可を受けなければ漁民として生きて行くことはできないのであるから、被控訴人においては、漁業法の目的、内容及びその運用の実態等を充分に斟酌し、同法の趣旨が潜脱され、若しくは形骸化することのないよう総合的に判断して、本件申請の許否を決すべきである。又本件申請は、戦前戦後を通じて我が国における北洋さけ・ます流し網漁業権第一号の許可を求めるものであって、その決定がなされることにより善良な漁民の勤労意欲と合理的経営による成績の向上をもたらし、これによって蛋白資源の供給の重大さを認識する漁民の子弟が多くなるのであるから、被控訴人

としては、これらの点を考慮し、法の下の平等の精神に則つて本件申請の許否を決しなければならない。しかるに、被控訴人は、以上の点を考慮せず、控訴人が旧樺太先住者日本人であることを根拠に本件不認可処分をしたものであつて、右は憲法一四条を無視したものであり、これを支持した原判決は、法の解釈を誤つたものである。

二　被控訴人

控訴人の前記主張は争う。

（証拠関係）（省略）

〇理　由

当審も、控訴人の本訴請求は、これを棄却すべきものと判断するが、その理由については、左に付加するほか、原判決がその理由において説示するところと同一であるから、これを引用する。当審における新たな証拠調の結果によつても、引用にかかる原審の認定判断を左右することはできない。

控訴人は、被控訴人において控訴人が旧樺太先住者日本人であることを根拠に本件不認可処分をした旨主張するけれども、被控訴人がかかる理由に基づいて本件処分をしたことを認めるに足る証拠は全く存しない。従つて、本件処分が憲法一四条を無視してなされたとする控訴人の主張はその前提を欠くものであつて、採用することができない。

以上の次第で、控訴人の本訴請求は、これを失当として棄却すべきであり、これと同旨の原判決は相当であつて、本件控訴は理由がないから、これを棄却することとし、控訴費用の負担につき民事訴訟法九五条、八九条を適用して、主文のとおり判決する。

（行政集三二巻八号一四七二頁）

第一審判決の主文及び事実、理由

〇主　文

1　原告の請求を棄却する。

2　訴訟費用は原告の負担とする。

〇事　実

第一　当事者の求めた裁判

一　請求の趣旨

1　被告が指定漁業起業不認可処分に対する原告の異議申立てに対し昭和五五年七月二三日付でした右申立てを棄却する旨の決定を取り消す。

2　訴訟費用は被告の負担とする。

二　請求の趣旨に対する答弁

（本案前の答弁）

1　本件訴えを却下する。

2　訴訟費用は原告の負担とする。

（本案の答弁）

主文同旨

第二　当事者の主張

一　請求の原因

1　被告は、昭和五四年一一月二四日付農林水産省告示第一六五九号をもって昭和五五年度における中型さけ・ます流し網漁業につきその許可又は起業の認可に関する告示をしたので、原告は同月三〇日右告示に基づき被告に対し右漁業の起業認可の申請をしたところ、被告は原告に対し昭和五五年四月二五日付五五水海第一九〇五号をもって右申請を不認可とする処分（以下「本件不認可処分」という。）をした。

2　そこで、原告は右不認可処分を不服として昭和五五年五月二二日付で被告に対し異議申立てをしたところ、被告は同年七月二三日付で右申立てを棄却する旨の決定（以下「本件決定」という。）をした。

3　しかし、本件決定は次のとおり違法である。

㈠　本件不認可処分は、漁業法（昭和二四年法律第二六七号、以下「法」という。）がその目的として第一条に定める「漁業生産力を発展させ、あわせて漁業の民主化を図ること」に反するものであり、違法である。

㈡　水産庁は原告の起業認可の申請に関連して昭和四八年五月一〇日ころ原告に対し圧力を加えたり、右申請に当たり民主的な調査と検討を怠り独善的な処分をしたものであるから本件不認可処分は違法である。

㈢　従って、本件決定は本件不認可処分の前二項に述べた違法を看過してなされたものであるから違法であり、取消しを免れない。

二　被告の本案前の主張

前記の農林水産省告示第一六五九号は、昭和五五年度の操業期間を「昭和五五年五月一日から同年七月三一日までとする。ただし、国際交渉との関連において農林水産大臣がこれと異なる期間を定めた場合には、当該期間とする。」と定めており、同年四月一五日行なわれた日本とソビエト間の国際交渉においても操業期間を右告示した期間とすることで交渉が妥結したため被告は前記の異なる期間を定めていない。

そうすると、昭和五五年度の操業期間は既に終了しているのであるから、仮に本件決定ないしその原処分である本件不認可処分を取り消したとしても、右年度における操業は不能というほかないのであるから、本件訴えはその利益を欠き不適法である。

三　本案前の主張に対する認否及び反論

被告の本案前の主張のうち、操業期間の点は認め、その余は争う。

被告は、昭和五五年一一月一〇日付農林水産省告示第一五〇四号をもって昭和五六年度の中型さけ・ます流し網漁業についての許可又は起業認可に関する告示を行なっているが、右告示によれば起業認可の申請期間は昭和五五年一一月一〇日から同五六年三月二一日までと定めているところ、原告が本件決定の取消しを得て右期間中に起業認可の申請を行なえば、右五六年度において他の漁業経営者に優先して認可が与えられることになるから、本件訴えの利益はある。

四　請求の原因に対する認否

請求の原因1、2は認め、同3は争う。

五　被告の主張

本件不認可処分は次のように適法になされたものであり、従って、右処分及び本件決定に何らの違法はない。

1　指定漁業を営もうとする者は、法第五二条第一項の規定により、船舶ごとに農林水産大臣の許可を受けなければならない。そして、当該許可を受けようとする者が現に船舶を使用する権利を有しないときは、船舶の建造に着手する前又は船舶を譲り受け、借り受け、その返還を受け、その他船舶を使用する権利を取得する前に、船舶ごとに、あらかじめ農林水産大臣の起業の認可を受けることができる（法第五四条第一項）。この起業の認可を受けた者が、法第五五条第一項の規定により、同認可に基づいて農林水産大臣の指定する期間内に指定漁業の許可の申請を行なつた場合には、申請の内容が認可を受けた内容と同一であり、かつ、当該認可に係る指定漁業の許可の有効期間中であるときは、法第五六条第一項各号に定める場合を除いては、農林水産大臣は許可しなければならないことになる。

すなわち、指定漁業の許可を受けようとする者は、その申請のときに必ず、船舶の使用権を取得していなければならないため、船舶の使用権を取得していない者は、新たに船舶を建造するなり賃借するなりして右許可申請をしなければならないのである。しかし、右許可を受けるためにはさらに種々の要件を充足していなければならず（法第五八条）、また公示に係る許可の申請の場合は申請者の数が公示隻数を上まわるときはいわゆる実績者が優先して許可される（法第五八条の二第三項）等、申請時点では果して申請どおり許可を受けられるかどうかは不明である。そこで許可を受けることが不確定な状態のままで、許可申請者に多額の資本を投下して使用権を取得しなければならないとすればあまりにも負担をかけすぎるので、船舶の使用権がない状態の許可申請者にも使用権を取得しさえすれば確実に許可を受けられるという保証を与えるために起業認可の制度があるのである。

2　また、右の指定漁業の許可及び起業の認可については、法は、公示制度を採用している。

すなわち、法第五八条により農林水産大臣は、指定漁業ごとにあらかじめ、水産動植物の繁殖保護又は漁業調整その他公益に支障を及ぼさない範囲において、その許可又は起業の認可をすべき船舶の総トン数別の隻数又は総トン数別及び操業区域別若しくは操業期間別の隻数並びに許可又は起業の認可の申請をすべき期間を定めて公示しなければならない。この公示すべき事項については、漁業者及び漁業従事者の代表者一五人並びに学識経験者一〇人により構成された（法第一一二条、一一三条）中央漁業調整審議会の意見をきいて定める。

なお、当該公示は、法第五八条第一項の規定により当該指定漁業を営む者の数、経営その他の事情を勘案して、内容を定めなければならないこととされており、これは、次に述べる実績者優先の規定と相まって、実績者の地位が不当に害されることのないよう配慮すべき旨規定したものである。

3　当該公示による申請すべき期間内に許可又は起業の認可を申請した者の申請に対して、農林水産大臣は、法第五八条の二第一項の規定により、申請に係る隻数が、公示した隻数以下の場合は、法第五六条第一項各号に掲げる例外を除き、公示した事項の内容と同一の申請であれば許可又は起業の認可をしなければならないこととされている。また、申請の隻数が公示した隻数を超える場合においては、法第五八条の二第三項の規定により、その申請のうちに現に当該指定漁業の許可又は起業の認可を受けている者（いわゆる「実績者」と呼ばれている。）が、当該許可又は起業の認可に係る船舶と同一の船舶についてした申請があるときは、他の申請に優先して許可又は起業の認可をしなければならないこととされている。

4　そこで本件についてみると原告は起業認可の申請をして来たのであるが、その申請に係る昭和五五年度の中型さけ・ます流し網漁業の船舶の総トン数別、操業区域別及び操業期間別の隻数については、被告が中央漁業調整審議会に諮問し、昭和五四年一一月一九日付答申を得て、同年一一月二四日付農林水産省告示第一六五九号をもって公示した。

5　右告示によれば、総トン数八四トン以上九九トン未満（原告の申請に係る総トン数九六トン）の船舶につき許可又は認可をすると定めた枠は二隻であったが、昭和五五年三月二一日までの申請の有効期間中に申請された隻数は、原告申請に係る第三かわさん丸を含めて三隻であった。

右三件の申請につき審査を行なったところ、原告申請以外の二件はすべて実績者からの許可申請であり、法第五八条の二第三項の規定により、これを優先して許可する必要があったため、原告の本件申請は認可することができなかったものである。

6　以上のとおりであるから、被告がした本件不認可処分は、適法であり、原告の訴えは理由がない。

六　被告の主張に対する認否

1　被告主張1ないし4は認める。

2　同5のうち、前段は認め、後段の原告以外の二名の申請者が実績者であるとの点は不知、その余は争う。なお、原告はこれまでその申請に係る第三かわさん丸につき法所定の指定漁業の許可ないし起業の認可を受けたことはない。

3　同6は争う。

第三　証拠（省略）

○理　由

一　請求の原因1及び2の事実は当事者間に争いがない。

二　被告の本案前の主張について

被告は、本訴請求は結局本件不認可処分の取消しを目的とするところ、原告がした起業認可の申請は昭和五四年一一月二四日付農林水産省告示第一六五九号に基づくものであり、右告示による中型さけ・ます流し網漁業の操業期間は同五五年五月一日から同年七月三一日までと定められているから、仮に本件不認可処分が取り消されたとしても操業は事実上不能であり、従つて、訴えの利益を欠くと主張するので検討する。原告の起業認可の申請が右告示に基づくものであり、右告示による中型さけ・ます流し網漁業の操業期間が右被告主張のとおりであることは当事者間に争いがない。この事実によれば、仮に原告の本件不認可処分が取り消され、右取消判決に従い原告に起業認可が与えられ、これに基づき指定漁業の許可が与えられたとしても（昭和三七年法律第一五六号による改正後の法第五五条第一項）、もはや操業期間が終了しており、従つて、操業し得ないことは被告主張のとおりである。しかし、右改正後の法第五八条の二第三項によれば、起業認可を得ることにより許可期間の満了（成立に争いない乙第一号証によれば、前記告示第一六五九号に係る許可の有効期間は昭和五六年二月二八日までと定められていることが認められる。）に伴う次期申請時において、右認可はいわゆる実績として評価され、他の申請に優先して許可又は起業の認可が与えられる旨規定されているのであるから、前記のような操業期間の終了による操業不能のみをもつて訴えの利益がないとすることはできない。よつて、被告の本案前の主張は採用できない。

三　ところで、行政事件訴訟法第一〇条第二項によれば、処分の取消しの訴えとその処分についての審査請求を棄却した裁決の取消しの訴えとを提起することができる場合には、裁決の取消しの訴えにおいては処分の違法を理由として取消しを求めることができない旨定められているところ、本件訴えは本件不認可処分についての審査請求を棄却した裁決の取消しを求める訴えであり（行政事件訴訟法第三条第二、三項）、右不認可処分に対する取消訴訟の提起が許されることは昭和三七年法律第一四〇号による改正後の法第一三五条の二の規定に照らして明らかであるから、原告は本件決定の取消しを求める本訴において本件不認可処分の違法を主張することは許されないものといわねばならない。しかるに、原告が本件決定の違法理由として主張するところは、いずれも本件不認可処分の違法理由にすぎないことはその主張自体から明らかであるから、本訴請求はその主張からして理由がないものといわねばならない。

もっとも、仮に原告が本件不認可処分の取消訴訟を提起してみたとしても、前記告示第一六五九号によれば、総トン数八四トン以上九九トン未満の船舶（原告申請に係る船舶は総トン数九六トン）につき許可又は認可するものとされた隻数は二隻と定められていたことは当事者間に争いがなく、成立に争いない乙第五、六号証及び乙第九、一〇号証並びに弁論の全趣旨により成立が認められる乙第七、八号証によれば、右告示に基づき前記の総トン数の範囲の船舶につきなされた許可又は起業認可の申請は、原告の申請のほか、明治漁業株式会社の第三三明治丸（総トン数九八トン五二）及び興洋水産株式会社の第八三興洋丸（総トン数九八トン九四）についてなされた許可申請であり、このうち原告以外の右二隻に係る申請に許可が与えられたものであるが、この二隻に係る申請者はいずれも前年度である昭和五四年四月二五日から翌年二月二九日までの期間につき中型さけ・ます流し網漁業の許可を得て出漁していたことが認められ、他に右認定を左右するに足りる証拠はなく、原告がこれまで申請に係る第三かわさん丸につき法所定の許可又は起業の認可を受けたことがないことはその自認するところである。

そうすると、右事実によれば、第三三明治丸及び第八三興洋丸に係る申請は前記の法第五八条の二第三項によりいずれも実績者として原告の申請に優先して許可を受け得る申請に該当するから、右二隻に係る申請に優先して原告の申請を認可することは許されず、しかも前記のとおり許可又は起業認可をなし得る隻数は二隻であるから原告の申請を認可する余地はないものといわねばならない。従つて、原告が本件不認可処分の違法理由として主張するところはいずれも失当であり、本件不認可処分に何らの違法はない。
四　以上の次第であるから、原告の請求は失当として棄却さるべく、訴訟費用の負担につき行政事件訴訟法第七条、民事訴訟法第八九条を適用して主文のとおり判決する。
東京地裁民、昭和五五年(行ウ)第一二〇号、昭和五六年二月二六日判決

（行政集三二巻二号二九九頁）

第四章　漁業調整

第一節　漁業調整に関する命令

第六十五条　主務大臣又は都道府県知事は、漁業取締その他漁業調整のため、左に掲げる事項に関して必要な省令又は規則を定めることができる。

一　水産動植物の採捕又は処理に関する制限又は禁止

二　水産動植物若しくはその製品の販売又は所持に関する制限又は禁止

三　漁具又は漁船に関する制限又は禁止

四　漁業者の数又は資格に関する制限

2　前項の規定による省令又は規則には、必要な罰則を設けることができる。

3　前項の罰則に規定することができる罪は、省令にあつては二年以下の懲役、五十万円以下の罰金、拘留若しくは科料又はこれらの併科、規則にあつては六月以下の懲役、十万円以下の罰金、拘留若しくは科料又はこれらの併科とする。

4　第一項の規定による省令又は規則には、犯人が所有し、又は所持する漁獲物、その製品、漁船及び漁具その他水産動植物の採捕の用に供される物の没収並びに犯人が所有していたこれらの物件の全部又は一部を没収することができない場合におけるその価額の追徴に関する規定を設けることができる。

5　主務大臣は、第一項の省令を定めようとするときは、中央漁業調整審議会の意見をきかなければならない。

6　都道府県知事は、第一項の規則を定めようとするときは、主務大臣の認可を受けなければならない。

7　都道府県知事は、第一項の規則を定めようとするときは、第八十四条第一項に規定する海面に係るものにあつては関係海区漁業調整委員会の意見を、内水面に係るものにあつては内水面漁場管理委員会の意見をきかなければならない。

一　都道府県漁業調整規則

㈠　北海道海面漁業調整規則

（目的）

第一条　この規則は、漁業法第八十四条第一項に規定する海面における水産資源の保護培養及びその維持を期し、並びに漁業取締りその他漁業調整を図り、漁業秩序の確立を期することを目的とする。

（漁業の許可）

第五条　漁業法第六十六条第一項に規定する漁業のほか、次に掲げる漁業を営もうとする者は、第一号から第二十一号までに掲げるものにあつては当該漁業ごと及び船舶ごとに、その他の漁業にあつては当該漁業ごとに知事の許可を受けなければならない。ただし、漁業権又は入漁権に基づいて営む場合（第二十五号に掲げる漁業を営む場合を除く。）は、この限りでない。

一　かに固定式刺し網漁業（動力漁船を使用するものに限る。）

十七　かにかご漁業（動力漁船を使用するものに限る。）

十九　つぶかご漁業（動力漁船を使用するものに限る。）

（罰則）

第五十五条　次の各号の一に該当する者は、六月以下の懲役若しくは十万円以下の罰金に処し、又はこれを併科する。

一　第五条、第十三条（第三十二条の五において準用する場合を含む。）、第三十二条の二、第三十三条第一項、第三十四条から第四十二条の三まで、第四十三条第一項又は第四十五条第六項の規定に違反した者

2　前項の場合においては、犯人が所有し、又は所持する漁獲物、その製品、漁船又は漁具その他水産動植物の採捕の用に供される物は、没収することができる。ただし、犯人が所有していたこれらの物件の全部又は一部を没収することができないときは、その価額を追徴することができる。

◆38　色丹島から一二海里内の海域及び同島から一二海里を超え二〇〇海里内の海域において日本国民が北海道海面調整規則（平成二年改正前）第五条第一五号に掲げる漁業を営むことと同規則第五五条第一項第一号の適用

最高裁三小刑、平成四年(あ)第四六六号

平八・三・九決定、上告棄却

一審　釧路地裁　二審　札幌高裁

関係条文　漁業法六五条一項、水産資源保護法四条一項、北海道海面漁業調整規則（平成二年改正前）五条一五項（現行一七号）・五五条一項一号

【要　旨】

漁業法・水産資源保護法・北海道海面漁業調整規則の目的とするところを十分達成するためには、何らの境界もない広大な海洋における水産動植物を対象として行われる漁業の性質にかんがみれば、日本国民が我が国領海又は公海と連接して一体をなす外国の領海においてした調整規則の規定に違反する行為をも処罰する必要のあることは、いうをまたないところであり、それゆえ、その罰則規定は、当然日本国民がかかる外国の領海において営む漁

業にも適用される趣旨のものと解するのが相当である。

○主　文

本件上告を棄却する。

○理　由

一　弁護人村岡啓一の上告趣意のうち、憲法違反をいう点は、実質は単なる法令違反の主張であり、その余は、事実誤認の主張であつて、いずれも刑訴法四〇五条の上告理由に当たらない。

二　所論にかんがみ、職権により判断する。

1　原判決及びその是認する第一審判決の認定によると、被告人は、漁業等を営むウタリ共同株式会社の代表取締役であるが、同会社の業務に関し、動力漁船第二新博丸（総トン数一二・二二トン）の船長であるAらと共謀の上、法定の除外事由がないのに、北海道知事の許可を受けないで、平成元年一〇月二〇日ころから同年一一月五日ころまでの間、色丹島から一二海里内の海域及び同島から一二海里を超え二〇〇海里内の海域（以下「本件操業海域」という。）において、同船によりかにかごを使用して花咲がに約五一五二・五キログラム及び毛がに約七七七・五キログラムを採捕し、もつて、かにかご漁業を営んだものであるというのである。

2　漁業法六五条一項及び水産資源保護法四条一項の規定に基づいて制定された北海道海面漁業調整規則（昭和三九年北海道規則第一三二号。以下「調整規則」という。）中、一定の漁業を禁止する旨の規定（制定当初の三六条）は、本来、北海道地先海面であつて、右各法律及び調整規則の目的である水産資源の保護培養及び維持並びに漁業秩序の確立のための漁業取締りその他漁業調整を必要とし、かつ、主務大臣又は北海道知事が漁業取締りを行うことが可能である範囲の海面における漁業、すなわち、以上の範囲の、我が国領海における漁業及び公海における日本国民の漁業に適用があるものと解される。そして、前記各法律及び調整規則の目的とするところを十分に達成するためには、何らの境界もない広大な海洋における水産動植物を対象として行われる漁業の性質にかんがみれば、日本国民が前記範囲の我が国領海又は公海と連接して一体をなす外国の領海においてした調整規則の規定に違反する行為をも処罰する必要のあることは、いうをまたないところであり、それゆえ、その罰則規定は、当然日本国民がかかる外国の領海において営む漁業にも適用される趣旨のものと解するのが相当である。すなわち、右規定違反の行為については、前記の目的を持つ前記各法律及び調整規則の性質上、我が国領海内における右規定違反の行為のほか、前記範囲の公海及びこれらと連接して一体をなす外国の領海において日本国民がした調整規則違反の行為（国外犯）をも処罰する旨を定めたものと解すべきである。以上は、当裁判所の判例（最高裁昭和四四年(あ)第二七三六号同四六年四月二二日第一小法廷判決・刑集二五巻三号四五一頁）の示すところである。

そして、この理は、調整規則（平成二年北海道規則第一三号による改正前のもの。以下同じ。）五五条一五号のかにかご漁業の無許可操業の禁止規定及びその罰則規定である調整規則五五条一項一号にも当てはまるほか、外国のいわゆる排他的経済水域において日本国民が営む漁業にも適用されるものであり、そのことは、右判例の趣旨に照らして明らかである。

3　原判決の認定するところによれば、本件採捕の対象とされた花咲がに及び毛がには、色丹島付近の三角水域と称される海域と北海道沿岸を移動しながら生息するものであつて、色丹島付近におけるかに漁が北海道沿岸のかに漁に重大な影響を及ぼす関係にあり、本件操業海域は前記の我が国領海又は公海と連接して一体をなす海面に属するものであること等に照らすと、色丹島に対して現在も事実上我が国の統治権が及んでいない状況にあるため北海道知事が日本国民に対し色丹島付近におけるかにかご漁業の許可を与えることが実際にはできないとしても、なお調整規則五条一五号によって日本国民が本件操業海域において同号に掲げるかにかご漁業を営むことは禁止され、これに違反した者は調整規則五五条一項一号による処罰を免れないと解すべきである。

4　したがつて、被告人の本件行為について調整規則の適用を肯定した原判断は、正当である。

よつて、刑訴法四一四条、三八六条一項三号により、裁判官全員一致の意見で、主文のとおり決定する。

（時報一五六四号一四〇頁）

◆39　巻貝の採捕に関し、動力漁船を使用して営む「つぶかご漁業」を知事の許可にかからしめ、これに違反した者を処罰することとしている北海道海面漁業調整規則は、これに使用されている「つぶ」の概念が極めて多義的で不明確であり、このようなあいまいな用語で刑罰法規の犯罪構成要件を定めることは罪刑法定主義に反して許されず、憲法に違反するとの主張を排斥した事例

札幌高裁刑、昭和六二年(う)第六三号
昭六三・三・二四判決、控訴棄却（上告）
一審　室蘭簡裁
関係条文　北海道海面漁業調整規則五条・五五条、憲法三一条、刑法第一編（刑罰法定主義）

【要　旨】
つぶという名称は、北海道地方において一般的におこなわれている方言として、広く巻貝一般を指称し、狭くはエゾバイ科を中心とする巻貝の呼称として用いられており、多義的であるといえるが、その意味する外延ははっきり画されており、決して内容的に相互に矛盾、背反するものではない。そして北海道海面漁業調整規則においては、その制定の趣旨に鑑みて、総合的な保護培養、漁業調整の必要から、広く巻貝一般を総称するものとして用いられていることは明らかであり、その概念内容があいまいであるとはいえない。したがって、所論の規定が罪刑法定主義に反することとは認められないから、所論違憲の主張は失当というべきである。

○主　文

本件控訴を棄却する。

当審における訴訟費用は被告人の負担とする。

○理　由

本件控訴の趣意は、弁護人岩谷武夫提出の控訴趣意書に記載されたとおりであるから、これを引用する。

そこで、記録を精査し当審における事実取調べの結果を合わせて検討するに、原判決には所論主張の瑕疵は認められず、これを相当として維持すべきであるが、所論にかんがみ、その理由を説明する。

一　関係証拠によれば、本件については次のような事情が認められる。

1　被告人は、白老町内の白老漁業協同組合（以下、「白老漁協」という。）に所属して長年にわたりかご漁業に従事し、あわせて海産物の加工、販売業を営んでいる。

2　北海道海面漁業調整規則（昭和三九年一一月一二日規則第一三二号）（以下、「調整規則」という。）は、漁業法八四条一項に規定する海面における水産資源の保護培養及びその維持を期し、並びに漁業取締りその他漁業調整を図り、漁業秩序の確立を期することを目的として制定され（一条）、漁業権又は入漁権に基づいて営む場合を除くほか、かにかご漁業（動力漁船を使用するものに限る。）、えびかご漁業（動力漁船を使用するものに限る。）、つぶかご漁業（動力漁船を使用するものに限る。）を営もうとする者にあっては、当該漁業ごと及び船舶ごとに、知事の許可を受けることを義務づけ（五条一五号、一六号、一七号）、これに違反した者に対しては刑罰をもってのぞんでいるが（五五条一項一号、二項）、右漁業の許可申請は漁業者の住所地の市町村長及び支庁長を経由して知事に対して行うこととされているところ（二条本文）、右許可に関する業務は、知事の下で北海道水産部が掌理し、胆振地方では、所属漁協がとりまとめ、市町村長の副申を受けたうえで、胆振支庁経済部水産課が意見を付して道水産部に進達する扱いであった。

3　北海道では、胆振支庁管内のけがにの資源枯渇を慮って、その保護のため、前記のかご漁業のうち、同管内におけるかにかご漁業の許可を数年にわたって見合わせていたが、つぶかご漁業を営む者の間でつぶかごを用いてけがにの密漁を行う者が出たので、昭和五八年度においては、引き続きかにかご漁業の許可を見合わせるとともに、つぶかご漁業の許可は与えたものの漁業許可証の交付を行わず、また同五九年度においては、かにかご漁業、つぶかご漁業とも一切許可を与えなかつた。他方、えびかご漁業については、同年二月二五日、虎杖浜漁業協同組合（以下、「虎杖浜漁協」という。）において胆振支庁から当時の経済部水産課長田村昭吾、同課調整係長橋本道隆らも出席して開かれた胆振東部えびかご漁業操業打合わせ会議の席上、えびかご漁業者の間で、操業中のけがにの混獲、延いてはその密漁を防止するために、けがにの棲息が比較的少ない水深一二〇メートル以上の水域で操業する旨の協定が定められ、これに伴い、「この漁業を営む者の間、及びこの漁業を営む者と他種漁業を営む者との間で取り決めた操業上の協定事項については、これを遵守しなければならない。」、「かに及びつぶが混獲されたときは、できる限り損傷しないよう速やかに海中にもどさなければならない。」など八項目の制限又は条件を付して漁業許可が与えられることとなり（調整規則一二条参照）、右会合に出席していた被告人に対しても、同月末、操業期間を昭和五九年三月一日から同年一一月一〇日までとし、使用船舶を第三甲野丸（総トン数九トン九九）として、右八項目の制限・条件の明記されたえびかご漁業許可証が交付された。

4　ところが、前記会合の席上において、えびかご漁業者から胆振支庁の田村課長らに対して、船の燃料代くらいにはなるので、水深の深い水域で操業中にえびかごの中に混入する殻の軟らかいつぶの採捕を認めてもらいたい旨要請したが、同課長らは、道の方へ話しておこうと答えたにとどまつた。しかし、同年三月二二日、同支庁が湾外つぶかご漁業の取扱いにつき、白老、虎杖浜など関係漁協の幹部を集めて打ち合わせ会を開いた席上でも、えびかご漁業に際して混獲されるつぶの採捕を認めてもらいたい旨の要請がなされたので、橋本係長が道水産部へ打診したところ、つぶかご漁業の許可を与えないでおきながら、えびかご漁業の操業中に混獲したつぶの採捕を認めることには問題があるから、つぶかご漁業の許可問題の取扱いをどうするか結論が出てから検討したいといわれ、右要請については結論がでないままに推移した。

5　その後、同年四月ころ、虎杖浜漁協に所属するえびかご漁業者が操業中、海上保安官の臨検をうけた際、漁船上でつぶが発見され、えびかご漁業の許可条件にしたがつてこれを海中へ戻すよう指示されたとの情報が漁業者の間に広まつたので、虎杖浜漁協の組合長松田廣一は前記橋本係長に対し、えびかご漁でたまたま混獲された場合のつぶの採捕を認めてもらいたい旨再度懇請したところ、間もなく、同係長は正式にえびかご漁業の許可条件を緩和してつぶの採捕を認めるわけにはゆかないが、えびかご漁の際混獲されたつぶを少し位採捕する程度のことは積極的には取り締まらないようにする旨回答するとともに、室蘭海上保安部の係官にも胆振支庁の方針としてその趣旨を伝えた。この回答を受けた同組合長は、同漁協所属のえびかご漁業を営む者に対し、つぶの混獲・採捕につき胆振支庁の了承を得たと連絡した。

6　これを伝え聞いた被告人から報告を受けた白老漁協でも総務部長の赤田勝美が前記橋本係長に問い合わせたところ、同係長から虎杖浜漁協に対するのと同旨の回答を得たので、早速、組合長の古俣繁雄とも相談のうえ、被告人をはじめえびかご漁業を営む同漁協組合員に対し、えびかごで混獲したつぶは採捕してもさしつかえない旨電話で伝達した。

7　被告人は、同年三月ころから同年一〇月下旬ころまでえびかご漁業を操業したが、この間、同年五月初旬から同年八月末ころまでに、約二八回にわたり、動力漁船である前記第三甲野丸（原判決が罪となるべき事実中で「第二甲野丸」と判示するのは、誤記と認める。）を使用して、えびかごにより殻の軟らかなつぶ（昭和五九年一一月二八日付司法警察員作成の捜査報告書添付写真⑤ないし⑧の巻貝と同種類のもの。以下、「本件巻貝」ともいう。）合計約三トン余りを採捕した。

被告人は、このようにして自ら採捕し、あるいは他から買い入れた本件巻貝を煮沸加工したうえ、これを自宅に付設した店舗で一キログラム当たり七〇〇円程度で小売りしていた。

二　そこで所論につき検討する。

1　憲法三一条違反の主張について

所論は、前記調整規則五条一七号は動力漁船を使用するつぶかご漁業を知事の許可に係らしめ、これに違反した者は五五条一項一号、二項により処罰するが、つぶの概念は極めて多義的で、人により、あるいは地方によってその意味するところが異なるから、このようなあいまいな用語で刑罰法規の構成要件を定めることは、罪刑法定主義に反して許されず、憲法三一条に違反すると主張する。

しかしながら、原審で取調べた北海道立函館水産試験場長作成の回答書によれば、つぶという名称は、北海道地方の方言（俗称）で、一般にエゾバイ科に属する巻貝を指すが、エゾバイ科以外のものでもフジツガイ科のアヤボラをケツブ、タマガイ科のツメタガイをマルツブ、ベロツブなどとも呼ぶことがあり、他方、ばいとは標準和名で特定の種類を指すが、北海道の方言としては、一般にエゾバイ科の中の一属（Buccinum 属）を呼称し、ぼらというのは、これとは別の属（Neptunea 属）を指すところ、ばいは殻の表面に凹凸が少なく、殻が軟らかく、表面に殻皮をかぶっているのに対し、ぼらは殻の表面に肋があり、殻も硬く、殻皮は薄く余り目立たないという特徴があるが、方言なので厳密な区別はなく、両者ともつぶと総称されているようであり、つぶかご漁業の対象としてのつぶには、いわゆるばい及びぼらを含む、というのである。また、北海道立函館水産試験場増殖部長である当審証人林忠彦の証言によれば、つぶとは、北海道地方の方言でいわゆる巻貝類を呼称し、種々の学名の貝類が含まれるが、本件巻貝は当然つぶの範疇に入り、その学名はエゾバイ科エゾバイ属クシロバイであるところ、エゾバイ属の貝類は資源的に重要で、産卵数もアワビなどに比して少なく、また受精後の浮遊期を持たず移動性が余りないため、乱獲の影響を受け易いというのである。そして、貝類の研究者である原審証人伊藤潔は、北海道では一般的に、つぶとは巻貝を総称し、狭くはエゾバイ科の巻貝をいうが、本件巻貝は十年ほど以前に同証人が釧路沖の水深二〇〇ないし四〇〇メートルのところから採捕されたものを学界に発表したエゾバイ科エゾバイ属のクシロエゾバイであり、当時釧路の漁民から「深みのつぶ」、あるいは殻が軟らかいので「やわつぶ」と呼ばれていた、というのである。他方、貝類の収集家であり伊達市において貝類の博物館を経営している原審及び当審証人福田茂夫は、つぶという呼び名は俗称で、内容が漠然としており不明確であるが、一般人の知識により三とおりの用い方がされていて、まず、食用として代表的なエゾボラ、ヒメエゾボラを指すことが多く、次に、もう少し広義に、市場に出て食用に供されているエゾバイ科に属する七ないし八センチメートルから一〇センチメートル位の巻貝をいい、最も広くは、殆どの巻貝を含めた意味で用いられるが、北海道地方でつぶを指してばいという呼称を用いることはないと思う、胆振沖で獲れるどろつぶというのは標準和名クシロエゾバイのことを指すことが多いが、市場性が出てくれば前掲二番目の意味のつぶといえると思う、しかし、つぶを海産の巻貝の総称であるとすることは、巻貝という呼称自体学問的ではないし、強いていえば、巻貝は腹足綱の貝類を指すが、腹足綱にはアワビ、カサガイなど変則的な巻貝も含むことになつて、定義として正しくない旨供述している。

また、昭和三〇年以来北海道庁の水産関係部門で執務していて、同五六年から五九年春まで胆振支庁の経済部水産課長を勤め、その後道庁水産部漁業調整課課長補佐の職にある原審証人田村昭吾は、北海道では、一般につぶは巻貝の総称としてなじまれている名称であるが、つぶの中にはばいとぼらの二つの系統があつて、ばいは殻の軟らかいつぶで比較的水深の深いところに棲息しており、ぼらは殻の硬いつぶであると理解しているが、調整規則の施行によりつぶかご漁業が知事の許可制になつた昭和三九年以来本件まで、つぶの定義について疑義が生じた記憶はなく、問題になつたことはない。本件巻貝は疑問なくつぶであるといい、また、昭和四六年以来北海道庁の水産関係部門で執務し、本件当時胆振支庁の水産課調整係長であつた橋本道隆の昭和五九年一二月四日付検察官に対する供述調書抄本及び同人の原審証言によれば、つぶとは北日本ないし北海道において、アワビ、カサガイなどの一枚貝といわれる貝類を除く巻貝の通称であり、人により、ばい、ぼら及びその他に分類し、ここで、ばいとは巻貝の口が平らなもの、ぼらとは巻貝の口が巻いているものをいうが、一般漁業者はつぶとばいとを区別せず、つぶの中にばいが含まれるという認識であると思うし、漁業調整上の概念としても、つぶはアワビなどの一枚貝を除く巻貝を総称するものとして観念されている、というのであり、北海道水産部漁業調整課沿岸係長として道知事許可事業の許認可その他漁業調整関係事務を担当している当審証人北口孝郎の証言によれば、調整規則につぶとは海産の巻貝の総称であるというのが道水産部の見解であり、現在、つぶかご漁業は、渡島、胆振、日高、十勝、釧路、網走の各支庁管内で道知事の許可がなされているが、その規制にあたつては、一般的なつぶという呼称を用いるほうが学名などを用いるよりも判りやすいのではないかと思うと述べている。

次に、被告人と同じかご漁業関係者及び水産仲買業者についてみるに、山村甚三郎の司法警察員（海上保安官）に対する供述調書によれば、水産仲買業を営む同人は同年六月初めころ被告人からつぶを買わないかと持ち掛けられ三回買入れたが、殻が軟らかいつぶで、浜では通称どろつぶと呼んでいるつぶであつた（なお、これが被告人がばいと主張している本件巻貝であることは、被告人の昭和五九年一二月四日付司法警察員（海上保安官）に対する供述調書、被告人の原審公判廷における供述を合わせみれば明らかである。）、長年の取引先である秋田の業者に電話で聞くと、胆振沖で獲れる殻の軟らかいつぶは、しろばいつぶであるといわれ、どろつぶと呼んでいたつぶは、ばいつぶであることを知つた、というのであり、本件当時白老漁協の総務部長であつた赤田勝美の司法警察員（海上保安官）に対する供述調書によれば、どろつぶは殻が軟らかく泥の中にいるのでそのように呼ぶが、これもつぶであるけれどもばいと呼んでいる者もある、というのであり、同人に原審証言（第一一回公判期日）によれば、つぶとはこのようなものだと監督官庁から指導を受けたことはこれまでないし、漁協の組合員によってつぶの意味の理解の仕方が違うと感じたことはない、ばいという名称はこの問題が起きてから初めて聞いた、それまではどろつぶということで聞いていたといい、同漁協所属のえびかご漁業者である滝谷利一の原審証言は、判然としない点があるけれども、その言わんとするところは、要するに、本件巻貝は殻が軟らかく、漁師の間で一般にどろつぶと呼び、一部では、ばい、あるいはじゃりとも呼んでいたが、つぶかご漁業の対象にならないような商品価値の低いつぶなので、取締りの対象としてのつぶには当たらないと思つていたというのであり、虎杖浜漁協の組合長である原審証人松田廣一は、本件巻貝は通常どろつぶと呼ばれ、これもつぶではあると思つていたが、漁業者が漁の対象にするような市場価値の高いつぶではないので、つぶと言うとき脳裏に浮かばない程度のものであるという趣旨の供述をしており、同漁協に所属してえびかご漁業を営む原審証人伊藤茂は、本件巻貝は、どろつぶ又はばいと呼ばれているが、自分はばいと呼んでいる、以前は全く商品価値がなく、これがつぶに当たるかどうかなど気にもとめなかつたが、昭和五九年二月末の会議の席上、えび漁だけでは経費がかかつて赤字になるから沖の方でえびかごに入る殼の軟らかいつぶを獲らせてほしいと漁業者側が胆振支庁の係官に懇請し、後日混獲してもよいと聞かされたこともあつて、ばいもつぶかご漁業の規制の対象に含まれると認識した、というのである。

このように見てくると、つぶという名称は、北海道地方において一般的におこなわれている方言として、広くは巻貝一般を指称し、狭くはエゾバイ科を中心とする巻貝の呼称として用いられており、多義的であるといえるが、その意味する外延ははつきり画されており、決して内容的に相互に矛盾、背反するものではない。そして、前記調整規則においては、その制定の趣旨に鑑みて、総合的な保護培養、漁業調整の必要から、広く巻貝一般を総称するものとして用いられていることは明らかであり、その概念内容があいまいであるとはいえないというべきである。

しかして、前示の証拠によれば、被告人がばいであつて、つぶではないと主張する本件巻貝の標準和名は、エゾバイ科のクシロエゾバイであると認められるところ、この貝が水深の相当深いところに棲息することもあつて、従前、あまり採捕、食用の対象とされず、市場価値も殆どなかつたため、漁業者らは、調整規則によつてかご漁業が規制されるつぶに含まれることを、ことさらに意識に上せたことはなかつたものの、それでも、「泥つぶ」、「深みのつぶ」、「殼のやわいつぶ」などと呼んで、これがつぶの一種であることは現に認識していたことが窺われるのであつて、そうであればこそ、前示の経緯（前掲一の3、4）で本件巻貝（殼の軟らかいつぶ）の採捕の容認を求める要請が、えびかご漁業者から胆振支庁の係官になされたものと認められる。

所論は、つぶという名称が巻貝の総称として一般に定着していることについての証明がないばかりでなく、つぶの概念が多義にわたり、あいまいであることは、専門家である前掲原審証人伊藤潔、原審及び当審証人福田茂夫の各供述によつて認められると主張するのであるが、先に検討したところに照らし、これを容れることはできない。

してみると、調整規則にいうつぶの語義があいまいであるとは言えないことが明らかであり、所論の規定が罪刑法定主義に反するとは認められないから、所論違憲の主張は前掲を欠き、失当というべきである。

2　構成要件不該当の主張について

所論は、原判決はつぶとは巻貝の総称であるというが、仮にそうであるとしても、調整規則制定の趣旨、目的に照らし、同規則が取締対象としているのは現に水産資源として保護培養、漁業調整等が必要なものに限られると解すべきところ、本件巻貝はその必要のない巻貝であるから、調整規則上、採捕が規制されるつぶには当たらないと主張する。

しかしながら、調整規則は、漁業権又は入漁権に基づいて漁業を営む場合のほか、動力漁船を使用するつぶかご漁業による、つぶ、すなわち巻貝一般の採捕を全面的に禁止しておき、右漁業をおこなおうとする者の申請に対して、知事が審査し、事情に応じて、期間、区域等を限り、あるいは条件・制限を付して、その禁止を個別的に解除することとし、もって、つぶの棲息情況、生育条件、市場性等の状況変化に対応して、その保護、培養、維持及び漁業調整等のために必要な臨機の規制をおこなおうとするものであると解される。したがって、本件巻貝もつぶである以上、その規制の対象とされることはもちろんである。しかも、先にみたように、本件に先立って、白老、虎杖浜漁協等のえびかご漁業者から、本件巻貝の採捕を容認してほしいという要請が再三胆振支庁になされていたのであるから、本件巻貝の採捕について、現に漁業の調整等の必要があったことは明らかであると認められる。したがって、所論は容れることはできない。

3　可罰的違法性の欠如の主張について

所論は、本件巻貝が調整規則の規制対象に含まれるとしても、本件巻貝は、あかえびのかご漁を操業する際に不可避的にえびかごの中に入り採捕されるもので、しかも一般に市販されておらず、商品価値はなく、資源保護、漁業調整の面で特に問題視する必要はないから、これを採捕しても処罰に値する程の違法性はないと主張する。

しかしながら、関係証拠によれば、えびかご漁業の操業に際して、つぶがえびかごに入った場合には、「できる限り損傷しないよう速やかに海中に戻さなければならない。」ことが、えびかご漁業の許可条件とされ、このことは被告人に交付された許可証にも明記されており（被告人に対するえびかご漁業許可証写参照）、つぶである本件巻貝がえびかごに入った場合、これを海中へ戻さずに採捕することが許可条件に違反することは明らかであるにもかかわらず、被告人は原判示のように動力船を使用し相当期間継続して大量につぶをえびかごで採捕して漁業を営んでいたのであるから、このような所為が調整規則上許されないことは当然である。所論は、本件巻貝は市場性がなく、資源保護、漁業調整等の観点からも当罰性を欠くと主張するが、被告人がみずから採捕し、あるいは他から買い入れた本件巻貝を加工して食用として現に販売していたこと、また、えびかご漁業者の間から本件巻貝の採捕を認めてほしい旨の要請が、胆振支庁の係官に対し再三なされていたことは、先に認定したとおり（前掲一の3、4、7）であって、このような事実に徴すれば、本件当時、本件巻貝に市場性があり、また本件巻貝の採捕につき漁業調整等の規制の必要性があったことは明らかであり、当罰性に欠けるとする所論は失当であるというべきである。

4　事実の錯誤の主張について

所論は、本件巻貝が調整規則の規制対象であるつぶであるとしても、被告人は本件巻貝はばいであって、つぶではないと誤認し、これを採捕しても調整規則に抵触しないと考えていたもので、この点において事実の錯誤があったのであり、責任を阻却すると主張する。

案ずるに、被告人の検察官に対する昭和五九年一二月五日付供述調書によれば、被告人は、本件巻貝が規制の対象であることを知っていたというのであるが、原審公判廷においては、所論に沿う供述をおこない、本件巻貝はばいであって、つぶではないと思っていたと弁解するところ、前掲二の1において摘記した漁業関係者赤田勝美、滝谷利一、松田廣一、伊藤茂らの言い分に徴すると、白老漁協に所属し、地元において長年にわたりかご漁に従事してきた被告人が、本件に及ぶまで、本件巻貝はつぶに当たらないと思い込んでいたとは到底考え難い。のみならず、関係証拠によれば、被告人は、昭和五九年二月二五日に開催された前記えびかご漁業操業の打ち合わせ会議に出席しており、その際、本件巻貝が調整規則で規制するつぶに当たることを当然の前提として、えびかご漁業者と胆振支庁の係官との間で交わされた殻の軟らかいつぶの規制緩和をめぐるやりとり（前掲一の4）を聴いて、その交渉の推移に自らも重大な関心をもっていたものと認められる。そうであればこそ、被告人は、前示のように（前掲一の6）、虎杖浜漁協に規制緩和の回答がもたらされたことを聞知して、自分が所属する白老漁協に、支庁からの回答の有無を問い合わせたのである。この点、被告人は原審公判廷において、前記規制緩和の懇請については大して関心もないまま聴いていた旨供述するが、右の事情に徴し到底措信しがたい。してみれば、前記検察官に対する供述調書を引くまでもなく、被告人は、遅くとも前記打ち合わせ会議に出席した時点においては、本件巻貝が調整規則にいうつぶであることを当然に認識していたものと認めて誤りないと言うべきである。したがって、前示事実の錯誤があった旨の所論は、容れることができない。

5　適法な行政指導に従ったことによる違法性の欠如等の主張について

所論は、被告人が本件巻貝が調整規則の規制対象であるつぶであることを知っていたとしても、(1)被告人は、橋本調整係長から白老漁協の赤田総務部長を通じてもたらされたつぶの混獲を認める旨の回答を所管監督官庁の適法な行政指導であると信じ、これに従ってつぶを採捕したのであるから、被告人の本件所為は違法性を阻却する、(2)仮に、右回答が橋本係長の権限を逸脱した不適法なものであったとしても、被告人はこれを適法な行政指導であると信じて、前記の本件所為にでたのであるから責任性を阻却し、これを信ずるにつき過失があったとしても、違法性阻却事由たる事実の認識を誤ったものであるから故意責任を阻却すると主張する。

案ずるに、えびかご漁業者のつぶの採捕問題につき、前記橋本係長から白老漁協へ回答がよせられ、右漁協が右回答を所属のえびかご漁業者に伝達した経緯は、先にみたとおり（前掲一の3ないし6）であり、このように、漁協側の懇請を受けていた橋本係長としては、つぶかご漁業の許可問題が片付かないうちに、えびかご漁業の許可条件を正式に変更・緩和してつぶの採捕を認めるよう道水産部に働きかけることはできないので、胆振支庁の対応策として、とりあえず、えびかご漁に伴うつぶの少量の混獲・採捕については事実上取締りを控えることとし、所轄海上保安部の係官にその旨を伝えるとともに、虎杖浜、白老両漁協にもそのように回答したところ、右各漁協側においては、この回答をもとに、早速、被告人をはじめ所属のえびかご漁業者に対して電話で連絡したが、その際ことばを端折り、つぶの混獲・採捕は差し支えない旨伝えたことが認められるのであって、このため、橋本係長の右意向が十分にえびかご漁業者に伝わらなかったきらいがないではない。

しかしながら、関係証拠によれば、被告人は、右回答の趣旨が、えびかご漁業の許可条件の正式な変更・緩和を意味するものではないことを十分承知していたと認められるのであって、右回答がなされることになった前示の経緯と背景事情（前掲一の3ないし6）にも鑑みると、前記漁協からの連絡は、えびかご漁の際に若干混獲される程度のつぶの採捕は、事実上、取締りのうえで大目に見てもらえることになったという趣旨であって、決して無制限に採捕してよいことになったという趣旨ではないことを、容易に理解し得た筈であり、またそのように理解したものと認められる。それにもかかわらず、被告人は、前示のとおり、右回答の趣旨をはるかに超えて、四か月の間に約二八回にわたって三トン余に及ぶ多量（一回当たり一〇〇キログラムを超える量）のつぶ（本件巻貝）を採捕したのであって、このような被告人の調整規則五条一七号違反の所為につき、所論主張の違法性阻却事由ないし責任阻却事由を認めることはできないと言わなければならない。

6　期待可能性の主張について

所論は、本件巻貝はあかえびと同じ水域に棲息するもので、あかえびをえびかご漁で採捕するときに不可避的にかごに入り、あかえびだけを採捕して本件巻貝を採捕しないことは事実上不可能であって、適法な行為にでることの期待可能性がないから、責任を阻却すると主張する。

しかし、えびかご漁に際してつぶの混獲が起こることは、その漁法、漁具の仕組み上、当初から予想されているのであり、したがつて、先にも認定したとおり、そのような場合には、混獲されたつぶを「できる限り損傷しないよう速やかに海中に戻さなければならない。」ことが、本件えびかご漁業の許可条件として許可証に明示されているのである。そして、右条件を遵守し、海底から引き上げたえびかごの中につぶが混獲されていたときはこれを速やかに海中へ戻しさえすれば、つぶを許可なく採捕したことにはならないのであつて、それが困難なために右条件の遵守を期待できないなどという事態が起こることは考え難い。所論は、つぶが入つたえびかごを船上に引き上げた時点をもつて調整規則五条一七号違反の所為が既遂となると解した上で立論をするごとくであるが、右に述べたところから明らかなように、所論が前提とするそのような解釈は失当であつて、所論は容れることができない。

以上の次第で、論旨はすべて失当であつて理由がないから、原判決は相当としてこれを維持すべきものである。

よつて、刑事訴訟法三九六条により本件控訴を棄却することとし、当審における訴訟費用の負担につき同法一八一条一項本文を適用して、主文のとおり判決する。

（時報一二九七号一四九頁）

◆40 密漁に使用した漁船の船体等の没収が相当とされた事例

最高裁一小刑、平成元年(あ)第一三七四号
平二・六・二八決定、棄却
上告申立人　被告人
被　告　人　浦上伸
一審　釧路地裁　　二審　札幌高裁
関係条文　北海道海面漁業調整規則五条一項、五五条一項一号、二項、刑訴法四一一条

【要　旨】

被告人が海上保安庁の巡視艇等の追尾を振り切るためなどに船体に無線機、レーダー及び高出力の船外機等を装備した漁船を使用し、共犯者らを乗り組ませるなどして、北海道海面漁業調整規則に違反する漁業を営んだという本件事案の下において、同規則五五条二項本文により右船舶船体等をその所有者である被告人から没収することは、相当である。

○主　　文

本件各上告を棄却する。

○理　　由

弁護人組村真平の上告趣意は、量計不当の主張であつて、刑訴法

四〇五条の上告理由に当たらない。

なお、所論にかんがみ、職権により検討する。原判決の認定によれば、被告人浦上伸は、ソ連警備艇及び海上保安庁の巡視艇の出動状況等を探知し、その追尾を高速で振り切るために船体に無線機、レーダー及び高出力の船外機等を装備した特攻船と呼ばれる本件各漁船二隻を使用し、共犯者らを乗り組ませるなどして、固定式刺し網により花咲がに等を採捕し、不法にかに固定式刺し網漁業を営んだものであるというのであるから、北海道海面漁業調整規則五五条二項本文により右各船舶船体、無線機、レーダー及び船外機等をその所有者である同被告人から没収することは、所論の指摘する右船舶船体等の転用可能性及び価額等を考慮しても、相当であるというべきである。そうすると、これと同旨の原判決の判断は正当である。

よって、刑訴法四一四条、三八六条一項三号により、裁判官全員一致の意見で、主文のとおり決定する。

弁護人組村真平の上告趣意

原判決は、刑の量定が甚しく不当であってこれを破棄しなければ著しく正義に反すると認められる。

すなわち、原審は、本件各犯行につき被告人浦上伸を懲役一年二月の実刑および本件船舶等の没収、同波津俊彦を懲役八月の実刑、同不破元司を懲役六月の実刑にそれぞれ処した第一審判決の量刑を支持し被告人らの量刑不当の控訴を棄却した。

たしかに、本件密漁事犯が、いわゆる特攻船と称せられる無登録高性能設備の漁船である本件船舶二隻を駆使してかなり大がかりな犯行であったうえ、漁獲量も多量多額なものであったこと、本件犯行現場の漁場がソ連の領海主張によるいわゆる経済水域内に位置していて、我が国の対ソ漁業交渉に悪影響をおよぼし、ひいては国内一般漁民に対しても悪影響のおよぼすおそれもなしとしない極めて遺憾な犯行であったことから原審量刑も尤もなところと首肯できないでもない。

しかし、被告人等の本件には次のようなこの際量刑上それぞれ斟酌されて然るべき諸事情もあり、これらを総合すると、右原審量刑は被告人浦上について刑期および附加刑（没収）の点、同波津・同不破について刑期の各点において些か過重であると思料される。

すなわち、

一　いわゆる調整規則違反について

(1)　元来魚は無主物であるという漁民感情があり、あまり悪意なく漁業関係犯罪を行うという風潮が今尚残存している。

特に本件は採捕場所がソ連主張領海であり、魚類の宝庫であって漁民垂涎の海である。仲間の資源を荒らすでもなく、操業調整上の問題もなく、国際的緊張増幅という副次的結果を別にすれば本件は拿捕の危険を承知で冒険心から出漁したものであった。特に非回遊のカニ漁においては、水産資源保護、漁業秩序維持という調整規則の予定する保護法益を何ら侵害しておらず、違法性は低いものと思料される。

(2)　またこれまで密漁等で国際的非難を受けているのは北洋漁業等の大規模漁業で本件の如き小規模なカニ密漁については非難はない。そして本件での利益は経費などに費消され逮捕時逆に借金が残存している状態で実質利得はなかつたものである。また前述の如き理由から根室では検挙されないものの、この種の犯行が隠密裡に行われている風潮があり、本件もこの風潮に誘発されたようである。

二　漁船法違反等について

被告人らのこれら諸法違反に争いはないが、なによりも、実害が一切発生しておらず、また具体的危険も発生しなかつた点において、違法性の低い事犯であつたことは量刑上被告人らに有利に斟酌されるべきである。

三　被告人らの個別的情状について

(1)　被告人浦上

イ　同種前科はない。

ロ　本件について十二分に反省し、今後は正業に就いて生計を立て再び密漁などしない旨誓つている。

ハ　妻子もあり、本件没収となつた船舶の購入残代金の支払に追われる生活となる。

(2)　被告人波津・同不破

イ　被告人波津・同不破は被告人浦上の使用人であり、本件犯行も従属的に関与したに過ぎないものである。

ロ　本件については、遅きに失するが十二分に反省し、今後は正規の漁船員として稼働し密漁には一切関与しない旨誓つている。

四　没収について

原審判決は、被告人浦上に対し本件船舶等を没収する旨の附加刑を言渡した第一審判決を肯認した。

本件没収については船舶・その他の物も高価であり、被告人に所定刑罰以外の刑罰を与えるようで問題がある。元来没収はその主刑の法定刑に見合うようになされるべきである。本件調整規則違反は法廷刑も低く、その附加刑もそれと均衡を保つ範囲内でなされるべきである。

船舶は水先案内などに転用でき、無線機その他の機械・漁具は一般漁業で使用可能なもので、これを没収するというのは道路交通法違反で乗用自動車を没収すると同じ思考方法に立つものであつて権力乱用とのそしりを免れないものと思われる。

本件没収の目的物の財産的価値は少なくなく、その財産的損失は罰金刑以上に被告人に大きな苦痛を与えている。犯罪と犯人の没収により受ける財産的損失との均衡を無視して、保安的目的のみで没収を言い渡せば正義に反するものといわねばならぬ場合が生ずるのは論をまたず（注釈刑法(1)一二八頁参照）本件はその場合に該当しそうである。

以上指摘の諸事情に照らすと、原審判決の量刑は、被告人浦上については刑期および本件船舶等を没収した点において、また同波津・同不破については刑期の点において甚しく量刑が過重不当であつて、これを破棄しなければ著しく正義に反すると思料されるので、刑事訴訟法第四一一条により本件申立に及んだ次第である。

（最高裁刑集四四巻四号三九六頁）

◆41　一　日ソ合弁との間のかにの採捕・加工等の共同事業を目的とする契約に基づく色丹島周辺海域内でのかにかご漁が北海道海面漁業調整規則第五条のかにかご漁業を営んだものにあたるとされた事例

二　旧ソ連漁業省のかに漁業の許可に基づく色丹島周辺海域内でのかにかご漁業について北海道海面漁業調整規則第五五条違反の罪が成立するとされた事例

札幌高裁刑、平成三年(う)第五七号
平四・四・一六判決、控訴棄却
一審　釧路地裁
控訴申立人　被告人（椎久忠一）
関係条文　漁業法六五条一項、水産資源保護法四条一項、北海道海面漁業調整規則（平成二年改正前）五条一五項（現行一七号）・五五条一項一号・五七条

【要　旨】

一　北海道海面漁業調整規則五条にいう「漁業を営む者」は、自己の名をもつて営業としての漁業を経営する者でなければならず、たとえ操業に必要な漁獲割当枠の提供ないし操業許可証の交付等に関与したとしても、当該漁業（営業）の経営に参画しない者はこれに当たらない。本件かにかご漁業は、ウタリ共同の代表者である被告人等が、ウタリ共同の業務として行うことを計画し、必要な動力漁船（第二新博丸）、漁具等を借入れ又は購入する等し、又、その船長を雇用し、同人の指揮の下でかにかご漁に従事する乗組員らを雇用する等してその操業の態勢を整えて行つたものであること、船長以下乗組員は、いずれもウタリ共同の従業員としてウタリ共同のため本件かにかご漁に従事したものであり「漁業従事者」に当たること、採捕にかかる本件かに類の所有権はウタリ共同が取得しこれを他に売却していること（反面、ウタリ共同は、アニワに対し漁獲トン数に応じた対価を支払う）、なお、アニワがウタリ共同から第二新博丸を雇用した事実はないこと等の事情から、本件かにかご漁業は、ウタリ共同がその事業主体であることが明らかである。

二　ウタリ共同の第二新博丸が、旧ソ連漁業省から旧ソ連経済水域内における操業許可を受けていたとしても、北海道海面漁業調整規則五条一五号は、日本国民が外国の領海等においてかに

かご漁業を営む場合にも、属人的にこれを適用する趣旨を含むものである。したがって、その罰則規定の同規則五五条一項一号も、日本国民がした右違反の行為（外国犯）をも処罰する旨を定めたものとし、日本国民がわが国の漁業法規上の許可を受けることなく、主務大臣又は北海道知事が取締りを行うことが可能な範囲の海面に連接して限ある機関の許可に基づいて行う場合でも、かかる場合には本件規則の適用を排除する旨の日ソ間の合意が存在しない限り、本件規則五五条一項一号の適用を免れることはできない。

○主　文

本件控訴を棄却する。
当審における訴訟費用は全部被告人の負担とする。

○理　由

第一　控訴趣意及び答弁

本件控訴の趣意は、弁護人村岡啓一、同江本秀春が連名で提出した控訴趣意書（弁護人岡村啓一が提出した「控訴趣意書の補正」と題する書面及び意見書による訂正・補充を含む。）及び控訴趣意補充書に、これに対する答弁は、検察官山岡靖典が提出した答弁書に各記載のとおりであるから、これらを引用する。

第二　当裁判所の判断

一　控訴趣意第二及び意見書第二（理由不備の主張）について

1　論旨は、要するに、原判示の操業海域と国内法の場所的適用範囲に関する原判決の判示には、理由不備の違法（刑訴法三七八条四号の事由）がある旨主張する。

すなわち、原判決は、原判示の本件かにかご漁業が、「我が国の法人であるウタリ共同株式会社の業務に関して営まれた」と認定した上で、「我が国の漁業を営む者に対して、本件操業海域が漁業調整の見地から北海道海面漁業調整規則五条の無許可漁業の禁止の効力が及ぶ範囲に含まれるものと解するのが相当である」と判示して、被告人に対し平成二年北海道規則第一三号「北海道海面漁業調整規則の一部を改正する規則」による改正前の北海道海面漁業調整規則（以下「調整規則」という。）五条一五号を適用しているが、本件かにかご漁業は、一部色丹島周辺のソヴィエト社会主義共和国連邦（なお、原判決後、同連邦が解体したことは公知の事実であるが、以下の論旨に対する判断等では、当時の名称に従い「ソ連」と略称する。）主張一二海里の領海内において、残り全部が色丹島周辺のソ連主張二〇〇海里の経済水域内において実施したものであるから（以下、上記一連の操業海域を「本件操業海域」という。）何故にソ連が主権を行使している本件操業海域に我が国の漁業規制が及ぶのか、本件に即していえば、何故に北海道知事の許可が必要とされるかについて、法的な根拠を示さない限り、有罪には導けないところ、有罪判決の理由としての「法令の適用」は、裁判所が認定した事実に対する刑罰的評価を示し、かつ、宣告刑が正当に導かれたことを保障するためのものであるから、それらが一義的に明らかになる程度の摘示があれば足りる。この意味で、原判決の法令の適用が法の要請を充足していることは明らかである。そして、右以上に調整規則五条一五号が本件操業海域に適用されると判断した理由ないし根拠を示すかどうかは、原裁判所の裁量に属する。のみならず、原判決は、所論も認めているとおり、「我が国の漁業を営む者に対して、本件操業海域が漁業調整の見地から調整規則五条の無許可漁業の禁止の効力が及ぶ範囲に含まれる」旨判示して、ごく簡潔にではあるが本件操業海域に調整規則五条一五号が適用される理由を挙げて、この点に関する弁護人等の主張を排斥していることも、判文上明らかである。

以上によると、所論は理由不備をいうが、その実質は原判決の法令適用の誤りを主張するに帰着するものと考えられる。それゆえ、原判決に理由不備の違法は認められず、論旨は理由がない。（なお、原判決に法令適用の誤りがないことは、後記するとおりである。）

二　控訴趣意第一（操業主体に関する事実誤認の主張）について

1　論旨は、要するに、以下の間接事実（所論主張の中間命題に関する結論）に照らすと、本件かにかご漁業の操業主体は、原判決は、冒頭に引用した結論を判示するだけで、右結論を導く法的根拠を全く示していない。また、弁護人らが原審で主張した、本件にいわゆる「第二の北島丸事件」の最高裁判決（最高裁第一小法廷昭和四六年四月二二日判決）の判旨を適用することができない旨の主張に対し、原判決は、何ら応答せず、かつ、判決理由中に右最高裁判決の引用すらしていないことからすると、原判決は、「固有の領土」論に依拠して調整規則の北方領土海域への当然適用を判示したのではないかとも考えられるが、その旨の記載も欠いているため、結局、いずれによつたとも決定することができず、法令の解釈適用に複数の可能性を残しているところ、弁護人らが主張した右の場所的適用範囲の問題は、刑訴法三三五条二項にいう「法律上犯罪の成立を妨げる理由となる事実」に該当するから、原判決は、この主張に対する判断を遺漏したものといわざるを得ない。以上の点で、原判決には理由不備の違法がある、というのである。

2　しかしながら、所論の調整規則五条一五号（無許可によるかにかご漁業の禁止）の効力が及ぶ場所的適用範囲の問題は、その主張内容に徴すると、結局、構成要件該当性の問題に帰着すると認められるから、刑訴法三三五条二項にいう「法律上犯罪の成立を妨げる理由となる事実」の主張に該当しないというべきである。補足すると、刑訴法三三五条一項にいうソ連の法人である日ソ合弁企業アニワ（以下「アニワ」という。）であって、ウタリ共同株式会社（以下「ウタリ共同」という。）でないことが明らかであるから、原判決が右操業主体をウタリ共同と認定したのは事実誤認である旨主張する。

すなわち、

㈠　一九八九年一〇月四日付け契約書（以下「本件契約書」という。）は、合弁事業の一環としてアニワが実施した本件かにかご漁業につき、ウタリ共同がどのように参加するかを定めたアニワとウタリ共同との間の契約書であるから、共同事業ではなく合弁事業としての契約、すなわち、アニワ内部の業務分担を定めた取決めである。

㈡　第二新博丸は、平成元年一〇月四日以降、ウタリ共同からアニワに乗組員の労務供給契約付で実質的に傭船されたものであり、漁獲操業の指揮命令権はアニワを代表するメンコフスキーの指令を受けたラケーエフにあったから、本件操業は、本件契約書上のアニワの義務の履行である。この点に関し、原判決が、「ウタリ共同とアニワとの間で船長O及び乗組員らの労務供給約款付で第二新博丸をアニワに傭船させる旨の契約は成立していない」と結論付けているのは誤認である。

㈢　一九八九年一〇月四日付け許可証（以下「本件許可証」という。）は、アニワに対して交付されたものである。

㈣　本件操業の利益と危険負担はアニワに帰属していた。

以上の間接事実を、「外国の法人等に用船された本邦籍船舶及び当該船舶により採捕された水産物の取扱いについて」と題する昭和五四年一二月二四日大蔵省関税局第一四〇一号通達の基準、すなわち、外国法人への用船という外観にもかかわらず日本船籍の船舶とみなすための実体的判断基準である、①当該船舶による操業（船舶の管理、運行を含む。）の実質的責任者は誰か、②当該操業に関する経済的リスクの実質的負担者は誰か、という二つの基準（記録三〇三〇丁参照）に照らして、本件かにかご漁業の操業主体を判断すると、それは疑問の余地なくアニワであるから、原判決の操業主体に関する前記認定は事実を誤認したものである、というのである。

2　まず、所論の操業主体の判断基準について検討すると、これは、結局、その者が調整規則五条にいう「漁業を営む者」に当たるか否かという構成要件該当性の問題に帰着するから、右「漁業を営む者」の意義を明らかにし、これによって判断すべきものと考えられる。

ところで、調整規則は、「漁業を営む者」の意義について定義していないが、その上位の規範である漁業法は、いずれも同法律における定義として、『漁業』とは、水産動植物の採捕又は養殖の事業をいう」（二条一項）と、また、『漁業者』とは、漁業を営む者をいい、『漁業従事者』とは、漁業者のために水産動植物の採捕又は養殖に従事する者をいう」（二条二項）と各定義し、かつ、漁業者と漁業従事者とを区別しているところ、調整規則の関連する規定を検討しても、漁業法の右各定義と別異に解するのを相当とするような理由も認められない（なお、「漁業」について、漁業法が単に「事業」と定義しているため、当然には営利性を要件とするものでないとしても、「漁業者」について「漁業を営む者」としているのであるから、結局、同法にいう事業としての漁業は、継続性のほか営利性を備えたものとなる。）。そして、調整規則は、「漁業法六五条一項及び水産資源保護法四条一項の規定に基づき、並びにこれらの法律を実施するため」制定したものであり（前文）、「漁業法八四条一項に規定する海面における水産資源の保護培養及びその維持を期し、並びに漁業取締りその他漁業調整を図り、漁業秩序の確立を期することを目的とする」ものであり（一条）、また、漁業法及び水産資源保護法の各目的は、それぞれその一条が規定するとおりであり、これをうけて漁業法六五条一項及び水産資源保護法四条一項が、知事において、単に物理的な採捕又は養殖に関する規制にとどまらず、広く営業に関する水産動植物若しくはその製品の販売・所持に関する規制をも規則で定めうる旨規定していること等を加えて考察すると、調整規則五条は、水産資源の保護培養・維持、漁業調整等の目的を達成するため、同条各号所定の事業（営業）としての漁業を対象としているものとみられ、したがつて、同条の許可ないし規制を受くべき者も、右営業としての漁業を経営する者（法人を含む。）を予定していると考えられる。すなわち、同条にいう「漁業を営む者」は、「自己の名をもつて営業としての漁業を経営する者でなければならず、たとえ操業に必要な漁獲割当枠の提供ないし操業許可証の交付等に関与したとしても、当該漁業（営業）の経営に参画しない者はこれに当たらないというべきである。補足すると、右にいう「自己の名をもつて」というのは、その者が漁業（営業）の主体となつて営業上生ずる権利義務を引き受けることであるから、この営業主体の判断に当たつては、単に物理的な採捕又は養殖のみではなく、漁具、漁船等の準備・調達、それらによる採捕又は養殖、その漁獲物の販売等の一連の行為（営業）を対象とし、これらから生ずる権利義務の帰属関係やその経営参画の状況（何人が経営意思の決定をしているか等）を検討することが必要であり、本件も、このような見地から判断すべきものと考えられる。以上の判断基準は、所論主張の前記の二つの判断基準と相当程度重なり合うが、必ずしも同一ではない。

3　そこで、所論にかんがみ、記録及び証拠物を調査し、当審における事実取調べの結果をも参酌して検討するに、原審で取り調べた関係各証拠によると、原判示のOらがした第二新博丸による本件かにかご漁（なお、この外形的な事実は、関係各証拠に照らし明らかであり、所論も争っていない。）の営業主体はウタリ共同であって、これがウタリ共同の業務に関し行われたものであることは認めるに十分である。以下に順次項を改めて説明する。

4　まず、原審で取り調べた関係各証拠によると、本件の概要（なお、所論主張の間接事実等については、便宜その認定の箇所で、これに対する当裁判所の評価・判断等を付加することがある。）は、以下㈠ないし㈥のとおりである。

㈠　ウタリ共同及びアニワの各設立の経緯等

被告人は、肩書住居の北海道標津郡標津町でウタリ漁業生産組合（さけの定置網漁業等）の組合長をし、また、アイヌ民族とソ連少数民族との文化交流活動等にも携わっていたものであるが、昭和六三年四月、文化交流団の一員としてソ連サハリン州ユジノサハリンスク（豊原）を訪問した際、サハリン漁業生産公団の関係者から経済交流を行う意向があるかを打診された。そこで被告人は、右帰国後、日ソの共同事業として「ドナルドソン」というサケ科ニジマス属の魚の養殖を行うことを計画し、その準備の一環として、同年七月八日、資本金を一〇〇〇万円、事業目的を漁業・水産物の輸出入、さけ・ますの孵化及び養殖等とする我が国の法人であるウタリ共同を設立し、被告人がその代表取締役に、原審分離前の相被告人Kが監査役に各就任した。なお、右Kは、東京に本店を置き広告代理業等を営む株式会社ライブメディア（以下「ライブメディア」という。）の取締役兼釧路営業所責任者であって、被告人とは以前から交際があった。

被告人は、その後何度か訪ソして、「ドナルドソン」養殖事業の具体化に努めたが、Kとともに訪ソ中の平成元年六月二一日モスクワにおいて、ウタリ共同とサハリン漁業生産公団、サハリン漁業資源保護・再生産・規制局（以下「サハリン漁業規制局」という。）及びサハリン太平洋漁業海洋学研究所（以下「サハリン・チンロ」という。）との間で、ソ連の法令に基づく法人で、日ソ合弁企業であるアニワを設立する旨の日ソ合弁会社設立契約を締結した。アニワは、サハリンにおける「ドナルドソン」の人工養殖及びその成魚の加工並びにその国（ソ連）内及び外国市場での販売を事業目的とし、その本社はユジノサハリンスクにおくとするものであって、同月二六日、ソ連財務省に所定の登記をして、ソ連法人としての権利を取得した。なお、右設立契約上、アニワの認可支払資本額は一〇〇万ルーブルであって、ウタリ共同がそのうち五〇万ルーブルを出資するものと定められていた。

㈡　被告人らによるかにかご漁の準備状況等

被告人は、このように、「ドナルドソン」の養殖事業を具体化するため更に努力を続けていたが、前記の訪ソ中、ソ連側関係者との話合いの過程で、特にアニワの責任者であつたメンコフスキーらから、日本漁船でソ連の経済水域でかに等を採捕し、これを輸入の形式をとつて日本に搬入して販売し、これによる利益でウタリ共同の資金を作り、アニワに対するウタリ共同の前記の出資義務の履行に充てるなどすればよい旨の話があつた。被告人は、このようなメンコフスキーの意向を受け、Kとも相談して、当初はかれい漁を実施しようと計画したが、後に漁獲の対象をかにに変更し、そのための準備にとりかかつた。

まず、被告人及びKは、かに漁に使用する漁船を購入することを計画したところ、Kが、ライブメデイアの代表取締役Nに依頼し、これをうけて同社が、平成元年八月二八日動力漁船第八丸中丸・一二一トン・二二を購入し（消費税を含む購入代金一六四八万円と仲介手数料は、ライブメデイアが支払い、船名も、Nにちなんで第二新博丸と変更した。）、同年九月、同社からウタリ共同に対し、賃料月額二〇〇万円で賃貸され、以後、同船はウタリ共同が傭船する船舶になつた。そして、同船は、被告人がその船長として雇つたOらにより稚内港に回航され、そこでKの指示により、かにかご漁に必要なラインホーラー（かにかご巻揚げ用のドラム）、ベルトコンベアやかに選別台の取付け等を含む艤装が施されたが、この艤装の費用も、ライブメデイアにより支払われた。右のほか、被告人、K及びOは、かにかご、ロープ等の各種漁具なども購入したが、この漁具の購入等は、主としてK及びOが担当した。

この間、被告人は、かにかご漁に必要な第二新博丸の乗組員を確保すべく、ウタリ共同の従業員として、同年八月ころ前記のとおりOを船長として雇用したのを始め、その後も、自ら又はOを通じて、Eら一一名を次々に雇用した。こうして、Oら乗組員は、ウタリ共同に雇用されたものであるが、同人らも、第二新博丸の艤装の状況を見る等して、同船によりかにかご漁をすることを了知した。

また、被告人及びKは、採捕したかにはソ連からの輸入品の形式をとつて日本国内に搬入することを計画し（なお、同年一〇月一六日、第二新博丸の「漁業種類及び用途」を「漁獲物運搬船」に変更した。）、その際の輸入手続については釧路市の北海運輸株式会社に依頼したが、同社の担当者に対しては、ソ連の港で船積みしたかにをウタリ共同が輸入するものである旨の説明をし、第二新博丸でかにかご漁を行う計画であることを明かさなかつた。

㈢ 本件契約書の作成及び本件許可証交付の状況等

そうこうするうち、被告人らは、ソ連側関係者から訪ソの要請を受けて、平成元年一〇月一日、第二新博丸で訪ソしてサハリン州ホルムスク（真岡）に入港した。そして、被告人及びKが、同月二日、上陸して出迎えのメンコフスキー、通訳のグーと共にユジノサハリンスクに赴いた。同月四日、サハリン漁業生産公団で会議が開かれ、メンコフスキーがアニワの理事長に、被告人が副理事長に各選出された。その際、被告人らは、ソ連の経済水域におけるかに漁について更に話し合い、第二新博丸によってかにかご漁を行う際にはソ連人専門家二名を同船させること等についても合意し、結局、アニワとウタリ共同との間で、ソ連経済水域内における各種かにの採捕と加工の共同事業及び日本又は、第三国の市場への製品の販売を行うことを目的とする契約（その具体的な内容は、後記するとおりである。）を締結し、同日付けで本件契約書を作成し、同契約書にアニワを代表してメンコフスキーが、ウタリ共同を代表して被告人が各署名した。

そして、本件契約書（記録三一四六丁以下参照）によると、「契約の対象」として、「アニワとウタリ共同は、ソ連の経済区域において、各種のかにの採捕と加工の共同事業、及び日本又は第三国の市場における製品の販売を行う」（1・1）（以下、この項における括弧内の算用数字は、本件契約書の条項を示す。）こととした上、「契約の目的を遂行するために、ウタリ共同は操業区域に受取りと加工の船を差し向け、アニワは自分の割当制限量（注・漁獲割当量の意）を用いて、生産能力にふさわしい荷積みに必要な量の原料をその船に供給する」（1・2）ものとし、次に「双方の義務」として、アニワは、「操業区域に必要な数の採取船を差し向ける。その意図は、加工船に対する一昼夜ごとの原料のかにの引渡し量が、少なくとも一〇トンになるためである」（2・1・1）とし、また、「ウタリ共同の船に対して、ソ連の経済区域において漁業活動を行うために必要な、すべての書類を提供する」（2・1・2）ものとし、一方、ウタリ共同は、「操業区域内に受取りと加工の船を差し向ける。その船は、各種のかにの製品の加工と輸送のための設備が整ったものである」（2・2・1）とした上、「加工船が十分に稼働するための原料が足りない場合は、自分でかにの漁獲を行う」（2・2・3）ものとし、「加工船上にソ連の専門家二名を受け入れ、彼らに個々の船室・・・防寒の作業服を提供し、さらにアニワの船とアニワの本部事務所との無線連絡を常時確保する」（2・2・4）ものとし、「ソ連の経済区域における漁業規制（ソ連漁業省省令第三三四号、一九八六年六月二四日付）を遵守すべく、ソ連の専門家たちの要求をすべて実行し、また当契約書の付録第二号に記された、採取される原料の品質基準と操業条件とに従う」（2・2・5）ものであること等が定められていた。しかし、本件契約書上では、アニワが採取船を差し向けてかに等を供給するとしていながら、実際にはアニワが独自に採取船を差し向けることは全く予定されておらず、同記載にかかる操業についても、ウタリ共同の派遣する第二新博丸一隻のみが従事し、同船がかにの採捕からこれを日本に輸送するまでのすべての過程を行うこと、したがって、第二新博丸が、同契約書上ウタリ共同の「加工船」でありながら、かに等の「受取り」を行うことは実際に予定されておらず、また、同契約書上ウタリ共同が「加工船が十分に稼働するための原料が足りない場合」にいわば補充的に行うとされていたかにの漁獲が、実際には第二新博丸の本来的な操業形態となること等が、被告人を含む関係者全員によつて了解されていた。（なお、以上の事実に加え、本件における操業の実情及び本件許可証の内容等を参酌して考えると、右契約は、アニワとウタリ共同とが、対等の当事者として締結したものであつて、その骨子は、アニワが自己の漁獲割当枠をウタリ共同に提供し、これに基づいてウタリ共同がかに採捕の操業全体を行うこと、及びウタリ共同はその漁獲量に応じた漁獲対価をアニワに支払うことにあり、この意味で、事業の分類上は、いわゆる共同事業に属するものと認められる。）

メンコフスキーらは、本件契約書作成の機会に、被告人及びKに対してソ連漁業省発行の本件許可証の写し（〈押収番号略〉参照）を交付した。本件許可証（訳文は、記録三一五三丁以下参照）は、ソ連経済水域内で漁労を行うことをソ連漁業省が許可したことを証するものであつて、同許可証には、「漁労の種類」として「採捕、加工と輸送」（なお、Kが北海運輸株式会社に渡した本件許可証の写しは、その「採捕」の部分が抹消されたもの。）、「船の名称」等として、「第二新博丸」、「船の型」として「かに漁、えび漁」、「船の国籍と母港」として「日本・東京」、「船主と船主の住所」として「ウタリ共同・北海道、標津、伊茶仁九六」、「船長の名前と住所」として「O・北海道、稚内、緑六―六」などと、また、「漁労の条件」の欄には、一九八九年一〇月五日から同年一二月三一日までの間、北千島操業水域で毛がに一七〇トンを、また、南千島操業水域（ただし、南千島海峡を除く。）で毛がに一八〇トン・花咲がに一六〇トンを含むかに類合計四七〇トンを、いずれもかにかごにより採捕することを許可する旨などが記載されていた。（なお、以上の事実に、本件における操業の実情、更にはソ連側が発給するこの種許可証の形式等を併せ考えると、本件許可証はOを船長とする第二新博丸による操業を許可する趣旨のものと認められる。）

なお、Kは、同日（四日）夜、宿舎のホテルで、前記グーに本件契約書及び本件許可証写しの内容を日本語に訳してもらい、本件契約書については自らその訳文を書き取つた。

㈣　ホルムスクからの帰国時の状況等

翌五日、被告人及びKは、ホルムスクに戻つたが、その際、メンコフスキーから、前記契約に基づいて第二新博丸に乗り組むソ連人専門家として、ラケーエフ（サハリン漁業規制局の監督官）とプシニコフ（サハリン・チンロの研究室長）とを紹介され、右両名とともに第二新博丸に乗船した。

そして同日、第二新博丸は稚内に戻るため、ホルムスクを出港したが、出港後間もなくの同船ブリッジ内で、被告人、K、O、ラケーエフ及びプシニコフは、本件許可証（写し）や海図を前に、第二新博丸がソ連漁業省によりかにかご操業を許可された水域や漁獲量等について話し合い、被告人及びOも、ラケーエフの説明を聞くなどして、右許可の内容を了知するに至つた。被告人は、ソ連から予想外に大量のかにの採捕が許可されたと喜び、右海図上の国後島付近海域を指で示しながら、「ここで昔毛がにが一杯採れたんだ。かご一個に四〇キロから五〇キロは入つた。ロープ一本入れれば二〇〇個のかごがあるから、八トンから一〇トンは採れた」などと話し、これを聞いたOも、「昔はそんなに採れたのかい」などと応じた。こうして、被告人、K及びOらは、北海道知事の漁業許可を含め漁業関係法規上何らの許可もないのに、ソ連漁業省から前記許可を受けたのを機に、第二新博丸の操業準備が完了し次第、同船を使用して本件操業海域を含むソ連主張の経済水域などでかにかご漁を行うとの意思を具体的に固め、この意思を相互に通じ合つた。

第二新博丸は、同月六日稚内港に帰港したが、被告人、K及びOは、その後も、かにかご漁に使うえさ等を手配し、また、搬入するかに類については、保税地域外保管場所として釧路市の塩山水産株式会社（以下「塩山水産」という。）の水槽を使用し右かに類を同社の販売ルートにのせて売却する等の段取りをつけて、かにかご漁業に必要な準備を整えた。

㈤　本件かにかご漁の操業状況等

O及びEら乗組員一一名は、同月（一〇月）一九日、かにかご漁を行うため、第二新博丸にラケーエフ、プシニコフを乗せて、稚内港を出港し、翌二〇日ころから色丹島付近海域でかにかごによるかにの採捕を始め、同年一一月五日ころまでの間（なお、途中帰港したことについては、後記するとおりである。）、同島付近海域で採捕を続けた。そして、同船による一連の本件操業は、色丹島周辺の海域、すなわち、一部がソ連主張の領海内（同島から一二海里以内の海域）で、その余の全部がソ連主張の経済水域内（同島から一二海里を超え二〇〇海里までの海域）で行われた。（なお、本件操業海域に近い通称「三角水域」といわれる国後島、色丹島及び歯舞群島で囲まれた海域は、花咲がに・毛がに等の有数な生息場所の一つとされており、また、花咲がに・毛がにとも、時期、水温の変化等に伴い移動するものであり、北海道沿岸におけるかに漁業の調整という見地からみても、「三角水域」及びその付近でのかに漁の状況如何が、北海道沿岸のそれに重大な影響を及ぼす関係にあったと認められる。すなわち、例えば、花咲がには、八月から九月にかけて、この方面から根室半島周辺の海域に移動してくるとみられており、正規の漁業者らは、この時期ころ、根室半島の太平洋側、その他の海域で花咲がにのかご漁を行っているところ、近時、その水揚げ量が減少しており、これが「三角水域」付近の海域における密漁者の増加と関係があるとみられること等に徴すると、本件操業海域付近は、調整規則の目的とする漁業調整等を必要とする海域に当たると認められる。）

Oは、同年一〇月二七日、第二新博丸を釧路港にいったん入港させて、それまでに採捕した毛がに約九一・三キログラム及び花咲がに約九六・五キログラムを水揚げしたが、その際、右のかに類はソ連のネヴエレスクから船積みしてきたウタリ共同の輸入品である旨虚偽の内容を申告して輸入手続を行った。なお、被告人は、その少し前ころKから、「Oがかに漁の状況が思わしくないと連絡してきた」旨聞くと、毛がに漁に適した小型のかにかごを使用した方がよいと思い、かねてかにかごの手配を依頼してあった知人に急遽連絡をとって、かにかご約三二〇個を借り受け、同月二八日ころ、釧路港に停泊中の第二新博丸に搬入させた。

次いでOらは、同月二八日釧路港を出港し、翌二九日にかけて、前記の海域でかにかご漁を行ったが、操業中、乗組員のTが指に負傷する事故を起こしたため、同人を急ぎ病院に収容すべく、操業をいったん中止し、同日深夜釧路港に入港した。その際、Oは、右操業により採捕した毛がに約八一キログラム及び花咲がに約三〇五・五キログラムを水揚げして塩山水産に引き渡したが、Kは、同社関係者に対し、これについては輸入申告等を行わず、内緒で販売するよう依頼した。

そして、Oら乗組員（Tを除く）は、同月三〇日、また釧路港を出港して、翌三一日から翌月一日にかけて、前記の海域でかにかご漁を行った後、同月（一一月）二日、同港に帰港し、右操業により採捕した毛がに約四七一・六キログラム及び花咲がに約一九三〇・九キログラムを水揚げしたが、その際、Oは、右のかに類はネヴエレスクから船積みしてきたウタリ共同の輸入品である旨虚偽の内容を申告して輸入手続を行った。

その後、Oらは、同月三日釧路港を出港して、同月四日から五日にかけて、前記の海域でまたかにかご漁を行ったが、ソ連の取締船が来て、操業を中止して引き上げるよう命令されたため、Kと連絡をとり、同人の「かにが死んでも構わないから稚内に帰港せよ」との指示に従って、同月七日、稚内港に帰港した。そして、Oは、右操業中採捕した毛がに約一三三・六キログラム及び花咲がに約二八一九・六キログラムを水揚げしたが、その際にも、右のかに類はネヴエレスクから船積みしてきたウタリ共同の輸入品である旨虚偽の内容を申告して輸入手続を行った。

なお、本件操業中、第二新博丸は、付近の海域で操業中の日本漁船のはえなわを切断するなどの事故を起したこともあるが、Oは、右日本漁船との交信に応じないようにし、また、日本漁船と出会った際にも、乗組員に対してできるだけ見られないようにするよう指示する等、終始他の日本漁船との連絡・接触を回避する行動をとった。

以上一連の航海を通じ、本件操業に関する具体的決定及び乗組員らに対する指揮・命令等は、Oがこれを行った。すなわち、Oは第二新博丸の船長兼漁労長として、操業の場所、操業の開始・終了等の決定、乗組員らに対する操業の指示等をし（なお、操業場所については、ラケーエフらの助言を受けながら、自らがその決定をした。）、また、船舶電話等によりKと頻繁に連絡をとって航海・操業の状況を同人に報告し、特に重要事項については、同人の指示を仰ぎつつ、その操業に当たった。このほか、Oは、操業した日、操業の位置、海中に設置したかにかごの数、採捕したかにの種類及び量、かにかごを入れ始めた位置と入れ終わった位置の各経度・緯度・水深等を克明に大学ノートに記載して記録した。なお、Oら乗組員の給料はウタリ共同から支払われた。

本件一連の操業を通じ、第二新博丸に乗船していたラケーエフ及びプシニコフは採捕したかにの総重量を計量したり、かに一匹ずつの大きさや重さを測定したり、雌がにを海に戻させたりしたほか、ラケーエフは、Oに対してソ連（主張）の領海内には入らず、経済水域で操業するよう求めたほか、ソ連取締船の臨検を受けた際にはその応対に当たり、また、忙しいときには乗組員らの餌付けの作業を手伝ったり、輸入手続の際には、アニワを代理してインヴオイスに署名したりしたが、両名ともかに漁の漁師ではなく、同人らが本件のかにかご漁に関する決定や指揮命令をすることはなかった。そして、ラケーエフ及びプシニコフ（なお、ラケーエフは片言の日本語を話したが、プシニコフは日本語を全く話さなかった。）が、第二新博丸で行った以上の行為は、単なる操業の手伝いを除けば、いずれも本件契約書（2・2の4及び5、3の3及び5）又は本件許可証の七項末尾（科学調査はサハリン・チンロの研究室長プシニコフの指導のもとに行われる予定である旨の記載）に基づくソ連人専門家の権限ないし役割の範囲内のものであった。

(六)　本件操業による利益の帰属状況等

前記のとおり、第二新博丸が水揚げしたかに類、すなわち、①平成元年一〇月二七日入港の際に水揚げした毛がに約九一一・三キログラム及び花咲がに約九六・五キログラム、②同月二九日入港の際に水揚げした毛がに約八一キログラム及び花咲がに約三〇五・五キログラム、③同年一一月二日入港の際に水揚げした毛がに約四七一・六キログラム及び花咲がに約一九三〇・九キログラム並びに④同月七日入港（ただし、稚内港）の際に水揚げした毛がに約一三三・六キログラム及び花咲がに約二八一九・六キログラムは、いずれも直ちに塩山水産に引き取られて、各水産業者に販売されたが、その販売代金から塩山水産の手数料等を控除したウタリ共同の取得分は、①について五四万五七〇〇円、②について八二万六四九一円、③については四六三万八六七〇円、④については三四四万六四六六円で、その合計は、九四五万七三二七円であった。

そして、本件契約書では、ウタリ共同は、かにの販売によって得られた金の「支払いを円滑かつ簡素に行うため」に、本件契約書の付録第一号により、毛がにについては一トン当たり一五〇万円、花咲がにについては一トン当たり三〇万円の各割合で算定された金額をアニワに送金する旨定められていた（これによると、アニワは、かにの市場価格の状況如何にかかわらず、漁獲量に応じて一定の利益が保障されるが、一方、ウタリ共同は、このような市場価格の変動等によるリスクを負担する関係にあった。）が、本件操業により採捕された毛がにの総重量は約七七七・五キログラムであり、花咲がにの総重量は約五一五二・五キログラムであるから、右契約によりウタリ共同がアニワに対して送金義務を負うのは二七一万二〇〇〇円（一五〇万円に〇・七七七五を乗じた金額と三〇万円に五・一五二五を乗じた金額との合計）であり、これは、本件によってウタリ共同が塩山水産から取得する販売代金合計九四五万七三二七円の約二八・七パーセントにとどまるものであった。なお、Kは、平成元年一一月、ウタリ共同の名義で塩山水産から本件採捕にかかるかにの販売代金の一部として六六〇万円余を受け取ったが、これをライブメディア等に対する自己の借入金（その多くが、Kからウタリ共同に貸し付けられて、本件操業のための資金になっていた。）の返済等に充てた。

㈦　以上㈠ないし㈥のとおり、認定・判断することができる。原審証人O、同Kの各供述、別件（釧路地方裁判所平成元年（わ）第二六六号等事件）公判調書（写し）中、Oの被告人としての供述部分、被告人の原審公判廷における供述及びメンコフスキー作成の「声明」と題する書面（以下「声明文」という。）並びに当審で取り調べた右の別件公判調書（写し）中、被告人の証人としての供述部分及びKの被告人としての供述部分、プシニコフに対する尋問結果をロシア共和国公証人が認証した「証人尋問調書」と題する書面（以下「プシニコフに対する証人尋問調書」という。）等のうち、以上の認定・判断に抵触する部分はいずれも信用することができず、他に以上の認定・判断を左右するに足りる証拠はない。

以上認定の事実に更に関係各証拠を加えて考察すると、本件かにかご漁業は、ウタリ共同の代表者である被告人と同監査役であるKとが、ウタリ共同の業務としてこれを行うことを計画し、必要な動力漁船（第二新博丸）、漁具、えさ等を借入れ若しくは購入する等し（ウタリ共同は、これらの使用権限ないし処分権限を取得したが、その反面、これらに対応する賃料や購入代金の各支払義務を負担した。）、かつまた、Oをその船長として雇用し、更に同人の指揮下でかにかご漁に従事する乗組員らを雇用する等してその操業の態勢を整えた上、これらウタリ共同の物的設備や人的組織を使って行ったものであること、Oら乗組員は、いずれもウタリ共同の従業員として、ウタリ共同のため本件かにかご漁に従事したものであり、「漁業従事者」に当たること、そうして、採捕にかかる本件かに類の所有権はウタリ共同が取得しこれを他に売却処分している（反面、ウタリ共同は、アニワに対し漁獲トン数に応じた一定割合の漁獲対価を支払い、かつ、前説示のとおり経済的なリスクを負担する関係にもあった。）こと、なお、アニワがウタリ共同から第二新博丸を傭船した事実はなく、また、採捕にかかるかに類は内国貨物であり、そのかに類の一部にとられた輸入手続は事実を正しく反映したものでなかったこと等が認められる。これらによると、本件かにかご漁業は、ウタリ共同が、その計画に基づき、同社の業務として、その物的設備・人的組織を使って遂行したものであって、ウタリ共同がその事業（営業）主体であったと認めるに十分である。

所論にかんがみ、その主張する間接事実等に対する評価・判断等について、関係各証拠に基づき、更に補足して説明する。

㈠　所論は、第二新博丸は、ウタリ共同からアニワに乗組員の労務供給契約付で実質的に傭船されたものであった旨出張するが、所論の傭船の事実がなかったと認められることは、既に説示したとおりである。すなわち、原判決も適切に説示するとおり、右両者間に傭船にかかる契約書等が取り交された事実はなく、また、口頭にせよ傭船料等に関する取決めがなされた形跡もない。もとより、アニワに対する船舶貸渡しの許可申請等傭船に必要な措置が講じられることもなかったと認められる。更に補足すると、本件契約書は、前記のとおり、本件操業に関する両者の権利義務等について詳細な定めをしているのであるから、仮に、所論のような傭船契約が成立していたとすれば、この点について何らの契約書も作成されず、まして傭船料等について何らの取決めもなされなかったというのは、著しく不自然である。そして、第二新博丸における本件操業の状況も、ウタリ共同とアニワとの間で傭船の事実がなかったことを裏付けているというべきである。

㈡　所論は、本件の操業形態は、日ソの合弁企業であるピレンガ合同（日本側からは北洋合同水産株式会社が参加しているさけ・ますの再生産等を目的とする日ソ合弁企業）の操業形態を模倣したもので、ピレンガ合同のずわいがにに関する契約（記録二八〇八丁以下参照）は、定款外とはいえ、傭船方式によるソ連法人の合弁事業の形態をしており、アニワは、この契約に準拠して第二新博丸による本件かにかご漁業を実施したのであるから、本件操業が合弁事業の一環としてアニワによって実施されたことは明らかである旨主張する。

　しかし、前説示のとおり、本件でアニワが第二新博丸を傭船した事実はないのであるから、ピレンガ合同の操業形態の如何が本件操業の認定に影響するところはない。付言すると、原審及び当審で取り調べた関係各証拠によると、ピレンガ合同のずわいがに操業に関し、所論指摘の合意書等の形式は別とし、ピレンガ合同が日本漁船を傭船した事実はなく、その実体はいわゆる共同事業の枠内のものと認められ、この点では、本件と異なるところはないが、他面、右操業者である瀬戸漁業株式会社らが、国内調整を遂げた上いずれも我が国農林水産大臣の試験操業許可を受けている点では、本件と異なるというべきである。

㈢　所論は、ラケーエフが本件操業の指揮命令をした旨主張し、メンコフスキー作成の「声明文」（原審係属中に作成したもの。）を援用するが、右声明文は、その内容に徴すると、具体的な事実関係について報告・記述するというよりは、本件に関するメンコフスキーの結論的な見解を一方的に表明するものであって、右主張に沿う部分は経験事実を述べたものとは認められず、また、本件操業の実情等に照らしても、採用することができない。更に補足すると、本件航海・操業におけるラケーエフやプシニコフの立場は、後記のその立場・役割に基づく指示は別とし、本件かにかご漁の操業に関する決定ないし指揮に関与する立場になく（本件操業に関する具体的決定及び乗組員らに対する指揮等はOが行った。）、ラケーエフとプシニコフは、実際にも、同船の操業がソ連の漁業規制等に違反しないようにとの点からの監視、ソ連取締船の臨検時の対応、採捕されたかにの測定等の役割を担当し、本件かにかご漁の操業それ自体について、決定や指揮命令をすることはなかったと認められる。所論の沿う原審証人O及び同Kの各供述などは、その余の関係各証拠等に照らし、信用することができない。

(四)「プシニコフに対する証人尋問調書」等について

当審で取り調べたプシニコフに対する証人尋問調書及び同人作成の「尋問事項回答」と題する書面の証拠価値について付言する。

当審証人Dの供述によると、被告人の通訳として被告人とともにユジノサハリンスクを訪れたDが、平成四年一月二〇日プシニコフと会い、同人に対して、村岡弁護人作成の平成三年七月四日付け事実取調請求書添付の尋問事項書（ラケーエフに対するもの。）をロシア語に訳して示しこれに回答するよう要請したところ、プシニコフはこれを承諾し、その場で右尋問事項に対する回答文を手書したこと、Dとアニワ側の通訳であるパナチョフとは、これをタイプして、一月二二日、右の「尋問事項回答」と題する書面を作成してプシニコフの確認・署名を得たこと、Dとパナチョフは、更に右回答について正式の確認を受けようと考え、翌二三日、プシニコフとともにユジノサハリンスクの公証人役場に出頭して、公証人の認証を得て「プシニコフに対する証人尋問調書」を作成したことが認められる。そして、右各書面には確かに所論に沿うと解される供述部分がある。

しかしながら、右各書面は、その内容が極めて簡略で、結論を裏付ける具体的な事実の説明が不十分であり、重要な争点を判断する資料としていささか具体性に欠けるといわざるを得ないが、その点はしばらく別としても、右各書面に記載されたプシニコフの供述は、要するに、第二新博丸による本件航海の目的が、専ら科学調査実施のためのものであり、かつまた、第二新博丸でかにの操業（D証人によると、商業ベースによる漁獲の意）を行わなかったという趣旨に解されるが、この供述は、本件操業の実情及びこれにより採捕したかに類の処分状況等、特に、本件操業は、短期間の航海中に花咲がに約五一五二・五キログラム、毛がに約七七七・五キログラムもの大量のかに類を採捕し、ウタリ共同において、ソ連からの輸入品という形式をとって日本国内に搬入し、直ちに売却処分している（プシニコフとしても、このような事情は、当然承知していたと推認される。）こと等に照らすと、右各書面のうち所論に沿う部分はいずれも採用することができない。

(五)　本件許可証の交付の相手方について

所論は、本件許可証は、ソ連漁業省からアニワに対して交付された旨主張する。

しかし、本件許可証は、前記したとおり、Oを船長とする第二新博丸による操業を許可する趣旨のもの、すなわち、操業する人及び船を一体としての操業許可と認められるから、強いてこの両者を区別して論ずるのは適当でないが、人的な側面からみれば、この種許可証が実際の操業ないしこれに対する取締りの関係で意味をもつものであることに照らすと、本件許可証は、第二新博丸で実際に操業する船長のOないしはその操業主体としてのウタリ共同に対する性格のものということができる。補足すると、本件許可証は、さきに認定したとおりのものであり、もとより、その形式・内容上、これがアニワに対する許可であることを推測させるような記載もない。そして、本件契約書（2・1・2）、更にはソ連のこの種許可証の形式や本件操業の実情等に照らすと、本件許可証は、さきに説示したとおり、Oを船長とする第二新博丸による操業の許可であり、所論主張のようなアニワに対し交付されたものではないと認められる。そして、この判断は、第二新博丸による本件操業が、アニワの漁獲割当枠を用いてするものであったことを考慮にいれても、左右されない。

(六)　以上のとおり、所論は、いずれも採用することができず、その他所論するところを逐一検討しても、採用に値するものはない。

6　そうすると、本件かにかご漁業は、ウタリ共同が自己の名をもって行ったものであり、その経営に関する意思決定も、同社代表取締役の被告人と同社監査役のKとが、計画・決定したものと認めるに十分である。原判決が本件かにかご漁業の営業主体をウタリ共同と認めたのは正当であって、原判決に所論主張のような事実誤認はない。論旨は理由がない。

三　控訴趣意第四及び控訴趣意補充（被告人の違法性の認識に関

する事実誤認の主張）について

1　論旨は、要するに、原判決がした被告人の違法性の認識に関する認定には事実の誤認がある旨主張する。

すなわち、仮に本件かにかご漁業の操業主体がウタリ共同であるとしても、被告人は、本件契約書と本件許可証に基づき、アニワの事業（定款フォンド形成のための経済行為）の一環として、右操業につき、ソ連二〇〇海里内においてソ連漁業省の許可のもとアニワの責任と権限において実施する限り、北海道知事の許可を得る必要がないと考えていたものであり、そう考えたことに過失はない。換言すると、被告人には操業主体の点で事実の錯誤があり、そのため本件かにかご漁業につき北海道知事の許可を必要とするか否かの行為規範に直面しておらず（仮に、ソ連漁業省の許可を得ている限り、北海道知事の許可を得る必要がないと考えていたとすれば、被告人に違法性の錯誤があったことになる。）、以上のとおり、本件かにかご漁業の無許可操業につき、被告人には違法性の意識ないしその可能性がなかったことが明らかであり、かつ、右違法性の意識を欠いたことにつき、被告人に何らの帰責事由もないから、本件は故意又は責任を阻却し被告人は無罪である、というのである。

2　しかしながら、前記二・4・㈤で認定した諸事情、特に、輸入申告の内容、本件操業時におけるO ら乗組員の他船に対する対応の状況等のほか、被告人らは、本件が発覚した当初の段階では、捜査官に対しても、その他の者に対しても、本件操業の事実を極力隠して、虚偽の内容の説明をしていたこと、被告人は、その後の取調べで、検察官に対し、本件操業の事実を認めるとともに、これが日本側の許可を受けないで行う密漁に当たると認識していた旨供述するに至っていること、この供述は、本件操業の経緯や被告人の経歴・立場等にも照らし、その信用性は十分肯認しうるものであること、その他、被告人が、原審公判廷において、当初サハリン沖のソ連経済水域でかれいを採捕することを計画したが、水産庁関係者から許可が出せないと告げられて断念した経緯を含め、ソ連経済水域内における漁獲行為について我が国の漁業法規の適用がある旨の認識を前提とする供述をしていたこと等の諸事情に照らすと、被告人が、本件かにかご漁業の営業主体をウタリ共同と正しく認識し、そして、ウタリ共同が無許可で右漁業を営むことが我が国の漁業法規上許されないことも認識していたと推認するに十分である。被告人の違法性の認識などに欠けるところはない。被告人の原審公判廷における供述等のうち、この認定に抵触する部分は到底信用することができない。

以上のとおり、所論は、いずれもその前提において既に失当であって、採用することができない。原判決に所論主張のような事実誤認は認められず、論旨は理由がない。

四　控訴趣意第三（法令適用の誤りの主張）について

1　論旨は、要するに、原判決が、本件操業海域に調整規則の効力が及ぶと判断して、被告人の原判示所為に調整規則を適用したのは、法令の適用を誤ったものである旨主張する。

すなわち、現在、本件操業海域のうち、色丹島周辺一二海里内はソ連の領海内とされ、また、同島周辺の二〇〇海里内はソ連の経済水域とされており、本件操業海域に対する属地的統治権は、事実上も、「日本国政府とソヴィエト社会主義共和国連邦政府との間の両国の地先沖合における漁業の分野の相互の関係に関する協定（昭和五九年条約第一一号）」（以下「日ソ地先沖合漁業協定」という。）上も、ソ連側に認められているのであるから、我が国の漁業法規の効力が及ぶ海域ではない。なお、原判決が、いかなる論拠に基づいて、本件操業海域に調整規則五条の効力が及ぶと判断したのかは不明であるが、①いわゆる「第二の北島丸事件」の最高裁判決の判旨を本件に適用したとの理解に立っても、また、②いわゆる「固有の領土」論に依拠して我が国の統治権を承認したとの理解に立っても、そのいずれの場合も、原判決の法令適用は誤りである。すなわち、仮に、本件かにかご漁業の操業主体がウタリ共同であるとしても、本件操業海域が日ソ地先沖合漁業協定に基づいて確定したソ連二〇〇海里内であり、しかも、ソ連漁業省の操業許可に基づいて実施したものである以上、いわゆる「第二の北島丸事件」の最高裁判決の事件と事案を異にし、同判決の考えを適用することはできない。さらに、いわゆる「固有の領土」論に基づいて我が国漁業規制の当然適用を考えたとしても、現実の法的運用面からも、また、日ソ地先沖合漁業協定と国内法との優劣関係からみても、同協定は北方領土海域における排他的管轄権をソ連に認めているのであるから、憲法九八条二項により、条約は国内法に優先し、同協定が確定した日ソの「自国の水域」が各国内法の場所的適用範囲を画することになり、同協定に基づくソ連二〇〇海里内における漁業規制の権限は、ソ連政府の権限ある機関・ソ連漁業省に帰属することになるから、ソ連漁業省の許可は、ソ連二〇〇海里内における日本漁船による操業を正当化する根拠となる。以上のとおりであるから、原判決が、本件操業海域に調整規則を適用したのは、いずれにしても法令の適用を誤っている、というのである。

2　まず、論旨に対する判断に先立ち、本件操業海域に対する我が国の国内法の適用関係等について検討する。

我が国は、その領海について、従来三海里を主張してきたが、昭和五二年法律第三〇号「領海法」を制定して、原則として、我が国の領海を基線からその外側一二海里の線までの海域とする旨を定め（一条）、これを施行するに至ったところ、同附則二条が、「当分の間、宗谷海峡、津軽海峡、対馬海峡東水道、対馬海峡西水道及び大隅海峡」を「特定海域」として、同法一条の原則によらず三海里による旨を定めていながら、色丹島を含むいわゆる北方四島の海域に関しては、特別の定めをしていないから、我が国は、北方四島を我が国の領土とし、その各周辺一二海里を我が国の領海と定めたものと認められる。これによると、本件操業海域のうち色丹島一二海里内の部分は、我が国の領海に属する（以下「我が国の領海」というときは、領海法が定める我が国の領海を指す。）。また、我が国は、同年法律第三一号「漁業水域に関する暫定措置法」を制定して、原則として、我が国の基線から、いずれの点をとつても我が国の基線上の最も近い点からの距離が二〇〇海里である線までの海域（領海及び政令で定める海域を除く。）を「漁業水域」と定めた上（三条三項）、この漁業水域における漁業及び水産動植物に関する管轄権を有する旨定めて（二条一項・二項）、これを施行するに至つたところ、同法律の適用上も、北方四島について特別の定めをしていないから（「漁業水域に関する暫定措置法施行令」参照）（ただし、同施行令二条は、外国人が漁業水域において行う漁業及び水産動植物の採捕に関しては、漁業法及び水産資源保護法を適用除外の法律としている。）、北方四島周辺の漁業水域もまた北方四島を基点としているものと認められる。これによると、本件操業海域のうち色丹島一二海里を超え二〇〇海里までの部分は、我が国の漁業水域に属する（以下「漁業水域」というときは、漁業水域に関する暫定措置法の定める漁業水域を指す。）。以上によると、本件操業海域は、我が国の領海又は漁業水域として、本来、その取締りの権限を含め行政権限に従って国内法上の漁業規制が及ぶ海域に属することは明らかである。もっとも、外国人に対する漁業規制の関係では昭和四二年法律第六〇号「外国人漁業の規制に関する法律」は、その二条一項で「この法律において『本邦』とは、本州、北海道、四国、九州及び農林水産省令で定めるその附属の島をいう」と規定した上、外国人が、本邦の水域において漁業又は水産動植物の採捕を行うことを原則として禁止しているところ（三条）、「外国人漁業の規制に関する法律施行規則」一条で、右附属の島について「当分の間、歯舞群島、色丹島、国後島及び択捉島を除いたものとする」と定めて、外国人が北方四島の海域でする漁業については、その対象から除く措置をしているが、この措置は、我が国の統治権が事実上北方四島に及んでいない状況にあること等に由来する措置とうかがわれ、これが直ちに本件操業海域を含む北方四島周辺の海域に対する我が国の主権ないし漁業等に関する管轄権の放棄を意味するものでなく、もとより、これが前説示の領海及び漁業水域の範囲を変更・制限するものでない。

なお、本件操業海域が、当時も、ソ連主張の領海ないし経済水域内にあった等の状況はあるが、このような事情が、日本国民に対する我が国漁業法規の適用を妨げるものでないことは、後記するとおりである。

3　そこで、所論及び答弁にかんがみ検討すると、調整規則五条一五号の場所的適用範囲等について、以下のように判断することができる。

すなわち、調整規則制定の趣旨（前文）、同規則の目的（一条）及びその前提をなす漁業法・水産資源保護法の各目的並びに調整規則五条制定の根拠法条及び趣旨等については、さきに説示したとおりである。以上の諸点に、同規則五五条一項一号が右五条違反の行為に対して刑罰をもって臨んでいること等を加えて考察すると、調整規則五条は、同規則一条にいう漁業法八四条一項に規定する海面における水産資源の保護培養・維持、漁業調整等の目的を達成するため、その各号所定の漁業を営むことを一般的に禁止した上、漁業ごと等に北海道知事の許可を受けた者に限り、その禁止を解除する趣旨を定めたものと解することができる。そうして、右規定の趣旨のほか、漁業それ自体が、境界のない海洋の漁獲物等を対象とするものであるため（漁業の特質）、行政権限の及ぶ法的な範囲とは関係なく事実上操業されることが少なからずあって、このような漁業をも含めて規制の対象としない限り、前記の目的を十分に達成することができないのであり、また、調整規則一条にいう「漁業法八四条一項に規定する海面」は、具体的には北海道地先の海面を指すと解されるが、（昭和二五年農林省告示一二九号「漁業法による海区指定」参照）、この北海道地先の海面が、もともと日本海、オホーツク海、北西太平洋等により外国が領有ないし占有する島々、大陸等と連接する部分を含む海域であって（北海道地先海面の特殊性）、日本国民が外国の領海等で漁業を行う場合についても、前記の見地からはこれを規制する必要があること（自国民に対し外国の領海等における特定の行為を禁ずること自体は、何ら当該外国の主権を侵すものでない。）、そうして、調整規則五条一五号が、単に「かにかご漁業（動力漁船を使用するものに限る。）」と規定して、その場所的適用範囲を限定していないこと等を併せ考慮すると、同規則五条一五号は、外国人に対する関係は別とし、日本国民に対する関係では、北海道地先の海面であって、前記の目的を達成するための漁業取締りその他漁業調整等を必要とし、かつ、主務大臣又は北海道知事が取締りを行うことが可能な範囲の海面、すなわち、右範囲の我が国の領海及び漁業水域並びに公海におけるかにかご漁業のほか、これらの海面と連接して一体をなす外国の領海又は経済水域におけるかにかご漁業にも、その適用があると解するのが相当である（最高裁第二小法廷昭和四五年九月三〇日決定及びいわゆる「第三の北島丸事件（二件）」の最高裁第一小法廷昭和四六年四月二二日判決等の各趣旨参照）。この意味で、調整規則五条一五号は、前記の目的を達成するため、日本国民が外国の領海等においてかにかご漁業を営む場合にも、属人的にこれを適用する趣旨を含むものであり、したがつて、その罰則規定の同規則五五条一項一号も、これをうけて日本国民がした右違反の行為（国外犯）をも処罰する旨を定めたものと解することができる。それゆえ、日本国民が、我が国の漁業法規上の許可を受けることなく、前説示の外国の領海等においてかにかご漁業を営むときは、それが当該外国の権限ある機関の許可に基づいて行う場合であると、事実上行う場合であるとを問わず、調整規則第五五条一項一号の適用を免れることができないというべきである。

4　所論は、本件操業海域に対する属地的統治権は、事実上も、日ソ地先沖合漁業協定上も、ソ連側に認められているのであるから、右操業海域には我が国の漁業規制法規の効力が及ばない旨主張する。

なるほど、色丹島を含む北方四島に対しては、現在、事実上我が国の統治権が及んでいない等の状況にあるため、本件操業海域について、北海道知事が漁業許可を与える運用をしていないとしても、また同海域で臨検を行うことができない状況にあるにしても、本件操業海域は、前記のとおり、我が国の法体系上、我が国の領海又は漁業水域と定められた海域内にあつて、少なくとも、日本国民に対する関係では、我が国の漁業規制の効力が及ぶ海域に属するから、調整規則五条一五号によつて日本国民が同海域でかにかご漁業を営むことは禁止され、これに違反し無許可で操業した者は同規則五五条一項一号による処罰を免れることができないと解すべきである。補足すると、前記の各状況（事実状態）があるからといつて、そのゆえをもつて我が国の漁業規制の効力が直ちに否定されることにはならない。のみならず、例えば、取締りについては、その海域での臨検を行うことができないとしても、その違反操業者が我が国の領海、領土などに戻つた機会等に取締りを実施することは十分可能であつて、現にそのような取締りをして規制の効果をあげているのであり、その他、行政取締り法規の性質上、その禁止の範囲と許可可能な範囲とが、常に一致しなければならないものでないこと等を考慮すると、前記の各状況は、日本国民に対する調整規則五条一五号の適用を妨げる事由になるものでない。

また、所論にかんがみ、仮にさきに説示した調整規則五条一五号の日本国民に対する属人的な適用の見地、すなわち、仮に北海道を基線とする我が国の領海と我が国の法支配が事実上及んでいない本件操業海域という見地から（仮に後者を外国の領海ないし経済水域に準ずるものとして）考察してみても、本件操業海域付近は、前記二・4・㈤で認定したとおり、同海域におけるかに漁が北海道沿岸のかにの漁獲量等に重大な影響を及ぼす関係があって、前説示の漁業調整等を必要とする海面にあり、かつ、北海道、特に根室半島先にあって、その地形的な連がりの状況、距離関係等を含む地理的環境に照らすと、北海道を基線とする我が国の領海と連接して一体をなす海域に当たると認めることができる。それゆえ、本件操業海域は、調整規則五条一五号（前説示のとおり国外犯処罰の趣旨を含む。）の効力が日本国民に属人的に及ぶ範囲の海域に当たるということができるから、前記の結論は異ならない。

次に、調整規則と日ソ地先沖合漁業協定ないしソ連側の許可との関係について検討する。

調整規則五条一五号は、さきに説示したとおり、日本国民が外国の領海ないし経済水域で同号所定のかにかご漁業を営むことを属人的に禁止する趣旨を含むものである（北海道地先の漁業調整等を必要とする海面と連接一体の関係があるときは、たとえ、日本国民が他国が主権ないし主権的な権利をもつ海域で無許可漁業をするときにも、属人的に適用されるものである）から、本件操業海域が、仮に所論主張のようなソ連の二〇〇海里水域内にあったとしても、また、本件操業がソ連の権限ある機関の許可に基づくものであったとしても、同協定上、前記規定の適用を排除するような合意等があれば格別、そうでない限り、その適用が排除されることはないというべきである。そこで、所論にかんがみ、日ソ地先沖合漁業協定を検討してみても、同協定上、漁業法規の日本国民に対する右説示の属人的な適用を否定するような合意（これを推測させる合意を含む。）は認められない。そして、本件かにかご漁業は日ソ地先沖合漁業協定の枠外のいわば民間レベルのものであるがこの点は別としても、同協定は、その前文において、「日本国の漁業水域に関する暫定措置法に基づく漁業に関する日本国の管轄権並びにソヴィエト社会主義共和国連邦の経済水域に関するソヴィエト社会主義共和国連邦最高会議幹部会令に基づく生産資源の探査、開発、保存及び管理のためのソヴィエト社会主義共和国連邦の主権的権利」を相互に認め合っていること、一条において、「各締約国政府は、相互利益の原則に立って、自国の関係法令に従い、自国の北西太平洋の沿岸に接続する二〇〇海里水域において他方の国の国民及び漁船が漁獲を行うことを許可する」旨定めて、相互利益の原則をかかげていること、また、七条において、「この協定のいかなる規定も、海洋法の諸問題についても、相互の関係における諸問題についても、いずれの締約国政府の立場又は見解を害するものとみなしてはならない」

としていること等に照らすと、むしろ、同協定は、自国民が他方の国の水域で漁業を行う場合にも、その国の関係法令のみならず、必要な自国の関係法規（性質上、外国の領海等における操業についても適用がある規定）による規制にも従うことを当然の前提としているものとうかがわれ、同協定上、少なくとも、我が国漁業法規の属人的な適用を排斥する趣旨は見いだすことができない。

そしてまた、本件操業について、ソ連漁業省からの操業許可があったことは所論のとおりであるが、関係各証拠に照らすと、この許可は、我が国の調整規則五条一五号の許可（禁止の解除）と根拠・趣旨を異にするものと認められるから、このような妥当根拠を異にする外国機関の許可が、前説示の調整規則の属人的な適用を当然に排除するものではなく、もとより、本件の無許可漁業を正当化するものでもない。その他、本件で右無許可漁業を正当化するような事情も見いだし難い。

その他、所論指摘の法的環境の変化（外国人に対する漁業規制の状況等）を検討しても、本件操業海域について、我が国の自国民に対する漁業法規の適用を否定する事由に結び付く事情は認められない。

以上の次第で、所論はいずれも採用することができない。

5　そうすると、原判決が、本件操業海域における原判示のかにかご漁業（Oら従業員が、ウタリ共同の業務に関して行った。）に対し、調整規則五条一五号、五五条一項一号（五七条）を適用したのは正当であって、原判決に所論主張のような法令の適用の誤りはない。論旨は理由がない。

五　控訴趣意第五（量刑不当の主張）について

1　論旨は、要するに、被告人を懲役五月・三年間刑執行猶予に処した原裁判の量刑が重過ぎて不当である、というのである。

2　そこで、記録を調査し、当審における事実取調べの結果をも参酌して検討すると、本件は、前記のとおりの無許可によるかにかご漁業の事案であって、さきに認定した諸事情、とりわけ、本件は、ウタリ共同の業務に関し、その従業員らが敢行した組織的・継続的な犯行であり、その操業規模が大きく、採捕にかかるかにの量も多いこと、被告人は、ウタリ共同の代表者であって、Kとともに右事件で主導的な役割を果したこと、右操業によりウタリ共同に帰属した経済的利益も少なくないこと、その他この種事案が漁業秩序等に及ぼす影響等に照らすと、被告人の刑責は軽視することができない。

そうすると、本体は、ソ連側の操業許可があること、被告人は、古く一回罰金に処せられたことがあるのみで、他に前科がないこと、その他所論の法定刑の上限など、被告人のため酌むべき諸事情を十分考慮しても、被告人を懲役五月に処した上、三年間その刑の執行を猶予した原判決の量刑は、相当として是認することができ、不当に重いとはいえない。この論旨も理由がない。

第三　結論

よつて、刑訴法三九六条により本件控訴を棄却し、当審における訴訟費用は、同法一八一条一項本文により全部被告人に負担させることとして、主文のとおり判決する。

（タイムズ八〇一号二五一頁・高裁速報一四一号一一三頁）

㈡　滋賀県漁業調整規則

（漁業の許可）

第六条　法第六十六条第一項に規定する漁業のほか、次の各号に掲げる漁業を営もうとする者は、第一号および第二号に掲げる漁業にあつては当該漁業ごとおよび船舶ごとに、第三号から第十三号までに掲げる漁業（以下「その他の漁業」という。）にあつては当該漁業ごとに知事の許可を受けなければならない。ただし、漁業権または入漁権に基づいて漁業を営む場合は、この限りでない。

(8)　追さで網漁業

（許可証の携帯義務）

第十条　漁業の許可を受けた者は、当該許可に係る漁業を操業するときは、許可証（前条に規定するものをいう。以下同じ。）を自ら携帯し、または操業責任者に携帯させせなければならない。

2　許可証の書換え申請その他の理由により、許可証を行政庁に提出中である者が、当該許可に係る漁業を操業するときは、前項の規定にかかわらず、知事がその記載内容が許可証の記載内容と同一であり、かつ、当該許可証を行政庁に提出中である旨を証明した許可証の写しを自ら携帯し、または操業責任者に携帯させればよい。

3　前項の場合において、許可証の交付または還付を受けた者は、遅滞なく同項に規定する許可証の写しを返納しなければならない。

4　前三項の規定は、採捕の許可を受けた者について準用する。この場合において、第一項中「漁業の許可」とあるのは「採捕の許可」と、「漁業を操業」とあるのは「漁具または漁法により水産動物を採捕」と、「操業責任者」とあるのは「従事者」と、第二項中「漁業を操業」とあるのは「漁具または漁法により水産動物を採捕」と、「操業責任者」とあるのは「従事者」とそれぞれ読み替えるものとする。

（許可証の貸与等の禁止）

第十一条　漁業の許可または採捕の許可を受けた者は、許可証または前条第二項の規定による許可証の写しを他人に譲渡し、または貸与してはならない。

（罰則）

第六十一条　次の各号のいずれかに該当する者は、六月以下の懲役もしくは十万円以下の罰金に処し、またはこれを併科する。

(1) 第六条、第六条の二、第十四条、第三十四条第一項、第三十五条から第四十条まで、第四十二条、第四十三条、第四十四条、第四十九条、第五十条第一項または第五十二条第六項の規定に違反した者

◆42 無許可漁業者の漁業は法的保護に値しないとして、その湖水汚濁等を理由とする損害賠償請求が認められなかった事例

大津地裁民、昭和四五年(ワ)第一〇七号

昭五四・八・一三判決、棄却（確定）

原告　虎姫漁業協同組合

被告　長浜市

関係条文　漁業法六五条、水産資源保護法四条、滋賀県漁業調整規則六条・一〇条・一一条・六一条、国家賠償法一条、民法七〇九条

【要　旨】

滋賀県漁業調整規則により、犯罪を犯した者として六月以下の懲役もしくは一万円以下の罰金に処せられ、またはこれを併科されることとなるのみならず、右は犯罪にかかる漁獲物、その製品、漁船及び漁具で犯人が所有するものは、没収することができるものとされているとともに右犯行時犯人所有の右物件で右による没収できないものは、その価額を追徴することができるものとされているのであるから、追さで網漁業の無許可経営をする者が右漁業の経営について有する経営主体としての利益は、法的保護に価するものとみることはできず、したがって右利益が侵害されたからといって、そのことだけでただちに右侵害行為が違法のものということはできない。

○主　文

原告の請求を棄却する。

訴訟費用は、原告の負担とする。

○事　実

第一　当事者の求めた裁判

一　請求の趣旨

1　被告は、原告に対し、金二一七六万二六〇円及び内金一〇〇〇万円に対する昭和四四年一二月一二日以降、同一一七六万二六〇円に対する同四九年七月二三日以降、同支払済に至るまでいずれも年五分の割合による金員を支払え。

2　訴訟費用は、被告の負担とする。

3　担保を条件とする仮執行の宣言。

二　請求の趣旨に対する答弁

主文同旨。

第二　当事者の主張

一　請求の原因

1　原告は、水産業協同組合法に基づき昭和二八年九月一四日に設立された漁業協同組合で、㈠水産動植物の繁殖保護、その他漁場利用に関する施設㈡組合員の漁獲物その他の生産物の運搬、加工、保管又は販売㈢水産に関する技術の向上、組合員の福利厚生施設㈣やな漁業の経営等の各事業及び右の各事業に附帯する事業を行うものとされ、現在組合員は二一名であり、役員である理事五名によって運営され、組合員の外部との交渉、契約、漁場の管理等については、原告組合が組合員のためにすべて原告組合の名において行ってきたものである。

2　原告組合が組合設立の時から今日まで行ってきた事業中に琵琶湖岸でなす追さで網漁業（五人前後の者が一組となり、一張りのさで網つまり二本の長い竹を扇形に組み合わせこれに網を張ったものに鮎を追いこんでこれを採捕する漁業）があるが、昭和三七年三月ころからは隣接漁業協同組合との間で締結された追さで網漁業の漁場区域割協定により原告組合の右漁場は、滋賀県東浅井郡びわ村南浜水泳場内古桟橋を北限とし、同県長浜市下坂浜浄水場を南限とする琵琶湖岸とされたところ、右漁場内の豊公園地先の湖岸は、追さで網漁業に適する湾入した遠浅の地形、清澄な湖水の条件を具備した右漁業の最適地であったものである。

なお、滋賀県漁業調整規則（昭和二六年同県規則第三二号（以下「旧県規則」という。）及び昭和四〇年同県規則第六号（以下「新県規則」という。）」によると、追さで網漁業を営む者は、県知事の許可を受けなければならないものとされているが、原告組合においては、原告組合名義の右許可はないが、昭和三九年までは、その組合員である松村豊四郎らが受けていた追さで網漁業許可により、同四〇年から同四四年までの間は、右許可を受けていた隣接の朝日漁業協同組合の組合員である片山藤一を雇入れて、その許可により、同四五年以降は、原告組合の組合員である堀川吉雄ら三名が共同して受けた右許可により、それぞれ適法に追さで網漁業を営んできたものである。

3㈠　しかるところ、被告は、昭和四二年一一月二〇日、滋賀県知事に対し、滋賀県長浜市公園町字本丸一一六五番地の三地先、同所一一八四番地、同町字欄干一二八四番地の三地先から同町字浜畑二四二番地、同所二四三番地の一地先、同所二四四番地の一地先、同所二四五番地の一地先、同所二四六番地の一地先、同所二五八番地の二地先、同所二五九番地の二地先、同所二六七番地の一地先、同所二六九番地の六地先、同所二八六番地の二地先の公有水面（面積九万三九八四・五七五平方メートル）につきその埋立の許可申請をなし、同四四年一月三〇日右許可を受けた。右埋立予定地には前記豊公園地先湖岸が含まれている。

㈡　被告は、昭和四四年三月ころから右埋立工事（以下「本件埋立工事」という。）に着手したが、右工事の方法は、カッターと称する大きな機械で沖合の湖底をかき混ぜ、浮上した土砂を湖水とともに湖岸に移動させ、同所に沈澱させて埋立するというもので、右工事により湖水が極度に汚濁されるとともに工事に伴う騒音が発生したため、原告組合では右工事期間中は、右埋立予定地付近の前記漁場で殆んど追さで網漁業を営むことができなかったうえに、本件埋立工事の完成によって、原告組合の右漁場は、追さで網漁業のための前記適地条件を欠くものとなり、原告組合は、右漁業の最適地を永久に失うこととなった。

4㈠　被告の本件埋立工事の実施は、原告組合の前記漁場における追さで網漁業の操業を妨害する違法なものであり、また被告は、原告組合が本件埋立工事の実施により原告組合の右操業が妨害されることを理由に繰り返し工事の中止を求めていたのにこれを無視して右工事を強行したものであるから、被告は、民法七〇九条により、右工事の結果原告組合に生じた損害を賠償すべき義務がある。

㈡　仮に被告の本件埋立工事の実施が公権力の行使に当るというのであれば、普通地方公共団体たる被告の公務員で公権力の行使に当る市長の片山喜三郎が前記埋立により原告組合の営んでいる追さで網漁業の最適地である前記漁場を失わせ、原告組合の右漁業の操業を妨げる結果となることを予見し、または少くとも予見しえたにもかかわらず、観光、開発、埋立の各ブームに眩惑され、その職務執行として本件埋立工事を敢行して、前記のとおり、原告組合の営む追さで網漁業の操業を妨げたものであるから、被告は、国家賠償法一条により、本件埋立工事の結果原告組合に生じた損害を賠償すべき義務がある。

5　原告組合は、被告の本件埋立工事により、次のような損害を被った。

即ち、原告組合は、前記漁場において、本件埋立工事による影響が未発生の昭和四四年には追さで網漁業により五六八三キログラムの若鮎を採捕し、三九四万円の収入を得た。しかるに本件埋立工事の影響により、原告組合の右漁業による若鮎の収量（売上金額）は、同四五年には七八五キログラム（七九万四六二〇円）、同四六年には三二一キログラム（三五万三〇〇〇円）、同四七年には一三五二キログラム（一三三万三九〇〇円）、同四八年には一一九〇キログラム（一七九万四三〇〇円）であり、同四四年の収量との差が被告の本件埋立工事による減収分と考えられる。そこで、同四五年から同四八年までの間の各年の減収分に各年の若鮎の平均単価を乗じて算出した右減収分の価格である金二一七六万二六〇円が被告の本件埋立工事により原告の受けた損害額になる。

6　よって、原告組合は、被告に対し、第一次的には民法七〇九条にもとづき、第二次的には国家賠償法一条にもとづき、金二一七六万二六〇〇円及び内金一〇〇〇万円に対する不法行為後の昭和四四年一二月一二日以降、内金一一七六万二六〇〇円に対する請求の拡張を記載した原告組合の準備書面送達の日の翌日である昭和四九年七月二三日以降、各支払済に至るまでいずれも民事法定利率年五分の割合による遅延損害金の支払を求める。

二　請求の原因に対する認否

1　請求の原因1項のうち、原告組合と組合員との関係についての主張事実中原告組合がその組合員のために原告組合の名をもって外部と交渉したことのあった事実は認めるが、その余の点は不知、同項のその余の事実は認める。

2　同2項の事実中、原告組合がその事業として追さで網漁業を営んできたこと、原告組合が隣接漁協との間でその主張するような協定を締結しその主張するような漁場の割り当てを受けたこと、豊公園地先が追さで網漁業の最適地であったことの各事実は否認する。追さで網漁業の漁法及び漁場の条件、新旧両県規則の規定、原告組合に右漁業の許可がないこと、昭和四五年五月以降原告組合の組合員が右漁業の許可を受けていること、以上の各事実は認める。

3　同3項㈠の事実は認める。同㈡の事実中、本件埋立工事の工事方法の点は認めるが、その余の事実は否認する。なお、被告が本件埋立工事用の事務所を設置したのは、昭和四四年五月一五日、本件埋立工事に着手したのはそれより二、三か月後である。

4　同4項及び㈡の各事実は否認し、各主張は争う。

5　同5項の各事実は否認する。なお、昭和四四年は、若鮎の豊漁期にあたっていることが統計上明白であるから、同年の収量を基準にして減収分を算定している原告組合の損害額の算定方法は、不合理である。

第三　証拠《略》

〇理　由

一　請求の原因1項の事実のうち原告組合と組合員との関係についての主張部分を除くその余の事実については当事者間に争いがない。

二　同2項の事実のうち、追さで網漁業の漁法及び漁場の条件、新旧両県規則の規定内容、原告組合が追さで網漁業の許可を有するものでないこと、昭和四五年五月以降原告組合が組合員が右漁業の許可を受けていること、以上については、当事者間に争いがなく、原告組合が組合設立の時から昭和三九年ころまでの間追さで網漁業を営んできたとの点を除いたその余の事実は、《証拠略》を総合してこれを認めることができ、他に右認定を覆すに足りる証拠はない。

三　同3項㈠の事実及び㈡の事実のうち本件埋立工事の工事方法は当事者間に争いがなく、《証拠略》を総合すると、被告は、昭和四四年五月ころ、本件埋立工事用の事務所を設置し、同年夏ころから本格的に右埋立工事を始めたこと及び右工事により、原告組合では、本件埋立予定地内で追さで網漁業を営むことは不可能となったばかりでなく、右工事施工中は、その予定地近隣においても、右工事に伴う騒音が発生し、湖底の土砂を攪拌することによって生じた濁水の一部が流出して若鮎の棲息環境が悪化したため、殆んど右漁業を営むことができなかったことが認められ、右認定に反する証拠はない。

四　原告は、被告の本件埋立工事の実施が原告組合の追さで網漁業の操業に対する妨害として違法なものである旨主張するので、以下この点について検討する。

1　新県規則において原告の主張する追さで網漁業を営むには県知事の許可が必要とされていることは、前判示のとおりであり、右許可を得ることなしに追さで網漁業を経営することは右規制上禁止されているものであるところ、《証拠略》によると、無許可で右漁業を経営した者は、新県規則により、犯罪を犯した者として六月以下の懲役もしくは一万円以下の罰金に処せられ、またはこれを併科される（新規則六条、六一条一項一号）こととなるのみならず、右犯罪にかかる漁獲物、その製品、漁船及び漁具で犯人が所有するものは、没収することができるものとされているとともに、右犯行時犯人所有の右物件で右による没収ができないものは、その価額を追徴することができるものとされている（同規則六一条一項及び二項）のであるから、追さで網漁業の無許可経営をする者が右漁業の経営について有する経営主体としての利益は、法的保護に価するものとみることはできず、したがって右利益が侵害されたからといって、そのことだけで直ちに右侵害行為が違法のものということはできない。

2　これを本件についてみるに、原告組合が追さで網漁業の許可を有することなく追さで網漁業を営んできたことは、前判示のとおりである（原告組合の追さで網漁業の右経営の実情をみるに、《証拠略》を総合すると、原告組合では、追さで網漁業の無許可経営の非難を避けるため、自己の組合員中に右許可を有する者があるときは、その者の許可に基づくものとして、自己の組合員中に右許可を有する者がないとき（昭和四〇年ころから同四四年ころまでの間）は、隣接漁業協同組合の組合員にして右許可を有する者一名（朝日漁業協同組合の片山藤一）に協力を求め、その者の許可に基づくものとして、追さで網漁業を経営し、その経営に当っては、さで網や小舟などの右漁業に必要な用具は原告組合があてがい、右漁業従事者は原告組合の組合員で右漁業に経験のある一〇名ないし一一名の中から、漁期の期間中、一日に四、五名の者が交替で出ることと右協力を必要とした際に前記片山藤一の参加を得ることでまかない、右漁業の漁獲物は、原告組合が原告組合の名で出荷して、その代金を受領し、原告組合がその一定割合（七パーセント）を原告組合の諸経費に充てるため控除して残額を右漁業従事者に分配したが、右分配については、前記片山藤一に対しては、日当ないし謝礼の趣旨で、その参加日数に応じ、水揚額にかかわらず、一日当り約七〇〇〇円の金員を支払い、原告組合の組合員である右漁業従事者に対しては、前記許可証の有無による区別を設けず、毎月、右漁業に従事した日数に応じて配分したが、右配分額は、水揚額の多寡に応じ一日当りにして少ないときで約四〇〇〇円多いときで約一万円となったこと、以上の各事実が認められ、他に右認定に反する証拠はない。右事実によると、原告組合が営んできた追さで網漁業は、必ずしもその経営形態が明確なものとはいいがたく、一概に原告組合の純粋単独の経営とみることは、右漁業運営の実態にそぐわないように考えられるものの、少くとも原告組合が右漁業につき経営主体の立場で関与していたことは否定できない。）から、原告組合が追さで網漁業に経営主体として関与している面においては、原告組合は、追さで網漁業の無許可経営者とみる外なく、そうすると、被告の本件埋立工事によって侵害されたとする原告組合の利益（漁獲物による収入）が原告組合の追さで網漁業の経営主体としての利益に外ならないものと解される以上、原告組合の右利益は、法的保護に価するものといえず、したがって、これを侵害したことを理由に被告の本件埋立工事の違法をいう原告の主張は、採用することができない。

なお、原告が主張する追さで漁業の経営には、原告組合の組合員でその許可を有する者が関与している一面もないではない事情が前判示の事実関係よりうかがわれ、この者が右漁業の経営主体として有する利益の法的保護については、前判示の原告組合におけるような、これを欠く事由がないところ、原告は、原告組合の組合員の外部との交渉、契約、漁場の管理等については、原告組合が組合員のためにすべて原告組合名において行ってきたものである旨主張するところがあり、右主張の趣意には、原告組合が右組合員の被告に対して有する損害賠償債権を理由に本訴請求をなすことをいう点が含まれるものと解されるところ、右組合員の受けた損害額は本件における全証拠によってもこれを確定することができない点を暫く措くとしても、原告組合が本訴で自己の名において右組合員の損害賠償債権を主張して本訴請求をなしうる根拠についての具体的な主張とその立証はないので、原告の右主張は、採用することができない。

また、右主張の趣意には、原告組合の追さで網漁業の経営は、原告組合の組合員が得た許可に基づくその組合員の追さで網漁業の経営と同一に評価すべきもので、無許可のものとみるべきでないことをいう点も含まれていると解されるとしても、《証拠略》によると、追さで網漁業は、新県規則上、その許可を受けた者自身が営むべきものとされ（同規則六条、一〇条、一一条参照）ていることが認められるから、右原告の主張は、主張自体理由がないものというべきである。

五　そうすると、被告の本件埋立工事が違法であることを前提とする原告の本訴請求は、その余の点について判断するまでもなく、理由がないものといわなければならない。

六　よって原告組合の本訴請求を棄却することとし、訴訟費用の負担につき、民事訴訟法八九条を適用して、主文のとおり判決する。

（時報九四八号九三頁）

㈢　広島県漁業調整規則

（許可内容に違反する操業の禁止）

第十五条　漁業の許可を受けた者は、漁業の許可の内容（法第六十六条第一項の規定による漁業並びに第七条第一号及び第二号に掲げる漁業にあつては、漁業種類（当該漁業を魚種、漁具、漁法等により区分したものをいう。以下同じ。）船舶の総トン数、推進機関の馬力数、操業区域及び操業期間を、その他の漁業にあつては漁業種類、操業区域及び操業期間をいう。以下同じ。）に違反して当該漁業を営んではならない。

（罰則）

第六十条　次の各号の一に該当する者は、六月以下の懲役若しくは十万円以下の罰金に処し、又はこれを併科する。

一　第七条、第十五条、第三十四条第一項、第三十四条の二から第四十二条まで、第四十三条第一項、第四十四条第一項、第四十五条、第四十六条第一項、第四十七条又は第四十九条第六項の規定に違反した者

◆43　広島県漁業調整規則第一五条は、小型まき網漁業の許可の内容をなす漁業種類区分が明確でなく、構成要件が不明確であるなどとして無罪を言い渡した一審判決に対し、同規則は漁業許可の内容となる具体的な定めを広島県作成の「漁業の許認可等の事務処理要領」に譲っているが、このような規定の仕方をしているからといって、その構成要件が不明確だということはできないとして、原判決を破棄し、自判した事例

広島高裁刑、平成三年(う)第二〇一号
平六・一二・二七判決、破棄自判（被・上告）
一審　広島地裁呉支部
関係条文　広島県漁業調整規則第一五条・六〇条一項一号

【要　旨】
広島県漁業調整規則は、漁業許可の内容となる漁業種類等の具

体的定めを要領に譲っているが、これを受けて作成された同要領は、漁業種類等を明確に定めているばかりでなく、改正があれば、その都度、その冊子が漁協等の関係機関に配布されるなどして広く漁業関係者に周知する方法が採られてきていること、また、漁業の許可を受けようとするものは、要領に則り自己の求める漁業種類等を許可申請書に記入して知事に提出し、知事から交付される漁業許可証にも許可された漁業種類等が明記されていること、広島県においては、以上のようにして多年にわたり漁業許可の運用がなされ、これに照らすと、漁業を営もうとする者は、規則の定める漁業許可の内容となる漁業種類等がどういうものであるかについてだけでなく、自己が許可を受けた漁業種類等が何であるかを知悉しているつもりであり、したがって、許可を受けて漁業種類等と異なる漁業種類等を行えば、規則一五条にいう許可された漁業種類等に違反して営んだことになることは十分に判断が可能であるというべきである。してみれば、規則一五条が前記のような規定の仕方をしているからといって、その構成要件が不明確であるということはできない。

○理　由

原判決は、被告人が無罪であることの理由として、広島県漁業調整規則（以下「規則」という。）第一五条は、小型まき網漁業の許可の内容をなす漁業種類の区分が明確でなく、構成要件が不明確であるとするので、まず、この点について検討する。

確かに、所論のとおり、規則一五条自体には漁業種類の内容が必ずしも具体的に明らかにされていない。しかしながら、一般に立法者がある刑事立法をする際、目的とするあらゆる場合を予想して個別的、網羅的に立法することは立法技術上不可能であるから、ある程度抽象的な条項を設けることもやむを得ないといわざるを得ないのであって、ある刑罰法規があいまい不明確であるか否かは、通常の判断能力を有する一般人の理解において、具体的場合に当該行為がその適用を受けるものかどうかの判断を可能ならしめるような基準が読み取れるかどうかによってこれを決定すべきである（昭和五〇年九月一〇日最高裁大法廷判決刑集二九巻八号四八九頁）。

そこで、これを本件の場合についてみるに、関係証拠によれば、次の事実が認められる。

1　広島県は、本件当時、同県農政部水産漁港課作成の「漁業の許認可等の事務処理要領」（以下「要領」という。）によって、小型まき網の漁業種類を、①「一そうねり網（ずる網）」、②「二そうぐり網」、③「二そうぐり網」、④「三枚網を使用する一そうねり網（ずる網）」と明確に規定している。同要領は、漁業法及び規則に基づいて作成されたものであり、小型まき網漁業の申請があった場合、広島県の出先である農林事務所は、右要領に則り規則一五条の漁業の種類を指定してこれを許可している。

2　前記四種類の漁業の特徴は、次のような点にある。

①一そうねり網（ずる網）漁業は、漁船一そうで、環綱と環のないかえし網と、全体が一枚網となっていて沈子部に環綱と環がない身網（身網の網目は五節以上一〇節以下（三・四～七・六センチメートルのもの））で構成されている網（但し、かえし網のないものもある。）を用い、海中に投網する際、網は必ずしも海底に着底させる必要はなく、網の沈子部を浮子部より先に引き揚げるように揚網して網全体を一種の袋状として魚をすくい獲るもので、網丈は、端部に比して中央部が二、三倍の長さになっており、浮子綱に環綱と環がついているものについては、端部と中央部とも同一の長さになっている。②一そうぐり網漁業は、漁船一そうで、全体が一枚網となっていて沈子部に環綱と環のある身網のみで構成されている網（網の長さ（浮子方）は四五〇メートル以内、網丈は一六〇メートル以内のもので、身網の網目は九月一日から翌年三月三一日までは八節以上二二節以下（一・五～四・三センチメートル）、四月一日から四月三〇日までは八節以上一六節以下（二・〇～四・三センチメートル）のもの）を用い、海中に投網した後、沈子部の環綱を締め、網の下部をきんちゃく状に締めて魚を逃がさないようにして揚網する。③二そうぐり網漁業は、漁船二そうを用いる他は②と同様である。④三枚網を使用する一そうねり網（ずる網）漁業は、漁船一そうで、環綱と環のあるかえし網と、上部が一枚網で裾部が三枚網となっていて裾部に環綱と環がない身網（身網の網目は①と同じもの）で構成されている網を用い、網を海中に環状に投網し、海底に着底させた上、海面を叩くなどして魚を環状の網の裾部に追い込み、三枚になった網の部分にからんだ魚を捕獲する。網丈は、端部と中央部とも同一である。

3　広島県が、要領に漁業種類として、ねり網（ずる網）漁業とは別に三枚網を使用するねり網（ずる網）漁業を規定したのは、昭和四一年であり、その際、誰が見ても分かるようにと、「三枚網を使用する」との文言が採用された。なお、前記二つの漁業種類は、少なくともこれ以降引き続き要領に規定されてきたものであり、以後かなりの歳月が経過している。

4　要領の改正があると、各漁業協同組合（以下「漁協」という。）の組合長らに対する説明会が開かれたり、各漁協に新しい要領が配付されるなどして広く漁業関係者に対し、周知させる方法が採られている。

5　漁業の許可を受けようとする者が知事に提出する申請書には、申請者が記載すべき漁業種類の欄が設けられ、漁業許可証にも前記のような漁業種類が記載されており、現に被告人も同欄に「三枚網を使用する一そうねり網」漁業と記入して漁業許可の申請をし、被告人が交付を受けた漁業許可証にも、「三枚網を使用する一そうねり網（ずる網）漁業」と明確に記載されている。

以上のとおり認められる。

前記各事実によれば、規則は、漁業許可の内容となる漁業種類等の具体的定めを要領に譲っているが、これを受けて作成された同要領は、漁業種類等を明確に定めているばかりでなく、改正があれば、その都度、その冊子が漁協等関係機関に配付されるなどして広く漁業関係者に周知する方法が採られてきていること、また、漁業の許可を受けようとするものは、要領に則り自己の求める漁業種類等を許可申請書に記入して知事に提出し、知事から交付される漁業許可証にも許可された漁業種類等が明記されていること、広島県においては、以上のようにして多年にわたり漁業許可の運用がなされ、漁業者もこれに従って漁業許可を得、漁業を営んできていることが認められ、これらに照らすと、漁業を営もうとする者は、規則の定める漁業許可の内容となる漁業種類等がどういうものであるかについてだけでなく、自己が許可を受けた漁業種類等が何であるかを知悉しているものであり、したがって、許可を受け漁業種類等と異なる漁業種類等、例えば、漁業種類を三枚網を使用する一そうねり網（ずる網）漁業として許可された小型まき網漁業者が（一枚網を使用する）一そうねり網（ずる網）漁業を行えば、規則一五条にいう許可された漁業種類に違反して漁業を営んだことになることは十分に判断が可能であるというべきである。してみれば、規則一五条が前記のような規定の仕方をしているからといって、その構成要件が不明確であるということはできない。

（高裁速報平成七年一号一四八頁）

四　愛媛県漁業調整規則

（無許可船に対するてい泊命令）

第五十一条　知事は、合理的に判断して船舶が当該漁業の許可を受けないで、当該漁業に使用された事実があると認められる場合において、漁業取締り上必要があるときは、当該船舶により漁業を営む者又は当該船舶の船長、船長の職務を行なう者若しくは操業を指揮する者に対し、てい泊港及びてい泊期間を指定して当該船舶のてい泊を命ずることがある。

2　前項の規定によるてい泊期間は、四十日をこえないものとする。

3　第一項の場合には、第三十二条第四項及び第四十九条第四項の規定を準用する。

◆44　愛媛県漁業調整規則に基づく知事の中型まき網漁業船舶に対する停泊命令の執行を求める申立が却下された事例

松山地裁民、昭和五四年(行ク)第一号
昭和五四・七・九決定（確定）
申立人　小林実外六名
被申立人　愛媛県知事
関係条文　行訴法八条二項二号、二五条二項、三項、漁業法六五条一項、一三五条の二、愛媛県

【要　旨】

一　審査請求を経ないで提起された県漁業調整規則に基づく知事の中型まき網漁業船舶に対する停泊命令の取消しを求める訴えにつき、審査請求を経ていたのでは右命令に係る停泊期間を徒過してしまい司法救済を受けられなくなるおそれが大きいから、行政事件訴訟法八条二項二号にいう「著しい損害を避けるため緊急の必要があるとき」に当たる。

二　県漁業調整規則に基づく知事の中型まき網漁業船舶に対する停泊命令の執行停止を求める申立てが、回復困難な損害の発生について疎明を欠くのみならず、本案について理由がない。

○主　文

一　申請人らの申請をいずれも却下する。

二　申請費用は、申請人らの負担とする。

○理　由

一　申請人らの申請の趣旨及び理由は、別紙㈠及び㈡記載のとおりであり、被申請人の答弁及び主張（意見）は、別紙㈢ないし㈤記載のとおりである。

二　当裁判所の判断

1　中型まき網漁業（総トン数五トン以上四〇トン未満の船舶によりまき網を使用して行う漁業）を営もうとする者は、船舶ごとに都道府県知事の許可を受けなければならないと定める漁業法六六条一項に違反して、申請人らが、愛媛県知事の許可を受けないで、昭和五四年六月五日から同月一三日までの間に愛媛県海域で中型まき網漁業をしたこと、被申請人が、申請人らに対し、同月一八日聴聞手続を経た後、愛媛県漁業調整規則五一条に基づき、同月二〇日付で別紙㈠記載のとおりの各停泊命令（違反一回の者に対し、期間一八日、二回の者に対し、期間二八日、三回以上の者に対し、期間四〇日の停泊命令）を発したことは、当事者間に争いがない。

2　本件停泊命令までの経緯は、次のとおりであった。

㈠　〈証拠略〉によれば、次の事実が疎明される。

本件違反操業の対象となった魚は、サゴシである。サゴシは、成長魚サワラの幼魚で、おおむね一キログラムの一年魚である。これが二年魚（サワラ）になると、体重三キログラムから四キログラムまで急成長遂げる。サゴシもサワラも、瀬戸内海を回遊域とする回遊魚であるから、漁業資源確保の見地からは、サゴシ漁を制限し、より成長したサワラの漁を認める方が得策である。そこで、愛媛県においては、サゴシ漁の期間を毎年九月一日から一一月三〇日までに限定し、その漁法も流し網漁法という乱獲の危険のない漁法のみを認めている。ところで、申請人らは、広島県知事から昭和五四年六月一日から同年八月三一日まで中型まき網（サゴシきんちやく網）の漁業許可を受けて操業中、前記のとおり無許可で愛媛県海域で右漁をしたものであるが、きんちやく網漁業は、二そうの船が舫で結び出漁し、魚群を発見すると舫を解き、右側の船は左舷から、左側の船は右舷から網を投じ、左右に分れて共同で魚群を囲んで採る漁法である。この漁業は、瀬戸内海沿岸で操業する漁船漁業のうち最も規模が大きいもので、他の漁法に比べ、著しく漁獲高が多い。したがつて、サゴシきんちやく網漁業は、広島県においても、旧慣を考慮し、申請人らの住む走島の漁民にのみ許可を与えているものの、資源保護のため漸減方針をとつている。

㈡　〈証拠略〉によれば、次の事実が疎明される。

サゴシ漁の最盛期は、毎年六月始めから七月下旬までの間である。申請人らは、昭和五四年六月五日から六月一三日までの間の無許可操業により検挙された。すなわち、六月五日に小林実二が、六月六日に小林実二、高橋松吉、三阪操及び高橋学の四名が、六月九日に小林実二、村上末広及び小林君春の三名が、六月一〇日に小林実二が、六月一三日に小林実二、村上末広及び村上隆三の三名が、無許可操業中のところを発見され、漁業法六六条一項違反として検挙されたものである。申請人らが検挙されたところは、新居浜市大島の沖合約一、六〇〇メートルから約五、〇〇〇メートルの海域で、申請人らがサゴシきんちやく網漁業の許可を受けている広島県海域（別紙図面の緑色で表示した部分）及び香川県の許可によつて入会が認められる香川県海域（別紙図面の赤斜線交差部分）をはずれ、許可を受けていない愛媛県海域に深く入りこんだところ（別紙図面の被疑漁船操業位置と表示したところ）である。

㈢　〈証拠略〉によれば、次の事実が疎明される。

被申請人は、昭和五四年六月一四日、申請人ら各自に対し、同月一八日今治市旭町所在の県事務所水産課で前記漁業法違反の事実について聴聞会を開催する旨の告知書を郵便に付して発送した。同時に、被申請人は、走島漁協を通じ申請人ら各自にその旨の連絡をするよう広島県水産課久松取締係長に電話で依頼した。右電話を受信した久松係長は、直ちに、福山農林事務所池内利彌漁政係長に連絡し、池内係長は、走島漁協事務員村上利春に対し、申請人ら各自に前記聴聞会開催の件を連絡するよう依頼した。同月一八日の聴聞会には、申請人ら七名のうち、三阪操、高橋松吉、高橋学代理人高橋スミレ、小林君春、村上隆三代理人村上村一の五名が出席し、右五名の出席者は、いずれも違反操業の事実を認め、停泊命令の時期を遅くして貰いたい旨及び停泊港を走島港にして貰いたい旨要望した。小林実二及び村上末広の両名は、聴聞会に出頭せず、代理人も出席させなかつたうえ、弁明書も有利な証拠も提出しなかつた。

3　以下、行政事件訴訟法二五条所定の執行停止の要件の存否について検討する。

(一)　申請人らが昭和五四年六月二九日本件各停泊命令の取消しを求める行政訴訟を松山地方裁判所に提起したことは、当裁判所に顕著である。ところで、漁業法一三五条の二によれば、主務大臣又は都道府県知事が第二章から第四章まで（六五条一項の規定に基づく省令及び規則を含む。）の規定によつてした処分の取消しの訴えは、その処分についての異議申立て又は審査請求に対する決定又は裁決を経た後でなければ提起することができないことになつている。右本案訴訟の提起前に農林大臣に対する審査請求の手続を経ていないことは、申請人らの自認するところである。しかしながら、前記のとおり、本件停泊命令は、いずれもその始期を昭和五四年六月二五日とし、その終期を同年七月一二日、同年同月二四日又は同年八月三日とするものであるから、申請人らが右停泊命令につき農林大臣に対する審査請求の手続を経ていては、右命令に定められた停泊期間を過ぎてしまい、司法救済を受けることができなくなるおそれが大きい。したがつて、本件については、行政事件訴訟法八条二項二号所定の著しい損害を避けるため緊急の必要があるときに当るものとして、審査請求の手続を経ないで処分の取消しの訴えを提起することができるものと解するのが相当である。

(二)　本件停泊命令によつて申請人らに回復困難な損害が生じるか否かの点について判断する。

申請人らは、毎年六月上旬から七月下旬までの間は専らサゴシきんちやく網漁業に従事し、その収益によつて六月から九月までの生計を賄つているが、本件停泊命令によつて右漁業ができなくなると、収入の途がなくなり、右収益金によつて決済予定の手形は不渡りとなり、倒産することになると主張し、〈証拠略〉によれば、申請人らは毎年六月上旬から七月下旬までの間に専らサゴシきんちやく網漁業に従事し、その収益によつて六月から九月までの生計を賄つてきたこと、本件停泊命令発令の結果、申請人らにかなりの財産的影響が出ることは一応認められないではない。しかし、申請人らが本件停泊命令の結果支払不能の状態になつて倒産することになるとの点については、疎明が充分でない。すなわち、倒産の可能性を一応認定するためには、申請人ら各自の資産・負債の状態、資金繰りの状況等をある程度把握する必要があるが、その疎明が不充分で、前掲証拠だけで申請人ら主張の回復困難な損害発生の疎明があつたということはできない。

(三)　のみならず、次のとおり本案について理由がないとみえる。

(1)　聴聞手続の瑕疵の有無について

申請人らは、聴聞会の通知書を申請人らが受領したのは昭和五四年六月一六日午前一一時ころから午後二時ころまでの間であり、通知書の発送日から聴聞会の期日までが四日、通知書の受領時から聴聞会の時期までが一日半しかなく、聴聞まで充分な準備期間が申請人らに与えられなかつたから、本件停泊命令は、正当な聴聞手続を経ないでなされた違反があると主張する。

聴聞は、行政処分を行うにあたつて処分の相手方に弁明の機会を与え、処分が適正に行われることを保障するための制度であるから、聴聞の期日は、その告知後相手方が弁明の準備をすることができる余裕のある期日を選ぶのが望ましい。ところで、停泊命令は、漁業に関する法令に違反した者に対し、将来の違反行為を防止するという行政目的のためになされるものであり、それにより、処分の相手方は、停泊命令の期間中当該漁船による操業ができなくなるという重大な影響を被る。したがつて、その聴聞の期日は、相当な余裕を置いて定めるべきである。しかるに、本件においては、前記のとおり通知書の発送日から聴聞会の期日まで四日、通知書の受領時の認定をさて置き、申請人ら主張のとおりとすると、通知書の受領時から聴聞会の時期まで一日半しかなかつた。しかしながら、前記2の疎明事実から明らかなように、本件では、次のような特別の事情があつた。すなわち、①サゴシ漁の最盛期は、毎年六月始めから七月下旬までの短期間である。②申請人らは、広島県知事からサゴシきんちやく網漁業の許可を受け、広島県海域と入会の認められる香川県海域とで右漁業に従事できるが、被申請人は、資源保護の見地上右漁業を許可しておらず、申請人らは、愛媛県海域で右漁業を営むことはできない。③しかるに、申請人らは、昭和五四年六月五日から同月一三日までの間相次いで愛媛県海域で前記漁業を営み、新居浜海上保安署に検挙された。申請人らの違反操業が相次いだのは、サゴシきんちやく網漁業が多いときは一網五〇〇万円の漁獲高がある（この点は、〈証拠略〉により疎明される。）ことによるものと推認される。④漁業法一三八条六号によると、六六条一項の規定に違反して漁業を営んだ者に対する罰則は、三年以下の懲役又は二〇万円以下の罰金と定められているが、通常は罰金刑ですんでいることが当裁判所に顕著である。したがつて罰金覚悟で違反操業を続ける者が出ることが予想され、現に、短期間のうちに、小林実二は五回、村上末広が二回検挙されている。以上の諸事情を考慮すると、被申請人は、早急に聴聞手続を経て申請人らの将来における違反操業を防止する措置を講じて、資源の保護をはかる緊急の必要があつたものと考えられる。したがつて、本件においては、被申請人が聴聞の期日とその告知の間に前記の程度の期間しか置かなかつたとしても、聴聞手続に瑕疵があるものということはできない。

(2) 裁量の踰越と濫用の有無について

(ア) 比例原則違反の主張について

申請人らは、申請人らの本件違反操業により愛媛県漁民に現実的な損害を与えておらず、違反操業海域も、申請人らが操業を認められている海域から魚群を追ううちたまたま越境してしまったもので、愛媛県海域に深く入り込んだわけのものではないのに、漁業資源の枯渇を防止するというのは名目だけで、申請人らの操業を妨害する意図のもとにサゴシきんちやく網漁業の最盛期を狙って本件停泊命令処分がなされたものであり、比例原則に違反すると主張するが、すでに説示したところにより明らかなように、右主張は到底採用できない。

なお、申請人らは、本件では愛媛県新居浜市沢津港への停泊を命じられたため、当該漁船の管理が困難なため著しい損害を生じていると主張し、〈証拠略〉には、右主張にそう記載があるが、〈証拠略〉の記載に照らし、たやすく採用できず、他に右主張事実を疎明するに足りる証拠はない。

(イ) 平等原則違反の主張について

申請人らは、従来被申請人が漁業法令に違反した者に対して停泊命令を発するときは、漁の繁忙期を避けた時期にしていたのに、本件停泊命令は、漁業の最盛期になされたもので、平等原則に違反し、著しく不公平であると主張し、〈証拠略〉には、被申請人が停泊命令を漁の繁忙期を避けて出していた旨の記載があるが、〈証拠略〉の記載に照らし、たやすく採用できない。他にこの点を疎明するに足りる証拠はない。

以上の次第であるから、本件各停泊命令に裁量の踰越や濫用があるものと認められない。

4 よつて、申請人らの申請はいずれも却下し、申請費用の負担につき行政事件訴訟法七条、民事訴訟法八九条、九三条を適用して、主文のとおり決定する。

（訟務二五巻一一号二八四四頁）

(五) 大分県漁業調整規則

（許可内容に違反する操業の禁止）

第十五条 漁業の許可を受けた者は、漁業の許可の内容（船舶ごとに許可を要する漁業にあつては漁業種類（当該漁業を魚種、漁具、漁法等により区分したものをいう。以下同じ。）、船舶の総トン数、推進機関の馬力数、操業区域及び操業期間を、その他の漁業にあつては漁業種類、操業区域及び操業期間をいう。以下同じ。）に違反して当該漁業を営んではならない。

（罰則）

第六十条　次の各号の一に該当する者は、六月以下の懲役若しくは十万円以下の罰金に処し、又はこれを併科する。

一　第七条、第十五条、第三十四条第一項、第三十五条から第四十六条まで、第四十七条第一項、第四十八条又は第五十条第六項の規定に違反した者

◆45　漁業種類を「いわし・あじ・さばまき網漁業」とした大分県知事による中型まき網漁業許可と魚種の制限

最高裁三小刑、平成五年(う)第一九号

平八・三・一九決定、上告棄却

一審　大分地裁　二審　福岡高裁

関係条文　漁業法六五条一項・六六条一項、大分県漁業調整規則一五条・六〇条一項一号

【要　旨】　中型まき網漁業許可証の「漁業種類」欄にも「いわし・あじ・さばまき網漁業」と明示されていたというのであるから、漁業法六六条一項、六五条一項による大分県知事の右中型まき網漁業許可は、いわし、あじ、さばを目的として採捕することに限定されたものであって、それ以外の魚種を目的として採捕することは禁止されていたと解すべきである。したがって、右許可以外の魚種であるいさきを目的として採捕した被告人らの行為は、許可の内容である魚種等により区分された漁業種類に違反する操業を禁止した大分県漁業調整規則一五条に違反することが明かである。

○主　文

本件各上告を棄却する。

○理　由

弁護人吉田孝美、同岡村正淳、同古田邦夫の上告趣意は、憲法一三条、二二条一項、三一条違反をいう点を含め、実質は単なる法令違反、事実誤認の主張であって、刑訴法四〇五条の上告理由に当たらない。

なお、所論にかんがみ、職権により判断すると、大分県知事は、「いわし、あじ又はさばの採捕を目的とするものに限る。」との限定を付して中型まき網漁業の許可を申請すべき期間を定めた昭和六〇年七月一六日付け大分県告示第九一七号を発し、これに応じて同年九月二七日付けで「漁獲物の種類」欄に「いわし・あじ・さば」と記載して右許可を申請した被告人小畑藤太郎に対し、同年一〇月二九日付けで中型まき網漁業を許可したものであって、同被告人に交付された中型まき網漁業許可証の「漁業種類」欄にも「いわし・あじ・さばまき網漁業」と明示されていたというのであるから、漁業法六六条一項、六五条一項による大分県知事の右中型まき網漁業

許可は、いわし、あじ、さばを目的として採捕することに限定されたものであつて、それ以外の魚種を目的として採捕することは禁止されていたと解すべきである。したがつて、右許可外の魚種であるいさきを目的として採捕した被告人らの行為は、許可の内容である魚種等により区分された漁業種類に違反する操業を禁止した大分県漁業調整規則一五条に違反することが明らかであり、これと同旨の原判断は正当である。

よつて、刑訴法四一四条、三八六条一項三号により、裁判官全員一致の意見で、主文のとおり決定する。

（時報一五六七号一四六頁）

㈥ 長崎県漁業調整規則

（許可等の制限又は条件）

第十三条 知事は、漁業調整又は水産資源の保護培養のため必要があるときは、漁業の許可又は企業の認可をするにあたり、当該漁業の許可又は起業の認可に制限又は条件を付けることがある。

（許可の内容に違反する操業の禁止）

第十四条 漁業の許可を受けた者は、漁業の許可の内容（船舶ごとに許可を要する漁業にあつては、漁業種類（当該漁業を魚種、漁具、漁法等により区分したものをいう。以下同じ。）、船舶の総トン数、推進機関の馬力数、操業区域及び操業期間を、その他の漁業にあつては漁業種類、操業区域及び操業期間をいう。以下同じ。）に違反して当該漁業を営んではならない。

（罰則）

第六十一条 次の各号の一に該当する者は、六月以下の懲役若しくは十万円以下の罰金に処し、又はこれを併科する。

一 第六条、第十四条、（略）の規定に違反した者

第六十三条 法人の代表者又は法人若しくは人の代理人、使用人その他の従事者がその法人又は人の業務又は財産に関して、第六十一条又は前条の違反行為をしたときは、行為者を罰するほか、その法人又は人に対し、各本条の罰金刑又は科料刑を科する。

◆46 会社の業務に関し、長崎県漁業調整規則第一三条・第一四条違反行為をした従業員の処罰と同規則第六三条（両罰規定）適用の要否

福岡高裁刑、昭和六二年(う)第二七五号

昭六二・八・一八判決、一部控訴棄却・一部破棄自判

一審 長崎地裁厳原支部

関係条文 長崎県漁業調整規則一三条・一四条・六一条・六三条

【要　旨】

長崎県漁業調整規則一三条は「知事は、漁業調整又は水産資源の保護培養のため必要があるときは、漁業の許可又は起業の認可をするにあたり、当該許可又は企業の認可に制限又は条件を付けることがある。」と規定しているところからも明らかなように、同条の違反主体となりうる者は、漁業の許可又は起業の認可を受けた者で、かつ、その許可又は認可に制限又は条件を付されている者である。また、長崎県漁業調整規則一四条は、「漁業の許可を受けた者は、漁業の許可の内容に違反して当該漁業を営んではならない。」と規定しているので、同条の違反主体となりうる者は、漁業の許可を受けた者でなければならない。そうすると、本件の場合は、共同漁業権漁場内では、事前に漁業権者の書面による同意を得なければ操業してはならないなどの制限または条件の下に中型まき網漁業の許可を受けているのは、被告会社であるから、長崎県漁業調整規則一三条及び一四条に違反する本件犯行を行った被告人ら三名は、右各条違反に対する罰則である同規則六一条一項一号及び二号によって処罰されるのではなく、同規則六三条に、「法人の代表者または法人若しくは人の代理人、使用人その他の従業員がその法人又は人の業務又は財産に関して第六一条又は前条の違反行為をしたときは、行為者を罰するのほか」という文言の両罰規定があるので、同条と六一条によって処罰されることになるのである。

○主　文

原判決中、被告人A、同B、同Cに関する部分をいずれも破棄する。

被告人A、同B、同Cをそれぞれ懲役六月に処する。

この裁判の確定した日から、被告人A、同B、同Cに対し、いずれも三年間それぞれその刑の執行を猶予する。

原審における訴訟費用は、原審相被告人上対馬町D有限会社と連帯して、被告人A、同B、同Cにこれを連帯負担させる。

被告人上対馬町D有限会社の本件控訴を棄却する。

○理　由

本件各控訴の趣意は、弁護人吉田保徳提出の控訴趣意書に、これに対する答弁は、検察官林信次郎提出の答弁書に各記載のとおりであるから、これらを引用する。

右控訴趣意第二及び第一の四（事実誤認）について。

しかし、原判決挙示の証拠によれば、所論の魚種の判別の点を含めて原判示事実はこれを優に認めることができ、原判決が所論と同旨の主張に対し「弁護人の主張に対する判断」の一項及び三項で説示するところは適切であって、当裁判所もこれを正当として肯認することができる。なお、付言するに、被告人Cの海上保安官に対する昭和六〇年六月二五日付け供述調書には、「別紙犯罪事実一覧表の番号1ないし9の各漁獲物について、予め漁群探知機を使用して魚種がイサキあるいはヤズなどであることを判別したうえで投網した。」旨の供述記載があり、被告人Bの海上保安官に対する同月二五日付け供述調書には、「私自身は魚群の反応を見てもその魚種はよく分りませんが投網に当っては、その都度、かならずC漁労長が魚種が何であるかを無線で連絡してきましたので、投網ごとに何を狙っているのか分かっていました。魚種によって投網の仕方をかえることがありましたので連絡する必要があったのです。」との供述記載があり、また、被告人Aの検察官に対する同年七月四日付け供述調書にも「私たちの船団が魚群を探索してまわっていて魚群を発見すると、漁労長なり火船の船長なりから無線連絡が入って来ます。火船と○△丸との間での交信を傍受することもあります。この段階で漁労長が魚群について、たとえば『あじではないか。やずではないか。』などと意見が出ます。しかし、はっきりしたところは網を入れて揚げる段階にならないと分かりません。私たちは一応の予想のもとに網を入れるのですが、網を揚げる段階になってしばしば予想がはずれていました。私の感じでは三分の一くらいははずれていたのではないかと思います。」との供述記載があること、被告人Aの検察官（昭和六〇年六月二八日付け）及び海上保安官（同月一八日付け）に対する各供述調書には、別紙犯罪事実一覧表の番号9及び10について、「小綱に住む知り合いの漁師のEから綱島の付近で鯛やイサキの飼付けがしてあり、そこに魚群反応があったということを聞いたので、B、Cと相談して綱島の漁業権内ではあるが鯛やイサキが捕れるならと考えて操業をすることを決定した。」旨の供述記載があり、被告人Bの検察官（同月二七日付け）及び海上保安官（同月一八日付け）に対する各供述調書にも同旨の供述記載があることに照らすと、被告人らは、本件各犯行時に漁獲の対象が非許可魚種であることを認識しながら、これを主として捕獲することを目的としていたことが認められ、違法性の意識を有していたことも また明らかである。右認定に反する被告人A、同B、同Cの原審公判廷における各供述記載は、前掲各証拠と対比して到底信用することができない。

また、被告人らにおいて試し釣りを励行することにより投網前に魚種を判別することを不可能とする事情のないことは、原審証人Fの尋問調書中の「私は、試し釣りをすることを好みませんので、○△丸船団にいる二、三年間に試し釣りをしたのは、二回位しか有りません。」旨の供述記載からも明らかである。

以上のとおりであって、原判決には所論のように事実を誤認し、ひいては法令の適用を誤った違法はなく、論旨は理由がない。

右控訴趣意第一の一ないし三（法令適用の誤り）について。

一　観念的競合の処理が不備であるとの論旨について。

しかしながら、原判決は、罪となるべき事実において、被告人A、同B、同Cの三名が共謀の上、被告人上対馬町D有限会社（以下、被告会社という）の業務に関し、別紙犯罪事実一覧表番号1ないし10記載のとおりの非許可魚種を採捕して、本件中型まき網漁業の許可内容に違反して漁業を営み（以下、本件無許可操業という）かつ、右許可には「共同漁業権漁場内では、事前に漁業権者の書面による同意を得なければ操業してはならない。」との制限又は条件が付けられていたのに、同番号9及び10の犯行の際、共同漁業権の設定海域で事前に右漁業権者の書面による同意を得ることなく操業し、右制限又は条件に違反した（以下、本件無同意操業という）旨判示し、被告会社に対する法令の適用の項において、本件無許可操業は包括して長崎県漁業調整規則六一条一項二号、一四条、六三条に、本件無同意操業は包括して同規則六一条一項二号、一三条、六三条にそれぞれ該当するとした上で、本件無許可操業と本件無同意操業とが一個の行為で二個の罪名に触れる場合であるとして、「刑法五四条一項前段、一〇条により一罪として犯情の重い本件無許可操業の罪の刑で処断する」と判示しているのであって、右の罪となるべき事実の記載とこれに対する法令の適用を照合するときは、別紙犯罪事実一覧表番号9及び10の各操業を介在することによって、本件無許可操業と本件無同意操業とがそれぞれ包括一罪であるために観念的競合になることが表示されているのであるから、所論のような観念的競合の処理に関する法令の適用に不備な点はなく、このことについては被告人A、同B、同Cに対する法令の適用についても同様である。

二　被告会社に対しては追徴を言渡す根拠規定がないとの論旨及び長崎県漁業調整規則六一条一項一号、二号、六三条は構成要件が不明確であるとの論旨について。

しかし、これらの点についても原判決が所論と同旨の主張に対し、「弁護人の主張に対する判断」の二項及び四項で説示するところは、適切であって当裁判所もこれを正当として肯認することができる。なお、付言するに、被告会社に対し追徴を言渡すことができることについては、最高裁判所昭和三三年（あ）第二一九九号同三三年五月二四日第一小法廷決定、刑集一二巻八号一六一一頁の趣旨からも明らかなところである。

以上のとおりであって、原判決には所論のような法令適用の誤りはなく、論旨は理由がない。

職権調査について。

ところで、職権をもって原判決の法令の適用の当否を検討するに、原判決は本件について、被告人A、同B、同Cに対して長崎県漁業調整規則六三条を各適用すべきところ、これを誤っていると認められるので、以下説明する。

原判決は、被告人A、同B、同Cに対する法令の適用の項において、「本件無許可操業の点は、いずれも包括して刑法六〇条、本件規則六一条一項一号、一四条に、本件無同意操業の点は、いずれも包括して刑法六〇条、本件規則六一条一項二号、一三条にそれぞれ該当する」と判示している。しかしながら、長崎県漁業調整規則一三条は「知事は、漁業調整又は水産資源の保護培養のため必要があるときは、漁業の許可又は起業の認可をするにあたり、当該許可又は起業の認可に制限又は条件を付けることがある。」と規定しているところからも明らかなように、同条の違反主体となりうる者は、漁業の許可又は起業の認可を受けた者で、かつ、その許可あるいは認可に制限又は条件を付されている者である。また、長崎県漁業調整規則一四条は「漁業の許可を受けた者は、漁業の許可の内容に違反して当該漁業を営んではならない。」と規定しているので、同条の違反主体となりうる者は、漁業の許可を受けた者でなければならない。そうすると、本件の場合、共同漁業権漁場内では、事前に漁業権者の書面による同意を得なければ操業してはならないなどの制限又は条件の下に中型まき網漁業の許可を受けているのは、被告会社であるから、長崎県漁業調整規則一三条及び一四条の違反主体となりうるのも被告会社にほかならない。したがつて、被告会社の業務に関して長崎県漁業調整規則一三条及び一四条に違反する本件犯行を行つた被告人A、同B、同Cの三名は、右各条違反に対する罰則である同規則六一条一項一号及び二号によつて処罰されるのではなく、同規則六三条に「法人の代表者又は法人若しくは人の代理人、使用人その他の従業員がその法人又は人の業務又は財産に関して第六十一条又は前条の違反行為をしたときは、行為者を罰するのほか」という文言の両罰規定があるので、同条と六一条によつて処罰されることとなるのである。ところが、原判決は前記のとおり、被告人A、同B、同Cに対して長崎県漁業調整規則六三条をそれぞれ適用していないので、右被告人三名を処罰する根拠条文の適用を欠いていることになり、この誤りは判決に影響を及ぼすことが明らかであるといわざるをえない。

右控訴趣意第三（被告会社についての量刑不当）について。

そこで、記録及び証拠を調査して検討するに、長崎県漁業調整規則六一条二項但書により追徴することのできる漁獲物の価格は、当該漁獲物の客観的に適正な卸売価格であるところ、本件のイサキ、ヤズなどの許可魚種以外の漁獲による総水揚（卸売価格）は、合計四五七五万余円に上ること、その他記録及び証拠に現われた諸般の情状に鑑みるときは、被告会社において右総水揚の中から上対馬町南部漁業協同組合及び株式会社唐津魚市場等に対し手数料を支払い、本件〇△丸船団の乗組員らに対し手当や歩合給を支払つていることなど所論指摘の諸事情を被告会社のために参酌してみても、被告会社から金四五〇〇万円を追徴した原判決の刑の量定は相当であつて、これを不当とする事由を発見することができない。論旨は理由がない。

よつて、被告人A、同B、同Cについては、刑事訴訟法三九七条一項、三八〇条により、原判決中、右被告人三名に関する部分をいずれも破棄し、被告会社については、同法三九六条により被告会社の本件控訴を棄却することとする。

そこで、被告人A、同B、同Cについてはいずれも刑事訴訟法四〇〇条但書を適用して次のとおり判決する。

原判決の認定した罪となるべき事実中、被告人A、同B、同Cに関する部分に法令を適用すると、右被告人三名の判示各所為中、本件無許可操業の点は、いずれも包括して刑法六〇条、長崎県漁業調整規則六三条、六一条一項一号、一四条に、本件無同意操業の点は、いずれも包括して刑法六〇条、長崎県漁業調整規則六三条、六一条一項二号、一三条にそれぞれ該当するところ、右は一個の行為で二個の罪名に触れる場合であるから、いずれも刑法五四条一項前段、一〇条により一罪として犯情の重い本件無許可操業の罪の刑で処断することとし、所定刑中いずれも懲役刑を選択し、その各所定刑期の範囲内で右被告人三名をそれぞれ懲役六月に処し、情状によりいずれも同法二五条一項を適用して、右被告人三名に対し、この裁判確定の日からいずれも三年間、それぞれその刑の執行を猶予することとし、原審における訴訟費用は、いずれも刑事訴訟法一八一条一項本文、一八二条を適用してこれを原審相被告人である被告会社と連帯して、右被告人三名に連帯負担させることとする。

よって、主文のとおり判決する。

（タイムズ六四七号二一九頁）

㈦　宮崎県内水面漁業調整規則

（水産動植物の採捕の許可）

第六条　次に掲げる漁具又は漁法によって水産動植物を採捕しようとする者は、漁具又は漁法ごとに知事の許可を受けなければならない。ただし、漁業権又は入漁権に基づいてする場合及び漁業法第百二十九条の遊漁規則に基づいてする場合はこの限りでない。

七　ふくろ網

（全長等の制限）

第二十七条　次の表の上欄に掲げる水産動物は、それぞれ同表下欄に掲げる大きさのものは、これを採捕してはならない。

名称	大きさ
にじます	全長十五センチメートル以下
やまめ（えのは）	右　同
ぼら	全長十センチメートル以下
こい	右　同
すっぽん	外殻十センチメートル以下
うなぎ	全長二十五センチメートル以下
はまぐり	殻長六センチメートル以下

2　前項の表の上欄に掲げる水産動物のうち、にじます、やまめ（えのは）及びすっぽんの放産した卵はこれを採捕してはならない。

3　前二項の規定に違反して、採捕した水産動物（卵を含む）

又は、その製品は、所持し又は販売してはならない。

（罰則）

第三十六条　次の各号の一に該当する者は、六月以下の懲役若しくは十万円以下の罰金に処し、又はこれを併科する。

一　第六条、第十三条、第二十四条第一項、第二十五条第一項若しくは第七項、第二十六条から第三十二条まで、又は第三十三条第七項の規定に違反した者

◆47　没収することができる物を刑事訴訟法第一二二条・第二二二条により換価した代金につき、これを没収せずに同額の追徴をした原判決を破棄し、右代金の没収を言い渡した事例

福岡高裁刑、昭和六三年(う)三五号

昭六三・七・一九判決、破棄自判（確定）

一審　宮崎地裁

関係条文　宮崎県内水面漁業調整規則六条・二七条・三六条、刑法一九条、刑訴法一二二条・二二二条

【要　旨】

右差押えに係るうなぎは、刑事訴訟法一二二条・二二二条一項所定の「没収することができる押収物で保管に不便なもの」として右規定に従い換価処分に付されたものであるから、没収の関係においては法律上被換価物件と同一視すべきものでこれを没収の対象物とすることができるのである（最高裁昭和二五年(あ)第四七七号同年一〇月二六決定、刑集四巻一〇号二一七〇頁参照）。

したがつて、本件においては、被換価物件である前記うなぎの換価代金は、宮崎県内水面漁業調整規則三六条二項によりこれを没収すべきものであつて、同金額を追徴すべきものではないから、右と異なり、右換価代金を没収することなくこれと同金額を追徴する措置に出た原判決には、規則三六条二項の適用を誤つた違法があり、これが判決に影響を及ぼすことは明らかであるから、原判決は破棄は免れない。

○主　文

原判決を破棄する。

被告人を懲役三月に処する。

この裁判の確定した日から二年間右刑の執行を猶予する。

宮崎県高鍋警察署で保管中のふくろ網一統（昭和六三年宮崎地方検察庁外領第三九号の五）及び宮崎地方検察庁が領置しているうなぎの稚魚四八〇グラムの換価代金一二万四八〇〇円（同庁昭和六三年領第三九号の一）を各没収する。

○理　由

本件控訴の趣意は、検察官榎本雅光提出（同藤野千代鷹作成）の控訴趣意書に記載されたとおりであるから、これを引用する。

所論は、要するに、原判決は、没収すべき原判示のうなぎ約四八〇グラムの換価代金一二万四八〇〇円を没収せず、被告人に対し同金額の追徴を命じたが、これは宮崎県内水面漁業調整規則（以下「本件規則」という。）三六条二項の適用を誤ったもので、判決に影響を及ぼすことが明らかであるから破棄を免れない、というのである。

そこで、記録を精査し、当審における事実取調べの結果をも合わせて検討すると、原審において取調べられた現行犯人逮捕手続書、差押調書、換価処分書並びに当審において取調べた換価代金預入証明書によれば、被告人が原判示の犯行によって採捕した原判示のうなぎは、昭和六三年一月一九日被告人が現行犯逮捕された際に逮捕現場において司法巡査によって差し押さえられ、右同日高鍋警察署の司法警察員によって生魚であり保管できないとの理由により換価処分に付され、買受人末沢高夫に対し代金一二万四八〇〇円で売却された後、右換価代金は、宮崎地方検察庁が領置したうえ（同庁昭和六三年領第三九号の一）、同検察官から同庁歳入歳出外現金出納官吏である検察事務官に提出され、同月二一日検察事務官により日本銀行に預け入れられて引き続き保管されていることが認められる。

右事実によれば、右差押えに係るうなぎは、刑事訴訟法一二二条、二二二条一項所定の「没収することができる押収物で保管に不便なもの」として右規定に従い換価処分に付されたものであるから、没収の関係においては法律上被換価物件と同一視すべきものでこれを没収の対象物とすることができるのである（最高裁昭和二五年(あ)第四七七号同年一〇月二六日第一小法廷決定、刑集四巻一〇号二一七〇頁参照）。

したがって、本件においては、被換価物件である前記うなぎの換価代金は、本件規則三六条二項によりこれを没収すべきものであって、同金額を追徴すべきものではないから、右と異なり、右換価代金を没収することなくこれと同金額を追徴する措置に出た原判決には、本件規則三六条二項の適用を誤った違法があり、これが判決に影響を及ぼすことは明らかであるから、原判決は破棄を免れない。論旨は理由がある。

よって、刑事訴訟法三九七条一項、三八〇条によって原判決を破棄し、同法四〇〇条但書に従い、本件について更に次のとおり判決する。

原判決が適法に確定した事実に法令を適用すると原判示の所為のうち、知事の許可違反の漁具によるうなぎ採捕の点は本件規則三六条一項一号、六条七号に、全長制限違反のうなぎ採捕の点は同規則三六条一項一号、二七条一項に各該当するところ、右は一個の行為で二個の罪名に触れる場合であるから刑法五四条一項前段、一〇条により一罪として犯情の重い本件規則六条七号違反の罪の刑で処断することとし、所定刑中懲役刑を選択し、その所定刑期の範囲内で被告人を懲役三月に処し、刑法二五条一項を適用してこの裁判の確定した日から二年間右刑の執行を猶予し、宮崎県高鍋警察署で保管中のふくろ網一統（昭和六三年宮崎地方検査庁外領第三九号の五）は原判示の犯行の用に供したものであり、宮崎地方検察庁が領置している金一二万四八〇〇円（同庁昭和六三年領第三九号の一）は右犯行によつて得たうなぎの稚魚四八〇グラムの換価代金であり、いずれも被告人以外の者に属しないから本件規則三六条二項を適用してこれらを没収し、主文のとおり判決する。

（時報一二九四号一四二頁）

二　農林水産省令

(一)　指定漁業の許可及び取締り等に関する省令

（許可船舶に対する停泊命令及び検査）

第二十条　農林水産大臣は、指定漁業の許可に係る船舶につき、合理的に判断して漁業に関する法令の規定又はこれらの規定に基づく処分に違反する事実があると認める場合において、漁業取締り上必要があるときは、当該指定漁業者に対し、停泊港及び停泊期間を指定して当該船舶の停泊を命ずることができる。法第百三十四条第一項の規定による検査を行わせるときも、同様とする。

2　農林水産大臣は、前項前段の規定による命令をしようとするときは、行政手続法（平成五年法律第八十八号）第十三条第一項の規定による意見陳述のための手続の区分にかかわらず、聴聞を行わなければならない。

3　第一項前段の規定による命令に係る聴聞の期日における審理は、公開により行わなければならない。

4　第一項後段の規定による停泊期間は、十日間を超えないものとする。

（外国周辺の海域における船舶の立入禁止）

第九十条の二　漁業を営む者は、外国周辺の海域における漁業取締りその他漁業調整のため必要な限度において農林水産大臣が漁業を営むために船舶により立ち入ることを禁止する区域を定めて告示したときは、当該区域において漁業を営むために船舶により当該区域内に立ち入ってはならない。

2　農林水産大臣は、前項の区域を定めようとするときは、中央漁業調整審議会の意見をきかなければならない。

3　第十八条第二項の規定は、第一項の場合に準用する。

（外国周辺の海域における立入禁止違反に係る船舶に対する停泊命令）

第九十条の三　農林水産大臣は、合理的に判断して船舶（指定漁業の許可に係る船舶を除く。）が前条第一項の規定に違反して使用された事実があると認める場合において、漁業取締り上必要があるときは、当該船舶により漁業を営む者又は当該船舶の船長、船長の職務を行う者若しくは操業を指揮する者に対し、停泊港及び停泊期間を指定して当該船舶の停泊を命ずることがある。

2　農林水産大臣は、前項の規定による命令をしようとするときは、行政手続法第十三条第一項の規定による意見陳述のための手続の区分にかかわらず、聴聞を行わなければならない。

3　第二十条第三項の規定は、第一項の規定による命令に係る聴聞について準用する。

◆48　指定漁業の許可及び取締り等に関する省令に基づく農林水産大臣の遠洋底びき網漁業船舶に対する停泊命令の執行停止を求める申立てが却下された事例

東京地裁、昭和六三年(行ク)第五六号

昭六三・一二・二三決定（確定）

申立人　恵久漁業株式会社ほか一名

相手方　農林水産大臣

関係条文　漁業法三四条一項、三八条一項、五七条、六三条、指定漁業の許可及び取締り等に関する省令二〇条一項、二項、九〇条の二、九〇条の三

【要　旨】　指定漁業の許可及び取締り等に関する省令九〇条の三第一項の規定に基づくてい泊命令についての執行停止申立てが、本案について理由がないとみえるときに当たる。

○主　文

本件申立てを却下する。

申立費用は申立人らの負担とする。

○理　由

一　本件申立ての趣旨及び理由

別紙一ないし三記載のとおりである。

二　相手方の意見

別紙四及び五記載のとおりである。

三　当裁判所の判断

本件執行停止申立ては、本件てい泊命令に申立人ら主張の違法事由はなく、本案について理由がないとみえるときに当たるというべきである。その理由は、以下のとおりである。

1　聴聞手続の瑕疵の有無について

(一)　本件疎明資料によれば、本件てい泊命令の経緯について次の事実が一応認められる。

(1)　水産庁が米国二〇〇海里水域内での我が国の遠洋底びき網漁船の違反操業について調査した結果、大浦漁業株式会社の経営に係る第一二八大安丸（以下「訴外船舶」という。）及び申立人らの共同経営に係る第八六恵久丸（以下「本件船舶」という。）が右違反操業をしていたのではないかとの疑いが生

じた。そこで、水産庁の担当職員が、本件船舶の乗組員に対する事情聴取、ＮＮＳＳ（衛星航法装置）の記録紙の調査、魚倉、甲板等から採取した鱗等の調査をした結果、昭和六三年九月一二日（以下、昭和六三年については年の記載を省略し、単に月日のみで表す。）ころ、本件船舶が、七月から八月にかけて農林水産大臣が漁業を営むために漁船による立入りを禁止している外国二〇〇海里水域内において当該外国の許可なしに遠洋底びき網操業をしていたこと及び漁業法六三条において準用する同法三四条一項の制限又は条件に違反することが判明した。

(2) 右調査が行われていた九月五、六日ころ、申立人濱屋水産株式会社から水産庁の担当職員に対して取調べが終わったようなので出漁させてほしい旨の要請が電話であり、また、九月七、八日ころには申立人両社の代表取締役である濱屋久が水産庁を訪れ、担当職員に対して右と同様の要請をしたので、担当職員は近いうちに聴聞会を開催し、処分決定をする予定なので、出漁してもすぐ帰港することになるから出漁を見合わせるよう勧告した。

(3) 九月一二日に水産庁は申立人らに対して処分をする方針を決定し、担当職員が濱屋久に対して電話で九月一四日に聴聞会を開催したい旨及び聴聞会の開催通知書を聴聞会に出席した際に直接手渡したい旨を申し入れたところ、濱屋久は右申入れを了承した。

(4) 九月一四日午後二時三〇分ころから、水産庁八階小会議室において、濱屋久が出席して聴聞会が開催され、午後四時ころ聴聞会は終了したが、議事録の作成に時間がかかる等の理由から濱屋久は夕刻に再度来庁することとなった。なお、聴聞会の開催通知書（以下「本件通知書」という。）は聴聞会の開催に際して濱屋久に交付されたが、本件通知書には、漁業法六三条において準用する同法三四条一項違反及び指定漁業省令九〇条の二違反事件については、審査の上、近く相当の行政処分を課す予定であるから通知する旨の記載があった。また、右聴聞会を傍聴しようとする者があった場合にはその者の傍聴は禁止されていなかった。

そして、同日夕刻、濱屋久は再度来庁したが、聴聞会議事録への署名は拒否し、一六日に再び来庁することとなった。

(5) 濱屋久は九月一六日水産庁に来庁し、聴聞会議事録に署名、押印した。なお、聴聞会が開催されたのが九月一四日であったため、議事録の日付も九月一四日付けとされ、また、濱屋久は、申立人恵久漁業株式会社の委任状を持参して聴聞会に出席したため、議事録への署名は申立人濱屋水産株式会社代表取締役の肩書を付してなされた。そして、前記調査の結果及び右聴聞会の結果に基づき、九月一六日付けで本件てい泊命令がなされた。

㈡　申立人らは、①具体的な処分内容を通知して申立人らに充分な弁明を行う用意をさせるべきであるにも拘わらず相手方は申立人らに対して単に「相当の行政処分を課す予定である」と通知したのみである、②公開の聴聞が行われていない、③相手方は申立人らに対して弁明ないしは有利な証拠の提出の準備に必要な合理的な期間を与えていないから、本件てい泊命令は指定漁業の許可及び取締り等に関する省令（以下「指定漁業省令」という。）二〇条二項に定める手続に違反してなされたものである旨を主張する。

まず、申立人らの①の主張について検討するに、指定漁業省令二〇条二項が同条一項前段の処分をしようとするときは当該処分の相手方にその旨を通知すべき旨を規定した趣旨は、予め当該処分の相手方に処分の対象となる法令違反の事実を通知することにより、当該相手方が自己の為に弁明をし、自己に有利な証拠を提出することを可能ならしめ、もつて聴聞会を意義あるものとし、処分の適正妥当を図るところにあるものと解されるところ、右認定のとおり、本件通知書には漁業法六三条において準用する同法三四条一項違反及び指定漁業省令九〇条の二違反事件については、審査の上、近く相当の行政処分を課す予定であるから通知する旨が記載されているのであつて、右記載事項によつて申立人らは弁明ないしは自己に有利な証拠を提出することは十分に可能であると考えられるから、本件通知書が指定漁業省令二〇条二項に違反するものということはできない。申立人らは予定している処分の具体的内容を記載すべき旨を主張するが、行政処分を課すか否か、行政処分を課すとしてどのような内容の処分を課すかは聴聞会の結果も一つの資料として考慮して決定される（そうでなければ聴聞会を開催する意味はない。）こと及び現実に課された処分の内容が予想より重かつた場合には被処分者は異議申立ての手続の中でさらに弁明をし、自己に有利な証拠を提出できることに鑑みると、指定漁業省令二〇条二項が聴聞の開催通知書に申立人ら主張の事項を記載することまで要求しているということは到底できないものというべきである。

次に、申立人らの②の主張について検討するに、公開の聴聞とは、聴聞の傍聴を希望する第三者にその機会を与えて行われる聴聞を意味すると解するのが相当であるところ、右認定の申立人らに対する聴聞会では第三者の傍聴が禁止されていなかつたこと、聴聞会開催の時刻、場所からみて傍聴を希望する第三者が傍聴をすることは可能であつたということができるから、右聴聞会は公開の聴聞ということができる。申立人らは、聴聞の公開性を担保するためには少なくとも聴聞以前に「何人も傍聴可能である」旨を告知すべきであると主張するが、指定漁業省令二〇条二項の規定自体から聴聞が公開されることは明らかであり、また、右告知をすべき旨の規定も存在しないのであるから、処分予定者に対して右告知をすべき必要性はないというべきである。したがって、申立人らの右主張は理由がない。

さらに、申立人らの③の主張について検討するに、右認定のとおり、本件通知書が申立人らに交付されたのは聴聞会の席上であったが、右のように本件通知書の交付が行われることについては事前に申立人らの了承を得ていたこと、申立人らは九月初めころから本件船舶が法令違反の嫌疑で調査を受けていることを知っており、九月七、八日ころには近く聴聞会が開催され、処分が課されることを告知され、また、九月一二日には同月一四日に聴聞会が開催されることを告知されていたことは右認定の事実から明らかであって、これらの事実に鑑みると、申立人らには弁明をし、自己に有利な証拠を提出するための準備をする時間が十分ではなかったという状況は認められないのであるから、申立人らの右主張は理由がない。

したがって、聴聞手続には申立人ら主張の違反事由はないものというべきである。

2 裁量権の濫用の有無について

(一) 申立人らは、まず、本件船舶と同一機会に同一違反事実の認定を受けた訴外船舶のてい泊期間が一〇〇日であるのに対して本件船舶のそれは二〇〇日であるが、訴外船舶と本件船舶との間には特に差別すべき合理的な理由がないから、本件てい泊命令は裁量権の濫用に基づくものである旨を主張するので、この点について検討する。

(1) 本件疎明資料によれば、本件船舶と訴外船舶は同一時期に違反操業の嫌疑があるとして調査を受け、九月一六日に本件船舶は二〇〇日間の、訴外船舶は一〇〇日間のてい泊命令を受けたこと、申立人らは、申立人濱屋水産株式会社所有の本件船舶を申立人恵久漁業株式会社が賃借し、これにより共同で遠洋底びき網漁業を営むこととし、相手方からその許可を得たこと、右遠洋底びき網漁業の共同経営による権利義務関係については、出資の割合、議決権、損益の配分割合、持分の割合、トン数の割合とも申立人恵久漁業株式会社が八〇パーセント、申立人濱屋水産株式会社が二〇パーセントと定められていたこと、申立人濱屋水産株式会社は、五月一八日付けで、その運航する第五恵久丸、第六恵久丸、第八一恵久丸が漁業法六三条において準用する同法三四条に違反する信号符号の隠ぺい等をしたことを理由としてそれぞれ六〇日間のてい泊命令を受けたことがあるのに対して、大浦漁業株式会社は処分を受けたことがないこと、申立人恵久漁業株式会社の発行株式はすべて申立人濱屋水産株式会社が保有しており、申立人らの代表取締役、取締役、監査役はいずれも共通の人物が就任していること、以上の事実を一応認めることができる。申立人らは、大浦漁業株式会社も昭和六二年六月から九月の間に四〇日のてい泊処分を受けた旨を主張するところ、本件疎明資料によれば、大浦漁業株式会社は、正当な操業で混獲したオヒョウを持ち帰つたため、日ソ漁業関係に及ぼす影響を考え、水産庁の要請に応じて昭和六二年五月から同年九月の間に六〇日間自主的にてい泊したことが一応認められるが、申立人ら主張のように大浦漁業株式会社が処分を受けたことを認めるに足りる疎明はない。

(2)　右認定の事実によれば、申立人恵久漁業株式会社は申立人濱屋水産株式会社によつて実質的に支配されており、したがつて、本件船舶による漁業も申立人濱屋水産株式会社によつて実質的に支配されているということができるものであり、そして、漁業法五七条一項五号の規定の趣旨に鑑み、右のように当該船舶による漁業を実質的に支配する者の過去の違法行為は、その船舶に対する処分を決定する際一つの考慮要素として考慮することが当然できるものというべきであるところ、前記のとおり、申立人濱屋水産株式会社は五月一五日付けでてい泊命令を受けているのに対して大浦漁業株式会社は処分を受けたことがないのであるから、本件船舶に対する今回の違法行為を理由とする処分が訴外船舶に対するそれに比してより重くなるのは極めて当然のことであり、また、申立人濱屋水産株式会社が支配する漁業に従事する漁船が短期間に違法行為を繰り返したこと等を鑑みると、本件船舶のてい泊期間が二〇〇日で訴外船舶のそれが一〇〇日であるからといつて、相手方に裁量権の濫用があるということは到底できないものというべきである。

なお、申立人らは、遠洋漁業の操業は漁撈長の責任で行われるのであるから、過去に指定漁業者の運航する漁船が漁業に関する法令に違反する行為を行つたという一事で右指定漁業者が漁業に関する法令を遵守する精神を欠くということはできず、したがつて、申立人濱屋水産株式会社の運航する漁船が過去に漁業に関する法令に違反する行為をしたことを理由に重い処分を課すことは許されない旨を主張するが、特定の指定漁業者の運航する船舶が漁業に関する法令に違反する行為を繰り返すということは、当該指定漁業者には船長、漁撈長その他の乗組員の選任、監督ないしは操業に関する指示に落ち度があること、ひいてはその者が漁業に関する法令を遵守する精神に乏しいことの徴憑となるのであるから、過去にその運航する漁船が漁業に関する法令に違反する行為を行つたということを考慮に入れて処分の内容を決定することは当然許されるものであり、むしろ、そうすべきであるということができるから、申立人らの右主張は失当である。また、申立人らは、申立人濱屋水産株式会社の運航する船舶が過去に行つた違法行為と今回本件船舶が行つた違法行為とはその種類を異にするから、過去の違法行為を理由に重い処分を課すべきではない旨を主張するが、前記のとおり、右の違法行為はいずれも漁業に関する法令に違法するものであるから、右に述べたと同様の理由により、過去の違法行為を考慮することは当然許され、むしろ、そうすべきであるというべきであるから、(漁業法五七条が、漁業又は労働に関する法令を遵守する精神を著しく欠く場合には指定漁業の許可を行いえないとし、また、同法六三条の準用する同法三八条一項において、指定漁業者が漁業又は労働に関する法令を遵守する精神を著しく欠くに至つたときには指定漁業の許可を取り消さなければならない旨を定めていること及び指定漁業省令二〇条一項のてい泊命令は指定漁業制度を維持するために設けられていると解されることに鑑みると、てい泊命令の内容を決定するにあたつては、処分対象者が漁業又は労働に関する法令を遵守する精神をどの程度有しているかが重要な要素となるものというべきである。)、申立人らの右主張は失当である。

(二) 次に、申立人らは、本件てい泊命令は、船長、漁撈長等の選任監督の不行届を理由に課する処分としては、合理的な範囲を超えた苛酷な処分であり、裁量権の濫用に基づくものである旨を主張するので、この点について検討する。

本件疎明資料によれば、本件てい泊命令によつててい泊を命じられた期間は本件船舶が許可を受けた漁業の盛漁期であり、本件てい泊命令により本件船舶の漁獲高は大幅に減少し、申立人らの経営に相当の打撃を与えることが一応認められるが、他方、申立人濱屋水産株式会社の支配する漁業に従事する漁船が一月にも違法操業を行い、その違法操業が日米間の大きな漁業問題になつたこと、今回の本件船舶の違法操業のため米国がソ連に対して我が国の北洋遠洋漁業の主要な漁場であるベーリング公海からの我が国漁船の締め出しを強く働きかけるという事態が生じたことが一応認められるのであつて、これらの事実にも申立人濱屋水産株式会社の支配する漁業に携わる漁船が過去にもてい泊命令を受けたことがあることを考慮すると、本件てい泊命令が合理的な範囲を超えた苛酷な処分であるということはできないものというべきである。

四 よつて、その余の点について判断するまでもなく、本件申立ては理由がないから、これを却下することとし、申立費用の負担について行政事件訴訟法七条、民事訴訟法八九条、九三条一項本文を適用し、主文のとおり決定する。

(訟務三五巻五号八六五頁)

第二節　許可を受けない中型まき網漁業等の禁止

第六十六条　中型まき網漁業、小型機船底びき網漁業、瀬戸内海機船船びき網漁業又は小型さけ・ます流し網漁業を営もうとする者は、船舶ごとに都道府県知事の許可を受けなければならない。

2　「中型まき網漁業」とは、総トン数五トン以上四十トン未満の船舶によりまき網を使用して行う漁業（指定漁業を除く。）をいい、「小型機船底びき網漁業」とは、総トン数十五トン未満の動力漁船により底びき網を使用して行う漁業をいい、「瀬戸内海機船船びき網漁業」とは、瀬戸内海（第百九条第二項に規定する海面をいう。）において総トン数五トン以上の動力漁船により船びき網を使用して行う漁業をいい、「小型さけ・ます流し網漁業」とは、総トン数三十トン未満の動力漁船により流し網を使用してさけ又はますをとる漁業（母船式漁業を除く。）をいう。

3　主務大臣は、漁業調整のため必要があると認めるときは、都道府県別に第一項の許可をすることができる船舶の隻数、合計総トン数若しくは合計馬力数の最高限度を定め、又は海域を指定し、その海域につき同項の許可をすることができる船舶の総トン数若しくは馬力数の最高限度を定めることができる。

4　主務大臣は、前項の規定により最高限度を定めようとするときは、都道府県知事の意見をきかなければならない。

5　都道府県知事は、第三項の規定により定められた最高限度をこえる船舶については、第一項の許可をしてはならない。

◆49　漁業種類を「いわし・あじ・さばまき網漁業」とした大分県知事による中型まき網漁業許可と魚種の制限

最高裁三小刑、平成五年(う)第一一九号

平八・三・一九決定、上告棄却

一審　大分地裁　二審　福岡高裁

関係条文　漁業法六五条一項・六六条一項、大分県漁業調整規則一五条・六〇条一項一号

【要　旨】

中型まき網漁業許可証の「漁業種類」欄にも「いわし・あじ・さばまき網漁業」と明示されていたというのであるから、漁業法六六条一項、六五条一項による大分県知事の右中型まき網漁業許

可は、いわし、あじ、さばを目的として採捕することに限定されたものであって、それ以外の魚種を目的として採捕することは禁止されていたと解すべきである。したがって、右許可以外の魚種であるいさきを目的として採捕した被告人らの行為は、許可の内容である魚種等により区分された漁業種類に違反する操業を禁止した大分県漁業調整規則一五条に違反することが明かである。

（註）判例は、「二六七頁45」参照

◆50 動力漁船（総トン数一四トン）によりごち網を使用して行った漁業を小型機船底びき網漁業であると認定した事例

福岡高裁刑、平成六年(う)第一〇六号
平七・二・二判決、控訴棄却
一審 長崎地裁
関係条文 漁業法六六条一項・二項・一三八条六号

【要 旨】

被告人は、いわゆるごち網であっても、底びき網として容易に使用できる脅しのない網を使用していたこと、ごち網では全く使用することがなく、小型底びき網に装着されて初めて効能を発揮する網口開口板を装着していたこと、被告人は、遊泳力があってごち網漁法では捕獲されにくい、クロサギを大量に捕獲していたことなどを併せ考えると、被告人は、網を曳行する漁法、すなわち、底びき網漁を行ったものと優に認定できるというべきである。

○理 由

漁業法六六条一項によれば、小型機船底びき網漁業を営もうとする者は、船舶ごとに都道府県知事の許可を受けなければならず、同条二項において、「小型機船底びき網漁業」とは、総トン数一五トン未満の動力漁船により底びき網を使用して行う漁業をいうと規定されている。そして、関係証拠によれば、被告人は、右県知事の許可を受けないで総トン数一四トンの動力漁船により、網口開口板を取り付けたごち網を使用して、原判示のとおり、鯛、アカムツ、クロサギ等を採捕したことが認められる。

所論は、被告人が使用した網はごち網であって底びき網ではないから、同条に違反しないというのである。

しかしながら、関係証拠によれば、ごち網漁業とは、楕円形の一枚の網地が、縮結によって袋状となった網とその両端に結着された曳綱とからなるごち網を使用して、曳綱の包囲形を狭めることによって魚を威嚇しながら、網の魚捕り部内に追い込み、網目に刺させたり絡ませたりして漁獲する漁法をいい、一方、底びき網漁業とは、一袋両翼からなる袋網と曳綱とからなる底びき網を海底に接着させ袋網の両翼と曳綱で海底方向に曳行して、その流水抵抗により袋状の形を形成させて、漁獲対象物を網内に入れるか、あるいは駆り集めて漁獲する漁法をいい、そして、ごち網も底びき網も漁具は袋網と曳綱から構成されるところ、近年のごち網の袋網は、両端を著しく伸長した構造となっていて、外見上、又、能力上も底びき網との区別は判然としなくなって来ており、ごち網の袋網は底びき網としても容易に使用できるものとなっていることが認められる。

そして、関係証拠によれば、被告人は、いわゆるごち網であっても、底びき網として容易に使用できる脅しのない網を使用していたこと、ごち網漁では全く使用することがなく、小型機船底びき網に装着されて初めて効能を発揮する網口開口板を装着していたこと、被告人は、遊泳力があってごち網漁法では補獲されにくいクロサギを大量に捕獲したことなどを併せ考えると、被告人は、網を曳行する漁法、すなわち、底びき網漁を行ったものと優に認定できるというべきである。

（高裁速報一三八七号一四一頁）

第三節　漁業監督公務員

第七十四条　主務大臣又は都道府県知事は、所部の職員の中から漁業監督官又は漁業監督吏員を命じ、漁業に関する法令の励行に関する事務をつかさどらせる。

2　漁業監督官及び漁業監督吏員の資格について必要な事項は、命令で定める。

3　漁業監督官又は漁業監督吏員は、必要があると認めるときは、漁場、船舶、事業場、事務所、倉庫等に臨んでその状況若しくは帳簿書類その他の物件を検査し、又は関係者に対し質問をすることができる。

4　漁業監督官又は漁業監督吏員がその職務を行う場合には、その身分を証明する証票を携帯し、要求があるときはこれを呈示しなければならない。

5　漁業監督官及び漁業監督吏員であつてその所属する官公署の長がその者の主たる勤務地を管轄する地方裁判所に対応する検察庁の検事正と協議をして指名したものは、漁業に関する罪に関し、刑事訴訟法（昭和二十三年法律第百三十一号）の規定による司法警察員として職務を行う。

◆51　固定式刺網漁業者が操業違反の取締りに落ち度があつたことも一因であるとして国、県に対し行つた損害賠償請求が棄却された事例

福島地裁相馬支部民、昭和六三年(ワ)第三四号（甲事件）・第三五号（乙事件）
平五・七・二七判決、棄却
原告　岩佐富十郎
被告　（甲事件）福島県ほか四名　（乙事件）国ほか一四名
関係条文　漁業法七四条、海上保安庁法二条一項、一五条、国家賠償法一条一項

【要　旨】

固定式刺網漁業を営む者が、仕掛けた刺網を底曳網漁船に破られ、漁獲がなくなる損害を繰り返し被ったのは、県及び国の操業違反の取締りに落ち度があったこともその一因であるとして、県及び国に対し、損害賠償を求めた事案につき、底曳網漁船による漁網破損の事実についての立証はなく、また、県の漁業監督吏員及び国の海上保安部所属の海上保安官らが違法操業を黙認放置していた事実を認めるに足りる証拠もないので原告の請求については理由がない。

○主　文

原告の甲事件・乙事件各請求をいずれも棄却する。
訴訟費用は全部原告の負担とする。

○事実及び理由

一　事案の概要

本件は、昭和三八年から昭和五〇年まで毎年秋のいなだ漁期に福島県海区の海上で固定式刺し網漁を営んでいた原告が、当該漁期当初に仕掛けた刺し網を夜間操業を行う底引き網漁船に破られて全部使用不能にされ、当該漁期の漁獲がなくなる損害を毎年繰り返し被ったとして、甲事件につき甲事件被告五名、乙事件につき乙事件被告一五名、の各自に対し、次記の事由を主張して、原告の当該損害（一三年分計五九〇〇万円以上）の一部である損害賠償金二〇〇〇万円とその遅延損害金（昭和五〇年一二月一日起算、年五分の割合のもの）の各請求として、当該金員の支払をそれぞれ求める事案である。

なお、原告の主張の要旨は、別紙原告の主張に記載のとおりである。

記

被告のうち国・福島県以外の者（個人）一八名（甲・乙事件共通）

漁船員が故意過失により原告の漁網を破損したと看做される漁船の船主であって、右漁船員らの不法行為につき民法七

一五条の使用者責任を負い、また自らも右船長らとの共謀による不法行為者として民法七〇九条の不法行為責任を負う。

被告福島県（甲事件）

右漁船の操業が、小型底引き網漁業の夜間操業禁止（福島県漁業調整規則四四条）に違反し、かつ、小型動力船（総トン数一五トン未満）より大型の船（総トン数二〇トン乃至二五トン程度）を用いた違反操業（沖合底引き網漁業の無許可操業にあたる）であるのに、福島県知事から任命された漁業監督吏員は右違反操業の事実を知りながら事前の抑止も事後の取締りもせずに放置し、福島県知事も当該吏員への指揮監督を怠り（漁業法七四条による取締権限不行使）、その為に原告の右被害を招いたことにつき、福島県は国家賠償法一条一項の責任を負う。

被告国（乙事件）

漁船の右違法操業について、当該海面を管轄する小名浜海上保安部所属の保安官らは右違法操業の事実を知りながらその取締りを怠って放置したこと（海上保安庁法二条一項、一五条の取締義務違反）により、原告の右被害を招いたことにつき、国は国家賠償法一条一項の責任を負う。

二　判　断

1　被告のうち国・福島県以外の者（個人）一八名に対する請求について

(1)　右被告（個人）らの漁船が当時原告が海上に仕掛けた漁網を破損したこと（以下適宜、本件漁網破損行為という）についての立証はない。また、原告の主張自体をみると、原告の漁網を破損した漁船の特定はできないから当時出漁したとみられる全漁船を対象にして提訴した、とのことであるけれども、右被告（個人）らの弁論をみると右被告（個人）ら以外の漁船も当時出漁していたようであり、かつ、当該漁網の設置場所は沿岸海上の広い区域の中の点のような場所数箇所であってそこを右被告ら（個人）の漁船が必ず通って漁業をするともみられないことからすれば、右被告（個人）らの漁船が当時出漁した事実から原告の右漁網を破損したとは、到底推定しえないところである。

(2)　原告は、これについて、右被告（個人）一八名において自分のところの漁船が当該漁網破損行為をしなかったというなら、当該被告の方でこれを明らかにするべきだ、との旨主張するけれども、双方ともが当該漁網破損行為の存否につき立証せずその存否が不明である場合は、訴訟上は、右被告らの各漁船につき当該漁網破損の事実が存しなかったとして扱う外ない。

(3)　なお、原告は、訴外相馬原釜漁業協同組合が当時から漁網損壊については破損した漁船の特定がないまま弁償して来たことを理由に、原告の漁網を破損した漁船の特定は必要ない、と主張するようであるけれども、そのような弁償の有無及び趣旨はひとまず措くとして、当該協同組合が組合員の損失補償を保険的に或いは救済的に行う場合と訴訟により不法行為責任を求める場合とでは自ずと差異があり、原告のように訴訟により第三者の不法行為責任を求める以上は、訴訟手続上、当該被告の不法行為責任の根拠として具体的な漁網損壊行為を特定する必要があるし、また右被告（個人）らが当該組合員であったとしても、右協同組合の右弁償（仮に、存するとしても）が直ちに右被告（個人）らが原告の主張する不法行為責任を自認していたといえる事情ともならない。

(4) 以上によれば、原告の右被告（個人）らに対する本訴各請求は、原告において、被告（個人）らの漁船による原告の漁網の破損行為の存在という請求（使用者責任又は共謀による不法行為）の基礎となる事実につき、その証明ができないということであるから、その余を判断するまでもなく既に失当である。

2 被告福島県に対する請求について

(1) 原告の被告福島県に対する請求は、前記被告（個人）らの漁船による原告の漁網破損という事実（本件漁網破損行為）が存することを前提にして、これ（本件漁網破損行為）が発生したのは被告福島県の漁業取締に落度があったと主張するものとみられる。

しかしながら、前記1のとおり本件漁網破損行為の存することの証明がない本件では、既に原告の右請求は失当ということになる。

(2) また、原告が被告福島県の責任の基礎とする事実、即ち被告福島県の漁業監督吏員は前記被告（個人）らの漁船の違法操業（禁止された夜間操業・過大船による底引網漁の無許可操業）の事実を知っていながら黙認放置していたとの事実、についても、これを認めるに足りる証拠はない。なお、原告が弁論（原告の平成元年一〇月二五日付準備書面の付属書類）で引用する新聞記事（昭和五一年一〇月一六日の毎日新聞）は「小型底引船のエンジン出力の基準超過を福島県の係官が黙認していたのではないかとの声がある」との旨の内容で、別の問題についてのかつ間接的なものに過ぎず、その他弁論の全趣旨からも、右黙認放置を推認しうるだけのものは見出せない。

従って、原告の右請求はこの点からも失当である。

(3) 以上によれば、原告の右請求については、被告福島県の反論にかかる「漁業法所定の知事の取締権限の行使・不行使の問題は個人に対して直接負担する業務ではなくまた操業違反の事前抑制義務もなく国家賠償法上の違法性の問題にはならない、知事及び漁業監督吏員の右取締権限行使・不行使に著しい不合理性はなかった、原告のいう知事らの不作為義務違反と原告の主張する損害との間に相当因果関係はない」との諸点を検討するまでもなく、既に理由がないことになる。

3 被告国に対する請求について

(1) 原告の被告国に対する請求もまた、前記被告（個人）らの漁船による原告の漁網破損という事実（本件漁網破損行為）が存することを前提にして、そのようなこと（本件漁網破損行為）が発生したのは被告国（海上保安官）の操業違反の取締に落度があったと主張するものとみられる。

しかしながら、前記1のとおり本件漁網破損行為の存することの証明がない本件では、既に原告の右請求は失当ということになる。

(2) また、原告が被告国の責任の基礎とする事実、即ち被告国の小名浜海上保安部所属の海上保安官は前記被告（個人）らの漁船の違法操業（禁止された夜間操業・過大船による底引網漁の無許可操業）の事実を知っていながら黙認放置していたとの事実、についても、これを認めるに足りる証拠はないし、弁論の全趣旨からも右黙認放置を推認しうるだけのものは見出せない。

従って、原告の右請求はこの点からも失当である。

(3) 以上によれば、原告の右請求については、被告国の反論にかかる「海上保安庁法による海上保安官の取締権限の行使・不行使の問題は個人に対して直接負担する義務ではなくまた操業違反の事前抑制義務もなく国家賠償法上の違法性の問題にはならない、海上保安官の右取締権限行使・不行使に著しい不合理性はなかった、原告のいう海上保安官の不作為義務違反と原告の主張する損害との間に相当因果関係はない」との諸点を検討するまでもなく、既に理由がないことになる。

三 結 論

よって、原告の甲事件被告らに対する甲事件請求、及び乙事件被告らに対する乙事件請求は、いずれも理由がないからこれを各棄却し、訴訟費用の負担の点も含め、平成五年六月二二日終結した口頭弁論に基づき、主文のとおり判決する。

(別 紙) 原告の主張

一 請求の趣旨

1 三四号事件被告らは各自原告に対し金二〇〇〇万円及びこれに対する昭和五〇年一二月一日から支払済みまで年五分の割合による金員を支払え。

2 三五号事件被告らは各自原告に対し金二〇〇〇万円及びこれに対する昭和五〇年一二月一日から支払済みまで年五分の割合による金員を支払え。

3 訴訟費用は被告らの負担とする。

二 請求原因

1 原告は、昭和三八年から昭和五〇年まで毎年、九月一日頃から一一月三〇日頃までのいなだ漁の漁期に、福島県海区の海上で固定式刺し網漁を営んだ者である。

2　原告は、昭和三八年九月一日未明頃、いなだを捕るため仕掛けていた刺し網を底びき網漁を行う漁船により破損され、仕掛けていた刺し網三〇反のうち二五反を再使用不能の状態にされてしまった。

そこで、原告は、翌二日からは予備網と修理した五反の網を仕掛けていたが、同年一〇月一五日から二〇日頃のある夜、また、底びき網漁を行う漁船により網を破られ、網全部を使用不能の状態にされてしまった。そのため、原告は、以後、その年の漁期には全く漁獲をあげることができなかった。

3　原告は、右漁網被害により、右昭和三八年九月から一一月までの漁期に少なくとも三〇日は操業日数が減少し、一日あたり少なくともいなだ一五〇〇キログラム・一〇万円、三〇日で合計三〇〇万円を下らない水揚げの減少による損害を被った。

4　昭和三九年から昭和四四年までの間における各いなだ漁の漁期においても、昭和三八年の場合とほぼ同様の経過で、同様の被害・年間三〇〇万円を下らない水揚げの減少による損害を被った。

5　昭和四五年から昭和五〇年までの間における各いなだ漁の漁期においても、従前と同様の経過で、同様の被害を受けたが、この頃には、いなだの価格も上がり、一日あたりの最低水揚げ量一五〇〇キロの値段は二〇万円を下ることはなかったから、各年の水揚げ減少による損害額は各六〇〇万円を下ることはなかった。

6　以上のとおり、原告は、昭和三八年から昭和五〇年までの一三年間、毎年、夜間操業を行う底引き網漁船に漁網を破られ、合計五九〇〇万円を下らない水揚げ減少による損害を被った。

7　右漁網破損を行ったのは、被告国及び被告福島県を除くその余の被告ら所有の漁船を操船する船長や底引き網漁の操業を指揮する漁労長以下の乗組員である。

原告は、右漁網破損行為をおこなった漁船を個々的に特定することができないので、主張としては、全漁網破損行為を全漁船が行ったと主張する（被告らにおいて、自分のところの漁船は破損行為を行っていないというのであれば、各船主たる被告らの方でその点を明らかにしてもらいたい）。

右乗組員らは故意又は過失により原告の漁網を破損したのであるから、その行為は原告に対する不法行為を構成する。

8　右船主たる被告らは、右船長以下の乗組員を使用し、底びき網漁業に従事させていた者であるから、被用者である右船長以下の乗組員が同被告らの事業たる漁業の執行につき原告に加えた前記損害を賠償すべき義務がある。

9　また、右船主たる被告らは、自己所有の漁船の船長らに対し、敷設されている刺し網を発見し、これを避けて底引き網漁を行うことが著しく困難な夜間に、刺し網の敷設されている海域で右操業を行わせたのであるから、右船長らと共謀のうえ、右不法行為を行ったものであり、自ら不法行為を行った者として、直接民法七〇九条により原告に加えた前記損害を賠償すべき義務がある。

10　ところで、右船主たる被告らはいずれも小型底引き網漁業の許可を受けて右操業を行ったものであるところ、原告が前記被害を受けた全期間を通じて、福島県漁業調整規則四四条により、小型底引き網漁業は、日没時から日の出時までの間は、これを営んではならないこととされていた（夜間操業の禁止）から、同被告らの行った前記操業は、同規則四四条違反の操業である。

また、小型底引き網漁業は総トン数一五トン未満の動力船により底引き網を使用して行う漁業である（漁業法六六条二項）のに、同被告らは、昭和三八年から昭和四五年ころまでは二〇トン程度の船型過大船で、昭和四六年ころからは二五トン程度の船型過大船で底引き網漁業を行った。同被告らの行ったこの漁業は、小型底引き網漁業にはあたらず、沖合底引き網漁業の無許可操業にあたる。

11　漁業法四七条によれば、都道府県知事は、漁業監督吏員を任命し、漁業取締りを行わせるものとされており、福島県知事はその任命にかかる漁業監督吏員を指揮監督して、船主たる被告らによる前記違法操業の取締りを行わせるべきであったのに、これを怠り、また、漁業監督吏員らは自ら漁業取締りを行うこととされているのに、前記違法操業の事実を知悉しながら、あえて前記違法操業を放置したため、原告は前記損害を被った。

同法七四条は、知事及び漁業監督吏員に漁業取締りの権限を与えているに止まらず、その義務も負わせているものであり、福島県知事及び同知事に任命された漁業監督吏員には、原告に損害を与えた前記船主たる被告らによる違法操業を事前に制止させるべき義務があり、この義務は、単に公法上の義務に止まらず、原告に対する義務ともなるものであって、右義務違反の不作為は、原告に対し、国家賠償法一条一項に該当する違法な加害行為を構成するものであり、前記原告の損害との因果関係も肯定しうるものである。

そこで、原告は、福島県知事を置く公共団体である被告福島県に対し、同法に基づき原告の被った前記損害の賠償を請求する。

12　海上保安庁法二条一項、一五条によれば、海上保安官は、法令の励行に関する事務を任務としており、小名浜海上保安部所属の保安官らは、福島県の海面で行われた船主たる被告らによる前記違法操業の取締りを行うべきであったのに、これを怠り、違法操業の事実を知悉しながら、前記違法操業を放置したため、原告は前記損害を被った。

同各法条は、海上保安官に権限を与えているに止まらず、義務も負わせているものであり、小名浜海上保安部所属の保安官らには、原告に損害を与えた前記船主たる被告らによる違法操業を事前に制止させるべき義務があり、この義務は、単に公法上の義務に止まらず、原告に対する義務ともなるものであって、右義務違反の不作為は、原告に対し、国家賠償法一条一項に該当する違法な加害行為を構成するものであり、前記原告の損害との因果関係も肯定しうるものである。

そこで、原告は被告国に対し、被告国の公権力の行使にあたる公務員である小名浜海上保安部所属の保安官らによる違法な加害行為により原告の被った前記損害について、同法に基づきその賠償を請求する。

13　6記載のとおり、原告は、昭和三八年から昭和五〇年までの一三年間に合計五九〇〇万円を下らない損害を被ったものであるが、本訴においては、その一部・二〇〇〇万円及びこれに対する昭和五〇年一二月一日から支払済まで年五分の割合による遅延損害金を請求する。

（自治一三一号一〇五頁）

第五章　雑　則

第一節　不服申立てと訴訟との関係

第百三十五条の二　主務大臣又は都道府県知事が第二章から第四章まで（第六十五条第一項の規定に基づく省令及び規則を含む。）の規定によってした処分の取消しの訴えは、その処分についての異議申立て又は審査請求に対する決定又は裁決を経た後でなければ、提起することができない。

◆52　行政事件訴訟法第八条第二項第二号にいう「著しい損害を避けるため緊急の必要があるとき」に当たるとされた事例

松山地裁民、昭和五四年(行ク)第一号
昭五四・七・九決定（確定）
申立人　小林実外六名
被申立人　愛媛県知事
関係条文　行訴法八条二項二号、二五条二項、三項、漁業法六五条一項、一三五条の二、愛媛県

漁業調整規則五一条

【要　旨】
審査請求を経ないで提起された県漁業調整規則に基づく知事の中型まき網漁業船舶に対する停泊命令の取消しを求める訴えにつき、審査請求を経ていたのでは右命令に係る停泊期間を徒過してしまい司法救済を受けられなくなるおそれが大きいから、行政事件訴訟法八条二項二号にいう「著しい損害を避けるため緊急の必要があるとき」に当たる。

（註）判例は、「二六一頁44」参照

◆53　不認可処分に対する異議申立てを棄却した決定の取消しを求める訴えが棄却された事例

東京高裁民、昭和五六年(行コ)第八号
昭五六・八・二七判決、棄却（確定）
控訴人（原告）　川村三郎
被控訴人（被告）　農林水産大臣
一審　東京地裁
関係条文　漁業法五八条の二、三項、一三五条の二、行訴法三条二、三項一〇条二項

【要　旨】

行政事件訴訟法一〇条二項によれば、処分の取消しの訴えとその処分についての審査請求を棄却した裁決の取消しの訴えとを提起することができる場合には、裁決の取消しの訴えにおいては処分の違法を理由にして取消しを求めることができない旨定められているところ、本件訴えは本件不認可処分についての審査請求を棄却した裁決の取消しを求める訴えであり、右不認可処分に対する取消し訴訟の提起が許されることは漁業法一三五条の二の規定に照らして明らかであるから、原告は本件決定の取消しを求める本訴において本件不認可処分の違法を主張することは許されないものといわねばならない。

(註) 判例は、「二一〇三頁37」参照

第六章　罰　則

第一節　漁獲物等の没収及び追徴

第百四十条　第百三十八条又は前条の場合においては、犯人が所有し、又は所持する漁獲物、その製品、漁船又は漁具その他水産動植物の採捕の用に供される物は、没収することができる。ただし、犯人が所有していたこれらの物件の全部又は一部を没収することができないときは、その価額を追徴することができる。

◆54　法令に違反して営んだ漁業に使用した漁船等を没収することが相当であるとした事例

最高裁一小刑、平成元年㋐第一三七四号
平二・六・二決定、棄却
上告申立人　被告人
被告人　浦上伸
一審　釧路地裁　二審　札幌高裁
関係条文　北海道海面漁業調整規則五条一項、五五条一項一号、二項、刑訴法四一一条

【要　旨】
被告人が海上保安庁の巡視艇等の追尾を振り切るためなどに船体に無線機、レーダー及び高出力の船外機等を装備した漁船を使用し、共犯者らを乗り組ませるなどして、北海道調整規則に違反する漁業を営んだという本件事案の下において、同規則五五条二項本文により右船舶船体等をその所有者である被告人から没収することは、相当である。

（註）判例は、「一二二四頁40」参照

第二部　外国人漁業の規制に関する法律

〔昭和二年七月十四日法律第六十号〕

第一章　漁業の禁止

第一節　漁業の禁止

第三条　次に掲げるものは、本邦の水域において漁業、水産動植物の採捕（漁業に該当するものを除き、漁業等付随行為を含む。以下同じ。）、採捕準備行為又は探査を行つてはならない。ただし、その水産動植物の採捕が農林水産省令で定める軽易なものであるときは、この限りでない。

一　日本の国籍を有しない者。ただし、適法に本邦に在留する者で農林水産大臣の指定するものを除く。

二　外国、外国の公共団体若しくはこれに準ずるもの又は外国法に基づいて設立された法人その他の団体

第九条　次の各号の一に該当する者は、三年以下の懲役若しくは四百万円以下の罰金に処し、又はこれを併科する。

一　第三条の規定に違反した者

二　第四条第一項の規定に違反して同項の許可を受けないで外国漁船を寄港させた船長

二の二　第四条の二の規定に違反した船長

三　第五条の規定による命令に違反した船長

四　第六条第一項から第三項まで又は第五項の規定に違反した船長

2　前項の場合においては、犯人が所有し、又は所持する漁獲物等、船舶又は漁具その他漁業、水産動植物の採捕、採捕準備行為若しくは探査の用に供される物は、没収することができる。ただし、犯人が所有していたこれらの物件の全部又は一部を没収することができないときは、その価額を追徴することができる。

事例

◆1　直線基線設定により日本の領水となつた海域において韓国漁船船長が行つた漁業行為について、日本の取締り及び裁判権管轄権は日韓漁業協定によつて制約されるものではないとされた

長崎地裁刑、平成一〇年(わ)第一五号

平一〇・六・二四判決、有罪・控訴

関係条文　外国人漁業の規制に関する法律三条・九条一項、領海及び接続水域に関する法律二条、同施行令二条一項、日本国と大韓民国との間の漁業に関する協定及び関係文書（旧日韓漁業協定）前文・一条一項・四条一項、海洋法に

関する国際連合条約三条・七条

【要　旨】
日本の領水における主権行使としての取締り及び裁判管轄権は、日韓漁業協定の規定及びその趣旨によって制約されるものではない。

○主　文

被告人Aを懲役二年六月及び罰金一五〇万円に、被告人B及び被告人Cをそれぞれ懲役一年六月に処する。

被告人らに対し、未決勾留日数中各九〇日を被告人Aについてはその懲役刑に、被告人B及び被告人Cについてはそれぞれの刑に算入する。

被告人Aにおいて右罰金を完納することができないときは、金一万円を一日に換算した期間、同被告人を労役場に留置する。

被告人らに対し、この裁判確定の日から三年間被告人Aについてはその懲役刑の、被告人B及び被告人Cについてはそれぞれの刑の執行を猶予する。

○理　由

（犯罪事実）

第一　被告人Aは、大韓民国（以下、「韓国」という。）の国籍を有し、韓国大型トロール漁船甲号（総トン数一三九トン）の船長であるが、法定の除外事由がないのに、平成一〇年一月二〇日午前一〇時二八分ころ、長崎県南松浦郡玉之浦町玉之浦郷字山ノ神〈番地略〉所在の大瀬埼灯台から真方位一一一度約四〇・五海里の本邦の水域（領海線の約一七・二海里内側）において、右漁船及び底曳網漁具を使用して漁業を行った。

第二　被告人A、同B、同Cは、長崎海上保安部職員海上保安官林真一郎外一五名が同保安部所属巡視船「いなさ」に乗船し、被告人Aの前記違反操業を検挙すべく前記甲号を追跡した上、同巡視船を右甲号に接舷・移乗して被告人らを逮捕しようとした際、逮捕を免れるため、共謀の上、前同日午後二時三〇分ころから午後二時五五分ころまでの間、前記大瀬埼灯台から真方位二〇二度約一七・六海里の海上ないし同灯台から真方位二一六度約一七・四海里の海上に至る海域（公海上）を航行中の右甲号船上において、右林らに対し、こもごも、多数回にわたり、乾電池を投げつけ、角材を振り回し、同角材で同人らを殴打した上、右林の顔面を手拳で殴打するなどの暴行を加え、もって、右海上保安官林らの職務の執行を妨害するとともに、前記暴行により、同人に対し、全治まで六日間を要する顔面挫創等の傷害を負わせたものである。

（証拠の標目）〈省略〉

（争点についての判断）

第一　取締り及び裁判管轄権の有無について

弁護人は、判示第一の漁業行為及び判示第二の公務執行妨害、傷害行為につき、日本には取締り及び裁判管轄権がない旨主張するので、以下検討する。

一　まず、関係各証拠によれば、前提となる事実として以下の事実が明らかに認められる。

1　平成八年法律第七三号（領海法の一部を改正する法律）による改正前の領海法（昭和五二年法律第三〇号。以下、「旧領海法」という。）二条は、基線は低潮線とすると決め、直線基線は採用していなかったが、平成八年法律第七三号による改正後の領海及び接続水域に関する法律（以下、「新領海法」という。）二条は、直線基線を採用することができるとし、これに基づき平成八年政令第二〇六号（領海法施行令の一部を改正する政令）が制定され、平成九年一月一日から、同政令による改正後の領海及び接続水域に関する法律施行令（昭和五二年政令第二一〇号。以下「新領海法施行令」という。）一条一項が施行され、これにより、同政令別表第一のとおりの直線基線が定められた。

2　判示第一の犯行場所は、長崎県南松浦郡玉之浦町玉之浦郷字山ノ神〈番地略〉所在の大瀬埼灯台から真方位二一一度約四〇・五海里の水域（以下、「本件水域」という。）であるが、これは日本の低潮線からの距離が一二海里を超える水域であるため、新領海法施行令二条一項の施行前は日本の領水ではなかったが、その施行後は、同政令別表第一の九所定のルの点とヲの点を結んだ線が基線とされた結果、基線の内側となり、領海線の約一七・二海里内側となった（基線の内側であるから、内水である。）。

一方、日本国と大韓民国との間の漁業に関する協定及び関係文書（昭和四〇年条約第二六号。以下、「日韓漁業協定」という。）は、その一条一項本文により、沿岸の基線から一二海里までの水域をそれぞれ自国が漁業に関して排他的管轄権を行使する水域（以下、「漁業水域」という。）として設定することを認めているが、直線基線の採用には相手国との協議を必要とする旨定め（同項ただし書）、日本は右漁業水域に関して直線基線は採用していないから、本件水域はその外側にある。

3　判示第二の犯行場所は、前記大瀬埼灯台から真方位二〇二度約一七・六海里の海上ないし同灯台から真方位二一六度約一七・四海里の海上に至る海域であるが、これは日本の新領海法施行令二条一項による領海線の外側であり、また、日韓漁業協定による漁業水域の外側でもあり、公海上である。

二　以上の事実関係に基づき、弁護人は、本件水域は、新領海法施行令による新領海線の内側ではあるが、日韓漁業協定による漁業水域の外側であり、同協定四条一項は、漁業水域の外側における取締り及び裁判管轄権は、漁船の属する締約国のみが行い、及び行使する旨定め、条約である日韓漁業協定が法律である新領海法に優先するから、日本には、被告人Aが韓国漁船である甲号を使用して行つた判示第一の漁業行為について、取締り及び裁判管轄権はなく、したがつて、公海上の韓国船舶の上で行われた被告人三名の判示第二の行為についても、接続水域や追跡権を根拠として、日本に取締り及び裁判管轄権を認めることはできないと主張する。

なお、弁護人は、外国人漁業の規制に関する法律（昭和四二年法律第六〇号、以下、「外国人漁業規制法」という。）にいう「本邦の水域」とは、前記新旧の領海法や日韓漁業協定等の関係規定により、日本が漁業に関して排他的管轄権を有する水域をいうとの前提で主張を展開しているが、日韓漁業協定による漁業水域内での韓国国民の漁業については、外国人漁業規制法ではなく、日本国と大韓民国との間の漁業に関する協定の実施に伴う同協定第一条1の漁業に関する水域の設定に関する法律（昭和四〇年法律第一四五号）二項及び漁業法（昭和二四年法律第二六七号）六五条一項の規定に基づき制定された日本国と大韓民国との間の漁業に関する協定第一条1の漁業に関する水域等において大韓民国国民の行なう漁業の禁止に関する省令（昭和四〇年農林省令第五八号）により規制され、さらに、排他的経済水域における外国人の漁業については、排他的経済水域における漁業等に関する主権的権利の行使等に関する法律（平成八年法律第七六号）により規制されているものであり、これらの規定を整合的に解釈すれば、外国人漁業規制法にいう「本邦の水域」とは、日本の領水すなわち領海及び内水を意味していることは明らかである。

三　そこで検討するに、確かに日韓漁業協定四条一項は、漁業水域の外側における取締り及び裁判管轄権を旗国のみが行い、及び行使する旨規定しており、当該水域が漁業水域の外側である以上は、これが領水であつたとしても、やはり旗国のみが取締り及び裁判管轄権を有することを定めた規定であるようにみえなくもない。

しかしながら、まず、日韓漁業協定にいう漁業水域という用語について考えるに、この概念は、元来、第一次国連海洋法会議（一九五八年）及び第二次国連海洋法会議（一九六〇年）などから提唱されるようになつたもので、要するに、領海の幅につき国により種々の主張があつたため、妥協案として、領水とは別個の問題として、かつその外側に、漁業に関して沿岸国に排他的管轄権を認める水域として漁業水域を設定することを認めるという方法で漁業問題を解決しようとしたものであり、その後日韓漁業協定の締結までにも、一九六〇年のイギリス・ノルウェー協定等のように、関係国の漁業紛争をこのような漁業水域を設ける方法で解決する例がみられるようになつていたものである。このような海洋に関する国際法の動向からみると、日韓漁業協定にいう漁業水域も領水とは別個の概念であるとみるほかはなく、このことは、当時韓国が主張していた領海の幅は必ずしも明らかにされていないが、当時日本は領海の幅を三海里としていたことからも明らかであり、このような性格を有する漁業水域についての規定が領水における管轄権を制約する趣旨のものと解するには疑問が残る。

さらに、日韓漁業協定の前文では、「公海自由の原則がこの協定に特別の規定がある場合を除くほかは尊重されるべきことを確認し」とされ、もともと、領水とは、沿岸国がその主権に基づきその管轄権を排他的かつ包括的に及ぼし得る領域とされており、特定の条約の文言がその主権行使を制限する趣旨のものと解するには慎重であるべきことをも併せ考えると、日韓漁業協定四条一項の規定は、当時漁業水域の外側は公海であったから公海における旗国主義の原則が妥当し、これを確認する趣旨の規定と解するのが自然であり、その後の国際情勢の変化等により、領水が日韓漁業協定で定められた漁業水域の外側に拡張された場合にも、なお旗国のみが管轄権を有することまで規定したものではないと解される。

もっとも、日韓漁業協定は、いわゆる李ライン問題等をめぐる日本と韓国との漁業紛争を解決するために漁業水域という枠組みを用い、これにより双方の利害を調整して締結されたものであるから、前記のように領水と漁業水域とが別個の概念であるからといつて、一方当事国が領水を一方的に拡張して漁業水域の外側の水域にまで自国の管轄権を拡張することが右のような日韓漁業協定の趣旨に反するとされる場合もないとはいえないと考えられる。

そこで、このような観点から、日本が前記のように新領海法により領水を拡張した経過についてみると、日韓漁業協定締結の当時は、領海の幅について各国の見解が区々に分かれ、直線基線についても、領海及び接続水域に関する条約（昭和四三年条約第一一号）がその採用を認めてはいたものの、現実に採用した国はそれほど多くなく、必ずしも確立したものとはいえなかつたが、その後、領海の幅を一二海里としてその基線として直線基線を採用する国が次第に多数となり、海洋法に関する国際連合条約（平成八年条約第六号。以下、「国連海洋法条約」という。）は、その三条において「いずれの国も、この条約の定めるところにより決定される基線から測定して一二海里を超えない範囲でその領海の幅を定める権利を有する。」と規定し、七条においてその基線として直線基線の採用を認めるに至り、日本も、昭和五二年七月一日旧領海法の施行により領海の幅を一二海里とし、さらに平成八年六月二〇日国連海洋法条約を批准したことから、これに合わせて新領海法及び新領海法施行令を制定して直線基線を採用したものであつて、要するに、日韓漁業協定締結後の海洋に関する国際法秩序の進展、確立に伴い、これに適合するように領水に関する法律整備を行つた結果、日韓漁業協定に定める漁業水域を超えて領水が拡張されたものであり、これをもつて日韓漁業協定の前記趣旨に反するものということはできない。

四　以上検討したところによれば、日本の領水における主権行使としての取締り及び裁判管轄権は、日韓漁業協定の規定及びその趣旨によつて制約されるものではないというべきであるから、日本は本件水域における被告人Aの判示第一の漁業行為に関し取締り及び裁判管轄権を有し、被告人三名の判示第二の行為についても、右は判示第一の漁業行為に関して長崎海上保安部職員らが行つた国連海洋法条約一一一条所定の要件を満たす適法な追跡行為に対して行われたものであるから、同条及び新領海法三条により日本に取締り及び裁判管轄権があるものである。

（タイムズ九九八号二七九頁）

◆2　領海及び接続水域に関する法律及び同法律施行令第二条第一項が施行されたことにより新たに日本の領海となつた海域における日本の取締り及び裁判管轄権の行使は、日韓漁業協定により何ら制限されるものではないとして、原審の公訴棄却の判決を破棄し差戻した事例

広島高裁刑、平成九年(う)第三二号

平一〇・九・一一判決、破棄差戻し（上告）

一審　松江地裁浜田支部

関係条文　外国人漁業の規制に関する法律三条一号・九条一項一号、領海及び接続水域に関する法律二条・三条、領海及び接続水域に関する法律施行令二条一項、海洋法に関する国際連合条約三条・七条・一一一条、日本国と大韓民国との間の漁業に関する協定一条一項・四条一項

【要　旨】

一　沿岸国がその領海に自らの主権を行使し得ることは国際法上確立された原則であり、本件海域が日本の領海にある以上、これに対して日本の裁判管轄権が及ぶのは当然のことである。

二　日韓漁業協定は国際法上の「漁業水域」についての取り決めであり、公海だけに限定した取り決めであつて領海を規制対象としたものではないのであるから、同協定四条一項が日本の領海における主権の行使を制限する規定であるとの解釈は、これを受け入れる余地がない。

○判決理由

1　公訴事実

被告人は、大韓民国の国籍を有し、同国の船舶である漁船T

（総トン数六八トン）に船長として乗り組み、あなごかご漁業に従事しているものであるが、法定の除外事由がないのに、平成九年六月九日、島根県浜田市所在の馬島灯台から真方位三一七度約一八・九海里付近の本邦の海域において、同船によりあなご籠を使用して、あなご約六・二五キログラムを採捕し、もって本邦の水域において、あなごかご漁業を行ったものである。

2　原審の判断

原審は、本件海域は、日本の沿岸のいわゆる通常基線から判定して一二海里より外側にあり、「領海法」（昭和五二年法律第三〇号。以下「旧領海法」という。）によれば日本の領海ではなかったが、「領海及び接続水域に関する法律」（前記旧領海法が平成八年法律第七三号により改正され、題名も改称されたもの。以下「新領海法」という。）二条、同法施行令（昭和五二年政令第二一〇号の平成八年政令第二〇六号による改正後のもの）二条一項により平成九年一月一日から新たに日本の領海とされた海域であり、したがって、平成八年一二月末日までは外国人漁業の規制に関する法律三条一項の「本邦の水域」ではなかったが、平成九年一月一日から前記「本邦の水域」であることとなったものであること及び本件海域が、少なくとも平成八年一二月末日までは、日韓漁業協定一条一項に定める日本が「漁業に関して排他的管轄権を行使する水域」（以下「漁業に関する水域」という。）の外側であったことを認定判示し、その上で、同協定四条一項が「漁業に関する水域の外側における取締り（停船及び臨検を含む。）及び裁判管轄権は、漁船の属する締約国のみが行ない及び行使する。」と定めていることを指摘し、「条約は常に法律に優先する効力を有する」ところ、同条項は「漁業に関する水域」の外側については拡大した領海内についても取締り及び裁判管轄権を制限する趣旨のものであると解釈されるから、この点に関する限り条約である日韓漁業協定が優先し、韓国の国籍を有する被告人が韓国船籍の漁船で漁業を行った本件公訴事実については、日本に裁判管轄権はない旨判断して、公訴棄却の判決を言い渡した。

3　当裁判所の判断

(1)　関係証拠によれば、本件海域は、旧領海法の下では日本の領海に属さなかったが、領海の設定につき直線基線を採用した新領海法及び同法施行令（前記のとおり改正後のもの）二条一項の施行により、平成九年一月一日から新たに日本の領海に属することとなったものであることが認められる。他方、本件海域は、日韓漁業協定発効後旧領海法が施行されるまで（つまり日本の領海が沿岸から三海里までであった当時）は同協定一条一項により日本が設定する権利を有することを認められた「漁業に関する水域」の外側に位置し、旧領海法施行後新領海法及び同法施行令施行前（つまり日本の領海が沿岸から一二海里までで直線基線を採用していなかった当時）は日本の領海の外側に位置していた。

(2) 沿岸国がその領海に自らの主権を行使し得ることは国際法上確立された原則である。したがって、本件海域が日本の領海にある以上、これに対して日本の裁判管轄権が及ぶのは当然のことである。もつとも、日本が主権の行使に何らかの制限を認めている場合は別であるが、この点につき、原審は、前記のとおり、日韓漁業協定四条一項は「漁業に関する水域」の外側についてはそこが後に領海とされたとしても日本の取締り及び裁判管轄権を制限する規定、換言すると、漁業に関する限り「漁業に関する水域」の外側については日本が領海における主権の行使を放棄した規定であると解釈している。同解釈は、日韓漁業協定が公海だけに限定した取り決めではなく領海をも規制対象としたものであるとの理解を前提としているが、後述するとおり、上記協定が締結された当時の国際法の動き、同協定締結の背景及び協定の文言等を考えると、原審の上記解釈は失当である。

(3) まず、国際法上、海洋は「領海」と「公海」とに区分される。そのうち「領海」は沿岸国の主権が及ぶ水域であり、「公海」は「領海」の外側にあつていずれの国の領有権からも解放された自由な水域である。したがつて、両者が重なり合うことはあり得ない。そして、国際法上、「領海」とは別個に「漁業水域」(「漁業専管水域」ともいわれる。)という概念があるが、これは、沿岸国の領海に接続する公海の一定の水域で沿岸国が漁業に関して排他的権限を行使できるところであり、一九五八年(昭和三三年)の第一次国際連合海洋法会議や一九六〇年(昭和三五年)の第二次国際連合海洋法会議における領海の幅に関する議論を背景に、一九六〇年代になつて対立の深い領海の幅についてはこれを棚上げした上、「漁業水域」の設定の宣言やそれを規定する協定が続出し、国際法上の一般的な制度として定着したものである。このように、「漁業水域」は、領海の幅について国際的な合意が得られないことからこれを棚上げした上、できるだけ自国の排他的権限の及ぶ範囲を拡大したい、領海の外側すなわち公海にも一定の範囲で自国の権益を及ぼしたいという沿岸国の思惑から、領海の外側すなわち公海に設定されるものとして成立した概念である。したがつて、「漁業水域」も領海と重なり合うことはあり得ない。換言すれば、領海の内側に「漁業水域」が存在することはない。また、「漁業水域」は公海に何らかの制限を加えるものであるが、「漁業水域」が領海を制限したり、領海の例外を形成したりすることはない。

日韓漁業協定一条一項、四条一項に定める「漁業に関する水域」の法的性格は、その文言や、同協定が前記国際法の動きの中で成立した経過に照らしても、国際法上の前記「漁業水域」に当たると認められる。これと別異に解釈すべき事情は何ら存しない。そうである以上、「漁業に関する水域」について規定した同協定が規制対象として考えていたのは公海であると認めざるを得ないのであって、これが領海をも規制対象とする意図があったとは認め難い。

(4)　また、日韓漁業協定は、昭和四〇年六月二二日に締結された条約であるが、当時日韓の間にはいわゆる李承晩ラインをめぐる漁業紛争があり、これを解決して公海における漁船の安全操業を図り、また、両国間に存する公海における漁業資源の保存と合理的開発等を図るため、同協定を締結したものである。このような背景と目的のもとに同協定が締結されたことを考えると、同協定は領海に沿岸国の主権が及ぶことは当然の前提として、その主権の及ばない公海における漁業問題を解決しようとしたものであると解される。このことからみても、同協定が領海をも規制の対象としていたとは到底いえない。

(5)　日韓漁業協定が公海だけに限定した取り決めであることは、次のことからも裏付けられる。

すなわち、国会審議において、当時の水産庁長官は、同協定が領海とは別個に、漁業に関する問題として締結されるものであることを明言している。

また、日韓漁業協定の前文は、「日本国及び大韓民国は、両国が共通の関心を有する水域における漁業資源の最大の持続的生産性が維持されるべきことを希望し、前記の資源の保存及びその合理的開発と発展を図ることが両国の利益に役立つことを確信し、公海自由の原則がこの協定に特別の規定がある場合を除くほかは尊重されるべきことを確認し、両国の地理的近接性と両国の漁業の交錯から生ずることのある紛争の原因を除去することが望ましいことを認め、両国の漁業の発展のため相互に協力することを希望して、次のとおり協定した。」と規定し、協定締結の目的が両国の漁業の調整にあることを明らかにするとともに、公海自由の原則が尊重されるべきであることをうたっているのであって、領域をも規制対象とする意図を読み取れるものはない。

この点に関し、原判決は、「前文全体をみても、『公海自由の原則がこの協定に特別の規定がある場合を除くほかは尊重されるべきことを確認し』とある部分のみをみても、日韓漁業協定が公海だけに限定した取り決めであると解することはできない」とするのであるが、これは、前文にある「両国が共通の関心を有する水域」という字句の解釈を誤ったものである。すなわち、原判決は、先の引用部分に続けて、「むしろ、いずれかの国の領海が拡大したとしても、前文にある『両国が共通の関心を有する水域』が変わる性質のものではないことからすれば、領海が拡大したとしても、漁業に関する水域やその効力には何らの変更も生じないと解するのが相当」と判示しており、同判示からすれば、原判決は、「両国が共通の関心を有する水域」とは領海をも含んだものをいう、との解釈に立っていると推認されるが、そのような解釈では、日韓漁業協定は、一方の国が他方の国の領海に関心を有し合うという、まことに不穏当な表現を、その冒頭において行ったということになってしまうのであり、これが失当であることは明らかというべきである。ここで「両国が共通の関心を有する水域」とは、関心を有することが正当と認められる水域のことを意味するのであり、この言葉は領海には妥当しない、すなわち公海のことを指す、というのが国際法の常識にかなった解釈であり、その前提で前文を読めば、日韓漁業協定が専ら公海を対象としたものであることが、自然に理解できるものである。

さらに、日韓漁業協定には、領海内における主権の行使の制限を明言する規定は何ら存しない。同協定に「領海」の文言が出てくるのは二条だけであるが、同条に「領海及び大韓民国の漁業に関する水域を除く。」とあることからすれば、同協定が「漁業に関する水域」を領海とは別個のものとして意識していたことが明らかである。この点に関し、原判決は、二条が「領海を除く。」と明文で領海を除外しているのに、一条ではこのような除外をしていないことからすると、二条の反対解釈として、二条に定める「それぞれの締約国が自国の沿岸の基線から測定して一二海里までの水域」とは公海に限定されるものではなく、領海をも含むものであると解することができる旨判示しているが、「領海を除く。」との明記の有無は、両条文の性格の違いに由来するものであるから、同解釈は失当である。すなわち、二条は共同規制水域の設定を定める条項であり、その条文自体で具体的に区域を明らかにしなければならないから、ことの性質上、領海を除くことを明文で注記する必要があるのに対し、一条は「漁業に関する水域」を設定する権利を有することを相互に認めあう旨を規定しただけで、この規定によって具体的に区域を設定するものではないから、当然のことを注記する必要はなく、わざわざ明記しなかったにすぎない。現に、同協定一条に基づき日本の「漁業に関する水域」を具体的に設定した「日本国と大韓民国との間の漁業に関する協定の実施に伴う同協定第一条一の漁業に関する水域の設定に関する法律」（昭和四〇年法律第一四五号）の委任による「日本国と大韓民国との間の漁業に関する協定第一条一の漁業に関する水域の設定に関する政令」（昭和四〇年政令第三七三号）一項には、日韓漁業協定二条と同様に、「領海を除く。」との注記がある（もっとも平成八年政令第二一一号による改正前は「公海に限る。」との文言であった。）のである。

(6)　以上のとおり、日韓漁業協定は国際法上の前記「漁業水域」についての取り決めであり、公海だけに限定した取り決めであって領海を規制対象としたものではないのであるから、同協定四条一項が日本の領海における主権の行使を制限する規定であるとの解釈は、これをいれる余地はない。同協定四条一項は、同協定の締結当時、日韓両国間にいわゆる李承晩ライン問題があつたことや、同協定が「漁業に関する水域」のほか、その外側に、共同規制水域や共同資源調査水域を設定することをも定めていることなどから、「漁業に関する水域」の外側すなわち公海における取締り及び裁判管轄権については、公海自由の原則に従い旗国主義によるという、国際法上当然のことを確認したにすぎないものと解するのが、協定の沿革及び文言に従つた素直かつ自然な解釈というべきであり、これをもつて、領海における主権の行使を放棄した規定であると解釈することは到底できない。加えて、同協定が締結された当時、領海の幅に関する国際的な合意がいまだ成立していなかつたことに照らすと、同協定が将来における領海拡大を制約する趣旨を有していたとも解釈できない。

(7)　そして、原判決は、日韓漁業協定締結の時点でいずれかの国の領海でなかつた海域について、その後に領海が拡大したからといつて同協定の適用がなくなると解することは相当でない、とも判示しているが、同判示は、その前提として、漁業協定が領海の例外を形成するとの理解に立つているものであるところ、そのような理解が失当であることは、既に述べたとおりである。

「漁業に関する水域」が本来領海の外側である公海に張り出して設定される水域であることに鑑みれば、領海内に「漁業に関する水域」の外側が存在することはあり得ない。また、領海に沿岸国の主権が及ぶことは国際法上当然のことであるから、その領海に殊更「漁業に関する水域」などを設けて漁業に関する排他的管轄権を認める意味もない。

したがつて、「漁業に関する水域」を設定した後に領海がこれよりも拡大した場合には、その領海拡大が国際法上の基準にのつとり適法になされたものである限りは、「漁業に関する水域」は領海の中に取り込まれ、存在意義を失つて消滅するものと解される。

(8)　沿岸国は、国際法に従い、自国の領海を独自に決定できるものであるところ、新領海法は、第三次国際連合海洋法会議において採択された「海洋法に関する国際連合条約」（平成八年条約第六号。通称「国連海洋法条約」）を根拠として適法に制定されたものであり、同条約には韓国も署名しているものである。

弁護人は、日本が韓国との協議ないし韓国の同意なく新領海法及び同法施行令により直線基線を採用して本件海域を日本の領海内としたことにつき、直線基線を採用する場合の協議義務を規定した日韓漁業協定一条一項ただし書との関係で、その適法性に疑問がある旨主張するが、同条項は「漁業に関する水域」の拡大手順につき規定したものであつて、領海の拡大につき制約を定めたものではないと解釈されるところ、日本は国連海洋法条約に従つて適法に領海を拡大したものであつて、日韓漁業協定で定める「漁業に関する水域」を拡大したものではないから、同主張は失当であって採用できない。

以上の次第で、本件海域における日本の取締り及び裁判管轄権の行使は、日韓漁業協定により何ら制限されるものではないから、本件につき日本は裁判管轄権を持つ。本件につき日本に取締り及び裁判管轄権がないとした原審の判断は誤りである。

（高裁速報平成一〇年二号一〇六頁・時報一六五六号五六頁）

◆3　領海及び接続水域に関する法律第一条、第二条、同法施行令第二条第一項により領海となつた海域における違法行為に対する裁判権の行使と日本国と大韓民国との間の漁業に関する協定（昭和四〇年条約第二六号）四条一項

最高裁三小刑、平成一〇年(あ)第一一三七号

平一一・一一・三〇決定、上告棄却

一審　松江地裁　二審　広島高裁

関係条文　外国人漁業の規制に関する法律三条一号・九条一項一号、領海及び接続水域に関する法律一条・二条、領海及び接続水域に関する法律施行令二条一項、日本国と大韓民国との間の漁業に関する協定（平成一一年一月二二日失効前）一条・四条一項

【要　旨】

被告人が平成九年六月九日外国人漁業の規制に関する法律三条一号に違反して漁業を行ったとされる本件海域は、領海及び接続水域に関する法律一条、二条、同法施行令二条一項により、同年一月一日以降新たに我が国の領海であるから、右海域における違法行為に対する我が国の裁判権の行使が日本国と大韓民国との間の漁業に関する協定（昭和四〇年条約第二六号、平成一一年一月二二日失効前のもの）四条一項により制限されるものではない。

○主　文

本件上告を棄却する。

○理　由

弁護人裵薫、同林範夫、同趙星哲の上告趣意は、憲法違反をいう点を含め、実質は単なる法令違反の主張であって、刑訴法四〇五条の上告理由に当たらない。

なお、所論にかんがみ、職権で判断する。

被告人が平成九年六月九日外国人漁業の規制に関する法律三条一号に違反して漁業を行ったとされる本件海域は、領海及び接続水域に関する法律一条、二条、同法施行令二条一項により、同年一月一日以降新たに我が国の領海となった海域であるから、右海域における違法行為に対する我が国の裁判権の行使が日本国と大韓民国との間の漁業に関する協定（昭和四〇年条約第二六号、平成一一年一月二二日失効前のもの）四条一項により制限されるものではないとし

た原判断は、これを正当として是認することができる。

よつて、刑訴法四一四条、三八六条一項三号により、裁判官全員一致の意見で、主文のとおり決定する。

（タイムズ一〇一七号一一四頁・時報一六九四号一五五頁）

第三部　水産業協同組合法

〔昭和二十三年十二月十五日法律第二百四十二号〕

第一章　漁業協同組合

第一節　組合員たるの資格

第十八条　組合の組合員たる資格を有する者は、次に掲げる者とする。

一　当該組合の地区内に住所を有し、かつ、漁業を営み又はこれに従事する日数が一年を通じて九十日から百二十日までの間で定款で定める日数を超える漁民

二　当該組合の地区内に住所又は事業場を有する漁業生産組合

三　当該組合の地区内に住所又は事業場を有する漁業を営む法人（組合及び漁業生産組合を除く。）であって、その常時使用する従業者の数が三百人以下であり、かつ、その使用する漁船（漁船法（昭和二十五年法律第百七十八号）第二条第一項に規定する漁船をいう。以下同じ。）の合計総トン数が千五百トンから三千トンまでの間で定款で定めるトン数以下であるもの

（以下略）

◆1　渡船業を兼業する漁民について漁業協同組合の正組合員たる資格が認められた事例

松江地裁、昭和六二年(ワ)二六号
平三・二・二一判決、一部認容、一部棄却
原告人　田中晴男
原告人　島内　清
被告人　益田市漁業協同組合
関係条文　水協法一〇条、一八条、三二条

【要　旨】
水協法は渡船業と漁業との兼業を禁じていない上、他にこれを禁ずる法令もないところ、右兼業が不可能とはいえないし、また渡船業者と漁業者を兼ねることが相容れないとはいい難い。そうすると、右兼業は、営業の自由に照らし一般的には可能であり、渡船業者についてもその出漁方法等いかんによっては漁業を営む漁民と認めて妨げないというべきである。したがって、定款で定められた日数を超えて漁業を営んだ場合は正組合員の地位を有するものと認められる。

○主　文

一　原告島内が被告の正組合員（被告の定款八条一項一号の規定に基づく組合員）の地位を有することを確認する。

二　原告らのその余の請求を棄却する。
三　訴訟費用は被告に生じた費用の三分の一と原告田中に生じた費用の全部を原告田中の負担とし、被告に生じたその余の費用と原告島内に生じた費用の全部を被告の負担とする。

〇事実及び理由

第一　請求の趣旨
一　原告らが被告の正組合員（被告の定款八条一項一号の規定に基づく組合員）の地位を有することを確認する。
二　被告は原告らに対し各五〇万円及びこれに対する昭和六二年七月一二日から支払済みまで年五分の割合による金員を支払え。

第二　事案の概要
本件は、原告らが、原告らは被告の正組合員資格要件を満たすのに被告は原告らを正組合員と認めないとして正組合員たる地位の確認を、また被告理事会が昭和六二年度において原告らを准組合員とした判定は被告理事らの故意又は過失による不法行為であるとして慰謝料各五〇万円とその遅延損害金の支払いを、それぞれ求める事案である。

一　認定事実
1　被告の組合員資格
㈠　被告は、水産業協同組合法（水協法）に基づき設立された漁業協同組合（漁協）であり、その地区を島根県益田市の区域とするものである。
㈡　水協法は、その一八条において漁協の組合員資格を規定し、正組合員については「組合の地区内に住所を有し、かつ、漁業を営み又はこれに従事する日数が一年を通じて九十日から百二十日までの間で定款で定める日数をこえる漁民」（一項一号）等とし、また、正組合員資格を有する者以外の漁民等についても定款で定めることにより准組合員資格を有する者とすることができる（五項一号）としている。
被告の組合員資格は、水協法一八条を受けてその定款において、正組合員と准組合員とに区分して規定し、正組合員は「この組合の地区内に住所を有し、かつ一年を通じて九〇日をこえて漁業を営み、またはこれに従事する漁民」（定款八条一項一号）と、准組合員は「この組合の地区内に住所を有する漁民で、前項第一号に掲げる者以外のもの」（同条二項一号）と定めている。
㈢　被告は、その全組合員の組合員資格を理事会の諮問機関である資格審査委員会（委員会）で審査した上理事会で審議し判定している。
2　原告らの事業及び組合員歴等
㈠　原告らは、その所有する動力船により釣客を大浜港から約一一・六キロメートル沖合の高島に陸揚げし、大浜港に送り帰す渡船と、高島周辺海域に運び船釣をさせる遊船の事業（以下遊船業を含み「渡船業」という。）を営み主としてこれにより生計を立てているが、右渡船の送迎の合間や遊船の際一本釣りの方法による漁をし、その釣果を被告に出荷している。

㈡　原告田中は昭和四二年頃から、また、原告島内は昭和四六年四月頃から、いずれも現在に至るまで益田市内に住所を有し、被告の組合員の地位を有する者であり、昭和六一年度（なお、被告の一年度は当年四月一日から翌年三月三一日までを対象とする。）はいずれも正組合員であった。

3　被告による原告らの組合員資格判定

㈠　被告は、昭和六二年度における組合員資格を同年四月三〇日開催の委員会において審査した後、同年五月九日開催の理事会において審議し、原告らについては准組合員と判定した。

㈡　被告は、昭和六三年度における組合員資格を同年五月一九日開催の委員会において審査した後、同月二三日開催の理事会において審議し、原告らについては准組合員とすることを決定した。

㈢　被告は、平成元年度における組合員資格を同年五月二〇日開催の委員会において審査した後、同月二七日開催の理事会において審議し、原告らについては准組合員と判定した。なお、平成二年度は組合長理事中島俊夫が病気であるとして委員会及び組合員資格審議のための理事会は開催されていない。

〔1及び2各事実並びに3㈠の事実は当事者間に争いがなく、3のその余の事実は《証拠略》による。〕

二　主たる争点

1　原告らは漁業を営む漁民といえるか。

2　原告らが漁民である場合、原告らの

㈠　昭和六二年度における正組合員資格の有無（昭和六一年度において一年を通じて九〇日を超えて漁業を営んでいたか）。

㈡　現在における正組合員資格の有無

第三　争点に対する判断

一　原告らの漁民性の有無（争点1）について

1　漁業及び漁民の意義

被告がその定款で定める組合員の区分及びその資格要件は、水協法に基づくから、右資格要件を構成する用語の意義は水協法と同義と解される。そこで、まず、水協法における漁業、漁民の意義を検討する。

水協法一〇条一項は、漁業とは、水産動植物の採捕又は養殖の事業をいうと定めている。すなわち、漁業とは、水産動植物の採捕又は養殖を営利を目的としてあるいは生計の手段として反復継続して行っていると認めることができるものをいい、採捕又は養殖行為が主要なものであるが、更にこれに関連する資金及び資材の調達、出漁等のための準備、魚群の回遊や天候・波浪・災害等の事由で出漁できない場合の待機並びに漁獲物の処理及び販売等一連の行為（具体的あるいは肉体的活動のみならず抽象的ないし精神的活動も含む。）一切が該当し、右採捕等の行為についてこれに従事する日数ないし時間、漁獲物等の種類及び量並びに販売金額ないし利益等を総合して社会通念に照らし判断されるものと解される。また、同条二項は、漁民とは、漁業を営む個人又は漁業を営む者のために水産動植物の採捕若しくは養殖に従事する個人をいうと定めている。

2　漁業との兼業の可否

㈠　漁業と他の事業との兼業の可否及びその態様

水協法は、前記のとおり、正組合員資格の漁業日数要件を、一年を通じて九〇日から一二〇日までの間で定款で定める日数とし、一年全部について漁業を営むことを要件としていないのであるから、正組合員を漁業を専業とする漁民や漁業にその生計が高度に依存する漁民のみに限定するものではなく、他の事業との兼業を認めていると解される。実際、漁民の相当多数が漁業のほか農業等他の事業を兼業していることは公知の事実である。なお、複数の事業を営む場合、各事業が相互に関連していたり、ある事業が他の事業の機会や施設設備を利用するなど依存している場合等には、それぞれが独立して採算を上げ得なくとも、総合して収益の向上が図られ全体としてより採算を上げることとして兼営されることの少なくないことは公知の事実であるが、漁業と他の事業を兼業する場合においても異ならないというべきである。

㈡　渡船業と漁業との兼業の可否

(1)　原告らが営む渡船業が漁業でないことは右漁業の意義に照らし明らかである。しかし、水協法は渡船業と漁業との兼業を禁じていない上他にこれを禁ずる法令もないところ、右兼業が不可能とはいえないし、また渡船業者と漁業者を兼ねることが相容れないとは直ちにはいい難いところである。そうすると、右兼業は、営業の自由に照らし一般的には可能であり、渡船業者である原告らについてもその出漁方法等いかんによっては漁業を営む漁民と認めて妨げないというべきである。

(2)　被告は、渡船業者が漁業を兼業すると認められるのは漁業自体において独立した経済性、採算性が存する場合に限られる旨主張するが、兼業につき前記説示したところに照らし採用できない。

また、被告は、釣客と漁業者は漁場管理及び資源確保の配慮や経済性等につき異なり、釣客のために事業を行う渡船業者と漁業者は利害につき対立する部分が多いとの見地から、渡船業者が漁業を兼業する者と認めるには慎重であるべきと主張するが、右対立部分があり得るとしても、両者の利害調整は兼業認定とは別個の問題であるから採用できない。

3　原告らの漁の方法

㈠　原告らの経歴

原告島内は、高島の出身であり、中学卒業後一本釣漁業を営んでいた父を手伝い一年程一本釣漁業を営んだ後、巾着網や延縄漁業等に従事したが、昭和四十七、八年頃から二・五トン程度の漁船を所有して再度一本釣漁業を営むようになった。昭和五〇年頃からは渡船業を営むようになったが、その後も現在に至るまで一本釣りによる漁を続けている。

原告田中は、昭和四二年頃から二トン程度の漁船を所有して一本釣漁業を営んだ。昭和四十七、八年頃からは渡船業を営むようになったが、その後も現在に至るまで一本釣りによる漁を続けている。なお、農業も営み、現在は一反半程の農地を耕作している。

㈡　現在の使用船舶について

原告島内は昭和五三年総トン数六・六九トンの動力漁船「ゆき丸」をエンジン込み総費用約一〇〇〇万円で、また、原告田中は同一〇・〇七トンの動力漁船「益田丸」を同約二〇〇〇万円でそれぞれ建造して所有するところ、原告らは、右各漁船をいずれも釣客を乗せるに適するよう一部を改造しながら一本釣漁業に使用できる漁船としての形態・機能をも残し、右建造後現在に至るまで渡船業の用に供するとともに漁に際しても使用している。なお、右各動力漁船は島根県の動力漁船登録票に登録され、また、同票の「漁業種類又は用途」欄には、ゆき丸は「一本つり漁業」と、益田丸は「一本つり漁業（ひき網釣）」と記載されている。

㈢　原告らの渡船事業

(1)　渡船業の具体的形態

原告らは、その渡船業を毎年四月一日から一一月三〇日まで、年により一二月三〇日まで営んでおり、その方法は、大浜港を根拠地とし釣客の要望に応じて概ね午前（午前五時ないし六時頃出港し午後一時頃帰港）、半夜（午後二時頃出港し午後九時頃帰港）、夜釣（午後二時頃出港し翌午前五時頃帰港）の三通りの時間区分により大浜港と高島との間（片道約三〇分）を往復送迎することを主とするものであり、また、釣客を高島周辺海域に運び船釣をさせることも若干行っている。

(2)　釣客の安全に対する実施策

昭和六一年当時、大浜港と高島の間で前同様の渡船業を営む者は原告らを含めて四名いたが、午前の渡船につき右四名は陸揚げした釣客の安全を図るため自主的に当番制を設け実施していた。すなわち、右四名のうち一名が順番に当番（差支えの場合は順次その順番が繰り上がる。）となり午前八時と午前一〇時頃の二回渡船に使用した動力漁船で高島周囲の海上を巡回して（なお、一周は約一〇ないし三〇分程度）監視するほか高島付近の海域に待機し、また、危険な場所に揚がる釣客にはトランシーバーを携帯させて釣客のけがや急病等に対応できるようにしていた。また、原告らは、当番外の場合も自分の客に責任を持つ立場から当番船から無線連絡を受けることにより現場に急行できるよう高島付近の海域で待機することにしていた。渡船業者が原告ら二名のみとなつた平成元年以降は、原告らで右当番制を実施しているが、右のような安全対策を実施して数年来事故がない上渡船業者の減少により釣客を安全な場所に揚げられることになつたことから、巡回は通常午前九時頃一回となり、風が強く波が荒い場合などに二回することに変更された。

なお、半夜と夜釣については当番制は実施されておらず、巡回監視は半夜については荒天等の場合のみに、夜釣については午前零時頃一回実施されている。

㈣　原告らの漁の方法

(1)　渡船に際しての漁の方法

原告らは、右待機中の時間を休息に充てるほか、その時間を利用して高島付近の海域で一本釣りにより鯛（キンメダイ、マダイ等）、イカ（ブトイカ等）、イサキ等の漁を行つている。なお、右待機時間を利用する漁は一回当たり多くの場合二ないし三時間程度である。原告らは、その釣果につき経済的価値の少ないものや出荷に適しなくなつたものを除きほぼ全部を被告に出荷しており、また、原告らが被告に出荷した海産物はすべて原告ら自身の一本釣りによる釣果である。

ところで、被告は、原告らは右待機中釣客の安全を確保するためその行動の監視や救助の準備等のため拘束されており、その間の釣りは漁業とはいえない旨主張する。しかし、原告らが行つている巡回監視等の行為は法令や行政庁の指示ないし指導に基づくものではない上、釣客との契約上の義務に基づくとの根拠もないから、自主的な措置にすぎず拘束性はないというべきである。また、仮に拘束性があるとしてもその内容程度は釣客の安全を確保するため必要な限度を超える必要性はないところ、原告らの巡回監視等の行為の内容に照らすと、その待機時間中一本釣りの方法による漁を禁ずる必要性は認め難い。そうすると、右待機中の漁であつても、兼業につき説示したところに照らし、それゆえをもつて漁業性を否定することはできないというべきである。

なお、遊漁船業の適正化に関する法律（昭和六三年法律九九号。平成元年一〇月一日施行）は、遊漁船業者（本判決の渡船業者はこれに含まれる。）に対して、気象情報の収集等（四条）のほか、利用者の安全を確保するため必要な限度において、政令により事故が発生した場合における連絡体制の整備、利用者が遵守すべき事項の掲示その他の遵守事項を定めることができるとし（六条一項）、同法施行規則において右整備（一〇条）及び掲示（一一条）の内容方法のほか、磯等において利用者に水産動植物を採捕させる業者に対し、気象及び海象、磯の地形その他の状況の把握に努めること、及び採捕を終了した利用者が帰港する遊漁船に乗船していることを確認することを定めている（同規則一二条）。しかし、同法及び同法施行規則は、更に前記のような釣客の監視や巡回についてはなんら規定していないのであるから、同法施行後においても右監視等が原告らの自主的措置であるとの性格は異ならないというべきである。

(2)　漁を目的として出漁した際の漁の方法

原告らは、渡船業を営む期間中で釣客のない場合、また、渡船業を営まない期間、一本釣りによる漁を目的として出港し、鯛、イカ、イサキ等の釣果を前同様出荷している。なお、冬期間は、日本海は荒れる日が多く、出漁不能ないし相当危険な場合が多いため、他の漁業者同様原告らも出漁する機会は少ない。

4　原告らが漁を行う理由

原告らが3記載の漁を行う理由は、その釣果の出荷収入を生計の一助とすることにある。すなわち、原告らは、渡船業により年間約三〇〇万円から四〇〇万円強の収入（売上高）を有するが、他方動力漁船の建造費及びエンジン購入費等のローンの支払い、動力漁船及びエンジンの修理費、燃料費等相当額の支出を要するため、渡船業収入のみでは、その妻子等扶養家族の生活を維持するに必ずしも十分でない。そこで、多少なりとも収入増を図り生活の余裕を得るべく右漁を行い、その釣果を出荷して年間約三〇万円から九〇万円程度の収入を得ている。

5　原告らの漁民性

原告らは、その漁の方法及びその時期と漁を行う理由等を総合すると営利性をもって反復継続して漁を行っているということができるから、漁民というに妨げないというべきである。すなわち、漁を目的として出漁した場合の漁は、その使用する動力船が通常一本釣り漁業に使用される漁船より若干大型である以外はその形態及び目的において一本釣りの漁業者と格別異なる点はなく、兼業の形態について述べたところに照らすと、使用船が若干大型であることのゆえをもって漁業性を否定することはできない。また、渡船に際しその待機時間を利用して行う漁は、送迎や巡回に要する時間に潮流等を考慮すると、多くの場合一回当たり二ないし三時間程度と考えられ、したがって釣果たる漁獲物量ひいては出荷金額も専業者に限らず原告ら自身が漁それ自体を目的として出船し漁を行った場合に比べても相対的に少ないが、その形態及び目的は漁それ自体を目的として出船し漁を行う場合と同様であり、しかも右のような事態は、例えば農漁業の兼業者が午前中は農業に、午後漁業に従事する場合においても生じ得ることであって、その従事する時間等が相対的に少ないことのみをもって漁業性を否定すべき理由はないというべきである。そして、原告らは、出漁可能な全期間を通じて漁を行っているから、漁業の反復継続性を認めることができ、また、原告らが漁を行う理由に出荷金額をも考慮すると、右漁には営利性を認めることもできる。

なお、被告は、原告らを長年正又は准組合員として認め、しかも本訴が提起された昭和六二年度以降も現在まで引き続き准組合員として認めているところ、准組合員も漁民であることを前提とするから、被告自身、本訴における主張と裏腹に原告らの漁民性を認めているということができる。

二　原告らの漁業日数（争点2）について

1　漁業日数の意義

水協法一八条が、漁協の正組合員資格につき、一年を通じて九〇日から一二〇日までの間で定款で定める日数漁業を営み又はこれに従事することを要するとして、漁業日数を要件としていることは前記のとおりである。ここに漁業を営む日数とは、漁業経営のための一連の行為に使用した時間量であるが、漁業日数一日は、漁業に一日の全時間を使用した場合をいうものではなく、一日の活動可能な時間のうち相当程度の時間あるいは通算又は分割して右程度に相当する時間を漁業に使用した場合に計算される（組合員資格の日数要件は被傭者たる漁業従事者と同一であるから、労働者の労働時間を定める労働基準法三二条以下の規定が参考とされよう。）と解される。

2　正組合員資格としての漁業日数

正組合員資格に漁業日数要件を設け、その範囲を限定した趣旨は、漁協の正組合員を漁業に依存する度合が大きく、その利害関係が一致する均質の者のみに純化するためと考えられるが、漁業活動には精神的な無形の活動も含まれ把握に困難な場合があり、また疾病や常勤役員として組合業務に従事するなど客観的かつ一時的事由により漁業を営み又はこれに従事することのできない場合もあることなどを考慮すると、正組合員資格判定のための漁業日数計算ないし正組合員資格の有無の判定は、機械的な計算ないし判定によるべきものではなく、漁業を営み又はこれに従事する意思及び能力、漁業の漁期、漁業資源の状況、漁の態様・程度、年間総収入に占める漁業収入の割合のほか右客観的かつ一時的事由の有無・内容等の諸事情を総合し、究極においては社会通念により判定せざるを得ない。すなわち、正組合員資格は、漁業についての過去の実績のみに基づいて判定すべきものではなく、実績がなくあるいは少なくとも今後漁業に専念ないしはより多く従事すると認められ、しかも、その漁業日数が社会通念に照らし客観的に所定の日数を超えると認められる場合は資格があると判定すべきである。

3　組合員資格判定についての水協法の立場

㈠　組合員資格の判定方法

漁協の組合員資格は、水協法における組合員資格に関する規定（一八条以下）によると、組合員たる資格を有する者（一八条）から加入申込を受けた漁協が組合員資格要件を満足することを確認するとともに右申込者が漁協の付する条件（なお、現在の組合員の加入に際し付したより困難な条件を付することはできない。）に同意し履行することにより取得し（二五条）、一旦資格を取得した組合員は、脱退しない限り右資格を失わないと解される。そして、組合員資格は正組合員資格と准組合員資格に区分されるが、資格判定方法については水協法はこれを規定していないから、漁協の理事ないし理事会が適宜の方法により行うことができるというべきである。もっとも、右判定は、恣意を排し組合員全員につき客観的かつ公平に行う必要があるが、これを組合員ごと個別に行うことは、考慮すべき事情が前記のとおり多様であり社会通念も一義的でなく幅があり得るから、殊に組合員が多数にのぼる場合には、相当困難であることが予想される。そこで、右判定のための方法や基準をあらかじめ決定しておく等により適切に判定すべきことが考慮されるが、この場合、漁協は、その所在地域等条件が多様なため、これを構成する組合員数及びその年齢構成、漁業内容及びその形態、出荷方法、水揚高及び出荷金額並びに所得水準等が大きく異なるから、いかなる判定方法、基準を設け運用するかは、漁協が水協法の趣旨のほか漁協の実態ないし個別事情を考慮して、その裁量により具体的に決定すべきであり、また、その決定されたところはこれを不合理と認める特段の事情のない限り尊重すべきものである。

㈡　主張立証責任

漁協と組合員との間に組合員資格区分の変更に争いがある場合、右変更についての主張立証責任は次のように解されるべきである。

(1)　正組合員から准組合員への変更

正組合員資格と准組合員資格を区分する漁業日数は機械的計算によるのではなく結局社会通念による上、議決権や役員及び総代の選挙権は正組合員のみが有する（水協法二一条）など一旦正組合員資格を有するに至った者が准組合員に資格変更されることは一種の不利益処分にほかならないから、正組合員は理事ないし理事会が右変更の判定をしない限り正組合員資格を保持するものであり、右資格変更要件の存在（正組合員資格基準を設けた場合は基準非該当）は漁協において主張立証責任を負うと解すべきである。このように解しても、漁協は日常の業務を通じて組合員の漁業活動、出荷実績、施設利用状況を把握しているから、漁協に困難を強いるものではない。

(2) 准組合員から正組合員への変更

准組合員が正組合員への資格変更を主張するためには、組合員において正組合員資格要件を満足し漁協の付する同資格条件を履行したことを立証することとを要し、立証した場合には、漁協は職能団体としての性格を有し正当な理由なく加入を拒否できない（同法二五条）ことにかんがみ、理事ないし理事会の判定を待たず正組合員資格を取得すると解すべきである。

4 被告における正組合員資格及びその判定方法

㈠ 正組合員資格

被告は、正組合員資格要件である漁業日数を、定款で一年を通じて九〇日を超える日数と規定するところ、右説示に照らすと、右規定は、前記の諸事情を総合することにより、少なくとも一年の四分の一程度漁業で生活する漁民と社会通念に照らし認めることができる者をもつて被告の正組合員とする趣旨と解される。

㈡ 正組合員資格の判定方法

被告は、組合員資格の判定を客観的かつ公平に行うため、理事会の諮問機関として資格審査委員会を設置し、その審査結果の答申を受けた理事会において最終的に判定している。そして、委員会及び理事会は、正組合員の資格審査基準を設定し、これに基づき審査、判定を行つているところ、右基準は、従前の長年の功労者に配慮した別紙1の基準により、また、昭和五七年度以降は別紙2の基準によつていたが、昭和六二年度において、正組合員を現に漁業を行い漁業に生計を依存する漁業者に限定することにより組合の純化を図る見地から別紙3の基準に変更し、以降これによつている。

ところで、昭和六二年度における組合員資格審査及び判定の経過及び結果は次のとおりである。すなわち、委員会は、昭和六二年四月三〇日、委員のほか中島組合長が出席して開催された。その席上委員に資料として別紙3の基準を記載した文書のほか昭和六一年度組合員氏名・出資金額・出荷日数・水揚高・資格を記載した一覧表が配布された後、中島組合長から冒頭、正組合員の純化を実施する観点からその資格を厳格に認定するよう要請がなされた。次いで、別紙3の基準の審議に入り、その質疑において、組合長から、基準1項につき、採貝藻漁業者、網漁業者等を対象としたものであるが、飽くまでも一年を通じて九〇日以上漁業を営む者が対象となる旨の説明が、更に委員の質問に応じて、正組合員と准組合員との間には出資金額の面で差はないこと、正組合員の資格判定には水揚額についての最低額はなく九〇日以上の操業者であれば足りることとの回答がなされ、基準2項につき、病気の期間は一年程度である旨の、また基準4項につき、漁と渡船を行う者についてはその比重により漁業者又は渡船業者と判断すべきで、渡船業の比重が高い渡船業者が「渡船業の傍ら魚を採っても漁業者ではない」旨の説明がなされた後、右基準が承認された。更に各組合員の資格審議に移り、まず一覧表に基づき基準1項の充足の有無を検討し、原則として、出荷金額・水揚高のいかんにかかわらず出荷日数三〇日以上の者及び法人の漁業従事者を正組合員、同二九日以下を准組合員とした。その後、基準4項の適用に進んで原告ら渡船業者につき審議し、委員から原告らは出荷日数・水揚高（原告島内七一日・七四万五八五〇円、原告田中六三日・八二万七八九〇円）が相当あるとして正組合員資格を認めるべきとの意見も出たが、中島組合長から原告らは渡船業の比重が高いから渡船業者であつて漁業者とは認められない上、原告らは島根県指定の漁獲共済に加入しておらず正組合員資格がない旨の見解と正組合員純化の方針が述べられ、結局原告らを准組合員として諮問することとなつた。また、昭和六二年度理事会では、中島組合長から委員会の答申等の説明や質疑応答の後、准組合員と答申された者のうち二名を正組合員と修正判定したほか、答申のとおり組合員資格を判定した。

なお、一本釣漁業を営む者で右漁業のみの専業者は少なく、むしろ他の漁業や漁業以外の事業を兼ねて営む者が多いところ、少なくとも一本釣漁業を一部営む者で正組合員と答申及び判定された者の一部につき出荷日数・水揚高をみると、野村大介は四六日・三六万六八四〇円、野村修輔は六五日・五八万二一五〇円、寺戸萬市は四〇日・二四万二四九二円、大場惣次郎は六二日・一〇九万一五六〇円であり、同人らは大場を除き漁獲共済に加入していなかつた。

㈢　昭和六二年度以降の正組合員資格基準とその運用

右認定説示したところによれば、被告は、昭和六二年度以降、正組合員資格の判定基準を別紙3記載の内容とし、その1項は、採貝藻漁業や網漁業の実態を考慮して原則として前年度の出荷日数が三〇日以上有する者は漁法、出荷一回当りの金額や年間の総出荷金額等を問わず出漁日数五〇日以上、準備日数四〇日以上合計漁業日数九〇日以上有するものとみなして審査、判定に当たることとし運用したと認めるのが相当である。そして、右基準及び運用は出荷金額・水揚高を問わない点において漁業の産業性に照らし疑問がないとはいえず、また、その考慮した漁法と実態の異なる漁法を営む者に適用するにはそぐわない面もあるのではないかとの疑問も生じ得るところであるが、少なくとも一本釣漁業に適用することについては、右出荷日数三〇日以上を有する者は通常相当な出荷金額が期待されること、出漁に際し常に釣果があるとは限らない反面、出漁数日分の釣果を一度に出荷する場合もあり得ること、被告は右基準及び運用も被告の実情に沿ったものと解していると推定されることを総合すると、右疑問をもって右基準及び運用を不合理とする特段の事情とまではいえず、水協法上被告の裁量に委ねられた範囲内のものとして是認すべきである。また、基準2項については漁業意思は有するものの漁業能力やその機会が客観的かつ一時的事情により喪失ないし減少したに過ぎず、右の事情が存在しなくなれば再度基準1項を満足する程度の漁業活動が可能と客観的に判断される者は少なくとも一年を通じて九〇日を超えて漁業を営む漁民とみなし正組合員と判定する趣旨であり、同項の「病気等」には傷病のほか被告常勤役員への就任等右趣旨に沿う一切の事由が含まれると解されるところ、同項を不合理とする事情は認められない。

なお、被告は、基準4項を、渡船業者が遊船ないし渡船の機会を利用して行う漁は一切漁業とは認められず、また漁と渡船を行う者は一切兼業とは認めずその比重により漁業者又は渡船業者いずれか一方と判定すべきであると解釈運用したと認められる。しかし、同項の文言解釈としては遊船及び渡船業による操業それ自体は漁業操業ではないというもので、被告の右解釈は文言を越えた拡大解釈というべきところ、渡船業者が渡船等の機会を利用して行う漁もその態様、目的等によっては漁業というに妨げないこと及び兼業の態様については前記説示したところであるから、同項を右文言解釈を越えて拡大解釈し運用することは不合理であり、拡大解釈に基づく判定は効力を有しないといわざるを得ない。もっとも、この点、中島組合長は、委員会等における基準4項に係る前記説明は被告の島根県への照会に対する回答に基づく旨証言する。しかし、《証拠略》を総合すると、島根県の回答は渡船業それ自体は漁業ではないというもので、右説明は中島組合長の見解にすぎないと推認されるから、中島組合長の右証言をもって右拡大解釈を許容すべき事情とは認められない。

5　原告らの漁業日数

㈠　漁の回数

昭和六一年度期間中において、出荷を目的として、原告島内は少なくとも別表1記載のとおり渡船に際しその待機時間を利用して六九回、漁を目的として出船して四八回、また、原告田中は、少なくとも別表2記載のとおり渡船に際しその待機時間を利用して五四回、漁を目的として出船して四八回一本釣りの方法による漁業を営んでおり（なお、いずれも釣果の有無は問わない。）、昭和六二年度以降も現在に至るまで昭和六一年度とほぼ同様の時期及び方法で漁業を営んでいるが、本訴訟による被告との紛争に基づく心理的影響による漁業機会の減少と漁業資源の減少により、その機会は昭和六一年度以降漸減している。

㈡　準備行為等

原告らは、㈠の一本釣り漁業のため、少なくとも道具類の購入・作成・整備・管理、餌の調達を行うほか、使用する動力漁船につき渡船営業と兼ねて又はこれとは無関係に整備、燃料調達等の準備行為を行い、更に出荷関係の行為など漁以外の漁業行為を行っている。

㈢　出荷実績

原告島内の出荷実績をみると、昭和六一年度は、出荷日数七一日（漁種別の計算による。実際の回数は七〇回である。）、出荷金額は七四万五八五〇円、昭和六二年度は五六日、四二万八九五〇円、昭和六三年度は四五日、三九万一八五〇円である。なお、平成元年度は昭和六三年度と大差はない。原告田中の出荷実績をみると、昭和六一年度は、出荷日数六三日（実際の日数は五五回）、出荷金額は八二万七八九〇円、昭和六二年度は四六日、六四万三二三八円、昭和六三年度は二三日、三一万四六九〇円である。なお、平成元年度は昭和六三年度と大差はない。

㈣　漁業日数

被告の正組合員資格に関する別紙3の基準とその運用に照らすと、原告島内は、その出荷実績において昭和六一年度から昭和六三年度までいずれも右基準1項を満足していることが認められ、また昭和六三年度と大差のない平成元年度も同様満足しているものと推認される。また、昭和六一年度から昭和六三年度において定款の趣旨とするところを原告島内につき個別に検討しても、右㈠ないし㈢に記載したところに照らすと、これを満足し、少なくとも一年を通じて九〇日を超えて漁業を営んだものと認めるのが相当であり、また平成元年度は昭和六三年度と大差がないから、少なくとも右九〇日を超えて漁業を営んだと推認するのが相当である。

これに対し、原告田中は、昭和六一年度及び昭和六二年度においては、その出荷実績において右基準等を満足していることが認められ、定款の趣旨とするところを個別に検討しても、右㈠ないし㈢に記載したところに照らすと、これを満足し少なくとも右九〇日を超えて漁業を営んだと認めるのが相当である。しかし、昭和六三年度においては、出荷日数が三〇日に満たないから右基準1項を満足せず、また、出荷日数が減少した理由は被告との本件紛争に基づく心理的影響による漁業機会の減少と漁業資源の減少にあるところ、右心理的影響による漁業機会の減少の点は疾病や被告常勤役員への就任等原告田中の漁業能力あるいは漁業機会を客観的かつ一時的に喪失ないし減少させる事由に基づくものとはいい難く、資源減少の点もその内容程度を具体的に明らかにする証拠はない上、原告島内は右基準1項を満足していることに照らすと、少なくとも同項を満足し得ないほどに漁業機会を減少させる事由とは認め難いから、右基準2項も満足するとは認め難い。さらに定款の趣旨とするところを個別に検討しても、右㈠ないし㈢に認定したところに照らすと、右の理由を考慮しても、これを満足し社会通念上少なくとも右九〇日を超えて漁業を営んだと認めることはできないというべきである。そして、平成元年度は昭和六三年度と大差がないから、少なくとも右九〇日を超えて漁業を営んだと推認することはできないところである。

三　原告らの正組合員資格

1　漁獲共済との関係

被告は、被告の正組合員は漁業災害補償法に基づく漁獲共済に義務加入とされているが、原告らは島根県漁業共済組合から漁業を営む者と認められずその義務加入者とされていないから正組合員とは認め難い旨主張する。ところで、漁業災害補償法（一〇四条二号、一〇五条二号、一〇八条一項、一〇八条の二第二号等）及び同法施行令等によれば、総トン数一〇トン未満の漁船により行う漁業を二号漁業として漁獲共済の対象とするところ、知事の定める加入区ごと及び漁業の区分ごとに①その加入区内に住所を有する者であること、②総トン数一トン以上の動力漁船によりその区分の漁業を主要な漁業として営む者であること、③その漁業を営む日数が一年を通じて九〇日を超える者であることの各要件を充足する者を特定第二号漁業者（なお、その判定は共済組合が行う。）とし、その三分の二の同意がある場合には特定第二号漁業者は全員が漁獲共済の加入申込みをしなければならないなどとされている。そして、原告らは、少なくとも昭和六一年度以降漁獲共済に加入していないのであるが、被告の特定第二号漁業者が漁獲共済に義務加入とされていること、また右非加入は共済組合が原告らにつき特定第二号漁業者の要件を満たさないと認定した結果であることを認めるに足りる的確な証拠はない上（なお、益田丸は総トン数一〇・〇七トンであるから、原告田中は二号漁業者の要件を満たさないといえる。）、仮に右認定の結果であるとしても右認定は共済組合が漁獲共済制度の趣旨からしたに過ぎず、原告らの昭和六二年度以降における被告の正組合員資格要件の判定に際し参考とすることは格別直ちに影響を与えるものではないというべきである。

2　改正水協法との関係

被告は、水協法の一部を改正する法律（平成二年法律第六七号）により、水協法一八条五項三号の二が新たに規定されたところ、右規定は渡船業者を准組合員と位置付けている旨主張する。しかし、右規定は遊漁船業の適正化に関する法律二条にいう遊漁船業を営む者のうち、その常時使用する従業者の数が五〇人以上である者について、漁協はその定款で准組合員たる資格を有する者とすることができるというものであり、その文言に照らすと、漁業を営まない渡船業者にも准組合員資格を付与し得るとしたものであつて、漁業を営む渡船業者につき、その漁業実績にかかわらず正組合員資格を否定するものではないと解されるから、右主張は採用できない。

3　結論

以上認定説示したところにより原告らが被告の正組合員の地位を有するか否かを判断する。

原告らは、いずれも昭和六一年度において被告の正組合員たる地位にあつたところ、被告理事会は昭和六二年度以降平成元年度において原告らにつきいずれも准組合員と判定したものである。しかし、原告島内は昭和六一年度以降昭和六三年度まで少なくとも九〇日を超えて漁業を営んだと認められ、平成元年度もこれが推認されるから、その住所と相俟つて、右各判定は原告島内の組合員資格を正組合員から准組合員に変更する要件がないにもかかわらずなされたことに帰し右資格に変更をもたらすものではない。そうすると、原告島内は、現在（平成二年度）被告の正組合員の地位を有すると認められる。これに対し、原告田中は昭和六一年度及び昭和六二年度においては少なくとも九〇日を超えて漁業を営んだと認められるものの、昭和六三年度はこれを認めることができないから、平成元年度において准組合員に資格変更されたと認められ、その後平成元年度において少なくとも九〇日を超えて漁業を営んだことを認めるに足りる証拠はない。そうすると、原告田中は、現在（平成二年度）被告の正組合員の地位を有するとは認められない。

四　原告らの損害賠償請求について

1　被告の損害賠償請求責任

以上認定説示したところによれば、原告らは昭和六一年度において少なくとも九〇日を超えて漁業を営み、その住所と相俟つて昭和六二年度において被告の正組合員資格要件を満足していたにもかかわらず、被告理事会は原告らにつき准組合員と判定したということができる。原告らは、被告理事会の右判定は違法であり、その結果社会的信用を失うとともに被告の総会における議決権及び選挙権を奪われ多大な精神的損害を被つたと主張するので検討する。

前記認定にかかる右判定の経過に照らすと、右判定は被告の理事である中島組合長の昭和六二年度委員会及び理事会における別紙3の基準4項にかかる説明及び原告らの組合員資格に関する見解により委員及び理事らが漁業ないし漁民の意義を誤解した結果に基づくものということができる。そこで、中島組合長が右のような説明をした理由ないし動機についてみることとする。《証拠略》を総合すると次の事実を認めることができる。

中島組合長は、昭和三八年度以降現在に至るまで組合長の地位にある。原告田中は、昭和五三年度から昭和五五年度まで被告の監事に就任し、その間種々厳しい意見を述べたりした。昭和六二年度は被告理事の改選期に当たり、原告田中は理事選挙に立候補を予定し同年一月頃から運動していた。被告の定款には、昭和六一年度においては、理事は定数一五名（二八条）で、原則として正組合員（法人にあつてはその役員）の中から総会において選任されるが、右定数の四分の一以下は正組合員以外の者から選任することができること（二九条一、二項）、理事の任期は三年であること（三六条）、総会の議事は出席した正組合員の議決権の過半数でこれを決し、可否同数のときは議長の決するところによること（四三条一項）、総会に代わるものとして総代会を設け毎年五月通常総代会を開催するものとするが（五〇条一項本文）、総代会は正組合員から選任された総代により組織すること（五一条）などが規定されていた。右定款及びその付属規程は、昭和六二年度において一部変更され、その結果、理事の定数は一〇名に減員となつたが、原告らが住所を有する大浜地区からの選任数は従前同様二名（なお、同年度の大浜地区の正組合員は六二名）のままとされた。組合員は必ずしも定款の規定内容に通じておらず、理事の被選任資格は正組合員であると考えているものも多い。原告田中は昭和六二年度准組合員と判定された後、理事への立候補を断念した。原告らは同年度准組合員と判定された直後、被告にその理由を質したが、被告はこれに応えなかつた。その頃被告の参事大畑武光が原告の叔父島内長市をその入院先に見舞つた際、同人に対し原告田中を准組合員とするため原告島内も准組合員としなければならなかつた旨述べた。右認定した諸事実に照らすと、他に特段の事情のない限り、中島組合長は、原告田中の理事当選を困難にしてその理事選挙立候補を事実上阻止するため同人を渡船業者であることに藉口して准組合員とし、その兼合いで渡船業を営む原告島内も同時に准組合員とすることを意図して前記説明に及んだものと推認すべきである。なお、原告田中自身、その証言において中島組合長が原告田中を嫌つているとか、田中との対立関係にあるとかについて明確な指摘をしていないが、これらの点は中島組合長が原告田中の理事立候補を阻止しようとした動機ないし目的を明らかにし得ないというにとどまり右意図の推認を妨げるものではない。そこで、他に右推認を妨げる特段の事情が有るか否かにつき検討するに、この点、中島組合長は、別紙3の基準4項にかかる説明等は被告の島根県への照会に対する回答に基づく旨証言するが、島根県の回答は渡船業それ自体は漁業ではないというもので右説明内容等は中島組合長の見解にすぎないと推認されることは前記のとおりであり、他に右特段の事情を窺うに足りる証拠はない。

以上を総合すると、原告らを昭和六二年度准組合員とした被告の判定は中島組合長が原告らが渡船業を営むことに藉口して委員会及び理事会を誤導した結果なされたものと推認されるから、被告は、水協法四五条一項が準用する民法四四条一項に基づき、原告らが被った損害を賠償する責任があるといわねばならない。

2　原告らの損害

原告らを昭和六二年度准組合員とした判定は、原告らの漁民性及び漁業日数に対する判断ないし認定であって、懲戒処分のような秩序違反の認定あるいは非行等に対する処分のような道義的ないし倫理的非難の認定とは異なり、それ自体原告らの社会的信用を低下ないし失墜させるものとはいい難い。また、原告らは准組合員とされた結果、正組合員のみに認められる被告の総会における議決権や選挙権を行使する機会を奪われたといえるが、原告田中が一時期監事であったこと及び原告島内が従前総代として総会に出席していたことのほか、原告らの被告における活動歴、影響力の程度を認めるに足りる証拠はなく、右機会を侵害された結果原告らがどの程度精神的苦痛を被ったのかは明確ではない。なお、原告田中がその予定していた昭和六二年度理事選挙への立候補を断念したことは既に認定したところであり、正組合員に比べ准組合員の理事への当選は相当困難であることに照らすと右立候補を断念するに至った理由のひとつに右准組合員と判定されたことが影響したことは推認に難くないが、原告田中の選挙活動の内容、程度については小人数の会合を数回持っていたことを認定できるのみであり、また、その当選可能性の程度についてもこれを認定する証拠はないから、右判定が右立候補の断念にどの程度影響を及ぼしたのか、それに関し原告田中がどの程度精神的苦痛を被ったのか明確でなく、右立候補断念の事実をもって精神的損害を被ったことを窺わせる事情ということはできないといわねばならない。他に原告らが右判定により精神的損害を被った旨の主張立証はない。

別紙1

正組合員資格審査基準

1　専業漁業者であること。
2　兼業の場合、原則として漁業に対する生活の比重が高いこと。
3　長期間出稼ぎ等により、不在者が停年後漁業え復帰する場合は、原則として正組合員として認めない。
4　長期に亘り正組合員であった者が老令のため充分な活動ができなくなった者は原則として正組合員として認める。この場合正組合員としての期間が三〇年以上とする。
5　出荷日数に下表の準備日数を加算する。

漁法別年間準備日数表

漁法	年間準備日数
一本釣	一〇日
地曳網	二〇

その他網漁業	一〇
いかかご	一〇
バイかご	一〇
採藻ワカメ	七
採藻天草	一〇

（時報一三九九号一二〇頁）

◆2 漁業協同組合の組合員たる資格の要件である「漁業を営む」とは、法律上経営の主体として実質的に漁業に参与することを意味する

福岡高裁民、昭和五二(ネ)第四六八号
昭五五・一・二三判決、一部取消、一部控訴棄却
一審　熊本地裁玉名支部
関係条文　水協法一八条一項一号・一〇条二項

【要　旨】
水協法一八条一項一号の「漁業を営む」は漁業協同組合員たる資格を有する旨規定し、同法一〇条二項は、「漁民」とは漁業を営む個人又は漁業を営む者のために水産動植物を採捕若しくは養殖に従事する個人をいうと定義するところ、右に「漁業を営む」とは、法律上経営の主体として実質的に漁業に参与することを意味すると解すべきである。

○理　由

（略）

(四)　一審原告松田達幸は、現在魚介類の仲買を専らとし、自らは直接魚介類の採捕に携っていないとしても、同一審原告は、妻を補助者として漁業を営んでいる漁民である点において、一審被告組合の組合員資格に欠けるところはない旨主張する。

ところで、水産業協同組合法一八条一項一号は「漁業を営む漁民」は漁業協同組合の組合員たる資格を有する旨規定し、同法一〇条二項は、「漁民」とは漁業を営む個人又は漁業を営む者のために水産動植物の採捕若しくは養殖に従事する個人をいうと定義するところ、右に「漁業を営む」とは、法律上経営の主体として実質的に漁業に参与することを意味すると解すべきである。従って、自ら直接事実上の漁業行為に関与しない「漁業を営む漁民」がありうることは同一審原告主張のとおりであるけれども、本件の場合、全証拠によるも同一審原告漁業経営の主体であると認めるべき資料が存しないのである。確かに、当審証人松田美恵子の証言によれば、同一審原告の妻である松田美恵子は自ら魚介類を採取していることが認められるが、同時にまた同証言によれば、美恵子は同一審原告の補助者として

ではなく、自らの主体的な判断と計算において、魚介類を採取し、販売し且つ生計を維持していることが認められるのであって、単に同女が同一審原告の妻であることの一事をもって、その漁業の主体性を否定し、同一審原告の漁業補助者であると認めるのは相当でない。しかも、前引用の原判決理由の認定するとおり、同一審原告は専ら仲買業に従事しているところからすれば、同一審原告を漁業経営の主体者と目することは困難である、といわざるをえないのである。

　この点の同一審原告の主張は失当であり、採るを得ない。

（タイムズ四一九号一一二頁）

◆3　漁業協同組合への加入条件を一世帯一名などと制限した組合員資格審査規定に基づく加入の制限に正当な理由がないとされた事例

福岡地裁小倉支部民、平成二年(ワ)第九六六号
平四・六・一二判決、認容・確定
原告　原田けい子　外一六名
被告　藍島漁業協同組合
関係条文　水協法一八条一項一号・二五条

【要　旨】

一世帯に一組合員しか認めないことが合理的かは問題があるところであって、むしろ、現に漁業に従事している者にそれに応じた地位を与えることは必要であろうし、当初は準組合としての加入しか認めず、一定の年限を経た後にしか組合員にしないという点も、既に長年漁業に従事した経験のある原告らにこれを画一的に適用するのは合理的とは考えられない。むしろ原告らは現に組合員である夫や父と共に漁業に従事している者であって、原告らの加入申込は、いわば実態に合せるだけのものであって、それらの者が加入することによる影響は組合員数の増加による建て網の規制強化や漁業補償金の分配額の減少など多少はあるものの、ある程度はやむをえないというほかない。そうあれば、規定を理由に原告らの加入を拒否することには正当な理由はない。

〇主　文

一　被告は、原告二見隆が平成元年一二月一三日に、原告二見信子、同吉村みすずが平成二年八月二二日に、その余の原告らが同年二月一四日にそれぞれなした被告への正組合員としての加入申込に対して、承諾の意思表示をせよ。

二　訴訟費用は被告の負担とする。

〇事実及び理由

第一　請求

被告は、

一　原告二見隆が平成元年一二月一三日付で

二　原告田中けい子、同田中喜美子、同松下コスヱ、同秋山小夜子、同秋山ミヤ子、同秋山秀世、同磯部サダ子、同磯部忠則、同柴崎清明、同西村豊太、同西村幸一、同西村達子、同浜崎政代、同二見ツヤ子が平成二年二月九日付で

三　原告二見信子、同吉村みすずが平成二年八月二二日付でそれぞれなした被告への正組合員としての加入申込に対し、承諾の意思表示をせよ。

第二　事件の概要

一　前提となる事実（争いのない事実以外は末尾に証拠を掲記する。）

1　被告は、水産業協同組合法（以下「水協法」という。）によって設立された漁業協同組合である。

2　被告の定款によれば、その正組合員（以下「組合員」という。）たる資格を有する漁民は「この組合の地区内に住所を有し、かつ一年を通じて九〇日をこえて漁業を営みまたこれに従事する漁民」（八条一号）と規定されている。

3　しかしながら、実際の被告への加入条件については、平成二年九月二九日、組合総会決議によって変更承認された「組合員資格審査規程」（以下「規程」という。）がある。規程によれば、

「1　加入条件

(1)　中学、高校、大学を卒業後藍島で漁業に従事している者（成人）は准組合員として認め、満三年後には正組合員として認める。……

(2)　中学・高校・大学を卒業後会社その他へ就職していて島に帰って漁業に従事している者（成人）は准組合員として認め、満五年後には正組合員として認める。……

＊　加入条件の(1)(2)の附帯条件として正組合員になるには男女を問わず自立（一世帯構成）するものに限る」

と規定されている。

4　原告らは、それぞれ被告に対し、加入申込書を提出し組合員として加入したい旨申込んだが、被告はこれに承諾を与えていない。

5　なお、被告の定款には「この組合の組合員になろうとする者は、氏名または名称、住所または事務所の所在地および引き受けようとする出資口数を記載した加入申込書を組合に提出しなければならない。」（九条）と規定されているが、原告らは、右申込に際し、原告二見信子、同吉村みすず以外の者は被告の事務所に備え付けの組合加入申込書を用いず、住所の記載もせずに申込をしたし、また、原告ら全員は加入の際に必要な引受出資口数を記載していなかった。〈書証番号略〉

二　争点

1　原告らから被告に対し、有効な加入申込があったか。

（被告）

原告二見信子、同吉村みすず以外は備え付けの用紙を用いず、住所の記載がなかったし、原告ら全員は引受出資口数を記載していなかった、原告らの加入申込は有効になされていない。また、原告二見信子、同吉村みすずの加入申込があったことを認めたのは真実に反し、錯誤に基づくものであるから撤回する。

2　申込があったとして、原告らに組合員資格はあるか。

（原告）

原告らは、被告の地区内に住所を有し、被告の組合員（漁民）である夫もしくは父らと共に漁船に乗り出漁し、毎年九〇日をこえて漁業に従事している漁民であり、被告の組合員たる資格を具備している。

3　被告に原告らの加入申込を拒否する正当な理由があるか。

（被告）

(一)　原告らは、規定に定めた加入条件を満たしていないから、その加入申込を拒否することは正当な理由がある。

なお、規程の合法性については、次のとおりである。すなわち、水協法は、協同組合の組合員の経済的、社会的地位を維持向上させることを目的とし（一条）、監督官庁の認可を受けた被告の定款もこれをより明確に規定している（一条）。そして、漁業は、漁場・漁法・漁期・漁種その他の要素が加わり、本来極めて地域的特性が強い職業形態であるから、漁業協同組合については、右の法律定款の目的を達成するため、その範囲内で高度の自治性が認められるべきであり、水協法二五条の「正当な理由」についても、この観点から判断さるべきである。

被告の漁場の範囲は漁民の数に比して狭く、しかも響灘に面していることから冬季は時化て出漁出来ない日も多く、被告の組合員は、漁期を限定したあわび・さざえ等の根付漁業、建て網、いか漁、遠洋漁業等で生計を維持しており、いずれも零細な専業漁民である。また、漁業従事者以外の組合員は存在しない。組合員がこれ以上に無限定的に増加すれば、例えば、今定めた建網の反別を更に減少せざるを得なくなるほか他の魚介類の漁獲も減少し、組合員の生活に重大な影響を与え、共倒れのおそれがあり、水協法一条、四条、一一条が定める、漁民及び水産加工業者の事業、又は家計の助成を図り、組合員の相互扶助を目的とする組合事業の円滑な運営が不可能となる恐れが強い。そのため、規程をもうけて加入条件を制限しているのである。

なお、被告としては組合員資格の制限緩和は時代の趨勢と考え、現在の規程は、前組合長時代のそれを大幅に緩和したものである。

(二)　原告らは、かねて、被告の事業活動を妨害する行為をしており、加入申込を拒否するのは当然である。

すなわち、被告は、従前から、婦人部を設け、これに助成金を支給し、婦人部員は定款に定める、組合員の協同による経済活動、組合員の経済的・社会的地位の向上に資する活動をしてきた。原告田中けい子は、その婦人部長であり、他の原告らは婦人部員であつたものであるが、婦人部を集団で脱退し、正規の手続きによらないでほしいままに、婦人部の財産から自己の持ち分と称する金額を持ち去つた。これは婦人部部長であつた原告田中けい子にとつては業務上横領、他の婦人部員であつた原告らにとつて横領に類する行為であり、婦人部の活動が阻害されただけでなく、組合の内部秩序がかき乱され、組合の事業活動に著しい支障をきたした。しかも原告らは態度を改めず、被告と婦人部攻撃を続けている。

(原告)

(一)について、次のとおり反論する。すなわち、仮に、漁業協同組合に対し高度の自治性が認められるべきであるとしても、それはやはり法律定款の範囲内であることが必要である。すなわち、水協法一八条一項一号及び被告の定款八条一号は各漁業協同組合の地域性に拘らず普遍的に適用される原則である。しかも、原告らは、既に被告の組合員となつている夫もしくは父親らと共に被告の漁場において永年漁業に従事してきている。すなわち、原告らは、本件組合加入申込によつて新規に漁業を開始するわけではない。被告の組合員らの漁業の実態に全く変更ない。従つて、原告らが被告に形式的に加入したからといつて被告の漁場が狭められたり、漁獲高に影響を及ぼしたりすることはないので全漁民の共倒れということは起こりようがない。

規程は、次の点で違法である。すなわち、新加入者は准組合員と成る事ができるだけで、組合員となるには三年もしくは五年の経過を要し、この点で組合員資格に不当な制限を加えている。

更に組合員は一世帯一人であるという制限は法令定款にも何ら根拠のない不当なものである。組合員資格は個々の漁民に与えられ、組合員となつた者にはそれぞれ組合から経済的利益を享受する権利を与えられるとともに、議決権、選挙権等の共益権を与えられるのであつて、この組合員資格が一家族のうち一人にしか与えられないとする合理的理由はない。

第三　争点に対する判断

一　争点1について

確かに、被告主張のとおり、定款(〈書証番号略〉)には、加入申込の際は、氏名、住所、及び引き受けようとする出資口数を記載した加入申込書を被告に提出しなければならないとの規定があり(九条)、原告らの申込に被告主張のとおりの記載漏れがあることが認められる〈書証番号略〉）。そのためか、被告は右加入申込を加入の要望書として取り扱っていたとも考えられる（〈書証番号略〉、被告代表者）。

しかしながら、加入申込の動機は何であれ、原告らが被告への加入申込の意思をもって右申込書を提出したことが認められ（原告松下コスヱ、同田中けい子）、被告もこれを加入申込書として取り扱い、これに応答している書面もある（〈書証番号略〉）し、組合加入の際の資格審査を担当する組合員資格審査委員会に諮問したりもしている（〈書証番号略〉）。仮に、被告が原告らの加入申込を正式のものでないと判断したのなら、その時点でその理由を示して明確に拒否すれば足りたのであって、それをせずに一応の対処をしている以上、不完全ではあっても正式の加入申込がなされたものとして、それを補正させれば足りるのであり、今さら記載漏れがあったから加入申込自体がなかったとするのは相当ではない。

原告らからは、主張の日（ただし、原告二見隆、同二見信子、同吉村みすず以外の原告らの申込日は、これに副う原告松下コスヱ、同田中けい子の供述はあるが、〈書証番号略〉には日付の記載がなく、被告側の平成二年二月一四日に提出されたとの〈書証番号略〉、被告代表者の供述の方が客観性があると思われるので、平成二年二月一四日と認める。）に加入申込がなされたと認められる。（〈書証番号略〉）

二　争点2について

水協法一八条、及び同法を受けた被告の定款によれば、被告の組合員となることができる者は、この組合の地区内に住所を有する、一年を通じて九〇日をこえて漁業を営み、また、これに従事する漁民とされている（争いのない事実）。

原告らは、被告の組合員である夫や父と一緒に、もぐり、建網などで、あわび、さざえ、魚などを捕獲するという漁業に、年間九〇日以上従事していることが認められる（〈書証番号略〉、原告松下コスヱ、同田中けい子。なお、被告代表者）。

そうであれば、原告らは、被告の定める組合員の資格を有していることになる。

三　争点3について

まず、㈠について判断する。被告に規程のあることは争いがない。被告が規程を根拠に原告らの加入申込を拒否していることから右規程の適法性が問題となる。

被告は、水協法に基づいて設立認可された協同組合であり、その性質上、加入自由の原則があり、組合員数の制限は許されないことになっている。ただ、被告が漁業権を有している漁場は有限であり（〈書証番号略〉）、そこにある水産資源もまた有限であることは明らかであって、果たして、右の原則を貫いた場合、水協法の目的とする漁民の経済的社会的地位の向上と水産業の生産力の増進（一条）が図られうるのか、むしろ、被告の指摘する漁民の共倒れが生じないか、疑問なしとしない。

被告は、組合員数約八〇名の小規模な漁業協同組合で、漁場も狭く、建て網について一組合員当り一〇〇反に規制するなどして相互の生計を維持していることが認められる（〈書証番号略〉、被告代表者）。仮に、組合員数が著しく増加すれば、水産資源の増殖などの相当の努力を払っても、組合員の生計を維持できない事態に陥る可能性があり、規程もそれを防止するため一定の合理性を有していることは拒めない。

しかしながら、一世帯に一組合員しか認めないことが合理的かは問題のあるところであって、むしろ、現に漁業に従事している者にそれに応じた地位を与えることは必要であろうし、当初は准組合員としての加入しか認めず、一定の年限を経た後にしか組合員にしないという点も、既に永年漁業に従事した経験のある原告らにこれを画一的に適用するのは合理的とは考えられない。むしろ、原告らは前記二のとおり、現に組合員である夫や父と共に漁業に従事している者であって、原告らの加入申込は、いわば実態に合わせるだけのものであって、それらの者が加入することによる影響は組合員数の増加による建て網の規制強化や漁業補償金（〈書証番号略〉）の分配額の減少など多少はあるものの、ある程度はやむをえないというほかない。そうであれば、規程を理由に原告らの加入を拒否することには正当な理由はないというほかない。

次に㈡について判断する。確かに、被告には婦人部の組織があり、原告田中けい子は婦人部長、原告松下コスヱ、同秋山小夜子、同秋山ミヤ子、同磯部サダ子、同西村達子、同浜崎政代、同二見信子、同二見ツヤ子、同吉村みすずは各婦人部員であったが、集団で退部したこと（〈書証番号略〉、原告松下コスヱ、同田中けい子）、及びその際、婦人部の積立金を一人当り二万九八九三円ずつ配分したこと（〈書証番号略〉）が認められる。右原告らの婦人部からの脱退は、多分に被告内部のいわゆる派閥争い的な面があり（〈書証番号略〉、証人田中真一郎、被告代表者）、また積立金の配分も配分すべき金銭が、合法的手続を経たのか若干疑問もあり、必ずしも正当とは評し難い面がある。しかしながら、これらは、いわば現執行部に対する反対派としての行為であって被告自体の事業活動を妨害したとまで評価できるものではなく、右原告らがその様な行為に出たことだけをとらえて、被告への加入申込を拒否することは正当な理由とはなりえない。

（タイムズ八〇一号二四〇頁）

◆4　漁業協同組合の組合員の資格の存否について判断した事例

津地裁四日市支部民、平成二年(ワ)第二〇七号
平一〇・三・二〇判決、一部認容、一部確定・控訴

原告　伊藤　貢　外三名

伊藤昌幸　外二名
被告　南松ケ島漁業協同組合
中村力次郎　外二一名
関係条文　（一につき）水協法一〇条・一八条・二七条一項一号
（二につき）水協法二一条一項・四九条・五一条、商法二五二条

【要旨】

一　原告Xらは、被告組合の正組合員であり、原告Yらは、被告組合の準組合員であると認められ、いずれも本件訴えについて確認の利益を有しているというべきである。しかしながら、原告Zについては、同原告が被告組合に加入した当時、漁業に従事していたものと認めることができない以上、たとえ現在漁業に従事しているとしても、被告組合の組合員であると認めることはできず、本件訴えについて確認の利益を有していないものといわざるを得ない。

二　本件総会決議は、被告組合の組合員とは認められない者あるいは議決権を有しない準組合員にすぎない者が相当多数出席するとともに、その多数決により、被告組合の定款に違反してその組合員とは認められない者を三名も理事に選任したものであって、もはや総会決議の体裁をなしていないほどに著しい瑕疵を帯び、法律上存在するものとは認められないというべきである。

○主　文

一　原告伊藤貢、同伊藤照幸、同桃崎正良、同伊藤昌幸、同中村末春及び同中村幹夫と被告南松ケ島漁業協同組合（以下「被告組合」という。）、同佐藤近史、同山口等、同水谷武次、同佐藤達也、同阿野如市、同水谷ふみ、同加藤良雄、同大橋新八、同澤敏正、同斉藤昭次、同伊藤秀雄、同佐藤博文、同加藤保、同大橋誠人、同中村光二、同森川芳治、同伊藤和芳、同伊藤重夫及び同中村婦美恵との間において、被告組合を除く右各被告らがいずれも被告組合の組合員の地位を有しないことを確認する。

二　原告伊藤貢、同伊藤照幸、同桃崎正良、同伊藤昌幸、同中村末春及び同中村幹夫と被告組合との間において、被告中村力次郎が被告組合の組合長兼理事の地位を有しないこと、並びに被告佐藤近史、同山口等及び同加藤良雄がいずれも被告組合の理事の地位を有しないことを確認する。

三　原告桃崎のり子の訴えを却下する。

四　原告伊藤貢、同伊藤照幸、同桃崎正良、同伊藤昌幸、同中村末春及び同中村幹夫のその余の請求を棄却する。

五　訴訟費用は、原告らに生じた各費用の五分の一と被告中村力

次郎、同加藤明、同佐藤幸助及び同椽尾保太郎に生じた各費用を原告らの負担とし、原告桃崎のり子に生じたその余の費用を同原告の負担とし、その余の原告らに生じたその余の各費用とその余の被告らに生じた各費用をその余の被告らの負担とする。

〇事実及び理由

第一　原告らの請求

一　原告らと被告らとの間において、被告組合を除く被告らがいずれも被告組合の組合員の地位を有しないことを確認する。

二　原告らと被告組合との間において、被告中村力次郎が被告組合の組合長兼理事の地位を有しないこと、並びに同佐藤近史、同山口等及び同加藤良雄がいずれも被告組合の理事の地位を有しないことを確認する。

第二　事案の概要

本件は、原告らが、自ら被告組合の組合員であることを前提に、被告らに対し、被告ら（被告組合を除く。）が被告組合の定款に定められている組合員資格を被告組合に加入した当初から有していない、あるいは、加入後に喪失したとして、被告ら（被告組合を除く。）の右組合員たる地位の不存在の確認を求めるとともに、被告組合に対し、被告らのうち組合長兼理事や理事とされている者について、平成元年四月一日開催の被告組合総会においてなされた各役員の選任決議（以下「本件総会決議」という。）が不存在であるとして、その者らが理事等の地位を有しないことの確認を求めたところ、被告らも、原告らが被告組合の組合員たる地位を有しないとして、これを争った事案である。

一　争いのない事実等

1　被告組合は、昭和四八年二月一六日に設立され、三重県桑名郡長島町を地区としている水産業協同組合法所定の漁業協同組合である（争いがない。）。

2　被告組合の定款及び役員選任規定には、次のような定めがある（甲イ第一号証によって認められる。）。

㈠　次に掲げる者は、この組合の正組合員となることができる（定款八条一項）。この組合の地区内に住所を有し、かつ、漁業を営み若しくはこれに従事し又は河川において常例として水産動植物の採捕若しくは養殖をする日数が一年を通じて六〇日を超える個人（同項一号）。

㈡　次に掲げる者は、この組合の准組合員となることができる（定款八条二項）。この組合の地区内に住所を有する漁民で前項一号に掲げる者以外のもの（同項一号）。この組合の地区内に住所を有しない漁民で、その営み又は従事する漁業の根拠地がこの組合の地区内にあるもの（同項二号）。

㈢　この組合の組合員となろうとする者は、氏名又は名称、住所又は事業所の所在地及び引き受けようとする出資口数を記載した加入申込書を組合に提出しなければならない（定款九条一項前段）。この組合は、前項の加入申込書を受け、これを承諾しようとするときは、その旨を申込者に通知し、出資の払込をさせた後、組合員名簿に記載するものとする（同条二項）。申込者は、前項の規定による出資の払込をすることによって組合員となる（同条三項）。

㈣　組合員は、この組合の承認を得なければ、その持分を譲り渡すことができない（定款一〇条一項）。組合員でないものが持分を譲り受けようとするときは、前条一項及び二項の規定を準用する。ただし、同条二項の出資の払込をさせない（同条二項）。

㈤　組合員は、次の事由によって脱退する（定款一四条二項）。組合員たる資格の喪失（同項一号）。死亡又は解散（同項二号）。除名（同項三号）。持分全部の譲渡（同項四号）。

㈥　この組合は、事業の経費に充てるため、組合員に経費を賦課することができる（定款二〇条一項）。

㈦　この組合に役員として理事五人及び監事二名を置く（定款二七条）。理事は、正組合員の中から総会において選任する（定款二八条一項）。理事の定数の四分の一以下は、前項に規定する者以外の者から選任することができる（同条二項）。役員の選任は、前二項に規定するもののほか、役員選任規定の定めるところによる（同条三項）。

㈧　理事は、組合長一人を互選するものとする。ただし、組合長は、正組合員に限るものとする（定款二九条）。

㈨　総会の議事は、出席した正組合員の議決権の過半数でこれを決し、可否同数のときは議長の決するところによる（定款四二条）。

3　原告ら及び被告ら（被告組合を除く。）は、いずれも被告組合の組合員として行為している（争いがない。）。

4　被告中村力次郎、同佐藤近史、同山口等及び同加藤良雄は、いずれも本件総会決議により、被告組合の理事にそれぞれ選任され、同組合の理事として行為している。また、被告中村力次郎は、本件総会決議によって理事に選任された者の互選により、同組合の組合長に選任され、同組合の組合長として行為している（争いがない。）。

二　争点

1　原告らが被告組合の組合員であるかどうか。

（原告らの主張）

原告らは、次のとおり、被告組合の組合員であり、いずれも本件訴えについて確認の利益を有している。

㈠　原告伊藤貢は、昭和四八年二月一六日に被告組合が成立した後、被告組合の承認を得て、被告組合の組合員であった原告伊藤貢の母伊藤照子の持分を譲り受けて、被告組合に加入した。当時は、昭和四七年から漁船を所有してシジミ漁に従事していた父親の原告伊藤昌幸とともに、少なくとも年間六〇日漁業に従事していた。以後、被告組合は、同原告に定款所定の経費としての賦課金の支払義務を課し、同原告は、これを支払つている。

㈡　原告伊藤照幸は、昭和五四年三月に中学卒業後、直ちに父親の原告伊藤昌幸の漁船に乗り、以後日曜日を除く毎日シジミ漁に従事しており、昭和五七年三月ころ、自分の漁船を所有して、被告組合に加入した。

㈢　原告桃崎正良は、昭和四六年六月から漁船を所有し、日曜日を除く毎日シジミ漁に従事しており、昭和四八年二月一六日、被告組合が設立された際に、同組合に加入した。

㈣　原告桃崎のり子は、昭和四六年六月から夫の原告桃崎正良所有の漁船に乗り、日曜日を除く毎日シジミ漁に従事しており、昭和五三年六月ころ、被告組合に加入した。

㈤　原告伊藤昌幸は、第二次世界大戦中から親と一緒に長良川等で漁業をして生活しており、昭和三四年九月の伊勢湾台風後一時漁業から離れたことがあつたが、昭和四三年ころから再び長良川等で専業として漁業に従事するようになり、昭和四五年ころから病気で倒れるまでの間、シジミ漁に従事していた。その年間出漁日数は、毎年二〇〇日くらいであり、漁獲物を仲買人に売却して、家族が生活し、かつ漁船や漁具を維持し続けるのに十分な収入を得ていた。そして、昭和四八年二月一六日、被告組合が設立された際に、発起人となつて同組合に加入し、初代の組合長に就任した。

なお、同原告は、右加入当時、公務員であつたが、公務員であることは漁民であることと相排斥するものではない。

㈥　原告中村末春は、子供のころから父を手伝つて長良川等で漁業をしており、戦後も現在まで一貫して専業としてシジミ漁などの漁業に従事している。その年間出漁日数は、毎年二〇〇日くらいであり、漁獲物を仲買人に売却して、家族が生活し、かつ漁船や漁具を維持し続けるのに十分な収入を得ていた。そして、昭和六一年二月ころ、当初所属していた桑北漁業協同組合を脱退し、同年八月一日、被告組合に加入した。

被告組合は、同原告の住居が被告組合の地区外の三重県桑名市にあることを承知の上で、被告組合の地区内に住所を移すこと（寄留）を条件に正組合員としての加入を認め、同原告は、これに従つて寄留したものであり、被告らが同原告の組合員資格を否定することは、信義則（禁反言則）上許されるものではない。

仮に同原告が被告組合の正組合員でないとしても、同原告は、被告組合定款八条二項二号により、その准組合員としての地位を有する。

㈦　原告中村幹夫は、昭和四〇年ころから原告中村末春とともに漁業に従事するようになり、昭和四六年からは同原告から独立して、現在まで漁業に従事している。その年間出漁日数は、毎年一五〇日くらいである（昭和五六年から魚介類の仲買業を始め、平成二年三月にこれを法人化したが、その年間出漁日数については、これまでと同程度である。）。そして、昭和六一年二月ころ、当初所属していた桑北漁業協同組合を脱退し、同年八月一日、被告組合に加入した。

被告組合は、同原告の住居が被告組合の地区外の三重県桑名市にあることを承知の上で、被告組合の地区内に住所を移すこと（寄留）を条件に正組合員としての加入を認め、同原告は、これに従って寄留したものであり、被告らが同原告の組合員資格を否定することは、信義則（禁反言則）上許されるものではない。

仮に同原告が被告組合の正組合員でないとしても、同原告は、被告組合定款八条二項二号により、その准組合員としての地位を有する。

（被告組合を除く被告らの主張）

原告らは、長良川河口堰にかかる漁業補償を目当てに被告組合に加入してきたものであり、次のとおり、もともと組合員資格を欠くか、あるいは、被告組合への加入手続を欠き、加入当初から被告組合の組合員ではないから、本件訴えについて確認の利益を有しないものであり、本件訴えは却下されるべきである。

㈠　原告伊藤貢は、独立して漁業を営む漁民ではなく、また、被告組合への加入手続（被告組合に対する書面による加入申込及び出資全額の払込）をとっておらず、被告組合においても、同原告を被告組合の組合員として取り扱ったことはない。

㈡　原告伊藤照幸は、被告組合への加入手続がとられたが、その加入当時、全く漁業に従事していなかった（なお、現在でも独立して漁業を営む漁民ではない。）。

㈢　原告桃崎正良は、被告組合への加入手続がとられたが、その加入当時、一年を通じて六〇日を超えて漁業に従事していなかった。

㈣　原告桃崎のり子は、原告伊藤昌幸の子であり、被告組合への加入手続がとられたが、その加入当時から現在に至るまで、全く漁業に従事したことがない。

㈤　原告伊藤昌幸は、被告組合への加入手続がとられたが、その加入当時、桑名市役所勤務の公務員であり、漁業に全く従事していなかった（なお、現在でも年間六〇日を超えて漁業に従事していない。）。

㈥　原告中村末春及び同中村幹夫は、昭和六一年八月一日付

けで被告組合に加入した当時から三重県桑名市内に住み、同市内で仲買業を営んでいるものであって、三重県桑名郡長島町に住む者ではなかった。

（被告組合の主張）

争う。

2　被告ら（被告組合を除く。）が被告組合の組合員であるかどうか。

（被告組合を除く被告らの主張）

㈠　職業には兼業が考えられる以上、一般的に他の職業を有することと漁民であることとは相排斥するものではない。

また、現在漁業活動をしていない場合でも、その活動休止の事由が本人の意思に基づかず、やむを得ないものであるとき（例えば、長良川河口堰建設による将来の不安から他に生計の途を求める事由によるとき等）は、漁業実績の推移、将来における漁業再開の意欲及び見込みを勘案して漁民であるかどうかを判断すべきであるから、現在漁業活動をしていないからといって、直ちに漁民であることを止めたものとはいえない。さらに、一年を通じて六〇日を超えて水産動植物の採捕若しくは養殖をしているかどうかは、単年度の現実の出漁日数だけで判断すべきものではなく、出漁の準備に要した日や雨天、時化のために待機した日を含めた比較的長期間にわたる漁業実績、被告組合の総体的な漁業実績を勘案し、一時的休止した場合にはその理由等をも考慮して、実質的に判断すべきである。

㈡　被告中村力次郎、同佐藤近史、同山口等、同佐藤幸助、同大橋新八、同澤敏正、同斉藤昭次、同伊藤秀雄、同佐藤博文、同加藤保、同水谷武次及び同中村婦美恵は、いずれも昭和四八年二月に、同水谷ふみは、昭和五三年六月に、同佐藤達也及び同大橋誠人は、いずれも昭和五六年九月に、同加藤明、同中村光二、同椽尾保太郎、同森川芳治、同阿野如市、同伊藤和芳及び同加藤良雄は、いずれも昭和五七年八月に、同伊藤重夫は、昭和六一年八月にそれぞれ被告組合に加入した。

被告ら（被告組合を除く。）は、被告組合加入前から、伝統的な漁法に従って長良川で漁業を営み、それによる収益を生計の一部に充てており、被告組合加入前の漁業実績からしても、少なくとも常例として一年を通じて六〇日を超えて水産動植物の採捕若しくは養殖をする個人であったといえるから、正組合員として適法かつ有効に被告組合に加入したものである。

したがって、被告ら（被告組合を除く。）は、いずれも被告組合に加入した当初から、被告組合の組合員資格を有している。

㈢　もっとも、被告ら（被告組合を除く。）のうちには、近年に至つて漁業活動を休止した者や、単年度の出漁日数が六〇日を下回る者もいる。しかし、前記のとおり、現在漁業活動をしていないからといつて、直ちに漁民を止めたといえるものではなく、その活動の休止は、長良川河口堰建設の一部着工により伝統的漁法が困難となつてきたことや、右河口堰建設による将来の不安から、やむを得ず他に生計の途を見い出さざるを得なかつたことによるものであつて、右の者らは、再び漁業を再開する意欲を失つているものではなく、漁具等も保有して、容易に漁業を再開する見込みを有している。そして、常例として一年を通じて六〇日を超えて水産動植物の採捕若しくは養殖をしているかどうかは、実質的に判断すべきであつて、被告組合の漁業実績自体が低落傾向にあり、個人の漁業実績の低下だけを取り上げるわけにはいかないこと、特に漁業活動の縮小は長良川河口堰の建設という不漁に準ずる事由によるものであること、漁業活動の推移を審査するに足りるだけの期間を経ていないことなどを勘案すれば、右の者らは、常例として一年を通じて六〇日を超えて水産動植物の採捕若しくは養殖をしていないとはいえない。

また、被告ら（被告組合を除く。）のうち、現在では桑名郡長島町内で住民登録をしていない者もいる。しかし、被告組合の組合員資格の要件として要求される住所は、住民登録上の住所とは必ずしも一致せず、組合活動との関連において実質的に考えなければならないものであるし、右の者らは、もともと被告組合の地区内に生活の本拠があつたものの、疾病その他のやむを得ない事由のため、一時的かつ便宜的に他地区に住民登録をしているにすぎず、被告組合の地区内で漁業活動を再開する意欲と可能性を有している。

したがつて、被告ら（被告組合を除く。）は、被告組合の加入後にその組合員資格を喪失したものではなく、仮に正組合員でないとしても准組合員たる資格は有している。

㈣　よつて、被告ら（被告組合を除く。）は、いずれも被告組合の組合員である。

（被告組合の主張）

争う。

（原告らの主張）

㈠　被告中村力次郎は、北勢同和食肉流通事業組合の理事長であり、同中村婦美恵及び同佐藤達也は、いずれも右組合に勤務している。被告山口等及び同加藤明は、いずれも木工業を、同加藤良雄は、自動車修理業を営んでいる。被告伊藤秀雄は、名古屋市内に居住し、運送業を営んでいる。被告椽尾保太郎は、船大工をしている。被告大橋新八は、愛知県大府市内に居住し、高校教師をしている。被告佐藤近史は株式会社近畿日本ツーリストに、同森川芳治は鉄工所に、同伊藤重夫は写真屋にそれぞれ勤務している。被告佐藤幸助、同澤敏正、同大橋誠人及び同伊藤和芳は、いずれも会社員である。被告斉藤昭次は、三重県桑名郡長島町に居住していない。被告佐藤博文は、無職であり、同水谷武次は、病気である。

このように、被告らは、いずれも被告組合加入当初から被告組合定款八条所定の組合員資格を欠いていた。

(二) 仮に被告ら(被告組合を除く。)が被告組合に加入した当時、その組合員資格を有していたとしても、その後漁業活動を止めるなどしており、組合加入後(遅くとも昭和六三年末まで)にその組合員資格を喪失した。

(三) よって、被告ら(被告組合を除く。)は、いずれも被告組合の組合員ではない。

3 被告中村力次郎が被告組合の組合長兼理事の地位を、同佐藤近史、同山口等及び同加藤良雄が被告組合の理事の地位をそれぞれ有するかどうか。

(被告組合の主張)

被告中村力次郎、同佐藤近史、同山口等及び同加藤良雄を被告組合の理事に選任した本件総会決議は有効に存在している。したがつて、被告中村力次郎は、被告組合の組合長兼理事の地位を、同佐藤近史、同山口等及び同加藤良雄は被告組合の理事の地位をそれぞれ有している。

(原告らの主張)

被告組合を除く被告らは、平成元年四月一日当時、いずれも被告組合の組合員でなかつたものであるから、被告中村力次郎、同佐藤近史、同山口等及び同加藤良雄を被告組合の理事に選任した本件総会決議は、被告組合の組合員でない者が多数出席し、その多数決によりなされたものである以上、不存在であるというべきである。したがつて、被告中村力次郎は、被告組合の組合長兼理事の地位を、同佐藤近史、同山口等及び同加藤良雄は被告組合の理事の地位をそれぞれ有していない。

第三 当裁判所の判断

一 争点1について

1 原告伊藤貢について

(一) 甲イ第四号証の一及び二、第一二号証、第一四号証、第一七号証、原告伊藤貢本人尋問の結果並びに弁論の全趣旨によれば、原告伊藤貢は、昭和三六年三月に出生し、三重県桑名郡長島町内に居住し、昭和五四年三月に高校を卒業して会社勤めをしていたが、昭和六一、二年ころに退職し、父親の原告伊藤昌幸とともにシジミ漁に従事するようになつたこと、昭和六二、三年ころ、被告組合の組合員であつた母親の伊藤照子から、その持分を譲り受けたこと、その後、被告組合に対し、原告伊藤貢の名義で賦課金を支払っており、被告組合は、原告伊藤貢に対し、昭和六三年度上期及び同年度下期の賦課金各六〇〇〇円の支払を受けた旨の領収証を交付したこと、原告伊藤貢は、シジミ漁に従事するようになつてから少なくとも平成二年二月までの間、原告伊藤昌幸とともに採捕したシジミを三重県四日市市内で魚介類の仲買業を営む早川良平に対して売却しており、平成元年における売上は、原告伊藤昌幸の分と併せて合計約二一〇〇万円であり、その後、原告伊藤昌幸が健康を害し、原告伊藤貢が単独で出漁するようになつてから現在までの売上は、年間一〇〇〇万円弱程度であること、原告伊藤貢は、平成七年一二月に「第三照幸丸」という船名の動力漁船を使用している旨の登録をし、以後現在まで同船の使用を継続していること、現在一週間のうち約五日間、日の出から正午前後まで出漁していることが認められる。

原告伊藤貢の出漁状況等についての右認定に反する被告加藤明の供述は、その内容が曖昧であり、自ら同原告の出漁状況を正確には知らない旨を供述していることなどに照らし、採用することができない。

右認定の事実関係を総合すれば、原告伊藤貢は、被告組合の組合員であつた伊藤照子からその持分を譲り受けた昭和六二、三年ころから現在に至るまでの間、毎年少なくとも六〇日を超えてシジミ漁等の漁業に従事していたものと認めることができる。

㈡　被告組合の定款は、組合員の持分の譲渡について、その持分を譲り受けようとする者が氏名又は名称、住所又は事業所の所在地及び譲り受けようとする出資口数を記載した加入申込書を組合に提出し、被告組合が持分譲渡を承諾し、持分を譲り受けようとする者にその承諾を通知し、組合員名簿にその旨を記載することが必要であると定めていることは、前判示のとおりであり、原告伊藤貢が加入申込書の提出等の所定の手続を履践したことを示す証拠はない。

しかしながら、他方、被告中村力次郎本人尋問の結果によれば、被告組合は、組合員が持分を譲渡する場合、これまで何の手続も履践してきていなかつたことが認められ、これに被告組合が原告伊藤貢に対して賦課金の支払を受けた旨の領収証を交付していたことなどの前記認定の事実を併せ考えれば、被告組合は既にその持分譲渡につき承諾を与え、原告伊藤貢を被告組合の組合員として取り扱つていたものといえる。

そうすると、たとえ組合員の持分の譲渡について定款所定の手続が履践されていないとしても、実体的に原告伊藤貢が組合員資格を有していると認められる限り、その手続的瑕疵は、もはや治癒されたものというべきである。

2　原告伊藤照幸について

甲イ第三号証、第一三号証及び第一八号証、原告伊藤貢及び同伊藤照幸各本人尋問の結果並びに弁論の全趣旨によれば、原告伊藤照幸は、三重県桑名郡長島町内に居住し、昭和五四年三月に中学卒業後、両親とともに漁業に従事するようになり、これまでに他の職業に従事したことがないこと、昭和五七年三月ころに被告組合に加入する手続をとつたこと、昭和六一年から少なくとも平成二年二月までの間、採捕したシジミを三重県桑名市内で魚介類の仲買業を営む長谷川政司に対して売却しており、それ以後も現在まで同程度の売上があること、原告伊藤照幸は、平成元年四月に「第四照幸丸」という船名の動力漁船を所有し、使用している旨の登録をし、以後現在まで同船の使用を継続していること、現在一週間のうち約五日間、日の出から正午ころまで出漁していることが認められる。

原告伊藤照幸の出漁状況等についての右認定に反する被告加藤明の供述は、その内容が曖昧であり、自ら同原告の出漁状況を正確には知らない旨を供述していることなどに照らし、採用することができない。

右認定の事実関係を総合すれば、原告伊藤照幸は、被告組合に加入した昭和五七年三月ころから現在に至るまでの間、毎年少なくとも六〇日を超えてシジミ漁等の漁業に従事していたものと認めることができる。

3　原告桃崎正良について

甲イ第二号証、第一一号証及び第一五号証、乙ロ第一一号証、原告桃崎正良及び同伊藤貢各本人尋問の結果並びに弁論の全趣旨によれば、原告桃崎正良は、昭和二八年二月に佐賀県に生まれ、昭和四三年ころから三重県桑名郡長島町内に居住するようになり、昭和四七、八年ころ、原告桃崎のり子と婚姻したこと、昭和四八年二月当時、実際にシジミ漁に従事していたこと、三重県知事に対し昭和四七年九月二七日付けで被告組合の設立認可が申請された際には、発起人としてこれにかかわり、昭和四八年二月一六日、被告組合が設立された際に同組合に加入したこと、昭和五五年七月に「大桃丸」という船名の動力漁船を所有し、使用している旨の登録をし、以後現在まで同船の使用を継続していること、平成二年二月当時、原告桃崎のり子とともに採捕したシジミを三重県桑名市内で魚介類の仲買業を営む水谷常三郎に対し、過去数年来にわたつて売却しており、平成元年における売上は、原告桃崎のり子の分と合わせて合計約一二〇〇万円であり、それ以後も現在まで一〇〇〇万円前後の売上があること、現在一週間のうち約五日間、日の出から正午ころまで妻の原告桃崎のり子とともに出漁していることが認められる。

原告桃崎正良の出漁状況等についての右認定に反する被告中村力次郎及び同加藤明の各供述並びに乙ロ第一一八号証の記載は、その内容が曖昧であり、同被告ら自身が同原告の出漁状況を正確には知らない旨を供述していることなどに照らし、いずれも採用することができない。

右認定の事実関係を総合すれば、原告桃崎正良は、被告組合に加入した昭和四八年二月から現在に至るまでの間、毎年少なくとも六〇日を超えてシジミ漁等の漁業に従事していたものと認めることができる。

4　原告桃崎のり子について

甲イ第九号証、第一〇号証、第一一号証及び第一六号証、原告桃崎正良及び同伊藤貢各本人尋問の結果並びに弁論の全趣旨によれば、原告桃崎のり子は、昭和五三年六月、被告組合に出資金二万円（出資一口一〇〇〇円を合計二〇口）を払い込んで加入し、被告組合から同月一五日付けで出資証券の交付を受けたこと、夫の原告桃崎正良とともに採捕したシジミを三重県桑名市内で魚介類の仲買業を営む水谷常三郎に対して売却しており、平成元年における売上は、原告桃崎正良の分と合わせて合計約一二〇〇万円であり、それ以後も現在まで一〇〇〇万円前後の売上があること、現在一週間のうち約五日間、日の出から正午ころまで原告桃崎正良とともにシジミ漁に出ていることが認められる。

しかしながら、右認定の事実関係に前記認定の原告桃崎正良の出漁状況等を総合しても、原告桃崎のり子が被告組合に加入した昭和五三年六月当時、シジミ漁等の漁業に従事していたものと認めることはできず、他にこれを認めるに足りる証拠はない。

5　原告伊藤昌幸について

甲イ第一二号証、甲ロ第一号証の一及び二、甲ロ第六号証の一ないし四、乙ロ第一一号証、原告中村末春、同中村幹夫、同桃崎正良及び伊藤貢各本人尋問の結果並びに弁論の全趣旨によれば、原告伊藤昌幸は、かつて公務員をしていたこともあったが、昭和四八年二月当時、三重県桑名郡長島町内に居住し、実際にシジミ漁に従事しており、以後平成五年一二月までこれを継続し、その間一年当たり約二〇〇日、一日五時間程度出漁していたこと、三重県知事に対し昭和四七年九月二七日付けで被告組合の設立認可が申請された際には、発起人としてこれにかかわり、昭和四八年二月一六日、被告組合が設立された際に同組合に加入し、初代の組合長に就任したこと、昭和四八年から少なくとも平成二年二月までの間、原告伊藤貢とともに採捕したシジミを三重県四日市市内で魚介類の仲買業を営む早川良平に対して売却しており、平成元年における売上は、原告伊藤貢の分と合わせて合計約二一〇〇万円であったこと、平成四年には原告中村幹夫の経営する株式会社中村水産にシジミを売却しており、同年における売上は、一〇九八万四九五〇円であり、平成五年一月から同年一一月までの売上は、九七六万六四五〇円であったこと、昭和六〇年三月に「第二照幸丸」、平成二年三月に「平成丸」という船名の各動力漁船を所有し、使用している旨の登録をし、以後現在まで右各船の所有を継続していること、平成三年八月二二日付けで同年九月三日から平成六年九月二日まで有効の、また、同日付けで同月三日から平成九年四月三〇日まで有効の各「さし網による採捕許可証」の交付を受けていたこと、平成六年一月以後現在まで病気療養中で、漁業に従事していないが、病気がよくなったら再び漁業に従事するつもりであることが認められる。

原告伊藤昌幸が昭和四八年二月当時公務員であり、漁業に従事していなかった旨の右認定に反する被告中村力次郎の供述は、その内容が曖昧であり、採用することができない。

右認定の事実関係を総合すれば、原告伊藤昌幸は、被告組合に加入した昭和四八年二月から平成五年一二月に至るまでの間、毎年少なくとも六〇日を超えてシジミ漁等の漁業に従事していたものと認められ、また、平成六年一月から現在に至るまでの間は、年間六〇日を超えて漁業に従事しているとは認められないものの、三重県桑名郡長島町内に住所を有する漁民であったと認められる。

6　原告中村末春について

甲ロ第二号証の一及び二、第四号証の一ないし五、第七号証、第九号証の一及び二、原告中村末春本人尋問の結果並びに弁論の全趣旨によれば、原告中村末春は、昭和二〇年ころから現在に至るまでの間、木曽川、長良川及び揖斐川において専業として漁業に従事しており、一年当たり約二〇〇日、一日約五時間出漁していること、昭和五四年七月五日付けで同日から昭和五七年七月四日まで有効の、また、平成六年四月二七日付けで同年五月一日から平成九年四月三〇日まで有効の木曽川、長良川及び揖斐川の三重県水域を採捕の区域とする各「さし網による採捕許可証」の交付を受けていたこと、当初は桑北漁業協同組合に加入していたが、昭和六一年二月にこれを脱退し、同年八月一日、被告組合に出資金二万円（出資一口一〇〇〇円を合計二〇口）を払い込んで加入し、被告組合から同日付けで出資証券の交付を受けたこと、昭和六一年八月当時、三重県桑名市内に居住し、現在も同市内で生活しているが、住民票上は平成元年七月四日付けで同県桑名郡長島町内に異動した旨の届出をしたこと、平成六年四月に「第二末広丸」、平成七年三月に「第三末広丸」及び「第六末広丸」という船名の各動力漁船を所有し、使用している旨の登録をし、以後現在まで右各船の使用を継続していることが認められる。

右認定の事実関係を総合すれば、原告中村末春は、被告組合に加入した昭和六一年八月から現在に至るまでの間、被告組合の地区内に住所を有しているものではないが、その従事する漁業の根拠地が被告組合の地区内にある漁民であったと認められる。

7　原告中村幹夫について

甲ロ第三号証の一及び二、第五号証の一ないし五、第八号証、第一〇号証の一及び二、原告中村幹夫本人尋問の結果並びに弁論の全趣旨によれば、原告中村幹夫は、昭和四〇年ころから現在に至るまでの間、木曽川、長良川及び揖斐川において漁業に従事しており、一年当たり約一五〇日、一日三時間ないし五時間程度出漁しているが、昭和五六年ころからは魚介類の仲介業も始めたこと、昭和四一、二年ころに桑北漁業協同組合に加入したが、昭和六一年二月にこれを脱退し、同年八月一日、被告組合に出資金二万円（出資一口一〇〇〇円を合計二〇口）を払い込んで加入し、被告組合から同日付けで出資証券の交付を受けたこと、昭和六一年八月当時、三重県桑名市内に居住し、現在も同市内で生活しているが、住民票上は平成元年七月四日付けで同県桑名郡長島町内に異動した旨の届出をしたこと、平成元年一月一〇日付けで同日から平成三年一月九日まで有効の、また、平成六年四月二七日付けで同年五月一日から平成九年四月三〇日まで有効の木曽川、長良川及び揖斐川の三重県水域を採捕の区域とする各「さし網による採捕許可証」の交付を受けていたこと、昭和五六年五月に「豊栄丸」、平成六年四月に「第三豊栄丸」、平成七年三月に「第八豊栄丸」という船名の各動力漁船を所有し、使用している旨の登録をし、以後現在まで右各船の使用を継続していることが認められる。

右認定の事実関係を総合すれば、原告中村幹夫は、被告組合に加入した昭和六一年八月から現在に至るまでの間、被告組合の地区内に住所を有しているものではないが、その従事する漁業の根拠地が被告組合の地区内にある漁民であったと認められる。

8　まとめ

以上検討したところによれば、原告伊藤貢、同伊藤照幸及び同桃崎正良は、被告組合の正組合員であり、原告伊藤昌幸、同中村末春及び同中村幹夫は、被告組合の准組合員であると認められ、いずれも本件訴えについて確認の利益を有しているというべきである。しかしながら、原告桃崎のり子については、同原告が被告組合に加入した当時、漁業に従事していたものと認めることができない以上、たとえ現在漁業に従事しているとしても、被告組合の組合員であると認めることはできず、本件訴えについて確認の利益を有していないものといわざるを得ない。

二　争点2について

1　被告中村力次郎について

㈠　乙ロ第一一号証、第一二号証、第一三号証の一ないし五、第二四号証の一及び二、第六二号証、第七九号証ないし第八二号証、第八九号証、第一〇三号証、第一〇四号証、第一一六号証、第一一九号証ないし第一六三号証、被告中村力次郎本人尋問の結果並びに弁論の全趣旨によれば、被告中村力次郎は、名古屋市内の屠場に勤務し、昭和三九年ころから三重県桑名郡長島町内に居住していたが、同年四月に被告中村婦美恵と結婚し、その父親である佐藤勘次を手伝って、同年六月ころから早朝や夜間に長良川で川エビやシラスウナギを採るようになり、以後現在に至るまでの間、食品加工業などにかかわる一方、漁業に従事することもあったこと、三重県知事に対し昭和四七年九月二七日付けで被告組合の設立認可が申請された際には、発起人としてこれにかかわり、昭和四八年二月一六日、被告組合が設立された際に同組合に加入し、昭和五四年に組合長に就任したこと、採捕した川エビ等については、三重県桑名市内の桑名魚市場に対して昭和五九年六月二二日から同年八月二二日までの間（合計二四回）、昭和六〇年七月一一日、平成八年五月一五日から同年八月一九日までの間（合計四五回）、これを売り渡し、また、その売買代金として、名古屋市内の中部水産株式会社から平成元年三月二二日に五万三三六六円、同年四月四日に二万八五九二円の各振込入金を受けたが、昭和六一年八月一日ころは出漁していなかったこと、平成元年一二月一五日当時、シラスウナギ採捕従事者として三重県養鰻漁業協同組合に所属していたこと、平成元年一〇月に「リキ丸」という船名の動力漁船を所有し、使用している旨の登録をし、平成二年一月二〇日当時も右船を所有し、使用していたこと、同日当時、漁具を所有していたこと、平成六年ないし平成八年の漁業による年間の売上高は、大体三〇万円から五〇万円であったことが認められる。

被告中村力次郎は、その本人尋問において、平成七年ないし平成八年ころの年間出漁日数が一〇〇日ちょっとである旨を供述するが、右供述は、その内容自体が曖昧であり、他にこれを裏付ける証拠もなく、採用することはできない。

右認定の事実関係を総合すれば、被告中村力次郎は、被告組合に加入した昭和四八年二月から現在に至るまでの間、年間六〇日を超えて漁業に従事していると認めることはできないが、三重県桑名郡長島町内に住所を有する漁民であったものと認められ、被告組合の准組合員であるといえる。

㈡　なお、被告らは、一年を通じて六〇日を超えて漁業に従事しているかどうかは、単年度の現実の出漁日数だけで判断すべきものではなく、出漁の準備に要した日や雨天、時化のために待機した日を含めた比較的長期間にわたる漁業実績、被告組合の総体的な漁業実績を勘案し、一時的休止した場合にはその理由等をも考慮して、実質的に判断すべきである旨主張するが、その判断に必要とされる具体的な事実関係を何ら明らかにするものではなく、その主張は、採用することができない。

2　被告加藤明について

乙ロ第一五号証、第四〇号証の一及び二、第八三号証、第八七号証、第九三号証、第一〇五号証、第一〇六号証、第一一七号証、被告加藤明本人尋問の結果並びに弁論の全趣旨によれば、被告加藤明は、電力会社勤務を経て、昭和四二年末か昭和四三年一月初めころから、姉（被告水谷ふみ）の夫である被告水谷武次を手伝って、シジミを採捕するようになり、昭和四七年三月か同年四月ころ、姉（山口きみこ）の夫である被告山口等と共同で漁船を購入し、以来独立してシジミ漁に従事するようになったが、同年一二月ころ、同被告とともに工場を造り、以来木工業に従事するようにもなったこと、昭和四九年一一月、名古屋市内から三重県桑名郡長島町内に移り住んだこと、被告山口等とともに採捕したシジミについて、これを有限会社丸仁産業などに対して売却していたが、昭和五二、三年ころに漁船を失い、その後は、自宅で食するためのシジミや川エビ等を伝馬船で採捕する程度で、年六〇日も出漁することはなかったこと、昭和五七年三月、被告組合に加入したこと、平成元年一二月一五日当時、シラスウナギ採捕従事者として三重県養鰻漁業協同組合に所属していたこと、平成二年一月二〇日当時、船及び漁具を所有していたことが認められる。

右認定の事実関係を総合すれば、被告加藤明は、被告組合に加入した昭和五七年三月から現在に至るまでの間、年間六〇日を超えて漁業に従事していると認めることはできないが、三重県桑名郡長島町内に住所を有する漁民であったものと認められ、被告組合の准組合員であるといえる。

3　被告佐藤幸助について

乙ロ第一一号証、第二七号証の一及び二、第一一八号証、被告佐藤幸助本人尋問の結果並びに弁論の全趣旨によれば、被告佐藤幸助は、三重県桑名郡長島町内に居住し、昭和三七年に愛知県海部郡蟹江町内の建築用金物製作会社に就職し、現在も同社に勤務しているが、その勤務の傍ら、休日や早朝などに、漁師であった父親の代からの船を使用して、長良川や揖斐川でウナギなどの川魚を採捕していること、三重県知事に対し昭和四七年九月二七日付けで被告組合の設立認可が申請された際には、発起人としてこれにかかわり、昭和四八年二月一六日、被告組合が設立された際に同組合に加入したこと、平成元年一二月一五日当時、シラスウナギ採捕従事者として三重県養鰻漁業協同組合に所属していたこと、平成七年に船外機のついた船を購入し、以来これを使用していること、勤務している会社を定年などにより辞めることになれば、その後は漁業で生計を立てるつもりでいることが認められる。

被告佐藤幸助は、その本人尋問において、出漁日数が月に四、五回、年に五、六十日である旨や、何もせずに帰ってくることも含めれば、出漁日数は年間六〇日を超え、七〇日くらいである旨を供述するが、右供述は、その内容自体が曖昧であり、他にこれを裏付ける証拠もなく、採用することはできない。

右認定の事実関係を総合すれば、被告佐藤幸助は、被告組合に加入した昭和四八年二月から現在に至るまでの間、年間六〇日を超えて漁業に従事していると認めることはできないが、三重県桑名郡長島町内に住所を有する漁民であったものと認められ、被告組合の准組合員であるといえる。

4 被告椽尾保太郎について

乙ロ第一六号証、第四二号証の一及び二、第八四号証、第八五号証、第九〇号証、第一一一号証、第一一二号証、第一六五号証、被告椽尾保太郎本人尋問の結果並びに弁論の全趣旨によれば、被告椽尾保太郎は、明治四三年一〇月二日生であり、三重県桑名郡長島町内に居住し、船大工をしていたが、昭和五二年ころから木造船を造る仕事がなくなったため、シジミ等を採捕するようになったこと、採捕したシジミについては、昭和五二年ころから平成元年ころまで、三重県桑名市の大橋商店に売却するなどしていたこと、かつてはシジミの売却により、年間の六〇万円くらいの売上があったが、最近は三〇万円くらいに売上が減少していること、昭和五七年三月、被告組合に加入したこと、平成元年一二月一五日当時、シラスウナギ採捕従事者として三重県養鰻漁業協同組合に所属していたこと、平成二年一月二〇日当時、船及び漁具を所有しており、現在もこれを所有し、使用していることが認められる。

被告椽尾保太郎は、その本人尋問において、出漁日数が年間百数十日に及ぶ旨を供述し、乙ロ第一六五号証にも同趣旨の記載があるが、その一方で、出漁日数は年間七、八十日である旨をも供述している。右各供述等は、その内容自体が齟齬するのみならず、曖昧であって、他にこれを裏付ける証拠もなく、いずれも採用することはできない。

右認定の事実関係を総合すれば、被告椽尾保太郎は、被告組合に加入した昭和五七年三月から現在に至るまでの間、年間六〇日を超えて漁業に従事していると認めることはできないが、三重県桑名郡長島町内に住所を有する漁民であったものと認められ、被告組合の准組合員であるといえる。

5　被告佐藤近史について

乙ロ第一一号証、第二五号証の一及び二並びに第六三号証によれば、被告佐藤近史は、三重県知事に対し昭和四七年九月二七日付けで被告組合の設立認可が申請された際には、発起人としてこれにかかわり、昭和四八年二月一六日、被告組合が設立された際に同組合に加入したこと、平成元年一〇月に「ちかし丸」という船名の動力漁船を所有し、使用している旨の登録をしたこと、平成元年一二月一五日当時、シラスウナギ採捕従事者として三重県養鰻漁業協同組合に所属しており、同組合は、シラスウナギにつき、同月一一日付けで同月一五日から平成二年四月三〇日まで有効の「特別採捕許可証」の交付を受けていたことが認められる。

しかしながら、他方、乙イ第一号証、原告桃崎正良、被告中村力次郎及び同加藤明各本人尋問の結果によれば、被告佐藤近史は、被告組合が設立された当時、未だ高校生であり、設立認可を得るために必要な人数を集めるために、設立認可申請書に発起人として名を連ねたものにすぎないこと、シラスウナギを採捕するためには採捕許可が必要であるが、その許可を持っている三重県養鰻漁業協同組合にシラスウナギ採捕従事者として所属していたとしても、実際にシラスウナギの採捕に従事しているとは限らないことが認められる。

そうすると、前記認定の事実関係によっても、被告佐藤近史が、被告組合に加入した昭和四八年二月から現在に至るまでの間、漁業に従事していたことを認めることはできず、他にこれを認めるに足りる証拠はない。

したがって、被告佐藤近史は、被告組合の組合員であるとはいえない。

6　被告山口等について

乙ロ第一一号証、第一五号証、第二六号証の一及び二、第八三号証、第八七号証、第九三号証、第一〇五号証、第一〇六号証、第一一七号証並びに被告加藤明本人尋問の結果によれば、被告山口等は、三重県桑名郡長島町に居住し、昭和四七年三月か同年四月ころ、被告加藤明と共同で漁船を購入し、シジミ漁に従事していたが、同年二月ころ、同被告とともに工場を造り、以来木工業に従事するようにもなったこと、三重県知事に対し昭和四七年九月二七日付けで被告組合の設立認可が申請された際には、発起人としてこれにかかわり、昭和四八年二月一六日、被告組合が設立された際に同組合に加入したこと、被告加藤明とともに採捕したシジミについて、これを有限会社丸仁産業などに対して売却していたが、昭和五二、三年ころに漁船を失う事態に至ったこと、平成元年一二月一五日当時、シラスウナギ採捕従事者として三重県養鰻漁業協同組合に所属していたこと、平成二年一月二〇日当時、船及び漁具を所有していたこと、平成六年ころ、勤務先で怪我をし、以後漁業に従事することが不可能になったことが認められる。

右認定の事実関係を総合すれば、被告山口等は、被告組合に加入した昭和四八年二月ころから平成六年ころまでは、少なくとも三重県桑名郡長島町内に住所を有する漁民であったと認められ、被告組合の准組合員であったといえるが、その後は、もはや漁民であると認めることはできず、他にこれを認めるに足りる証拠はない。

したがって、被告山口等は、被告組合加入後遅くとも平成六年ころまでに、その組合員（ただし、准組合員）の資格を喪失したものであり、被告組合の組合員であるとはいえない。

7　被告水谷武次について

乙ロ第一一号証、第一四号証、第一一五号証並びに原告桃崎正良及び被告加藤明各本人尋問の結果によれば、被告水谷武次は、三重県桑名郡長島町内に居住し、昭和四二年ころから昭和五九年ころまでシジミ漁に従事していたこと、昭和四五年一月ころから昭和五六年一一月末ころまでの間、採捕したシジミを有限会社丸仁産業に対して売却しており、その年間の売上は、約四〇〇万円から四五〇万円であったこと、三重県知事に対し昭和四七年九月二七日付けで被告組合の設立認可が申請された際には、発起人としてこれにかかわり、昭和四八年二月一六日、被告組合が設立された際に同組合に加入したこと、平成二年一月二〇日当時、漁具を所有していたが、昭和五九年ころに脳溢血で倒れて以来、現在に至るまでの間、シジミ漁等の漁業には一切従事していないことが認められる。

右認定の事実関係を総合すれば、被告水谷武次は、被告組合に加入した昭和四八年二月ころから昭和五九年ころまでは、少なくとも三重県桑名郡長島町内に住所を有する漁民であったと認められ、被告組合の准組合員であったといえるが、その後は、もはや漁民であると認めることはできず、他にこれを認めるに足りる証拠はない。

したがって、被告水谷武次は、被告組合加入後遅くとも昭和六〇年ころまでに、その組合員（ただし、准組合員）の資格を喪失したものであり、被告組合の組合員であるとはいえない。

8　被告佐藤達也について

乙ロ第三七号証の一及び二、第六一号証並びに被告加藤明本人尋問の結果によれば、被告佐藤達也は、平成元年一〇月に「たつや丸」という船名の動力漁船を所有し、使用している旨の登録をしたこと、平成元年一二月一五日当時、シラスウナギ採捕従事者として三重県養鰻漁業協同組合に所属しており、同組合は、シラスウナギにつき、同月一一日付けで同月一五日から平成二年四月三〇日まで有効の「特別採捕許可証」の交付を受けていたこと、現在漁業に従事していることが認められる。

しかしながら、被告佐藤達也が被告組合に加入した年月を特定するに足りる証拠はなく、右認定の事実関係によっても、被告佐藤達也が被告組合に加入した当時に漁業に従事していたものと認めることはできず、他にこれを認めるに足りる証拠はない。

したがって、被告佐藤達也は、被告組合の組合員であるとはいえない。

9　被告阿野如市について

乙ロ第一七号証、第一八号証、第四四の一及び二、第五四号証、第九四号証ないし第九六号証によれば、被告阿野如市は、昭和五七年ころから昭和六〇年ころまで、愛知県刈谷市内で魚介類の販売業を営む成田辰三に採捕したシジミを売却していたこと、昭和六一年五月一三日当時、「芳香丸」という船名の遊漁船を所有していたこと、平成元年一二月一五日当時、シラスウナギ採捕従事者として三重県養鰻漁業協同組合に所属しており、同組合は、シラスウナギにつき、同月一一日付けで同月一五日から平成二年四月三〇日まで有効の「特別採捕許可証」の交付を受けていたこと、平成二年一月二六日当時、漁具を所有していたことが認められる。

しかしながら、被告阿野如市が被告組合に加入した年月を特定するに足りる証拠はなく、右認定の事実関係によっても、被告阿野如市が被告組合に加入した当時から現在まで漁業に従事していたことを直ちに認めることはできず、他にこれを認めるに足りる証拠はない。

したがって、被告阿野如市は、被告組合の組合員であるとはいえない。

10　被告水谷ふみについて

乙ロ第四九号証の一及び二によれば、被告水谷ふみは、平成元年一二月一五日当時、シラスウナギ採捕従事者として三重県養鰻漁業協同組合に所属しており、同組合は、シラスウナギにつき、同月一一日付けで同月一五日から平成二年四月三〇日まで有効の「特別採捕許可証」の交付を受けていたことが認められるが、シラスウナギの採捕許可を持っている三重県養鰻漁業協同組合にシラスウナギ採捕従事者として所属していたとしても、実際にシラスウナギの採捕に従事しているとは限られないことは前判示のとおりであり、被告加藤明がその本人尋問において、被告水谷ふみは実際にシラスウナギ漁に従事することはなかった旨を供述していることなどをも併せみれば、右認定の事実によっても、被告水谷ふみが漁業に従事していたことを直ちに認めることはできない。

また、乙ロ第一四号証には、有限会社丸仁産業が昭和四五年一月ころから昭和五六年一一月末ころまでの間、被告水谷武次及び同水谷ふみからシジミを購入した旨の記載があるが、前判示のとおり、右当時、被告水谷武次がシジミ漁に従事していたと認められる以上、単に同被告が採捕したシジミを被告水谷ふみが売却していたにすぎないと考える余地もあり、右記載から被告水谷ふみ自身が漁業に従事していたことを直ちに認めることはできない。

そうすると、他に被告水谷ふみが漁業に従事していたことを認めるに足りる証拠はなく、同被告は、被告組合の組合員であるとはいえない。

11　被告加藤良雄について

乙イ第一号証、乙ロ第二八号証の一及び二、第五一号証、第八六号証、第一〇七号証によれば、被告加藤良雄は、昭和六〇年ころ、被告組合に加入したこと、昭和六一年一〇月に「エヨヤミ丸」という船名の動力漁船を所有し、使用している旨の登録をし、平成二年一月二〇日当時も右船を所有し、使用していたこと、平成元年一二月一五日当時、シラスウナギ採捕従事者として三重県養鰻漁業協同組合に所属していたことが認められるが、他方、被告組合に加入した当初から、自動車修理、貸自動車業に従事し、レジャーや自家消費のために魚介類の採取をする程度で、日常的、通例のこととして漁業に従事しているものではないことも認められる。

そうすると、被告加藤良雄は、被告組合の組合員であるとはいえない。

12　その余の被告ら（被告組合を除く。）について

乙ロ第一一号証、第二九号証の一及び二、第三三号証ないし第三六号証の各一及び二、第三八号証の一及び二、第三九号証の一及び二、第四一号証の一及び二、第四三号証の一及び二、第四五号証の一及び二、第四六号証の一及び二、第四八号証の一及び二、第五二号証、第六〇号証、第六四号証、第一一三号証、第一一四号証によれば、被告大橋新八、同澤敏正、同斉藤昭次、同佐藤博文、同加藤保及び同中村婦美恵は、三重県知事に対し昭和四七年九月二七日付けで被告組合の設立認可が申請された際には、発起人としてこれにかかわり、昭和四八年二月一六日、被告組合が設立された際に同組合に加入したこと、被告斉藤昭次は、昭和四八年七月に「港丸」という船名の動力漁船を、同加藤保は、昭和五七年二月に「保丸」という船名の動力漁船を、同大橋新八は、昭和六一年二月に「新八丸」という船名の動力漁船をそれぞれ所有し、使用している旨の登録をしたこと、被告大橋新八、同澤敏正、同斉藤昭次、同伊藤秀雄、同佐藤博文、同加藤保、同大橋誠人、同中村光二、同森川芳治、同伊藤和芳、同伊藤重夫及び同中村婦美恵は、いずれも平成元年一二月一五日当時、

シラスウナギ採捕従事者として三重県養鰻漁業協同組合に所属しており、同組合は、シラスウナギにつき、同月一一日付けで同月一五日から平成二年四月三〇日まで有効の「特別採捕許可証」の交付を受けていたこと、被告森川芳治及び同伊藤重夫は、いずれも平成二年一月二〇日当時、漁具を所有していたことが認められる。

しかしながら、前判示のとおり、シラスウナギの採捕許可を持っている三重県養鰻漁業協同組合にシラスウナギ採捕従事者として所属していたとしても、実際にシラスウナギの採捕に従事しているとは限られないことなどを併せみれば、右認定の事実関係によっても、右各被告らがそれぞれ漁業に従事していたことを直ちに認めることはできず、他にこれを認めるに足りる証拠はない。

なお、被告中村力次郎は、その本人尋問において、被告大橋新八が父親の跡を引き継いで出漁しており、被告澤敏正も同大橋新八とともにたまに出漁していた旨を供述し、また、乙ロ第一一八号証には、被告佐藤博文が川魚の漁業で生計を立てていた旨の記載があるが、いずれもその内容自体が曖昧であり、採用することはできない。

したがって、右被告らは、いずれも被告組合の組合員であるとはいえない。

三　争点3について

被告組合の総会決議が有効になされたというためには、その正組合員の二分の一以上が出席して議決される必要がある。

本件総会決議に関する議事録自体は、証拠として提出されていないが、弁論の全趣旨によれば、被告組合においては、平成元年四月一日当時、原告ら及び被告ら（被告組合を除く。）を含む三十数名がその正組合員として取り扱われており、本件総会決議は、原告ら及び被告ら（被告組合を除く。）の大多数が出席し、議決権を行使してなされたものと認めることができる。

しかしながら、原告桃崎のり子、被告佐藤近史、同水谷武次、同佐藤達也、同阿野如市、同水谷ふみ、同加藤良雄、同大橋新八、同澤敏正、同斉藤昭次、同伊藤秀雄、同佐藤博文、同加藤保、同大橋誠人、同中村光二、同森川芳治、同伊藤和芳、同伊藤重夫及び同中村婦美恵は、平成元年四月一日当時、被告組合の組合員であったとは認められないこと、原告中村末春、同中村幹夫、被告中村力次郎、同加藤明、同佐藤幸助、同橡尾保太郎及び同山口等（ただし、平成六年以降は、組合員資格を喪失した。）は、平成元年四月一日当時、被告組合の准組合員であって、議決権を有していなかったことは、これまでに判示したところから明らかである。

そうすると、本件総会決議は、被告組合の組合員とは認められない者あるいは議決権を有しない准組合員にすぎない者が相当多数出席するとともに、その多数決により、被告組合の定款に違反してその組合員とは認められない者を三名も理事に選任したものであって、もはや総会決議の体裁をなしていないほどに著しい瑕疵を帯び、法律上存在するものとは認められないというべきである。そして、本件総会決議によって選任された理事の互選による組合長の選任も、無効であるといわざるを得ない（なお、被告中村力次郎は、被告組合の准組合員にすぎないから、組合長となる資格も有していない。）。

したがって、被告中村力次郎は、被告組合の組合長兼理事の地位を、同佐藤近史、同山口等及び同加藤良雄は被告組合の理事の地位を有しているものと認めることはできない。

四　結論

以上によれば、原告桃崎のり子の訴えは、不適法であるからこれを却下し、その余の原告らの請求は、主文一項及び二項記載の限度で理由があるから認容し、その余は理由がないから棄却することとし、訴訟費用の負担につき、民事訴訟法六一条、六四条本文、六五条一項を適用して、主文のとおり判決する。

（タイムズ一〇〇六号二六六頁）

第二節　出　資

第十九条　組合は、定款の定めるところにより、組合員に出資をさせることができる。

2　前項の規定により組合員に出資をさせる組合（以下本章において「出資組合」という。）の組合員は、出資一口以上を有しなければならない。

3　出資一口の金額は、均一でなければならない。

4　出資組合の組合員の責任は、その出資額を限度とする。

5　組合員は、出資の払込みについて、相殺をもって出資組合に対抗することができない。

第九十六条

2　第九十四条から前条までに規定するもののほか、第十九条第三項から第五項まで、第十九条の二、第二十条、第二十一条第一項本文及び第二項から第五項まで並びに第二十二条から第三十一条までの規定は、組合の組合員について準用する。

◆5　水産加工業協同組合が組合員から出資額を超えて経費以外の金員を徴収することは許されないとされた事例

最高裁三小、平成元年(オ)第一一二二号

平四・三・三判決、上告棄却
上告人　明石市水産加工業協同組合
被上告人　有限会社丸一水産加工場
一審　神戸地裁　二審　大阪高裁
関係条文　水協法一九条四項、二二条一項、九六条二項

【要　旨】

水産加工業協同組合の組合員は、定款所定の経費を負担するほか、その出資額を限度とする有限責任を負担するにとどまるものであるから、組合が出資額を超えて経費以外の金員を組合員から徴収することは、右金員が組合の損失を補てんし組合の存続を図るのに必要なものであったとしても、右のいわゆる組合員有限責任の原則に反するものといわなければならず、その負担に同意した組合員以外の組合員から右金員を徴収することは許されないと解すべきである。

○主　文

本件上告を棄却する。
上告費用は上告人の負担とする。

○理　由

上告代理人清水賀一の上告理由について

一　上告人の請求は、水産業協同組合法に基づき設立された水産加工業協同組合である上告人が、冷凍さんま等の買付けによって被ったという所論の損失（一億四四三〇万三二六九円）を補てんするため、組合員から特別賦課金として一人当たり四九七万五九七五円の金員（以下「本件賦課金」という。）を徴収する旨の総会決議に基づき、上告人の組合員である被上告人に対し、本件賦課金の支払を求めるものであるが、水産加工業協同組合の組合員の責任は、定款の定めるところにより、経費を負担することがあるほか、その出資額を限度とするものであるところ（同法九六条二項、一九条四項、二二条一項）、本件賦課金が上告人の定款に定める経費に該当しないとした原審の認定判断は、原判決挙示の証拠関係に照らして、正当として是認することができ、原判決に所論の違法はない。

二　水産加工業協同組合の組合員は、前記のとおり、定款所定の経費を負担するほか、その出資額を限度とする有限責任を負担するにとどまるものであるから、組合が出資額を超えて経費以外の金員を組合員から徴収することは、右金員が組合の損失を補てんし組合の存続を図るのに必要なものであったとしても、右のいわゆる組合員有限責任の原則に反するものといわなければならず、その負担に同意した組合員以外の組合員から右金員を徴収することは許されないと解すべきである。

これを本件についてみるのに、原審の適法に確定した事実関係

によれば、上告人は、昭和五三年二月一〇日に開催された臨時総会、同年五月二七日に開催された通常総会を経て、昭和五四年五月二六日に開催された通常総会において、組合員から本件賦課金を徴収する旨の決議をしたが、被上告人は、当該決議に反対した、というのである。被上告人が本件賦課金の負担に同意していないことは明らかであって、被上告人の上告人に対する本件賦課金の支払義務を否定した原審の判断は正当として是認することができる。所論引用の最高裁昭和五二年(オ)第六五二号同年一二月一九日第二小法廷判決・民集三一巻七号一〇九三頁は、所論の趣旨を判示したものではなく（なお、同判決は、農事組合法人の組合員が、総会における全員一致の決議によって、出資額を超える金員の支払義務の負担に同意している場合に関するものである。）、原判決に所論の違法はない。論旨は、すべて採用することができない。

よって、民訴法四〇一条、九五条、八九条に従い、裁判官全員一致の意見で、主文のとおり判決する。

（時報一四五三号、一二九頁）

第三節　議決権及び選挙権

第二十一条　組合員は、各一個の議決権並びに役員及び総代の選挙権を有する。ただし、第十八条第五項の規定による組合員（以下本章及び第四章において「准組合員」という。）は、議決権及び選挙権を有しない。

2　組合員は、定款で定めるところにより、第四十七条の五第三項（第四十三条第二項において準用する場合を含む。）の規定によりあらかじめ通知のあった事項につき、書面又は代理人をもって議決権又は選挙権を行うことができる。この場合には、その組合員と世帯を同じくする者、その組合員の使用人又は他の組合員（准組合員を除く。）でなければ、代理人となることができない。

3　前項の規定により議決権又は選挙権を行う者は、これを出席者とみなす。

4　代理人は、五人以上の組合員を代理することができない。

5　代理人は、代理権を証する書面を組合に提出しなければならない。

◆6　漁業協同組合の総会決議について法律上存在するものとは認

められないとしてその効力を否定した事例

津地裁四日市支部民、平成二年(ワ)第二〇七号
平一〇・三・二〇判決、一部認容、一部確定・控訴
原告　伊藤　貢　外三名
　　　伊藤昌幸　外二名
被告　南松ケ島漁業協同組合
　　　中村力次郎　外二名
関係条文　水協法二一条・四九条・五一条、商法二五二条

〔参考〕水協法

（総会の議事）
第四十九条　総会の議事は、この法律、定款又は規約に特別の定ある場合を除いて、出席者の議決権の過半数でこれを決し、可否同数のときは、議長の決するところによる。
2　議長は、総会において、その都度これを選任する。
3　議長は、組合員として総会の議決に加わる権利を有しない。

（総会に関する民法及び商法の準用）
第五十一条　民法第六十四条並びに商法第二百三十一条、第二百四十三条、第二百四十四条第一項及び第二項並びに第二百四十七条から第二百五十二条までの規定は、総会について準用する。この場合において、民法第六十四条中「第六十二条」とあり、及び商法第二百四十三条中「第二百三十二条」とあるのは、「水産業協同組合法第四十七条の五第三項」と読み替えるものとする。

【要　旨】
本件総会決議は、准組合員にすぎない者が相当多数出席するとともに、その多数決により、被告組合の定款に違反してその組合員とは認められない者を三名も選任したものであって、もはや総会決議の体裁をなしていないほど著しい瑕疵を帯び、法律上存在するものとは認められないというべきである。

（註）判例は、「三三四頁4」参照

第四節　脱　退

（脱退）

第二十六条　組合員は、六十日前までに予告し、事業年度の終において脱退することができる。

2　前項の予告期間は、定款でこれを延長することができる。但し、その期間は、一年をこえてはならない。

第二十七条　組合員は、左の事由に因つて脱退する。

一　組合員たる資格の喪失

二　死亡又は解散

三　除名

2　除名は、次の各号の一に該当する組合員につき、総会の議決によつてこれをすることができる。この場合には、組合は、その総会の会日から七日前までにその組合員に対しその旨を通知し、かつ、総会において弁明する機会を与えなければならない。

一　長期間にわたつて組合の施設を利用しない組合員

二　出資の払込み、経理の支払その他組合に対する義務を怠った組合員

三　その他定款で定める事由に該当する組合員

3　除名は、除名した組合員にその旨を通知しなければ、これをもつてその組合員に対抗することができない。

◆7　漁業協同組合が一切の漁業権を放棄した場合において、解散に準ずべきものとして、その後漁業に従事しなくなった組合員について水協法第二七条第一項の法定脱退の適用を否定した事例

岡山地裁民、昭和五二年(ワ)第三〇六号

昭五五・四・二五判決請求棄却

原告　吉井末夫　外二〇名

被告　浅田綾雄之祐

　　　柏崎漁業協同組合

関係条文　水協法二七条一項・一八一条一項

【要　旨】

水協法は、漁業協同組合の正組合員から非漁民的色彩を排除し、もって組合に対し漁民のための真の組織としての性格を付与し、かつこれを維持させることを目的とし、その一八条において組織の地区内に住所を有し、かつ、漁業を営み又はこれに従事する日数が一年を通じて九〇日から一二〇日までの間で定款で定める日数を越える漁民であることを、漁業協同組合の組合員たる資格として規定し、二七条において右組合員資格の喪失を法定脱退の事由として規定している。しかし、水協法二七条一項一号は、右目

的からして組合が法一条の基本目的に副ってその活動を維持継続していることを適用の範囲の前提としているものと解すべきであるから、組合が解散された場合又はこれと同視し得べき特段の事由のある場合のように、組合がその活動を停止し、あるいは停止を既定のものとしてその準備段階にあるときには、組合の存続を前提とし、組合からの個別的離脱を規定している同条は適用の余地がないものと解すべきである。

○主　文

一　原告らの請求をいずれも棄却する。

二　訴訟費用は原告らの負担とする。

○事　実

第一　当事者の求めた裁判〈省略〉

第二　当事者の主張した事実

一　請求の原因

1　被告柏崎漁業協同組合（以下、単に被告組合という。）は、倉敷市玉島柏島五四三八番地に主たる事務所を置き、組合の地区を倉敷市玉島大字勇崎、柏島、阿賀先とする水産業協同組合法（以下、単に水協法という。）所定の法人たる漁業協同組合である。

2　原告らは、被告組合の正組合員である。

3　被告浅田綾雄之祐（以下、単に被告浅田という。）は、被告組合の組合員名簿に正組合員として登録され、被告組合の総会に正組合員として出席し、理事に立候補するなどしている。

4　原告らと被告らとの間には、被告浅田が被告組合の正組合員であるか否かにつき争いがある。〈以下、事実省略〉

○理　由

一　請求原因1ないし4の事実は当事者間に争いがない。

二1　次に被告浅田が昭和四七年一〇月頃から漁業に従事していないことについては当事者間に争いがない。従って、被告浅田は水協法一八条一項に定める「組合員たる資格」を喪失したことになる。

2　しかし、左の理由により右組合員資格の喪失をもって被告浅田が水協法二七条一項により被告組合から法定脱退したものとすることはできない（なお、弁論の全趣旨によると、原告らには被告浅田が正組合員としての地位を喪失した後も同人を准組合員として取扱う用意のあることが認められるが、被告浅田は全く漁業に従事しておらず、また水産加工業を営んでいないので、水協法一八条五項、二一条にいう准組合員の資格を有していないことになるから、同法二七条一項の適用がある限り、正組合員資格の喪失は直ちに法定脱退による組合員資格の喪失に結びつくことになる。従って、本件の争点は被告浅田が法定脱退したか否かに限定される。）。

㈠　〈証拠〉を総合すると、以下の事実を認めることができる。

(1)　被告組合は、岡山県倉敷市玉島湾の湾口部から西部にかけての地先海域に共同漁業権及び区画漁業権を有していたが、昭和四〇年一〇月六日、当時臨海工業地帯の造成計画を推進していた岡山県との間で、「(イ)被告組合は、その有する漁業権その他漁業に関する一切の権利を放棄する、(ロ)被告組合は、その組合員が有する漁業権または許可もしくは届出にかかる一切の漁業に関する権利の消滅について異議のないものとする、(ハ)岡山県は、右(イ)(ロ)に対する補償金として、金四億七〇五六万円を支払うこととし、内金二億三五二八万円を昭和四〇年一二月末日までに被告組合に交付する、(ニ)被告組合の組合員は、補償対象区域にかかる一切の漁業を廃止する、(ホ)右補償残金二億三五二八万円は工業用地造成完了前に支払う、(ヘ)右(ハ)の補償金の受領後、右(ホ)の補償残金を受領するまでの間、岡山県またはその指定する者が行う用地造成に支障がない限りにおいて被告組合またはその組合員の申請に基づき、岡山県はこれらの者の操業を承認することがある、その場合漁業の免許または許可の期間は一年とする、(ト)被告組合が将来下水島において、海苔養殖業を行う場合には、岡山県はこれに対し漁業の免許を与えることを考慮する。」旨の漁業権放棄に関する協定を締結した。

(2)　前記協定(ハ)の補償金は、昭和四〇年中に被告組合に支払われ、組合員に配分されたが、岡山県の前記工業用地造成計画が円滑に進行しなかったため、被告組合は、前記協定に基づき従前の漁場につき期間一年の漁業の免許を受け、昭和四八年まで毎年右免許の更新を受けてきた。

(3)　しかし、岡山県は昭和四八年に至つて前記協定を完結させるため、被告組合に対し、前記補償残金を支払うとともに右漁業の免許を更新しないこととし、昭和四九年三月末日をもつて漁業免許の更新を拒絶し、かつ、同年五月二九日頃までの間に補償残金二億三五二八万円を被告組合に交付した。そして被告組合は、これをその頃各組合員に配分した。

(4)　被告組合は、岡山県との間で前記協定を締結した当時、約二〇〇名の組合員を擁していたが、これらの組合員ほとんどは、協定締結後、被告浅田のように右協定に従い、逐次漁業をやめ他に転業していった。

(5)　しかし、組合員中、原告らを含む海苔養殖業者数十名は、昭和四三年頃から下水島地先水面で海苔養殖の試験栽培を始めてこれに成功し、昭和四五年からは被告組合が右区域につき新たに設定を受けた区画漁業権に基づき専業漁民として生活してきたが、昭和四九年度からは、岡山県により補償残金の支払が完了したことを理由に漁業権の免許の更新を拒絶された結果、順次転業をやむなくされ、現在原告ら約二〇名が従前の地先及び下水島において漁業権に基づかないで海苔養殖を行い、あるいは他の組合が漁業権を有する上水島に入漁することにより、漁業を継続している。

㈡　そこで、次に、右認定した諸事情のもとで、被告浅田のように漁業をやめ他に転業した者が水協法一八条一項に定める組合員資格を喪失したことに伴い同法二七条一項に基づき法定脱退したことになるか否かにつき判断する。

水協法は、漁業協同組合の正組合員から非漁民的色彩を排除し、もつて組合に対し漁民のための真の組織としての性格を付与し、かつこれを維持させることを目的とし、その一八条において組合の地区内に住所を有し、かつ、漁業を営み又はこれに従事する日数が一年を通じて九〇日から一二〇日までの間で定款で定める日数を超える漁民であることを、漁業協同組合の組合員たる資格として規定し、二七条において右組合員資格の喪失を法定脱退の事由として規定している。しかし、水協法二七条一項一号は、右目的からして組合が法一条の基本目的に副つてその活動を維持継続していることを適用の前提としているものと解すべきであるから、組合が解散された場合又はこれと同視し得べき特段の事由のある場合のように、組合がその活動を停止し、あるいは停止を既定のものとしてその準備段階にあるときには、組合の存続を前提とし、組合からの個別的離脱を規定している同条は適用の余地がないものと解すべきである。

そこで、本件についてこれをみるに、前示のように昭和四〇年一〇月六日に被告組合と岡山県との間で締結された協定により、被告組合はその有する漁業権その他漁業に関する一切の権利を放棄し、被告組合の組合員は補償対象区域にかかる一切の漁業を廃止することになつたのであるから、被告組合は右の時点で水協法の予定する目的を失うとともに、その組織の解消及び活動の停止を既定のものとし、その準備段階に入つたものと認めることができる（もつとも、前示のとおり、被告組合は右協定締結後も一年毎に漁業免許の更新を受け、一部組合員が漁業に従事していたものであるが、㈠において判示した諸事実に弁論の全趣旨を総合すると、これは右協定に基づき、埋立が完了し補償金の残額が組合員に配分されるまでの生活補償の趣旨でなされた暫定的な措置に過ぎないことが認められる。また、前示のように右協定においては下水島における海苔養殖のため被告組合に漁業免許を与えることが予定され、事実被告組合に右免許が与えられているが、被告組合の組合員が約二〇〇人であったのに対し海苔養殖業者は数十人に過ぎず、右免許も補償金の完済とともに更新を拒絶されているのであるから、右事実をもって組織体としての被告組合が補償金の完済後も存続することを予定されていたものとすることはできない）。そして弁論の全趣旨によると、右のように事実上組合の解散に結びつくところのすべての漁業権を放棄する旨の決定は、組合を解散する場合と同様に組合員総会の特別決議に基づいてなされたものと認めることができるから（水協法五〇条、二、四号）、これをもって組合員総会において実質的に解散の意思決定がなされたものとみることができる。従って、本件においては、組合の解散と同視し得べき特別の事由があるというべきであって、被告浅田が組合員資格を喪失したことをもって水協法二七条一項により被告組合を法定脱退したものとすることはできない（なお、このように解すると被告組合は漁業に従事していないものが組合員の大半を占めることになるが、被告組合が総会においてその存続の意思決定をした場合、あるいは被告組合の活動から被告組合において解散の意思を喪失したと見ることのできる場合には、その段階から水協法二七条一項が適用されることになるから、本件紛争が解決すれば、漁業に従事していない者が大半を占めるといった現在の不自然な状態は長く続かないものと考えられる。）。

三　よって、原告らの本訴請求は、いずれも理由がないからこれを棄却することとし、訴訟費用の負担につき民事訴訟法九三条、八九条を適用して主文のとおり判決する。

（タイムズ四一九号一三四頁）

第五節　理事の忠実義務

第三十七条　理事は、法令、法令に基づいてする行政庁の処分、定款、規約、共済規程、内国為替取引規程、信託業務規程及び総会の議決を遵守し、組合のため忠実にその職務を遂行しなければならない。

２　理事がその任務を怠つたときは、その理事は、組合に対し連帯して損害賠償の責めに任ずる。

３　理事がその職務を行うにつき悪意又は重大な過失があつたときは、その理事は、第三者に対し連帯して損害賠償の責めに任ずる。重要な事項につき第四十条第一項に掲げる書類に虚偽の記載をし、又は虚偽の登記若しくは公告をしたときも、同様とする。

４　商法第二百六十六条第二項、第三項及び第五項の規定は、第二項の理事の責任について準用する。

◆8　漁業協同組合の職員が准組合員に対し不正貸付をしたことについて、理事及び監事の組合に対する損害賠償責任が認められた事例

札幌地裁浦河支部民、平成八年(ワ)第三九号
平一一・八・二七判決、一部認容、一部棄却・控訴

原告　えりも町漁業協同組合
被告　吉田正一　外一一名
関係条文　水協法三七条・四四条、民訴法二四八条

【要　旨】

監事の責任については、従前の検査における監督庁の指摘内容、会計検査の実施状況、会社等への貸付状況等の事情に照らすと、会社等への不正貸付が始まった直後には不正貸付の事実を容易に把握することができた。また、理事の責任については、組合長及び常勤の理事以外の非常勤の理事は、常勤の理事から報告を受けていなかったとはいえ、その後の監督庁の検査の指摘内容は本件の不正貸付に関するものであり、右指摘に沿って理事会において具体的に協議・検討すれば、不正貸付の事実を認識し得たものであり、そして常勤であっても非常勤理事と職務権限に格別差異のない組合長についても同様である。

漁業協同組合の理事・監事が職員に対する監督を怠った結果、組合に損害が生じた場合の理事・監事に責任があり、組合に対する損害賠償責任はまのがれない。

○主　文

一1　被告小室政一、同草野一郎は、連帯して、原告に対し、金八〇〇〇万円及びこれに対する平成五年九月三〇日から支払済み

まで年五パーセントの割合による金員（なお、うち金七〇〇〇万円とこれに対する平成五年九月三〇日から支払済みまで年五パーセントの割合による金員については、相被告菊地恭助、同浜波清蔵と連帯して、また、うち金五〇〇〇万円とこれに対する平成五年九月三〇日から支払済みまで年五パーセントの割合による金員については、相被告吉田正一、同福島弥一郎、同菊地勝彦、同松森長一郎、同上野勝廣、同飯田常雄、同渡部泰と連帯して）を支払え。

2　被告菊地恭助、同浜波清蔵は、連帯して、原告に対し、金七〇〇〇万円及びこれに対する平成五年九月三〇日から支払済みまで年五パーセントの割合による金員（なお、相被告小室政一、同草野一郎とは、連帯して、また、うち金五〇〇〇万円とこれに対する平成五年九月三〇日から支払済みまで年五パーセントの割合による金員については、相被告吉田正一、同福島弥一郎、同菊地勝彦、同松森長一郎、同上野勝廣、同飯田常雄、同渡部泰と連帯して）を支払え。

3　被告吉田正一、同福島弥一郎、同菊地勝彦、同松森長一郎、同上野勝廣、同飯田常雄、同渡部泰は、連帯して、原告に対し、金五〇〇〇万円及びこれに対する平成五年九月三〇日から支払済みまで年五パーセントの割合による金員（なお、相被告小室政一、同草野一郎、同菊地恭助、同浜波清蔵とは、連帯して）を支払え。

二　原告のその余の請求を棄却する。

三　訴訟費用は、原告と被告小室政一、同草野一郎との間においては、原告及び同被告らに生じた費用の各五分の二を同被告らの連帯負担とし、その余を原告の負担とし、原告と被告菊地恭助、同浜波清蔵との間においては、原告及び同被告らに生じた費用の各三分の一を同被告らの連帯負担とし、その余を原告の負担とし、原告と被告吉田正一、同福島弥一郎、同菊地勝彦、同松森長一郎、同上野勝廣、同飯田常雄、同渡部泰との間においては、原告及び同被告らに生じた費用の各四分の一を同被告らの連帯負担とし、その余を原告の負担とし、原告と被告幌岩重喜との間においては、全部原告の負担とする。

〇事実及び理由

（略）

第四　当裁判所の判断

一　1　原告は、佐藤興産と襟裳興産とは実質的には一体のものであって、原告の両社に対する貸付については、その貸付限度額についても一体のものと考えるべきであると主張する。

2　ところで、佐藤興産と襟裳興産は、それぞれ独立した法人であるが、原告が主張するように両社の代表者は、平成五年一〇月に襟裳興産の代表者が佐藤から駿河に交代するまでは、いずれも佐藤であって（甲七、八、弁論の全趣旨）、しかも、前記認定したとおり昭和五五年度から平成五年度まで襟裳興産から佐藤興産に対して頻繁にかつ多額の資金流用が行われている（甲三〇）うえ、佐藤興産の決算書（平成二年度）（甲四九）には、襟裳興産からの借入について、その記載が無く、また、昭和六三年七月一日を基準日とする常例検査でも「う回貸付」の存在が指摘され（甲二七、七二）、平成五年度の同検査においても「経営体を分離すれば限度が二倍になる。」旨の指摘（甲九）がなされている。

しかし、佐藤興産と襟裳興産は、別個独立した法人であるところ、証拠（甲七、八、三五の2、四九、七四及び証人大高、被告菊地恭助）及び弁論の全趣旨によれば、昭和五三年三月に襟裳興産が設立された後も佐藤興産は、独立して事業を行い、平成元年、二年当時も事業をかなりの程度展開していたもので、両社のその経理処理も別個独立に行ってきたことが認められるうえ、襟裳興産を含むさけ定置事業は、平成二年度ぐらいまでは、ある程度順調に推移してきたもの（甲七四）であって、しかも、襟裳興産から佐藤興産への融資時期・金額と襟裳興産が原告から借入を受けた時期・金額とは、必ずしも整合性（襟裳興産が原告から借入した金員を佐藤興産に融資したという関係）をもっていないし（甲一八、三〇）、昭和六三年七月一日を基準日とする常例検査での「う回貸付」に関する指摘は、「法人組合員への貸付金が限度を超えるため、その法人の構成員名義で貸付を実施している『う回融資』」との指摘であって、佐藤興産と襟裳興産の関係を直接指摘したものでない（甲二七、七二）。また、平成五年度の常例検査での指摘であるが、それは、襟裳興産と佐藤興産の資金の融通関係を原因として、両社を実質的に一体と考えているようであるが、同原因をもって両社が直ちに実質的に一体といえるのか疑問がある。

3　以上のような事実及び事情からすると、佐藤興産と襟裳興産とは実質的には一体のものとまでは、認めることができず、その他、両社が一体との主張を認めるに足りる証拠はない。

したがって、原告の両社に対する貸付については、その貸付限度額についても一体のものと考えることができない。

二1　被告は、貸付利息、立替金、仮渡金などは貸付限度額の制約を受けないところ、佐藤興産及び襟裳興産に対する貸付金の中には、未収利息などから貸付金に振り替えられたものが多数含まれているとして、両社に対する貸付額は、貸付限度額を超過しているのか問題があると主張する。

2　争いのない事実など及び証拠（甲三二）並びに弁論の全趣旨によれば、佐藤興産及び襟裳興産に対する各貸付金のうち、佐藤興産については、未収利息分として四三九万四七八一円（前記貸付限度額を超えた昭和五八年九月二〇日以前のものは、昭和五五年三月二八日の一八八万五八七二円のみ）、立替金として一五二三万一二四六円（合計一九六二万六〇二七円）が貸付金に振り替えられ、襟裳興産については、未収利息分として五八九万五八二四円（前記貸付限度額を超えた平成元年一月一七日以前のものは、ない。）、立替金として一七六〇四三七五円（前記貸付限度額を超えた平成元年一月一七日以前のものは、昭和六一年一二月二九日の三五二万二六〇〇円、昭和六二年八月二七日の一三九万七九一一円、昭和六三年六月三〇日の六一六万二五〇〇円、合計一一〇八万三〇一一円）（未収利息分及び立替金の合計二三五〇万〇一九九円）が貸付金に振り替えられたことが認められ、それ以上のものが貸付金に振替えられたことまで認めるに足りる証拠はない。

3　そうすると、未収利息などから原告に対する貸付金として佐藤興産及び襟裳興産から振替えられた貸付金は、佐藤興産において、合計でも一九六二万六〇二七円に過ぎず、そして、右振替金額及びその時期からすると前記貸付限度超過時期及びその時点以降同限度額を超過している。また、襟裳興産においても、合計で二三五〇万〇一九九円に過ぎず、そして、右振替金額及びその時期からすると前記貸付限度超過時期及びその時点からそれほど遅くない時期に同限度額を超過している。

右のとおりであるから、被告の右主張は、理由がない。

三　争いのない事実など及び証拠（甲一五の1、2、二二、二七、三三ないし三六、七二、証人北村和也、同谷家正法、同大高耕二、被告小室、同草野、同吉田、同菊地恭助、同菊地勝彦）並びに弁論の全趣旨によれば以下の事実が認められる。

1　原告は、佐藤興産及び襟裳興産に対し、以下のとおり不正な貸付を行ってきた。

㈠(1)　貸付限度額を超える限度超過貸付を行ってきた。

なお、佐藤興産に対する貸付限度額を超えたのは、昭和五八年九月二〇日付け貯金担保貸付名目で二〇〇〇万円と一四〇〇万円の二口の貸付が実行された以降、途切れることなく平成五年九月末日まで継続されている。

襟裳興産に対する貸付限度額を超えたのは、平成元年一月一七日付け貯金担保貸付名目で一五〇〇万円の貸付が実行された以降、途切れることなく平成五年九月末日まで継続されている。

(2)　平成五年五月ころ、開催された理事会で佐藤興産及び襟裳興産に対する貸付限度額を超える限度超過貸付が問題となり、その中で話し合いがなされたが、それまでは、右貸付限度を超える個々の超過貸付について、理事会に報告されたり、議題として問題となったりしたことはなく、また、監事らに対しても被告小室及び同草野並びに原告の職員らから両社に対する不正貸付について、報告されていない。

(3)　佐藤興産に対する貸付額が貸付限度を超過した後、佐藤興産に対する貸付額が五〇〇万円を超える場合やそれを超えない場合にも、理事会の承認を回避するため、担保となる貯金がないにもかかわらず、それあるように装って（貯金担保貸付の形態をとったり、一回の貸付額を引当の担保預金額を除いて五〇〇万円を超えないようにする。）内部処理がなされていた。遅くとも、谷家正法が手形貸付を担当していたころからそれ以降、北村を含む別紙職員表記載の手形貸付を担当していた職員らが虚偽の内容を記載した（担保がないのに有るようになど）貸付伺いを作成するなどして、佐藤興産に対する貸付がなされることが多かった。また、襟裳興産に対する関係でも、襟裳興産に対する貸付額が五〇〇万円を超える場合やそれを超えない場合にも、理事会の承認を回避するため、担保となる貯金がないにもかかわらず、それあるように装って（貯金担保貸付の形態をとったり、一回の貸付額を引当の担保預金額を除いて五〇〇万円を超えないようにする。）、手形貸付を担当していた同職員らが右同様の虚偽の内容を記載した貸付伺いを作成するなどして、襟裳興産に対する貸付もなされることが多かった。

(二)　佐藤興産及び襟裳興産に対する貸付に当たっては、貯金担保貸付名目の貸付がほとんどであったが、その際、担保に相当する備荒貯金が存在していなかったにもかかわらず、右のとおり虚偽の貸付伺いを作成して、あたかも貯金担保貸付額以上の備荒貯金が存在するかのようにして貸付が行われてきた（甲一五の1、2）。

(三)　佐藤興産及び襟裳興産に対する手形貸付において、貯金担保貸付の名目が採られているが、その裏付けとなる貯金がなかったにもかかわらず、五〇〇万円を超える手形貸付を行う場合（①一回の貸付金額が五〇〇万円を超えるもの、②短期間のうちに繰返されたもので二口以上に分散しているが、実質的には一体の貸付と認められるもので、その合計額が五〇〇万円を超えるもの、例えば、襟裳興産に対しては、昭和五九年一月三一日、信用資金貸付として、五〇〇万円、三〇〇万円、二七〇万円、三〇万円の四口の貸付が行われているものなど）には、理事会の承認を得る必要があるにもかかわらず、理事会の承認を得ないまま貸付が実施された。

2　備荒貯金は、事故や災害に備える貯金で、組合員が原告をとおして売上げ（生産）をした都度、その売上額の三パーセントを天引きし、その天引額を備荒貯金に振替えて蓄えるもので、その性格から、自由には下ろせないものであった。

　ところで、備荒貯金などを担保として貸付をした場合、各組合員毎の個別のホルダーがあって、その中に貸付金台帳とともに貸付にあたって徴した手形、担保となる貯金が記載されている貯金通帳、貯金の証書、そして、担保差入書などがともに入れられて保管されていた。

3　信用部長は、原告の信用部門の責任者として、昭和五九年ころのみならずそれ以降も手形貸付などの融資を担当する信用部の職員と同じ部屋で執務をし、融資に関して問題などがある場合、職員から直ちに相談などを受けたり、また、自ら問題と考える貸付などについて、担当職員に尋ねたりするような状況であった。

被告草野は、信用部長当時、貸付に関して問題がある場合などには、担当職員に尋ねたり、更に、当時参事であった被告小室に対して相談をしていた。同小室は、参事ないし専務理事として、佐藤興産及び襟裳興産に対する貸付限度額を超える貸付などの不正貸付について、両社を倒産させないという理由などから、理事会にほとんど諮ることなく、事務方の最高責任者として、その貸付を容認してきた。

4　監査は、原則として年に四回（業務監査の場合もあり、会計監査の場合もある。）行われてきたが、そのうちの会計監査にあたっては、残高資産表の写しの内容を検討して監査の対象となる勘定科目を設定し、それに必要な関係書類を職員から提出させて監査を行ってきた。その際、普通貯金元帳（甲三一）、備荒貯金元帳、定期貯金元帳などの元帳の外、四半期毎に作られていた手形貸付金補助簿残高明細表（甲二二）なども資料としてみることがあった。なお、監事を構成員とする監査会には、参事、各部門の部長も出席している。

被告菊地恭助は、佐藤興産に対する貸付について、貸付額が多額で気がかりになったこともあって昭和六〇年ころ、当時、信用担当の監事であった被告浜波に佐藤興産の貸付について聞いたことがあったが、同浜波から貯金もあり問題ないとの返答を受けている。また、平成元年、二年ころの監査の際、当時、監事をしていた被告渡部に対し、佐藤興産の貸付について、それに見合う備荒貯金があるかどうか尋ねたことがあったが、その際も同渡部から心配ないとの返事を受けている。

同菊地恭助は、平成元年、二年ころ、原告の債権（貯金担保貸付、それ以外の貸付によるものを合わせて）の未収利息が多額に上り、その内、佐藤興産及び襟裳興産の未収利息金も多額に上っていることも知った。そこで、同人は、監事として、理事会に個々の債務者の名前を挙げることまではしなかったが、未収利息の状況を報告し、原告の職員にその回収努力を促したりしたことがあった。

被告菊地恭助ら監事は、平成四年度の年度末監査に当たって、平成五年一月ころ、当時組合員であった大江強に対する貸付が貸付限度超過を含めて問題となったことから、その調査の過程で平成五年三・四月ころ、佐藤興産及び襟裳興産に対する限度超過貸付を含めた不正な貸付の事実を認識し、平成五年五月、両社に対する不正貸付の事実を理事会に報告し、速やかに回収計画を立てて回収を図るように促した。

5　別紙常例検査表記載のとおりの各時期を基準日として実施された常例検査で同表記載のとおりの各内容で原告の固定化債権の問題が指摘された際には、理事会でいずれもその内容が報告され、指摘事項に対してその対応を協議し、同表記載のとおりの内容でその対応事項をまとめたこともあった。しかし、平成五年度の常例検査までは、固定化債権について、その回収などの指摘はあったものの、個々の債務者の名前を挙げ、具体的に不正な貸付内容を挙げてまで指摘されることはなかった。理事会でも、右平成五年五月ころの理事会までは、常例検査の指摘を受けて固定化債権の問題について協議する際、個々の債務者の名前を挙げて協議することはなかった。

理事会では、平成五年五月に開催された理事会で監事から佐藤興産及び襟裳興産に対する限度超過貸付を含む違法貸付の事実について報告がなされるまでは、佐藤興産及び襟裳興産に対する貸付などの個々の貸付について、報告のみならず議論されることはほとんどなかった。

理事らは、平成五年五月に開催された理事会で右のとおり両社に対する限度超過貸付を含む不正貸付の事実について報告を受けたため、理事会で、速やかに被告小室に対し、両社からの債権回収の具体的計画立案の作成などの指示を出した。被告小室は、同指示を受け、同草野の補佐として、両社及び駿河ら襟裳興産の構成員らと交渉を重ねたうえで両社に対する貸付金の回収計画を立て（甲三三ないし三六）、その過程の中で同計画の状況について、順次、理事会の報告している。そして、その交渉の過程の中で回収のため、貯金などとの相殺や船の売却代金からの弁済などの具体的な行動が進められていった。

四　争いのない事実など及び右認定した事実を踏まえて被告らの責任の有無ないしその責任の発生時期について検討する。

1　草野の責任について

㈠　被告草野は、信用部長であったところ、信用部長は、信用部門の責任者であった。ところで、佐藤興産に対する不正貸付の内容及びそれが行われた態様・期間（平成五年まで継続して行われてきた。）は、前記認定したとおりであるところ、同不正内容は、いずれも原告の貸付業務の根幹に係わるもので、そのような不正があってはならないことは当然のことであるが、そのような不正貸付を原告の信用部長などの役職のない担当職員のみで長期にわたって、かつ、継続して行うことは特段の事情でもない限り、考え難い。また、佐藤興産に対する貸付は、そのほとんどが貯金担保名目であったが、前記認定したとおり担保となる貯金が無かったものがほとんどで、しかも、その貸付にあたって、虚偽の貸付伺いが担当職員によって作成されていたところ、被告草野は、信用部長として在籍していた当時、そのような虚偽の貸付伺いを作成していた同職員と同じ部屋で職務を行い、職員とその職務遂行にあたって相談などしていたこと、そして、佐藤興産及び襟裳興産に対する貸付が貯金担保がないのに貯金担保名目で限度超過貸付とともにその後の平成五年五月当時まで特に改められるようなこともなく継続的に行われてきたことを踏まえると、佐藤興産に対する限度超過貸付が生じた当初から、当時信用部長であった被告草野は、佐藤興産に対する限度超過貸付とともに貯金担保がないにもかかわらずそれ有るように装われた貸付の事実を認識のみならず、積極的に容認していたものと推認される。

(二) また、襟裳興産に対する貸付についても、右三1(一)で認定した事実、そして、佐藤興産と同様に襟裳興産に対する貸付も貯金担保がないにもかかわらず貯金担保名目で融資が行われ、それが限度超過貸付とともにその後、特に改められるようなこともなく継続的に行われてきたことを踏まえると、襟裳興産に対する限度超過貸付が生じた当初から、当時信用部長であった被告草野は、襟裳興産に対する限度超過貸付とともに貯金担保がないにもかかわらずそれ有るように装われた貸付の事実を認識のみならず、積極的に容認していたものと推認される。

(三) ところで、被告草野は、佐藤興産に対する限度超過貸付や担保がないにもかかわらず貯金担保貸付名目で貸付をしていたことを認識したのは、昭和六三年末から平成元年初めころと主張し、同被告本人尋問の中でそれに沿う供述をしている(草野調書二七、二八頁)。仮に、被告草野が以下に記載する昭和六三年ころないし平成元年の初めころに初めてそれを知ったのであれば、その問題の重大性(貸付の根幹に触れる問題で、かつ、虚偽書類の作成までなされていた。)からその事実を知った段階でそれに関与した職員の責任を含めて大きな問題として取り上げたと思われるのに、そのような問題が生じたことのみならず同問題を取りあげたことを窺わせる事実は、証拠上認められず、かえって、同草野が限度超過貸付の事実を認識したという右時期以降も同事実の改善策が採られることもなく、従前と同様な態度で引き続いて両社に対する貸付が行われている。以上の事情及び事実を踏まえると、被告草野の右供述は、にわかに採用し難く、その他、右1(二)で認定した事実を覆すに足りる証拠はない。

2　小室の責任について

(一)　被告小室は、参事（専務理事設置前）ないし専務理事であったところ、参事（専務理事設置前）ないし専務理事は、事務方の最高責任者で、職制規定の職務権限表（甲四）にしたがって一定の要件を備えた個々の貸付についても決裁をしたりしていた。ところで、佐藤興産に対する不正貸付の内容及びそれが行われた態様・期間（平成五年まで継続して行われてきた。）は、前記認定したとおりであるところ、同不正内容は、いずれも原告の貸付業務の根幹に係わるもので、そのような不正があってはならないことは当然のことであるが、そのような不正貸付を原告の信用部長及び担当職員のみで長期にわたって、かつ、継続して行うことは特段の事情でもない限り、考え難い。右のような事実に被告小室が信用部長であった同草野から問題のある融資に関して適宜、相談を受けていたこと、同小室が佐藤興産及び襟裳興産に対する不正貸付について、両社を倒産させないなどとの理由があったとしてもそれを容認していたことを総合すると、両社に対する限度超過貸付が生じた当初から、当時参事などであった同小室は、両社に対する限度超過貸付とともに貯金担保がないにもかかわらずそれ有るように装われた貸付の事実を認識のみならず積極的に容認していたものと推認される。

(二)　ところで、被告小室は、佐藤興産に対する限度超過貸付や担保がないにもかかわらず貯金担保貸付名目で融資をしていたことを認識したのは、昭和六三年末から平成元年初めころと主張し、同被告本人尋問の中でそれに沿う供述をしている（被告小室調書一八頁）。仮に、被告小室が昭和六三年ころないし平成元年の初めころに初めて限度超過貸付などの事実を知ったので有れば、その問題の重大性からその事実を知った段階でそれに関与した職員の責任を含めて大きな問題として取り上げたと思われるのに、そのような問題が生じたことを窺わせる事実は、証拠上認められず、かえって、同小室が右超過貸付の事実を認識したという時期以降も同事実の改善策が採られることもなく、従前と同様な態様で引き続いて貸付が行われている。以上の事情及び事実を踏まえると、被告小室の右供述は、にわかに採用し難く、その他、右2(一)で認定した事実を覆すに足りる証拠はない。

また、被告小室は、限度超過貸付を知った後、それを継続した理由として原告や他の組合員に与える影響の大きさから佐藤興産や襟裳興産を倒産させることができなかった旨供述する（小室調書二三、二四頁）。確かに、佐藤興産及び襟裳興産に対する貸付を直ちに停止したり、また、直ちに債権の回収を図ったりすると、両社を倒産させる危険性が高く、仮に、両社あるいはいずれかでも倒産させるとしたら、原告や組合員に多大な影響が及ぶことが予想されたが、被告小室が限度超過貸付などの違法な貸付事実を認識した時期は、佐藤興産、襟裳興産のいずれにあっても、同事実が生じて間もない時期であって、したがって、違法な事実状況を改善することを意識して貸出し、回収をしていたならば両社に対する倒産の危険性などの程度もより少なく、後記のような多額なものとはならなかったことは容易に推認される。したがって、被告小室の融資継続に対する右供述も限度超過貸付を継続したことを正当化させる理由となるものでない。

3 監事らの責任について

㈠ 争いのない事実など及び証拠（甲二二、七二、被告菊地恭助）並びに弁論の全趣旨によれば、同菊地恭助ら監事は、監査の中で道の常例検査報告書を見ることもあって、道の常例検査の中で固定化債権の問題が指摘された当初から同検査の中で固定化債権の問題が指摘されていることを認識していたこと、会計監査に当たっては、備荒貯金元帳、定期貯金台帳、手形貸付金補助簿残高明細表（甲二二）などの帳簿類を見ていたこと、そして、その際、原告の佐藤興産及び襟裳興産に対する貸付額は、多額に上り、そのほとんどが貯金担保貸付であると認識していたこと、同菊地恭助ら監事は、平成四年度末の決算監査を行うに当たって、佐藤興産及び襟裳興産に対する貸付が貸付限度を超過していること及びその貸付（貯金担保貸付）に当たって担保となる貯金がなかったことを認識したことが認められる。ところで、同菊地恭助ら監事は、昭和五九年以前から監査規則に従って四半期毎に監査を行っているところ、監査にあたっては、監査の重点項目を設定してその業務・会計の各監査にあたってきた。

㈡ 監事は、毎事業年度（毎年四月初めから翌三月末日まで）に二回（実際は、四回）、原告の財産及び業務執行の状況が適切に行われているかどうか、監査（会計監査、業務監査）をしなければならないところ、同監査に当たって調査の対象となる事項と関連する資料を見ることができたこと、特に会計監査に当たっては、備荒貯金元帳や手形貸付金補助簿残高明細表などの会計帳簿などの資料を見ることができたこと、そして、常例検査で固定化債権の問題が何度も問題とされてきたこと、そして、佐藤興産及び襟裳興産の貯金担保名目とする手形借入金額がその貸付限度を超えた時期ないしそれ以降も借入額が他の組合員に比して極めて高額に上っていたこと、借入金に対する未返済額の利息が高額に上っていたこと、両社に対する貯金担保の引き当てであった備荒貯金の性格（原告をとおした売上げの三パーセントを備荒貯金として組み入れる。）からして、その貯金額が右貯金担保名目の貸付額に相当する貯金額があるとまで考えにくいこと、また、同菊地恭助ら監事らが右㈠で認識していた事実関係を総合すると、同菊地恭助ら監事（但し、被告渡部を除く。）が少しの注意を払って、両社に関係する部分の貸付元帳、そして備荒・定期貯金の各元帳などの資料を見れば、両社の手形による借入れについて、その貸付限度額を超過したときからそれほど間もない時期（遅くとも、それぞれ超過した年の毎年三月末に行われる期末監査の際）に貸付限度を超過していたことないし貸付に当たって担保となる貯金がなかったことを容易に把握できたものと推認され、同認定を覆すに足りる証拠はない。ところで、被告菊地恭助は、前記認定したとおり佐藤興産に対する貸付について、貸付額が多額で気がかりになったこともあって昭和六〇年ころ、当時、信用担当の監事であった被告浜波に佐藤興産の貸付について聞いたことがあるところ、同事実は、同菊地恭助及び同浜波が遅くとも、同時点ころ、佐藤興産に対する不正貸付の事実を気付くことができたことを裏付けている。次に、同渡部であるが、昭和六三年五月に監事に就任しているところ、同就任時期に右認定した監事の職責、監査の内容、その際の資料、佐藤興産及び襟裳興産の右借入状況などの事実及び事情を総合すると、佐藤興産の手形による借入れにつき、遅くとも昭和六三年度の期末監査の際（平成元年三月末日）には、貸付限度を超過していたことないし貸付に当たって担保となる貯金がなかったことを容易に把握できたものであって、また、襟裳興産の手形による借入については、その貸付限度額を超過したときからそれほど間もない時期（遅くとも、貸付限度を超過した平成元年の三月末に行われる期末監査の際）に貸付限度を超過していたことないし貸付に当たって担保となる貯金がなかったことが容易に把握できたものと推認され、同認定を覆すに足りる証拠はない。ところで、同渡部は、平成元年、二年ころの監査の際、同菊地恭助から佐藤興産の貸付について、それに見合う備荒貯金があるかどうか尋ねられたことがあるところ、同事実は、同菊地恭助及び同浜波が遅くとも、同時点ころ、佐藤興産及び襟裳興産に対する不正貸付の事実を気付くことができたことを裏付けている。

㈢　ところで、被告菊地恭助ら監事は、佐藤興産及び襟裳興産に対する貸付が貸付限度額を超えていること及び貯金担保貸付においてその担保となる貯金が不足していたことを知ったのは、平成四年度の会計監査をした平成五年四月であった旨主張しているが、仮に、その主張のとおりの時期に同不正貸付の事実を知ったとしても、監事としての右職責などからすると、右3㈡で認定したとおりの時期に不正貸付の事実を認識し得べきであって、それを前提として監事の責任が生じるとするのが相当である。

4　理事（被告吉田、被告小室を除く）らの責任について

㈠　証拠（被告吉田、同菊地恭助、同菊地勝彦）及び弁論の全趣旨によれば、理事らは、平成五年五月の理事会で被告菊地恭助ら監事から佐藤興産及び襟裳興産に対する貸付金などについて、具体的な報告を受け、両社に対する貸付が貸付限度を超過していること及びその貸付に当たって担保となる貯金がなかったことを明確に認識したことが認められる。

㈡　そこで、理事ら（被告吉田、被告小室を除く）が佐藤興産及び襟裳興産に対する貸付が貸付限度を超過していたこと及び貯金担保名目での貸付にあたって、担保となる貯金がなかったことを認識することができた時期について検討する。

ところで、専務理事を除いた理事（代表理事の組合長も含む。）らは、非常勤であって、同人らが貸付業務に関与するのは、理事会においてそれに関する議決権を行使するときであること、しかし、被告小室ら両社の貸付に直接関与していた原告の職員らは、両社に対する貸付に関して、被告小室が被告吉田に対して後記のとおり話をしたほか平成五年五月の理事会で両社に対する不正貸付が問題として取り上げられるまで理事らに対して、両社に対する貸付の話をしたこともなく、原則として、毎月開催される理事会で両社に対する貸付について個別に協議されたこともほとんどなかったことを総合すると、被告福島ら理事ら（被告吉田、被告小室を除く）が佐藤興産に対する貸付額が貸付限度額を超過して間もない時期に限度超過貸付の事実や貯金担保名目の貸付にあたって担保となる貯金がなかったことを認識し得たとまで認めることができず、その他、同時期に認識し得たと認めるに足りる証拠はない。なお、被告同飯田、同幌岩は、佐藤興産に対する貸付額が貸付限度額を超過して間もない昭和五八、五九年当時、前記認定したとおり理事に就任していなかったものであるから、その時期を前提にしてその認識を問題とすることができないことはいうまでもない。

そこで、原告らが主張する常例検査での固定債権の問題であるが、確かに、昭和五九年度の常例検査で固定化した債権の回収について、指摘を受けているが、その債権の内訳は、購買未収金を除くと、漁業経営維持安定資金などのいわゆる消極的対策資金に関するものであって、佐藤興産らに対する貯金担保貸付が具体的に問題とされてなかったことからすると、右常例検査での指摘からそれを検討する

うえで直ちに佐藤興産に対する限度超過貸付の事実とともに貯金担保名目の貸付にあたって担保となる貯金がなかったことまで認識し得たとまで証拠上認められるのか必ずしも明かでない。また、昭和六一年一〇月を基準日とする常例検査で貸付金のうち、固定化した債権について、その種類（手形、証書）、人数、金額を指摘したうえその保全と回収について、指摘を受けているが、その指摘の内容（特に、金額）と当時の佐藤興産に対する貸付債権額からすると、佐藤興産に対する貸付金は、同指摘の対象になっていなかったことが窺え、特に、貯金担保による貸付は、同指摘事項の対象とはなっていなかったことが窺われる。そうすると、右昭和六一年度の常例検査の指摘からそれを検討するうえで直ちに佐藤興産に対する限度超過貸付の事実とともに貯金担保名目の貸付にあたって担保となる貯金がなかったことまで認識し得たとまで証拠上認められるのか必ずしも明かでない。そして、昭和六三年一〇月を基準日とする常例検査で貸付金のうち、固定化した債権について、貸付金、未収利息など一〇億円を超える固定化した債権の存在とともに決裁権限に抵触しないようにするため、短期間に同一目的の資金を数回に分割して貸付ている例、そして、備荒貯金など通帳を担保とする貸付にあたって、担保差入れ証や当該貯金通帳などを必ず預かるよう指摘を受けているところ、そのような指摘内容は、佐藤興産の多額に上っていた未収利息金、理事会での承認を回避するため佐藤興産に対して短期間に分けて資金の貸付をしていること、そして、佐藤興産に対する貯金担保名目とする貸付との間で関連性があり、そのことに関して、理事会において、職員らに調査を命じたり、また、調査にしたがって具体的に検討、協議をしていたとすると、佐藤興産に対する限度超過貸付に事実とともに貯金担保名目の貸付にあたって担保となる貯金がなかったことまで認識し得たと考えられる。ところで、右昭和六三年一〇月を基準日とする常例検査の指摘事項について、別紙常例検査表四の指摘事項に対する理事会の回答のとおり同年一一月二五日の理事会で回答をしているが、仮に、佐藤興産に対する貸付に関して右指摘事項に沿って具体的に検討、協議されていれば、同日開催の理事会ないしそれに引続いて開催された理事会で佐藤興産に対する不正貸付が問題となり、その後の措置などを含めて協議などがなされ、したがって、被告小室、同吉田、同幌岩を除く理事であった被告らは、いずれも同各理事会に出席していたところ、その時期ころ、佐藤興産に対する限度超過貸付に事実とともに貯金担保名目の貸付にあたって担保となる貯金がなかったことまで認識し得たと考えられる。

そうすると、遅くとも、同常例検査の指摘事項について協議した昭和六三年一一月二五日の理事会の時期ないし同年一二月末日ころまでには、その当時理事としての地位にあった被告ら（被告吉田、同小室、同幌岩を除く）は、佐藤興産に対する右不正貸付の事実を認識し得たと推認され、同事実を覆すに足りる証拠はない。

また、理事としての地位にあった被告ら（被告吉田、同小室、同幌岩を除く）は、襟裳興産に対する不正貸付の事実について、佐藤興産に対する不正貸付の事実を右認定した当時認識していたとすると、その当時ないしそれ以降、佐藤興産に対する不正貸付と同様の貸付があるのかどうか見直しがなされたり、そのような不正貸付が生じないようにするための方策などが具体的になされた可能性が高く、佐藤興産と関連性のある襟裳興産に対する貸付について、具体的な注意が払われた可能性が高いので、遅くとも、襟裳興産に対する貸付限度額を超過して間もないころには、その不正を含む不正貸付の事実を認識し得たと考えられる。

㈢　被告幌岩であるが、平成三年五月一三日に理事に就任しているところ、同就任直後の同月二七日の理事会において、同年一月に行われた常例検査での指摘事項（別紙常例検査表六の指摘事項記載のとおりの内容）について報告され、固定化債権の解消について協議（具体的な協議内容は、本件での証拠によっても、必ずしも明かでない。）されているが、同就任時期ないしその協議から直ちに、佐藤興産及び襟裳興産に対する貸付限度超過の貸付及び貯金担保不存在の貸付の事実を認識することが可能であったとまで認定することができず、その他、同人が佐藤興産及び襟裳興産の不正貸付について、その後平成五年五月の理事会で議題となって協議されるまで、両社に対する貸付限度超過貸付などの不正貸付を認識し得たとまで認めるに足りる証拠がなく、かえって、同年五月に佐藤興産及び襟裳興産に対する不正貸付について協議されるまで理事会で協議されたことが無かったことからすると、同不正貸付を認識できなかったことに責められるべき点はないと考えられる。

そうすると、同幌岩に対する原告の本件請求は、その余の点について判断するまでもなく理由がないといわざるを得ない。

5　被告吉田の責任について

㈠　ところで、被告吉田であるが、同人は、組合を統括する組合長であったが、貸付金に関する具体的な職務・職責内容は、本件での証拠によるも、代表者でない理事らとそれほど異なる内容まで認めることができず、したがって、他の理事らの職務・職責内容と特段の相違を認定することができない。

したがって、被告吉田も他の理事ら（被告小室を除く。）と同様、遅くとも、同常例検査の指摘事項について協議した昭和六三年一一月二五日の理事会の時期ないし同年一二月末日ころまでには、佐藤興産に対する右不正貸付の事実を認識し得たもので、同事実を覆すに足りる証拠はない。

また、襟裳興産に対する不正貸付の事実を認識し得た時期についても、他の理事ら（被告小室を除く。）と同様の時期にその事実を認識し得たものと認められる。

(二)　被告吉田に関連して、被告小室は、「理事会に諮らなければならない貸付について、吉田組合長に相談したことがあり、その際、同組合長は、『最終的には理事会にかけるんだな。』という話があったが、ほとんど理事会にかけていない。」旨供述している（小室調書六三、六四頁）。仮に、被告小室が同供述内容のとおり、同吉田から理事会にかけるよう言われたとすると、特段の事情でもない限り、同小室が同指示にしたがって理事会に議案として上程すると思われるが、前記認定したとおり、平成五年に佐藤興産らに対する貸付が問題となるまで、貸付規程上、理事会の承認を得るための貸付議案が理事会に上程されたことはほとんどなかったことからすると、同供述内容に沿う話が平成五年ころまでに被告吉田に対してなされたものか、必ずしも認めることができず、仮に、そのような話がなされていたとしても、そのような話がなされた時期については、被告小室の供述によっても必ずしも明かでない。また、被告小室は、貸付について協議をした際、被告吉田がその協議に加わったことはほとんどないが、一、二回はある旨供述する（小室調書九五頁）が、同供述内容によっても同吉田が協議に加わった際の貸付の協議内容のみならず加わった際の時期についても必ずしも明かでない以上、同供述内容をもって同吉田が不正貸付について、認識し得た時期を前記認定した時期より遡って特定することはできない。その他、前記認定した時期までに被告吉田が佐藤興産に対する不正貸付の事実を認識し得たとまで認めるに足りる証拠はない。

五　そこで、原告に生じた損害について検討する。

1(一)　争いのない事実など及び証拠（甲三三の1ないし3、三四の1ないし3、三五の1ないし4、七四、七六、七七の1ないし17、証人田村）並びに弁論の全趣旨によれば、以下の事実が認められる。

(1)　原告の佐藤興産及び襟裳興産に対する平成五年三月三一日当時の貸付金額及び未収利息金額は、以下のとおりである。

①　佐藤興産

a 貸付金額 定期見返り 二八七〇万円
貯金担保 三億三九九九万五七八〇円
合計 三億六八六九万五七八〇円
b 未収利息 二億五三〇〇万九二九二円

② 襟裳興産
a 貸付金額 定期見返り 二三五七万円
貯金担保 一億六九九六万円
着業 八七四二万円
信用 一五〇〇万円
合計 二億九五九五万円
b 未収利息 六八三一万三一二〇円

(2) 原告は、平成五年五月の理事会で佐藤興産及び襟裳興産に対する貸付限度超過貸付などの不良貸付並びに両社に対する貸付額が多額に上り、その回収に問題があることが議題になり、協議されたことから、両社から以下のような内容で債権回収を図ることになった。なお、佐藤興産及び襟裳興産と原告との間で相殺ないし弁済される対象は、貸金元金に充当することで合意がなされた。

① 両社及び佐藤ないしその妻らがそれぞれ原告に対して有している貯金との相殺
② 減船補償金との相殺
③ 佐藤興産が北島漁業に売船する代金の一部から弁済充当
④ 本件ガソリンスタンド営業権を譲渡担保で取得
⑤ 今後襟裳興産の構成員としてさけ定置漁業を行う者（駿河ら）に対する資金貸付を行い、同貸付資金をもって両社に対する弁済に充当
⑥ 佐藤興産及び襟裳興産の原告に対する出資金との相殺
⑦ 英子土地の代物弁済

(3) 原告は、債権回収に問題のある債務者について、その問題の大きさ（回収困難性）に応じてA・B・C・Dの四段階に分類して管理しているところ、佐藤興産は、最も問題が大きいとされるD分類で、襟裳興産は、B分類に属している。

(4) 襟裳興産は、現在も従前と同様さけ定置事業を行っているが、佐藤興産は、ガソリンスタンドと商事部（漁業資材に扱い。）の事業を行っているが、その経営に息詰まっている状況で、その債権を回収することが困難な状

況にある。

(5) 原告は、佐藤興産及び襟裳興産から前記回収計画に従って両社らが原告に対して有していた貯金などとの相殺により弁済を受けているが、佐藤興産及び襟裳興産から同回収計画以外での弁済は、後記のとおり一部はあるものの現在までほとんどなされていない。

(6) 原告は、佐藤興産及び襟裳興産に対する貸付金債権を担保するため、平成五年一二月三一日当時、佐藤興産及び襟裳興産などから土地、建物などの担保を取り、同一一年六月三日現在もそのほとんどである別紙担保設定状況一覧表記載のとおりの担保を取得しているが（甲七六、七七の1ないし17）、同各物件には、しんれんの先順位の担保（ほとんどは、極度額が一億円又は八〇〇〇万円）が付いている。

2 そこで、以上の事実を踏まえ、本件で問題となっている弁済について判断したうえ、原告の佐藤興産及び襟裳興産に対する現状の債権額を検討する。

㈠ 駿河秀雄外一一名らに対する貸付による弁済について検討する。

(1)①証拠（甲三三、三四の各1ないし3、三五の1ないし4、三七の1ないし11、七五、七六、証人駿河、同田村、同川村、被告小室、同草野）及び弁論の全趣旨によれば、以下の事実が認められる。

a 駿河外一一名は、襟裳興産を佐藤から引き継ぐこととして、襟裳興産及び佐藤興産が当時原告に対して負っていた借受金債務の一部を肩代わりすることになることを理解し、平成五年九月三〇日、それぞれ二七〇〇万円（ただし、松岡茂樹は、原告の組合員でなかったため三〇〇万円）を同日付け定期償還金員借用証書（いずれの借用証書にも同人らの印鑑登録証明書が添付されている。）により原告から借受けをし（甲三七の1ないし11）、同借受金をもって佐藤興産及び襟裳興産などの借受金債務（内訳・佐藤興産分一億一八〇〇万円、襟裳興産分一億六二〇〇万円）の支払いにそれぞれ充てた（但し、同支払いにあたっては、原告と駿河らとの間で現実に金員のやりとりがなされたわけではない）。

b 駿河らが右金員の借受契約をするにあたって、それまで襟裳興産の構成員であった者のうち、一名は、今後、襟裳興産の構成員となることを辞めたこともあって、同契約を結んでいない。

c 右借受契約を原告との間で結ばなかった右一名と佐藤を除く襟裳興産の構成員であった駿河らは、草野ら原告の職員から佐藤興産及び襟裳興産の原告に対する借受金などの返済計画を示され、その際、平成一〇年以降、自分らが引き継ぐことになった襟裳興産のさけ定置などの水揚げから支払うことで了解していた。

d　ところで、原告構成員らのさけ定置漁業における漁獲数量・水揚金額・単価・襟裳興産の漁獲数量・水揚金額・単価は、別紙さけ定置漁業における魚価の推移記載のとおりであって、駿河ら及び当時駿河らと右交渉をした原告の理事を含めた職員らは、それまでの襟裳興産の漁獲数量・水揚金額・単価から、右返済計画にしたがった返済は、可能なものと認識していた。

e　原告から右借受けをした駿河らは、襟裳興産との間で平成五年八月二五日付け（なお、同年九月七日付け確定日付有り）及び平成六年一二月三〇日付け（なお、平成七年一月四日付け確定日付有り）各覚書の中で同人らが原告から借受した金員を襟裳興産が借受し、同人らが同借受した金員を襟裳興産が定置漁業の水揚げ代金から原告に責任をもって弁済する旨記載されている。

②　右aないしeで認定した事実を総合すると、駿河らが原告から借受の意思を持って右借受けた金員合計二億八〇〇〇万円を襟裳興産が同人らから再度借受、同金員をもって佐藤興産及び襟裳興産に対する二億八〇〇〇万円（内訳佐藤興産一億一八〇〇万円、襟裳興産一億六二〇〇万円）弁済にあてられたと推認され、同事実を覆すに足りる証拠はない。

(2)　ところで、原告は、駿河らの右金員の借り入れについて、名義を使用しただけで、その実体がない旨主張する。

しかし、従前襟裳興産の構成員であった者のうち、一名は、自発的に同借受契約を結んでいないうえ、駿河らは、原告からの右借受けにあたって、襟裳興産などの借受金債務を弁済することを理解し、同借受けにあたって作成された定期償還金員借用証書の債務者欄ないし連帯保証人欄に自ら署名捺印し、それぞれの印鑑登録証明書を原告に提出しているうえ、その返済についても、自らが引き継いだ襟裳興産の水揚げから返済を予定していたものであることからすると、単に名義を貸したものに過ぎないとはいえない。そして、駿河も本件の証人尋問の中で、佐藤興産及び襟裳興産の負債を一部肩代わりすることを承諾し（駿河調書三五頁）、駿河が署名捺印した右証書について「借用証書」であることを理解したうえ作成し（駿河調書三一、三二頁）、しかも、同借用証書作成当時、駿河らが引き継いだ襟裳興産の水揚げから十分その支払が可能だと認識していた旨（同調書三三、三四頁）証言するところ、同証言内容も原告の右主張と矛盾するものとなっている。したがって、原告の右主張は、認めることができず、その他、同主張を認めるに足りる証拠はない。

また、原告は、原告全体においても、襟裳興産においてもさけ定置網における漁価は、昭和五三年度をピークに減少傾向にあり、平成四・五年当時の襟裳興産の漁価を基準にしてもそれ以前からの漁価低落傾向から、駿河らの返済が不可能となることは十分予測できたものであって、同人らからの回収を含む回収計画は、被告らがその責任を回避するため作成したものに過ぎないと主張する。確かに、原告全体においても、襟裳興産においてもさけ定置網における漁価は、昭和五三年度をピークに減少傾向にあるが、平成六年度以降の漁価の単価は、平成五年度以前のそれと比較すると、急激な低価を示しているところ、駿河ら及び当時駿河らと右交渉をした原告の理事を含めた職員らの前記認識（それまでの襟裳興産の漁獲数量・水揚金額・単価から、右返済は可能なものと認識していた。）からすると、右急激な低価を予測していなかったことが推認され、同予測しなかったことをもって責任があるとまでいえないものと考えられる。証人田村も当時の襟裳興産のさけ定置の水揚げ高から判断すると、駿河らが肩代わりした金額は、弁済不能な金額ではなかつたと思う旨（田村調書三九、四〇頁）述べ、現在その支払いが難しくなった大きな要因として、価格が予想を超えて下落したことが考えられる旨（同四〇、四一頁）述べているが、その証言からも原告の右主張は、認められない。

(3)　そうすると、駿河らが佐藤興産及び襟裳興産の債務を一部肩代わりしたことは、原告からの積極的な要請があったとしても、駿河らの自由意思に基づくものであって、しかも、それが原告との合意に基づくものであることからすると、有効な行為といわざるを得ない。したがって、同肩代りによって原告の佐藤興産及び襟裳興産に対する債権相当額は、消滅している以上、同債務相当額をもって原告の損害として計上することができない。なお、現状においては、駿河らないし襟裳興産において同引き受けた債務を弁済する資力（襟裳興産のさけ定置からの水揚げによる弁済見込）が、仮になかったとしても、それは、原告が同債務の肩代りを承認した際の見込み違いに過ぎず、それをもって駿河らか弁済を受けた相当の金額が本件での原告の損害として残っていると認めることはできない。

㈢　次に本件ガソリンスタンドによる弁済の有無について検討する。

(1)　証拠（甲三三の1ないし3、四六、六六、証人田村）によれば、以下の事実が認められる。

①　原告と佐藤興産とは、平成五年八月九日付け（同月一三日付けの確定日附がある。）で譲渡担保契約書（甲四六）を作成している。同証書には、以下のような約定を含む記載がある。

記

a　佐藤興産は、原告に対し、原告から借り入れている手形債務三〇〇〇万円を担保するため、本件ガソリンスタンドを譲渡担保に供し、その引渡しをした。

b　佐藤興産は、本件ガソリンスタンドを原告から無償で借受ける。

②　そして、原告と佐藤興産との間において、平成六年三月付けで右三〇〇〇万円については、毎年三月末日限り、平成七年三月を一回目として以後平成二二年三月まで一九三万五〇〇〇円宛支払う旨約束している。

③　本件ガソリンスタンドの所有権は、原告を含め第三者に移転することは、その手続きなどから困難な状況となっている。

(2)　被告らは、本件ガソリンスタンドの代物弁済によって原告の佐藤興産に対する三〇〇〇万円の債権が消滅した旨主張する。しかし、右認定した事実からすると、同主張を認めることができず、かえって、同ガソリンスタンドに関する譲渡担保の約定書の存在及びその作成時期、そして、同譲渡担保によって担保された被担保債権が存在し、それに関する弁済約定の記載のある覚書の存在及びその作成時期からすると、同代物弁済が存在していないことが強く窺われる。

また、同ガソリンスタンドの所有権を原告に移転することは、困難であって、その換価も難しいことからすると、譲渡担保権の実行によって債権の回収を図ることも困難な状況で、同譲渡担保によって担保された三〇〇〇万円の債権は、未だ回収されていないといわざるを得ず、その回収が困難な状況である。

㈣　次に英子土地による代物弁済についての検討する。

(1)　証拠（甲三五の3、四七、四八、六九、七〇、七七の14、15、証人田村）及び弁論の全趣旨によれば、以下の事実が認められる。

①　原告が英子土地の代物弁済を受けた平成六年三月当時、同土地の時価評価は、高くてもおよそ坪単価三万円ぐらいであったにもかかわらず、同土地には、しんれんを債権者とし、襟裳興産を債務者とする限度額二

〇〇〇万円と八〇〇〇万円の根抵当権（別紙物件目録一記載の土地は、両方、同目録二記載の土地は、前者の根抵当権のみ）が設定され、同根抵当権によって担保される債権も平成一〇年九月当時、一億円を超えていた。

② 原告は、英子との合意に基づき、佐藤興産の九〇〇万円に相当する債務の代物弁済として平成六年三月一八日、英子土地の所有権を取得し、それによって帳簿上の処理としては、佐藤興産に対する九〇〇万円の債権を消滅させている。

(2) 以上のような事実関係からすると、同土地の価値は、ほとんどなかったに等しいと言わざるを得ない状況であった。しかし、原告は、英子土地の所有権を取得し、それをもって佐藤興産に対する九〇〇万円の債権を消滅させている。ところで、原告の損害の主張は、原告の佐藤興産に対する債権の存在を前提として、同債権の回収の困難性を理由とするものであるところ、右のようなほとんど価値がないものをして九〇〇万円に相当する債権の代物弁済として取得したことの当否は、別として、同代物弁済によって佐藤興産の原告に対する九〇〇万円の債権が消滅している以上、同九〇〇万円の債権の回収の困難性は、問題とならず、したがって、原告の右主張は理由がない。

(五) そこで、貸付元金と相殺ないし弁済充当されることとなったものを基礎として、平成五年九月末当時の佐藤興産及び襟裳興産に対する債権額を計算すると、以下のとおりの債権額となる。

(1) 佐藤興産

① a　貸付金債権額
　　三億六八六九万五七八〇円

b　未収利息などの債権額
　　二億五三〇〇万九二九二円

（a、bの合計　六億二一七〇万五〇七二円）

② a　貯金との相殺
　　三一九二万三二一一円

b　佐藤興産及び襟裳興産の出資金との相殺
　　二〇〇〇万円

c　漁船売却代金、減船補償金、スクラップ代金の各弁済充当
　　六〇〇〇万円

d　弁済
　　二九三万四〇〇〇円

e　駿河ら構成員の引受た額
　　一億一八〇〇万円

f　英子土地の代物弁済

九〇〇万円

（aないしfの合計　二億四一八五万七二一一円）

③　①aの金額から②の合計金額を控除した金額は、一億二六八三万八五六九円となる。

(2)　襟裳興産

①　a　貸付金債権額

二億九五九五万円

b　未収利息などの債権額

六八三一万三一二〇円

（合計　三億六四二六万三一二〇円）

②　a　貯金との相殺

三七二六万五八九〇円

b　弁済

七一八万一五八三円

c　駿河ら構成員の引受た額

一億六二〇〇万円

（aないしcの合計　二億〇六四四万七四七三円）

③　①aの金額から②の合計金額を控除した金額は、八九五〇万二五二七円となる。

3　そこで、原告の佐藤興産及び襟裳興産からの残貸付金債権及び未収利息債権の回収の可能性について検討する。

㈠　佐藤興産からの債権回収の可能性であるが、前記認定した同会社の事業の現状、原告の内部査定で佐藤興産に対する債権の回収困難性は、最も難しいとされるDランクとなっていること、そして、同会社からは前記回収計画にしたがって回収したもの以外一部の弁済はあったが、ほとんどが回収できていないところ、以上の事実からすると、原告の佐藤興産に対する債権は、残貸付債権（一億二六八三万八五六九円）及び未収利息債権（二億五三〇〇万九二九二円）がともに回収が困難であって、同債権額相当の損害が生じているものと推認され、同認定を覆すに足りる証拠はない。

㈡　襟裳興産であるが、襟裳興産からは前記回収計画にしたがって回収したもの以外一部の弁済はあったが、そのほとんどが回収できていない。しかし、襟裳興産は、現在もなおさけ定置事業を行っていること、原告の内部査定で襟裳興産に対する債権の回収困難性は難しいもののBランクとなっていることからすると、佐藤興産よりは回収の可能性があり、襟裳興産が行っているさけ定置事業に改善（魚価の改善など）があれば、少なくともその一部は、回収の見込みがあるものと推認される。そして、前記認定した襟裳興産の現状のさけ定置事業の推移を踏まえると、原告の襟裳興産に対する債権は、貸付債権（八九五〇万二五二七円）及び未収利息などの債権（六八三一万三一二〇円）は、ともに回収困難な状況となっているもののその全てが回収不能とまでは、認めることができず、その他その全てが回収不能とまで認めるに足りる証拠はない。

4　次に右3で認定した損害をもって被告らが責任を負うべき損害といえるのか、被告らが責任を負うべき損害の範囲について検討する。

(一)　被告小室、同草野について

(1)①　被告小室及び同草野は、原告の佐藤興産及び襟裳興産に対する貸付がその貸付限度額を超過して間もないときからその状況を知り、しかも、同貸付に当たって担保となる貯金がなかったにもかかわらず貯金担保名目で貸付が継続されてきたことを認識していたものであることは、前記認定したとおりである。

②　そこで、被告小室及び同草野が右のような不法な貸付をせず、適切にその貸付限度及び貯金担保の各範囲内で佐藤興産及び襟裳興産に対する貸付業務（適切な貸付とともに回収を行う。）を行っていた場合、平成五年九月末日当時、どの程度の未回収貸付債権及び未収利息債権が生じていたか問題となる。

ところで、佐藤興産及び襟裳興産の原告からの右認定した貸付限度を超過した多額の借入額からすると、仮に、被告小室らによって両社に対し、適切な右貸付業務執行がなされていた場合、両社ないしいずれかが倒産した可能性もあり、両社ないしいずれかが倒産した場合には、その当時、両社に存在した債権の回収が困難となるばかりか、両社と関係を持っていた原告の組合員にも多大な影響を与えた可能性が高い。また、仮に倒産しないまでも佐藤興産及び襟裳興産の昭和五八年ないし平成五年三月ころまでの業務内容や貸付の申込みの内容・頻度からすれば、平成五年九月末日当時においても両社に対する貸付限度額ないしそれに近い額（平成二年度―平成三年三月三一日までは、八〇〇〇万円、平成三年度―同年四月一日以降は、一億円）の貸付がなされた可能性は高いうえ、仮に、貸付限度の範囲での貸付がなされていたとすると、両社から貯金や出資金と相殺するなどの措置が取られたとしても、少なからず不良債権が発生したことが推認される。なお、この場合、今回のような緊急事態の措置としての襟裳興産を引き継いだ駿河らの債務弁済に対する関与は、なされなかった可能性が高い。

また、両社に対する未収利息であるが、前記認定したとおり（例えば、佐藤興産は、昭和五八年度（昭和五九年三月三一日当時）で、三一二〇万三三二二円、昭和六一年度（昭和六二年三月三一日当時）で一億二六〇六万九四〇七円あり、また、襟裳興産は、昭和五八年度（昭和五九年三月三一日当時）で、二四一一万九二五三円、昭和六一年度（昭和六二年三月三一日当時）で四八一四万〇九四三円、平成元年度（平成二年三月三一日当時）で二八八三万〇七八一円）であって、しかも、仮に、両社に対して右貸付限度額の範囲に止まる貸付がなされていたとしても、争いのない事実及び証拠（甲七八、七九）並びに弁論の全趣旨によれば、同各貸付にあたっては、別紙貸付金利率動向表記載の利率が適用されていた（なお、個々の貸付について、いずれの利率が適用されたか、必ずしも、証拠上明かでない。）ことが認められるところ、同利率の程度及び貸付金の額（貸付限度額に近い額が貸し付けされた。）を踏まえると、仮に、両社に対する貸付がその貸付限度額に止まっていたとしても、少なからぬ未収利息が発生していたものと推認される。また、原告は、両社などから平成一一年六月三日現在、前記認定したとおり佐藤興産及び襟裳興産などから担保を取得しているところ、同各担保にはしんれんによって極度額一億円又は八〇〇〇万円の先順位の担保権が設定されたり（なお、しんれんは、襟裳興産に対し、平成一〇年九月当時一億円にのぼる債権を有している。）しているが、今後の経済事情の変化やさけ定置の魚価の改善などにより担保からの弁済も全く考えられないわけではない。

そして、襟裳興産からの回収の可能性であるが、前記認定した同社の事業状況からすると、困難な状況にあるものの未だ、貸付残債権及び利息債権の債権額全てについて、社会通念上、不能とまでは認めることができない状況にある。

(2)　以上のような事実を総合すると、原告には、前記2㈣に記載した債権額が残存しているが、被告小室及び同草野が原告の佐藤興産及び襟裳興産に対する貸付に当たって、貸付限度額を超えないよう配慮すること、また、それを超えた場合には、同限度額以内に抑えること、貯金担保がない場合には、貯金担保名目の貸付はしないこと、一回で五〇〇〇万円を超える貸付をする場合には、理事会に承認を得ることなどの措置を採っていたとしても、右3、4㈠(1)②で認定したような事実及び事情からすると、原告に損害が生じたことは明かであるが、直ちに、その損害額を確定することが困難な状況にあるといわざるを得ない。

そうすると、民事訴訟法二四八条を適用して右2㈣で記載した残存債権額及び以下に掲げる事実及び事情を総合してその損害額を算出するのが相当である。

原告が被告小室及び同草野の佐藤興産及び襟裳興産に対する不正貸付によって被った損害額は、右2㈣で記載した佐藤興産及び襟裳興産に対する残存債権額、そして、右認定した襟裳興産の事業の状況、また、本件での不正貸付がなかったとしても、平成五年九月末日当時、両社に対して各一億円を限度とする範囲でそれに近い額の貸付が行われたと予想されること、両社に対する貸付金の利息は、仮に、同貸付限度内であったとしても、同貸付額及び前記認定した貸付利率からするとかなりの額の未収利息が発生したことが予想されること、原告は、両社などから前記認定したとおり担保を取得していることを踏まえると、その損害額は、八〇〇〇万円とするのが相当である。

㈡　被告菊地恭助ら監事について

(1)　①　被告菊地恭助ら監事（但し、被告渡部は、除く。）が少しの注意を払って、両社に関係する部分の貸付元帳、そして備荒・定期貯金の各元帳などの資料を見れば、両社の手形による借入れにつき、その貸付限度額を超過したときからそれほど間もない時期（遅くとも、それぞれ超過した年の毎年三月末に行われる期末監査の際）に貸付限度を超過していたことないし貸付にあたって担保となる貯金がなかったことが容易に把握できたことは前記認定したとおりであり、被告渡部は、佐藤興産の手形による借入れにつき、昭和六三年度の期末決算からそれほど間もない時期（遅くとも、それぞれ超過した年の毎年三月末に行われる期末監査の際）に貸付限度を超過していたことないし貸付に当たって担保となる貯金がなかったことを容易に把握でき、襟裳興産の手形による借入れにつき、その貸付限度額を超過したときからそれほど間もない時期（遅くとも、それぞれ超過した年の毎年三月末に行われる期末監査の際）に貸付限度を超過していたことないし貸付に当たって担保となる貯金がなかったことを容易に把握できたことも前記認定したとおりである。

②　そこで、被告菊地恭助ら監事が右のような不法貸付に気づき、監査などの際に適切にその不法性を指摘していたとすれば、それ以降、佐藤興産及び襟裳興産に対する貸付が適切に行われた可能性が高い。したがって、同被告らによって適切な監査が行われたとしたら、平成五年九月当時、原告にどの程度の未回収貸付債権及び未収利息債権が生じていたか問題となる。

(2)　右3で認定した事実及び事情からすると、原告に損害が生じたことは明かであるが、右4㈠⑴②で認定した事実及び事情を踏まえると、被告小室らと同様、同菊地恭助ら監事の行為によって生じた損害額もを直ちに確定することは困難な状況にあるといわざるを得ない。

そうすると、民事訴訟法二四八条を適用して右2㈣で記載した残存債権額及び以下に掲げる事実及び事情を総合してその損害額を算出するのが相当である。

原告が被告菊地恭助及び同浜波の行為を原因として佐藤興産及び襟裳興産に対する不正貸付によって被った損害額は、同菊地恭助及び同浜波が両社に対する不正貸付の事実を認識できた時期、右2㈣で記載した佐藤興産及び襟裳興産に対する残存債権額、前記認定した襟裳興産の事業の状況、そして、本件での不正貸付がなかったとしても平成五年九月末日当時において、両社に対して各一億円を限度とする範囲でそれに近い額の貸付が行われたと予想されること、両社に対する貸付金の利息は、仮に、同貸付限度内の貸付であったとしてもかなりの額の未収利息が発生したことが予想されること、原告は、両社などから前記認定したとおり担保を取得していることを踏まえると、その損害額は、七〇〇〇万円とするのが相当であり、同渡部の行為を原因とするものは、右被告菊地恭助らで考慮した事実に同渡部が不正貸付の事実を認識できた時期、同当時及び平成五年九月末日当時の両社に対する以下の貸付残高（貸付額から備荒貯金などの貯金額を控除した金額）及び未収利息額を踏まえると、その損害額は、五〇〇〇万円とするのが相当である。

① 佐藤興産

昭和六三年末時点における貸付金残高及び平成元年三月末の未収利息金残高

a 貸付金残高　五億七三九五万二八七二円

b 未収利息金残高　一億一七七七万五一六三円

合計　六億九一七二万八〇三五円

平成五年九月末日時点の貸付金残高及び平成元年三月末の未収利息金残高

a 貸付金残高　三億六八六九万五七八〇円

b 未収利息　二億五三〇〇万九二九二円

合計　六億二一七〇万五〇七二円

なお、貸付金残高は、二億〇五二五万七〇九二円減少し、未収利息は、一億三五二三万四一二九円増加している。

②　襟裳興産

昭和六三年末時点における貸付金残高及び平成元年三月末の未収利息金残高

a　貸付金残高　　六五〇四万一七六二円

b　未収利息　　一二七二万八四〇八円

合計　　七七七七万〇一七〇円

平成五年九月末日時点の貸付金残高及び平成元年三月末の未収利息金残高

a　貸付金額　　二億九五九五万円

b　未収利息　　六八三一万三一二〇円

合計　　三億六四二六万三一二〇円

なお、貸付金残高は、二億三〇九〇万八二三八円、未収利息は、五五五八万四七一二円増加している。

㈢　被告吉田ら理事であった被告ら（同小室、同幌岩を除く。）について

(1)　被告吉田ら理事（被告小室、同幌岩を除く。）は、遅くとも、昭和六三年八月に実施された常例検査で指摘された指摘事項について、協議した昭和六三年一一月二五日の理事会の時期ないし同年一二月末日ころまでには、貸付限度額を超える貸付などの右不正貸付の事実を認識し得たことは、前記認定したとおりである。

①　そこで、被告吉田ら理事が右のような不法な貸付に気づき、理事会などの際に適切にその不法性を指摘して、その是正を求めていたとすれば、遅くとも平成元年以降、佐藤興産及び襟裳興産に対する貸付について、不正の是正とともに以後の貸付が適切に行われた可能性が高い。したがって、同被告らによって理事会で適切な協議などが行われたとすると、平成五年九月当時、原告にどの程度の未回収貸付債権及び未収利息債権が生じていたか問題となる。

②　右3で認定した事実及び事情からすると、原告に損害が生じたことは明かであるが、右4㈠(1)②で認定した事実及び事情を踏まえると、被告小室らと同様、同吉田ら理事（被告小室、同幌岩を除く。）の行為によって生じた損害額を直ちに確定することは困難な状況にあるといわざるを得ない。

そうすると、民事訴訟法二四八条を適用して右2㈣で記載した残存債権額及び以下に掲げる事実を総合してその損害額を算出するのが相当である。

被告吉田ら（被告小室、同幌岩を除く。）の行為を原因として佐藤興産及び襟裳興産に対する不正貸付によって原告が被った損害額は、同吉田ら理事（被告小室、同幌岩を除く。）が両社に対する不正貸付の事実を認識できた時期、右2㈣で記載した佐藤興産及び襟

襟裳興産に対する残存債権額、襟裳興産の右事業の状況、そして、本件での不正貸付がなかったとしても平成五年九月末日当時において、両社に対して各一億円を限度とする範囲でそれに近い額の貸付が行われたと予想されること、両社に対する貸付金の利息は、仮に、同貸付限度内の貸付であったとしてもかなりの額の未収利息が発生したことが予想されること、原告は、両社などから前記認定したとおり担保を取得していることを踏まえると、その損害額は、五〇〇〇万円とするのを相当とする。

(2) 被告幌岩については、前記したとおり、債務不履行について、その帰責性が認められないから、同人との関係で損害を考慮することはできない。

六 以上の次第で、主文のとおり判決をする。

なお、仮執行宣言は、相当でないから付さないこととする。

（口頭弁論の終結の日・平成一一年七月二二日）

（タイムズ一〇三九号二四三頁）

◆9 預金の払戻しが無効と認められた事例

福岡高裁民、昭和三六年(ネ)第九二八号

昭四〇・一・二〇判決、請求一部認容（原判決変更）

一審 熊本地裁

関係条文 水協法三七条、信用金庫法三九条、商法二六五条

【要旨】

漁業協同組合長でありかつ信用金庫の理事長であった原告は、継続して同組合の金員を同金庫に預金しかつ払い戻していたが、この払戻し金員のうち、同金庫の用途にあてられたものは、金員流用の手段としてなされたものであるから、同組合のために有効な払戻しがあったとは解されない。

○理　由

控訴組合が組合員の漁業生産力の増進、その経済的、社会的地位の向上等を目的とする協同組合であり、被控訴金庫が預金の受入、資金の貸付等を業とする信用金庫であること、ならびに控訴組合が荒瀬ダム建設による球磨川電源開発の漁業権損失補償金として熊本県より、昭和二九年七月二一日金一〇〇〇万円、同年八月五日金五〇〇万円、同年九月三〇日金五〇〇万円、同年一二月一七日金二〇〇〇万円以上合計金四〇〇〇万円の交付を受け、その都度これを被控訴金庫に対し普通預金として預入れたことはいずれも当事者間に争がない。

しかるに別表一及び二にそれぞれ記載する通り、控訴組合の被控訴金庫に対する預金の内、右以外の預入、払戻の日時及び金額につ

き当事者間に一部争があり、延いて預金残額についてもその主張を異にしているので、以下この点について考察する。

控訴組合は、原審（第一、二回）証人泉幸子の証言により真正な成立を認め得る甲第一号証、成立に争のない同第一一号証の一、二をもつてその主張の主たる根拠となし、右各号証及びその記載内容に照応する原審証人別府房治の証言（第一、二回）によれば、控訴組合の預金の預入及び払戻の状況が別表一の通りであることを一応認め得るごとくである。しかしながら（証拠）を総合すれば、右甲第一号証及び同第一一号証の一、二の作成された経緯及びその内容につき次の事実が認められるのであつて、右各号証は控訴組合の預金の預入及び払戻の状況を全面的に示すものとは解せられず、したがつて又別府証人の証言もたやすく採用することができない。すなわち昭和二五年頃より昭和三一年七月頃まで控訴組合の理事で組合長であつた訴外大野武良志は、昭和二八年六月頃より昭和三一年七月頃まで被控訴金庫の理事を兼ね（当初は専務理事、次いで昭和三〇年五月頃より理事長となる）控訴組合及び被控訴金庫の各運営につきいずれも中心的存在となつていた。しかして被控訴金庫には控訴組合関係の預金口座として、いわゆる七号台帳（乙第一号証の一、二）及び九号台帳（同第二号証の一、二）の各口座があつた。前者は控訴組合の通常経費に充てるべき預金であつたが、後者は前記補償金を預入れたもので順次組合員に配分すべきものであつて、両口座の記載はすべて係員により伝票に基いて正確になされていた。ところで前記大野は、控訴組合及び被控訴金庫の各運営につき実権を有していた関係上予ねてその双方の資金をも殆ど一手に掌握していたが、特に被控訴金庫の資金を自由に操作する手段として、一般の預金の内多額で且つ当分払戻の請求がなされないと予想される口座を摘出していわゆる一〇号台帳を作成し、これを簿外預金として利用していた。しかるに昭和三〇年頃控訴組合の組合員の間に控訴組合の運営につき大野に不正行為があるとしてこれを問責しようとする動きが起つたので、大野はこれに対処するため、同年半頃預金係員土屋幸子（現姓泉）に命じ、主として前記九号台帳中の控訴組合の預金口座の記載から、又一部は七号台帳の控訴組合の預金口座の記載から、いずれも控訴組合の帳簿の記載に合致し控訴組合員の了承を得ることのできる預入及び払戻のみを摘記し、更に右両口座のいずれにも記載のない同性質の払戻をも併せ記載して短時日の間に控訴組合の預金口座（甲第一一号証の一、二）を作成させ、これを一〇号台帳の一部となし、同時に右内容に照応する預金通帳（甲第一号証）を作成させた。そしてその後も右口座及び通帳に同性質の記載をさせたのであるが、このようなわけで右口座の性格は一〇号台帳中の爾余の口座とは趣を異にし、右通帳と相俟つて専ら控訴組合の組合員ないし役職員の求めによりこれに閲覧させて当面を糊塗する目的の下に作成されたものである。したがつて甲第一号証及び同第一一号証の一、二は、控訴組合の預金の状況の一部を示すにとどまるものである。

しかも前記採用の各証拠によれば、更に次の事実が認められる。すなわち大野は前記の通り、控訴組合及び被控訴金庫の各資金を殆ど一手に掌握しており、控訴組合の預金についても控訴組合の組合長の資格においてこれをほしいままに払戻し、又別途財源から随時預入する等自由に操作していたものであって、本件補償金関係の預金も当初は九号台帳中の控訴組合の預金口座に記帳されていたが、控訴組合の組合員に配分するためその大半を払戻した外、大野において自由に預入、払戻を重ねた揚句、昭和三〇年六月以降は七号台帳中の控訴組合の預金口座に記帳するようになり、爾後も亦自由に預入、払戻を重ねた。そして以上の預入、払戻の状況の明細は別表二記載の通りであり、又大野が控訴組合の組合長として控訴組合の預金から払戻を受けた金員を、その直接又は間接の使途によって分類すれば、控訴組合の用途に充てたもの、被控訴金庫の経費、欠損補塡等の用途に充てたもの、ならびに大野個人の用途に充てたものの三種類に大別されるものである。以上の認定を左右するに足りる証拠はない。

このように大野は、控訴組合の組合長の資格において正規の預入又は払戻の手続を経て控訴組合の預金を現実に預入れ又は払戻しているのであって、これをもって仮装のものであるとは認められない。（甲第二三、二四号証の各一、二によれば、預入当時その金額に相当する資金が控訴組合に存在しなかったことのある事実も認められるが、大野が前記の通り別途財源から預入をなしている場合のあることを考慮すれば、このことは格別問題とするに足りない。）したがって右預入又は払戻は控訴組合に対する関係において原則としていずれも有効であるといわなければならないが、大野は当時被控訴金庫の理事の資格をも有していたのであるから、右払戻の金員の内、すくなくとも被控訴金庫の用途に充てられた部分は、たとえ大野が一旦控訴組合の組合長の資格において払戻を受けたものであっても、控訴組合の有に帰した金員を被控訴金庫のために費消したと解すべきではなく、この場合払戻は金員流用の一の手段であって、控訴組合の預金を直接被控訴金庫の用途に充てたものであるというべくこの部分についてはいまだ控訴組合に対し有効な払戻はなされていないと解するのを相当とする。

しかしながら大野が控訴組合の預金から払戻を受けた金員の内、果して幾何が控訴組合又は大野個人の用途に充てられることなく、専ら被控訴金庫の用途に充てられたかという点については、本件に現われたすべての証拠をもってしても遂にこれを確認することができない。換言すれば大野が払戻を受けた金員の内、控訴組合に対する有効な払戻とならない金額、したがって又預金の残額はこれを確定することができないのである。

しからば控訴組合の本訴請求中、預金残額の払戻を請求原因とする部分は、その金額の証明が得られないことに帰し、したがって該請求は被控訴金庫が預金残額として自認する金四万二九九四円及びこれに対する控訴組合の請求の日である昭和三一年八月一八日より完済まで民事法定利率である年五分の割合による遅延損害金の支払を求める限度においてこれを認容すべきであるが、その余は失当として排斥するの外ない。

次に控訴組合の本訴請求中被控訴金庫の不当利得を請求原因とする部分は、上来説示するところと同一の理由により被控訴金庫の利得額を確定することができないので、既にこの点においてこれ亦排斥を免れない。

（金融法務三九九号六頁）

◆10　漁業協同組合の理事の行為が水協法第三七条第一項の忠実義務の対象とはならないとされた事例

千葉地裁民、平成六年(ヨ)第一五七号
平六・八・一六決定、認容（異議申立）
債権者　松本ぬい子
債務者　鴨川市漁業協同組合
関係条文　水協法三七条一項・四二条

【要　旨】
忠実義務違反については、X（債権者）は「鴨川の海を守る会代表」の名義で本件質問書の内容もY組合（債務者）の理事の職務に関係するものとはいえず、したがって、本件質問書を千葉県知事に提出する行為は理事の職務として行った行為とはいえず、水協法第三七条第一項の忠実義務の対象とはならない。

判例は、「三九六頁11」参照

第六節　役員改選の請求

第四十二条　組合員（准組合員を除く。）は、総組合員（准組合員を除く。）の五分の一以上の連署をもつて、その代表者から役員の改選を請求することができる。

2　前項の規定による請求は、理事の全員又は監事の全員について同時にしなければならない。ただし、法令、法令に基づいてする行政庁の処分又は定款、規約、共済規程、内国為替取引規程若しくは信託業務規程の違反を理由として請求する場合は、この限りでない。

3　第一項の規定による請求は、改選の理由を記載した書面を理事に提出してこれをしなければならない。

4　第一項の規定による請求があつたときは、理事は、これを総会の議に付さなければならない。

5　第三項の規定による書面の提出があつたときは、理事は総会の日から七日前までに、当該請求に係る役員にその書面又はその写しを送付し、かつ、総会において弁明する機会を与えなければならない。

6　第一項の規定による請求につき第四項の総会において出席者の過半数の同意があつたときは、その請求に係る役員は、その時にその職を失う。

7　第四十七条の三第二項及び第四十七条の四の規定は、第四項の場合について準用する。

（行政庁による仮理事の選任又は総会の招集）

第四十三条　役員の職務を行う者がないため遅滞により損害を生ずるおそれがある場合において、組合員その他の利害関係人の請求があつたときは、行政庁は、仮理事を選任し、又は役員を選挙し、若しくは選任するための総会を招集して役員を選挙させ若しくは選任させることができる。

2　第四十七条の五の規定は、前項の総会の招集について準用する。

◆11　漁業協同組合の理事の改選決議に改選事由が存在しないとして解任の効力が否認された事例

千葉地裁民、平成六年(ヨ)第一五七号
平六・八・一六決定、認容（異議申立）
債権者　松本ぬい子
債務者　鴨川市漁業協同組合
関係条文　水協法三七条一項・四二条

【要　旨】

一　忠実義務違反については、X（債権者）は「鴨川の海を守る会代表」の名義で本件質問書の内容もY組合（債務者）の理事の職務に関係するものとはいえず、したがって、本件質問書を千葉県知事に提出する行為は理事の職務として行った行為とはいえず、水協法第三七条第一項の忠実義務の対象とはならない。

二　定款違反については、Y組合の定款第三四条の二第四項、第四九条及び第五八条において、理事会、総会及び総代会の議事録に理事が押印する旨定められているが、押印できない正当な理由がある場合には右各条項違反とはならないというべきである。そこで、右条項に基づく押印は、各議事録が正確に記載されたことを確認する趣旨である以上、議事録が閲覧できない場合あるいは議事録の記載が正確でないと判断した場合は、押印しない正当な理由があるというべきである。

三　規定違反については水協法四二条二項ただし書が限定列挙と解される以上、同項但書に挙げられていない規定違反は、理事の一部のみの改選請求の理由とはならないというべきである。

〇主　文

一　債権者が債務者の理事の地位にあることを仮に定める。

二　申立費用は債務者の負担とする。

〇事実及び理由

第一　申立ての趣旨

主文同旨。

第二　事案の概要

一　当事者等

債務者組合は、千葉県鴨川市磯村八三番地の二に主たる事務所をおく漁業協同組合であり、債権者は、同組合の組合員であるとともに、平成四年九月一日から理事（任期三年）の地位にあった者である。

債務者組合は、同六年三月一〇日、臨時総会を開催し（以下「本件総会」という。）、組合員代表一二名からの改選請求に基づいて理事の改選を行い、債務者組合の理事たる債権者を解任した（以下「本件解任」という。）。

二　主要な争点

本件解任が、水産漁業協同組合法（以下「水協法」という。）四二条二項但書記載の改選請求の理由に基づかないものとして無効となるか否かが争点である。

第三　当裁判所の判断

一　本件記録及び審尋の結果（争いのない事実を含む。）によれば、以下の事実が一応認められる。

1　本件解任に至る経緯

平成四年九月一日　債権者が債務者組合の理事に選任される。

九月二八日　債権者が、債務者組合の会計帳簿の閲覧を債務者組合に申請したが拒否されたため、右会計帳簿等の執行官保管及び閲覧謄写等を求める書類等占有解放等仮処分を千葉地方裁判所に申し立て、裁判所の仲介により右会計帳簿等を閲覧する。

五年七月九日　債権者が、債務者組合に対して平成四年分の会計帳簿の閲覧を申請したが拒否される。

九月二二日　債権者が、債務者組合に対して平成五年分の会計帳簿の閲覧を申請し、閲覧する。

一〇月二七日　債権者が、債務者組合の平成四年分の会計帳簿の閲覧を求めて、帳簿等閲覧仮処分を千葉地方裁判所に申し立てる。

六年三月七日　右申立に対し、債権者に会計帳簿の閲覧を認める決定がなされる。

三月一〇日　本件総会において、同年二月二二日付理事解任請求申立書（以下「本件解任請求申立書」という。）に基づき、債権者について改選決議がなされ、債権者は理事を解任される。

2　本件解任請求申立書に記載された改選請求の理由

①　忠実義務違反

債権者は、鴨川漁港利用調整事業（以下「本件事業」という。）に関する埋立許可について隣接組合に同意しないように働きかけたり、本件事業に反対する趣旨で千葉県知事に対して公開質問書を提出したが、右各行為は、機関決定した組合の対外的業務を阻害するもので、組合理事としての忠実義務を定めた水協法三七条一項に違反する。

（中略）

二　以上認定した事実に基づいて、本件解任の効力について検討する。

1　忠実義務違反について

理事と組合との関係は委任関係であり、理事には、民法上の善管注意義務（民法六四四条）が課せられているが、さらに、水協法三七条一項は、「理事は、法令、法令に基づいてする行政庁の処分、定款、規約、共済規程、内国為替取引規程、信託業務規程及び総会の議決を遵守し、組合のために忠実にその職務を遂行しなければならない」として、理事の忠実義務を定めている。

この忠実義務は、善管注意義務を敷衍し、いっそう明確にしたにとどまり、通常の委任関係に伴う善管注意義務と別個の特別な義務を規定したものではないというべきである。

そして、善管注意義務と忠実義務の関係が右のようなもので、善管注意義務が委任事務の処理に関する義務である以上、忠実義務の対象となる行為は、理事がその職務として行う行為に限られると解するのが相当であり、このことは、水協法三七条一項が「忠実にその職務を遂行しなければならない」と規定していることからも明らかである。

債務者は、理事の言動の内容が理事として知り得た事項を利用したり、あるいは、その者が当該組合の地位にあることを知り、又は知り得る第三者に対し、明示的かつ積極的に組合業務に関する反対運動を展開するなどの行動にでたような場合には、当該言動が個人としての形式をとったとしても、忠実義務の対象となると主張する。

しかし、右主張は、理事の職務行為以外にも忠実義務の対象を広げるものであって水協法三七条一項の文言に反するだけでなく、対象範囲の限界が不明確で、理事の個人としての自由な言動を不当に侵害するおそれがあるため、採用することはできない。

そこで、債権者が本件質問書を千葉県知事に提出した行為が理事の職務として行った行為にあたるかが問題となる。

債権者は「鴨川の海を守る会代表」の名義で本件質問書を提出しており、本件質問書の内容も債務者組合の理事の職務に関係するものとはいえず、したがって、本件質問書を千葉県知事に提出する行為は理事の職務として行った行為とはいえず、水協法三七条一項の忠実義務の対象とはならない。

なお、債務者は、忠実義務違反にあたる事実として、本件仮処分において、①債権者が本件質問書に債務者の信用を故意に傷つけるような虚偽の事実を記載したこと、②平成六年二月四日、債務者理事会において、全理事が天津漁業組合へ本件事業の協力を求めるため同組合の組合員に説明、お願いに行くという決議をしたが、債権者はこれに反対し、参加を拒否したこと、③債権者は、会計帳簿等を閲覧謄写した後記者会見をし、事実に基づかない疑惑発言をしたこと、④債権者は、会計帳簿を閲覧謄写した後申立外竹下律子及び同共進丸組合にその内容を漏洩し、千葉県知事への検査請求書の提出を働きかける等して、理事の職務遂行で知り得た事実を反対運動に利用したことを主張しているが、以下に述べる理由から、本件解任請求申立書に記載されていない理由を仮処分の段階において追加して主張することはできない。

理事と組合との関係は前述のように委任関係であるから、本来民法六五一条により、組合は理事をいつでも解任できるはずであるが、水協法四二条が理事の改選を総組合員の五分の一以上からの請求にかからしめ、総会の議決事項（水協法四八条、五〇条）として一般的に規定することをしていない以上、理事を解任するには水協法四二条の規定する手続及び要件によらなければならないと解される。

そして、同条二項但書が、改選請求は理事の全員について同時にしなければならないとする原則の例外として、「法令、法令に基づいてする行政庁の処分又は定款、規約、共済規程、内国為替取引規程若しくは信託業務規程の違反を理由として請求する場合」に理事の一部のみの改選請求を認めていることは、事由のいかんを問わず、いかなる場合にも一部の理事について改選を請求することができるとすると、組合の少数派組合員を代表する理事が多数派組合員により排除されるおそれがあることから、これを防止する趣旨であり、したがつて、同但書の定める改選請求の理由は限定列挙と解釈すべきである。

さらに、同条三項において改選請求の理由を記載した書面を提出することが要求され、同条五項において同条三項の書面が請求にかかる理事に送付され、総会において、当該理事に弁明の機会を与えることが要求されている。

このように、一部の理事を改選する場合について、改選請求の理由を限定し、手続上も理事に防禦の機会を与えて適正な手続の保障を期している同条の趣旨からすれば、仮処分の段階において、改選請求の理由として記載されていない新たな理由の追加を認めることは、同条の趣旨を没却することになるといわざるをえない。

なお④の事実のうち、債務者が、会計帳簿の閲覧謄写後、その内容を竹下律子に漏洩したことについては、規程違反に該当する事実として本件解任請求申立書に記載されているが、水協法四二条三項で記載が求められている「改選の理由」とは、違反に該当する事実と当該事実が何に違反するのかの両方を含むと解され、同じ事実であつても何に違反しているのかによつて、当該理事の弁明も異なつてくることがある以上、事実関係が規程違反として本件解任請求申立書に記載されているからといつて、当該事実を忠実義務違反を基礎づける事実として仮処分の段階で主張することはできないというべきである。

2　定款違反

債務者組合の定款三四条の二第四項、四九条及び五八条において、理事会、総会及び総代会の議事録に理事が押印する旨定められているが、押印できない正当な理由がある場合には右各条項違反とはならないというべきである。

そこで、債権者が押印しなかつた理由が正当な理由にあたるかが問題となるが、右各条項に基づく押印は、各議事録が正確に記載されたことを確認する趣旨である以上、議事録が閲覧できない場合あるいは議事録の記載が正確でないと判断した場合は、押印しない正当な理由があるというべきである。

3　規程違反

前述のとおり、水協法四二条三項但書が限定列挙と解される以上、同項但書に挙げられていない規定違反は、理事の一部のみの改選請求の理由とはならないというべきである。

債務者は、規程は同項但書の「規約」に該当し、仮に該当しないとしても同項但書は例示であつて規程違反も含まれる旨主張するが、同項但書が限定列挙であること及び同項但書で挙げられているものは、法令及び法令に基づいてする行政庁の処分以外はすべて総会の議決を経たものであるのに対して、規程は理事会の議決を経たものにすぎない（しかも、債権者が平成四年九月二八日に会計帳簿の閲覧を申し立てた後に議決されたものである。）以上、債務者の右主張を採用することはできない。

4　結論

以上述べたとおり、本件解任請求申立書に記載された改選の理由はすべて認められず、本件総会における改選決議は水協法四二条二項但書の理由を欠いたもので同項但書に違反し無効であり、債権者は依然として債務者組合の理事の地位にあるから、被保全権利が存在する。

三　保全の必要性

1　任意的仮処分の妥当性

本件仮処分は、債権者に対して債務者組合における理事の地位を仮に定めるものであるところ、債務者は、仮処分命令は執行等の保全等を目的とするものであって、これを本来的に予定しない仮処分は、命令手続と執行手続とが一体化している保全手続のもとでは許されないと主張する。

しかし、仮の地位を定める仮処分は、本案の訴えの様々な態様に応じて様々な態様の命令があり得るのであって、本案で具体的な給付を求める請求ばかりでなく、その前提となる包括的な権利義務の確認又は形成を求める請求が認められる以上、これに対応する仮の地位を定める仮処分として包括的権利義務関係を定める内容の仮処分が存在することは否定できないというべきであり、このような仮処分を一律に許されないということはできない。

2　本件仮処分の必要性について

本件仮処分においては、通常の労働事件と異なり、賃金の支払のように他に具体的給付を求めることで被保全権利を充足することはできないこと、理事は組合内部においては組合の事務を執行する機関であって、右職務を時機に応じて適切に遂行するには包括的地位を認めることが必要であること、及び帳簿閲覧は理事でなければできないものであるが（規程一条）、債権者が理事の地位に基づいて組合の運営状況をみるために帳簿閲覧請求をしたところ拒否されたため、仮処分決定を得て閲覧しようとしたところ、本件解任により閲覧できなかったという経緯からすれば、債権者が理事の職務を果たし、債務者組合の適法、適切な運営を確保するためには、理事としての地位を保全する必要があるというべきである。

債務者は、保全の必要性は債権者の私的利益の保全の必要性のみから判断されるべきであると主張する。

確かに、仮の地位を定める仮処分においては、財産、名誉、信用等の損害が問題となり、公益的損害や債権者以外のものの損害は原則として保全の必要性の理由とはならない。

しかし、組合員は出資をし（水協法一九条）、議決権及び選挙権を有し（水協法二一条）、法令定款に従った組合の運営を求める権利（水協法四二条）があり、本件の本案訴訟となる総会改選決議無効確認の訴え（水協法五一条、商法二五二条）も、組合員の右共益権の行使といえる以上、本件仮処分においても、組合の適法、適切な運営が害されるという組合自体の公益的損害も保全の必要性の理由として考慮されるべきである。

四　以上のとおり、債権者の本件申立は理由があるから債権者に保証をたてさせないで認容し、申立費用の負担について民事訴訟法八九条を適用して主文のとおり決定する。

（時報一五二七号一四九頁）

◆12　水協法第四二条一項に基づき監事を改選する旨の決議の取消請求を棄却した処分に違法がないとされた事例

津地裁民、平成八年(行ワ)第一号

平一〇・四・九判決棄却・決定

原告　山際克男　外二名

被告　三重県知事

関係条文　水協法四二条・一二五条一項

【要　旨】

一　定款では監事三名とされており、本件改選請求時、一名が欠員であったが、本件決議は右二名を改選したものであるから、水協法四二条二項本文の規定に違反するものではない。

二　本件改選請求署名簿の署名中には、組合員の家族が署名したものが相当数有るが、その後、当該組合員から異議等の申入れがないことからすると、これらの署名については事後に署名を承諾したものと認められ、水協法四二条一項所定の「総組合員の五分の一以上」の要件に欠ける点はない。

三　理事会の招集通知に監事改選請求を懸案とする旨の記載がなかったとする点について、定款上、議決事項の記載は求められていないし、規約上は、本件改選請求は、理事会の開催当日であったから、議案の記載を要しない「緊急やむを得ない場合」に当たる。

○事実及び理由

第三　争点に対する判断

一　争点1（本件総会の招集手続の法令違反の有無）について

(一)　原告らの主張(1)について

水協法四二条二項において監事全員のみの改選請求が許されることは、右規定の文理上明らかであり、そう解釈することについて、何らの不都合もないから、この点についての原告らの主張は失当である。

また、原告らは、訴外組合の監事の定員が三名であるところ、本件改選請求の対象が原告山際克男及び同山路宗治の二名のみであることをもって、右規定に違反する旨主張するが、本件改選請求がなされた平成六年五月三〇日当時、既にもう一人の監事であった山崎光弘は辞任し、欠員となっていたことは、前記第二の一3のとおりであり、右同日当時における訴外組合の監事は、原告山際克男及び同山路宗治の二名であったから、在任する原告山際克男及び同山路宗治の二名を対象とする本件改選請求が右規定に違反するものでないことは明らかである。

なお、〔証拠略〕によれば、訴外組合の定款附属書役員選挙規程には、役員欠員の補欠選挙は、辞任後三〇日以内になされなければならない旨規定されている（右規程二五条、二条二項）ところ、右期間内に補欠選挙がなされないまま、本件改選請求がなされたものであるが、補欠選挙に関する右規程違反があるからといって、正組合員の権利である本件改選請求が違法となるものではない。

したがって、右条項違反をいう原告らの右主張は失当である。

(二)　原告らの主張(2)について

〔証拠略〕によれば、(1)本件改選請求がされた平成六年五月三〇日当時、訴外組合の正組合員数は、三四二名であったこと、(2)　本件改選請求署名簿に署名した訴外組合の正組合員数は二二九名であり、請求代表者二名を加え、本件改選請求の請求者数は二三一名であったことが認められる。右によれば、本件改選請求をした訴外組合の正組合員数は、水協法四二条一項の定める准組合員を除く組合員（正組合員）数の五分の一以上であることが明らかであるから、本件改選請求に水協法四二条一項の違反はない。

もっとも、〔証拠略〕によれば、本件改選請求署名簿の署名中には、署名名義人の家人が、名義人に代理して署名したものが相当数存在すること、家人らは、代理して署名した際、署名集めをした訴外組合の理事らに対して、事後に本人の承諾を得ることを約していたものであるところ、その後、訴外組合に対し、右家人らまたは署名名義人らから、本件改選請求署名簿の署名を承諾しない旨の申入れは全くなかったことが認められる。右によれば、本件改選請求署名簿中の署名中、名義人の家人が名義人を代理して署名したものについては、いずれも事後に、名義人が署名を承諾したものと推認することができる。そうすると、前記署名中、家人らが、代理して署名したものについても、名義人である正組合員の意思に基づく有効な署名であると認めることができる。

〔証拠略〕には、右認定に反する原告山際克男の供述部分があるが、〔証拠略〕の反対趣旨の小林茂文の証言部分に照らし、採用できない。また、〔証拠略〕ないし〔証拠略〕にも、原告らの主張に沿う記載が認められるが、〔証拠略〕の原告山際克男の供述部分自体によっても、同書証の中には、一部真実と異なる事実が記載されていることが認められ、その他の書証（〔証拠略〕）に照らしても、その記載内容の信用性には疑念を入れざるを得ないから、採用することができない。

㈢　原告らの主張(3)について

理事は、役員の改選を請求する書面が組合に提出された場合、請求者の真意を疑うに足りる合理的な事由があるときは、請求者の真意を確認するための調査義務を負うが、本件については、本件改選請求の請求者について、その真意を疑うに足りる合理的な事由があったことを認めるに足りる証拠はないから、訴外組合の理事が請求者の真意を確認するための調査をすべき義務があったものということはできない。したがって、この点についての原告らの主張も、失当といわざるを得ない。

㈣　原告らの主張(4)について

小林茂文及び中山洋人は、訴外組合の正組合員であって、水協法四二条一項所定の役員改選請求権があるから、右両名が訴外組合の理事であっても、本件改選請求をなしうることは当然のことであって、権利の濫用であるとする原告らの主張は失当であり、前記〔証拠略〕によれば、右両名が理事の肩書で、監事である原告らを批判している記載のあることが認められるが、右署名簿に署名しない正組合員が村八分になる恐れのあるような内容でないことは、その記載自体から明らかであるから、この点についての原告らの主張も失当である。

㈤　原告らの主張(5)について

水協法四二条二項は、特定の理事又は監事を改選する場合の理由については限定的に列挙しているが、全員改選の場合の改選理由については、特に明示をしておらず、組合の民主化を確保するために認められた正組合員の権利である改選請求権を限定すべき理由もないから、この点についての原告らの主張にも理由はない。

二　争点2（本件総会の招集手続の定款・規約違反の有無）について

㈠　原告らの主張(1)について

〔証拠略〕によれば、訴外組合の定款は、三四条において、理事に選出されたときに正組合員であった者が、正組合員でなくなったときは、その事由が発生したときに理事を退任する旨、同八条において、正組合員となる自然人の資格として、訴外組合の地区内に住所を有し、かつ、一年を通じて九〇日を超えて漁業を営み又はこれに従事する漁民であることを要する旨定めていることが認められる。そうすると、右定款の規定上、理事に選出されたときに正組合員であった者が、定款八条に定める正組合員の資格を喪失したときは、その資格を喪失した時点で、理事を退任したことになるものと解すべきであるが、ここに資格の喪失とは、資格のない状態が一時的に生じただけでは足りず、相当の永続性をもって継続することを要するものと解すべきである。

そして、〔証拠略〕によれば、⑴寺田睦は、真珠養殖業を営む漁民として訴外組合の正組合員となり、同資格の下に訴外組合の組合長理事に就任した者であること、⑵寺田睦は、平成五年ないし同六年当時実際には真珠養殖を営んではいなかったが、真珠養殖の漁業権を有していたため、訴外組合は、寺田睦を、定款八条の資格を喪失したものと認めることはせず、正組合員として遇していたこと、⑶平成五年度の訴外組合の組合員資格審査委員会において、寺田睦の正組合員資格がない旨の審査がなされたが、寺田睦は、同審査に対し、異議を述べず、平成六年五月三〇日、訴外組合の組合長理事を辞任したこと、以上の事実が認められる。

以上の事実によれば、寺田睦は、平成五年ないし平成六年当時、実際には漁業を営んでいなかったが、漁業権を有していたため、漁業を営まない状態が永続性をもって継続するかどうかは不確定であったところ、訴外組合の組合員資格審査委員会において正組合員資格がない旨の審査がされ、かつ、平成六年五月三〇日、同人が、右審査に対し、異議を述べることなく、訴外組合の組合長理事を辞任したことにより、正組合員の資格のない状態が永続性をもって継続することが確実となったため、寺田睦は、同日、訴外組合の正組合員の資格を喪失し、訴外組合の組合長理事退任の効果が生じたものというべきである。

したがって、寺田睦が、平成六年五月二五日に、訴外組合の組合長理事として、本件総会の招集を議決した理事会を招集したこと及び本件改選請求が、同月三〇日、寺田睦宛にされたことについて、原告ら主張の違法はないから、原告らの右主張は失当といわざるを得ない。

㈡　原告らの主張⑵について

〔証拠略〕によれば、訴外組合の定款5章の3には、理事会を招集するに当たり、議決事項を通知することを規定した条項はないから、定款違反の事実は認められない。また、〔証拠略〕によれば、訴外組合の規約上、「前項の招集（理事会の招集）の通知は、緊急やむを得ない場合を除き、会日の三日前までに開催の日時、開催の場所及び会議の目的たる事項を示してしなければならない。」と定められていること、前記理事会の招集通知には、本件改選請求の件を議案とする旨の記載がなかったことが認められる。

しかし、前記第二の一4㈠認定のとおり、本件改選請求がなされたのは、同理事会が開催された平成六年五月三〇日当日であるから、本件改選請求を議案とすることは、右「緊急やむを得ない場合」に該当するものということができ、同理事会の招集通知に本件改選請求の件を議案とする旨の記載がなかったことが規約違反であるということはできない。

したがって、この点についての原告らの右主張は失当といわざるを得ない。

㈢ 原告らの主張(3)について

訴外組合の理事会が、本件改選請求に基づき、平成六年五月三〇日、監事全員の改選を審議するための本件総会を同年六月一九日に開催することを議決し、右山際德幸が、「代表理事組合長職務執行者」の肩書で右総会を招集したことは前記第二の一4認定のとおりである。

そして、〔証拠略〕によれば、寺田睦が平成六年五月三〇日の理事会で前記第三の二㈠認定のとおり、組合長を辞任したので、直ちに右理事会の議決により、理事浜口悦生が組合長職務執行者に選任され、同人は一旦これを受諾したが、右理事会終了後の同日夜、右受諾を撤回したので、翌三一日に招集された緊急理事会の議決により、理事山際德幸が組合長職務執行者に選任されたことが認められる。

ところで、訴外組合の定款には組合長職務執行者と称する役職はないが、山際德幸は、右のとおり組合長が欠けた後、理事会の正当な議決により組合長職務執行者に選任されたものであり、前記第二の一2認定のとおり、訴外組合の定款（三〇条）で、組合長は理事のうちから理事会の議決により選任されることが規定されていることからすると、山際德幸は、右議決により、組合長ではない定款に記載されていない役職に選任されたと解することは不合理であって、職務執行者の文言及び右選任の経緯からして、単に組合長に選任されたものと解するのが、相当である。

したがって、本件総会は、組合長である山際德幸により招集されたものであるから、これを違法とする原告らの主張もまた失当である。

三 よって、本訴請求は理由がないからこれを棄却することとし、訴訟費用の負担について行政事件訴訟法七条、民事訴訟法六一条を適用して主文のとおり判決する。

（自治一八五号九七頁）

第七節　役員等に関する商法等の準用

第四十四条　商法第二百五十四条第三項、第二百五十六条第三項、第二百五十八条第一項及び第二百六十七条から第二百六十八条ノ三までの規定は理事及び監事について、民法第五十五条並びに商法第二百六十一条、第二百六十二条、第二百六十九条及び第二百七十二条の規定は理事について、第三十七条並びに同法第二百七十四条、第二百七十四条ノ二、第二百七十五条、第二百七十五条ノ二、第二百七十五条ノ四及び第二百七十八条から第二百七十九条ノ二までの規定は監事について、同法第二百五十九条から第二百五十九条ノ三まで、第二百六十条ノ二、第二百六十条ノ三並びに第二百六十条ノ四第一項及び第二項の規定は理事会について準用する。この場合において、同法第二百六十一条第三項中「第二百五十八条」とあるのは、「第二百五十八条第一項並ニ水産業協同組合法第四十三条第一項」と読み替えるものとする。

◆13　漁業協同組合の総会の決議の内容が法令に違反するものであるとして、同決議の無効確認が認容された事例

津地裁四日市支部民、平成六年(ワ)第三〇二号

平一一・五・二八判決、認容・確定

原告　中村末春　外二名

被告　南松ケ島漁業協同組合

関係条文　水協法四四条・五一条、民法五五条、商法二五二条

【要　旨】

本件仮処分決定がされた後は、被告組合の代表権は、組合長兼理事職務代行者にあり、総会において、組合員が組合長兼理事職務代行者に対する支持の意思表明のため、漁業損失補償に関する一切の権限を同人に与えて委任する旨の決議をすることは何ら差支えないが、組合長兼理事職務代行者以外の者にこれを委任することは許されないというべきである。とりわけ、本件仮処分決定においては、被告組合を名宛人（債権者）として、本件交渉委員らの一人Nについて組合長兼理事としての職務を執行させること自体を禁止しているのであるから、組合の（最高であるとしても）意思決定機関にすぎない総会が、本件仮処分の趣旨を無視して、右の者を受任者として選任する決議を行うことは許されない。

○主　文

一　被告の平成六年七月一九日開催の臨時総会における別紙記載の第二号決議が無効であることを確認する。

二　訴訟費用は被告の負担とする。

○事実及び理由

第一　請求

主文同旨

第二　事案の概要

本件は、被告の准組合員である原告らが、被告の平成六年七月一九日開催の臨時総会（以下「本件臨時総会」という。）において可決された長良川河口堰建設に伴う漁業損失補償の関する別紙記載の各決議（以下「本件各決議」といい、右各決議のうち、第一号決議を「本件一号決議」と、第二号決議を「本件二号決議」と、第三号決議を「本件三号決議」という。）のうち、第二号決議の内容が法令に違反するものであるとして、右可決決議が無効であることの確認を求めている事案である。

一　基礎となる事実（1の事実は、甲第五、第三四号証及び弁論の全趣旨により認められ、2及び3の各事実は、いずれも当事者間に争いがない。）

1　（当事者）

被告は、組合員の経済的、社会的地位を高めることを目的として昭和四八年二月一六日に設立された水産業協同組合法所定の漁業協同組合であり、原告らは、いずれも被告の准組合員である。

2　（仮処分決定）

当庁は、平成二年五月一八日、債務者である訴外中村力次郎に対し被告の組合長兼理事としての職務を執行すること、同佐藤近史、同山口等及び同加藤良雄に対し理事としての職務を執行することをそれぞれ停止し、同被告に対し右各訴外人に右各職務を執行させることを停止するとともに、組合長兼理事職務代行者伊藤好之並びに理事職務代行者早川忠宏、同杉岡治及び同尾西孝志の合計四名の職務代行者（以下、この四名を併せて「本件職務代行者ら」という。）を選任し、右執行停止期間中、右職務代行者らをしてその職務を代行させ、右職務代行者らが常務外の行為をするについては裁判所の許可を要する旨の仮処分決定（以下「本件仮処分決定」という。）をした（当庁平成元年（ヨ）第六七号、同二年（ヨ）第六号）。

3　（本件臨時総会の開催）

被告は、平成六年六月二八日、左記の付議事項（以下「本件各議題」といい、右各議題のうち、第一号議題を「本件一号議題」と、第二号議題を「本件二号議題」と、第三号議題を「本件三号議題」という。）の決議を目的とした臨時総会を開催することの許可を当庁に求め、右許可を得た上、同年七月一九日、本件臨時総会を開催した。

記

第一号　長良川河口堰建設事業の施行に伴う一切の漁業損失補償

について補償契約を締結する件（本臨時総会で議決承認後、速やかに補償契約を締結する。）

第二号　漁業補償に関する一切の権限（交渉、妥結及び契約、補償金の請求及び受領、復代理人の選任）を委任する件

第三号　配分基準を決定する件

被告は、本件臨時総会において、本件各決議が有効に成立したものである旨主張している。

二　争点

本件の争点は、本件二号決議の内容が法令に違反するものであるか否か、すなわち、本件二号決議が本件仮処分決定に違反して代表者によらずに代表行為をすることを可能とするものとして違法であるか否かであり、争点に関する各当事者の主張は以下のとおりである。

（原告らの主張）

1　本件仮処分決定においては、被告代表者として組合長兼理事職務代行者が選任され、さらに理事職務代行者らも選任され、また、右代行者らが常務外の行為をするためには、裁判所の許可を受けなければならないとされたものであるが、その趣旨は、被告の常務外の行為である水資源開発公団との漁業損失補償問題を、補償契約の締結から補償金の分配に至るまで裁判所の監督下に置き、その適正を図ることにあるというべきである。

2　しかるに、本件二号決議は、本件職務代行者らではない者に、右漁業損失補償契約の締結等を委任するものであり、裁判所が、組合長兼理事職務代行者の行為に対する許可というかたちで漁業損失補償の監督を行うことを回避、排除する結果となるものである。

このように、本件二号決議は、被告の代表行為を代表者によらずになすことを許容するものであり、本件仮処分決定（ないし水産業協同組合法四四条、商法二六一条）に違反するものとして無効である。

なお、本件臨時総会の開催及び「漁業補償に関する一切の権限（交渉、妥結及び契約、補償金の請求及び受領、復代理人の選任）を委任する件」の議決については、事前に裁判所の許可がされているけれども、実際に本件臨時総会において提案、議決された本件二号決議は、本件職務代行者ら以外の者の被告の代表行為を委任し、同人らによらずに漁業損失補償に関する契約等をすることを可能ならしめる内容であるから、前記本件仮処分や裁判所の許可の趣旨を潜脱するものとして違法である。

（被告の主張）

1　原告らの主張は争う。

2　本件二号決議のうち、本件職務代行者らに代表行為を委任している点については、法令上何ら問題がなく、同決議全体

を無効とする理由はない。

また、本件二号決議が本件職務代行者ら以外の者に代表行為を委任している点についてみても、そもそも組合長ないし理事が特定の行為の代理を他人に委任することは法令上認められているのであり（水産業協同組合法四四条、民法五五条）、本件二号決議は、被告の最高意思決定機関である総会が組合長に代わって特定行為の代理を他人に委任したものであると解釈することが可能であるから、このような前提に立つと、その内容が法令に違反するとまでは言えない。

第三　当裁判所の判断

一　認定事実

1　前記基礎となる事実に、甲第一、第三、第四、第三四号証、乙第一ないし第一〇号証、第一六ないし第二一号証及び弁論の全趣旨を総合すると、以下の事実が認められる。

(一)　本件職務代行者らは、平成六年六月二四日、当時被告の正組合員として認められていた三十数名のうち、中村力次郎外二八名の者（なお、当庁に係属していた別件の訴訟〔当庁平成二年（ワ）第二〇七号地位不存在確認等請求事件、以下「別件訴訟」という。〕においては、右の者らのうちの大部分の者の被告組合員としての地位の有無が争点とされていたが、本件においては、右の者らの被告組合員資格の有無は、各当事者において争点とはされず、かつ、本結論を左右しないので、その判断をしない。以下、本件臨時総会の当時被告組合員ないし准組合員として認められていた者は全て「被告組合員」と表現する。）から、長良川河口堰建設に伴う水資源開発公団との漁業損失補償の問題を速やかに解決し、被告組合員の生活再建を図るためとして、本件各議題の決議を目的とする被告臨時総会を二〇日以内に開催するよう書面による請求を受けた。

被告定款三八条二項二号、三項によれば、被告の正組合員がその五分の一以上の同意を得て、会議の目的とする事項及び招集の理由を記載した書面を理事に提出して招集を請求したときは、理事は、右請求のあった日から二〇日以内に臨時総会を招集しなければならないとされていたため、本件仮処分決定により、組合長理事に代わりその職務の代行するものとされ、また、常務外の行為を行うについては当庁の許可を要するものとされていた組合長兼理事職務代行者は、平成六年六月二八日、当庁に対し、同年七月一四日までに本件各議題の決議を目的とする被告臨時総会を開催することの許可を求め、同年六月二九日、右開催の許可を受けた。

そこで本件職務代行者らは、平成六年七月一一日に被告臨時総会を開催することとし、同年六月三〇日付で各被告組合員に対して、会議の目的たる付議事項（本件各議題）

を記載した書面をもって臨時総会の開催を通知した。

㈡　平成六年七月一一日、南松ケ島教育集会場において、被告臨時総会が開催された。被告組合長兼理事職務代行者は、出席した中村力次郎外三三名の被告組合員（本人出席二二名、代理委任出席一二名）に対し、右㈠の臨時総会が開催されるに至った経緯を説明した上、右出席者全員の賛成を得て、被告臨時総会の議長に就任した。

そこで、被告組合長兼理事職務代行者は、本件各議題の審理に入ろうとしたが、その当時、別件訴訟において右出席者らの一部の者の被告組合員資格が争われていたため、出席者の組合員資格の確定が先決であるとする意見と、本件各議題の審理を進めるべきであるとする意見とが述べられ、審理をそのまま進行することについての出席者全員の合意が得られなかった。また、本件職務代行者らは、出席者らに対し、①組合員資格の認定は裁判所の権限に属し、職務代行者らはその任にないこと、②当日の出席者のうちの一部の者の組合員資格の有無について裁判所において事件が係属中である以上、当臨時総会において、多数決によって何事かを決することは適当ではないことの認識を示した上、本件各議題を出席者全員一致で賛成できる議案に修正することができないかを諮った。

すると、右臨時総会に出席していた被告組合員の大多数の者は、本件職務代行者らに対し、直ちに本件各議題の審議に入るよう強く要請したものの、出席者らのうち原告中村幹夫外二名の者から、一週間程度の猶予を与えられれば、何らかの代替案を提示することができるかもしれない旨の申入れがあったため、議長である被告組合長兼理事職務代行者は、右申入れを出席者らに諮ったところ、全員一致の賛成が得られたため、続行期日を平成六年七月一九日午後六時三〇分とする旨決定して、本臨時総会を散会した。

㈢　平成六年七月一九日、長島町役場において本件臨時総会が開催され、中村力次郎外三一名の被告組合員（以下「本件出席者ら」という。）が出席した（本人出席二四名、代理委任出席八名、なお、原告伊藤昌幸は代理委任出席であった。）。そこで、前記同月一一日の被告臨時総会（以下「前回臨時総会」という。）において議長に選出されていた被告組合長兼臨時職務代行者は、本件出席者らに対し、総会の続行を宣しようとしたところ、中村力次郎から、議長解任の緊急動議が提出されたため、被告理事職務代行者早川忠宏を仮議長に指名した。

そこで、仮議長が本件出席者らに対し、右議長解任の動議につき討論を許可したところ、被告組合長兼理事職務代行者は前回臨時総会において議長として予定議案（本件各議題）の審理を進めるべきであったのにこれをしなかったこと、及びあくまで被告組合員自身が議長を務めるべきであることなどを根拠として右動議に賛成する者と、被告組合長兼事務代行者が行った前回臨時総会の進行は妥当なものであり、別件訴訟において本件出席者らの大多数の組合員資格が争われている現在、多数決でことを運ぶのは妥当でないことなどを根拠として右動議に反対する者との意見が対立したが、採決をした結果、賛成者多数（賛成二八名、反対三名、棄権一名、なお、本件出席者らのうち、別件訴訟において被告組合員資格が争われていない七名の中でも四名が右動議に賛成した。）により右議長解任の緊急動議は可決された。

そこで、仮議長は、本件出席者らに対し、議長の選任手続に入る旨宣してその自薦、他薦を募ったところ、佐藤近史、被告理事職務代行者早川忠宏、佐藤幸助及び桃崎正良の合計四名が議長候補に上がったため、本件出席者らの挙手によってこれを採決することとし、その結果、佐藤幸助を議長とすることに賛成する者が過半数（二四名、なお、本件出席者らのうち、別件訴訟において被告組合員資格が争われていない七名の中でも四名が佐藤幸助を議長とすることに賛成した。）となったことから、同人が議長に選任された旨宣した。

右のように議長に選任された佐藤幸助（以下「議長」という。）は、本件出席者らに対し、左記の決議案（以下「本件各議案」といい、右各議案のうち、第一号議案を「本件一号議案」と、第二号議案を「本件二号議案」と、第三号議案を「本件三号議案」という。）が記載された書面を示した上、本件一号議案を議題とすることを宣して、これについて討論することを命じた。

記

第一号　長良川河口堰建設事業の施行に伴う一切の漁業損失補償について補償契約を締結すること（本臨時総会で議決承認後、速やかに補償契約を締結する。）

第二号　漁業補償に関する権限（交渉、妥結及び契約、補償金の請求及び受領、復代理人の選任）を次の者に委任すること

①　組合長兼理事職務代行者

②　組合長兼理事職務代行者が不都合なときは、両グループの代表（中村力次郎、桃崎正良）

第三号　配分基準を決定すること

①　両グループの配分　（別添1）

②　二七名グループの配分基準と比率　（別添2）

③　七名グループの配分基準と比率　（別添3）

このとき、本件職務代行者らは、本件出席者らに対し、別件訴訟の判決によって本件出席者らの被告組合員資格の有無が形成されるわけではなく、もともとの資格の有無が確認されるの

であるから、「判決で組合員資格が否定されるまでは本件出席者らの被告組合員資格があるものと考えること」は妥当でないこと、また、本件職務代行者らは被告の常務に属しない事柄を執行する権限を有しないから、本件一号議案が可決されたとしても、被告の常務の属しないことが明白な水資源開発公団との漁業損失補償契約の締結等は、裁判所の許可がない限りこれを執行することは法的に困難である旨説明した。そして、本件一号議案については、後で法的に無効になるおそれもあり、強引に数で押し切るのはよくないとして、これに反対する者と、このまま徒に時が過ぎると長良川河口堰が完成し、漁業損失補償問題自体が立ち消えになるおそれがあるから、速やかに補償契約を締結すべきであるとして、これに賛成する者との意見が対立したが、採決をした結果、賛成者多数（賛成二七名、反対三名、棄権一名、なお、右のとおり議長に就任した佐藤幸助は、この議決には加わらなかった。）により、本件一号決議のとおり可決された。

次に議長は、本件出席者らに対し、第二号議案の審議に入ることを宣言したが、このとき、本件出席者らのうち原告中村末春、同中村幹夫及び加藤良雄の三名が右のような議事進行は不当であるとして、本件臨時総会の会場から退出した。

その後、中村力次郎から、本件二号議案の「委任」の名宛人（受任者）に、本件職務代行者ら四名全員を入れないのは適当でないこと、及び被告組合内で利害の対立する両グループの代理人弁護士を入れた方が良いことなどを理由として、右名宛人を本件職務代行者ら四名、弁護士伊藤宏行、同岡本弘、中村力次郎、加藤明、桃崎正良及び伊藤貢の合計一〇名としたい旨の動議がなされ、また、本件二号議案と併せて本件三号議案も審議されたいとの発言がされた。そこで、議長は、本件二号議案に本件三号議案を併合して審理する旨宣言し、その採決をとった。その結果、本件二号議案及び本件三号議案が、右動議をいれて、本件出席者らのうち右退席者三名及び棄権者一名（原告伊藤昌幸）を除く全ての者の賛成を得て、併せて本件二号決議及び本件三号決議のとおり可決された。

その後、中村力次郎から「念のため配分率を読み上げておきたい。」などという発言があり、議長がこれを黙認したため、中村力次郎が、本件各出席者らに対し、別添2「二七名グループの補償金配分率表」と題する書面を読み上げるなどの手続を行った後、本件臨時総会は終了した。

㈣　同日、本件職務代行者らが本件臨時総会の会場を退出したあと、本件臨時総会第二号決議によって被告の漁業損失補償に関する一切の権限を委任された一〇名のうち、本件職務代行者らを除く、中村力次郎、加藤明、桃崎正良、伊藤貢、伊藤宏行及び岡本弘の六名（以下「本件交渉委員ら」という。）は、被告代表者として、長島町町長である伊藤仙七立会のもと、直ちに水資源開発公団との間で長良川河口堰建設事業に伴う漁業損失補償についての協議に入り、その結果、左記の確認事項を合意するに至り、その旨記載した確認書（甲第四号証、以下「本件確認書」という。）を作成して取り交わした。

記

第一　長良川河口堰建設事業に伴う全ての漁業損失補償金は総額一億七一〇〇万円であること

第二　前項の補償金総額から、昭和六三年三月三一日付工事中の補償契約書に基づき支払済みの工事中の漁業損失補償金一〇〇〇万円を控除した一億六一〇〇万円については、被告と水資源開発公団とは速やかに補償契約を締結すること

第三　被告は、水資源開発公団が前項の補償金を支払うことをもって、長良川河口堰建設事業に伴う漁業損失補償が全て解決したものとすること

翌平成六年七月二〇日、中村力次郎、加藤明、桃崎正良及び伊藤貢は、被告組合長兼理事職務代行者に対し、水資源開発公団との間で本件確認書を取り交わしたことを報告した上、①被告組合員の中には高齢者や病人もいるため、早期の問題解決を図る必要があること、②水質源開発公団は、平成七年三月を経過すれば損失補償をしないと述べていること、③別件訴訟の判決により、被告において組合員資格を有する者が二〇名を下回る旨判断されたときは、被告は組合として認められなくなり、水資源開発公団からの補償金も受け取れなくなることなどを根拠に、被告は即刻、水資源開発公団と損失補償契約を締結し、補償金を受領する必要があるなどと主張して、早急に裁判所からの許可を得た上で右損失補償契約を締結するよう促すとともに、本件職務代行者らがこれに応じない場合には、本件交渉委員らが独自に水資源開発公団と損失補償契約を締結して補償金を受領し、これを被告組合員に分配する旨通告した。

㈤　平成六年七月二一日、本件職務代行者らは、水資源開発公団長良川河口堰建設所所長である宮本博司、前記長島町町長、及び本件交渉委員らに対し、本件交渉委員らが、本件職務代行者らに代わって水資源開発公団との漁業損失補償契約を締結したり、補償金を受領することには法的に疑問があることを留保した上で、慎重に対応するよう求める通知書（乙第六号証）を発するとともに、同月二六日、当庁に対し、本件臨時総会において可決された本件各決議を執行することの許可を求めた。

一方、本件交渉委員らは、同月二一日、被告代表者として、水資源開発公団との間で長良川河口堰建設事業の施行及びこれによって生じる施設の管理運営（同事業によって開発する二二・五立方メートル毎秒の取水及び堰軸を中心に上流三〇〇メートルと下流三五〇メートルの区間の漁業

操業制限区域の設定を含む。）に伴う漁業損失の補償に関する契約（以下「本件補償契約」という。）を締結するに至り、漁業損失補償金合計一億六一〇〇万円を受領して被告組合員に分配することとした（ただし、本件補償契約の具体的内容については、本件全証拠によってもこれを明らかにすることはできない。）。

そこで、本件職務代行者らは、同年八月一日、水資源開発公団に対し、本件補償契約の締結には、本件交渉委員らの被告代表権の有無などに関して法的な問題がある旨指摘した上で、右契約の具体的内容や補償金の支払方法、本件交渉委員らに被告代表権があると判断した根拠などについて照会する旨の内容証明郵便（乙第八号証）を発した。これに対して、水資源開発公団は、同月五日、本件職務代行者らに対し、本件補償契約締結の経緯の説明及びその具体的内容については被告組合員に照会されたい旨の書面（乙第二一号証）を発して右照会に回答した。

2　以上の認定に対し、原告らは、本件二号決議に関して、同決議は本件二号議案の委任の順位と枠組みを変更するものではなかったとして、右決議における第一次的な委任の名宛人（受任者）は本件職務代行者らであり、本件交渉委員らは、本件職務代行者らに差支えがある場合における第二次的な委任の名宛人（受任者）として選任されたものにすぎない旨主張するかのようである。

しかしながら、本件臨時総会に立ち会った本件職務代行者ら作成にかかる本件臨時総会の議事録（乙第二号証）には、本件二号議案に関する議事進行については、中村力次郎から「第二号議案で委任の名宛人は、職務代行者ら・弁護士伊藤宏行・同岡本弘・中村力次郎・加藤明・桃崎正良・伊藤貢の一〇名とする」旨の動議が出され、これが賛成多数により可決された旨の記載があるのみで、右委任の順位に関する決議がされた旨の記載は全くない。

そして、前記認定のとおり、原告ら三名のうち、原告伊藤昌幸本人は、本件臨時総会には出席せず、また、中村末春及び中村幹夫は、本件臨時総会において本件二号決議がされたときには、既に同総会を退席していて右決議には立ち会っていなかったのであり、しかも、乙第二、第八、第一八、第一九号証及び弁論の全趣旨によれば、中村力次郎及び桃崎正良は、平成六年八月一日、本件臨時総会で可決された本件第二号決議においては、委任の名宛人（受任者）は「①本件職務代行者ら四名、②本件職務代行者らが不都合なときは両グループの代表（本件交渉委員ら）」とされたものであり、本件臨時総会の進行状況を録音したカセットテープが存在するとして、本件職務代行者らは、右申入れは、現実の議決内容に合致しない誤った措置であると考えてこれを拒否したこと、また、本件職務代行者らは、同日、水資源開発公団が本件二号決議を「（本件職務代行者ら、伊藤宏行、岡本弘、中村力次郎、加藤明、桃崎正良及び伊藤貢の）一〇名の者に委任するも、本件職務代行者ら四名が受諾しないときは、その余の六名（本件交渉委員ら）に委任した」ことをその内容とするものであると解して本件交渉委員らとの間で本件補償契約を締結したとの内容の新聞報道等の情報を得たため、水資源開発公団に対し、本件臨時総会において右のような決議はしていない旨内容証明郵便をもって通知していること、同月三日、桃崎正良は、右録音テープの提出を求めた本件職務代行者らに対し、「テープの所在がわからない。」旨回答してこれに応じなかったことなどがそれぞれ認められ、このような本件臨時総会後の事実経過をも併せ考慮すれば、原告らの右主張は、未だ採用することができない。

二　以上の認定事実を前提に、本件二号決議が適法なものであるか否かを検討する。

1㈠　右認定の事実によれば、本件臨時総会に出席した被告組合員は、当初議長を務めていた裁判所選任にかかる組合長兼理事職務代行者を緊急動議により議長から解任し、本件二号議案についても緊急動議によってその内容を本件二号決議のとおり変更した上でこれを可決したものであり、同決議は、本件仮処分決定において選任された本件職務代行者らによらずに、本件交渉委員らのみによって、被告の漁業損失補償に関する代表行為（水資源開発公団との間の交渉、契約、補償金の請求及び受領等）を行うことを可能ならしめるものであり、現実に、中村力次郎、加藤明、桃崎正良、伊藤貢、伊藤宏行及び岡本弘の六名の本件交渉委員らは、本件臨時総会直後、本件職務代行者らが知らないうちに、水資源開発公団との間で、漁業損失補償金の支払に関する合意をするに至り、その二日後には、本件補償契約を締結し、補償金を受領してこれを被告組合員に分配するなど、本件職務代行者らを無視したかたちで、その意思を離れて被告代表者として第三者（水資源開発公団）との間で被告の漁業損失補償に関する一切の行為を行ったことが認められる。

㈡　ところで、被告の定款（甲第三四号証）三〇条によれば、組合長は、この組合を代表し、理事会の決定に従って業務を処理するものと定められ、被告の代表行為は組合長が行うものとされている。そして、当庁は、被告の組合員資格につき疑義がある中村力次郎、佐藤近史、山口等及び加藤良雄が被告代表者若しくは理事として職務を執行するならば、被告に回復し難い損害が発生するおそれがあるとして、その職務執行を停止し、本件職務代行者らをして、右執行停止期間中の被告代表者若しくは理事の職務を代行させ、かつ、右代表者らが常務外の行為をするについては裁判所の許可を要する旨の仮処分決定を発令したものであるが、本件仮処分決定は、被告の代表権を有する者を組合長兼理事職務代行者とし、その常務外の行為（とりわけ、水資源開発公団との漁業損失補償契約及び同公団から受領した補償金の分配）を、組合長兼理事職務代行者に対する許可という形で、すべからく裁判所の監督下に置き、その適正を図ることをその目的としていたものであると言うべきである。しかるに本件二号決議は、右に説示したとおり、組合長兼理事職務代行者の意思、行為を離れて、本件交渉委員らをして、被告代表として第三者との間の対外的行為を行うことを可能ならしめるものであるから、本件仮処分決定の趣旨に反するものと言わなければならない。

以上の認定、説示に、組合長兼理事職務代行者は、本件交渉委員らや水資源開発公団、長島町に対し、再三にわたって本件二号決議の法的効力の有無については疑義がある旨通知し、慎重な対応をするよう警告していた（乙第六、第八ないし第一〇号証）にもかかわらず、前記認定のとおり、中村力次郎、加藤明、桃崎正良、伊藤貢、伊藤宏行及び岡本弘の六名の本件交渉委員らが、組合長兼理事職務代行者の意思を離れて、長島町町長立会のもと、水資源開発公団との間で本件補償契約を締結し、漁業損失補償金が被告組合員に分配されてしまった事実経過をも併せ総合すると、本件二号決議の内容は、本件仮処分決定に違反して代表者によらずに代表行為をすることを可能とするものとして違法であると言わざるを得ない。

確かに、前記基礎となる事実のとおり、裁判所が本件各議題を付議事項とする被告臨時総会の開催を許可したという事実はあるけれども、本件仮処分決定の趣旨からすると、右の許可にあたっては、本件二号議題における「委任」の名宛人（受任者）としては、当然に裁判所が選任した組合長兼理事職務代表者を予定していたものというべきであり、それ以外の者（特に、本件仮処分決定において、被告組合長ないし理事としての職務執行を停止されていた中村力次郎、佐藤近史、山口等、加藤良雄）に対して漁業損失補償に関する被告の代表行為を委任する旨の決議をすることは厳に禁じられていたものと言うべきである。

以上検討してきたところによれば、本件二号決議の内容は違法と言うほかなく、同決議は無効と言うべきである。

2(一)　なお、被告は、本件二号決議のうち、本件職務代行者らに対外的行為を委任している点については、法令上何ら問題がなく、同決議全体を無効とする理由はない旨主張するけれども、前説示のとおり、本件二号決議は、本件職務代行者らを、本件交渉委員らに優先して第一次的な委任の名宛人（受任者）とする旨の委任の順位に関する議決はないし、また、本件交渉委員らが、本件職務代行者らと共同してのみ被告を代表することができる旨のいわゆる共同代表（商法二六一条二項参照）に関する議決もないのである（前記認定の本件臨時総会議事録中の本件二号議案の審理手続に関する記載内容及び本件臨時総会後の事実経過に鑑みれば、本件二号決議において、本件委任の各名宛人〔受任者〕が、共同してのみ被告を代表することができる旨の共同代表の定めが存在しなかったことは明白である。）から、本件二号議案は、その全体として、組合長兼理事職務代行者によらずに、本件交渉委員らのみによって被告の代表行為をすることを可能とする内容のものであり、被告が主張するように、本件二号決議のうち本件職務代行者らに行為を委任する部分のみを取り上げて、その適法性を判断するのは妥当ではない。

被告の右主張を採用することはできない。

㈡　また、被告は、そもそも組合長理事ないし理事が特定の行為の代理を他人に委任することは法令上も認められている（水産業協同組合法四四条、民法五五条）のであるから、本件二号決議は被告の最高意思決定機関である総会が組合長に代わって特定行為の代理を他人に委任したものであると解釈すれば、その内容が違法とは言えない旨主張する。

しかしながら、仮に被告が、総会決議をもってすれば、自由に組合長兼理事職務代行者以外の者にも代表行為の委任をなし得るものとした場合、組合長兼理事職務代行者に対する許可というかたちで水資源開発公団との漁業損失補償契約等の被告の常務外の行為をすべからく裁判所の監督下に置いてその適正化を図るという本件仮処分決定の趣旨は没却される。

本件仮処分決定がされた後は、被告の代表権は、組合長兼理事職務代行者にあり、総会において、被告組合員が組合長兼理事職務代行者に対する支持の意思表明のため、漁業損失補償に関する一切の権限を同人に与えて委任する旨の決議をすることは何ら差し支えないが、組合長兼理事職務代行者以外の者にこれを委任することは許されないと言うべきである。とりわけ、本件仮処分決定においては、被告を名宛人（債務者）として、本件交渉委員らの一人である中村力次郎について組合長兼理事としての職務を執行させること自体を禁止しているのであるから、被告の（最高であるとしても）意思決定機関にすぎない総会が、本件仮処分の趣旨を無視して、右の者を受任者として選任する決議を行うことが許されないことは自明のことと言わなければならない。

被告の右主張も、採用することができない。

三　結論

以上によれば、原告らの本訴請求は理由があるから認容することとし、訴訟費用の負担につき民訴法六一条を適用して主文のとおり判決する。

（タイムズ一〇四一号二四四頁）

第八節　参事及び会計主任

第四十五条　組合は、参事及び会計主任を選任し、その主たる事務所又は従たる事務所において、その業務を行わせることができる。

2　参事及び会計主任の選任及び解任は、理事会の議決によりこれを決する。

3　商法第三十八条第一項及び第三項、第三十九条、第四十一条並びに第四十二条の規定は、参事について準用する。

第四十六条　組合員（准組合員を除く。）は、総組合員（准組合員を除く。）の十分の一以上の同意を得て、理事に対し、参事又は会計主任の解任を請求することができる。

2　前項の規定による請求は、解任の理由を記載した書面を理事に提出してこれをしなければならない。

3　第一項の規定による請求があつたときは、理事会は、当該参事又は会計主任の解任の可否を決しなければならない。

4　理事は、前項の可否を決する日の七日前までに、当該参事又は会計主任に対し、第二項の書面又はその写しを送付し、かつ、弁明する機会を与えなければならない。

◆14 支配人に関する商法の規定が準用される漁業協同組合参事が組合長名義の約束手形を作成した行為と有価証券偽造罪の成否

東京高裁刑、昭和三九年（う）第九九九号
昭四〇・六・一八判決、棄却
一審　横浜地裁横須賀支部
関係条文　水協法四六条、商法三八一項・三項、刑法一六二条一項

【要　旨】

同人は参事に選任された者であるから商法の支配人に関する規定が準用され、本来ならば組合に代ってその事業に関する委細の裁判上または裁判外の行為をする権限を有し、その権限の中には約束手形を振り出す権限も当然含まれているはずである。しかしながら、組合がその代理権に制限をくわえることができることは商法三八条三項の規定からみて明らかで、現に被告人の場合は、自分だけの一存で組合の融通手形を振り出すことは許されていなかったのである。したがって、被告人にはその参事としての代理権に大きな制限が加えられていたというべきで、融通手形の振出に関しては、直接組合長名義をもってするはもちろん、組合参事名義をもってするものについても、一切その権限がなかったものである。このようなもとで、被告人が組合長または専務理事の決済・承認を受けずに独断で組合長振出名義の約束手形を作成して交付したことは、やはり刑法上の偽造にあたると解さざるをえない。

○理　由

一、論旨は、要するに、被告人杉山は原判示漁業協同組合の参事であるが、漁業協同組合の参事には水産業協同組合法第四六条によつて商法第三八条第一項・第三項の支配人に関する規定が準用され、その代理権に加えた制限をもつて善意の第三者に対抗することはできない結果、同人の作成した原判示約束手形はいずれも有効なものであつて、偽造とはいえず、滝島秀治の原判示手形作成行為も参事の代理としての行為であるから同じ理由によつて偽造罪を構成するものではない、というのである。

そこで、一件記録および当審で念のため事実の取調をした結果を総合して、必要なかぎりにおいて本件の事実関係を確かめてみると、被告人杉山は原判示神奈川県鰹鮪漁業協同組合の参事として正式に登記された職員で、同組合が組合員または准組合員のために振り出す融通手形の発行事務などを担当しており、原審相被告人滝島秀治は同組合の書記で、右の手形発行事務に関しては被告人杉山の不在の場合に同人に代つてこれを担当していたこと、同組合が振り出す融通手形はつねに同組合長寺本正市名義で振り

出され、その振出にあたつては少なくとも同組合専務理事林信雄の決裁を必要とし、前記滝島はもちろん被告人杉山にしてもその一存で組合長振出名義の融通手形を作成することは許されていなかつたこと（被告人杉山の当審での供述によると、組合長および専務理事が不在の際同被告人の判断で約束手形を発行したことが一、二度あるというが、これものちに承認を受けうることの確実な場合に限られ、しかも現に必ず事後承認をえたというのであるから、このことは同被告人にこの種の手形を独断で発行する権限があつたことを意味するものではない。）、そして、同組合の准組合員であつた鎌田漁業株式会社は経営状態が悪く、そのため同組合の融通手形を発行することを林専務理事が到底承認しない状態にあつたため、同会社の専務取締役であつた被告人辻らが被告人杉山および滝島秀治に懇請した結果、被告人杉山および滝島はこれを承諾し、それぞれ同株式会社のため組合長または林専務理事の決裁・承認を受けずに独断で原判示のように組合長振出名義の約束手形を作成して交付したことを認めることができるのであつて、これらの事実については被告人らとしても別に争いのないところである。

これに対し、論旨は、これらの約束手形はいずれも有効なものであるからその作成行為は偽造とはいえないと主張しているので、まず順序として被告人杉山の作成した本件約束手形について考えてみるのに、前記のように同被告人には一存で組合の約束手形を発行する権限は与えられていなかつたのではあるが、論旨の指摘するとおり、水産業協同組合法第四六条によれば、漁業協同組合が参事を選任したときは参事には支配人に関する商法第三八条第一項・第三項の規定が準用され、この代理権に加えた制限をもつて善意の第三者に対抗することができないのであるから、同被告人の作成した組合長振出名義の原判示各約束手形も、あるいは善意の第三者との関係では私法上有効だと解する余地があるかもしれず、ことに、もしそれがかりに組合を代理する参事の資格で振り出されたものであつたとすれば、組合として善意の第三者に対抗することのできないものであることは疑いがないわけである。しかしながら、一方、刑法が文書または有価証券の偽造を犯罪として処罰している趣旨を考えてみると、文書または有価証券は社会生活特に経済取引にとつて不可欠のもので、それらはその作成の真正であることの信用を前提としてはじめてその意味を有するのであるが、もし真正に成立されたものでない文書もしくは有価証券が出現すれば、それ以外の文書または有価証券の作成の真正に対する一般世人の信頼もまた動揺するに至り、その結果それらが社会において営んでいる機能を害するおそれがあることがその処罰の理由だと考えられる。そして、その作成の真正とは、それらがその名義人自身またはその代理人、代表者その他これを作成する権限を有する者によつて作成されることをいうのであつて、そのことは、刑法の偽造罪に関する規定全般の趣旨からして明らかである。すなわち、これによれば、刑法は文書または有価証券が作成権限のある者によつて作られたということに対する一般の信用をその偽造罪の法益としていると考えなければならない。さればこそ偽造か否かを区別する基準は一にかかつて作成権限の有無にあると解されるのであつて、一方においては、いやしくもその作成の権限がある以上、たとえその権限を濫用して不正な目的たとえば名義人本人のためにするのでなく自己または第三者の利益のために使用する目的で文書または有価証券を作成した場合でも、その行為を偽造と目すべきでないことは、論旨引用の大正一一年一〇月二〇日の大審院刑事総連合部判決（刑集一巻五五八頁）の示すとおりであるし、他面、その権限のない者の作成行為であるかぎり、事情のいかんにかかわらずそれは偽造だといわざるをえないのである。それゆえ、その作成された文書または有価証券が私法上有効なものとして取り扱われるかどうかということも、その作成行為が刑法上の偽造にあたるかどうかということに直接影響するものではない。もとより作成の真正であることはその文書または有価証券の効力にとつてきわめて重要な点ではあるけれども、私法の面では、不真正すなわち権限のない者の作成した文書または有価証券であつても、取引の安全ないしは善意の第三者保護の観点からその効力を認める場合もあるのであつて（その一例としては、いわゆる表見代理人の作成した文書が有効とされる場合を挙げることができよう。）、それが有効であることが当然に作成権限のあつたことを意味するものではないからである。私法上の効力と偽造にあたるかどうかとを不可分のものとして考え、それが有効であれば偽造でないとする所論の考え方は、偽造罪の法益を前述のように文書等の作成の真正に対する社会一般の使用と解するのでなく、むしろ文書等が私法上有効であることに対する社会一般の信用をその法益と考えることによつてはじめて一貫するわけであるが、偽造罪の法益をそのようなものと解することが刑法の趣旨に合致しないことは、およそ無効な文書または有価証券を作成することを偽造として処罰しているわけでないことからみても明らかだといわなければならない。もつとも、この点に関し、前記大正一一年一〇月二〇日の大審院判決が理由として説示している中には、当該文書または有価証券が私法上有効であることとそれを作成する行為が偽造にあたらないこととがあたかも表裏をなすかのように読める部分があるが、その事件では被告人が個人経営の銀行の支配人としてその営業一切を担任しており、したがつて同銀行支配人名義で小切手を振り出し、また同銀行名義を用いて為替取引報告書を作成する権限を現に有していたことがその行為を偽造たらしめない真の理由であつたと解すべきで、このように文書等の効力が問題なのではなく名義人との関係における作成権限の有無を決定的な要素と考えるのが判例の真意であることは、その後大審院が大正一五年二月二四日の判決（刑集五巻五六頁）において、株式会社の取締役が辞任後登記前に右会社常務取締役の資格で約束手形を振り出したのを有価証券偽造罪に問擬したことからも窺われる。けだし、この場合、取締役の辞任はその登記をしなければ善意の第三者に対抗することができないから、右の約束手形は善意の第三者に対しては有効であるのに、なおかつその作成行為を偽造にあたるとしたのは、取締役の辞任が対内的には意思表示だけでその効力を生じ、したがつて約束手形作成当時においてはこれを作成する権限を失つていたことにその理由を求めるほかないからである。それゆえ、その作成した文書または有価証券が私法上有効であつてもこれを作成する権限のない者が作成した以上その行為を偽造と解することは、大審院以来の判例の趣旨となんら反するものではなく、本件における被告人杉山および滝島秀治の約束手形作成行為が刑法上偽造にあたるかどうかも、その私法上の有効性のいかんとかかわりなく、はたして同人らがこのような約束手形を作成する権限を有していたかどうかによつて決せられるべき問題だといわなければならない。

ところで、文書または有価証券を作成する権限の有無は、もつぱら本人との間の対内関係の問題であり、しかもその権限の内容は個個の場合ごとに具体的に考察さるべき事がらである。したがつて、一般の場合にはこれを作成する権限のある地位にある者であつても、本人との関係でその作成が禁止されていれば、それはやはり作成権限を有しないことになるのであるし、また、代理人もしくは代表者としての資格で作成する権限は与えられているが直接本人の名義でこれを作成することは許されていないということもありうるのであつて、その場合には本人名義の文書や有価証券を作成する権限はないといわざるをえないのである（検察官が原審以来引用する大正一二年二月二日の大審院判決（法律新聞二〇九二号二一頁）において、株式会社の取締役兼支配人がその資格で約束手形を作成したのを偽造でないとしながら、取締役社長名義の約束手形を作成したのを偽造だとしたのは、後者についてはその作成権限が与えられていなかつたからだと考えられるし、前記大正一一年一〇月二〇日の大審院判決において銀行名義の為替取引報告書を作成した銀行支配人の行為が偽造にあたらないとされたのは、そのような銀行名義の文書を作成する権限が現に与えられていたからだと考えられる。なお、未成年者の法定代理人が直接未成年者名を使用して約束手形を作成したのを有価証券偽造にあたるとした大審院昭和七年五月五日判決（刑集一一巻五七八頁）参照）。いま、これを被告人杉山の行為について考えてみると、なるほど同人は参事に選任された者であるから商法の支配人に関する規定が準用され、本来ならば組合に代つてその事業に関する一切の裁判上または裁判外の行為をする権限を有し、この権限の中には約束手形を振り出す権限も当然含まれているはずである。しかしながら、組合がその代理権に制限を加えることができることは商法第三八条第三項の規定からみて明らかで、現に被告人杉山の場合は、前に述べたところから明らかなように、自分だけの一存で組合の融通手形を振り出すことは許されていなかつたのである。したがつて、被告人杉山にはその参事としての代理権に大きな制限が加えられていたというべきで、融通手形の振出に関しては、直接組合長名義をもつてするものはもちろん、組合参事名義をもつてするものについても、一切その権限がなかつたものといわなければならない。なお、この点に関し、検察官は、被告人杉山が組合長名義を直接使用した点を重視してその行為が偽造にあたることの根拠とし、もし同被告人が組合参事名義または組合名義で約束手形を作成したのであれば偽造罪を構成しないようにも論じている。これは、同被告人が組合参事として本来ならば一般的な代理権のあること、あるいは同人が代理人としてした行為が善意の第三者との関係で有効なものとして取り扱われることに着目したものと思われるが、これまで述べたところから明らかなとおり、問題の要点は同被告人に作成権限があつたかどうかにあるのであり、しかもその作成権限の有無は個別的・具体的に考えなければならないということだとすると、本件のように融通手形振出の権限が全然与えられていない場合には、被告人杉山にはその名義のいかんを問わずこれを作成する権限はなく、かりに組合参事杉山博信の名義をもつてしたとしても、やはり刑法上は偽造にあたると解さざるをえないのである。

かくして、以上説明したことの帰結としては、被告人杉山には原判示各約束手形を作成する権限はなく、したがつてこれを作成した原判示各所為は刑法上の偽造にあたるということになり、いわんや前記のように被告人杉山の事務を時として補助代行する地位にあつたにすぎない原審相被告人滝島秀治の原判示各約束手形作成行為が偽造にあたることは当然だということになるから、これらを偽造だとした原判決にはなんらその点で理由不備も法令の適用の誤りもなく、論旨は採用することができない。

一、論旨は、原判決は偽造約束手形によつて現金を騙取したのを刑法第二四六条第一項の詐欺罪とし、さらにその後別の偽造約束手形を交付行使して前の偽造約束手形の支払を延期させたのを同条第二項の詐欺罪としているが（原判示第一の㈥と㈤、第二の㈣と第一の㈧、第一の㈥と第二の㈥、第二の㈤と㈢、第一の㈦と第二の㈢）、その前者を判示するにあたつては「手形割引名下に現金・・・・円を騙取した」としながら後者を判示する際には「手形割引名下に借受けた金・・・円の債務の支払を延期せしめ」としているのは、理由にくいちがいがあるというのである。しかしながら、刑法第二四六条第一項の詐欺罪は、他人を欺罔しその錯誤に基づいて財物を交付させることによつて成立するものであるが、その財物の交付は、物の売り渡し、金銭の貸し付けその他の経済取引として行なわれることが多いのであつて、その場合、その財物を交付させることは、刑法のうえからいえば騙取にあたるが、これを経済的または民事法的にみれば、「買い受け」もしくは「借り受け」と称してもなんらさしつかえないし、また、それらの場合、詐欺による契約だからといってつねに無効であるわけではなく、それによって犯人が相手方に対し債務を負担するに至ることはいくらも考えられることであるから、原判決が一方において金員の交付を受けたことを「騙取し」と判示しながら、他方においてこれを「借り受け」とし、あるいは「債務」という語を用いたからといって、別段その点において理由にくいちがいがあるということはできない。したがって、論旨は理由がない（もっとも、一件記録によると、原判示各金員の騙取は通常の手形割引によって行なわれたもので、それ以外に消費貸借契約が締結された事実はないと認められるから、鎌田漁業株式会社が法律上負担する債務は手形裏書人としてのそれだけであるのに、原判決がこれを「借り受けた・・・債務」と判示したのは、その表現が正確でない嫌いはある。しかし、この手形割引によって金融を得たのは同会社であり、かつその支払は同会社の責任においてこれをしなければならない関係にあったのであるから、これを「借り受けた・・・債務」と判示したからといって、あえて誤りというほどのものではない。）。

弁護人秋山要の控訴趣意第二点について。

論旨は、原判決が前記のように偽造約束手形によって現金を騙取したのちに別の偽造約束手形を交付して前の約束手形の支払を延期させたのを前の騙取罪とは別に刑法第二四六条第二項の不法利得罪にあたるとしたのは罪とならない事実を有罪とした違法があるとし、その理由として、前の約束手形が偽造手形だとすればその振出は無効であり、手形所持人はいつでも裏書人に対し求償権を行使することができるわけであるから、支払期日の延期による利益なるものはありえず、その延期を承諾させても、なんら新たな利益も損害も生じないから、不法利得罪は成立しない、と主張するのである。

しかしながら、刑法第二四六条第二項にいう「財産上ノ利益」は、法によって認められた権利ばかりでなく、事実上の経済的利益をも包含するものと解しなければならない。そのことは、同条第一項が財物の交付を受けることすなわち財物に対する事実上の支配を取得することによって詐欺罪が成立するとしていることと対応するのである。ところで、原判示各約束手形は刑法上偽造されたものと解すべきことは前に説明したとおりであるが、刑法上の偽造と手形法上の偽造とはその範囲が必ずしも一致するとは限らず、したがって原判示各手形の振出行為の効力については別に検討を要するところであるし、そのことを別としても、本件においては当該約束手形に代えて新たな約束手形を差し入れ、その支払期日を延ばすことについて、鎌田漁業株式会社としては少なくとも経済上大きな利益を有していたとみなければならない。すなわち、原判示各約束手形は原判示漁業組合を振出人として作成されたものであるが、これらはすべて鎌田漁業株式会社に金融を得させるための融通手形で、満期となれば当然同会社がその支払の責任を負担すべきものであり、現に同会社の責任において事実上その決済を行ないつつあつたものである。もし同会社がこれを怠れば、組合幹部に内密に行なつていたこれらの手形による金融の操作が直ちに発覚し、同会社に経済上の破局を来たすことは火を見るよりも明らかな状態にあつたのであるから、同会社としては、原判示各約束手形の支払の時期が延長されることに至大の利益を有していたものである。それゆえ、これらの約束手形の振出が手形法上有効であるかどうかにかかわらず、その支払いが延期されたことは鎌田漁業株式会社にとつてまさに刑法第二四六条第二項にいう「財産上ノ利益」にほかならず、この利益はもとの約束手形の割引による現金取得の利益とはまた別個のもので、しかも別個の新たな欺罔行為に基つくものであるから、原判決がこれを得た行為を同条項に該当するものとしたのはまことに正当で、論旨は理由がない。

（東京刑時報一六巻六号七七頁）

第九節　総会の議決

第四十八条　次の事項は、総会の議決を経なければならない。

一　定款の変更
二　規約、共済規程、内国為替取引規程、内国為替取引規程及び信託業務規程の設定、変更及び廃止
三　毎事業年度の事業計画の設定及び変更
四　経費の賦課及び徴収の方法
五　事業の全部の譲渡、信用事業若しくは第十一条第一項第三号、第五号若しくは第八号の二の事業（これに附帯する事業を含む。）の全部若しくは一部の譲渡又は共済契約の全部若しくは一部の移転（その一部の移転にあつては、責任準備金の算出の基礎が同じである共済契約の全部を包括して移転するもの（以下「包括移転」という。）に限る。）
六　事業報告書、財産目録、貸借対照表、損益計算書、剰余金処分案及び損失処理案
七　毎事業年度内における借入金の最高限度
八　漁業権又はこれに関する物権の設定、得喪又は変更
九　漁業権行使規則若しくは入漁権行使規則又は遊漁規

則の制定、変更及び廃止
十　漁業権又はこれに関する物権に関する不服申立て、訴訟の提起又は和解
十一　育成水面の設定、変更及び廃止
十二　育成水面利用規則の制定、変更及び廃止
2　定款の変更は、行政庁の認可を受けなければ、その効力を生じない。
3　前項の認可の申請があつた場合には、第六十三条第二項、第六十四条及び第六十五条の規定を準用する。

第五十条　左の事項は、総組合員（准組合員を除く。）の半数以上が出席し、その議決権の三分の二以上の多数による議決を必要とする。
一　定款の変更
二　組合の解散又は合併
三　組合員の除名
四　漁業権又はこれに関する物権の設定、得喪又は変更
五　漁業権行使規則又は入漁権行使規則の制定、変更及び廃止

◆15　漁業協同組合の総会における漁業補償金配分に関する決議が無効とされた事例

山口地裁宇部支部昭和五七年(ワ)第一三三号
昭六一・二・二一判決、一部認容（確定）
原告人　縄田造酒弥
被告人　厚狭漁業協同組合
関係条文　水協法五〇条、一二五条、商法二五二条

【要　旨】
水産業協同組合法は総会決議が無効である場合及び不存在である場合についてては何らの定めもしていないことに加え、組合員の裁判を受ける権利の保障の点を考えると、一般原則に従い、総会の決議無効、不存在については訴訟の前提問題としてこれを争えるのみならず、これが現に存する紛争の直接かつ抜本的解決のため適切かつ必要と認められる場合には、総会決議の無効又は不存在の確認の訴を提起できるものと言うべく、この場合には商法二五二条を類推適用したうえ、対世的効力がその認容判決に付与されるものと解するのが相当である。

〇主　文

一　被告の昭和五七年六月二八日開催の臨時総会における「中電汽機冷却用海水の排水に係る漁業補償金配分」に関して、「右補償金を昭和五六年度海苔着業者五一名に対し、均等に配分する」旨の決議及び「昭和五六年度に休業し、昭和五七年度に海苔事業を行なう原告外二名の組合員に対する漁業補償金の配分を配分委員

会に一任する」旨の決議が無効であることを確認する。

二　右決議に基づき、被告組合員五一名に対し被告がなした、一名当り金一〇〇〇万円宛の漁業補償金配分が無効であることを確認する。

三　原告のその余の請求を棄却する。

四　訴訟費用はこれを三分し、その一を原告の負担とし、その余を被告の負担とする。

○理　由

一　請求原因1（当事者）及び2（本件補償金の受領）の事実並びに同3ないし7の各(一)の事実（本件補償金の配分についての被告の各決議及び決定）は、当事者間に争いがない。

二　そこで、まず本件補償金の性質及び、その配分方法につき考察、検討する。

右認定の事実に《証拠略》を総合すると、次の事実が認められ、右認定を妨げる証拠はない。

1　被告は、共同漁業権、定置漁業権、区画漁業権（免許番号区二〇三七ないし区二〇四〇号）を有し、昭和五七年五月三一日当時正組合員数五四名、准組合員数一三一名であった。

2　被告は定款で水産業協同組合法第一一条所定の事業のほか、被告の有する共同漁業権、特定区画漁業権及び入漁権の管理、養殖漁業の経営をその事業として定めており、個人として正組合員となりうる者の要件たる漁業従事日数を年間一二〇日（同法所定日数の上限）と定めている。

3　被告は昭和五六年九月三日の臨時総会で、一〇名の交渉委員を選任し、訴外中国電力株式会社（以下訴外中電という）との間で、同訴外会社の新小野田発電所一、二号機の建設並びに運転に伴なう汽機冷却用海水の排水に係る漁業補償につき交渉し、昭和五七年五月一七日臨時総会を開催して、当時正組合員五三名（原告は後記認定のとおり正組合員資格を一時的に剥奪され准組合員となっていた）中四九名の出席（但し、そのうち代理人出席一二名、書面による議決三名）を得てその全員一致による了承を受けたうえ、同年五月三一日、次の要旨の漁業補償契約を訴外中電との間で締結した。

(一)　被告は訴外中電のなす右発電所一、二号機の建設並びに運転に協力し、これに伴なう汽機冷却用海水の取水・排水施設、右排水口前面海域のしゅんせつ等を了承する。

(二)　被告は昭和六〇年九月以降適正期間を定めて第一種区画漁業免許番号区第二〇四〇の一部特定海域における海苔養殖業を操業するものとし、訴外中電の右汽機冷却用海水の排水（以下本件温排水という）に起因して右海域内における右区画漁業権並びに被告が新たに本件温排水が及ぶ海域内において取得する第一種区画漁業権が蒙る一切の損失を受忍する。

(三)　訴外中電は右による漁業損失の補償金として、金四億四四〇〇万円、また漁業振興対策費名下に金八〇〇〇万円、協力金名下に金一〇〇〇万円、合計金五億三四〇〇万円（以下本件補償金という）を被告に支払う。

㈣　被告は、本件補償金の配分について一切の責任を負い、訴外中電に何らの迷惑を及ぼさないものとする。

また、漁業法第八条、水産業協同組合法第四八条一〇号、並びに弁論の全趣旨に照らすと、被告は、その第一種区画漁業権行使規則等の規約に定める資格に該当する正組合員に対し、右漁業権を行使して海苔養殖業に着業する権利を各年度（四月から翌年三月まで）毎にその範囲を決めて付与しているものと推認される。

而して、以上認定の事実と、漁業法第八条、第一四三条、水産業協同組合法第一一条、第二一条、第四八条、第五〇条等の趣意に照らして考えると、次のように解するのが相当である。即ち、

本件の第一種区画漁業権は、組合たる被告漁協に付与されたものであるが、これは、その組合員の漁業を営む権利を通じて行使されるものであって、その管理処分権能は被告漁協に属するが、収益権能は、漁業権行使規則等の規約上の資格に該当して漁業を営む権利を有する組合員（以下着業権享有組合員という）に帰属するものと言うべく、本件補償金は本件の区画漁業権の行使が制約されることにより、右漁業権の一部が変形した結果と見ることができるが、右補償金が被告漁協において右漁業権の完全な行使に影響のないよう自ら防護施設を設け、あるいは防護措置をとるための資金等として交付されたのならともかく、漁業収益の損失を補償するために組合員に配分するものとして支払われ、各組合員をして本件の漁業権にかかる漁業を営む権利に基づき訴外中電に対し、独自に損害賠償請求をなさしめない趣旨で支払われたものと解されるから、本件補償金は本件の漁業権にかかる着業権享有組合員に対し、その収益権の補償のために一括して支払われたもので、被告漁協の組合財産とはならず、右各組合員に帰属すべきところである。

そして、本件のように一括して支払われた補償金については、各着業権享有組合員の着業実績、生活依存度等に照らしての損失額に応じて各人がこれを取得すべきこととなるが、その具体的な取得額の確定まではその分配を目的として右各組合員の共有に属するものと推定すべきであるが、他方、本件補償金は前述のとおり、本件の漁業権の変形物である面は否定し難いから、右着業権享有組合員の共有者団体において被告漁協の管理処分権限を排して、共有物分割手続に委ねる旨の特段の意思表示をしない限り、漁業権の管理処分権能の変形したものとして、被告漁協に、本件補償金の配分（配分額決定）権限は、そのまま残るものと言うべきである。

本件においては、右の特段の意思表示があることは窺えな

いから、被告漁協において右配分権限を有することとなる。

ただし、被告漁協の有する右配分権限は、以上の補償金の性質に鑑み、各着業権享有組合員の受ける損失の割合に応じた適正な配分をなさねばならない内在的制約を有し、しかも、水産業協同組合法第五〇条四号、五号の趣旨に準じ、総会の特別決議に基づいて配分することが不可欠になるものと言わざるを得ない。

三　そこで、右に説示した観点に立って、本件の各決議の効力につき順次検討する。

1　昭和五七年六月一二日開催の全員集会

《証拠略》によれば、被告は昭和五七年六月六日、理事会の決定に基づき、本件の補償金配分につき正組合員の全員集会を招集し、正組合員五四名中、四九名の出席者全員が、理事五人、監事二人、管理委員八名で配分委員会を構成して配分基準案を提示させる旨了承したこと、そして同月一二日に第二回目の正組合員の全員集会を招集して、正組合員四九名が出席し、被告組合長は、本件補償金の配分基準につき、昭和五六年度の海苔着業者五一名を対象とし、同年度に休業した者で海苔養殖器材を保有しない者は対象外とするが、右の器材を保有する者については配分を別途検討する旨の配分委員会案を提案するとともに、本件補償金のうち金一〇〇〇万円を被告漁協において預ることの了承を求めたこと、議事録上、右金一〇〇〇万円の被告漁協預りの件については「全員拍手で承認」と記載され、また右の配分委員会案については反対意見が表明された形跡はなく、「全員了承異議なし」と記載されていることが認められ、右認定を左右するに足る証拠はない。

ところで、《証拠略》によると、定款上被告漁協の総会における表決の方法については別段の定めがないことが認められるから、ことさら挙手、起立、投票など採決の手続をとらなくても、総会の討議の過程で議案に対する各人の確定的な賛否の態度が自ら明らかとなつて当該議案に対する賛成の議決権数が決議要件たる議決権数に達したことが明白になつた以上表決は成立するものと言うべきであり、また本件の「全員集会」の実体は、何ら総会（正組合員のみが議決権を有する）と異なるところはないものと言うべきであるから、正組合員五四名中四九名の出席のもとに異議なく承認されたものとして、総会の特別決議がなされたのと同視してよいものと認められる。

また、共同経営体を構成する組合員が議決権を行使した点については、仮に原告主張のとおり、右組合員に対し正組合員としての資格を付与すべきでない事情があったとしても、正組合員としての資格が付与されたままである以上、当該組合員は議決権を行使し得ないものではないから、右決議の瑕疵事由になるものとは認め難い。

本件の補償金は前示認定のとおり、第一種区画漁業権免許番号第二〇四〇の一部特定海域における行使及び被告が本件温排水が及ぶ海域内において新たに取得する第一種区画漁業権の行使による収益権が、早くとも昭和五七年六月以降に本件温排水によって受ける損失の補償であり、正組合員で同年度以降に右の区画漁業権行使の資格を与えられ、海苔養殖に着業すべき者に帰属するところであるが、果して、誰が同年度以降右着業を続け、あるいは着業することになるかは不確定であり、むしろ着業の蓋然性を有する正組合員すべてが、前示着業権享有組合員に該当し、本件の補償を受ける適格性を有するものと言うほかない。右状況の下で、前年度の昭和五六年度に着業した正組合員については、もつとも右の蓋然性が高いものとして、これを基本的な配分対象者とし、昭和五六年度に着業せず、且つ海苔養殖器材すら有さなくなつた者については右の蓋然性がないものと認め、同年度に着業はしなかつたが、右の器材を保有する正組合員については別途個別的に右の蓋然性を検討して配分対象者とすることとした本件の集会決議はそれ自体必ずしも合理性を欠くものとは言えない。

また原告は、共同経営体の組合員を配分対象者としていることを問題にしているが、本件の集会決議自体は、共同経営体の組合員に対し、当然に他と同様に分配することを内容とするものでないから、右主張は採用できない。

以上の次第で、昭和五七年六月一二日開催の集会決議には原告主張の瑕疵、不存在あるいは無効事由は認めることができず、被告は右決議に基づき、昭和五六年度着業者及び同年度非着業者のうち配分対象者と認める者に対し、各人の漁業依存度、漁業実績、漁業経営の実態等を斟酌し、各人が被る損失の程度に応じて本件の補償金を配分すべきこととなる。

2　昭和五七年六月二八日開催の臨時総会決議

《証拠略》によれば、右総会には、正組合員五四名中五一名が出席（そのうち代理出席二名、書面議決三名）し、被告組合長において、本件補償金につき、昭和五六年度海苔着業者五一名に対しては均等に配分する、昭和五六年度海苔事業休業の正組合員で海苔器材等を持っている原告及び訴外縄田一友と、過去三年間海苔事業を休業していたが昭和五七年度に着業する訴外柿本に対し配分を考慮する旨の配分委員会案を提案したこと、右均等分配の点につき、出席者から、均等分配でなく各人の事情を斟酌して分配額を決めるべきである、共同経営体の組合員に対しては分配額を低くすべきである等の反対意見が表明され、採決が求められたため、議長は均等分割賛成者は〇、反対者は×を記入する無記名投票をする旨決定し、いつたん投票が行なわれた後、昭和五六年度に海苔事業に着業しなかつた原告らが投票するのはおかしいとの声が組合員からあがつたため、議長は開票しないまま再投票することを決定し、原告らに投票権を与えないで再投票した結果、均等配分の賛成票は二九票

（うち書面で予め議決権を行使したもの二票）となつたが、議長は可決を宣したこと、次に昭和五六年度休業したが配分を考慮することとした原告、訴外縄田一友、訴外柿本に対する配分額等の決定を配分委員会に一任する点については議事録上、議長が「大多数により委員会一任と決定しました」と発言し、これに対し拍手があつたことになつていること、以上の事実が認められ、右認定を左右するに足る証拠はない。

昭和五六年度着業者に対する均等配分案の決議については、原告らも正組合員である以上議決権の行使を妨げられる理由はなく、結局出席者五一名の正組合員のうち二九名の賛成があつたに過ぎないことになり、特別決議要件である出席者の三分の二に当る三四名の賛成には達していないことが明らかである。

而して、右配分案の決議については配分基準の根幹にかかわるものであることからすれば前示二に説示のとおり、特別決議に付することが絶対要件と言うべきであるから、右決議は不成立と言うほかない。

また原告ら三名に対する配分を配分委員会に一任する旨の決議につき、原告は正式な採決によつていない点を問題とするが、必ずしも正式な採決を要件としないことは前記三の1で明らかにしたところと同一である。

しかしながら、前示二に説示の観点からすると、右の配分決定は総会の特別決議に付すべき専属事項であつて、総会において具体的基準も定めないまま白紙で委員会に一任することは到底許されないものであるから、内容的に無効な決議と言わざるを得ない。

3　昭和五七年七月一日開催の配分委員会決議

原告は右決議は昭和五七年六月二八日開催の総会決議における白紙委任決議を前提とするから無効である旨主張するが、右の委任決議が無効であれば、本件の配分委員会決議が自己完結性を失なつて、総会への提示案の決議となるのみであつて、そのようなものとして有効であるものと解されるから、右主張は排斥を免れない。

四　次に水産業協同組合法上の組合である被告の総会決議の瑕疵あるいは欠缺の主張方法について触れる。

水産協同組合法は、中小企業協同組合法が同法上の組合の総会につき、総会決議取消又は無効に関する商法の規定を準用しているのと異なり、決議取消又は無効の訴についての規定を欠く一方で、水産業協同組合法第一二五条一項において、「組合員が総組合員の一〇分の一以上の同意を得て、総会の招集手続、議決の方法又は選挙が法令に基づいてする行政庁の処分又は定款若しくは規約に違反することを理由として、その議決又は選挙若しくは当選決定の日から一か月以内にその議決又は選挙若しくは当選の取消しを請求した場合において、行政庁はその違反の事実があると認めるときは、当該決議又は選挙若しくは当選を取り消すことができる」旨規定している。しかしながら、同法は右決議が無効である場合及び不存在である場合については何らの定めもしていないことに加え、組合員の裁判を受ける権利の保障の点を考えると、一般原則に従い、総会の決議無効、不存在については訴訟の前提問題としてこれを争えるのみならず、これが現に存する紛争の直接かつ抜本的解決のため適切かつ必要と認められる場合には、総会決議の無効又は不存在の確認の訴を提起できるものと言うべく、この場合には商法第二五二条を類推適用したうえ、対世的効力がその認容判決に付与されるものと解するのが相当である。

これを本件について見るに、被告の昭和五七年六月二八日開催の臨時総会における昭和五六年度着業者に対して本件補償金を均等配分する旨の決議は不成立であるものとして無効であり、また原告ら昭和五六年度海苔着業の休業者に対する配分を配分委員会に一任する旨の決議は内容的に無効であることは前示認定のとおりであり、右決議の無効を確認することが現存する紛争の直接かつ抜本的解決のため適切かつ必要と認められ、また正組合員である原告に原告適格があるものと言えるから、右決議の無効確認の訴は適法であり、且つ理由があるものとして認容すべきである。

五　そして、右の総会決議が無効である以上、これに基づく昭和五六年度着業者五一名に対する金一〇〇〇万円宛の被告の配分は根拠を欠いて無効であるものと言うべく、この点は原告に対する補償金の配分と不可分なもので原告において確認の利益を有するから、右の配分の無効確認を求める原告の請求は理由があるものとして認容すべきである。

六　次に原告の慰謝料請求につき判断する。

《証拠略》によれば、次の事実が認められる。

1　被告の組合員資格審査規程によると、組合員資格の判定は、理事会が必要に応じて資格審査委員会の意見を聞いたうえで決定し、理事は毎事業年度終了後四〇日以内にすべての組合員につき組合員資格の変動を審査し、その結果を公告しなければならず、且つ資格変動を生じた者に対し右公告前その者に個別に通知し弁明の機会を与えなければならないとされている。

2　正組合員の資格要件である漁業従事日数年間一二〇日の算定は水産動植物の採捕又は養殖の作業に直接従事した日数と、疾病等の事由により従事できなかつた日数で組合が認めたものの合計とされている。

3　被告の資格審査委員会は被告組合員の資格を審査した結果、昭和五七年五月六日、原告、訴外林、訴外国吉、訴外室重、訴外縄田一友につき、昭和五六年度において、その漁業従事日数が一二〇日に満たないものと考え、正組合員から准組合員にするのが相当との答申をしたところ、被告理事会は、原告を除く右四名については正組合員から准組合員に変動する旨判定したが、原告については採貝等についても考慮して再度検討するよう右委員会に命じた。

4　資格審査委員会は、原告は昭和五六年度はたて網だけにしか従事しておらず、その操業日数も三五日以下であるとして漁業日数が不足する以上正組合員資格を有さないとの意見をまとめて理事会に報告し、昭和五七年五月一二日、理事会は右委員会の意見と同様の判定をして文書で原告に対し、正組合員から准組合員への変動を通知した。

5　右の資格審査の過程で、委員会においてもまた理事会においても原告に漁業従事日数が不足した事情、原告の家庭事情については調査も、考慮もせず、また漁業従事日数について原告からの事情聴取はしていない。

6　原告は妻、娘の操、娘婿と同居し、妻及び娘の操とともに漁業に従事していたが、昭和五六年度は海苔養殖事業の中心となる操が病気で稼働できなくなつたため、海苔養殖を休業した。

しかし、原告は同年度においてもたて網漁、採貝等には従事し、漁業以外で生計を立てることはなかつた。

7　昭和五七年五月一七日、被告の組合員一八名が、右の資格審査につき公正を欠くものがあるとして山口県知事に対し、水産業協同組合法第一二三条に基づく検査請求（ただし右請求の同意者数は同法の要件に満たない）をし、共同経営体を構成する組合員の資格に対する疑問、原告の漁業従事日数の算定についての疑問が提起されたことから、同月二四日山口県の担当者が被告漁協に調査に赴き被告理事から事情を聴取し、また検査請求者の意見を聴取したうえ、原告の正組合員資格を回復することで円満に解決するよう被告に対し、行政指導を行なつた。

8　被告は右の指導を受けて同月二五日理事と資格審査委員の合同会議を開き、穏便な解決をはかるため、特例として原告の正組合員資格を回復することを決定し、これに伴なつて検査請求者も請求を撤回した。

以上の事実が認められ、右認定を左右するに足る証拠はなく、また原告は原告の昭和五六年度における漁業従事日数は一二〇日以上ある旨供述し、原告の兄である訴外縄田一友も「（感じとして）一二〇日以上漁業に従事していたと思います」と証言するが、右の点については裏付の資料を欠き、果して同年度の原告の漁業従事日数が一二〇日に達していたかは確定し得ないところである。とは言え、右認定の被告においても右の点につき、十分な調査を尽したとは言えず、しかも、疾病等その他これに準ずる事由により漁業従事ができなかつた場合の認定従事日数の算定も全く考慮しないまま原告の正組合員資格を一時的に剥奪したことは不当であるとの譏りを免れない。

しかしながら、右認定の原告の正組合員資格の一時的な剥奪にかかる経緯に徴すると、被告においてことさらに原告を差別的に取り扱つたものとは認め難く、原告に対する不法行為を構成する程の違法性があるものとは認められない。

従つて原告の本訴慰謝料請求は理由がないものとしてこれを

棄却すべきである。

七　以上の次第で、被告の昭和五七年六月二八日開催の臨時総会における本訴各決議の無効確認を求める請求並びに右決議に基づき被告組合員五一名に対し被告がなした一名当り金一〇〇〇万円宛の漁業補償金配分の無効確認を求める請求は理由があるからこれを認容することとし、その余の請求は失当であるから棄却すべく、訴訟費用の負担につき民事訴訟法第八九条、第九二条本文を適用して、主文のとおり判決する。

（時報一一九一号一二〇頁）

◆16　共同漁業権放棄の対価としての補償金の配分は、漁業協同組合の特別決議によって行うべきである

最高裁一小民、昭和六〇年(オ)第七八一号
平元・七・一三判決、破棄差戻
上告人（被告）大分市白木漁業協同組合
被上告人（原告）若林公正
一審　大分地裁　二審　福岡高裁
関係条文　漁業法六条一項、八条、水協法四八条一項九号、五〇条

【要旨】
漁業協同組合がその有する漁業権を放棄した場合に漁業権削滅の対価として支払われる補償金は、法人としての漁業協同組合に帰属するものというべきであるが、現実に漁業を営むことができなくなることによって損失を被る組合員に配分されるべきものであり、その方法について法律に明文の規定はないが、漁業権の放棄について総会の特別決議を要するものとする水協法の規定の趣旨に照らし、右補償金の配分は、総会の特別決議によってこれを行うべきものと解する。

（註）判例は、「六一頁12」参照

◆17　漁業協同組合が共同漁業権放棄に伴う損失補償金の配分を役員会に一任する場合の決議の方法

熊本地裁、昭和六一年(ワ)第四五号
平成三・一・二九判決、認容（確定）
原告人　久山勝ほか三名
被告人　長洲漁業協同組合
関係条文　漁業法六条一項、八条、水協法四八条一項九号、五〇条四号

【要旨】
漁業協同組合に支払われた漁業権消滅に伴う補償金の配分については、総会の特別決議によってその配分手続を役員会等に委ね、

右委任によつて役員会等が具体的な配分を決定した場合は、右役員会の配分決定は総会の決議と一体となつて有効な配分と解される。

○主　文

一　被告が熊本県玉名郡長洲町大字長洲地先の北防波堤移設工事等による損失補償金の配分につき、昭和六一年三月二九日になした「原告久山勝、同久山勝紀、同小柳松子に対し各金一三二万一七六三円、原告浜口助有に対し金二七万七六〇〇円を配分する。」旨の決定は無効であることを確認する。

二　訴訟費用は被告の負担とする。

○事　実

第一　当事者の求めた裁判

一　請求の趣旨

主文同旨

二　請求の趣旨に対する答弁

1　原告らの請求を棄却する。

2　訴訟費用は原告らの負担とする。

第二　当事者の主張

一　請求原因

1　原告らは、被告長洲漁業協同組合の組合員である。

2　訴外熊本県と被告は、被告が有する区画漁業権（有区第三号）、共同漁業権（有共第三号）の区域内である玉名郡長洲町大字長洲地先において、県が施行する北防波堤移設工事等に伴う損失補償につき、昭和五七年一二月二五日契約を締結し、熊本県は被告に対し金二億五七五〇万円を支払つた。

3　右損失補償金につき、被告は漁業補償配分小委員会を作つて配分案を作成し、昭和六一年三月二九日被告の役員会において配分案を承認したが、右配分案は別紙配分案記載のとおりである。

被告は、右役員会の決定（以下「本件配分決定」という。）に基づき昭和六一年四月三日より各組合員に対し配分金の支払を開始した。

4　役員会が決定した本件配分決定によれば、原告久山勝、同久山勝紀、同小柳松子は各金一三二万一七六三円、原告浜口助有は金二七万七六〇〇円の配分を受けることとなつている。

5　しかし、右配分は以下に述べるように無効である。

まず、第一に漁業補償配分小委員会が作成した漁業補償金の配分の基準については、役員会で承認されたのみで、被告組合の総会においては何ら決議されていない。

しかし、各人への配分を正式に決定するためには組合総会の特別決議が当然必要であり、総会の議決を欠く配分は無効である。

実務例としても、昭和四五年一一月二一日付水産庁漁政部長より熊本県水産主務部長に宛てた通知において、「配分委員会等で作成された漁業補償金の配分の基準は、漁業協同組合の総会の議決により正式に決定するものとする。なお、この配分基準については、個々の組合員からもこの配分の基準の内容に同意する旨の同意書の提出を得ておくものとする。」とされており、個々の組合員の同意まで要求されているものである。

6　さらに、本件配分決定の配分基準によれば、妥結時（昭和五七年一二月二五日）の正組合員に一定の割合が配分されることになっているが、当時の正組合員の組合員資格を有しないものまで配分が行われている。

右当時正組合員の資格を有しない者はおそらく五〇名以上にのぼるものと推測される。

そして、右妥結当時に長洲町町長であった福永一実についても町長として何ら漁を行っていなかったにもかかわらず正組合員として配分を行っている。

従って、妥結当時の正組合員に配分を行うと決定されたのであれば、当然組合員の資格審査を行ったうえ、その資格に応じて配分を行うべきであるにもかかわらず、資格審査をしないまま正組合員資格のない者にも配分しているため、原告らをはじめとする他の正組合員の配分金額が不当に少なくなっており、この点からも配分は無効である。

7　配分基準の点数を設定の仕方及びそれに対する個人別の配分作業も合理性を欠いている。一例をあげれば、あさり採貝業者で一年に僅か一〇数日行った者でも三年間で四〇点と評価されている。

8　以上のとおり、被告の行った原告らをはじめとする各組合員に対する配分は無効であるが、被告は配分を強行したので、原告らは被告に対し、正当な正組合員に対する適正な配分を求めるため、請求の趣旨記載の原告らに対する配分が無効であることの確認を求める。

二　請求原因に対する認否並びに被告の主張

1　請求原因1、2の事実は認める。

2　同3の事実はおおむね認める。

なお、昭和六一年三月二六日の配分小委員会の案（訴状添付の配分案）を、同年三月二七日、二八日の配分委員会において若干修正して（修正したのは、前文が「漁業補償金に金利を含めた総額から必要経費を引いた残りの金額を下記事項に基づき配分する。」と追加された点、2—2の漁業従事者につき「昭和五七年度、五八年度、五九年度、六〇年度の四年間を対象に従事日数等により下記のとおりの段階の点数とする。」と追加された点である。）決議した。

3　同4の配分金額は認める。

ただし、各金員は、役員会で承認を受けた経費を引いた残りの金額の配分である。

4　同5の事実は争う。
　配分小委員会の配分基準は、配分委員会において前記2のとおり若干修正をうけて役員会の承認を得たものである。
　さらに、昭和五七年一〇月九日開かれた臨時総会において
㈠　県が実施する長洲港整備に伴う有共第三号共同漁業権漁場の一部（約一四、〇〇〇平方メートルの新防波堤）消滅及び有区第三号区画漁業権漁場の一部（約五六、〇〇〇平方メートル）消滅について
㈡　前記漁業権消滅に伴う補償金二億五七五〇万円の承認について
㈢　漁業補償金受入れに伴う契約又は他の要件での覚書等の締結を役員会に一任することの承認について
㈣　漁業補償金の請求並びに受領に関する権限を組合長理事中山正賢に一任することの承認について
㈤　漁業補償金の配分処理を役員会に一任することの承認について
㈥　有区第三号、有共第三号漁業権変更申請承認について
　それぞれの各議案が審議され、㈠、㈡については（無記名）投票総数二五四、賛成一八〇、反対六五、無効九の多数決をもつて承認し、他の案件も過半数の賛成をもつて承認されている。
　よつて、右配分は無効とはいえない。
　また、原告ら主張の実務例については、不知。少なくとも被告組合には昭和四五年当時原告ら主張のような通知はなされていなかつた。
5　同6の事実は争う。
　被告は、正組合員に対して配分しており、非組合員には配分していない。過去二回にわたる漁業権消滅に伴う漁業補償においても、また影響補償（第三水俣病に関連した昭和四八年の補償）においても、いずれも形式的組合員資格を有するものに補償金を配分したが、これが被告の慣行である。

　町長であつた福永一実も、正組合員であつたのでその均等割四九万一三九七円が支払われている。

　原告らの「資格審査をしないまま正組合員資格のない者に配分した。」との主張も争う。

　被告組合において資格審査委員会が発足したのは昭和五八年五月二二日の通常総会においてであるが、そのあと資格審査委員会においても右福永一実は有資格者とされている。

　資格審査委員会発足前においても、理事会において組合員資格の有無の判断はなされていたが、その場合本人の条件のみならず、家族、後継者のそれもふまえて弾力的判断をしてきており、年間一二〇日の漁業実績を杓子定規に適用してはこなかつたし、その点現在も同様である。

　原告らは、「正組合員の資格を有しない者は数十名にのぼると推測される。」旨述べているが、これらの者は五九名であり、

被告はその全員を昭和六一年三月二八日現在において正組合員の資格ありと認めている。そして、右五九名は「漁業補償配分に関する決議事項」による配分点数は全員ゼロであるが、ただ右配分決議の一項にある「漁業補償金の五〇パーセントを妥結当時の正組合員に均等割りで配分する。」とされたので、その結果最低の四九万一三九七円の配分を受けたにとどまる。

さらに、右五九名は、全員正組合員としての賦課金を毎年支払っており、その意味で漁協に対する貢献をしてきている。

そして、出漁日数の多い者が必ずしも漁協に対する貢献が大であるとはいえない実情にある。過去の漁協の漁業補償の経過からも、操業日数の実情（たとえば、採貝についての年操業日数は昭和五九年度一一日、同五八年度六日、同五七年度、同六〇年度はいずれも零である。）からしても、操業日数のみを基準として配分するわけにはいかなかつたものである。

また、操業日数の計算については究極において社会通念により判断せざるを得ず、すべて機械的に日数を計算せねばならぬものではなく、弾力的な解釈が許されるべきである。

従つて、原告らが資格がないと主張する町長についても「一時的事由により心ならずも漁業に携わることができなくなつた。」「経営のため頭を使い采配を振るつている。」という条件には該当するので、正組合員の資格ありと判断できる。

6　同7の事実は争う。

あさり資源保護の観点からあさり採貝者の自主規制をしているので、年平均して二〇〇日とか三〇〇日とか採貝する者はいない。せいぜい年二、三〇日位である。

従つて、右のように漁業の事情で出漁制限をしているものについては、「災害等の事由で出漁できなかつた期間」に該当するものと考えられるので、操業日数に含めるべきである。

三　被告の主張に対する原告らの反論

被告は、総会で漁業補償金の配分処理を役員会に一任する旨決議しているが、右決議はあくまで配分案の作成を役員会を一任する旨決議したものに過ぎない。

被告は総会の特別決議によって配分方法を具体的に決むべきであるが、右決議はなされていない。

また、総会における補償金額の承認が配分方法についての承認とならないことは明らかである。

第三　証拠《略》

〇理　由

一　請求原因1、2、3（ただし、別紙配分案のうち、前文が「漁業補償金に金利を含めた総額から必要経費を引いた残りの金額を下記事項に基づき配分する。」旨、2—2の漁業従事者につき「昭和五七年度、五八年度、五九年度、六〇年度の四年間を対象に従事日数等により下記のとおりの段階の点数とする。」旨それぞれ追加された点を除く。）4の各事実は、当事者間に争いがない。

二　そこで、原告らの本件配分決定の無効の主張について検討するに、漁業協同組合に支払われた漁業権消滅に伴う補償金の配分については、総会の特別決議によつてこれを行うべきであるが（最高裁判所第一小法廷平成元年七月一三日判決、民集四三巻七号八六六頁参照）、このことは総会が自ら配分手続の一部始終を直接行わねばならないことを意味するものではなく、総会の決議により既存の役員会等を利用したり、あるいは、新たに配分委員会等を設置して、配分基準の設定を含む配分作業を行わせることは、配分作業の技術的な性質からしてもむしろ合理的であつて是認されるもので、その場合それらの機関の決定は総会の決議と一体をなすものと解するのが相当である。

原告らは、被告が総会で漁業補償金の配分処理を役員会に一任する旨決議しても、右役員会の配分案をさらに総会の特別決議で議決すべきである旨主張する。確かに右原告ら主張のような手続が最も望ましいものであることは勿論であるが、配分基準の設定を含む配分作業が複雑で極めて技術的である点等を考慮すると、原告ら主張のような手続は必ずしも必要ではなく、総会の特別決議によつてその配分手続を役員会等に委ね、右委任によつて役員会等が具体的な配分を決定した場合は、右役員会の配分決定は総会の決議と一体となつて有効な配分と解されるので、右原告らの主張は採用できない。

そこで、本件についてこれをみるに、被告は、昭和五七年一〇月九日開かれた被告組合の臨時総会において、原告らの主張のような漁業権漁場の消滅及び右漁業権消滅に伴う補償金の各承認については三分の二以上の特別決議によつて承認されたが、漁業補償金の配分処理を役員会に一任することについては単に過半数の賛成をもつて承認されたに過ぎない旨自認し、《証拠略》によつて右の各事実が認められる。

しかし、本件全証拠によつても、補償金の具体的な配分について被告組合の総会の特別決議を経たことや、役員会の本件配分決定をその後の総会において特別決議により承認したと認めるに足りる証拠はない。（《証拠略》によれば、昭和五八年五月二二日の被告組合の総会において、港湾改修に伴う補償金の内払については特別決議がなされているが、右は本件補償金の配分に関するものではない。また、補償金額承認の特別決議が配分方法についての承認とならないことは明白である。）

以上のとおりであるから、被告組合の総会では漁業補償金の配分処理を役員会に一任する旨の多数決による決議はなされたが、右決議は三分の二以上の特別決議によるものではない。

そうとすれば、右総会の単なる多数決によつて設置された役員会において本件の配分決定がなされたとしても、右決定はそのままでは効力を生ずるに由ないものというべきである。

しかし、右のような役員会による無効な配分決定も、その後の総会において特別決議によつて承認された場合は有効となるものと解されるが、さきに認定のとおり右のような特別決議がなされた事実は認められないので、役員会の本件配分決定は結局無効というほかはない。

よつて、その余の点について判断するまでもなく、総会の特別決議を欠く本件配分決定は無効である。

なお付言すれば、原告らは、本件配分決定は正組合員の資格を欠く組合員にも正組合員としての配分が行われているので無効である旨主張するところ、いずれも《証拠略》を総合すれば、被告組合の資格審査委員会の正組合員、準組合員の認定については、特にその操業日数の算定について一部恣意的とみられる点が窺われ（個々の組合員に対して判定するには、なお相当の証拠調が必要である。）、ひいてはそのままでは本件配分が無効となることも考えられない訳ではない。（もつとも、操業日数の計算については、社会通念に照らして弾力的に判断すべきであり、特にあさり採貝者については被告において自主規制をしているので、特別な配慮が必要であろう。）

そこで、今後の再配分の作業においては、以上の諸点について法や定款に沿うよう、より厳格な資格審査が望まれる。

三　以上の次第であるから、原告らの本訴請求は理由があるからこれを認容し、訴訟費用の負担について民事訴訟法八九条を適用して、主文のとおり判決する。

（時報一三九一号一五九頁）

◆18　漁業協同組合が漁業法第八条第二項に規定する事項について総会決議により漁業権行使規則の定めと異なった規律を行うことの許否

最高裁三小民、平成五年(オ)第二七八号
平九・七・一判決、破棄自判
一審　高松高裁　二審　高松高裁
上告人　松本鶴松
被上告人　羽根町漁業協同組合
関係条文　漁業法八条、水協法四八条一項一〇号（平成五年改正前）・五〇条

【要　旨】

共同漁業権についての法制度にかんがみると、漁業協同組合が、その有する協同漁業権の内容である漁業を営む権利を有する者の資格に関する事項その他の漁業法八条二項に規定する事項について、総会決議により漁業権行使規則の定めと異なった規律を行うことは、たとえ当該決議が水産業協同組合法五〇条五号に規定する特別決議の要件を満たすものであったとしても、許されないものと解するのが相当である。

（註）判例は、「九五頁17」参照

第一〇節　決議、選挙又は当選の取消し

第百二十五条　組合員（第十八条第五項の規定による組合員及び第八十八条第三号若しくは第四号、第九十八条第二号又は第百条の三第三号若しくは第四号の規定による会員を除く。）が総組合員（第十八条第五項の規定による組合員及び第八十八条第三号若しくは第四号、第九十八条第二号又は第百条の三第三号若しくは第四号の規定による会員を除く。）の十分の一以上の同意を得て、総会の招集手続、議決の方法又は選挙が法令、法令に基づいてする行政庁の処分又は定款若しくは規約に違反することを理由として、その議決又は選挙若しくは当選決定の日から一箇月以内に、その議決又は選挙若しくは当選の取消しを請求した場合において、行政庁は、その違反の事実があると認めるときは、当該決議又は選挙若しくは当選を取り消すことができる。

2　前項の規定は、創立総会の場合にこれを準用する。

3　前二項の規定による処分については、行政手続法（平成五年法律第八十八号）第三章（第十二条及び第十四条を除く。）の規定は、適用しない。

◆19　漁業協同組合総会決議取消請求棄却決定の取消請求が却下された事例

熊本地裁民、昭和五九年(行ウ)第三号

昭五九・九・二八決定、却下

原告　藤本久治

被告　熊本県知事

関係条文　水協法一二五条・一二七条、行政不服審査法五条一項・二項、行訴法一四条一項・四項

【要　旨】

水協法一二五条による総会決議取消請求に対して知事のなした棄却決定に不服がある場合、その不服申立ては農林水産大臣に対する審査請求によるべきものであり、知事に対する異議申立ては不適法である。

〇理　由

二　そこで、本件請求に対する本件決定において被告の行った右教示が適法なものであったかどうかをまず検討する。

法一二五条一項による総会の決議又は選挙若しくは当選の取消請求に対し地方公共団体の長たる都道府県知事の行う事務は、当該総会の招集手続、議決の方法又は選挙が法令、法令にもとづい

てする行政庁の処分、定款又は規約に違反するかどうかを判断するものであるが、仮にこれらに違反行為があつたとしても、組合の健全な運営に支障をきたさないような場合には、その瑕疵の程度等を考慮して取消すべきかどうかを判断するものであつて、このためには、定款の変更、合併等に関する事務を行い、組合から必要な報告を受け、会計の状況を検査する等監督上必要な措置を講ずることは当然の前提となつているところ、右前提の事項は、地方自治法一四八条一項、二項、別表第三第八九号で都道府県知事に属せられた国の事務（いわゆる機関委任事務）にあたるとされているから、被告が、右事務を執行する関係においては、地方自治法一五〇条、国家行政組織法一五条、水産業協同組合法の施行等に関する政令二条一項、農林水産省設置法四条一二九号により主務大臣たる農林水産大臣の監督を受けることになり、したがつて農林水産大臣は、被告の右事務についての審査法五条二項の「直近上級行政庁」にあたることになるので、本件決定に不服がある場合には、原告は審査法五条一項により農林水産大臣に審査請求をすべきであると解するのが相当である。

もつとも法一二七条一項は、松尾漁協のように都道府県の区域又はその区域を超える区域を地区とする組合以外のその他の組合については、主たる事務所を管轄する都道府県知事をもつて監督行政庁とする旨規定しているので、右規定のみからすれば、本件については被告をもつて行政庁であると解し得る余地もないではない。

しかしながら、地方自治法二条二項は、地方公共団体の固有事務なるものの存在することを認め、同条三項で右事務を例示しているが、前叙組合の決議等の取消請求に対して行う事務は右例示中には含まれていないところ、右事務を地方公共団体の固有事務と解すべき何らの根拠もない。そのうえ、行政処分に対する不服申立については、その手続が煩瑣である等特段の事情のない限りできるだけ異なる機関において判断することがより一層国民の権利擁護に厚いということができる。

そうすれば、法一二五条による取消請求につき都道府県知事の行う事務は機関委任事務であり、したがつて右事務を所轄する行政庁を前記のとおり農林水産大臣であると解することは法一二七条一項の規定に反するものではないというべきである。

三　叙上説示によれば、原告の被告に対する前記異議申立は不適法であるといわねばならない。しかして行訴法一四条一項によれば、行政処分の取消訴訟は当該処分があつたことを知つた日から三か月以内に提起しなければならない旨規定されているところ、これを本件についてみるに、前記争いのない事実によれば、右三か月の期間が経過していることは明らかである。してみれば、原告の本件訴えは出訴期間を徒過した不適法なものであるとの被告の本案前の抗弁は理由がある。

（自治一〇号一一五頁）

◆20 漁業協同組合の組合員が総会決議に関し、県知事に対し決議取消請求却下処分の取消しを、農林水産大臣に対し棄却裁決の取消しを、国に対し不法行為に基づく損害賠償を求めた訴訟について、他の漁業協同組合の組合員がした補助参加の申立てが却下された事例

熊本地裁民、平成四年(行ウ)第四号
平四・一〇・二八決定、却下
申立人　藤本久治ほか一名
被申立人　熊本県知事、国、農林水産大臣
関係条文　水協法一二五条一項、民訴法六四条

【要　旨】

補助参加が認められるためには、第三者が他人間の訴訟の判決主文で示される判断に法律上の利害関係を有する場合であることを必要とし、単に社会的にみて事実上共通の立場にあるだけでは足らないと解すべきところ、行訴法三二条によって取消判決の効力が第三者に及ぶとしても申立人らと漁業協同組合との関係は、被参加人と相手方らとの関係とは別個のものであって法律上何らの影響も受けるものではないし、棄却判決の効力は第三者に及ばないから、申立人らは本件訴訟の結果について民訴法六四条にいう利害関係を有するものではない。

○主　文

本件補助参加の申立てをいずれも却下する。
本件各補助参加の申立てに対する異議によって生じた費用は申立人らの負担とする。

○理　由

一　補助参加申立人ら（以下「申立人ら」という。）の各申立ての趣旨及び理由は別紙のとおりである。

二　当裁判所の判断

1　本件記録によると、被参加人・原告は荒尾漁業協同組合の組合員であるが、同組合が平成二年五月二九日にした総会決議につき、同年六月二六日付けで被告熊本県知事（以下「被告知事」という。）に対し、水産業協同組合法一二五条に基づき総会決議の取消請求を行い、被告知事が同年九月三日これを却下したので、その却下決定の取消を求め、また、同月一〇日付けで被告農林水産大臣（以下「被告大臣」という。）に対し、被告知事の却下決定の審査請求を行い、被告大臣が平成四年五月二一日付けでこれを棄却したので、その棄却裁決の取消を求め、さらに、国に対し、不法行為に基づき損害賠償を求めるものであることが明らかであるところ、申立人らは、いずれも松尾漁業共同組合の組合員であって、同組合に対し、原告が荒尾漁業協同組合に対するのと共通の立場にある旨主張するものの、仮に申立人らが共通の立場にあるとしても、補助参加が認められる

ためには第三者が他人間の訴訟の結果につき利害関係を有すること、すなわち第三者が他人間の訴訟の判決主文で示される判断に法律上の利害関係を有する場合であることを必要とし、単に社会的にみて事実上共通の立場にあるだけではたらないと解すべきである。行政事件訴訟法三二条によって取消判決の効力が第三者に及ぶとしても申立人らと松尾漁業協同組合との関係は、被参加人・原告と相手方・被告らとの関係とは別個のものであって、法律上何らの影響も受けるものではないし、また、原告の請求が棄却された場合には判断の効力は第三者には及ばないのであって、結局、申立人らは本件の訴訟の結果につき、民事訴訟法六四条にいう利害関係を有するものでない。

2　以上のとおりであるから、申立人らの本件各補助参加申立ては、いずれも理由がないから、いずれもこれを却下することとし、異議によって生じた費用の負担について民事訴訟法九四条、八九条を適用して、主文のとおり決定する。

申立の趣旨

一　申立人らは、民事訴訟法第六四条の規定に基づき、平成四年(行ウ)第四号損害賠償等請求事件につき、原告矢野泉を補助する為に訴訟に参加する。

申立の理由

一　申立人らは、水産業協同組合法に律せられて設立した、熊本市松尾町四四一一番地に事務所を置く、松尾漁業協同組合の組合員である。

二　申立人らが所属する松尾漁業協同組合は理事が、水産業協同組合法第三五条の二同第三八条同第四八条に違反して通常総会を開催せず、総会の決議を得ず業務を執行し組合員に不当な損害を与え、法令法規定款が定める組合の公序を破壊している。

三　水産業協同組合法第一二七条が定める行政庁（被告熊本県知事）は、水産業協同組合法第八章の監督権を放棄し、同法第一三〇条一項七号の処分を怠り、法律政令が委任する行政庁の職務に背き、理事の法令法規定款違反を庇護し、申立人ら組合員の権利を侵害し不当な損害を与えている。

四　法律政令が委任する漁業協同組合に対する主務官庁（被告農林水産大臣）は、前二・三項の事実を認識して主務官庁の職務に背き行政庁及び漁業協同組合の法令法規定款違反を放置し、理事の水産業協同組合法第三五条の二に違反する、法令法規定款違反を合法化している。

五　本案請求の趣旨にかかる原告矢野泉の訴訟提起は、

1　法律制令が委任する国の委任事務、行政庁及び主務官庁の水産業協同組合法第八章が定める漁業協同組合に対する監督責任、

2　漁業協同組合の理事は水産業協同組合法第三五条の二の規定に違反して、法令法規定款等に違反する事項を議案として総会に提案できるか否か、

3　議案の法令法規定款違反は、漁業協同組合の総会決議により合法化するか否か、等について裁判所に判断を求めるものである。

本件訴訟の結果は組合員の権利・利益が、水産業協同組合法並びに被告知事、同農林水産大臣の監督に律せられる漁業協同組合の構成員である申立人らに、原告矢野泉と共通する利害関係を生ずる。

（自治一一〇号九六頁）

◆21　水協法第一二五条第一項に基づく漁業協同組合の総会決議の取消請求却下決定及び右決定に対する審査請求棄却裁決の取消請求をいずれも棄却するとともに、右決定及び裁決並びに審査請求を二〇か月余放置した農林水産大臣の不作為を違法とする国家賠償請求が棄却された事例

最高裁二小、平成六年(行ツ)第一八二号

平六・一二・一六判決、棄却

上告人（原告）　矢野泉

被上告人（被告）　国、農林水産大臣、熊本県

一審　熊本地裁　　二審　福岡高裁

関係条文　水協法一二五条一項、国家賠償法一条一項・二条一項

【要　旨】

水協法第一二五条第一項が総会の招集手続、議決の方法又は選挙が法令、法令に基づいてする行政庁の処分又は定款若しくは規約に違反することを理由とする場合に総会決議の取消しを請求できると規定している趣旨は、その瑕疵が内容にわたらない形式的違法の場合には、日常的に組合の監督に当たりその実際上の運営その他諸般の情勢に精通している監督行政庁に取消権を認めて早期に合目的的にこれを確定させる方が瑕疵ある組合の管理運営を迅速に治癒できるとする意図によるものであり、同条に基づく取消請求は、総会の招集手続、議決の方法又は選挙が法令等に違反する場合にのみ認められ、それ以外の決議内容の瑕疵等を理由とする場合には許されないので、原告主張の決議の瑕疵はすべてその内容について法令、定款及び公序良俗違反をいうものであるから、取消事由に該当しない。また、審理の経緯に照らして農林水産大臣が原告の審査請求を違法に放置していたものとは認められない。

〇主　文

本件上告を棄却する。

上告費用は上告人の負担とする。

〇理　由

上告人の上告理由について

所論の点に関する原審の認定判断及び措置は、原判決挙示の証拠関係及び記録に照らし、正当として是認することができ、原判決に所論の違法はない。右判断は、所論引用の判例に抵触するものではない。論旨は、違憲をいう点を含め、独自の見解に立って原判決の法令違背をいうものにすぎず、すべて採用することができない。

よって、行政事件訴訟法七条、民訴法四〇一条、九五条、八九条に従い、裁判官一致の意見で、主文のとおり判決する。

第二審の主文、事実及び理由

○主　文

本件控訴を棄却する。

控訴費用は控訴人の負担とする。

○事実及び理由

第一　当事者の求めた裁判

一　控訴の趣旨

1　原判決を取り消す。

2　被控訴人国は控訴人に対し、金七一万一〇四〇円を支払え。

3　被控訴人農林水産大臣が控訴人に対し、平成四年五月二一日付けでした審査請求棄却の裁決（農林水産省指令四水漁第一六一九号）を取り消す。

4　被控訴人熊本県知事が控訴人に対し、平成二年九月三日付でした総会決議取消請求の却下決定（平成二年漁政第四八三号の二）を取り消す。

5　訴訟費用は、第一、二審とも、被控訴人らの負担とする。

二　控訴の趣旨に対する答弁

主文と同旨。

第二　事案の概要

原判決の「事実及び理由」の「第二　事案の概要」のとおりであるから、これを引用する。

第三　争点に対する判断

当裁判所も、争点1については、水協法一二五条の規定による議決の取消しの請求は、同条の文言のとおり、総会の招集手続、議決の方法が行政処分、定款又は規約に違反することを理由とする場合に限って許容されるものと解するのが相当であるところ、控訴人が議決の取消しの理由として主張する事実はこれに該当せず、また争点2については、被控訴人熊本県知事及び同農林水産大臣がした各処分に違法が存すること及び被控訴人農林水産大臣が控訴人の審査請求に対する裁決を違法に放置したことを肯認するに足る事実は認められないと判断するが、その理由は、原判決の「事実及び理由」の「第三　争点に対する判断」の説示と同一であるから、これを引用する。

第四　よって、控訴人の請求をいずれも棄却した原判決は正当であって、本件控訴は理由がないから、これを棄却することとし、控訴費用の負担につき民訴法九五条、八九条を適用して、主文のとおり判決する。

福岡高裁民、平成六年(行コ)第一号、平成六年五月三一日判決（自治一三一号一〇六頁）

第一審の主文、事実及び理由

○主　文

一　原告の請求をいずれも棄却する。

二　訴訟費用は原告の負担とする。

○事実及び理由

第一　原告の請求

一　被告国は、原告に対し、金七一万一〇四〇円を支払え。

二　被告農林水産大臣が原告に対し平成四年五月二一日付けでした審査請求棄却の裁決（農林水産省指令四水漁第一六一九号）を取り消す。

三　被告熊本県知事が原告に対し平成二年九月三日付けでした総会決議取消請求の却下決定（平成二年漁政第四八三号の二）を取り消す。

四　訴訟費用は被告らの負担とする。

第二　事案の概要

一　争いのない事実

原告は、水産業協同組合法（以下「水協法」という）に基づき設立された荒尾漁業協同組合（以下「荒尾漁協」という）の組合員である。荒尾漁協は、平成二年五月二九日開催の平成二年度通常総会において、諫早湾干拓事業に伴う漁業補償金の処理等についての議案を承認、議決した（以下「本件決議」という。）原告は、右総会における議案のうち、第一号議案（諫早湾干拓事業に伴う漁業補償金の処理承認の件）は昭和六三年度における事業計画及び決算に関する議案並びに総会決議の内容に反するものであること、第三号ないし第五号議案（平成元年度業務報告書、貸借対照表、財産目録、損益計算書及び剰余金処分案承認の件、平成二年度事業計画案承認の件、賦課金徴収承認の件）、第七号議案（平成二年度における行使料及び入漁料承認の件）は法令及び定款、あるいは行使規則に違反するものであること（以下、第一、第三ないし第五、第七議案を併せて「本件議案」という）を要旨として、総組合員の一〇分の一以上の同意を得て、水協法一二五条に基づき、平成二年六月二六日被告熊本県知事に対し本件決議の取消を請求した。被告熊本県知事は、原告は決議内容の瑕疵を争うもので、水協法一二五条の要件を欠くとして、平成二年九月三日原告の請求を却下する旨の決定をした。そこで、原告は、平成二年九月一〇日行政不服審査法に基づき被告農林水産大臣に対し審査請求をしたが、被告農林水産大臣は、水協法一二五条一項は総会の招集手続又は議決の方法という議決の手続面において法令、定款等に違反する瑕疵がある場合に限りその決議の取消しを請求できるとするものであって、議決の内容が法令、定款等に違反することを理由として決議の取消しを請求することまでを認めたものではなく、原処分に違法な点はないとして、平成四年五月二一日原告の右審査請求を棄却する旨の裁決をした。

二　争点

1　本件決議についての水協法一二五条の取消事由の存否

原告は、概要次のように主張する。即ち、本件議案は、法令及び定款に違反するものであり、また、公序良俗に反する無効なものである。荒尾漁協の理事は、法令及び定款を遵守すべき義務があるにもかかわらず、かかる議案を総会に提出したものであるから、総会招集手続は違法であり、かつ、本件決議の方法には、法律上重大な瑕疵があるというべきである。したがって、被告熊本県知事は水協法一二五条に基づき本件決議を取り消すべきものであり、被告熊本県知事がした本件却下決定及び被告農林水産大臣がした本件裁決は、いずれも違法である。

2　被告国の不法行為責任の成否

原告は、概要次のように主張する。即ち、本件決議の取消請求及び審査請求を認めず違法な本件決議を放置することとなった被告熊本県知事の決定及び被告農林水産大臣の裁決並びに原告の審査請求を二〇か月余にわたり放置していた被告農林水産大臣の不作為は、不法行為を構成するものである。

原告は、右不法行為により、荒尾漁協から徴収された平成元年度から平成四年度までの賦課金一万二〇〇〇円、行使料一五万三四七〇円、入漁料四万五五七〇円、漁業振興補助金の違法処分によって被った損害二〇万円、慰謝料三〇万円、以上合計七一万一〇四〇円の損害を被った。したがって、被告国は右原告の損害を賠償する責任がある。

第三　争点に対する判断

一　争点一（水協法一二五条の取消事由の存否）について

水協法一二五条一項は、総会の招集手続、議決の方法又は選挙が法令、法令に基づいてする行政庁の処分又は定款若しくは規約に違反することを理由とする場合に総会決議の取消を請求できると規定しているが、同条がその文理上明白に取消事由を手続上の問題に限定している趣旨は、その瑕疵が内容にわたらない、いわゆる形式的違法の場合には、日常的に組合の監督にあたりその実際上の運営その他諸般の情勢に精通している監督行政庁に取消権を認めて早期に合目的的にこれを確定させる方が、瑕疵ある組合の管理運営を迅速に治癒できるとする意図によるものと解せられる。したがって、同条に基づく取消請求は、総会の招集手続、議決の方法又は選挙が法令等に違反する場合にのみ認められ、それ以外の決議内容の瑕疵等を理由とする場合には許されないものというべきである。

そこで、右見地から検討するに、本件において原告が水協法一二五条の取消事由として主張する本件決議の瑕疵は、すべてその内容が法令、定款に違反するもの、あるいは公序良俗に違反する無効なものであるというものであって、かかる事由が同条の取消事由に該当しないことは明らかである。原告は、決議内容が法令及び定款に違反し、あるいは公序与俗に反する場合にはその決議方法も違法になる。あるいは、法令及び定款の遵守義務を負う理事がその義務に違反して議案を提出し決議がなされた場合には、総会招集手続や決議の方法が違法になるかのように主張するが、右のように解すべき論拠に乏しく、原告独自の見解というべきであって採用できない。

二　争点2（国の不法行為責任の成否）について

右一に判示のとおり、原告主張に係る事由はすべて水協法一二五条の取消事由に該当しないのであるから、被告熊本県知事が原告の決議取消請求を却下し、被告農林水産大臣が審査請求を棄却する議決を行ったことは適法であって、原告所論の違法はない。

また、原告は、被告農林水産大臣が原告の請求を二〇か月余にわたり放置したことが不法行為になると主張するが、証拠（甲七、甲一六、弁論の全趣旨）によれば、被告農林水産大臣は、原告の審査請求の当否を判断するため、熊本県知事に対し弁明書の提出を要求し、平成三年一一月二日付け熊本県知事の弁明書を原告に送付して反論書の提出を求め、同年一二月ころ原告からの反論書の提出をうけて、本件決議について事実関係を審理して翌年平成四年五月二一日に裁決していることが認められるのであって、右審理の経緯に照らせば、被告農林水産大臣において原告の審査請求を違法に放置していたものとは認められない。

そうすると、被告熊本県知事及び被告農林水産大臣に違法行為があることを前提として国に対し不法行為による賠償責任を求める原告の主張も、その余の点につき判断するまでもなく理由がない。

三　よって、原告の本訴請求はいずれも理由がないからこれを棄却することとし、訴訟費用の負担につき行政事件訴訟法七条、民事訴訟法八九条を適用して主文のとおり判決する。

熊本地裁民、平成四年(行ウ)第四号、平成五年一二月六日判決

（自治一二五号一〇四頁）

第四部　漁港法

〔昭和二十五年五月二日 法律第百三十七号〕

第一章　漁港修築事業

第一節　漁港管理者の決定及び職責

第二十五条　次の各号に掲げる漁港の漁港管理者は、当該各号に定める地方公共団体とする。

一　第一種漁港であつてその所在地が一の市町村に限られるもの　当該漁港の所在地の市町村

二　第一種漁港以外の漁港であつてその所在地が一の都道府県に限られるもの　当該漁港の所在地の都道府県

三　前二号に掲げる漁港以外の漁港　農林水産大臣が、関係漁港審議会の議を経て定める基準に従い、かつ、関係地方公共団体の意見を徴し、当該漁港の所在地の地方公共団体のうちから告示で指定する一の地方公共団体

2　前項の規定にかかわらず、漁港の所在地の地方公共団体は、漁港審議会の議を経て農林水産省令で定める基準に従い、協議して、当該地方公共団体のうち一の地方公共団体を当該漁港の漁港管理者として選定し、農林水産省令で定めるところにより、その旨を農林水産大臣に届け出ることができる。これを変更しようとするときも、同様である。

3　農林水産大臣は、前項の規定による届出を受理したときは、同項の規定により選定された漁港管理者を告示する。

第二十六条　漁港管理者は、漁港管理規程を定め、これに従い、適正に、港漁の維持、保全及び運営その他漁港の維持管理をする責めに任ずるほか、漁港の発展のために必要な調査研究及び統計資料の作成を行うものとする。

◆1　**漁港管理者である町が漁港水域内の不法設置に係るヨット係留杭を法規に基づかずに強制撤去する費用を支出したことが違法とはいえないとされた事例**

最高裁二小民、平成元年(行ツ)第九九号
平三・三・八判決、一部棄却
上告人・付帯被上告人（控訴人・被告）　熊川好生
被上告人・付帯上告人（被控訴訟人・原告）　宇田川功
一審　千葉地裁　二審　東京高裁
関係条文　民法七二〇条、漁港法二六条、行政代執行法二条、地方自治法二条三項一号

【要　旨】

漁港管理者である町が当該漁港の区域内の水域に不法に設置されたヨット係留杭を漁港管理規程が制定されていなかつたため法規に基づかずに強制撤去する費用を支出した場合において、右係留杭の不法設置により、その設置水域においては、漁船等の航行可能な水路が狭められ、特に夜間、干潟時に航行する漁船等にとつて極めて危険な状況が生じていたのに、右係留杭の除去命令権限を有する県知事は直ちには撤去することができないとし、その設置者においても右県知事の至急撤去の指示にもかかわらず、撤去しようとしなかつたなど判示の事実関係の下においては、右撤去費用の支出は、緊急の事態に対処するためのやむを得ない措置に係る支出として違法とはいえない。

○主　文

原判決中上告人敗訴部分を破棄し、第一審判決中右部分を取り消す。

前項の部分に関する被上告人の請求を棄却する。

本件附帯上告を棄却する。

訴訟の総費用は被上告人の負担とする。

○理　由

上告代理人阿部三郎、同中利太郎の上告理由第一点について

一　原審が適法に確定した事実関係は、次のとおりである。

1　河川法適用の一級河川である境川は、旧江戸川から分岐し、浦安市市街地部分（約二キロメートル）、第一期埋立地部分（約一・五キロメートル）、第二期埋立地部分（約一・四キロメートル）を経て海に注ぐ河川であり、千葉県知事がその管理権を有し、その管理権の現実の執行は、出先機関である千葉県葛南土木事務所長（以下「葛南土木」という。）が行つている。

2　浦安町（昭和五六年四月一日より市制を施行して浦安市となる。）に所在する浦安漁港は、「大字猫実地先船溜防波堤南端を中心として半径六百五十メートルの円内の海面及び境川取入口中心部を中心として半径百五十メートルの円内の江戸川河川水面のうち千葉県地先分並びに境川河川水面」をその区域内の水域とする漁港法所定の第二種漁港であり、同町が漁港管理者に指定され、その維持管理をし、上告人が同町の町長として右管理権を行使していたが、同法二六条の漁港管理規程（以下「漁港管理規程」という。）は制定されていなかつた。

3　境川においては、昭和四九年ころに始まつたヨット、モーターボートの河川法所定の許可を受けない不法係留や木杭等の係留施設の不法設置が同五二年ころから増加し、そのため境川を航行する一日約一六〇隻の漁船等の水路が狭められ、船舶の接触、破損等の事故が発生して漁民等からの苦情が多くなり、同五五年五月にその対策を検討する境川ボート調査委員会が浦安町に

設置されたが、その当時、境川の第一期埋立地部分に約一三五隻のモーターボートが、第二期埋立地部分に約五〇隻のヨットが不法に係留されていた。

4　浦安町は、昭和五五年六月四日午前一〇時過ぎころ、右の第一期埋立地前面から第二期埋立地前面に至る間に鉄骨様のものが打ち込まれ非常に危険なので早急に対処してほしいとの地元漁師からの通報を受け、直ちに調査したところ、第二期埋立地高洲地先の川幅四三メートルの境川の河心（右岸から約二一・五メートルの地点）及び右岸側（右岸から約一・五メートルの地点）に、長さ一二メートル及び一〇メートルの鉄道レールが約一五メートルの間隔で、二列の千鳥掛けに約一〇〇本、全長約七五〇メートルにわたり打ち込まれていて（以下この鉄道レール杭を「本件鉄杭」という。）、船舶の航行可能な水路は、水深の浅い左岸側だけであり、照明設備もなく、特に夜間及び干潮時に航行する船舶にとつて非常に危険な状況であることが判明した。そこで、浦安町では、本件鉄杭を直ちに撤去させるべきであるとの意向を固め、本件鉄杭の打設者を捜す一方、従前の境川の管理執行方式に従つて葛南土木に対し本件鉄杭の早急撤去方を要請した。葛南土木は、浦安町の埋立工事を所管する千葉県企業庁葛南建設事務所からもその撤去の要請を受けたので、同日その打設者であるサンライズクラブ（権利能力なき社団）の代表者池内慧（以下「池内」という。）に対し本件鉄杭の至急撤去を要請し、池内から翌五日中に撤去する旨の回答を得た。

なお、本件鉄杭の打設は、浦安釣船協同組合設置の栈橋下流に水管橋が架設されることとなつたが、右栈橋等に係留のヨット約七〇隻のマストを立てての水管橋下の通過は不可能であることから、その架設前に右水管橋の下流に右ヨットの係留施設を設置せんとしたためのものであり（本件鉄杭の購入代金は約二七〇万円、その打設工事費等は約一四〇万円である。）、サンライズクラブは既に多数の会員に、右ヨットを同月七日及び八日に一斉に移動させ、本件鉄杭に係留することを通知しており、浦安町は、右ヨットの移動計画を葛南建設事務所から聞知した。

5　浦安町は、同年六月五日、池内の前記回答どおりの同日の本件鉄杭の撤去につき調査したが、右撤去実施の様子は全く認められなかつた。上告人は、船舶航行の安全及び住民の危険防止の見地から本件鉄杭の強制撤去を葛南土木に強く要請したが、同月八日以前の撤去はできないとのことであつたので、千葉県当局が撤去措置をとらないのであれば浦安町が独自に撤去する旨を通告し、境川ボート調査委員会を招集して強制撤去を決定し、三井不動産建設株式会社（以下「三井不動産建設」という。）と右撤去工事の請負契約（代金一三〇万円。以下「本件請負契約」という。）を締結した。他方葛南土木は、同月五日午後四時ころ本件鉄杭の同月六日中の撤去を指示する「不法設置工作物の撤去について」と題する文書を池内に交付した。

6　同年六月六日午前八時二〇分ころ浦安町職員らが現場に到着したが、池内の右撤去作業開始の気配がなく、既に三隻のモーターボートが本件鉄杭に係留されていたので、説得して退去させた上、同日午前九時から翌日午前零時四〇分までの間に右職員及び三井不動産建設の従業員によって本件鉄杭が撤去された（以下この撤去を「本件鉄杭撤去」という。）そのためサンライズクラブの会員は、同月七日早朝ヨットを移動させるため集合したが、その移動を中止した。

7　浦安町は、同年七月二一日、上告人の命により本件鉄杭撤去に従事した同町職員六名に対し合計四万八二七四円の時間外勤務手当（以下この手当を「本件時間外勤務手当」という。）を支給し、同年一二月二六日、三井不動産建設に対し右撤去工事請負代金（以下「本件請負代金」という。）一三〇万円を支払った。

なお、千葉県は、昭和五八年一二月一日付けで浦安市と水門等管理委託追加契約（同五八年一二月一日から同五九年三月三一日までの水門等付近のパトロール業務の委託契約）を締結し、これにより同五九年五月二六日委託費として同市に一三七万九〇〇〇円が支払われている。

二　浦安市の住民である被上告人は、本件鉄杭撤去は、何ら法律上の根拠に基づかない違法な行為であるから、その撤去のための本件請負契約の締結及び浦安町職員に対する時間外勤務命令（以下「本件時間外勤務命令」という。）はいずれも違法であり、上告人（当時の浦安町の町長、昭和五六年四月一日同町の市制施行により浦安市の市長に就任）は本件請負代金一三〇万円及び本件時間外勤務手当四万八二七四円を公金から違法に支出させ、右合計額の損害を浦安町に与えたものであると主張し、地方自治法二四二条の二の規定に基づき、浦安市に代位して上告人に対し右合計額を同市に支払うことを請求した。

三　原審は、前記事実関係の下において、次のとおり判断した。

1　本件鉄杭撤去の違法性

本件鉄杭の打設された境川水域は、浦安漁港の区域内の水域に属し、浦安町の漁港管理権限の及ぶ水域であるところ、漁港管理規程が制定されていない同町においては、漁港管理者の職責を定めた漁港法二六条の規定があっても、漁港管理規程に基づくことなく、管理権限を当然に行使することができるものとはいえない。しかも、本件鉄杭は、同法三九条一項にいう工作物であるから、不法に設置されたものでも、その除却命令権限は、農林水産大臣の委任を受けた千葉県知事に属するのであって、漁港管理者の管理権限の及ぶところではない。さらに、地方公共の秩序を維持し、住民及び滞在者の安全、健康及び福祉を保持する地方自治法二条の規定による一般的な権能も、本件鉄杭撤去についての浦安町の権限を基礎づけることはできない。したがって、浦安町がした本件鉄杭撤去は、行政代執行法による代執行としてその適法性を肯定する余地はない。

2　民法七二〇条の規定の不適用

(1)　本件鉄杭を撤去する権限を有する千葉県知事が既に池内に対してその撤去を要請していたこと、(2)　浦安町が本件鉄杭撤去の実施前、直接池内に対し自発的撤去の勧告、説得をしたことがなかったこと、(3)　本件鉄杭が撤去されるまでの間、航行船舶の危険防止のための住民、漁業関係者に対する注意喚起、航行船舶の安全水路への誘導等の措置を講ずることも考えられること、(4)　ヨット等の不法係留や係留施設の不法設置に対して従来適切な対策が講じられていなかったことなど、諸般の事情を考慮すれば、本件鉄杭の強制撤去以外に適切な事故防止方法が全くなかったとまではいえず、本件鉄杭撤去について民法七二〇条の緊急避難等の成立は認められない。

3　上告人の損害賠償責任

(1)　本件請負契約の締結は、違法な本件鉄杭撤去を直接の目的とする地方自治法二四二条一項所定の違法な財務会計上の行為であり、浦安町は、本件請負代金一三〇万円の支出を余儀なくされ、同額の損害を被ったものというべきであるから、上告人は、浦安市に対し不法行為による損害賠償として、右一三〇万円及びこれに対する損害発生の日である昭和五五年一二月二六日から支払済みに至るまで民法所定の年五分の割合による遅延損害金を支払うべきである。

(2)　本件時間外勤務命令は、違法な本件鉄杭撤去に従事することを直接の目的として発せられた違法なものであるが、その違法性が重大かつ明白なものとはいえないから、右命令を受けた浦安町職員はこれに従う義務がある。したがって、浦安町は右命令に従って時間外勤務をした職員に対する時間外勤務手当の支給義務を免れることができず、上告人は本件時間外勤務手当の支出を決定し、その支出を命ずべきものであって、本件時間外勤務手当の支出決定及び支出命令を違法とすることはできないから、その違法を前提として上告人に対し本件時間外勤務手当相当額四万八二七四円とその遅延損害金を浦安市に支払うことを求める被上告人の請求は理由がない。

四　しかしながら、上告人に本件請負代金相当額の損害賠償責任があるとした原審の右判断は、是認することができない。その理由は、次のとおりである。

1　原審の認定するところによれば、本件鉄杭（長さ一二メートル及び一〇メートルの鉄道レール約一〇〇本）は、昭和五五年六月初め、浦安漁港の区域内の水域である第二期埋立地高洲地先の川幅四三メートルの境川の河心（右岸から約二一・五メートルの地点）及び右岸側（右岸から約一・五メートルの地点）に、約一五メートルの間隔で二列の千鳥掛けに、全長約七五〇メートルにわたり打ち込まれたものであり、そのため船舶の航行可能な水路は、水深の浅い左岸側だけであり、照明設備もなく、特に夜間及び干潮時に航行する船舶にとつて非常に危険な状況が生じていたというのである。

港漁管理者は、漁港法二六条の規定に基づき、漁港管理規程に従い、漁港の維持、保全及び運営その他漁港の維持管理をする責めに任ずるものであり、したがつて、漁港の区域内の水域の利用を著しく阻害する行為を規制する権限を有するものと解される（同法三四条一項、漁港法施行令二〇条三号参照）ところ、右事実によれば、本件鉄杭は、右の設置場所、その規模等に照らし、浦安漁港の区域内の境川水域の利用を著しく阻害するものと認められ、同法三九条一項の規定による設置許可が到底あり得ない、したがつてその存置の許されないことの明白なものであるから、同条六項の規定の適用をまつまでもなく、漁港管理者の右管理権限に基づき漁港管理規程によつて撤去することができるものと解すべきである。しかし、当時、浦安町においては漁港管理規程が制定されていなかつたのであるから、上告人が浦安漁港の管理者たる同町の町長として本件鉄杭撤去を強行したことは、漁港法の規定に違反しており、これにつき行政執行法に基づく代執行としての適法性を肯定する余地はない。

2　そこで、進んで、本件請負契約に基づく公金支出が違法であり、上告人が浦安市に対し右支出相当額の損害賠償責任を負うかどうかについて、検討を加える。

原審の認定するところによれば、浦安漁港の区域内の境川水域においては、昭和五二年ころからヨット等の不法係留により航行船舶の接触、破損等の事故が既に発生していたのであつて、本件鉄杭の不法設置により、その設置水域においては、船舶の航行可能な水路は、水深の浅い左岸側だけとなり、特に夜間、干潮時に航行する船舶にとつて極めて危険な状況にあつたところ、右状況を知つていた葛南土木においては、浦安町の同五五年六月四日及び五日の二度にわたる早急撤去方の要請にもかかわらず、同月八日以前の撤去はできないとしていたのであり、他方、本件鉄杭の打設者であるサンライズクラブの池内においても、葛南土木の同月四日の口頭による、また同月五日の文書による至急撤去の指示にもかかわらず、撤去しようとしなかつたのみならず、同月七日及び八日の両日にわたり池内の指示により約七〇隻のヨットが本件鉄杭に係留されようとしていたというのである。

浦安町は、浦安漁港の区域内の水域における障害を除去してその利用を確保し、さらに地方公共の秩序を維持し、住民及び滞在者の安全を保持する（地方自治法二条三項一号参照）という任務を負つているところ、同町の町長として右事務を処理すべき責任を有する上告人は、右のような状況下において、船舶航行の安全を図り、住民の危難を防止するため、その存置の許されないことが明白であって、撤去の強行によってもその財産的価値がほとんど損なわれないものと解される本件鉄杭をその責任において強行的に撤去したものであり、本件鉄杭撤去が強行されなかったとすれば、千葉県知事による除却が同月九日以降になされたとしても、それまでの間に本件鉄杭による航行船舶の事故及びそれによる住民の危難が生じないとは必ずしも保障し難い状況にあったこと、その事故及び危難が生じた場合の不都合、損失を考慮すれば、むしろ上告人の本件鉄杭撤去の強行はやむを得ない適切な措置であったと評価すべきである（原審が民法七二〇条の規定が適用されない理由として指摘する諸般の事情は、航行船舶の安全及び住民の急迫の危難の防止のため本件鉄杭撤去がやむを得なかったものであることの認定を妨げるものとはいえない。）。

そうすると、上告人が浦安町の町長として本件鉄杭撤去を強行したことは、漁港法及び行政代執行法上適法と認めることのできないものであるが、右の緊急の事態に対処するためにとられたやむを得ない措置であり、民法七二〇条の法意に照らしても、浦安町としては、上告人が右撤去に直接要した費用を同町の経費として支出したことを容認すべきものであって、本件請負契約に基づく公金支出については、その違法性を肯認することはできず、上告人が浦安市に対し損害賠償責任を負うものとすることはできないといわなければならない。

五　以上によれば、上告人に対し本件請負代金相当額とその遅延損害金を浦安市に支払うより求める被上告人の請求を認容すべきものとした原審の判断は、法令の解釈適用を誤ったものというべきであり、その違法が判決に影響を及ぼすことは明らかであるから、この趣旨をいうものとして論旨は理由があり、原判決中上告人敗訴部分は、その余の論旨について判断するまでもなく、破棄を免れない。そして、被上告人の右請求は理由がないから、第一審判決中右部分を取り消した上、被上告人の右請求を棄却すべきである。

附帯上告代理人小川彰、同高綱剛、同齋藤和紀の上告理由について

先に説示したところによれば、原審の確定した前記事実関係の下においては、本件時間外勤務命令に基づく公金支出は違法なものとはいえず、上告人に対し本件時間外勤務手当相当額とその遅延損害金を浦安市に支払うよう求める被上告人の請求は理由がないというべきであるから、被上告人の右請求を棄却すべきものとした原審の結論は、これを維持すべきものである。論旨は、右と異なる見解に基づき、又は判決に影響を及ぼさない部分をとらえて原判決を論難するものであって、採用することができない。

よって、行政事件訴訟法七条、民訴法四〇八条、三九六条、三八六条、三八四条、九六条、八九条に従い、裁判官香川保一の反対意見があるほか、裁判官全員一致の意見で、主文のとおり判決

する。

裁判官香川保一の反対意見は、次のとおりである。

上告人は浦安町（昭和五六年四月一日より市制を施行して浦安市となる。）の町長の地位にあった者であり、本件訴訟は、浦安市の住民である被上告人が、本件鉄杭撤去は何ら法律上の根拠に基づかない違法な行為であるから、上告人が浦安町の町長として、本件鉄杭の撤去のために請負契約を締結し、浦安町の職員に対して時間外勤務命令を発したのはいずれも違法であると主張し、地方自治法二四二条の二の規定に基づき、浦安市に代位して上告人に対し右違法行為により浦安町が被つた損害を賠償するよう求めるものであるが、かかる訴えは不適法として却下すべきものである。

すなわち、同法二四三条の二第一項本文後段の「次の各号に掲げる行為をする権限を有する職員」には普通地方公共団体の長も含まれるというべきところ、同項所定の職員の行為により普通地方公共団体が被つた損害の賠償請求に関しては、住民が同法二四二条の二の規定により普通地方公共団体に代位して訴訟を提起することは許されないと解すべきであつて、その理由は、最高裁昭和六二年(行ツ)第四〇号同年一〇月三〇日第二小法廷判決（裁判集民事一五二号一二一頁）における私の反対意見の中で述べたとおりである。

なお、本件訴えが適法であるとした場合には、私は、本案の問題については、多数意見に同調するものである。

（最高裁民集四五巻三号一六四頁、時報一三九三号八三頁）

第五部　漁業補償等関係法

第一章　民　法

第一節　委　任

第六百四十三条　委任ハ当事者ノ一方カ法律行為ヲ為スコトヲ相手方ニ委託シ相手方カ之ヲ承諾スルニ因リテ其効力ヲ生ス

第六百五十六条　本節ノ規定ハ法律行為ニ非サル事務ノ委託ニ之ヲ準用ス

◆1　漁業協同組合が新港建設及び空港拡張のため支払われた補償金を漁業権者らに配分した方法が委任の趣旨内容に基づく合理的な裁量の範囲を逸脱したものでないとされた事例

宮崎地裁民、昭和五七年(ワ)第一一五五号、昭和五九年(ワ)第八六六九号
平七・三・三一判決、請求棄却・確定
原告　永井昭一郎
被告　内海漁業協同組合
関係条文　民法六四三条・六五六条

【要　旨】

原告は、被告に対し、合理的な裁量に基づく配分方法による本件補償金の分配を委任したものであり、本件補償に関する交渉の過程においても、被告またはその配分委員会の動向に、明示的に反対の意思表示を行ったことはなかった。それに、原告が、配分委員会の配分案に基づき受けとった本件補償金のうち水揚高割については、原告の依存度が相応に反映されているし、また組合利用高割については、他の組合員と比較してとりたてて不利とはいえない。

〇主　文

一　原告の請求をいずれも棄却する。
二　訴訟費用は原告の負担とする。

〇事実及び理由

第一　請求

一　昭和五七年(ワ)第一一五五号事件

被告は、原告に対し、金一八九五万八九五〇円及びこれに対する昭和五八年一月一日から支払済みまで年五パーセントの割合による金員を支払え。

二　昭和五九年(ワ)第八六六九号事件

被告は、原告に対し、金五四六六万九三三九円及びこれに対

する昭和五七年一月一日から支払済みまで年五パーセントの割合による金員を支払え。

第二　事案の概要

本件は、国の宮崎空港拡張計画（昭和五七年（ワ）第一一五五号事件）及び国の宮崎新港建設計画（昭和五九年（ワ）第八六九号事件）に伴う埋立工事により生じた操業禁止区域に対する補償（以下「本件補償」という。）に関し、被告が、漁業被害を受ける原告らのために宮崎県と交渉し、補償金（以下「本件補償金」という。）を受領したが、許可漁業者である原告は、被告に対し、宮崎県と交渉し本件補償金を受領して、「公共用地の取得に伴う損失補償基準」（昭和三八年運輸省訓令第二七号、以下「損失補償基準」という。）及び同基準細則（以下「細則」という。）に則り、原告ら許可漁業者らの損失に応じて配分することを委任していたのに、被告は、右委任の趣旨に反して、本件補償金を自由漁業者にも配分し、原告に、本来受け取れる額と現実に配分を受けた額との差額の損害を与えたと原告が主張して、右損害の賠償を債務不履行又は不法行為に基づき求めた事案である。

一　争いがない事実

1㈠(1)　被告は、昭和二四年九月一五日、水産業協同組合法に基づき設立され、昭和五七年三月三一日現在の組合員数は一五三名、そのうち許可漁業の漁業体は六六体、自由漁業の漁業体は一二四体であり、青島漁業協同組合とともに青島・内海沖の第一三号（昭和五八年八月までは第一四号と称していた。）共同漁業権を有している。被告の目的は、組合員が協同して経済活動を行い、漁業の生産能率をあげ、組合員の経済的社会的地位を高めることであり、この目的のため、組合員への資金の貸付、組合員からの貯金等の受け入れ、組合員への物資の供給、組合員の共同利用のための施設の設置、組合と準組合員がある。許可漁業は、宮崎県知事あてに新規許可又は許可の更新を申請し、宮崎県知事が許可又は許可の更新を認めることにより、営める漁業である。許可を受けた組合員である許可漁業者は、許可区域の範囲内で一定の漁法で許可条件に従った漁業を営むことになる。このような許可がない自由漁業者は、許可漁業に該当する漁法で漁業を営むことはできないが、それ以外の漁法であれば、いつでも、どこでも、自由に漁業を営むことができる。

㈡　原告は、被告の組合員であり、宮崎市沿岸付近の海域（以下「本件操業区域」という。）において、昭和三〇年五月ころから、宮崎県知事の許可を受けて小型底曳網漁に従事してきた許可漁業者である。

2㈠　国と宮崎県は、昭和四五年九月ころから、宮崎港整備事業を実施することを計画し、右整備事業のうちの宮崎新港建設計画に伴い宮崎港付近（大淀川河口北側付近）の一部が、昭和六〇年ころまでに埋め立てられることとなった。

㈡　また、国と宮崎県は、昭和四六年一二月ころから、宮崎空港整備事業を実施することを計画し、右整備事業のうちの国の宮崎空港拡張計画（滑走路一九〇〇メートル延長及び滑走路二五〇〇メートル延長）に伴い宮崎空港付近の沿岸の一部が、昭和六〇年ころまでに埋め立てられることとなった。

㈢　㈠の埋立により、大淀川河口から北側の宮崎港にかけての操業禁止区域が、㈡の埋立のうち滑走路二五〇〇メートル延長に伴うものにより、大淀川河口から南側の宮崎空港滑走路沖にかけての操業禁止区域（以下、この両者の操業禁止区域をあわせて「本件操業禁止区域」という。）がそれぞれ出現し、本件操業区域の海流、プランクトンの成育状態、魚群の動向に大幅な変動をきたし、宮崎市沿岸における漁業の漁獲高が大きく減少することがほぼ確実となった。

3　宮崎県は、2㈠及び㈡の各埋立により、漁業者に生ずる損失について、国に代わって立て替えるかたちで先行補償することとなり、右補償額を基本的に損失補償基準二〇条及び細則第七第二項に基づき算定した。

4㈠　被告は、昭和五三年一月三一日の通常総会において、2㈠の宮崎港整備事業に伴う損失の補償について、宮崎県との交渉は被告の対策委員会に一任する旨決議されたことに基づき、対策委員会を設置して宮崎県と補償額等について交渉した。

㈡　宮崎県は、被告に対し、同年三月ころ、右工事に伴う損失については損失補償基準に基づき補償する旨説明した。

㈢　被告と宮崎県は、昭和五四年一一月二八日、宮崎県と被告は誠意をもって右工事に伴う損失補償について協議する旨の了解事項の確認書を取り交わし、さらに、昭和五五年一〇月八日、宮崎県が右損失の補償として総額三億五五〇〇万円（以下「本件新港補償金」という。）を支払うことなどで合意に達し、同年一二月八日、本件新港補償金の支払等に関する補償契約を締結した。そして、宮崎県は、被告に対し、昭和五六年三月二〇日、本件新港補償金を支払った。

㈣　被告は、原告ら許可漁業者に限らず、自由漁業者に対しても、昭和五六年一二月一一日及び二二日に、本件新港補償金を配分した。

5㈠　また、被告は、昭和五六年一一月三〇日の臨時総会において、2㈡の宮崎空港整備事業にかかる損失の補償について、交渉委員（七名）を選任し、交渉委員が宮崎県と補償額等についての交渉にあたることを決議した。

㈡　被告と宮崎県は、昭和五七年三月一三日、宮崎県が右損失の補償として総額一億二五〇〇万円（以下「本件空港補償金」という。）を支払うことなどを内容とする補償契約を締結した。そして、宮崎県は、被告に対し、同年六月三〇日、本件空港補償金を支払った。

㈢　被告は、原告ら許可漁業者に限らず、自由漁業者に対しても、同年一二月二九日に、本件空港補償金を配分した。

二　当事者の主張及び争点

1　原告の主張

㈠（原告と被告の委任契約）

(1)　原告は、被告に対し、本件補償について宮崎県と交渉して、本件補償金を受領し、宮崎港整備事業及び宮崎空港整備事業により損失を受ける原告ら許可漁業者に、その被る損失に応じて損失補償基準に基づく金額を算定した上、配分することを委任した。

(2)　被告は、本件補償について前記のとおり宮崎県と交渉し、補償に関する契約を締結し、本件補償金を受領したが、それらは、いずれも原告を含む許可漁業者の代理人として行つたものである。

㈡（違法行為）

(1)ア　本件補償は、公共の工事のために本件操業禁止区域での漁業の操業が将来にわたつて禁止されることとなつたことに伴い、過去本件操業禁止区域で操業し、漁業収益をあげていた漁業者が将来喪失することとなる操業利益に対する補償であり、本件補償金の補償額の算定は、損失補償基準二〇条及び細則第七第二項に基づきなされたものであるところ、補償の対象となる者は従来本件操業禁止区域で、一定の権利と認められる程度に、漁業操業に携わってきた者でなければならず、このような者は、本件操業禁止区域で操業を行つて来た原告ら権利性のある許可漁業に従事しているものに限られる。また、宮崎県も、本件補償の対象者としては、許可漁業者に限っており、補償の算定も本件操業区域内での年間水揚高とこれに対する許可漁業者の依存度を基準として行った。

イ　被告が、本件補償の配分にあたつて行使できる裁量の範囲は、原告らの委任の趣旨にかなう損失補償基準等に従わなければならないという制約がある。

(2)ア　ところが、被告は、前記事実からすれば原告ら許可漁業者のみに本件補償金をその受ける損失に応じて配分する義務を負つていることを知りながら、故意に裁量の範囲を逸脱し、補償の対象水域外で操業している他の一般の組合員に対しても昭和五六年一二月二一日及び二二日に本件新港補償金を、さらに昭和五七年一二月二九日に本件空港補償金をそれぞれ分配した。右配分は、委任の趣旨を超え、かつ合理性を欠くものである。

イ　仮に、本件補償の対象となる者に原告ら許可漁業者以外の者が含まれていたとしても、その対象者は、本件操業禁止区域の出現によって直接影響を受ける者に限られるべきであるところ、被告は、全く影響を受けないマグロ漁、カツオ漁、深海エビ漁、定置網漁（本件操業区域とは別の海域の固定した場所での漁業）等の漁業を営む者に対しても本件補償金の配分をした。

㈢（損害）

(1)ア　原告が、本来受け取れた本件新港補償金は以下のとおりである。

i　被告所属の許可漁業者で、本件補償の対象となった者の本件操業区域における昭和四八年から昭和五二年までの年間平均総水揚高（以下「本件新港総水揚高」という。）は二六一六万八〇〇〇円であり、原告の本件海域における同期間の年平均水揚高（以下「本件新港個人水揚高」という。）は四八七万一二八五円である。

ii　原告の本件操業区域に対する依存度は一〇〇パーセントであった。

iii　本件新港補償金は、一4㈢のとおり、三億五五〇〇万円であるところ、本件新港総水揚高一万円当たりの本件新港補償金は一三万五六六一円となる（本件新港補償金三億五五〇〇万円を本件新港総水揚高二六一六万八〇〇〇円で割って、これに一万をかけた金額）。

iv　原告の本件新港個人水揚高四八七万一二八五円及びiiiの一三万五六六一円をもとに、原告が本来受け取れた本件新港補償金を計算すると、六六〇八万四三三九円となる（本件新港個人水揚高四八七万一二八五円にiiiの一三万五六六一円をかけて、これを一万で割った金額）。

イ　ところが、原告が、被告から配分を受けた本件新港補償金は、一一四一万五〇〇〇円であった。

ウ　原告は、被告の前記㈡の違法な配分により、本件新港補償金につきアとイの差額である五四六六万九三三九円の損害を受けた（昭和五九年（ワ）第八六九号事件）。

(2)ア　また、原告が本来受け取れた本件空港補償金は以下のとおりである。

i　被告所属の許可漁業者で、本件補償の対象となった者の本件操業区域における昭和五〇年から昭和五四年までの年間平均総水揚高（以下「本件空港総水揚高」という。）は二八三八万六六〇〇円であり、原告の本件海域における同期間の年平均水揚高（以下「本件空港個人水揚高」という。）は五二三万四〇〇〇円である。

ⅱ　原告の本件操業区域に対する依存度は一〇〇パーセントであった。

ⅲ　本件空港補償金は、一5㈡のとおり、一億二五〇〇万円であるところ、本件空港総水揚高一万円当たりの本件空港補償金は四万四〇〇〇円となる（本件空港補償金一億二五〇〇万円を本件空港総水揚高二八三八万六六〇〇円で割って、これに一万をかけた金額。正確には四万四〇三四円であるが、原告の主張の概数額をそのまま記載する。以下の計算においても同じ。）。

ⅳ　本件空港個人水揚高五二三万四〇〇〇円及びⅲの四万四〇〇〇円をもとに、原告が本来受け取れた本件空港補償金を計算すると、二三〇四万円となる（本件空港個人水揚高五二三万四〇〇〇円にⅲの四万四〇〇〇円をかけて、これを一万で割った金額。）。

イ　ところが、原告が、被告から配分を受けた本件空港補償金は、四〇八万一〇五〇円であった。

本人尋問の結果（ただし、以下の認定に反する部分は除く。）並びに弁論の全趣旨によれば、以下の事実が認められる。

㈠⑴　被告は、宮崎県の指示に基づき、本件補償について交渉が開始された後に、全組合員から、①漁業補償金の契約に関する件②漁業補償金の請求並びに受領に関する件③その他漁業補償に関する一切の件に関する権限を被告に委任する旨の委任状を集めた。

⑵　被告は、原告ら小型底曳網漁に従事する者から前記⑴の委任状を集めた際、特に、補償交渉の具体的事項や内容についての委任を受けるようなことはなく、原告にしても、被告が原告ら許可漁業者のためにのみ本件補償に関する交渉を行っているという意識はなかった。また、被告は、原告のような許可漁業者のみのために交渉を行っているということではなく、全組合員である許可漁業者、自由漁業者双方のために補償に関する交渉を行っているということを前提として、本件補償に関する交渉を宮崎県と行った。

⑶　そして、被告の各組合員は、本件新港補償金に関する交渉については対策委員会に、本件空港補償金に関する交渉については交渉委員にそれぞれ

一任し、いずれの交渉においても組合員が個別に本件補償について、宮崎県と交渉するようなことはなかつた。

㈡

⑴　宮崎県は、本件補償の対象者を許可漁業者及び自由漁業者で、かつ本件操業禁止区域において操業を営むことにより収入を得ていた者として、前記第二の一3のとおり、基本的に損失補償基準二〇条及び細則第七第二項を補償に際しての内部基準として算定したが、その際、本件新港補償金の算定にあたつては、農林水産統計の昭和四七年ないし五一年の五年間の平均水揚量を、本件空港補償金の算定にあたつては、農林水産統計の昭和五〇年ないし五四年の五年間の平均水揚量をそれぞれ基準とし、許可漁業者だけではなく、自由漁業者を含めた水揚高を計算の基礎とした。

また、宮崎県は、宮崎港整備事業及び宮崎空港整備事業によつて生ずる漁業者の被害の度合を示すものとして被害率を出して、各漁業種及び各魚種ごとに本件補償の金額を算定したが、被害率は、各漁業種ごとに一定範囲の操業区域を確定し、その操業区域の面積に対する本件操業禁止区域の面積の割合によつて算出した。そして、このように被害率を算出するにあたつては、操業区域内におけるいずれかの範囲で操業していれば、特定の漁業者が操業禁止区域内で現実に操業していたか否かは問われなかつた。

さらに、宮崎県は、前記各事業によつて影響を受ける被告ら五漁業協同組合が、各事業に反対の立場を当初とつていたこと並びに事業をできるだけ早期に完成させる必要があつたことから、損失補償基準等に拘泥することなく政策的な配慮も加味して本件補償の具体的な金額を算定した。

⑵　本件補償は、本件操業禁止区域が設定されたことに伴い、個々の漁民が受ける損害を補償する趣旨のものであるから、本件補償金は、各漁民に支払われるべきものであり、本件補償金の具体的な金額を算定するにあたつては、本来ならば各漁民の受ける損害を個別に算定することが必要であるというのが宮崎県の基本的な立場であつた。しかし宮崎県は、本件補償にあたり、補償の対象となる漁業種全体の水揚高を調査することはできたが、その漁業種を営む個々の漁民の操業実態について調査することは、調査範囲が膨大となり、不可能であつたので、本件操業禁止区域において、

被告の組合員の誰がどの程度の水揚を得ていたかなどの点については具体的に検討するようなことはできなかったし、そのような検討をすることもしなかった。そこで宮崎県は、被告が、各漁民の操業実態についてより直截に知りうる立場にあり、個々の漁民にその受ける損害に応じて妥当に本件補償金を分配することが可能であると考えられたので、本件補償金の具体的な配分については、被告の責任で行うこととした。

(3) 本件補償について交渉していた被告、一ツ瀬漁業協同組合、檍浜漁業協同組合、宮崎漁業協同組合、青島漁業協同組合の五漁業協同組合は、自由漁業者が補償の対象となることを当然の前提としていた上、宮崎県も右のことを前提に交渉を進めた。また、交渉における争点は、宮崎県から総額でいくらの金員が補償として支払われるかということであり、損失補償基準二〇条及び細則第七第二項の具体的な適用が交渉の争点となつたことはなかつた。

(三)(1) 宮崎県は、昭和五三年四月一一日の交渉の場で、漁業補償（永久補償）計算法（甲第三及び第四号証）を、本件新港補償金及び宮崎空港の滑走路一九〇〇メートル延長に伴う漁業補償の補償額の計算法の例示として示して説明したところ、被告の組合員から補償の対象が許可漁業のみであるかのような誤解を招くとして反発を受けたため、即日撤回した。

(2) 宮崎港整備事業にかかる損失の補償につき交渉していた被告ら五漁業協同組合と宮崎県は、話し合いの中で、①昭和五三年一月三一日の対策委員選任にあたつて、対策委員会に全組合員が交渉、補償額の決定、補償金の受領などにつき一任する②宮崎県が組合員に対して個別補償をすることは不可能であるから、漁業協同組合毎に補償総額を確定してその総額を各漁業協同組合に支払う③補償金の受領は漁業協同組合がなし、その配分は漁業協同組合が行うこととし、宮崎県はその配分に介入しない旨確認した。

(3) 被告は、宮崎県と、前記第二の一4(三)のとおり、昭和五五年一二月八日、本件新港補償金の支払等に関する契約を締結したが、右契約書の当事者として表示されたのは被告であつた。また、被告は、宮崎県と、右契約において、①被告は宮崎港整備事業の埋立によつて出現した操業禁止区域においては許可漁業及び自由漁業を操業しないものとする②漁業補償金は三億五五〇〇万円とする③宮崎県は、被告に漁業補償金を昭和五六年三月二〇日に現金で支払うものとする④宮崎県は、別に宮崎県及び宮崎市と被告との間で交換する漁業振興策に関する覚書に基づき、被告のために漁業振興を積極的に推進するものとする⑤この契約の締結により、対象区域内の補償については一切解決したものとし、今後、被告は、宮崎県に対して一切の請求をしないものとする旨合意した。

なお、右契約締結の席において、被告の組合員から宮崎県に対して、配分に関して干渉しないようにとの発言があり、これに対して、宮崎県は、配分については被告の責任で行うことで了承した。

㈣(1)　宮崎県は、昭和五七年二月一八日の交渉の場で、漁業補償計算法（甲第二号証）及び漁業補償計算書（甲第五号証）を、本件空港補償金の補償額の計算法の例示として示して説明したところ、本件新港補償金の場合と同様に被告の組合員から補償の対象が許可漁業のみであるかのような誤解を招くとして反発を受けたため、即日撤回した。

また、右席上、被告の組合員より宮崎県に対して、本件新港補償金の場合と同様に、配分に関して干渉しないようにとの発言があり、これに対して、宮崎県は、配分については被告の責任で行うことで了承した。

(2)　被告は、宮崎県と、前記第二の一5㈡のとおり、昭和五七年三月一三日、宮崎県と本件空港補償金総額一億二五〇〇万円を支払うことなどを内容とする補償契約を締結したが、右契約書の当事者として表示されたのは被告を含む五漁業協同組合であった。また、被告は、宮崎県と、右契約において、①被告は宮崎空港整備事業の埋立によって出現した操業禁止区域においては許可漁業及び自由漁業を操業しないものとする②漁業補償金は一六億三二〇〇万円（被告、一ツ瀬漁業協同組合、檍浜漁業協同組合、宮崎漁業協同組合、青島漁業協同組合の補償金を合計した金額であり、うち被告に支払われるのは一億二五〇〇万円である。）とする③宮崎県は、被告に漁業補償金を同年六月三〇日までに支払うものとする④この契約の締結により、対象区域内の補償については一切解決したものとし、今後、被告は、宮崎県に対して一切の請求をしないものとする旨合意した。

㈤　本件補償金は、被告に総額で支払われたものであり、宮崎県は、被告に対し、本件補償金を各漁業者別に特定して支払つたものではない。

以上の認定に反する証人森山忠及び原告本人の各供述は、前掲各証拠に照らし採用することはできない。

3　当事者間に争いがない事実及び以上認定した事実をもとに、宮崎県との間で補償交渉を行い、補償金を受領し、これを被告の組合員らに配分した被告の法的地位について検討する。

㈠　以上認定したとおり、本件補償は、個々の漁民が受ける損害を補償する趣旨のものであり、本件補償金は、最終的には、各漁民に支払われるべきものであるから、本来ならば契約の内容において、誰が本件補償金の受領権を有するのかを決定すべきであつた。しかし、宮崎県は、個々の漁民の操業実態について調査することは不可能であつたので、本件操業禁止区域において、誰がどの程度の水揚を得ていたかなどについて具体的に検討することができず、そのような検討をすることもしなかつた。そこで、宮崎県は、各漁民の操業実態について知りうる立場にあり、個々の漁民にその受ける損害に応じて妥当に本件補償金を分配することが可能である被告の責任で本件補償金の具体的な配分を行うこととし、権利の有無を含めて本件補償金の具体的な配分について被告に一任し、特に受領権者を定めることなく、被告に対し、本件補償金をいずれも総額で一括して支払つたことは前認定のとおりである。

㈡　ところで、被告は、宮崎県の指示に基づき、本件補償について、全組合員から委任状を集めたが、これは、前記㈠のとおり、本件補償金は本来損失を受ける各漁民に支払われるべきところ、宮崎県は、誰がどの程度の水揚を得ていたか等について具体的に検討するようなことはできなかつたので、組合員全員を相手に交渉しなければならなかつたことによるものであり、組合員全員を相手に交渉することは、交渉の相手とされた組合員に、客観的には権利がない者が含まれることになるが、その者を含む全組合員を対象に補償契約を締結することにより、権利がある者を対象から洩らすことなく全体として補償問題を解決することができ、しかも個々の組合員の配分額を定めないまま本件補償金の総額を支払うことにより、権利がない者あるいは権利がない可能性がある者の存在を本件補償金の金額に反映させることができることを考慮した結果であると解される。

また、被告の全組合員は、本件補償に関する交渉について被告の対策委員会または交渉委員に一任し、組合員が個別に本件補償について、宮崎県と交渉するようなことはなかつたし、原告自身も、被告が原告ら許可漁業者のためにのみ本件補償に関する交渉を行つているという意識はなく、被告も、原告ら小型底曳網漁に従事する者から委任状を集めた際、特に、補償交渉の内容について具体的な委任を受けるようなことはなく、原告のような許可漁業者のみのために交渉を行つているということではなく、許可漁業者、自由漁業者双方のために、宮崎県と補償に関する交渉を行つたことも前記認定のとおりである。

㈢　以上のことからすれば、宮崎県との間で補償交渉を行い、補償金を受領し、これを被告の組合員に配分した被告の法的地位は、原告ら許可漁業者を含むが、これにとどまらず被告の全組合員の委任に基づくものであつたと認められる。

4　これに対し、被告は、宮崎県との間で補償交渉を行い、補償金を受領し、これを被告の組合員らに配分した被告の地位は被告独自の団体協約締結権に基づく旨主張し、証人黒木義幸は右に沿う供述をする。しかし、前記認定の被告と宮崎県の交渉経緯、これに対する宮崎県、被告及びその組合員の対応の状況、とりわけ被告が宮崎県との交渉にあたつて全組合員から委任状を徴収していることを考慮すると、被告の右主張が採用できないことが明らかである。

二　争点㈡（被告が原告らから受けた委任の趣旨等）について

前記一において判断したとおり、宮崎県とのあいだで交渉を行い、補償金を受領し、これを被告の組合員に配分した被告の法的地位は、被告の全組合員の委任に基づくものと認められるが、原告の被告に対する委任の趣旨はどういうものであつたかについて検討する。

1　前記一2において認定した事実及び同3において判断したところからすれば、原告を含む被告の全組合員は、被告に対し、本件補償に関する交渉及び契約の締結並びに本件補償金の受領を委任していたものと認められる。

2　そこで、原告を含む被告の全組合員から本件補償金の配分に関し、被告がどのような委任を受けていたか検討する。

㈠　宮崎県は、被告に対し本件新港補償金を一括して支払い、本件補償金の各配分を被告の責任において行うこととし、被告の配分に対し、干渉しないものとしたこと、また本件補償金は、個々の組合員に対する具体的な補償額を算定し、これを合算する方法ではなく、被告に対する総額として支払われたことは前記認定のとおりである。

㈡　また、宮崎県は、被告を含めた五漁業協同組合が、宮崎港整備事業及び宮崎空港整備事業に反対の立場を当初とつていたことから、これら二つの事業をできるだけ早期に完成させる必要上、政策的な配慮もして本件補償の具体的な金額を算定して被告と合意に達して補償契約を締結したのであり、本件補償に関する被告と宮崎県の交渉は、宮崎県から被告に対し総額でいくらの金員が補償として支払われるかということが最も重要な交渉事項であつたことも弁論の全趣旨により認められる。

㈢　甲三五、乙一〇、一一の一、二、六、二六、三七、証人黒木義幸の証言及び弁論の全趣旨によれば、以下の事実が認められる。

(1)　被告、一ツ瀬漁業協同組合、青島漁業協同組合、檍浜漁業協同組合、宮崎漁業協同組合の五漁業協同組合は、組合員及び各組合の被る損害が大きいとして、当初は宮崎港整備事業及び宮崎空港整備事業に反対し、反対運動をした。反対運動にあたつては、許可漁業者のみならず自由漁業者も参加し、参加した者に対して被告から日当が支給された。

(2)　被告を含む宮崎港整備事業及び宮崎空港整備事業に反対していた五漁業協同組合は、その後昭和五三年一月ころから、漁民並びに各組合の一切の損失が補償されるならば、右各事業に反対をしないことに方針を転換した。

(3)　本件新港補償金の配分は、昭和五六年一月三一日の被告の通常総会の決議により、配分委員会が配分案を作成するものとし、右配分案を総会に諮つて決定するものとされた。配分委員は、右総会で、各漁業種別の代表者で構成されている前記第二の一4㈠の対策委員一一名及び地区総代が各一名ずつ選任する一本釣り代表五名のあわせて一六名が選任されたが、その後、原告が辞任したので一名を補充し、さらに小型巻網代表に一名を補充した。配分委員は、過去に漁業補償を受けたことがある組合の配分の状況を調査した上、同年六月二一日の配分委員会では配分委員会規定を満場一致で可決し、配分案の審議に入り、配分委員会を一〇回、役員会を五回開いて、配分案を決定した。

配分委員会が、配分案を決定するにあたつては、組合員を補償を受ける権利がある者とその権利がない者を選別するような作業は行われなかつた。

(4)　昭和五六年一一月三〇日の被告の臨時総会において、本件新港補償金の配分案は異議なく満場一致で承認された。なお、以上の配分に関する手続について、原告を含む被告の組合員から積極的な異議が出されたことは、終始なかつた。

(5)　本件空港補償金の配分は、昭和五六年一一月三〇日の交渉委員（七名）を選任した臨時総会の決議により、本件新港補償金と同様に配分委員会が配分案を作成するものとし、配分委員は、被告の役員八名が就任することとなり（なお、配分委員は、昭和五七年八月一八日の被告の全員協議会の議を経て一〇名に増員された。）、同年一〇月一九日の第一回配分委員会で漁業補償金配分委員会規定が制定された。配分委員会は、その後七回開かれ、同年一二月二四日に、本件空港補償金の配分案を決定した。

配分委員会が配分を決定するにあたつては、組合員を権利がある者とその権利がない者を選別するような作業は行われなかつた。

(6)　同年一二月二六日の被告の臨時総会において、本件空港補償金の配分案は満場一致で可決された。なお、以上の配分に関する手続において、原告を含む被告の組合員から積極的な異議が出されたことは、終始なかつた。

㈣　前記当事者間に争いがない事実及び以上認定した事実をもとに、原告を含む被告の全組合員から本件補償金の配分に関し、被告がどのような委任を受けていたか検討する。

(1)ア　権利者が誰であるかは、本来ならば補償契約において定められるべきものであるが、本件補償においては、契約の相手方である宮崎県は、権利者の確定を被告の責任で行うことを了承するとともに、その確定手続については、被告とは特に合意せず、被告は、総会の決議により、配分委員会が権利者の確定を含めて配分案を作成し、右配分案を総会に諮つて決定するものとして、右配分委員を総会において選任したのであるが、このような配分の手続に対し、原告をはじめ積極的に異議を述べた者はいなかつたことは前記認定のとおりである。

イ　また、本件補償に関する交渉では、総額でいくら支払われるかが争点となつており、被告は、できるだけ多くの補償金を得るため、交渉を続け、宮崎県も、事業をできるだけ早期に完成させる必要があつたことから、政策的な配慮もして本件補償の具体的な金額を算定したことは前記認定のとおりであり、本件補償金には、本来的に権利者に支払われなければならない部分と、交渉の結果により政策的に増額された部分があつたと解される。

このように、本件補償金には交渉の結果により政策的に増額された部分があつたと解されるうえ、そもそも本来の補償の対象となるのは、前記第二の一3の損失補償基準等によれば、権利性のある許可漁業者及び自由漁業者であり、許可漁業者であれば当然に補償の対象となるものでなければ、自由漁業者が対象から当然に排除されるものでもなく、また右にいう権利性の判断には多くの困難を伴っていることからして、本件補償金について、組合員の誰にいくら支払われるべきかはもともと不明確であつたのであり、その結果、前認定のとおり、被告の全組合員は、総会において、配分委員会が権利者を具体的に確定して、右確定に基づき配分する旨の決議をするようなことはなかつたと解される。

そして、配分委員会においても、具体的な根拠に基づき配分を受ける者の権利の有無を確定することは行われなかつたことも前認定のとおりである。

ウ　また、前記一2㈠(1)のとおり、宮崎県が本件補償金の額を算定するにあたつては、自由漁業者の水揚高を計算の基礎に入れていたのであるし、被告は、組合員全員から委任状の提出を受ける以前から、宮崎県と本件補償に関する交渉を行い、その後の交渉も、原告ら許可漁業者のみならず、自由漁業者も関与し、組合が実質的な当事者となつて全組合員の利益のために宮崎県と交渉しており、これにより支払われた本件補償金の配分を決める配分委員も、総会の決議により、原告ら許可漁業者のみならず、他の漁業種の者や組合の役員が選任されたことも前認定のとおりである。

(2)　以上の点その他前認定の事実ないし事情からすれば、被告は、原告ら許可漁業者のみならず被告の全組合員から本件補償金を配分することについて委任を受けたと解することができ、その委任の趣旨ないし内容は、被告の配分委員会において、補償金を受け取る組合員の範囲、額等の配分方法について合理的な案を作成し、これに基づき本件補償金を配分するように委任されていたものと解することができる。

3　以上において判断したところによれば、原告を含む被告の全組合員が、被告に対し行つた委任の趣旨は、本件補償に関する交渉を行い、本件補償金を受領し、被告の配分委員会が、自由漁業者を含めた補償金を受け取る組合員の範囲、額等の配分方法について、合理的な裁量に基づく案を作成し、これに基づき配分することであつたと認められるのであつて、原告主張のように、原告の委任の趣旨が許可漁業者のみに本件補償金を配分するというような限定を付されたものであつたとは解されない。

三　争点㈢（原告に対する本件補償金の配分の適否）について

そこで、被告に対する原告を含む全組合員の委任に基づき実施された本件補償金の配分が、原告に関して委任の趣旨ないし内容に沿つていたかどうか、換言すれば、本件補償金の配分方法が合理的かつ相当であつたか否かについて検討することとするが、まず、本件補償金は具体的にどのように配分されたかについて検討し、次に被告ないし被告の配分委員会が、本件補償金の配分に際しどのような事項を考慮し、また考慮すべきであつたかを検討したうえ、これに基づき本件補償金の配分の合理性ないし相当性を判断するものとする。

1㈠　本件新港補償金の配分については乙一〇、三八及び証人黒木義幸の証言によれば、以下の事実が認められる。

本件新港補償金の配分委員会の配分案は、別紙一のとおりであり、配分の基本は、水揚高割と組合利用高割に置いた。水揚高割は、操業禁止区域が設定されることに伴い水揚実績が減少するなどの影響が生ずるので、右影響を本件新港補償金の配分に反映させるために考えられたものである。組合利用高割は、操業禁止区域が設定されたことに伴い関係する組合員において被告を利用することが減少し、そのため、組合員に対する配当の減少や組合財産自体の減少を来して、最終的には組合員に経済的な不利益が生ずるので、この経済的な不利益を本件新港補償金の配分に反映させるために考えられた。

本件新港補償金に関する配分委員会の配分案の具体的内容とこれに基づいて計算した原告の本件新港補償金の配分額は以下のとおりである。

⑴ア　配分委員会は、本件新港補償金総額三億五五〇〇万円のほぼ五〇パーセントにあたる一億七七五八万一〇〇〇円を水揚高割として配分することとした。そのうえで被告の組合員が営んでいる漁業種を小型定置、小型底曳、小型まき網、曳縄一本釣及び鰹一本釣の五種類に分け、被告の全組合員を右のいずれかに区分して（なお、複数の漁業種を営んでいる組合員については、年間操業日数の多い漁業種に区分した。）、各漁業種ごとに、昭和四八年一月一日から昭和五二年一二月三一日までの五年間の水揚高を水揚伝票により集計してこれを五で割り、一年間の平均水揚高を算出し、その平均水揚高に対し、配分委員会で検討した各漁業種ごとの本件操業禁止区域に対する依存度（小型定置については一五パーセント、小型底曳については八〇パーセント、小型まき網については二五パーセント、曳縄一本釣については二五パーセント、鰹一本釣については一五パーセント）をかけたものを算出した。このようにして算出したものを算定基礎とし、水揚高の配分額一億七七五八万一〇〇〇円を各漁業種別の算定基礎を合計した六七五一万四〇〇〇円で割つて、本件新港補償金を、算定基礎一円あたりいくら配分すればよいか算出した。その結果、算定基礎一円あたり本件新港補償金は二円六三銭あて配分されることとなつた。

各組合員に対する本件新港補償金の配分は、個人別の平均水揚高に依存度をかけて算定基礎を出した上、右算定基礎一円に対し二円六三銭をかけて、算出された（なお、小型まき網の一経営体は、配分時である昭和五五年一二月三一日当時休業中であつたため、定額として五〇〇万円を配分することとした。このため、小型まき網漁者に水揚高割として配分された本件新港補償金は、必ずしも、前記依存度二五パーセントに基づいて計算された水揚高割の額と一致せず、これにより計算された補償額より少額となつた。）。

イ　配分委員会は、組合利用高割として本件新港補償金のうち一億六三四三万五〇〇〇円（補償金総額三億五五〇〇万円のほぼ四六パーセント）を配分することとした。組合利用高割は、出資金割、加入年数割、均等割及び貯金利用高割に分かれる。

i　出資金割は、被告に対する各組合員の出資金一口あたり一〇〇〇円が配分された。被告の出資口の総数は昭和五五年一二月三一日現在七二二一口なので、出資金割の総額として七二二万一〇〇〇円、本件新港補償金総額のほぼ二パーセントが配分された。

ii　加入年数割は、正組合員の組合加入年数に応じて、一五年以上の者には三〇万円ずつ、一〇年以上一五年未満の者には二五万円ずつ、一〇年未満の者には二〇万円ずつが配分された。被告の組合員で、一五年以上の者は六二名で合計一八六〇万円、一〇年以上一五年未満の者は一七名で合計四二五万円、一〇年未満の者は一〇名で合計二〇〇万円配分することとなり、その合計額は二四八五万円、本件新港補償金総額の七パーセントが配分された。

iii　均等割は、被告の正組合員のうち地区外船乗組員一〇名を除いた七九名に対して一人あたり一三〇万円、全部で一億〇二七〇万円、地区外船乗組員一〇名に対して一人あたり六〇万円、全部で六〇〇万円、五二名の準組合員に対しては一人あたり二〇万円、全部で一〇四〇万円、当時は準組合員となつていたが、昭和四八年一月一日から昭和五二年一二月三一日にかけて親の船に乗組員として乗つて操業していた年数の長かつた二名に対して三五万円と四〇万円、現在漁業に従事していない一〇名の老年組合員に対しては、昭和四八年一月一日から昭和五二年一二月三一日にかけて組合を利用しているので、一人あたり四〇万円、全部で四〇〇万円、昭和四八年一月一日から昭和五二年一二月三一日の間に死亡した組合員の遺族に対しては、一組合員あたり三〇万円、全部で三六〇万円配分されることとなり、その合計額は、一億二七四五万円、本件新港補償金総額のほぼ三五・九パーセントが配分された。

iv　貯金利用高割は、被告に対する定期貯金一〇〇〇円あたり二〇円が配分された。貯金総額は一億九六二〇万円であり、貯金利用高割の総額として三九二万四〇〇〇円、本件新港補償金総額のほぼ一・一パーセントが配分された。

ウ　水揚高割の配分額一億七七五八万一〇〇〇円と組合利用高割の配分額一億六三四三万五〇〇〇円の合計額は三億四一〇一万六〇〇〇円となり、本件新港補償金三億五五〇〇万円との差額が一三九八万四〇〇〇円生じた。この差額は、地区外船乗組員を除いた正組合員七九名に配分することとされた。組合員の水揚高割の配分額一億七七五八万一〇〇〇円から準組合員の水揚高割の配分額五七三万二〇〇〇円を差し引いた一億七一八四万九〇〇〇円を水揚高割算定基礎とし、さらに組合員の組合利用高割一億六三四三万五〇〇〇円から準組合員の組合利用高割二八七六万七〇〇〇円を差し引いた一億三四六六万八〇〇〇円を組合利用高割算定基礎とし、水揚高割算定基礎と組合利用高割算定基礎の合計額は三億〇六五一万七〇〇〇円となるので、前記差額一三九八万四〇〇〇円をこの算定基礎の合計額三億〇六五一万七〇〇〇円で割ると、水揚高割と組合利用高割の合計額の一円あたり、差額金を四銭五厘六毛配分することとなる。

(2)　原告の本件新港補償金は、(1)の配分案をもとに計算すると次のようになり（なお、以下の計算は一〇〇〇円未満の金額について四捨五入している。）、原告は、同額の本件新港補償金を受け取った。

ア　原告は、小型底曳網漁に従事しており、その平均水揚高四八七万一〇〇〇円であるところ、小型底曳網漁の依存度は八〇パーセントとされたから、その算定基礎は四八七万一〇〇〇円に〇・八をかけた三八九万七〇〇〇円となり、これに対し二円六三銭をかけた一〇二四万九〇〇〇円が水揚高割による配分金額となった。原告に対するこの配分額は、水揚高割の配分を受けた組合員の平均額の約四倍（個人別水揚高一〇〇万円あたりの配分額で比較しても平均の約二・八倍）である。

イ i　原告の出資口数は二〇〇〇口であるから、出資金割は、二〇万円となつた。

ii　原告は、正組合員で被告に加入している年数が一五年以上であるから、加入年数割は三〇万円となつた。

iii　原告は正組合員であるから、均等割は一三〇万円となつた。

iv　原告の貯金額は四〇五万円であつたから、貯金利用高割は八万一〇〇〇円となつた（以上ｉないしivを合計した一八八万一〇〇〇円が組合利用高割による配分金額となつた。）。

ウ　原告の差額金の配分額は、水揚高割による配分金額一〇二四万九〇〇〇円と組合利用高割による配分金額一八八万一〇〇〇円を合計した一二一三万円に四銭五厘六毛をかけた五五万三〇〇〇円となつた。

エ　以上により、原告に対する総配分額は、水揚高割による配分金額、組合利用高割による配分金額及び差額金の配分額を合計した一二六八万三〇〇〇円となつた。

㈡　本件空港補償金の配分については、乙一〇及び証人黒木義幸の証言によれば、以下の事実が認められる。

本件空港補償金の配分委員会の配分案は、別紙二のとおりであり、配分の基本は、本件新港補償金と同様な趣旨から水揚高割と組合利用高割に置かれた。本件空港補償金に関する配分委員会の配分案の具体的内容および右配分案に基づいて計算した原告の本件空港補償金の配分額は、以下のとおりである。

(1)ア　水揚高割として配分された額は六五〇九万五〇〇〇円であり、本件空港補償金総額一億二五〇〇万円のほぼ五二パーセントにあたる。

本件空港補償金の補償の対象となつた操業禁止区域は、本件新港補償金の補償の対象となつた操業禁止区域と隣接しているので、本件新港補償金と同様に、主たる漁業権を五種類に分け被告の全組合員をそのいずれかに区分し、各漁業種ごとに、昭和五〇年一月一日から昭和五四年一二月三一日までの五年間の水揚高を水揚伝票により集計してこれを五で割り、一年間の平均水揚高を算出し、その平均水揚高に対し、原則として本件新港補償金の配分の場合と同じ各漁業種ごとの依存度（小型定置については一五パーセント、小型底曳については八〇パーセント、曳縄一本釣については二五パーセント、鰹一本釣については一五パーセント。なお、小型まき網については、本件新港補償金の配分の場合と異なり一八・七パーセントを依存度とした。）をかけたものを算出した。このようにして算出したものを算定基礎とし、水揚高の配分額六五〇九万五〇〇〇円と各漁業種別の算定基礎を合計した七二八四万九〇〇〇円から、算定基礎一円あたり本件空港補償金は九二銭二厘四毛あて配分されることとなつた。

各組合員に対する本件空港補償金の配分は、個人別平均水揚高に依存度を乗じて算定基礎を出した上、右算定基礎一円に対し九二銭二厘四毛を配分して、算出した（なお、小型まき網の一経営体は、配分時である昭和五七年一〇月三一日当時休業中であったため、定額の一三〇万円を配分することとした。）。

イ　組合利用高割として配分された額は五七七九万六八〇〇円であり、本件空港補償金総額一億二五〇〇万円のほぼ四六パーセントにあたる。組合利用高割は、出資金割、加入年数割、均等割及び貯金利用高割に分かれる。

ⅰ　出資金割は、正組合員九〇名について、出資金一口あたり四〇〇円が配分された。被告の出資口の総数は昭和五七年一〇月三一日現在七四五七口なので、出資金割の総額として二九八万二八〇〇円、本件空港補償金総額のほぼ二・四パーセントが配分された。

ⅱ　加入年数割は、正組合員の組合加入年数に応じて、一五年以上の者には一〇万円ずつ、一〇年以上一五年未満の者には八万円ずつ、一〇年未満の者には六万円ずつ配分するもので、一五年以上の者は五九名で合計五九〇万円、一〇年以上一五年未満の者は一七名で合計一三六万円、一〇年未満の者は一四名で合計八四万円配分することとなり、その合計額は八一〇万円、本件空港補償金総額のほぼ六・五パーセントが配分された。

ⅲ　均等割は、被告の正組合員のうち地区外船乗組員一〇名を除いた八〇名に対して一人あたり五〇万円、全部で四〇〇〇万円、地区外船乗組員一〇名に対して一人あたり二一万五〇〇〇円、全部で二一五万円、五六名の準組合員に対しては一人あたり五万円、全部で二八〇万円、当時は準組合員となっていたが、盛漁期に親の船に乗組員として乗って操業していた年数の長かった者について、その操業していた年数を考慮して、うち五名に対して一人あたり七万円、全部で三五万円、うち二名に対して一人あたり一〇万円、全部で二〇万円を配分することとなり、その合計額は、四五五〇万円、本件空港補償金総額の三六・四パーセントを配分した。均等割による配分の仕方が、本件新港補償金の配分の際と異なるのは、配分委員会で、本件新港補償金の配分の場合より簡略な配分をするものとされたためであった。

ⅳ　貯金利用高割は、被告に対する定期貯金一万円あたり二八円が配分された。貯金総額は四億三六四二万円であり、貯金利用高割の総額として一二一万四〇〇〇円、本件空港補償金総額の約一パーセントが配分された。

ウ　水揚高割の配分額六五〇九万五〇〇〇円と利用高割の配分額五七七九万六八〇〇円の合計額は一億二二八九万一八〇〇円となり、本件空港補償金一億二五〇〇万円との差額が二一〇万八二〇〇円生じた。この差額は、地区外船乗組員を除いた正組合員八〇名に対して、一人あたり二万六〇〇〇円、全部で二〇八万円を配分することとされた。さらに、その残額二万八二〇〇円については、被告の宮崎県に対する交渉諸経費に充当することとした。なお、本件新港補償金の配分案の場合と、差額の配分の仕方が異なるのは、均等割の場合と同様に、配分委員会において、本件新港補償金の配分の仕方より簡略な方法で配分することとされたためであった。

(2)　原告の本件空港補償金は、(1)の配分案により計算すると次のようになり、原告は同額の本件空港補償金を受け取った。

ア　原告は、小型底曳網漁に従事しており、その平均水揚高五一三万八〇〇〇円であるところ、小型底曳網漁の依存度は八〇パーセントであるから、その算定基礎は五一三万八〇〇〇円に〇・八をかけた四一一万円となり、これに対し九二銭二厘四毛をかけた三七九万一〇〇〇円が水揚高割による配分金額となった（なお、一〇〇〇円未満の金額については四捨五入）。原告に対するこの配分額は、水揚高割の配分を受けた組合員の平均の約三・三倍（個人別水揚高一〇〇万円あたりの配分額で比較しても平均の約二・八倍）である。

イ　i　原告の出資口数は二一九口であるから、出資金割は、八万七六〇〇円となった。

ii　原告は、正組合員で被告に加入している年数が一五年以上であるから、加入年数割は一〇万円となった。

iii　原告は正組合員であるから、均等割は五〇万円となった。

iv　原告の貯金額は一〇七一万円であるから、貯金利用高割は二万九九〇〇円となった（なお、一〇〇円未満の金額は切捨て）（以上iないしivを合計した七一万七五〇〇円が組合利用高割による配分金額となった。）。

ウ　原告は正組合員であるから、差額金の配分額は二万六〇〇〇円となった。

エ　原告の総配分額は、水揚高割による配分金額、組合利用高割による配分金額及び差額金の配分額を合計した四五三万四五〇〇円となつた。

2　次に配分方法の決定にあたつて考慮された事項について検討する。

(一)　被告が、通常総会において、宮崎港整備事業にかかる損失の補償について、宮崎県との交渉は被告の対策委員会に一任する旨決議され、対策委員会が宮崎県と補償額等について交渉したこと（前記第二の一4(一)）及び被告が、臨時総会において、宮崎空港整備事業にかかる損失の補償について、交渉委員会を選任し、交渉委員が宮崎県と補償額等についての交渉にあたつたこと（同5(一)）は前認定のとおりである。

(二)　また、被告が宮崎県と本件補償に関する交渉をした際の法的地位及び本件補償交渉の際における宮崎県の補償金の算定に関する基本的な事実関係（前記一2）、あるいは、宮崎県と被告との本件補償に関する交渉の経緯及び本件補償金の配分にいたる経緯についての基本的事実関係（前記二2）はいずれも前認定のとおりである。

(三)　甲一五、四六（ただし、以下の認定に反する部分は除く。）、四七、乙六、一〇、一四、一五、一七ないし二一の各一及び二、二二の一ないし三、二三の一、二、四〇、証人野崎徹志及び黒木義幸の各証言、原告本人尋問の結果（以下の認定に反する部分を除く。）並びに弁論の全趣旨によれば、次の事実が認められる。

(1)　本件操業禁止区域は、大淀川の河口付近の、水深が約五メートルないし約一〇メートル前後、深いところで一五メートル位のところで、底質は主に砂となつており、岩石、岩礁などが見あたらない海域であり、淡水と海水が混じりあい、植物プランクトンなどの養分が多く、また、藻が多く繁茂しており、原告が営んでいた小型底曳網漁であるエビ曳網漁業の対象魚種であるエビが棲息するのに適した状態だつた。しかし、このような本件操業禁止区域を漁場の一部としていた漁業は、原告の小型底曳網漁業に限らず、許可漁業である刺網漁業、バイカゴ漁、機船船曳網漁業があつたほか、自由漁業のタチ魚釣り（一本釣漁業）、フグ延縄漁業、いか釣り漁業（一本釣漁業）、サゴシ曳縄漁業等も操業していた。

また、原告と同じ小型底曳漁業を営む者の内には、本件操業禁止区域だけではなく、漁業許可において認められた一ツ瀬川の河口の沖合から油津の沖合の範囲内の海域で主たる操業をしていた者もいた。

(2)　本件新港補償の際の配分委員会は、漁業種ごとの利害を調整しながら、議論して、配分基準を定めていつた。

前記2(一)の本件新港補償金の配分案のとおり、水揚高割を五〇パーセント、組合利用高割を四六パーセントとすることは、さして議論されることもなく決まつたが、水揚高割において、各漁業種ごとの依存度を設定するかどうかについては賛否が分かれた。その際、依存度割の設定に反対し、全組合員が水揚高に応じて補償されるべきであるとする設定に反対する立場の者からは、本件操業禁止区域で操業していた漁業者が他の海域で操業することとなり、その結果、他の海域で主として操業している漁業者の水揚げが減少するし、本件操業禁止区域の設定により、右海域で漁業を営んでいた者が漁業をやめるならば、依存度を一〇〇パーセントと設定することには合理性があるが、右漁業者も漁業をやめるわけではないから、一〇〇パーセントと設定することに合理性がないなどの主張も有力であつたが、結局、本件新港補償金の配分においては依存度についても十分な配慮をすることとなり、各漁業種の代表者から構成されていた配分委員の議論により、配分案のとおり決定された。

また、配分委員会は、本件操業禁止区域の設定による水揚高の減少により、組合財産の減少、組合の信用事業の縮小、組合員に対する利益配当の減少等の経済的な不利益が組合員に生じることから、組合利用高割を設定することとした。その際、出資の多寡や被告の財産形成に対する貢献が考慮された。被告に対する今までの貢献等を考慮したことから、本件新港補償金が老年組合員や準組合員、昭和四八年以後に死亡した組合員に対しても配分されることとなつた。本件新港補償の際の配分委員会は、以上のような検討を経て配分案を決定した。

また、本件空港補償の際の配分委員会も同様な検討を経た上、配分案を決定した。

(3) 被告は、組合員であれば、誰でも利用できるが、組合員は、許可漁業者に限らず、自由漁業者も、被告に対し、六パーセントの手数料を支払つて、自らの漁獲物の販売委託をすることができ、また、被告が販売した漁獲物の代金を預金したり、被告から低利で融資を受ける等の利益を受ける。そして、被告は、その受領した手数料を組合員全員のために使用し、余剰があれば、出資配当として組合員に還元することとなつていた。ところで、被告における昭和五七年度の自由漁業者の全預金高は五億〇一三五万九八一五円であり、許可漁業者のそれは七六八〇万六八一〇円であつた。また、被告が同年度に組合員から受領した販売委託手数料は、自由漁業者については約一五約一五八四万八九二九円、許可漁業者については約一五〇万四四五八円であつた（このことからすれば、自由漁業者は、被告が組合員全体の利益のために活動するについて、経済的に十分な貢献をしているものと解することができる。）。

(4)　また、被告は、前記第二の一1㈠のとおり、青島漁業協同組合とともに第一三号（昭和五八年八月までは第一四号と称していた。）共同漁業権を有しているが、右漁業権の内容は、被告又は青島漁業協同組合の組合員で、自由漁業者であれば、共同漁業権が設定されている海域において、誰でも操業することができるが、許可漁業者は、その区域内では許可された漁法により、操業することはできないものの、被告が、許可漁業者に、一定の期間、一定の区域を限って、共同漁業権が設定されている海域内で操業を許可することがあった。したがって、本件操業禁止区域の出現により、そこで操業できなくなった許可漁業者が、共同漁業権がある海域で操業するようになり、自由漁業者の水揚高に影響が出ることとなる。

以上の認定に反する甲四六及び原告本人の供述は、前掲各証拠に照らして信用することができない。

3　以上に基づいて、本件補償金の配分の合理性ないし相当性について検討することとする。

㈠　まず、以上認定の事実等の主要な点を整理すると、次のとおりである。

(1)　本件補償は、本件操業禁止区域が設定されたことに伴い、個々の漁民が受ける損害を補償する趣旨のものであるところ、このような損害のうち重要なものは水揚高の減少である。宮崎県も、この点から、本件補償の具体的な金額の算定にあたっては、平均水揚量を主な根拠とした。

しかし、本件補償金にはこのような平均水揚量だけから算出されたものではなく、宮崎港整備事業及び宮崎空港整備事業に対する被告の反対運動をはじめとした一連の交渉によって獲得された部分があり、このことと、前記二で検討した本件補償について原告を含む被告の組合員が宮崎県との交渉や本件補償金の配分を被告に委任した趣旨等に関する一連の経緯を考慮すると、本件補償金の配分にあたっては、本件操業禁止区域が設定されたことに伴う損害としては、本件操業禁止区域の設定により、右区域内で漁業を営めなくなることによる損失補償基準等にいう損害のみではなく、右海域で操業できなくなった漁業者が他の海域で操業することにより、もともとその海域で操業していた漁業者の被る水揚高の減少その他の全組合員が受ける直接的及び間接的な損害を含めて、配分案に反映させることが許されるのであり、そのように解することが、むしろ本件補償金の配分についての組合員の委任の趣旨に沿うものと理解される。

さらに、本件補償に関する交渉は、許可漁業者のみでなく、自由漁業者も加わった被告が中心となつて行われたものであり、本件操業禁止区域の設定による損害は、右海域で操業していた者のみならず、手数料収入の減少等により被告自体に経済的な損失が生じ、そのことが、各組合員に対する利益配当の減少等による組合員個人の経済的な損失につながるのであり、このような交渉を行つた被告の経済的な基盤は重要部分について自由漁業者によつて支えられており、経済的な基盤の安定には、組合員の被告に対する預金や長期間組合に加入していた全組合員が貢献していたと評価できる。

(2) また、宮崎県が本件補償の具体的な金額の算定にあたつて主な根拠とした平均水揚量には、自由漁業者の水揚高を含んでおり（前記一2(二)(1)）、また、本件操業禁止区域は、原告が営んでいた許可漁業の小型底曳網漁の対象魚種であるエビが棲息するのに適した海域であつたが、この海域では、小型底曳網漁に限らず、自由漁業である一本釣漁業等も操業し、他方、小型底曳網漁を営む者には、本件操業禁止区域以外の海域で操業している者もいた。

次に、水揚高割の配分を受けた組合員の平均配分額と原告が受けた水揚高割の配分額とを比較すると、前記認定の配分方法によると、本件新港補償金については平均の約四倍、本件空港補償金については平均の約三・五倍の額を原告が受け取り、水揚高一〇〇万円あたりの水揚高配分額を比較しても、本件新港補償金についても、本件空港補償金についても、原告はいずれも平均の約二・八倍の額を受け取つた。したがつて、原告は、平均的な組合員より、十分有利に水揚高配分を受け取つたものと認められる。

(3) 本件補償金は、自由漁業者を含めた被告の反対運動をはじめとした一連の交渉の結果、獲得されたものであつた。この交渉において、本件補償の対象者を許可漁業者に限るという話はなく、むしろ自由漁業者を含めて補償するという前提で交渉が続けられた。宮崎県との交渉を具体的に担当した対策委員または交渉委員は、被告の総会における原告を含む組合員決議により選任されたもので、その選任は、原告をはじめとする組合員の意思が反映したものであつた。

また、本件補償金の配分案を作った配分委員会の委員は、被告の総会決議により選任されたものであり、配分委員は、配分の先例について調査したうえ、その合議により配分案を決定した。配分委員は、本件新港補償金の配分の場合には、各漁業種の代表により構成され、各漁業種の利害が実質的に反映される体制であったし、本件空港補償金の配分の場合には、被告の役員が選任されたが、配分案の内容は、本件新港補償金の場合と大きく変わることはなく、委員の構成の変更により、本件新港補償金の配分の場合より原告に不利益な配分案が作成されたとは認められない。そして、配分委員会が作成した配分案は、本件新港補償金の配分の場合も、本件空港補償金の配分の場合も、被告の総会において原告を含む組合員らから積極的な異議が述べられることなく、満場一致で承認された。

原告は、被告に対し、前記二3のとおり、合理的な裁量に基づく配分方法による本件補償金の分配を委任していたものであり、本件補償に関する交渉の過程においても、本件補償金の配分に関する過程においても、被告またはその配分委員会の動向に、明示的に反対の意思表示を行ったことはなかった。さらに、原告が、配分委員会の配分案に基づき受け取った本件補償金のうち水揚高割については、原告の依存度が相応に反映されているし、また組合利用高割については、他の組合員と比較してとりたてて不利とはいえない。

㈡　以上を前提に判断すると、前記㈠⑴によれば、水揚高割として本件新港補償金総額のほぼ五〇パーセント、組合利用高割として右総額のほぼ四六パーセントを配分するものとした配分案及び水揚高割として本件空港補償金総額のほぼ五二パーセント、組合利用高割として右総額のほぼ四六・三パーセントを配分するものとした配分案は、いずれも相応の合理性ないし相当性があったものと認められる。またこれと同⑵によれば、配分委員会が、原告が営む小型底曳網漁の依存度を八〇パーセントと定めて水揚高割を算出したことについても相応の合理性ないし相当性があると解されるし、さらに前記㈠⑶の事情もあわせて検討すれば、配分委員会が作成した本件補償金の配分案は、現実の配分額並びにその算出方法の内容及び過程等のいずれの点においても、本件補償金の配分にあたり原告を含む組合員から受けた委任の趣旨、内容に基づく合理的な裁量の範囲を原告に対する関係において逸脱したものであるとすることができないことが明らかである。

したがって、以上によれば、原告の請求は、本件補償金の配分が原告に対する関係で違法ないしは債務不履行であることを前提としているのであるから、理由がないというべきである。

4　ところで、原告は、被告が配分にあたって行使できる裁量の範囲は、損失補償基準等に従わなければならないという制約の範囲内に限られると主張するので、念のためこの点についても検討しておく。

損失補償基準は運輸省の訓令であるが、訓令は国家行政組織法一四条二項に基づき、上級の行政機関が下級の行政機関の権限行使を指揮するにつき発する命令である。そして、損失補償基準は、公共事業の執行に伴い、土地等の取得や使用が必要となつた場合において、その土地等の対価及び事業の執行に伴つて通常生ずる損失を補塡することが必要となるが、そのために支払われるべき金額を算定し、支払に必要な事項のうちその主なものを定めて、公共事業の際の統一的な損失の補償を確保し、被補償者の不満を解消することで事業の円滑な遂行を図るとともに、適正な補償を確保することを目的として定められたものである。また、細則は、損失補償基準に基づき金額の算定等をする際の処理の細目を定めたものである。

損失補償基準等は、これらのことからすれば、行政機関内部の、公共事業の際に損失補償の金額を算定等に関して発せられた命令に過ぎず、直接国民の権利義務に関し規定するものではないから、被告が配分にあたつて行使できる裁量の範囲は、原告を含めた被告の組合員の委任の趣旨により定まるものというべきである。そして、その委任の趣旨は、前記二において判断したとおりであり、被告の組合員は、被告に対する委任において、本件補償金の配分の際、被告が損失補償基準等の制約の範囲内に行使できる裁量を限定したものとは認められないというべきである。

したがつて、本件補償金の配分にあたり、被告が行使しうる裁量の範囲についての原告の右主張は理由がない。

第四　結論

以上要するに、原告の本訴請求は、その余の点について判断するまでもなく、いずれも理由がないからこれを棄却することとし、訴訟費用の負担につき民訴法八九条を適用して、主文のとおり判決する。

（タイムズ八九三号一六一頁）

第二節　不法行為

第七百九条　故意又ハ過失ニ因リテ他人ノ権利ヲ侵害シタル者ハ之ニ因リテ生シタル損害ヲ賠償スル責ニ任ス

◆2　漁業を営む権利を侵害されたとする漁業協同組合の組合員の損害賠償請求が棄却された事例

仙台高裁民、昭和六三年(ネ)第四一号
平元・一〇・三〇判決、棄却（確定）
一審　秋田地裁
控訴人（原告）　山内博外三名
被控訴人（被告）　秋田県知事
関係条文　民法七〇九条、漁業法八条、九条、一〇条、一四条

【要　旨】

国の港湾計画にもとづいて、被控訴人秋田県が行った能代港の港湾整備工事に伴う土砂投棄により、漁業を営んでいた控訴人らの漁獲高が減少したなどとしてなされた損害賠償請求が、控訴人らの漁業を営む権利の基礎となる共同漁業権の主体である漁業協同組合と被控訴人との間での漁業補償契約の締結とこれに基づく補償金の支払いによってすでに処理済みである。

（註）判例は、「六七頁13」参照

◆3　養殖池の鰻の大量へい死事故に関する損害賠償請求が棄却された事例

岡山地裁民、昭和五九年(ワ)第六八五号
平三・五・八判決、棄却
原告　岡本休正
被告　児島湾土地改良区、岡山市
関係条文　民法七〇九条

【要　旨】

鰻の大量へい死発生時期、場所及び状況、鰻の腹部、えら弁及びえらの状態並びに他に細菌やウイルスの感染が認められなかったことを総合すると、鰻のへい死の原因がえら腎炎であることは明らかである。しかも養鰻池へ用水路からの取水を再開した時期が遅いこと、取水再開前に工事部分の清掃をしていること、水質測定の際の用水路のPH値も自然に生じうる程度のものであったこと等に照らすと、灰汁のアルカリがえら腎炎を発生させる一つの原因になったとも考えられない。これらのことから市の所有・管理にかかる用水路から取水する養殖池で発生した鰻の大量へい

死事故については、土地改良区が施工した右用水路の改良工事と右事故との間の因果関係は認められない。

〇理　由

一　前記一の争いのない事実に、〔証拠略〕を総合すれば、以下の事実を認めることができ、〔証拠略〕中、この認定に反する部分はいずれも信用できず、他にこの認定を覆すに足りる証拠はない。

1　被告市は、岡山市藤田地区に設置されている縦三番川を含む用水路を所有、管理しており、被告改良区は、右地区を含む児島湾周辺地域の土地改良事業等を目的として昭和二七年五月一七日岡山県の認可により設立された法人である。原告は、昭和三九年から右用水路の流水等を利用して養鰻業を営んでいる。

2　原告の池は、南東方向から北西方向に流れる縦三番川とこれに平行して流れる縦四番川とに挟まれた地区に位置し、池の水は、池の南にある妹尾川から北東に伸びる横一三番川を経てこれと直角に交わる縦三番川から取り入れ、池の北を流れる縦四番川に排水していた。原告の養鰻用の池は、九区画に分けられ、鰻の成長度に応じて養殖する区画を決め、鰻が成長するに従って次の区画へ移し換えていた。原告の池のうち、鰻の稚魚である白子（しらす）を飼育する区画（以下「元池」という。）には、池の底に引いたパイプに温水を通して池の水を温める施設が設置されていたが、その他の区画にはそのような施設がなかった。

3　鰻は成育するに従って、呼び名が白子、黒子（くろこ）、養中（ようちゅう）、青下（あおした）あるいは養太（ようふと）、成鰻（せいまん）と変化する。白子から黒子になるまでの間、黒子から養中になるまでの間はいずれも約一か月、養中から青下になるまでの間、青下から成鰻になるまでの間はいずれも約二か月であり、成育が順調であれば白子のうちの二、三割が成鰻になる。原告は、例年一月から四月上旬頃までの間に白子を購入し、水温を摂氏二三度から二八度位に温めた元池にこの白子を入れて四、五日間池になじませた後、餌としてイトミミズを一五日から二〇日間与え、その後、魚粉を主原料とする人工飼料に切り換えていた。原告の養鰻場には元池が二つあるが、二つの元池を同時に使用することはない。これは、人工飼料を与えると池の水が汚れて水質が悪化するため、約一五日間の間隔で一方の元池から他の元池へ白子を移し、その間に空いた池の水を抜いて底を消毒し、ヘドロを取り除くなどして水質を維持するためである。このような池の消毒、清掃作業は元池以外の区画についても順次同様に行われている。また、鰻は冬眠をするため、原告の池では例年一一月上旬頃から翌年三月まで餌を与えず、三月頃から池に大量の水を入れ、四月一〇日頃から餌を与え始める。

4　被告改良区は縦三番川の用水路改良を目的として、昭和五六年一〇月二〇日から昭和五七年二月二八日までの間、縦三番川のうち延長五一四・四メートル（原告の池に隣接する部分を含む。）について本件工事を実施した。本件工事は、水路を締め切つてポンプで排水したうえ、川底を掘り下げて川底に砂を引き、その上をコンクリートで覆い、さらにその上に左右の両岸に添つてL型コンクリートブロックを据え、左右のコンクリートブロック間の川底部分を生コンクリートで覆うというものであつた。本件工事で使用された主な材料は、コンクリートブロック、鉄筋、レディミスコンクリート（いわゆる生コン）であり、いずれも一般的に使用されているものであつて、被告改良区も従前からこれらの材料を使用して工事をしており、特に、本件工事はその前年度（昭和五五年度）に行われた本件工事区間に隣接する縦三番川の用水路改良工事を北西に延長する工事であるが、前年度の工事の際には、その工事現場周辺の用水路で魚が死んだり、付近住民から苦情が出たりしたことはなかつた。

5　原告は、本件工事が開始された昭和五六年一〇月二〇日以降、縦三番川から取水できなくなつた。もつとも、原告としては、本件工事の完了予定時期である昭和五七年二月末頃までは、特に大量の水を必要としないことから、その間は取水しなくても何とか乗り切れると判断していたが、同年四月から餌を与えるのに先立つて、同年三月から大量の水を確保する必要があると考えた。ところで、本件工事完了後、縦三番川の通水は再開されたが、原告としては、本件工事完了後三か月程度は炭汁の影響で縦三番川から取水することは鰻にとつても危険であると判断し、被告市の藤田支所に対して本件工事後の水路から取水したい旨申し入れをし、右申し入れを受けて原告、被告らの担当者、地区の農業用水の管理をしている用水主任らが昭和五七年二月二四日に被告市の藤田支所に集まつて協議した。その結果、縦四番川から原告の池に取水することになり、被告ら側で縦四番川のうち原告の池に隣接する場所に取水装置を設置し、そこから塩化ビニールパイプで原告の池に送水する仮設の取水設備を作るとともに、縦四番川から取水するにはその水源である妹尾川の樋門を開放して縦四番川に水を入れる必要があつたが、用水主任もこの樋門を操作することを了解し、同年三月末より縦四番川からの取水を開始した。この応急措置によつて、原告の池は縦四番川から取水し、同じ川に排水することになつた。なお、同年三月の時点では、原告の鰻に異常はなかつた。

6　原告は、ほとんど毎年白子を購入していたが、昭和五七年は本件工事があることを考慮して白子を購入しなかつた。そして、昭和五七年は、四月一〇日から給餌を再開したが、比較的小さい鰻の餌食いがかなり悪かつた。その後、同年四月には全体に餌食いが悪く、同年五月頃になると、大きい鰻の餌食いはほぼ例年通りに改善したが、比較的小さい鰻には餌食いの改善がみられなかつた。

7　縦四番川は、縦三番川と異なり、常時水が流れているわけではなく、川幅も狭く、しかも、縦四番川は、原告の池の水を排水する川であつたことから、原告としては、同年六月下旬には従来どおり再び縦三番川から取水することを希望していた。しかし、原告は、縦三番川には本件工事による灰汁が残存しているのではないかと心配し、被告市の藤田支所に対して縦三番川を清掃するよう申し入れた。そこで、被告ら側は、同年五月二〇日、縦三番川が横一二番川と横一三番川とにそれぞれ交わる部分にある各樋門を閉じてその間の縦三番川（本件工事部分が含まれている。）の水をポンプで排水したうえ、再び各樋門を開けて勢いよく水を流す方法で本件工事部分の縦三番川を清掃した。原告は右清掃作業に立ち会つたが、その清掃方法に異議を述べたことはなく、むしろ感謝の意を表明していた。その後、原告は、同年六月二四日頃より縦三番川からの取水を再開したが、その結果、比較的小さい鰻の餌食いはやや改善された。原告は、その後同年一一月中旬まで給餌を継続したが、その間、若干の鰻がへい死したものの、大量へい死などの特別な異常は見受けられなかつた。

8　ところが、同年一二月中旬頃、比較的小さい鰻が入れられている池の一区画において、弱つた鰻が池の浅い所にもたれるようにしている現象が発生した。その後、同様の現象が大きい鰻の入れられている池の区画にも及び、昭和五八年二月までにはほとんどすべての鰻がへい死した。

9　このように鰻に異常が発生したことから、原告は被告市の藤田支所に対して調査を要請し、右要請を受けた被告市は岡山県農林部に調査を依頼した。そこで岡山県水産試験場の魚病指導センターの職員らが昭和五八年一月三一日と同年二月九日の二回にわたつて現地に赴き、原告から事情を聴取するとともに、原告の池とそのすぐ前の縦三番川からそれぞれ水を採取して検査し、また、病気になつている鰻を捕獲して持ち帰つた。このうち、採取した水の水質測定結果は以下のとおりである。

	水温（摂氏）	ＰＨ	ＤＯ（溶存酸素量％）
（同年一月三一日）			
縦三番川の表層	八・〇	九・三六	一四五
縦三番川の底層	―	―	―
池水	七・六	七・六四	六三・九
池の底泥と水	―	―	―
（同年二月九日）			
縦三番川の表層	六・九	九・八二	一四七

縦三番川の底層	七・三	九・九	一四九
池 水	六・九	八・七	九八・三
池の底泥と水	――	七・七三	――

同年一月三一日の時点では、縦三番川の水は植物プランクトンが繁殖して緑かつ色を呈しており、このためPH値、DO値ともに高かつた。これに対して、池の水のPH値、DO値はいずれも縦三番川より低く、水の透明度も高かつたことからすると、池の水については、動物性プランクトンが植物性プランクトンを食べ尽くし、これによつていわゆる「水変わり」が生じていたものである。この「水変わり」は、養殖鰻の成育に悪影響を及ぼす危険性が高い。さらに、同年二月九日の時点では、池の水は植物性プランクトンが繁殖して炭酸同化作用を行つたため、PH値が上昇し、DO値も改善され、養鰻に支障となるような水質状態ではなかつた。また、同年二月九日に原告の池から採取した池の底泥と水の急性毒性の有無を確認するため、その中にアマゴの稚魚を入れて二四時間観察したが、外見上異常は発生しなかつた。なお、PH値が九台（九・九まで）上昇することは自然の川、池、用水路でも動植物の活動によつて有り得ることであるが、PH値が一〇以上になることは自然の状態では考えられないことである。

10 前記のとおり、魚病指導センターの職員らが原告の池から捕獲した病気の鰻については、いずれも腹部がへこんでやせた人の肋骨のような形状になつており、外症としてはひれの発赤が認められたが、内臓はほぼ正常であつた。しかし、右鰻のえらは暗赤色を呈し、出血が見られ、特に、同年二月九日に、捕獲した鰻については、えら薄板（鰻のえらは頭部付近に左右四枚ずつあり、このえらはえら弁という多数の突起で構成されており、さらにこのえら弁は櫛の歯のように整然と並んだえら薄板で構成されている。）の細胞が増生、肥厚してえら薄板が著しく癒着し、このためえら弁の一つ一つが完全に棍棒状を呈していた。なお、右各鰻については、細菌、ウイルスの感染は認められなかつた。

11 岡山県は、右調査結果に基づいて、原告の鰻が大量へい死した原因がえら腎炎であると判断し、この結論を同年四月一一日付で被告市に通知した。さらに、被告市は、岡山県による右調査結果と被告市の公害課が同年二月に行つた検査の結果等に基づいて本件大量へい死の原因がえら腎炎であるとの結論を出し、この結論を同年五月一八日頃原告に通知した。

12 えら腎炎は、昭和四四年から昭和四五年にかけての冬期に静岡県下の養鰻地帯の露地池で越冬中の鰻が大量へい死した際に、病気にかかつた鰻のえらと腎臓にみられた特徴から付けられた病名である。えら腎炎の特徴としては、池底の泥の中で、越冬中の鰻が泳ぎだして池の浅瀬に出て来るようになり、その腹部がへこんでやせた人の肋骨のような形状になつており、えら蓋部を指でおさえると出血が観察されることが多い。さらに、えら薄板が不規則に肥厚、歪曲、癒着し、重症になるとえら薄板が全面的に癒着してえら弁が棍棒状を呈するようになる。なお、腎臓の特徴については、現在はえら腎炎に特有の症状であるとは考えられていない。えら腎炎の原因は不明である。このため、適切な治療法は確立されていないが、濃度〇・七パーセントの塩水にはかなりの延命効果が認められている。また、摂氏二五度から二八度の温水池ではえら腎炎が発生しないことから、温水池で飼育するのが主な予防法である。

13 鰻のアルカリに対する耐性の実験結果によれば、鰻が高濃度のアルカリ（〇・〇〇一㎖／ℓ以上の水酸化ナトリウム水溶液）にさらされると、症状が軽度の場合には、えら弁先端部の細胞が膨潤し、ある程度進行するとえら弁細胞の膨潤が一層顕著となり、壊死、細胞質の流失が認められ、さらに進行すると、えら弁細胞の膨潤、壊死、細胞配列の乱れが増大し、最後にはほとんどの細胞が崩壊し、組織も形跡をとどめないほどに破損する。また、右実験よりも低濃度のアルカリ水溶液中で白子を二か月間飼育した実験結果では、えら弁が棍棒状を呈することはなかつた。

14 コンクリートの原料として混入されるポートランドセメントの主成分は、酸化カルシウムと珪酸又はアルミニウムの化合物であり、これらの混合物は、水中で一部水和作用又は加水分解して水酸化ナトリウムを生成する。この水酸化ナトリウムは、水中で一部カルシウムイオンと水酸イオンに解離され、この水酸イオンの影響により水中の水酸イオン濃度は低下する（PH値が上昇する。）。灰汁とは、このようなアルカリ成分を主とするものであるが、灰汁によつて水がアルカリ化される場合、PH一〇を超えると魚介類に影響が出るが、PH一〇以下では魚介類に影響が出ない。

また、コンクリート製の池でも、その池に約一か月間水を張つておけば、以後養殖池として使用することは通常可能である。

三 前記二の認定事実によれば、本件における鰻の大量へい死の発生時期、場所が冬期の露地池であり、右大量へい死が発生する少し前に、弱つた鰻が池の浅い所にもたれるようにしている現象が発生していたほか、病気になつている鰻の腹部がへこんでやせた人の肋骨のような形状になつており、えら弁が完全に棍棒状を呈し、えらには出血が認められ、他に細菌、ウイルスの感染が認められなかつたのであるから、原告の鰻がえら腎炎によりへい死したことは明らかである。なお、原告は、灰汁によるアルカリ中毒が直接の原因となつて鰻が大量へい死したのであり、仮にそうでないとしても、灰汁のアルカリが鰻の抵抗力を弱め、これが一つの要因でえら腎炎になつて大量へい死したと主張するところ、確かに、灰汁がアルカリ成分を主とするものであることは原告主張のとおりである。しかしながら前記認定のとおり、鰻が高濃度のアルカリにさらされた場合、その影響の程度に応じて、鰻のえら弁には細胞の膨潤、壊死、細胞配列の乱れ、細胞の崩壊を生じるが、その場合でも、えら弁が棍棒状を呈することなく、また、低濃度のアルカリの中で二か月間飼育した鰻についても、えら弁が棍棒状を呈することはないのに対し、原告の鰻には、前記のとおり、えら弁が棍棒状を呈しているうえ、えら弁の細胞にはアルカリの影響を窺わせるような細胞の崩壊等の状況が全く見受けられないのであるから、灰汁のアルカリが本件における大量へい死の直接の原因であると解されず、また、灰汁のアルカリがえら腎炎を発生させる一つの要因になったとも考えられない。このことは、本件工事完了後、間もなく縦三番川の通水が再開されており、原告の池に縦三番川から取水を再開したのが、本件工事完了から四か月も経過した後のことであるうえ、それまで餌食いが悪かった比較的小さい鰻についても、右取水の再開後は餌食いがやや改善されたほどで、鰻のへい死が始まったのは約半年後のことであること、また、原告が右取水を再開する約一か月前に原告の要請に基づいて縦三番川の樋門を閉じて本件工事部分を含む縦三番川の水をポンプで排水するとともに、再び樋門を開けて勢いよく水を流す方法で本件工事部分の清掃をしており、しかも、本件工事はその前年度に行われた工事の延長工事であることから、原告の取水口付近だけが深くなって灰汁等が滞留、蓄積するとは考えられないことからも明らかである。

さらに、昭和五八年一月三一日と同年二月九日に岡山県水産試験場によって行われた縦三番川と原告の池の水質測定の結果、縦三番川では九・九のPH値が測定されているが、このPH値も動植物の活動によって自然に生じることが可能であることから、このPH値をもって灰汁の影響によるものであると判断するのは相当でない。

そうすると、本件工事と本件鰻の大量へい死との間には因果関係が認められないから、原告の本訴請求は、その余の点につき判断するまでもなく理由がない。

（自治九〇号六七頁）

◆4　漁業権者は免許の対象になった特定の漁業を営むために必要な範囲及び様態においてのみ水面を使用する権利を有する

東京高裁民、平成七年(ネ)第四三四一号

平八・一〇・二八判決、控訴棄却

一審　静岡地裁沼津支部

控訴人　　上谷成樹

被控訴人　内浦漁業協同組合

関係条文　漁業法六条・二三条、民法七〇三条

【要　旨】

一　海が公共用水面である上、特定の水面に漁業権が重複して免許されることがあることからすると、漁業権を有する者は、免許の対象となつた特定の種類の漁業、すなわち、水産動植物の採捕又は養殖の事業を営むために必要な範囲及び様態においてのみ海水面を使用することができるに過ぎず、右の範囲及び様態を超えて無限定に海水面を支配あるいは利用する権利を有するものではない。

二　共同漁業権を有しているからといつて、本件海域においてダイビングをしようとする者に対し、その同意がないにもかかわらず、一方的に潜水料を支払うことを要求し、その支払いがない場合にダイビングを禁止することはできない。

（註）判例は「一三頁5」参照

◆5　漁業協同組合及び漁民らの電力会社に対する原子力発電所の立地環境影響調査禁止の仮処分申立てが却下された事例

山口地裁岩国支部民、平成七年(ヨ)第三号
平七・一〇・一一決定、却下
債権者　祝島漁業協同組合外五名
債務者　中国電力株式会社

関係条文　民法七〇九条、民事保全法二三条二項、漁業法二三条

【要　旨】

債権者らが本件立地調査により蒙る損害が前記で認定した限度にとどまっていること、右立地調査において債権者らの漁業操業に最も重大な影響を及ぼす機器を固定して行う流況調査については、漁業権と同様物権とみなされるものではないにしろ、同一の法的性質を有するいわゆる公共用物に対する特許使用権を生じさせる本件占有許可を得たうえで、右権利に基づき行われていること、本件立地調査の実施は一時的なものであり恒常的なものではないこと等を併せ考えると、本件立地調査により債権者らの漁業操業に支障を来し損害が発生していることは認められるにしろ、また、債権者らが、同人らにとって自らの庭のごとき存在であり、しかも何代にもわたり自由に操業して自らの生活の糧を得ていた場所である本件調査海域において、同人らが反対する原子力発電所設置を前提とする本件立地調査を債権者漁協の個別同意なしに実施することが、あたかも「平穏な住居に無断で侵入するような暴挙」（債権者ら準備書面からの引用）であるかのように受け止める心情が理解できないではなく、このような精神的怒りや苦しみを考慮に入れても、なお、本件立地調査の実施により蒙る債権者らの被害の程度が同人らが有する共同漁業権等に基づく差止め

請求を是認するまでに至っていると認めるのは困難である。

〇主　文

一　債権者らの本件仮処分申請をいずれも却下する。

二　申請費用は債権者らの負担とする。

〇理　由

第一　申請の趣旨

　債務者らは、別紙目録記載の海域（以下、本件調査海域という。）において、別紙「共第一〇七号共同漁業権海域内調査内容」と題する書面に記載された立地環境調査をなすことにより、債権者祝島漁業協同組合の共第一〇七号第一種及び第二種共同漁業権（山口県知事平成六年一月一日免許第一〇七号～以下、本件共同漁業権という。）に基づく管理漁業権の行使、債権者河野太郎及び債権者久保信孝の右共同漁業権に基づく漁業操業、債権者河村長一の右共同漁業権及び許可漁業権（山口県知事平成七年四月二七日許可番号柳水第一〇九八号）に基づく漁業操業並びに債権者浜村柳次の右共同漁業権及び自由漁業権に基づく漁業操業を妨げてはならない。

第二　事実及び争点

一　前提となる事実

　1　当事者

　(1)　債権者祝島漁業協同組合（以下、債権者漁協という。）は、共第一〇七号第一種及び第二種共同漁業権（山口県知事平成六年一月一日免許第一〇七号～以下、本件共同漁業権という。）を有する水産業協同組合法に基づき設立された法人たる漁業協同組合であり、債権者河野太郎（以下、債権者河野という。）、同久保信孝（以下、債権者久保という。）、同河村長一（以下、債権者河村という。）及び同浜村柳次（以下、債権者浜村という。）は、いずれも債権者漁協の正組合員である（当事者間に争いがない。）。

　債権者河野が行っている主たる操業は、「たこ壺漁」、同久保が行っている主たる操業は、「建て網漁」、同河村が行っている主たる操業は、「かかり釣り漁」、同浜村が行っている主たる操業は、「太刀魚漁」（甲五ないし八）である。

　(2)　債務者は、主に電気事業を業とする株式会社であり、本件調査海域において、原子力発電所建設のための立地環境調査を実施し、実施しようとしている（以下、本件立地調査という。～当事者間に争いがない。）。

　2

　(1)　本件共同漁業権の内容となっているのは「たこ壺漁」及び「建て網漁」であり（甲一）、同漁業県の範囲となっている海域は、別紙「共第一〇七号海域と本件海域」と題する図面上で赤線で囲まれた範囲であり、債権者ら（債権者漁協を除く。）は、右海域の全域で右各漁を行うことができる（甲一、乙三）。

(2) 債権者河村が行っている「かかり釣り漁」は、山口県知事の許可に基づくいわゆる許可漁業であり、その漁協範囲は、別紙「まきえづり漁業の漁業区域と本件海域」と題する図面上で青線で囲まれた範囲であり、その範囲は、本件共同漁業権の範囲を越えて山口県光市以東の山口県内海の全域に及んでいる（甲二）。

(3) 債権者浜村が行っている「太刀魚漁」はいわゆる自由漁業であり、その操業範囲については制限はない（当事者間に争いがないものとみなす。）。

3 本件調査の目的

本件調査は、「発電所の立地に関する影響調査及び環境審査の強化について」と題する昭和五二年七月四日付通産省省議決定及び「発電所の立地に関する環境影響調査及び環境調査の実施について」と題する昭和五四年六月二四日付通産省資源エネルギー庁通達（五四資庁第八七七五号）により、債務者によって実施されるものである（当事者間に争いがない。）。

4 本件立地調査の概要

債務者が本件調査海域において実施し、実施しようとしている調査内容は、別紙「共第一〇七号共同漁業権海域内調査内容」と題する書面に記載されたとおりであり（なお、定点連続観測の期間は一五昼夜である。）、その範囲と本件共同漁業権の範囲との対比は、別紙「共第一〇七号と本件海域」と題する図面に示されたとおりである（甲一〇、乙一、三）。

5 本件立地調査と関係漁協の対応

(1) 債務者は、債権者漁協を含む隣接八漁協（本件共同漁業権の共有主体である光、牛島、田布施、平生町、室津、上関、四代及び祝島の各漁業協同組合）に対し、本件立地調査をなす旨の申し入れを行い、これを受けて、右八漁協が、平成六年一月一日締結した共第一〇七号第一・第二種共同漁業権行使契約（以下、本件共同管理権行使契約という。）に基づき設置した各漁協の代表者一名により構成する共同漁業権管理委員会（以下、共同管理委員会という。）は、同年八月一一日本件立地調査に同意する旨の決議を行った（以下、本件同意決議という。～当事者間に争いがない。）。

(2) 債権者漁協は、債務者の右申し入れに対し、本件立地調査の実施に反対する旨の決議を行い（甲四）、併せて、当庁に対し、右共同管理委員会の同意決議が無効であること等を求める訴訟（当庁平成六年ワ第一三九号）を提起した（当事者間に争いがない。）。

(3) 債務者と共同管理委員会、四代漁協及び上関漁協は、平成六年九月一日、協定を締結し（以下、本件同意協定という。）、右協定書第1条には「共同管理委員会、四代漁協及び上関漁協は、債務者が平成六年三月三〇日付けをもって申し入れた上関原子力地点に係る立地環境調査の実施について同意する。」との、第2条1項には「債務者は、調査の実施に伴う迷惑料及び協力金として、共同管理委員会、四代漁協及び上関漁協に対し総額一億八一二〇万円を平成六年九月二日に支払う。この金員には、共同管理委員会及び共同管理委員会を構成する各漁業協同組合の連絡・調整等の事務費用を含むものとする。」との、第3条1項には「債務者は、調査の実施により漁業操業に及ぼす迷惑を事情の許す限り少なくするよう配慮するものとし、共同管理委員会、四代漁協及び上関漁協は、調査が円滑に実施できるよう配慮するものとする。」との各記載がある（甲九）。

6　債務者の占有許可の取得

債務者は、本件海域内で、定点連続観測の流況調査を行うための流向流速計を設置する目的で、平成六年九月一三日山口県知事に対し、一般海域の占用許可を申請し、同年一一月七日、占有期間を平成七年一月九日から同八年一月八日まで、占有面積を二万五〇五四平方メートルとする占有許可を得た（以下、本件占有許可という。～乙二）。

7　本件立地調査の実施

債務者が、本件海域で既に実施した本件立地調査は次のとおりである（年はいずれも平成七年である。～乙一六）。

(1)　春季定点連続観測による流況調査

三月二三日、二四日　流向・流速計の設置

三月二五日～四月一〇日（三月三〇日を除く）　流向・流速計の点検

四月一一日　流向・流速計の撤去

(2)　夏季定点連続観測による流況調査

七月二〇日　流向・流速計の設置

七月二一日～八月四日　流向・流速計の点検

八月五日　流向・流速計の撤去

(3)　春季測流板追跡調査による流況調査

四月一日及び四月三日

(4)　夏季測流板追跡調査による流況調査

七月二七日

(5)　春季水温・塩分分布調査

四月二日及び四月五日

(6)　夏季水温・塩分分布調査

七月二八日

(7)　春季水質・底質調査

四月一五日及び四月一六日

(8)　夏季水質・底質調査

七月二七日及び七月二八日

(9)　春季海生生物調査

四月一日～一七日（九日、一二日及び一四日を除く）

⑽ 夏季海生生物調査
七月二五日～八月六日
⑾ 深浅測量
二月一四日～二月二七日（一九日、二一日、二五日及び二六日を除く）
三月一日～三月一五日（四日、五日及び一〇日ないし一二日を除く）
三月二七日～四月六日（三〇日及び二日を除く）

二 争点
1 債権者らには、本件立地調査の差し止めを求める根拠となるいかなる権利があると認められるか。
（債権者らの主張）
(1) 人格権（ただし、債権者漁協を除く）
憲法一三条は、国民の幸福追求権を規定している。したがつて、人は、人間として生存する以上、平穏で自由で人間たるにふさわしい生活を営むことも最大限尊重されるべきであつて、憲法二二条に保障する居住、職業選択の自由、二五条に保証する生存権も反面からそれを裏付けている。このような個人の居住、職業、生活に関する利益は、各人の人格に本質的なものであつて、その総体を人格権ということができる。

そして、右の人格権を侵害する行為に対しては、これを妨害排除し、また、この妨害を予防する請求権が認められる。

債権者ら（債権者漁協を除く。）は、豊かな水産資源に恵まれ、穏やかな海と緑に囲まれた祝島で出生し、同島付近で漁を行うことにより、平穏に生活してきたものである。それゆえ、右債権者らは、本件立地調査が右人格権を侵害する場合には、人格権に基づき、右立地調査の差し止めを請求することができる。
(2) 本件共同漁業権
① 債権者漁協は、本件共同漁業権を有する。そして、漁業法二三条は、漁業権は物権とみなす旨を規定しているのであるから、債権者漁協は、本件立地調査が本件共同漁業権の内容となつている漁業操業を妨害する場合には、右権利に基づき、右立地調査の差し止めを請求することができる。
② 債権者漁協を除く債権者らは、漁業法八条により、本件共同漁業権の範囲内において漁業操業を行う権利（以下、漁業行使権という。）を有する。そして、漁業行使権は、共同漁業権それ自体ではないとしても、漁業権から派生しこれを具体化した権利であるから、共同漁業権と同様に物権的性格を有するから、本件立地調査が右債権者らの漁業行使権に基づく漁業操業を妨害する場合に

は、右権利に基づき、右立地調査の差し止めを請求することができる。

(3)　許可漁業権及び自由漁業権

「漁業権」は、漁業法により創設された権利ではなく、歴史的に形成されてきた漁業操業を行う権利である。そして、本件共同漁業権に規定された魚種や漁法に照らすと、これに規定されたものだけが漁業でないことは公知のことであるから、本件共同漁業権は、その規定する漁業以外の漁業を当然の前提としていることは明らかであり、「許可漁業権」や「自由漁業権」に基づき行われる漁業操業も、また、本件共同漁業権を前提とする漁業である。したがって、「許可漁業権」や「自由漁業権」も本件共同漁業権と同様に物権としての法的性質を有すると解すべきであるから、本件立地調査が、右各権利に基づき行われる漁業操業を妨害する場合には、右各権利に基づき、右立地調査の差し止めを請求することができる。

（債務者の主張）

「認可漁業権」及び「自由漁業権」は、漁業法に規定する共同漁業権とは権利の性質を異にする権利であり、物権的請求が認められないのは明らかである。

2　債権者らの妨害排除及び妨害予防請求権の行使は、本件同意協定の効力により妨げられるか。

（債務者の主張）

本件同意協定第1条、第3条1項により、共同管理委員会は本件立地調査の実施に協力する義務を負う。

ところで、本件共同漁業権行使契約第2条4項は、「漁業の行使方法、制限事項及び増殖事業等並びに土砂採取及び水面占有等について、共同管理委員会において協議決定するものとし、各組合はその決定事項を忠実に履行するものとする。」と規定されている。

したがって、債権者らは、共同管理委員会が締結した本件同意協定を忠実に履行すべき義務を負うことになるから、本件共同漁業権に基づく妨害排除及び妨害予防請求権の行使は許されない。

（債権者らの主張）

共同管理委員会は、共同漁業権の適切な管理及び行使を図るために組織されたものであり、また、右委員会は、漁協の代表者個人によって構成され、同人らは漁業権利者として漁業権の処分権限を有するものではない。

本件立地調査は、明らかに漁業操業を妨害するものであるから、これに同意することは漁業権の変更に該当する事項として、右委員会の権限を超えた事項である。したがって、本件同意協定の効力は債権者らには及ばない。

3　債権者らの妨害排除及び妨害予防請求権の行使は、本件占有許可の効力により妨げられるか。

（債務者の主張）

物権的請求権の行使が認められるためには、物権の侵害状態が客観的に違法と評価されるものであることを要し、右請求権の相手方が正当な権利を有し、これに基づき当該行為を行つている場合には、物権的請求権は発生しないと解せられる。

そして、債務者は、本件立地調査を行うにつき、本件占有許可を得ているのであるから、いわば正当な権利に基づき右調査を行うものである。

したがつて、債権者らが、本件立地調査に対し、本件共同漁業権に基づき妨害排除及び妨害予防請求権を行使できるいわれはない。

なお、債権者らは、本件占有許可処分が違法であると主張するが、右許可は行政処分であり、これが取り消されない限り、いわゆる公定力により、適法とみなされることはいうまでもない。

（債権者らの主張）

債務者が本件占有許可を得たことが、債権者らの有する本件共同漁業権に対抗できる占有権限を形成するものではない。したがつて、本件占有許可を得たことをもつて、物権的請求権の行使に制約が課せられるいわれはない。

4　本件立地調査が債権者らの漁業操業に与える影響及び損害はいかなる程度か。

（債権者らの主張）

(1)　総論的主張

①　本件調査海域は、本件共同漁業権の範囲内でも、債権者らの主要漁場となつている海域である。そして、本件調査は、機器を固定して行う流況調査と船を利用して行う測流板追跡調査等に大別されるが、いずれの調査についても、債権者らが使用する漁船との衝突の危険及び漁具破損の危険を内包し、債権者らの漁業操業に与える影響は甚大である。

②　本件同意協定により、債務者は、共同管理委員会、四代漁協及び上関漁協に対し、合計一億八一二〇万円もの金員を支払つている。右金員の趣旨が漁業補償であることは明らかであり、四代漁協の組合員はこのうち一人当たり約三〇数万円の配分を受けている。したがつて、債権者漁協に対しても右基準を適用すると、本件調査が、債権者漁協組合員全体に与える損害は約二二〇〇万円となり、このことは債務者も認めざるを得ない。

(2)　各論的主張

①　船を利用して行う調査について

債務者が行う測流板追跡調査等の船を使用して行う調

査は、その使用船舶が債権者らの使用船舶よりはるかに巨大であること、債権者らが原則として一人で操船していること、債務者の行う調査が債権者らの操業実態を全く調査せずに行われていることからすると、右調査がなされることにより船舶同士が衝突する危険は極めて高く、これを避けることに労力を費やすことが債権者らの漁業操業の支障となることは明らかである。

②　「たこ壺漁」について

Ⅰ　漁場と妨害ブイの位置関係

本件調査海域に定点測量のために設置される調査用ブイ（以下、これを単にブイという。）のうち、別紙平面図赤丸地点No.1、2、3、5、7の各ブイ（以下、ブイの地点を示す場合は別紙平面図の赤丸地点の番号で示す。）を含む地点は、たこ壺漁の好漁場である。内でも、No.2、3、5の各ブイ地点は好漁場で、債権者漁協の組合員は、漁具を入れる場所をくじ引きで決め、自由に漁具を入れることを禁止し、組合員間の調整を図っているほどである。

Ⅱ　妨害の現状

別紙「タコつぼ漁の漁労範囲及び影響図」と題する平面図（甲二九の一を当裁判所において縮小した略図）の赤色で囲まれた範囲は、ブイの設置により漁業操業が直接影響を受ける範囲であり、黄色で囲まれた範囲は、赤色の範囲で漁業操業ができないため、漁具を他の地点に入れた場合に漁具が重なって毀損したり、同業者の操業が阻害される範囲を示したものである。

債権者河野は、No.5のブイ地点に二組一本一六〇〇メートルの漁具を二本入れていた。しかし、債務者が右ブイを設置したため、内一本の漁具を引き上げることができず、そのまま放置せざるを得なかつたし、本件立地調査中は、二本のうちの一本の漁具を入れることができなかつた。

また、No.2地点にブイが設置されたため、四組一本（三二〇〇メートルの長さ）の漁具を入れて操業していたが、本件立地調査中は、右ブイがある地点にかかる一組の漁具を引き上げられず、他の三組の漁具の引き上げにも非常な困難を来した。

Ⅲ　債権者河野の損害

定点測量調査が実施される期間が八〇日間であり、この期間中No.5地点のブイにより二組各一本とNo.2地点のブイにより四組一本の内の一組の漁具が使用できなくなる。ところで、漁獲高は、漁具を三日間で引き上げるとして、四組のうちの一組で三万円であるから、八〇日間で二七回操業が不可能になるのであるから、総損害額は、約一〇〇万円となる。

なお、債権者河野以外の債権者漁協組合員にも同額の損害が生じることはいうまでもない。

以上のとおり、No.1、2、3、5、7の各地点にブイが設置されることにより「たこ壺漁」が不可能となり、操業が困難となつた。

③「たて網漁」について

Ⅰ　漁場と妨害ブイの位置関係

No.1のブイが設置された地点は、たて網漁の漁場となつている。

Ⅱ　妨害の現状

たて網漁は、一二〇〇メートルないし一八〇〇メートルのたて網を海中に入れ操業する漁法であるから、網が潮に流されることを予測し、網が浮きなどに引つ掛かつて毀損しないように海に入れることになる。しかも、潮の流れによつては、網が五〇〇メートルも流されることがあり、その間に浮きなどの妨害物があれば、漁網が毀損されることになる。

以上のとおり、No.1地点のブイが「たて網漁」の妨害となることは明らかである。

④「太刀魚漁」について

Ⅰ　漁場と妨害ブイの位置関係

本件調査海域の全域が太刀魚漁の好漁場となつている。

Ⅱ　妨害の現状

別紙「たちうお漁の漁労範囲及び影響図」と題する平面図(甲三〇の一を当裁判所において縮小した略図)で赤色で囲まれた範囲が、ブイの設置により、漁業操業が妨害される範囲である。

現に、No.1及び7のブイのために、漁具が引つ掛かり、毀損される事故が発生している。しかも、本件調査海域は、債権者漁協の組合員にとつて重要な漁場であることから、三〇人の同業者が同一時期に操業することになり、他船との衝突の危険性が高くなる。

債権者浜村は、ブイ(No.10、11を除く)の設置により、漁業操業を休んだり、操業しても十分な操業ができなかつた。

Ⅲ　債権者浜村の損害

債権者浜村は、夏季調査中、二、三日休業し、その他の操業日も約三〇〇〇円程度漁獲量が減少したのであるから、一日七〇〇〇円の所得があるとして、この期間の稼働日を一五日とし、約五、六万円の損害が発生した。太刀魚漁の魚期は夏季と秋季であるから、その損害額は金一〇万円を下ることはない。

なお、債権者漁協の組合員のうち太刀魚漁に従事するものは三〇名であるから、その損害額の合計は三〇〇万円となる。

以上のとおり、本件調査ブイが、「太刀魚漁」の妨害となることは明らかである。

⑤　「かかり釣り漁」について

Ⅰ　漁場と妨害ブイの位置関係

かかり釣り漁にとって最適な漁場はごく限定されたものであり、No.2ブイ地点は、債権者漁協の組合員にとって最良の漁場である。

Ⅱ　妨害の現状

かかり釣りは、別紙「かかり釣漁参考図B」と題する平面図（甲三一の四を当裁判所において縮小した略図）に示すとおり、操業の地点で潮の流れに直角に三〇〇メートルの間隔で錨を二本打って漁船を固定しつり糸を流して魚を釣る漁法である。No.2のブイが設置された場合には、ブイの端から半径一三五メートルの範囲は漁具が引っ掛かり操業できないことになる。また、右地点での操業が不能となると、他の漁場が過密化し、操業できない組合員が出てくる。

Ⅲ　債権者河村の損害

債権者河村は、No.2地点のブイにより、この地点での操業が不可能となった。同人の漁獲高は一日一万円であるから、その総額は八〇万円となる。

なお、右ブイにより操業できなくなる債権者漁協組合員は五名であるから、その総損害額は四〇〇万円となる。

以上のとおり、No.2地点のブイがかかり釣りの漁業妨害となることは明らかである。

（債務者の主張）

(1)　本件共同漁業権の範囲と本件調査実施範囲との対比

①　本件共同漁業権が認められた範囲の面積をプラニメーターで算出した値は、約四億五〇〇〇万平方メートルであり、本件調査海域全体との対比は、別紙「共第一〇七号と本件海域」と題する図面に示されたとおりであり、右調査海域の面積が約二〇〇〇万平方メートルであることからすると、これが本件共同漁業権の範囲に占める面積割合はわずか四・五パーセントにすぎない。

②　本件占有許可に伴う占有面積（すなわち、機器を固定して行う流況調査のためにブイを設置することにより占有することになる面積）は、別紙「調査に伴う海域占用面積」と題する書面に記載したとおり二万五〇五四平方メートル（これは最大範囲であり、実際はこれを大きく下回る。）となり、これを本件共同漁業権の範囲と対比

すると、その面積比率は〇・〇〇六パーセントとなるにすぎない。

(2) 調査方法と操業に対する影響

① 機器を固定して行う流況調査は、四季別に年四回、流れの方向及び速さを一五昼夜連続して観測するものであるから、機器の設置及び撤去に要する日数を含めても、年間約八〇日程度、当該海域を占有するのみである。また、調査のための機器を設置するにあたつては、事前に共同管理委員会等の関係先に周知徹底を図つたうえで行うこととしているのであるから、特段債権者らの漁業操業に影響を及ぼすものではない。

② 次に、船を利用して行う調査は、本来航行が自由な海上で船舶を航行させながら行うものがほとんどであり、測流板追跡調査、水温・塩分分布調査・水質・底質調査及び海生生物調査は、四季別に各季一回あたり一日ないし二週間程度実施するものである。また、深浅測量は、水深及び位置などを測定する機器を搭載した船数隻を使用して、測線間隔一〇ないし五〇メートルで実施するものであり、調査期間は述べ二ないし三か月程度である。また、船の航行上にたて網等がある場合は迂回して測深し、周辺の調査結果により補完することも可能である。したがつて、船を使用して行う調査が何ら債権者らの漁業操業に影響を及ぼすものではない。

(3) 債権者らの操業実態からみた影響

債権者らは、本件調査海域が、債権者らの極めて重要な主漁場であり、生命線ともいえる海域であると主張する。しかし、債務者の行つた操業実態調査の結果によると、右主張は著しく事実と相違している。

さらに、債権者らの漁法は、どの漁をとつても、ブイが設置された場所を避けても操業できるものであり、本件調査の実施は、債権者らの漁業操業を直接妨害するものではない。

(4) 本件同意協定の締結により支払われた金員の性質について

本件立地調査に伴う迷惑料及び協力金は、共同管理委員会らとの交渉の結果総額において妥結したものである。その内容は、調査に伴う漁業操業の妨害あるいは漁業権侵害に対する漁業補償ではなく、過去一二年間にも及ぶ原子力発電所問題に関する会合等への出席に伴う費用弁済的な性格をもつた迷惑料と調査を円滑に行うための協力金などであり、債権者らの主張は的外れである。

5 共同漁業権等本件で債権者らが差し止めの根拠として主張する権利の性格とこれにより差し止め請求が認められるために必要な侵害の程度

（債務者の主張）

(1)　本件共同漁業権（他の権利はいうに及ばず）は、所有権のように海洋水面を排他的に支配占有する権利ではなく、公共の福祉、水面の総合的利用という観点から、他の者が海域を利用することによる不便性を容認しなければならないという内在的制約をもつた権利である。したがつて、他の者による水面の利用等が漁業権の範囲に及ぶとしても、そのことのみで妨害排除等を請求することはできない。これを認めるなら、他の漁業権者と利害が衝突し、あるいは漁業以外の船舶運行その他の利用者との調整もできなくなるからである。

このような権利の性質に鑑みれば、漁業権者が妨害排除を求めうるのは、他の者の水面の利用が「直接漁業操業を妨害する形態でなされる場合」、そうでなくても「相当な注意を欠いて行われるとか、または、故意に漁業権に顕著な損害を及ぼすような方法をもつてなされ、その結果として漁業権に基づく漁獲に相当な影響を与えた場合」のように、極めて限定された事例に限られる。

(2)　これを本件についてみると、債務者の調査は、本件占有許可を得たうえで行われる正当な権利行使であるうえ、その調査方法、内容、範囲、期間等からみて、債権者らの漁業操業を直接妨害するかたちとか、故意に顕著な損害を与える方法でなされたものでないことは勿論のこと、事前に調査の内容、時期を知らせるなどして、細心の注意をもつて行われているものである。したがつて、本件立地調査は債権者らが有する漁業権等の権利を侵害するものではない。

(3)　仮に、百歩譲つて、債権者らが主張するとおり、調査ブイを避けて操業することにより、債権者らの漁業操業に支障があるとしても、その影響は軽微なものであること、しかも、その影響は一時的なものであり恒常的なものではないこと、そのうえ、漁業方法の工夫や操業場所のわずかな移転により漁獲量の減少は極めて僅少なものにとどまること、そして、漁業権が前記のとおり内在的制約を有する権利であることからすると、債権者らが蒙る損害は、受忍限度内にあることは明らかであるから、妨害排除請求権等を根拠に本件立地調査の差し止めを求めることはできない。

（債権者らの主張）

(1)　共同漁業権は、土地所有権と同様絶対的な性格を有する権利であり、許可漁業権及び自由漁業権も本件共同漁業権が前提とする漁業である限りにおいて同様な性格を有する権利である。

(2)　債権者らが、本件立地調査により蒙る被害は、前記４の（債権者らの主張）で述べたとおり、甚大なものである。

債務者は、前記迷惑料の支払からも明らかなとおり、本件調査海域が債権者らの主要漁場であり、右被害が莫大なものであることを十分認識しながら、あえて本件立地調査を強行しようとするものである。しかも、本件立地調査は、原子力発電所建設の準備的な行為にすぎず、右建設の見通しが全くたっていない現時点においては、その必要性や緊急性が皆無な行為であることからすると、右行為は、債権者漁協を混乱に陥れ、債権者らの漁業操業を妨害する意図を有する悪質な意図的行為である。

(3) 債権者らは、このような立地調査を同意したこともなければ、債務者に債権者らに対抗できる権利が設定されているわけでもない。したがって、債権者らが、これにより蒙る損害を受忍しなければならない理由は全くなく、これが受忍限度内であるとの債務者の主張は、詭弁というほかない。

第三　争点に対する判断

一　争点1につき判断する。

1　人格権が本件立地調査の差し止めを求める根拠となる権利といえるかにつき判断する。

(1)　一般論として、債権者漁協を除くその余の債権者らが人格権を有すること、この権利を侵害する行為に対しては妨害排除及び妨害予防請求権が認められることは債権者らの主張するとおりである。

(2)　しかしながら、本件立地調査の概要及び既に実施された調査内容は、前記第二の一4及び7で認定したとおりであり、また、債権者らが主張する本件立地調査が債権者らの漁業操業に与える影響及び損害は、それ自体から判断しても、人格権の内容となる人の生命身体及び居住環境らに影響を与えるものでないことは明らかである（人格権の内容に債権者らが主張する職業選択の自由が含まれるとしても、本件立地調査の期間、程度からみて、これを侵害するものでないことは明らかである。）から、人格権が、本件立地調査を差し止める根拠となり得るとする債権者らの主張は失当である。

2　本件共同漁業権が本件立地調査の差し止めを求める根拠となる権利となるといえるかにつき判断する。

債権者漁協が本件共同漁業権を有すること、その余の債権者らが、債権者漁協の組合員であることは、前記第二の一1(1)で認定したとおりである。

右事実によると、本件立地調査が、債権者らに与える被害、影響如何によつては、債権者漁協は本件共同漁業権に基づき、その余の債権者らは漁業行使権に基づき（右権利の性格については後に詳述する。）、本件立地調査の差し止めを請求することができる。

3　許可漁業権及び自由漁業権が本件立地調査の差し止めを求める根拠となる権利といえるかにつき判断する。

債権者らは、許可漁業権に基づき行われているかかり釣り漁及び自由漁業として行われている太刀魚漁も、本件共同漁業権が前提とする漁業であると主張するが、右主張のうち、「前提とする」との趣旨は不明であり、かかり釣り漁及び太刀魚漁が、本件共同漁業権の内容となつている漁業操業でないことは甲一号証により明らかである。したがつて、右債権者らの主張は採用できない。

しかし、当裁判所は、許可漁業として行われているかかり釣り漁及び自由漁業として行われている太刀魚漁も、その漁業操業が妨害される程度如何によつては、妨害排除等の請求をなし得る余地がないではないと解する。

すなわち、公共用物たる公有水面に対しては、何人も、他人がこれを使用することにより得られる利益ないしこれを使用する自由を侵害しない程度において、自己の生活上必須な行動を自由に行い得る使用の自由を有してると解するのが相当であり、この自由使用の利益は、公法関係から由来するものであるとはいえ、これがある人にとつて日常生活上諸般の権利を行使するについて欠くことのできない要具である場合には、これに対しては民法上の保護が与えられ、この利益が妨害されたときは民法上不法行為の問題が生じ、この妨害が継続するときは、その排除を求める権利を有するものと解するのが相当だからである（最高裁昭和三九年一月一六日判決・民集一八巻一号一頁参照）。

これを本件についてみると、甲七、八、債権者浜村、同河村各本人尋問の結果によると、本件調査海域を含む近海において、債権者浜村は太刀魚漁を、債権者河村はかかり釣り漁を、いずれも何十年にもわたり営み、これを唯一の収入源として生活してきたことが一応認められるのであるから、右債権者らが本件調査海域を含む公有水面を使用することにより得られる利益は、生活上欠くことのできない要具であると認めるのが相当である。

したがつて、自由漁業としてなされる太刀魚漁、許可漁業としてなされるかかり釣り漁のいずれについても、本件立地調査がこれらの漁業操業を妨害する程度如何によつては（右妨害が本件共同漁業権に対する妨害よりも著しい程度に達することが要件となるとしても）、右債権者らは、これを差し止める権利を有するものというべきである。

これに反する債務者の主張は採用しない。

二　争点2につき判断する。

1　債務者と共同管理委員会の間で本件同意協定が締結されたこと、右協定の第1条には「共同管理委員会が債務者の申し入れた上関原子力地点に係る立地環境調査に同意する。」旨が、第3条1項には、「共同管理委員会は、立地調査が円滑に実施できるよう配慮する。」旨が各定められていることは、前記第二の一5(3)で認定したとおりである。したがって、共同管理委員会は、本件立地調査の実施に協力する義務を負うことが認められる。

そして、乙九によると、本件共同管理権行使契約第2条4項には、債務者が主張するとおりの文言が規定されていることが一応認められる。

2　共同管理委員会が、債務者の本件立地調査の実施申し入れにつき、債権者らを拘束する趣旨でこれに対する同意決議をなし得る権限を有しているか否かはともかくとして、本件同意協定が債権者らに対し直接効力を生じるためには、共同管理委員会は、債権者漁協及びその余の債権者らから、本件同意協定をなす代理権あるいは債権者らが有する権利についての包括的な処分権限の授与を受けていることが必要であると解せられる。

しかるに、共同管理委員会が、右各受権を得ていることについては、その主張も、疎明もなく、本件共同管理権行使契約の各条項にも、これを定めた規定は見あたらない。

したがつて、仮に、本件立地調査に対する同意が漁業権の変更に該当せず、また、共同管理委員会が右同意をなす権限を有しているとしても、債権者らが、共同管理委員会に対する関係で本件同意決議の不遵守の責任を負うことはあっても、本件同意協定の効力が債権者らを直接拘束するとの法的根拠はないから、右協定の効力それ自体から、債権者らが有する妨害排除等の請求権の行使が許されないということはできない（もっとも、右協定が締結されたとの事実が、後の受忍限度等の判断において考慮される事情であるとはいえる。）。

よつて、債務者のこの点に関する主張は採用できない。

三　争点3につき判断する。

1　債務者が本件占有許可を得たことは、前記第二の一6で認定したとおりである。右事実と乙二によると、債務者は、本件立地調査のうち、機器を固定して行う流況調査（定点連続観測による流況調査）のために、別紙平面図赤丸地点No.1ないし3、5ないし7、10ないし17の各地点の合計14の地点において合計二万五〇五四平方メートルの面積を有する公有水面を一年間にわたり継続的に使用する権利の設定を受けたことが一応認められる。

債務者は、右権利の設定を受けたことを理由として、本件調査のうち機器を固定して行う流況調査は正当な権利に基づくものであるから、債権者らが、これに対し妨害排除請求権等を行使することはできないと主張する。

2　確かに、債務者が、本件占有許可を得たこと（特許使用権を得たこと）により、公有水面の管理権者との関係で、その許可の内容に従つて公有水面を使用できる権利を得たことしたがつて、その占有が管理権者との関係で適法なものであることは疑いがない。

しかし、このことは、占有許可に基づく使用が私人たる第三者の権利を侵害する場合にまで、右使用を第三者との関係で適法とすることまでを意味するものではないというべきである。なぜならば、仮に、占有許可があつたことが、私人との関係においても公有水面の使用を適法とするものとすると、債務者が、債権者らによる本件占有許可に基づく立地調査の妨害に対し、本件占有許可に基づき、債権者らの漁業操業の差し止めを求めた場合、債権者らは、本件許可と同じ公有水面の特許使用の性質を有する本件共同漁業権を得ていることを根拠とし、債務者からする妨害排除請求権の行使を妨げ得るとの不当な結果を招来することになるからである。

したがつて、公有水面の使用権を得ている私人（これには、いわゆる自由使用を行つている者を含む）相互の関係においては、相互に他人の違法な妨害を排除する私法上の権能があり、その侵害の程度が一定の限度に達した場合には、妨害排除等の請求権の行使が許されると解するのが相当である。

よつて、この点に関する債務者の主張は採用できない。

四　争点4につき判断する。

1　まず、個別漁業操業に与える影響を除き、本件立地調査が債権者らの漁業操業に与える影響の全体像につき検討する。

(1)　本件共同漁業権の範囲と本件調査海域及び本件占有許可により占有を認められた範囲の面積的対比について

乙一、二、一四、証人藤原茂範の証言によると、本件共同漁業権が認められた範囲全体の面積が約四億五〇〇〇万平方メートルであること、本件調査海域全体の面積が約二〇〇〇万平方メートルであること、本件占有許可を受けた面積が二万五〇五四平方メートルであること及び本件共同漁業権の範囲と本件調査海域とを図面上対比が別紙「共第一〇七号と本件海域」と題する図面のとおりであることが一応認められ、右事実によると、共同漁業権の範囲に占める本件調査海域の面積比は約四・五パーセントであり、本件占有許可を受けた面積比は約〇・〇〇六パーセントであることが認められる。なお、乙三及び前記藤原証言によると、かかり釣り漁の許可範囲は、別紙「まきえづり漁業の操業区域と本件海域」と題する図面のとおりであり、と本件調査海域との面積比は約〇・四パーセントであることが一応認められる。

(2)　本件調査海域は、債権者漁協の組合員の漁場全体にとつてどのような意味を持つか（債権者漁協組合員の主たる漁場といえるか）。

甲四ないし八、一二、一九ないし二一、三三、三五、乙三、二〇、証人内藤末男（以下、証人内藤という。）、同福永正人（以下、証人福永という。）、同松中譲（以下、松中という。）の各証言、債権者漁協代表者山戸貞夫（以下、山戸貞夫という。）、債権者河野、同浜村、同河村各本人尋問の結果を総合すると、以下の事実が一応認められる。

① 債権者漁協の漁獲高のうち、本件調査海域で獲れる魚量がどれだけかを客観的に示す疎明資料は提出されていない。

② たこ壺漁について

債権者漁協に所属する組合員の内たこ壺漁を主に行っている組合員の数は、一〇名であり、その主な漁場は、本件調査海域内のほか、祝島周辺並びに宇和島及びホウジロ島周辺（この位置は、別紙「共第一〇七号海域と本件海域」と題する図面参照）である。各組合員が、右三か所でどの程度の漁獲高を上げているかは、債権者河野の供述によつても明らかでないことからすると、各場所での漁獲高は、三分の一を越えるものではないと判断するほかない。

③ 太刀魚漁について

債権者漁協に所属する組合員の内太刀魚漁を主に行っている組合員の数は、三〇名である。債権者浜村の供述によると、本件調査海域にその全ての人が出漁することもあるが、平均すると約一〇ないし一五隻が同海域で太刀魚漁を行っていることが一応認められることからすると、本件調査海域内の漁獲量は、太刀魚漁全体の半分を越えるものではないと判断することができる。

④ かかり釣り漁について

債権者漁協に所属する組合員の内かかり釣り漁を主に行っている組合員の数は、約五〇名である。そして、九、一〇月から三月（秋季から冬季）にかけての主なかかり釣り漁の漁場は、本件調査海域中でも、鼻繰島周辺及び現後鼻周辺に限定されており（別紙「かかり釣り漁の漁労範囲及び影響図」と題する図面〔甲三一の一を当裁判所において縮小した図面〕参照）、主に鯛、やず等の好漁場となつていることが認められる。ただし、かかり釣り漁は、祝島周辺の地先海域でも行われており、右場所との漁獲高の対比は不明であるので、仮に時期的に割り振るとすると、その漁獲高の約半分が本件調査海域内の漁獲高となることになる。

⑤ たて網漁について

債権者漁協に所属する組合員の内たて網漁を主に行っている組合員の数は一三名である。この内、本件調査海域内で操業している者及びその回数を明らかにする疎明資料はない。甲一二には、№1地点のブイ付近を漁場としている旨が記載されているが、右記載は、甲三三及び証人福永の証言に照らして措信できない。

⑥ 債権者漁協の平成六年一年間の総漁獲高は、一億八二八一万三〇〇〇円である。この内、たこ壺漁の総漁獲高は三〇二五万四〇〇〇円、太刀魚漁の総漁獲高が八七一万五〇〇〇円である。かかり釣り漁の総漁獲高は、一本釣り漁の従事者が約九〇名でそのうち約五〇名がかかり釣り漁に従事していることからこれを案分すると、一本釣り漁の総漁獲高が五〇四五万一〇〇〇円であるからその九分の五である約二八〇二万円であると推定することができる。

これを右②ないし④で認定した割合を当てはめると、本件調査海域内での総漁獲高は、約二八〇〇万円となり、これは債権者漁協の総漁獲高の約一五パーセントとなる。

⑦ 右認定事実からすると、債権者漁協全体にとってはともかくとして、同漁協に所属する組合員のうち、たこ壺漁、太刀魚漁及びかかり釣り漁に従事する組合員にとっては、本件調査海域は、その主要な漁場の一つであることが一応認められる。

(3) 本件同意協定に伴い共同管理委員会らに支払われた金員の趣旨について

① 債務者が、本件同意協定の締結に伴い共同管理委員会、四代漁協及び上関漁協に対し、総額一億八一二〇万円の金員を支払ったこと、右協定書には、右金員の性質として迷惑料及び協力金と記載されていることは前記第二の一5(3)で認定したとおりである。

② ところで、証人内藤、福永、松中の各証言によると、四代漁協及び上関漁協に所属する組合員は、右金額の中から一人当たり三六万円を得ており、右金額は、共同管理委員会を構成する漁協の中で債権者漁協を除く他の五漁協の組合員の倍額であること、右各証人らは、右金額の趣旨を漁業操業への影響に対する迷惑料であると認識していることが一応認められる。さらに、乙七、八によると、本件同意協定の締結主体が共同管理委員会と四代及び上関漁協となっているのは、本件立地調査が行われる海域の内、本件海域を除く地先部分に、右両漁協がそれぞれ共第一〇一号及び共第九六号共同漁業権を有していることから、右漁業権の主体として本件同意協定に締結主体となる必要があったからであることが一応認められ、右事実を併せ考えると、前記金員の趣旨は、債務者が主張する会合等への出席に伴う費用弁済的性格あるいは本件立地調査を円滑に行うための協力金たる性格を含

むものであるにせよ、その主な趣旨は、本件立地調査が漁業操業に与える影響に対する迷惑料であると一応認めるのが相当である（ただし、右金額が何らかの算定根拠に基づき算出された損害賠償金であるとまで認めることはできない。）。

(4) 右各認定事実からすると、本件調査海域の範囲が本件共同漁業権の範囲に占める面積割合は債務者の主張するとおりであるにしても、本件立地調査が債権者らの漁業操業に与える影響は、単純な面積比率によつて想定されるそれより大きく、債務者自らもそのことはある程度は認識していたことが一応認められる。

2 そこで、本件立地調査の具体的態様とそれが債権者らの漁業操業に与える具体的影響につき検討する。

(1) 本件立地調査の実施計画及び既に春季及び夏季に実施された立地調査の内容は、前記第二の一4、7で認定したとおりである。

(2) 船舶を使用して行う調査について

船舶を使用して行う調査により、債権者の漁業操業が妨害を受けたことを認めるに足りる疎明資料はない。

のみならず証人松中、藤原の各証言によると、債務者は、船舶を使用して行う調査の際には、四代漁協所属の組合員の助けを借りながら債権者らの漁業操業を避けてこれを実施するよう配慮していることが一応認められること、債権者浜村が、本件調査海域で太刀魚漁を行う船舶は通常は一〇ないし一五隻であるが、三〇隻の全てが同時期に出漁することもあり、それでも漁を行うことが可能である旨を証言しているのと比較して、船舶を使用して行う調査で使用される船舶数は、最大でも四月一三日に実施された海生生物調査に使用された一六隻（作業船一四隻、警戒船一隻、自主監視船一隻）であると一応認められること（乙一六）等を併せ考えると、船舶を使用して行う調査が具体的に債権者らの漁業操業に妨害を与えるものとまでは認められない。

(3) 機器を固定して行う調査について

① 乙一、二によると、債務者は、本件占有許可により、本件立地調査のうち、機器を固定して行う流況調査のために、別紙平面図赤丸地点No.1ないし3、5ないし7、10ないし17の合計一四地点において合計二万五〇四五平方メートルの面積を有する公有水面を一年間にわたり継続的に占有する権利の設定を受け、右各地点において、四季別に一五昼夜連続の観測を行う予定であり（春季、夏季は既に実施済み）、このため、ほぼ各季二〇日間、右各地点にブイを設置し、別紙「調査に伴う海域占用面積」と題する書面に記載された形態で、海底にアンカー

を打つ必要があることが一応認められる。

そこで、以下、右アンカーとブイを繋ぐロープが漁業操業に与える影響につき考える。

② たこ壺漁について

甲五、一九、二九の一ないし四、三五、証人松中の証言、債権者河野本人尋問の結果によると、以下の事実が一応認められる。

Ⅰ たこ壺漁は、原則として一本八〇〇メートルの幹綱を海底に沈め、これに一五メートルの間隔で付いている枝綱にたこ壺（餌入り）をつけて行う形態の漁法である。

たこ壺は、ほぼ三日に一回の割合で引き上げられ、たこ壺に入った蛸を漁獲する。

その漁期は、九月と一〇月を除く一〇か月である。

Ⅱ 債権者漁協の組合員が、本件調査海域内で行うたこ壺漁のうち、好漁業であるのは、別紙「タコつぼ漁の漁労範囲及び影響図」と題する図面中で赤色及び黄色で囲まれた範囲であり、中でもNo.2、3及びNo.5の各ブイを含む周辺部分は特に好漁場とされているので、No.2、3のブイを含む黄色部分には幹綱四本を繋いだ合計三二〇〇メートルの綱が約一〇〇メートルの間隔で一〇本（ただし、最も西側に入れられる綱は、南側基点が本件調査海域の南西角になるので、黄色部分には含まれず、本件調査海域内に存在する幹綱は、正確には五本程度となる。）入れ、No.5のブイを含む黄色部分には幹綱二本を繋いだ合計一六〇〇メートルの綱が同じく約一〇〇メートル間隔で四本入れられており、その位置は、たこ壺漁従事者のくじ引きで決定されている。

Ⅲ たこ壺漁の漁法上の制約から、ブイがあることにより、右図面中の赤色で囲まれた部分に幹綱を置くことは事実上不可能となり、したがって、債権者漁協組合員は、ブイが設置される期間中は、同部分に幹綱は入れることはないので、ブイにより設置できない幹綱の本数は、最大限に見ても、一〇本となる。

Ⅳ 既に実施された本件立地調査により、No.1、2、5の各地点で、ブイとアンカーを繋ぐロープと幹綱が絡まった事故がそれぞれ一回ずつ発生した。このうち、一回（No.5のブイの件）は、幹綱が引き上げられずブイが撤去されるまで放置する結果となり、漁獲した蛸は商品価値を失っていた。この事故は、いずれも幹綱を海底に入れた後にブイが設置された場合に生じたものである。

Ⅴ しかし、右組合員は、これまで幹綱を現に入れていた位置（すなわちたこ壺漁にとって最良の漁場）と各ブイとの位置関係が同図面のとおりであるか否かには疑問があること、さらに、ブイを避けて幹綱を設置することにより、そうしなかった場合との間でどれだけの漁獲高の減少が生じるかについてはこれを認めるに足りる疎明資料はないので、その意味からいうと、同漁協組合員の本来あるべき漁獲高（本件立地調査が行われない場合の漁獲高）が、各ブイの設置によりどれだけ減少するかの認定は困難である。

Ⅵ　債権者河野本人は、幹綱一本当たり（八〇〇メートル）の一回の漁獲高が三万円であると供述するが、同人の年収が六〇〇万円であるとの証言に照らして、右供述は到底措信できない。

右六〇〇万円の年収を前提とすると、No.5地点のブイの影響により二組の幹綱が設置できなかったとして（この幹綱を他の箇所には設置しないことを前提とする。）、漁業期間を三〇〇日、ブイ設置による影響を六〇日（九、一〇が休漁期であるので）、幹綱の引き上げ頻度を三日に一回、常時稼働幹綱数を一五本として、計算すると、債権者河野が機器を固定して行う調査により蒙る損害額は約一六万円となる。

（計算式　600万円÷300÷15×3×60×2÷3＝16万円）

なお、他の債権者漁協組合員については、ブイにより幹綱を入れられない本数が最大でも一〇本であること、本件調査海域のみがたこ壺漁の漁場ではないことからすると、その損害を認定することは困難であるが、債権者漁協の平成六年一年間の総漁獲高が三〇二五万四〇〇〇円であること、たこ壺漁従事者が一〇名であることを前提に（他の条件は前記河野の計算値と同じとして）計算すると、その損害の総額は四〇万円となる。

（計算式　3000万円÷300÷150×3×60×10÷3＝40万円）

③　太刀魚漁について

甲八、二一、三〇の一ないし五、証人内藤の証言、債権者浜村本人尋問の結果によると、以下の事実が一応認められる。

Ⅰ　太刀魚漁は、約一五〇メートルの幹糸に三メートルの間隔で二・七メートルの枝糸を付け、その先に重り及び餌を付け、潮の流れの上から下に流れに直角に約五〇〇メートル余り微速前進させながらこれを投入し、約一〇分程度（約一〇〇〇メートル）漕ぎ、船を止めて引き上げる形態で行う漁法である。

その漁期は七月から一一月ころである。

なお、太刀魚漁では、右漁具が海底、海中の障害物に接触し、切れてしまうことがたまにあるため、各船は予備の漁具を積んで操業している。

Ⅱ　本件調査海域は、全体として太刀魚漁の好漁場となっている。

太刀魚漁は、右形態で行う漁法であるため、ブイが設置された場合は、右設置箇所から潮上一〇〇〇メートル×七〇〇メートルの長方形で囲まれた範囲のうちのある部分では操業が困難となる。債権者は、別紙「たちうお漁の漁労範囲及び影響図」と題する図面の赤色部分全体で操業ができなくなると主張するが、例えば、No.1地点のブイでいうと、潮が図面の上から流れるとすると、その影響範囲は、ブイから上の部分でありかつほぼ同図面上の黒斜線部分を除く部分であることが認められる。右限度では、債権者が主張する漁業操業に影響のある範囲が、同図面の赤色部分であることが認められる。

Ⅲ　既に実施された本件立地調査により、七月二一日No.1の地点ブイで、八月二日か三日にNo.7の地点ブイで、漁具がアンカーとブイを結ぶロープに引っ掛かる事故が発生した。

Ⅳ　債権者浜村は、夏季の機器を固定した流況調査の期間中、ブイによる影響のために二、三日休業し、その他出漁した日でも三〇〇〇円程度（通常の操業漁獲高は一日七〇〇〇円程度）の減少があったと供述する。しかし、太刀魚がそもそも回遊魚であることからして、Ⅱで認定した影響に照らすと、ブイの設置により一日の漁獲高の約半分が失われるとの右供述はにわかに措信できないし、また、本件調査海域以外にも操業場所があるにもかかわらず、ブイの影響のみで、二、三日休業したとの供述についても疑問の余地がある。

したがって、ブイの設置が漁業操業に支障があることは認められるにしろ、これにより、具体的に漁獲高の減少が生じるとの右供述には疑問があり、本件ブイの設置により債権者浜村に生じた損害がいくらであるかについてはこれを認めるに足りる疎明資料はないというほかない。

④　かかり釣り漁について

甲七、二〇、三一の一ないし四、証人松中の証言及び債権者河村本人尋問の結果によると、以下の事実が一応認められる。

Ⅰ　かかり釣り漁は、船の前後から海底にアンカーを下ろし、潮の流れに逆らって船を固定し、活きたエビをポイントに届くよう撒餌し、魚を集め、そこに同じく活きたエビをつけた釣針数本を付けた釣糸を延ばして鯛などの高級魚を漁獲する漁法である（右操業形態は、別紙「かかり釣参考図B」と題する図面のとおりである。）。

Ⅱ　本件調査海域内のかかり釣り漁の主要漁場は、別紙「かかり釣漁の漁労範囲及び影響図」と題する図面で黄色に黒斜線が入った部分であり、鼻繰島周辺では、No.2ブイ地点周辺ほか二か所と現後鼻の付近の四か所に魚の根付くポイントがあり、九月から三月までは、特に好漁場となっている。なお、債権者河村は、No.2ブイが設置された地点が、右ポイントの真上であると供述するが、右供述は、債権者河村が正確にNo.2ブイ地点を認識しているのか否かにつき疑いがあること（債権者河村は今年No.2地点付近で操業していないのではないかと思われるふしがある。）及び証人松中の右ポイントはNo.2地点から西側にあるとの証言（債権者らはこの証言は、近年No.2地点でかかり釣漁を行っていないはずの松中の証言は措信できないと主張するが、同人が債務者の立地調査を度々手助けしていることが認められることからすると、むしろNo.2地点のブイの場所については河村よりも正確に認識している可能性が高い）に照らして、にわかに措信できない。

Ⅲ　かかり釣の右漁業形態からして、魚が根付くポイントに近接してブイが設置されると、その箇所での操業は著しく困難となることは認められる。

Ⅳ　債権者河村は、一日当たりの漁獲高が一万円であると供述し、債権者らはこれに基づき、No.2地点のブイが設置されることにより五隻のかかり釣り漁の船が操業できなくなるとして、債権者河村の損害額は八〇万円、債権者漁協組合員五名の総損害額は四〇〇万円であると主張する。

しかし、この供述を前提としても、右漁期との関係で、被害が生じるのは六〇日であること、債権者河村は出漁日数を年二〇〇日と証言していることからすると、債権者河村の損害は、三三万円となること、No.2地点のブイの影響でこの地点での操業が不可能となったとしても、他のポイントでの操業が不可能となるわけではないこと、さらにNo.2地点ブイの位置が正確に前記ポイントになるか否かにつき疑いがあることは前記のとおりであることからすると、債権者らの右損害額の主張を認めるに足りる疎明資料はない（債権者河村本人も、自ら及び債権者漁協組合員のNo.2地点での損害額については明確な供述をしていない。）。

五　右四で認定した事実に基づき争点5につき判断する。

1　本件共同漁業権等の権利の性格について

本件共同漁業権等が漁業法により物権とみなすと規定していることは債権者らの主張するとおりである。しかしながら、右権利が、公共用物の特許使用として設定された使用権であり、公共用物が、本来一般公衆の共同使用に供せられ（太刀魚漁が自由使用としてなし得ることの根拠もここにある。）、公共の福祉のために使われるものであることからすると、漁業権者といえども公有水面を完全に排他的独占的に使用することは、右公共用物としての性質に反するものというべきであり、したがって、漁業権が及ぶ範囲は、その使用目的達成のために必要な限度にとどまるものと解するのが相当である。

いわんや、許可漁業として行われるまきえ釣り漁及び自由漁業として行われる太刀魚漁については、他人の自由な共同使用を妨げない範囲及び方法により行われなければならないというべきである。

したがって、共同漁業権並びに許可漁業及び自由漁業を行う権利が、所有権と同様絶対的な性格を有する権利であるとの債権者らの主張は採用できない。

2　債務者が本件立地調査を行う意図について

債権者らは、本件立地調査はその必要性及び緊急性の全くない行為であり、これを現時点で強行するのは、債権者漁協を混乱に陥れ、債権者らの漁業操業を妨害する意図であると主張する。

しかし、その実現が可能か否かはともかく、債務者は本件海域に近接する地域に原子力発電所の建設を計画し、その実現の一過程として、通産省省議決定等に基づき本件立地調査を実施していることは審尋及び弁論の趣旨から認められるとしても、債務者が右意図を越えて、債権者らが主張する混乱あるいは妨害を意図していると認められる疎明資料はない。

したがって、債権者らの右主張は採用できない。

3　債務者が本件立地調査を実施する態様について

債権者各本人尋問によると、債務者は、債権者各個人に対しては本件立地調査の内容を伝達する手段を講じていないことが一応認められ、また、債務者において、本件立地調査に備えて債権者らの漁業操業実態を調査し、その影響を少なくする手段を講じたと認められる疎明資料はない。

しかし、乙一八及び一九の各一、二によると、債務者も共同管理委員会を通じて不十分なものとはいえ最低限の調査内容の伝達を行っていることが一応認められること、共同管理委員会との間では本件同意協定を締結していること、そして何より本件立地調査に対する債権者らの対応からみて、債務者において右実態調査等を実施したとしても、債権者らがこれに応じなかったことは明らかであること、等からすると、債務者の右態度にもやむを得ないところがあるものというべきである。

4　右1ないし3で説示したことに加えて、債権者らが本件立地調査により蒙る損害が前記四で認定した限度にとどまっていること、右立地調査において債権者らの漁業操業に最も重大な影響を及ぼす機器を固定して行う流況調査については、漁業権と同様物権とみなされるものではないにしろ、同一の法的性質を有するいわゆる公共用物に対する特許使用権を生じさせる本件占有許可を得たうえで、右権利に基づき行われていること、本件立地調査の実施は一時的なものであり恒常的なものではないこと、等を併せ考えると、本件立地調査により債権者らの漁業操業に支障を来し損害が発生していることは認められるにしろ、また、債権者らが、同人らにとって自らの庭のごとき存在であり、しかも何代にもわたり自由に操業して自らの生活の糧を得ていた場所である本件調査海域において、同人らが反対する原子力発電所設置を前提とする本件立地調査を債権者漁協の個別同意なしに実施することが、あたかも「平穏な住居に無断で侵入するような暴挙」（債権者ら準備書面からの引用）であるかのように受け止める心情が理解できないではなく、このような精神的怒りや苦しみを考慮に入れても、なお、本件立地調査の実施により蒙る債権者らの被害の程度が、同人らが有する共同漁業権等に基づく差し止め請求を是認するまでに至っていると認めるのは困難である。

第四　結論

以上によると、債権者らの本件請求は、被保全権利についての疎明を欠くから、その余の点につき判断するまでもなく理由がないので却下し、民事保全法七条、民訴法八九条、九三条一項本文を各適用して、主文のとおり決定する。

（タイムズ九一六号二三七頁）

第二章　国家賠償法

第一節　公権力の行使に当る公務員の加害による損害の賠償責任

第一条　国又は公共団体の公権力の行使に当る公務員が、その職務を行うについて、故意又は過失によって違法に他人に損害を加えたときは、国又は公共団体が、これを賠償する責に任ずる。

② 前項の場合において、公務員に故意又は重大な過失があつたときは、国又は公共団体は、その公務員に対して求償権を有する。

◆6　定置漁業権の不免許処分を受けた漁業者からの競争出願者に対する免許処分の違法を理由とする国家賠償法に基づく損害賠償請求が棄却された事例

札幌地裁民、昭和五七年(ワ)第二一三三号
昭六二・三・二五判決、棄却（確定）
原告人　渡辺良之
被告人　北海道
関係条文　漁業法一三条、一六条、国家賠償法一条、三条

【要　旨】
原告の漁業法一三条一項一号（適格性を有する者でない場合）及び同条同項三号（同種の漁業を内容とする漁業権の不当な集中がある場合）所定の不免許事由の存在を理由とする本件免許処分の違法性の主張は失当であり、その余の点を判断するまでもなく、原告の本件国家賠償請求は理由がない。

（註）判例は、「一一三三頁25」参照

◆7　県知事が既存の共同漁業権の区域内における区画漁業権の漁場計画を樹立するに際し、異議がない旨の虚偽の組合総会議事録等を看過したことに注意義務違反はないとされた事例

広島地裁民、昭和五四年(ワ)第七八六号
昭六一・六・一六判決、一部認容・一部棄却
原告　北本信好ほか二名
被告　広島県ほか三名
関係条文　漁業法一〇条・一一条、国家賠償法一条

【要　旨】
県知事が既存の共同漁業権の区域内における区画漁業の免許を付与するに際し、共同漁業権者である漁業協同組合の組合長が作成した右区画漁業に異議がない旨の虚偽の組合総会議事録について特段瑕疵の存在を疑わせるような形式上の不自然な点は見受けられなかつたこと、区画漁業権を取得しようとする区域と共同漁業権の区域が重なり合う部分はわずかであったこと、海区漁業調整委員会が実施した公聴会においても反対意見は出ず、同委員会も異議がない旨の答申をしたこと等から、漁業調整その他公益上の支障はないものと判断して漁場計画を樹立し、区画漁業の免許を付与したものと認められ、知事が虚偽の右組合総会議事録等を看過したことに注意義務違反はないので、県に対する賠償請求を棄却する。

（註）判例は、「一一四頁23」参照

◆8　下水処理場の下水処理水差止請求が棄却された事例

仙台地裁民、昭和五七年(ワ)第五八九号
平四・九・一〇判決、棄却
原告　仙台市漁業協同組合
被告　仙台市

関係条文　国家賠償法一条一項、二条一項、三条一項

【要　旨】
漁獲量等のうち減少したものがある事実及び将来その事実の発生の可能性は認められるが、下水処理場の処理排水と右事実及び右可能性との間の因果関係は存在しない。

○主　文

一　原告の請求を棄却する
二　訴訟費用は原告の負担とする。

○理　由

一　被告の本案前の主張について
被告は、原告の本訴請求について、本件処理場の下水処理能力等の変更が建設大臣の認可事項であって、その認可処分が第三者である原告との関係においても公権力の行使にあたること、さらに、本件処理場からの本件排水の排出が、公共下水道の機能を維持するための必要不可欠な事実行為として、公権力の行使にあたることを理由に、いわゆる取消訴訟の排他的管轄に反する不適法な訴えであると主張する。
しかし、建設大臣がなした被告の事業計画に対する認可処分は、右事業計画に基づく本件排水の排出を含む全ての供用行為を、原告との関係におけるような一般住民の下水道利用関係とも異なる

対第三者関係において、直ちに適正化する効果をもつものではないと解されるから、右認可処分が原告との関係においても公権力の行使にあたるということはできない。また、施設の供用行為である本件排水の排出のようないわゆる事実行為（行政庁の意思表示等による権利義務の形成変更を経ることなく直接的に事実状態の変容をもたらす行為）が公権力の行使として抗告訴訟の対象になるのは、かような事実行為に先行する行政処分の公定力がその事実行為の侵害の適法性の点にまで及んでおり、さらに、実定法の規定によつて右行政処分と右事実行為とが一体的なものとして解釈されるのを相当とする結果、右事実行為に対する民事上の差止請求が、実質上行政処分の効力を争うに等しいものとして不適法であると解される場合でなければならないと考えられる。しかし、本件において、建設大臣の認可処分の公定力が原告との関係において本件排水の排出行為の適法性の点にまで及んでいるということができないことは先にみたとおりであるのみならず、下水道関係法規には右のような趣旨の定めは特にないから、原告の本訴請求が実質上行政処分の効力を争うに等しいものであるということもできない。

よつて、原告の本訴請求について、これを公権力の行使に関する不服を内容とする訴えであると解することは相当でない。

したがつて、被告の右本案前の主張は失当であるから、以下、本案について判断する。

二、三〔略〕

四　次に、請求原因2（被告による下水処理水の排出と下水処理場の拡張計画）の事実は当事者間に争いがなく〔証拠略〕を併せれば、次の事実が認められる。

1　被告は、昭和三二年三月三〇日、厚生大臣及び建設大臣から、終末処理場をもつ合流式下水道の事業計画につき、下水道法に基づいて認可を受け、昭和三三年二月四日、都市計画法に基づく県知事の事業認可の後、第一次下水道事業計画として、昭和三三年一一月六日に汚水を収集する管渠・ポンプ場等の管路の工事に、昭和三四年一〇月二三日に本件処理場の建設にそれぞれ着手した。

そして、昭和三九年一〇月一〇日、本件処理場の運転が開始されたが、第一次計画の処理方法は簡易沈殿方式であり、計画処理面積三九〇〇ヘクタール、計画処理人口五二万人、計画汚水量（晴天日最大）一五万六〇〇〇㎥／日、計画処理能力（晴天日最大）一五万六〇〇〇㎥／日であつた。第一次計画は、昭和四六年には処理面積二八〇〇ヘクタール、水洗化戸数七万九六〇〇戸、平均汚水量約二〇万㎥／日まで整備された。

2　その後、昭和四七年に策定された変更認可を受けた第二次下水道事業計画は、活性汚泥方式による高級処理を採用し、計画処理面積一万五二二ヘクタール、計画人口八二万二六〇〇人、計画汚水量（晴天日最大）五〇万六八〇〇㎥／日、計画処理能力（晴天日最大）五〇万六八〇〇㎥／日とされた。本件処理場は、昭和四七年度から増設工事に着手し、昭和五四年三月、高級処理の第一系列分が完成して、同年六月から処理能力（晴天日最大）二五万三四〇〇㎥／日として正式運転を開始した（なお、同年二月には試運転を始めている。）。

3　そして、昭和五四年には、計画処理面積一万一六四〇ヘクタール、計画人口七二万三九〇〇人、計画汚水量（晴天日最大）四三万八五〇〇㎥／日、計画処理能力（晴天日最大）五〇万六八〇〇㎥／日、昭和六一年には、計画処理面積一万二一二八ヘクタール、計画人口七四万一五三〇人、計画汚水量（晴天日最大）四四万六〇〇〇㎥／日、計画処理能力（晴天日最大）五〇万六八〇〇㎥／日とそれぞれ事業計画が変更認可され、同年三月時点での処理実績は、第一系列分の完成に引き続いて建設中の第二系列分の施設の能力も含めて、処理面積五五六二ヘクタール、処理人口七四万一五三〇人、流入汚水量（晴天日最大）二五万九三〇〇㎥／日、処理能力（晴天日最大）三二万五八〇〇㎥／日となつた。昭和五四年から昭和六二年度にかけての流入下水量の変化をみると（但し、〔〕は晴天日平均）、

昭和五四年度　一八万六〇〇〇㎥／日〔一八万〇〇〇〇㎥／日〕

昭和五五年度　二〇万一〇〇〇㎥／日〔一七万九〇〇〇㎥／日〕

昭和五六年度　二一万二〇〇〇㎥／日〔二〇万〇〇〇〇㎥／日〕

昭和五七年度　二一万一〇〇〇㎥／日〔一九万五〇〇〇㎥／日〕

昭和五八年度　二一万四〇〇〇㎥／日〔一九万九〇〇〇㎥／日〕

昭和五九年度　二一万四〇〇〇㎥／日〔一九万七〇〇〇㎥／日〕

昭和六〇年度　二三万六〇〇〇㎥／日〔二一万三〇〇〇㎥／日〕

昭和六一年度　二四万四〇〇〇㎥／日〔二二万四〇〇〇㎥／日〕

昭和六二年度　二三万六〇〇〇㎥／日〔二二万三〇〇〇㎥／日〕

のとおりである。

4　さらにその後、幾度かの事業計画の変更認可を経て、平成元年四月時点における事業計画は、計画処理面積一万五九三〇ヘクタール、計画人口九二万一〇〇〇人、計画処理能力（晴天日最大）五〇万六八〇〇㎥／日とされ、平成元年三月時点での処理実績は、処理面積八一七ヘクタール、処理人口六二万八五九四人、水洗化戸数二〇万七二八二戸、処理能力（晴天日最大）は三六万二〇〇〇㎥／日となり、平成二年三月時点の処理能力

（晴天日最大）は三八万一〇〇〇㎥／日であって、本件処理場では、引き続いて第二系列分の施設が建設されている。

5　こうして、被告は、仙台湾南部海域の本件海域に接する仙台市宮城野区蒲生字八郎兵衛谷地第二—一—二番地において、本件処理場（敷地面積二〇万七二五二㎥を設置管理し、原告の漁業権の存する本件海域の海面に吐出口を設けて、活性汚泥法（ステップ・エアレーション法）によって処理した処理水を排出しており、平成元年度における本件処理場の処理状況は、年間総処理量一億七四万六〇〇〇㎥／年、平均処理日量二七万六〇〇〇㎥／日、雨天時最大処理水量六三万三〇〇〇㎥／日（同年六月一七日）、晴天日最大処理水量二九万八〇〇〇㎥／日（同年七月二一日）である。

五　まず、請求原因5㈠（原被告間の協定に基づく本件排水の差止め）について判断する。

1　〔証拠略〕によれば、原被告間において四五年協定、五一年協定及び五一年覚書がそれぞれ締結された経緯について、次の事実が認められる。

㈠　昭和三九年一〇月一〇日に本件処理場の運転が開始された後、昭和四二年二月になって、原告から被告に対し、定置網の漁網被害につき口頭による陳情があり、同年七月一〇日には、原告から被告市長に宛てて、定置網に付着物がついて損傷が激しいこと、付着物のために魚道が閉塞して漁獲高が減少していること、汚れた水が流入して近くの貞山運河と同じ様な汚染度であることを内容とする陳情書が提出された。

㈡　昭和四五年一二月四日、原被告間において四五年協定が締結され、被告から原告に対し、一六五〇万円が支払われた。

四五年協定の内容は、

「仙台市（以下「甲」と称する。）と仙台市漁業協同組合（以下「乙」と称する。）は、仙台市南蒲生下水道処理場から海域に放流する排水の処理（以下「排水処理」という。）に関し、次の条項により協定する。

第一条　乙はその所有し、操業する漁業権内に、甲が引き続き排水処理することに協力するものとし、甲は乙に対し、その感謝料として金一六五〇万円を支払うものとする。

第二条　甲は感謝料をこの協定の成立後、乙の請求により遅滞なく支払うものとする。

第三条　甲は排水処理について国の定める基準を遵守するものとし、乙は今後漁業権（本日以降において漁業権を承継するもの、新たに取得するものを含む。）に関し、補償、賠償の請求、異議の申立等いっさいしないものとする。

第四条　この協定書に定めない事項または不慮の事故等により現状に著しい変化のあったときその他疑義が生じたときは、甲乙協議して定める。」

のとおりである。

㈢　被告は、昭和四二年七月、第二次仙台市公共下水道建設基本計画（案）構想を発表し、被告仙台市の既成市街地周辺の人口増加等を背景に、第二次下水道事業計画が、昭和四七年五月九日に議会による承認を受けて同月二二日に公示され、同年八月四日に下水道法に基づく建設大臣の計画変更の認可、同年九月五日に都市計画法に基づく宮城県知事の事業認可をそれぞれ受け、同年九月一二日に告示された。そして、本件処理場につき、高級処理方式を採用し、計画処理面積一万五二二ヘクタール、計画人口八二万二六〇〇人、計画処理能力（晴天日最大）五〇万六八〇〇㎥／日とすることを内容とする右事業計画に基づき、同年度中から本件処理場の増設工事が始められた。

右事業計画の概要は、昭和四六年九月一日付及び昭和四七年六月一日付被告仙台市の「市政だより」で広報され、昭和四六年八月二〇日付、同年一〇月二日付及び昭和四七年四月一一日付の河北新報で記事として掲載された。

㈣　昭和四九年二月一九日、原告から被告に対し、定置網等の損傷や漁獲の減少を内容とする口頭の陳情がされ、その後の昭和四九年八月一二日、被告仙台市の建設局次長、同局下水道部長であった伊東栄悦、同部計画課長であった伊藤久蔵、本件処理場の場長、その他地元選出の議員らが原告事務所に出向いて、伊東栄悦と伊東久蔵が、原告組合長ほか一五名の代表者らを相手に、第二次下水道計画について、対象人口が八〇万人余となり、一日の最大の排水量が五〇万㎥を超えて平均では三九万㎥になること、このために処理水を海に放出する吐出管を一本増やして二本にすること、処理方式を高級化するので、従来の三～四倍きれいな水になること、完成の時期は昭和五二年ころを目標としていること等を説明した。

㈤　昭和四九年一一月七日、原告組合員の養殖海苔が筏から脱落する現象が発生したため、被告は、同月二六日、東北大学農学部須藤俊造教授に海苔脱落の原因究明につき調査を依頼した。原告からは、昭和五〇年二月二〇日、被告に対し、小型定置・刺網・具桁漁業及び海苔養殖業について補償等を求める要望書が提出された。

㈥　須藤教授から昭和五〇年三月二七日に報告書、次いで同年五月二日に追加報告書が提出されたのを受けて、昭和五一年三月二七日、原被告間において、五一年協定が締結され、被告から原告に対し、一億六八九〇万円が支払われた。

五一年協定の内容は、

「仙台市（以下「甲」という。）と仙台市漁業協同組合（以下「乙」という。）は、仙台市南蒲生下水処理場から海域に放流する排水中のアンモニア性チッソの濃度がのり養殖を不安定にしている事情を配慮し、この対策として次の次項により協定する。

第一条　乙は、乙の所有し操業する区画漁業権のうち、別添図面の海域〔概ね別紙図面ＩＡ”の部分〕においては、今後のり養殖を行わない。
第二条　甲は、前条の規定により乙が受ける損失の補償金として、乙に対し金一億六八九〇万円を支払うものとする。
第三条　甲は、前条の補償金をこの協定成立後、乙の請求により遅滞なく支払うものとする。
第四条　乙は、その操業漁場を調整し、のり養殖の安定をはかるとともに、この協定について第三者から異議苦情の申立があつたときは、その責任において解決し、甲にいささかの迷惑もかけないものとする。
第五条　本協定は、甲、乙間の昭和四五年一二月四日付協定書に何らの影響を及ぼすものではなく、右協定は従来どおり甲、乙間において効力を有していることを確認する。」のとおりである。

また、五一年協定と同日付で原被告間において確認書（以下「五一年確認書」という。）が交わされた。

五一年確認書は、「昭和五一年三月二七日仙台市と仙台市漁業協同組合が仙台市南蒲生下水処理場から海域に放流する排水とのり養殖に関する協定の実施についての諸条項については、両者において今後引続き交渉のうえ別途覚書を交換することを相互に確認する。」とするものである。

㈦　昭和五一年四月二一日、原告から被告に対し、五一年確認書に基づく原告側の覚書草案（以下「五一年覚書草案」という。）が渡された。

五一年覚書草案の内容は、

「第一点　今後高級処理場が設置された暁は当組合に於て私作として行使する事但し其の時の被害を受けた時は決して仙台市に対し損害額の請求は致しません。
第二点　のり養殖漁業以外の漁業に対し被害が有る場合は甲乙両者にて協議すること
第三点　昭和五一年三月以降放水量及び水質が現在を上廻らないこと若しくは上廻る時は甲乙両者にて協議すること
第四点　今後仙台市と当組合側で定期的に水質検査をすること
第五点　今後区画漁業権更新の時期に於て反対口述はしないこと且つ市当局に於て責任を取ること」

のとおりである。

㈧　その後、覚書の取決めのため、原被告が五一年覚書草案を踏まえて交渉を重ねた結果、昭和五一年七月一九日、原被告間において、五一年覚書が交わされた。

五一年覚書の内容は、

「仙台市（以下「甲」という。）と仙台市漁業協同組合（以下「乙」という。）は、昭和五一年三月二七日付協定書にもとづき下記のとおり覚書を交換する。

一　協定書第一条中「今後のり養殖を行わない」とは区画漁業権の消滅を意味するものでないことを相互に確認する。

二　乙は、協定書第一条の定めにかかわらず、甲の同意を得て協定書別添図面の海域内において、同海域外ののり養殖の安定を図るための措置を講ずることができるものとする。ただし、この措置による費用ならびに収益の有無等に関しては一切甲に請求又は異議の申立をしないものとする。

三　乙が行う第三五一号並びに第三五八号の区画漁業権の免許の申請については甲は異議を述べないものとする。

四　甲は吐口前面海域の水質調査を定期的に行い、乙はこれに協力するものとする。

五　今後下水処理排水量が増大したことにより漁業に著しい被害が発生した時は、協定書第五条の規定により甲、乙協議するものとする。」

のとおりである。

2　以上の事実を前提として、原告の主張（原被告間の協定に基づく本件排水の差止め）を検討するに、昭和四七年に定められた第二次下水道事業計画は被告仙台市の都市基盤整備のために必要不可欠であったこと、この昭和四七年の事業計画の段階で既に本件処理場の計画処理能力が晴天日最大五〇万六八〇〇㎥／日と決められていたこと、昭和四九年八月一二日に被告の建設局下水道部長らが原告事務所に出向き、対象人口、一日あたりの処理水の最大排出量、吐出管の新設等の右計画の内容を説明していること、五一年覚書を作成する原被告間の交渉の課程で、原告側の下水処理排出量の増大に焦点を当てた五一年覚書草案第三点が五一年覚書五項という形で最終的に合意されたこと、五一年覚書は五一年協定の実施条項として一体となっていることから、五一年協定が、原告及びその組合員との共存共栄を図るため、被告が原告に対して一億六八〇〇万円の補償金を支払うことを主たる目的とした協定であることは勿論であるが、他方で、昭和四七年に一連の手続きを経て定められた第二次下水道事業計画を踏まえ、右計画の実現に支障を来さないようにすることを意図していることも明らかである。

ところで、原告の主張は、被告が本件処理場の計画処理能力を晴天日最大五〇万六八〇〇㎥／日と定めてそのための拡張計画を実施しつつあることが、五一年協定第五条に基づく四五年協定の第四条に該り、五一年覚書五項は右の場合に適用がないとしたうえ、四五年協定第四条の文言から、当事者双方は一方当事者が同意するまで他方当事者が現状を変更できないという不作為義務を負うとするものである。

しかし、五一年協定が第二次下水道事業計画を踏まえて締結され、その実施のために五一年覚書が交わされた経緯に照らせば、五一年協定と一体となって意義を有する五一年覚書の五項につき、その適用がないとする原告の主張は、既にこの点で失当である。そして、行政主体と私人とが、その名目の如何を問わず、原被告間における「協定」や「覚書」のような取決めをする場合の法的な拘束力について、仮に契約に類似した効果を認めるとしても、五一年覚書五項や四五年協定第四条にいう「協議する」ないし「協議して定める」旨の約定は、せいぜい当事者双方が誠意をもって話し合う、話し合って決めるという程度の意味でしかないと解されるのであって、たとえ原告及びその組合員が協定成立のために如何なる譲歩をしたかという事情が背景にあったにせよ、これらの文言から右の解釈を超えた法的効果を引き出すことは不可能である。とすれば、仮に原告の主張のとおり、五一年協定第五条から直接に四五年協定第四条の適用があるとしても、その文言から、さらに原告が主張するような不作為義務まで認めることは到底できない。

3　加えて〔証拠略〕によれば、五一年協定及び五一年覚書の締結から本訴提起までの間の経緯について、昭和五二年二月一五日、昭和五三年一二月五日、昭和五四年一〇月五日の三回にわたつて、本件処理場の吐出口の前面海域にオイルフェンスを設置したこと、昭和五三年一二月二七日に原告から被告に海苔の脱落対策等について請願があり、昭和五四年三月三一日と同年一二月二一日に、原告の要望に応じて、海苔の脱落に関して原告組合員が受けた緊急特別融資についてそれぞれ昭和五三年度分と昭和五四年度分の利子の補給を行っていること、昭和五四年六月五日に原告から被告に対して本件処理場の公害防止について陳情があり、同年九月四日に宮城県漁協連合会と共同で東北大学農学部水産生物学研究室の狩谷貞二助教授に海苔脱落の原因等の調査を依頼したこと、昭和五五年二月二七日から同年四月一五日にかけて、原被告間で本件処理場の拡張工事の中止について文書のやり取りがあったこと、昭和五五年八月二二日原告から仙台市市議会長と被告に宛てて本件処理場の公害防止についての陳情書が提出されたこと、その結果、昭和五六年四月一〇日から同年一〇月一日までの間、六回にわたつて原被告間で会合して協議がもたれたこと、この間の同年五月二七日から同年七月一五日にかけて原告からの被告が四五年協定、五一年協定及び五一年覚書に違反している旨の申入れをめぐって原被告間で文書のやり取りのあったこと、昭和五六年一〇月五日に原告から総額七八億円余の補償を求める要望書が提出されたが、原告と被告と考えが掛け離れていたため、同月二六日に被告から右要望には応じられず、公害等調整委員会の調停手続きにおいて解決を計りたい旨の回答がなされて、その翌日に調停申請がされたこと、昭和五六年一一月二一日に原告から被告に対して貞山運河工事禁止仮処分件が申請されたが、昭和五七年一月二五日に取り下げられたこと、昭和五七年五月二七日に本訴が提起されたことがそれぞれ認められ、これらの事実の経過に照らせば、被告は、原告からの協議等の申入れの都度、誠実にこれらに対処していたことが窺え、五一年協定及び五一年覚書締結後においても、被告は四五年協定第四条ないしその精神を遵守していたことが認められる。

よつて、原告の請求原因5㈠（原被告間の協定に基づく本件排水の差止め）の主張は理由がない。

六　次に、請求原因5㈡（漁業権に基づく本件排水の差止め）について判断する。

漁業権は、行政庁の免許により特定の水面において特定の漁業を排他的に営むことのできる権利であり、漁業法二三条第一項によつて物権とみなされるから、漁業者は、漁業権を侵害する者に対し、その侵害の程度が受忍限度を超えるときは、物権的請求権に基づく妨害排除請求及び妨害予防請求として、侵害行為の差止めを求めることができるものと解される。

ところで、原告の有する漁業権は、前記二のとおり、特定区画漁業権・共同漁業権であつて、いわゆる組合管理漁業権であるから、その漁業権を実際に行使し、それにより利益を受ける権利ないし地位は漁業権行使規則により定められた原告の組合員に帰属している。したがつて、漁業権の侵害の有無を判断するにあたつては、組合員の漁業を営む権利の行使についての妨害及び妨害のおそれの有無について検討することを要する。

したがつて、以下、請求原因3（原告の漁業損害）の判断においては、原告の有する漁業権の漁場区域において、原告組合員の漁業を営む権利が、現に侵害されまた将来も侵害されるであろうというに足りるような、現在における損害の発生及び将来にわたる損害発生の蓋然性があるか否かを検討し、次いで同4（原告の漁業損害と本件排水との因果関係）の判断においては、右損害の発生及び損害発生の蓋然性が本件排水という被告の支配下の事情によつて生じたものであるか否か、すなわち、被告によつて原告組合員の漁業権の行使が妨げられかつ妨げられるおそれがあるか否かを検討する。

1　請求原因3（原告の漁業損害）について

㈠　海苔養殖業について

〔証拠略〕によれば、次の事実が認められる。

⑴　海苔の養殖業に従事する原告組合員の事業体の数は、昭和五三年度は二一で、昭和五四年度から昭和五七年度までは二七であり、その後減つて昭和五八年度は一五、昭和五九年度と昭和六〇年度は一九、昭和六一年度は一八、六二年度は一六である。

⑵　海苔の養殖業は、毎年一〇月から一二月までの秋作とその翌年一月から三月までの冷凍作（冷凍保存しておいた種網を使うもの）のいわば二毛作であり、それぞれ秋作・冷凍作に用いた種網（海苔網）から生長した海苔は、一度摘採した後も一〇日から一三日ほどで再び生長して摘採でき

るので、海苔の摘採回数は、平均すると秋作・冷凍作を通じた毎年一〇月から翌年三月までの一年度で各三回ずつ合計六回ほどになる。

(3)　原告組合員の作る海苔の品質は上等であり、昭和四四年一月一一日には、産業振興大祭協賛会主催第二一回乾海苔品評会（塩竃神社）に出品された乾海苔の中で、原告組合員の作つた乾海苔が優賞を獲得し、その後も、昭和四七年一月一一日の第二四回乾海苔品評会で技術賞、昭和四八年一月一一日の第二五回乾海苔品評会で佳作、一等賞、三等賞を原告組合員がそれぞれ獲得した。

また、海苔の生長もよく、他の通常の漁場と比較して、短い期間で海苔を摘採していた。

(4)　ところが、昭和四九年一〇月になつて、別紙図面ＩＡ〔略〕の部分のうちの三五一号、三五八号の区画にあつた約八〇〇台の海苔筏において、一夜にして、摘採前まで生長した海苔が筏の海苔網から垂れ下がつた根元の部分を残して、その水面下の部分が一度に脱落する現象が発生した（但し、脱落現象自体は昭和四七年ころから発生していた。）

このような大規模な海苔の脱落は、昭和四九年度から昭和五四年度にかけて、主に秋作の時季にしばしば発生した（このうち、証拠により認定できた発生日時は、右の昭和四九年一〇月頃の外、同年一一月一八日頃、同月二六日頃、昭和五二年一一月二五日頃、同年一二月四日頃、同月八日頃、昭和五三年一月一二日頃、同年一〇月一八日頃、同月二五日頃、同月二八日頃、昭和五四年一一月一七日頃、同年一二月四日頃である。）。

海苔は、一度脱落しても、海苔網に海苔の基部が〇・三㎜から一〇㎜程度残つていて、自然に伸びてくることがあるが、たいていの場合は、その作における海苔網からは、その後、収穫して生産を上げるという意味での海苔の摘採はできなくなる。

(5)　もともと昔から、海苔の養殖業では、海苔が根元からきれいに洗つたように落ちる洗病や、ある程度根元の部分を残して落ちるバリカン症と呼ばれる脱落現象があつた。しかし、これらの脱落は、非常に限られた狭い範囲で筋状に起きる現象であり、原告の海苔養殖海域で発生した海苔の脱落は、これらの脱落と現象的に似た面もあるものの、広い範囲で一斉に脱落する点では同視できない。

右のような海苔の脱落と類似した現象は、宮城県下の場合、気仙沼湾、志津川湾、石巻湾及び松島湾においても発生したことが報告されている。

(6)　しかし、右のような大規模な海苔の脱落は、昭和五五年九月から、発生しなくなつた。もつとも、海苔が白色に変化して除々に落ちていくというような以前と異なる形態での脱落現象は時折みられる。

(7) また、海苔の養殖業で発生する病気として、赤ぐされ病、白ぐされ病、疑似白ぐされ病などがあるが、これらの病気は海苔の作柄に大きく影響する病気であり、原告の海苔養殖においても、しばしばこれらの病気に見舞われた。しかし、海苔網を冷凍庫に保管する技術が発達したため、海苔の病気が出そうなときには、海苔網を冷凍庫に入れて隔離する方法をとることにより、病気の蔓延を防げるようになってきている。

(8) 他方、海苔の養殖についても、年ごとの海苔漁場としての海況（天候・日照等の気象、波浪・水温等の海象などの諸条件）や赤ぐされ病・白ぐされ病などによって左右される作柄の豊作・不作があり、豊作の年には、原告は宮城県漁業協同組合連合会からの生産量の割当ての指示に基づき、海苔の市場単価の下落を防ぐために冷凍作の三月分の収穫を調整している。

(9) 原告の昭和四五年度から昭和六二年度にかけての乾海苔の共同販売枚数・金額（宮城県漁業協同組合連合会の作成した統計資料、〔 〕は原告から宮城県塩竈水産事務所にされた報告に基づく統計資料）は、

昭和四五年度
〔一三一〇万三七〇〇枚　一億三七六四万〇六三九円〕

昭和四六年度
〔　九二六万三三〇〇枚　五七六一万〇七〇六円〕

昭和四七年度
〔二二一六万五三〇〇枚　三億〇九七三万五四五九円〕

昭和四八年度
〔三〇三三万九三〇〇枚　二億二四〇一万二九四二円〕

昭和四九年度
〔一〇八一万四八〇〇枚　七一四四万六六五一円〕

昭和五〇年度
〔一七二〇万〇九〇〇枚　一億二八七八万〇四〇九円〕
一七〇八万六七〇〇枚　一億二七五〇万一八三二円

昭和五一年度
〔　九三八万九五〇〇枚　九九三五万四三九一円〕
九一六万九三〇〇枚　九六二一万八五四四円

昭和五二年度
〔　九五八万二六〇〇枚　一億五六五〇万八七三三円〕
九二一万九九〇〇枚　一億五〇九三万四八四四円

昭和五三年度
〔一一九九万〇一〇〇枚　一億六三三九万三一六〇円〕
一二七六万六〇〇〇枚　一億七二九一万七六二八円

昭和五四年度
〔一三四七万九〇〇〇枚　一億八六八六万〇一三三円〕

一一四七万五四〇〇枚　一億七一二七万五二九三円
昭和五五年度
〔一九五七万五六〇〇枚　七三四三万七七九五円〕
一一一九万四三〇〇枚　八七四〇万三八〇六円
昭和五六年度
〔二〇五一万〇八〇〇枚　一億二八三五万九六二八円〕
二〇三五万〇五〇〇枚　一億二八七七万〇五三二円
昭和五七年度
〔一一七〇万三七〇〇枚　二億一七〇一万六八二六円〕
一六四六万三〇〇〇枚　二億〇〇七一万五九五五円
昭和五八年度
〔三二五五万二三〇〇枚　二億七四八〇万二八七七円〕
三〇一八万〇〇〇〇枚　二億七〇七一万四六〇〇円
昭和五九年度
一九八一万九五〇〇枚　一億二七六七万〇八三二円
昭和六〇年度
一五三六万七八〇〇枚　一億二〇九八万八〇三五円
昭和六一年度
一七一九万九二〇〇枚　一億二二六八万〇〇〇九円
昭和六二年度
二〇三四万八六〇〇枚　二億〇五三三万五六六九円
である。

以上の事実を前提にして検討するに、確かに昭和五四年度以前には大規模な海苔の脱落が何度もあり、当時の原告組合員の海苔養殖業につき損害が発生していたことが認められるが、昭和五五年九月以降にこのような脱落は発生していないから、これをもって、現在における損害の発生及び将来にわたる損害発生の蓋然性を推認させる事実ということはできない（そもそも、原告が海苔養殖業について具体的な損害として主張するのは、海苔の脱落によって生じたとする昭和五〇年度から昭和五五年度までの六年間分の損害金額〔三二億円余〕であるにとどまり、〔証拠略〕も、右の六年間につき、各年度ごとに瀬割りされた漁場の海苔筏を摘採回数で区分けし、六回の摘採に満たない海苔筏の部分は全て損害としたうえで、損害金額を算出した過程を示したものにすぎない。この点、甲第二三号証中の右の区分けをした年度ごとの瀬割り図は、証人本郷幸一の証言によれば、同人が記憶に基づいて昭和五七年に右六年間分をまとめて記載したものと認められるのであって、具体的な海苔の脱落に関して、何時、どの場所の何台の海苔筏に脱落があったかを証する証拠としては、にわかに措信することができない。）。そして、昭和五五年九月以降も、海苔が白色に変化して徐々に落ちていくというような以前と異なる形態での脱落現象が時折生じていることが認められるが、このような現象の発生日時、頻度、場所、規模等について右認定事実以上に具体的にこれを認定するに足るべき証拠がなく、また、原告の年度別の乾海苔共同販売枚数・金額のとおり、昭和五八年度から昭和六二年にかけて、海苔養殖業に従事する事実体数が減少した割には、堅実な実績を揚げていることが窺われるから、これまた現在における損害の発生及び将来にわたる損害発生の蓋然性を基礎付ける事実と認めることはできない。

したがつて、海苔養殖業について、漁業権の侵害を基礎付けるに足りる、現在における損害の発生又は将来にわたる損害発生の蓋然性を認めることはできない（なお、将来、本件処理場の処理能力が晴天日最大五〇万六八〇〇㎥／日まで拡張された場合における、海苔養殖業の損害発生の可能性については、後記2㈡のとおり）。

㈡　小型定置漁業について

証拠〈甲二三、六一～六四、原告代表者本人、証人遠藤吉男〉によれば、次の事実が認められる。

(1)　原告が昭和四八年九月一日に第二種共同漁業として免許された小型定置漁業は、「いわし小型定置」と「雑魚小型定置」の二種類である。原告の組合員である五ヶ統の網元（佐藤安五郎〔福神丸〕・佐藤辰夫〔清徳丸〕・遠藤吉男〔まつよし丸〕・佐藤栄〔智栄丸〕・佐藤貞応〔八幡丸〕）が小型定置で漁獲するものは、春・夏魚としてサヨリ・イシモチ・ワカナ・トビウオ・ヒラマサ・サバ・アジ・カマス・イワシ、秋・冬魚としてカンパチ・サワラ・イナダ・ブリ・サケなどであるが、水揚げの中心となるのは産卵のために岸に寄る高値の魚である。

(2)　右小型定置五ヶ統によつて、淡水魚のコノシロは以前から水揚げされていたが、昭和五三年ころから同じく淡水魚と考えられるボラやオウガイの漁獲が増えてきた。しかし、いわし小型定置によるイワシの漁獲は毎年減少し、雑魚小型定置の漁獲についても、昭和五一年以降は平成元年五月の時点まで、カマス・ヒラマサ・サヨリ・アジ・カンパチ・サワラ等の高値の魚の水揚げがほとんどない状態である。

(3)　漁網に関しては、漁獲が減少するにつれて漁場が岸から沖へと移動したため、腐敗しやすい綿製の漁網からクレモナ製の漁網に変えたが、今度は漁網に藻が繁殖するため、昭和五一年ころからテトロン製の漁網に防藻剤を染めて使用している状況である。

以上の事実からすれば、小型定置漁業については、漁獲の減少傾向が認められるから、漁業権の侵害を基礎付けるに足りる、現在における損害の発生及び将来にわたる損害発生の蓋然性を認めることができる。

(三)　刺網漁業について

〔証拠略〕によれば、次の事実が認められる。

(1)　原告の組合員は、刺網漁業が原告に免許される以前から、本件海域において、漁業権に基づかない自由操業としての刺網漁業を行っており、刺網漁業を含む第二種共同漁業は、昭和四八年九月一日に初めて原告に免許された。刺網漁業によって実際に水揚げされる魚は、カレイ・スズキ・コノシロ・シャコ・エビ・カニ・タイ・シラウオ等であるが、原告が共同漁業権に基づいて漁獲するのは、このうちのカレイ・カニ・シラウオの三種類である。

(2)　原告の組合員の刺網漁業による合計水揚高は、昭和五〇年度一万一七二一kg（八四二万四〇〇三円）、昭和五一年度八四七三kg（四四一万四四三三円）、昭和五二年度七四三〇kg（六一六万八三三〇円）、昭和五三年度六七五五kg（五六一万三四〇五円）、昭和五四年度八七三四kg（五七七万三一七四円）、昭和五五年度一万三三九九kg（八五九万二五〇七円）である。

(3)　他方、免許された区域において、岸に寄る性質の魚類であるカニ・シラウオの漁獲が毎年減少し、特に本件処理場から南に約三二五〇mにかけての岸側の海域ではほとんど採れなくなった。また、カレイについては免許された区域外の沖に出て刺網するまでしている。

以上の事実によれば、刺網漁業全体では特に漁獲の減少は認められないものの、カレイ・カニ・シラウオの三種類の刺網漁業について、漁獲の減少傾向が認められるから、漁業権の侵害を基礎付けるに足りる、現在における損害の発生及び将来にわたる損害発生の蓋然性を認めることができる。

(四)　貝桁漁業について

〔証拠略〕によれば、次の事実が認められる。

(1)　原告の組合員が貝桁漁業によって実際に漁獲しているものは、あか貝・うば貝・こだま貝の三種類に限られるが、これらが第一種共同漁業として免許されたのは、あか貝・うば貝については昭和四八年九月一日であり、こだま貝については昭和五八年九月一日である。

(2)　あか貝については、昭和五六年度の原告と他の九漁協による免許区域全体における総水揚量は、三二万九三五二kg（五四一五万六〇〇〇円）である。

(3)　うば貝の水揚量については、昭和五二年度八三四〇kg（八一五万六五二〇円）、昭和五三年度七八〇kg（八九〇万七六〇〇円）、昭和五四年度三四六八kg（二六一万四八七二円）、昭和五五年度五〇九八kg（四一五万四八七〇円）であり、本件処理場の吐出口から南に約七一〇〇mにかけての区域では、これ以後も減少が続いている。

他方、原告の漁業免許区域より南の亘理町、山元町周辺の海域では、以前と変わらぬ漁獲があつて、原告組合員も少なくとも名取市下増田付近の地先（免許区域内の南寄りの部分）まで出れば操業が可能であり、原告と他の一漁協による昭和五六年度の免許区域内全体におけるこだま貝も含んだ総水揚量は、一万一二五〇kg（九九六万円）である。

(4)　こだま貝の水揚げ実績は、昭和四九年以前の試験操業で多量の漁獲があり、操業の許可を得た昭和五〇年度には二七〇万四四〇八kg（七五七二万三三三四円）であつたが、翌昭和五一年度に二五万七三九七kg（九七八万一〇八六円）となつて、以後減少し、本件処理場の吐出口から南に約七一〇〇mにかけての区域では、昭和五二年以降ほとんど漁獲がない。

他方、漁業免許区域内のこれより南の海域では、こだま貝の場合と同様で、昭和五六年度の免許区域（但し、これは昭和五八年九月一日に原告が免許される区域に相当する区域）内全体におけるうば貝も含んだ総水揚量は、前記(3)のとおりである。

(5)　宮城県塩竈水産事務所がまとめた原告の昭和五一年度から昭和五六年度にかけての貝藻の受託販売取扱高は、昭和五一年度五九〇三万四〇〇〇円、昭和五二年度三二二三万一〇〇〇円、昭和五三年度三〇〇〇万円、昭和五四年度三六〇〇万円、昭和五五年度三六〇〇万円、昭和五六年度五七六〇万円である。

以上の事実を前提にして検討するに、あか貝については、その漁獲の減少を立証する証拠がなく、うば貝・こだま貝については、確かに本件処理場周辺海域における漁獲は減少しているとしても、原告の組合員の操業可能な漁業権の免許された区域全体でみれば必ずしも一様に捉えることはできず、加えて、こだま貝に関しては、そもそも原告にこだま貝の漁業権が免許されたのが昭和五二年より後の昭和五八年九月一日のことであり、さらに、貝桁漁業全体でみた販売実績の推移は、比較的堅調を維持していることが窺える。

したがつて、貝桁漁業について、漁業権の侵害を基礎付けるに足りる、現在における損害の発生又は将来にわたる損害発生の蓋然性を認めることはできない。

2　請求原因4（原告の漁業損害と本件排水との因果関係）について

㈠　〔証拠略〕によれば、次の事実が認められる。

(1)　本件処理場では、仙台市内の下水道を通じて、一般家庭、事業所や工場からの排水（但し、下水道法によつて定める除害基準を超える場合は、除害施設によつて処理された後の排水）及び一部の雨水などの汚水が集められ、汚水は、着水井を経由した後、まず、沈砂池で石や土砂類などを沈澱させ、その出口で野菜屑やビニール・繊維類が取り除かれ、前曝気槽で空気を吹き込み、汚水中に酸素を解かして腐敗化を防ぎ、最初沈澱池で細かい土砂類を沈澱させて上下の層に分離させる。この段階までの処理が、本件処理場で採られていた昭和五四年以前の簡易処理（一次処理）方式であり、ここまでで汚れの約五〇％が処理される。次に、汚水は、曝気槽で空気が吹き込まれて汚水中の微生物の活動が活性化され、その状態で最終沈澱池に入れて流れが緩やかにされ、汚水中の重金属、洗剤等の様々な物質が微生物の増殖活動によつて凝集されて汚泥となつて沈澱する。右の曝気槽から後を付け加えた処理方式が、本件処理場で昭和五四年六月から運転を開始した高級処理（二次処理、活性汚泥法）と呼ばれる方法であり、これによつて汚水中の有機分、有害物質等も含めた汚濁物質の除去率は約九五％以上になる。そして最後に、最終沈澱池の上水を消毒槽に入れて塩素ガスで殺菌した後、放流渠を通じて吐出口から本件排水を放流している。

(2)　本件排水に適用される水質基準は、下水道法二一条に基づき高級処理に適用される基準と水質汚濁防止法一四条に基づく基準の二種類であり、前者の基準の方が後者より厳しい内容であるが、これらの主なものとしては、ＰＨ（水素イオン濃度）が五・八ないし八・五、ＢＯＤ（生物化学的酸素要求量）が二〇㎎／ℓ、ＣＯＤ（化学的酸素要求量）が一二〇㎎／ℓ、ＳＳ（浮遊物質量）が七〇㎎／ℓ、大腸菌群数が三〇〇〇個／㎖であるところ、昭和五九年四月から毎月二回ずつ三年間測定した検査結果では、右の基準を超えた記録はなく、いずれも基準をはるかに下回る数値となつている。なお、汚水処理の最後で殺菌のために使用された塩素ガスは処理水に溶けて有効塩素となり、この塩素は処理水中の有機物（被酸化性物質）を酸化して大部分がそこで分解消滅し、本件排水とともに本件海域に流出した余剰の塩素も、海水中の有機物を酸化・分解し又は光線を受けて自己分解して、比較的短時間で消滅すると考えられている。

(3)　本件排水は、塩分濃度が低くほぼ淡水であり、本件処理場の吐出口から、平成元年度の資料で平均して二七万六〇〇〇㎥／日の本件排水が本件海域に流入している。他方、本件海域に注ぐ淡水源として、本件処理場の吐出口から海岸沿いほぼ北東約七〇〇ｍに河口のある七北田川と同じく海岸沿いほぼ南西約八八〇〇ｍに河口のある名取川があり、昭和五七年二月以前の資料による七北田川の流量が約二六万六〇〇〇㎥／日、昭和五四年から昭和六〇年にかけての資料による名取川の流量が年間平均一四四万九〇〇〇

㎥／日ないし約三一二万八〇〇〇㎥／日である。そして、昭和五九年一一月一〇日に測定した本件排水の吐出口付近、七北田川河口付近における塩分濃度は、それぞれ〇m層で三〇・六‰、二・九八‰、一m層で三二・四五‰、三一・六‰の値を示している。

(4) 原告の小型定置漁業に従事する五ケ統の組合員による漁獲について、淡水魚のコノシロは以前から水揚げされていたが、昭和五三年ころから同じく淡水魚と考えられるボラやオウガイが増えてきた。もつとも、これらの魚は淡水魚といつても海水と淡水の混じる水中に棲息する魚類で、オウガイは以前から七北田川の河口周辺や貞山堀近辺に棲息していた。

(5) 本件海域における潮流について、漁民の経験から、仙台港の防波堤と閖上の防波堤（別紙図面Ⅰ～Ⅲ参照）〔省略〕ができる以前は、南から北に通る潮が圧倒的に多かつたが、防波堤ができてから変化し、現在は北から南に通る潮が増えたとされている。

以上の事実に照らして、小型定置漁業及び刺網漁業につき、原告の組合員の漁獲の減少と被告による本件排水との因果関係を検討するに、原告は、原告の組合員の漁獲が減少したのは、本件排水が淡水であるうえ薬品処理をされていて、本件排水に生活排水中の異質物が含まれているため、原告の漁業権の区域内で魚類がいなくなつたからであると主張する。

しかし、本件排水は九五％以上の汚濁物質が除去されており、汚水処理の過程で使われる薬品は消毒槽で殺菌のために使用される塩素だけであつて、しかも本件排水に溶けた塩素は比較的短時間に消滅するとされているから、本件排水中の特定の物質が原告組合員の漁獲の減少に影響しているとは考え難い。

また、本件海域は外洋であり、周囲を囲まれた内海でないから、原告の共同漁業権の区域内全域にわたつて淡水化が進行することはありえない（ただ、本件処理場の吐出口と七北田川の河口との前面海域近辺に限つてみた場合、確かに本件排水が七北田川の流水と相俟つて本件海域における右近辺にある程度の淡水化をもたらしていることが考えらるが、それは本件排水と七北田川の流水が海に恒常的に流れ込むことによつて生ずる部分的な範囲にとどまるものと推測されるのであり、如何に防波堤ができて潮流が変化したとはいえ、流入水が海水と混合せずに長時間にわたつて淡水に近い状態のまま右近辺に滞留するとは通常考えられない。）。この点〔証拠略〕証人有賀祐勝東京水産大学教授及び同渡邊競元水産研究所研究管理官の証言によれば、陸地から排出される淡水が海水中に拡散する通常の過程として考えられるのは、海水に排出される最初の段階では、噴射流として強い勢いをもつて周囲の海水を巻き込んで混合するが、次第に塩分濃度が濃くなり、流量が多くなつて流速が低下すると、次の段階では、密度の違いによつて流れる密度流として緩やかな流れに姿を変えて、あまり混じり合わなくなり、塩分濃度及び水温により決まる密度の異なる線に沿つて収斂していくという拡散パターンであるが、実際には、陸地から排出される水量が必ずしも常に一定でなく、自然の沿岸部では地形や風の吹き方その他の条件によつても影響を受けるので、右の拡散パターンに従つた理想的な拡散をしないことが考えられ、その場合には、周囲と異なる塩分濃度・水温をもつた水塊が、海水の表面下一mないし三m前後を漂うことがありうる、とされる。しかし、仮に本件海域の表層においてこのような水塊の現象が部分的に存在するとしても、直ちに漁獲の減少につながるような魚類の生態系の変化をもたらすものとは考え難く、また、共同漁業権の区域全体に影響を及ぼしうるものかも疑問が残る。

ところで、原告の組合員の漁獲の減少が、原告の共同漁業権の存する区域全域にわたつて、その対象となる魚類が姿を消した結果であるとすれば、その原因は、外洋としての右の区域全域に共通する事象でなければならないと考えるのが合理的であるから、本件排水に含まれる物質やその淡水性のような事柄ではなく、本件海域における潮流の変化に求められるべきであり、このために魚道や魚の生態系の変化がもたらされたとみるべきであろう。そして、ボラやオウガイが水揚げされることは、むしろ、このような潮流の変化を示す事情ではないかとも推測されるのである。

したがつて、原告の組合員の漁獲の減少と被告による本件排水との間に因果関係を認めることはできず、他に右因果関係を証する証拠はないから、小型定置漁業及び刺網漁業につき、被告によつて原告の漁業権の行使が妨げられかつ妨げられるおそれがあるということはできない。

(二) なお、海苔養殖業については、前記1(一)のとおり、漁業権の侵害を基礎付けるに足りる、現在における損害の発生及び将来にわたる損害発生の蓋然性は認められないが、ここで、将来、本件処理場の処理能力が計画処理能力（晴天日最大）五〇万六八〇〇㎥／日まで拡張された場合における損害発生の可能性（昭和四九年度から昭和五四年度にかけてみられたような海苔の大規模な脱落が将来発生しうるか）について検討する。

〔証拠略〕によれば、次の事実が認められる。

(1) 本件海域において養殖されている海苔はスサビノリの系統である。海苔は、その生態の過程において糸状体と葉状体に大別され、糸状体から放出された胞子が発芽すると葉状体となる。海苔の養殖業で使われる種網は、この胞子を付着させたものである。海苔の葉状体は、生長に従って、幼芽、幼葉、成葉に区分され、海苔の養殖業は、こうして生長した成葉を収穫して生産を上げるものである。

(2) 海苔は植物体として、周囲の海水から必要な物質を吸収し、光合成作用・窒素同化作用・呼吸作用を行って生長する。海苔は、光合成作用により、適当な日照と炭酸ガスから糖類を作り、窒素同化作用により、糖類を基に窒素成分から蛋白質を作り、呼吸作用により、生長に必要なエネルギーを出す。

海苔の光合成に必要な炭酸は、海水中においてＰＨの高低に応じてH_2CO_3、HCO_3^{1}、CO_3^{21}の状態で存在する。このうち海苔が吸収できる炭酸は、H_2CO_3、HCO_3^{1}、の二種類であり、これらは酸性側に存在するので、ＰＨが高くなつてCO_3^{21}状態になると、海苔は炭素を取り込めなくなる。また、元来、海苔は、呼吸や蛋白質の代謝への影響をみると、酸性側に対する耐性は割りと強いが、アルカリ性側への耐性は非常に弱くてせいぜいＰＨ八・五までの耐性しかなく、八・六を超えると白ぐされ病に似たような病体生理を始めるので、通常はＰＨ七・九くらいまでが許容範囲とされる。

海苔が海水から呼吸し得る窒素源として、アンモニア態窒素（NH_4^{+}－N）、亜硝酸態窒素（NO_2^{1}－N）、硝酸態窒素（NO_3^{1}－N）等がある。海苔は、これらを吸収し、細胞の中にあるミトコンドリアの呼吸作用によるエネルギーと酵素の働きにより、順次、一次アンモニア、アマノイド、アミノ酸から蛋白質へと移行させる。しかし、ミトコンドリアはアンモニアに弱いため、海苔の生理に一旦不調を来すと、アンモニアがその呼吸作用を抑制し、さらに、アミノ酸への移行が妨げられたアンモニアが蓄積して海苔の弱体化を促進する。海苔の窒素源としては、アサクサノリを使った実験によると、硝酸態窒素がすぐれており、アンモニア態窒素は吸収は速いが硝酸態のものに比べると劣り、二〇㎎／ℓの濃度で生長阻害作用がみられるとされている。

この他、海苔の栄養要求として、窒素以外では燐が重要であり、また、海苔の生長・成熟の条件として温度、塩分濃度がある。適当な水温は、幼葉期が一六℃以上、成葉期が一四℃以下（なお、一〇℃前後以下では、海苔の生長は悪いが、有害な物質への耐性は高まるとされる。）であり、一五℃は中途半端な温度とされる。そして、アサクサノリの場合では、好適な塩分濃度は、一般に、海水の比重で、一・〇一五～一・〇二三、塩素イオン濃度で一一・四～一七・二‰、塩分濃度の異なる海水で海苔を培養してその光合成活力を測定した結果からは、塩素イオン濃度で一二・〇～一八・〇‰、さらに、限界塩分濃度は、塩素イオン濃度で一一・〇～一四・〇‰とされている。

(3)　海苔の生理と海苔の養殖業という観点からみると、都市下水や工場排水には、これがもたらす海域の富栄養化の利点と害の両面があるとされる。利点としては、窒素や燐などの栄養塩の供給により、貧栄養のために利用されなかった沿岸海域において新漁場が開発されたことや海苔の品質が向上することなどが挙げられている。害としては、赤潮との関係や海苔の病害などがあり、海域の富栄養化は必然的に有機汚染を招来するから、有機汚染の度合いを示すCODを指標にすると、海苔の漁場では、二ppm（なお、海水でppmの数値は㎎／ℓとやや異なるが、以下ではほぼ同じものとする。）以下であることが望まれ、四ppmは絶対に超えてはならないとされている。

(4)　本件処理場は、昭和五四年六月から高級処理を行っており、昭和五五年度から昭和六二年度までについてみた本件排水の水質は、PHが七・二～七・八、COD（㎎／ℓ）が一一～一八、アンモニア態窒素（㎎／ℓ）が

昭和五五年度　一六　　昭和五六年度　二一
昭和五七年度　九・四　昭和五八年度　八・〇
昭和五九年度　一〇　　昭和六〇年度　一二
昭和六一年度　一八　　昭和六二年度　二二

である。なお、昭和四九年度から昭和五四年度までのアンモニア態窒素は、

昭和四九年度　一二　昭和五〇年度　一三
昭和五一年度　一三　昭和五二年度　二〇
昭和五三年度　二一　昭和五四年度　二〇

である。また、昭和五九年度から昭和六〇年度にかけて各一〇月から各三月までの本件排水の平均水温は、

一〇月　一九・二℃　一一月　一五・九℃
一二月　一三・三℃　一月　一〇・六℃
二月　九・九℃　三月　一〇・八℃

である。

他方、昭和五八年度から昭和六〇年度までの本件海域の水質について、蒲生1～6の6地点（別紙図面1参照（蒲生1～5の各地点は海苔養殖のされていない区域の地点）。但し、亜硝酸態窒素、硝酸態窒素については、蒲生2・4・6の3地点）の水深〇mにおける毎月一回ごとの調査結果では、各地点の年度を通じた平均値の範囲（但し、アンモニア態窒素については、各年度のなかで最大の測定値を記録した地点、その最大値とその地点における年度を通じた平均値も示す。）は、

昭和五八年度
ＰＨ　八・二五～八・三一
ＣＯＤ（㎎／ℓ）　一・五～一・七
塩素イオン（‰）　一五・〇五～一六・八一
アンモニア態窒素（㎎／ℓ）　〇・〇二～〇・二三
（蒲生4地点　最大値＝〇・九五　平均値＝〇・一五）
亜硝酸態窒素（㎎／ℓ）　〇・〇〇三～〇・〇一〇
硝酸態窒素（㎎／ℓ）　〇・〇三〇～〇・一〇〇
昭和五九年度
ＰＨ　八・三～八・四
ＣＯＤ（㎎／ℓ）　一・三～一・六
塩素イオン（‰）　一五・九五～一七・二〇
アンモニア態窒素（㎎／ℓ）　〇・一一～〇・四二
（蒲生3地点　最大値＝三・二一　平均値＝〇・四二）
亜硝酸態窒素（㎎／ℓ）　〇・〇〇三～〇・一六
硝酸態窒素（㎎／ℓ）　〇・〇三七～〇・〇五七
昭和六〇年度
ＰＨ　八・二一～八・二五
ＣＯＤ（㎎／ℓ）　一・四～一・七
塩素イオン（‰）　一七・〇七～一七・四二
アンモニア態窒素（㎎／ℓ）　〇・〇四～〇・一二
（蒲生3地点　最大値＝〇・四一　平均値＝〇・一二）
亜硝酸態窒素（㎎／ℓ）　〇・〇〇三～〇・〇〇五
硝酸態窒素（㎎／ℓ）　〇・〇一三～〇・〇五一
である。

(5)　昭和四九年度から昭和五四年度にかけて本件海域における海苔養殖業でしばしば発生した大規模な海苔の脱落現象につき、脱落を生じた海苔の海苔網に残つた基部の葉体の特徴としては、全体的に活力が低下して色もいくぶん褪せた感じであり、これを顕微鏡でみると、脱落した部分と接していた先端の列の細胞については、筋状に中身が抜け落ちて色素がなくなり、白くなつている状態であることが観察された。

海苔の大規模な脱落が発生したとき、少なくとも、昭和五二年一一月二五日頃、同年一二月四日頃ないし同月八日頃、昭和五三年一月一二日頃、同年一〇月二五日、昭和五四年一一月一七日頃については、近辺海域で海苔の赤ぐされ病や疑似白ぐされ病が発生しており、また、気温・水温の急激な温度変化や強い風の吹いたことが観測されている。しかし、他方、気象・海象については、海が穏やかで静かな状態のときにも、海苔の脱落の発生することが経験されている。

以上の事実を踏まえて、昭和四九年度から昭和五四年度にかけて発生したような海苔の大規模な脱落現象が、本件処理場の処理能力が晴天日最大五〇万六八〇〇㎥／日まで拡張された将来において発生する可能性があるかを検討するに、海苔の脱落が本件排水によって招来されるとするためには、増量される本件排水と海苔の大規模脱落との間に因果関係が想定されなければならない。

原告が、本件排水と海苔の脱落の関係について、予てより因果関係として主張するのは、本件排水に含まれるアンモニア態窒素の存在である。

この点、前記認定事実に照らすと、アンモニア態窒素は、海苔が生長するための窒素源として重要であり、特に本件海域は外洋であって、元来、栄養塩が乏しく、亜硝酸態窒素・硝酸態窒素の濃度は極めて低いから、本件排水に含まれるアンモニア態窒素が、原告の海苔養殖業にとって、海苔の生長に不可欠な窒素の重要な供給源といえること、しかし、アンモニア態窒素は、濃度によっては海苔の生長を妨げることがあり、アサクサノリの実験では、二〇㎎／ℓでの濃度で生長阻害作用があるとされていることが認められる。

そこで、まず、原告の養殖するスサビノリにつき、アンモニア態窒素による生長阻害作用が、どの程度の濃度から認められるかが問題となるが、須藤教授が作成した昭和五〇年三月付報告書（〔証拠略〕）及び同年五月二日付追加報告書（〔証拠略〕）によると、アンモニア態窒素の濃度（以下、ｐｐｍ）と海苔の品質及び収穫との関係について、実験の結果と従来の知見に基づき、

〇・一以下	不良（色沢不良）	やや不良
〇・一～〇・五	良	良
〇・五以上	良	やや不安定
一以上	不安定（傷害）	不安定（傷害）
二以上	不良（傷害）	不良（傷害）

とされる。そして証人有賀教授の昭和五八年度調査研究報告書（〔証拠略〕）、昭和五九年度同書（〔証拠略〕）及び同人の証言によれば、スサビノリの培養実験の結果から、本件排水には海苔に対するプラスの影響とマイナスの影響があると考えられるが、排水混入率が高まった場合の悪影響が憂慮され、その目安となるアンモニア態窒素の濃度は二ｐｐｍであり（〔証拠略〕）によると、アンモニア態窒素をそれぞれ①九・一四㎎／ℓ、②二〇・五八㎎／ℓ、③二四・六二㎎／ℓ含む本件排水を用いたスサビノリの培養実験で、葉体の生長がピークになった混入率は、①・②が八％前後、③が三％前後であり、これを海水全体での混入濃度に換算すると、その範囲は〇・七三㎎／ℓ～一・六四㎎／ℓとなる。）、これは須藤教授の報告と内容的にはほぼ一致するとされる（もっとも、この点、須藤教授が一ｐｐｍ以

上で細胞の弱化が認められ、二ｐｐｍ以上で障害が顕著になるとする実験の結果とはやや異なると思われる。）。しかし、死細胞出現率でみた場合、須藤教授と有賀教授の実験方法の違いもあつて両者の実験結果は大いに異なつており、有賀教授の実験では、右の①及び②では、本件排水が二五％の混入率（アンモニア態窒素の濃度は①が二・二八mg／ℓ、②が五・一四mg／ℓ）まで出現率〇・五％以下であつて何ら問題はなく、③では、何故か混入率一六％（三・九三mg／ℓ）で出現率一・六％となつているが、混入率二五％（六・一五mg／ℓ）で再び出現率〇・五％以下となつており、実験内容の検証可能な有賀教授の実験結果に基づく限り、少なくとも概ねアンモニア態窒素の濃度六ｐｐｍまでは、スサビノリの細胞を死に至らしめるような傷害を与えることはないものと考えられる。また、〔証拠略〕（仙台湾ノリ被害調査〔日本ＮＵＳ〕の概要）及び証人高橋英文本件処理場長の証言によれば、狩谷助教授の指導のもとで日本ＮＵＳ株式会社に海苔脱落原因の調査を委託した結果に基づくと、死細胞の出現率をみる実験で、出現率が急に高く発現する濃度は五〇ｐｐｍ以上であるとしている。したがつて、これらの実験結果に照らすと、アンモニア態窒素がスサビノリの生長に悪い影響をもたらす濃度の低限は、二ｐｐｍ前後であるが、この程度の濃度では細胞の死は生じないと考えるのが妥当であろう。

このようにアンモニア態窒素がある一定の濃度を超えると海苔の生長に悪影響を及ぼしうることは明らかであるが、しかし、原告の組合員が現に養殖する海苔に対して、本件排水に含まれるアンモニア態窒素が如何に作用してその脱落をもたらすとするのかは、原告の主張も不明確であるし、また、須藤教授、証人有賀教授、同渡邊元研究管理官によるも必ずしも定説はないように思われる（この点、〔証拠略〕によると、須藤教授は、本件排水がしばしば一〇～二〇倍の希釈率で流入して局域的に濃度を一ｐｐｍ程度まで高め、その結果、水温が十分低下していない秋に海苔を弱め、他の悪い条件〔少しの荒天等〕と重なつて生産の不安定化を招いている、というにとどまつており、証人有賀教授の証言によれば、化学物質〔アンモニア態窒素〕の影響により、海苔が生物学的な細胞の中の代謝が異常な状態になつて脱落が起こりやすくなり、おそらく水の動き、波・風の具合が関係してくる、本件排水は海水とは塩分濃度・水温が異なるから水塊となつて海面の表層を動くことがありうるとしているが、〔証拠略〕では、本件処理場の吐出口前面海域における水温と塩分濃度の測定結果からは、海苔の漁場における本件排水の影響域を七北田川と明確に区別することは困難であつたとしている。さらに、証人渡邊元研究管理官の証言によると、①関連する海域全体にみられる自然的な要因、②脱落が発生した海域にみられる特異的な要因、③脱落に直接かかわる要因を掲げ、海苔の病気の発生、気温・風、水温の変化等の気象・海象の異常を重視し、前記㈠でみた陸地から排出される淡水の海における拡散過程を唱える〔(証拠略)〕の論説は、松島湾における排水の挙動を考察したものである。」が、本件海域における実証的な研究はなされていないようである〔後述のように、本件処理場の吐出口から約五〇〇m離れた蒲生3地点でアンモニア態窒素が三・二mg／ℓを示した事実は認められるが、これをもって右の拡散過程が実証されたといえるかは疑問であろう。〕)。

さらに、前記認定事実に基づいて、昭和五五年度以降の状況について考察すると、蒲生1～6の各地点の水質調査の結果をみると、塩素イオン濃度、CODにつき、海苔養殖への不適合はみられず、PHは本件排水の方が低く、本件排水の水温も特に温排水といえるものではなく、また、本件排水に含まれるアンモニア態窒素は、昭和五八年度から昭和六二年度にかけて増加している傾向があり、昭和五八年度から昭和六〇年度までの蒲生1～6の各地点の平均値は〇・〇二mg／ℓ～〇・四二mg／ℓの範囲であるが、昭和五九年度の蒲生3地点で海苔養殖のされていない地点とはいえ最大値三・二mg／ℓを記録したことが認められる。しかし、アンモニア態窒素が右のような挙動を示しているにもかかわらず、前記1㈠のとおり、昭和五五年度以降は海苔の大規模脱落が発生していないから、少なくとも昭和六一年三月時点における本件処理場の処理能力（晴天日最大）三二万五八〇〇㎥／日（前記四3参照）まで、さらには、平成二年三月時点での処理能力（晴天日最大）三八万一〇〇〇㎥／日（前記四4参照）に至っても、本件排水に如何なる物質がどの程度含まれていたにせよ、あるいは、どのような脱落の発生機序が考えられるにせよ、因果関係を考えようがないのである。昭和四九年度から昭和五四年度までみられた海苔の脱落が、何故昭和五五年度以降発生しなくなったかについては、諸説考えられるところであり、昭和五四年六月から本件処理場で高級処理方式で運転されるようになったこと、五一年協定第一条に基づいて海苔の休業区域が設けられたこと、海苔養殖に従事する組合員が自主的に立てた対策や海苔の養殖技術の発達が功を奏していることなどが挙げられるかもしれない。しかし、いずれにせよ、処理能力（晴天日最大）三八万一〇〇〇㎥／日まで脱落が発生していないことは事実である。

すると、本件処理場において、将来、計画処理能力（晴天日最大）の残り一二万六七〇〇㎥／日分の増設が完了したときに、海苔の脱落が生じるかが問題とされるべきであろうが、〔証拠略〕（パシフィック航業株式会社が被告から受託して作成した報告書）は、計画処理能力（晴天日最大）五〇万六八〇〇㎥／日のときに予想される平均処理日量を三九万六〇〇〇㎥／日とし、その他各種流況資料、アンモニアの分布、気象や海象等のデータを入れて解析した結果に基づき、右計画処理能力の達成された状態におけるアンモニア態窒素の拡散をシミューレーションした報告書であり、〔証拠略〕と証人高橋本件処理場長の証言によると、原告の海苔養殖業の漁場についていては、一部〇・二ｐｐｍのところがあるものの、ほぼ全域が〇・〇五ｐｐｍの範囲に含まれることが認められ、先の須藤教授の報告を前提としても、海苔の養殖に与えるマイナスの影響はないものと考えられることになる。

したがつて、以上にみてきたとおり昭和四九年度から昭和五四年度にかけて発生したような海苔の大規模な脱落現象が、本件処理場の処理能力が晴天日最大五〇万六八〇〇㎥／日まで拡張された将来において発生する可能性は立証されておらず、また、可能性があつたとしても現段階では極めて低いものといわざるをえない。

よつて、原告の請求原因５㈡（漁業権に基づく本件排水の差止め）の主張も理由がない。

七　以上によれば、原告の本訴請求は、その余を判断するまでもなく理由がないからこれを棄却し、訴訟費用の負担につき民訴法八九条を適用して、主文のとおり判決する。

（自治一〇六号五四頁）

◆9　し尿処理場の排水による損害賠償請求が棄却された事例

松山地裁民、昭和五三年㈦第六六号
平四・七・三一判決、棄却
原告　井上　勝
被告　愛媛県
関係条文　国家賠償法一条一項、二条一項、三条一項

【要　旨】
し尿処理施設からのし尿排水と養殖のりの収穫量の減少との間の相当因果関係の存在は認められるが、し尿処理施設が設置されたところにはし尿排水ののりへの影響について一致した見解が確立していたとはいえない等の理由で、事務組合の職員がし尿排水ののり養殖への影響につき予見することは困難であり、さらに、し尿処理施設を移転する等することで被害を回避することは極めて困難であつた。これらの事情によると、し尿処理施設の設置及び管理に瑕疵はなく、事務組合の職員たる公務員に過失及び違法性は認められない。

〇主　文

一　原告の被告らに対する請求をいずれも棄却する。
二　訴訟費用は原告の負担とする。

〇理　由

一　原告の青さのり養殖とこれに対する被害について
〔略〕
二　松島清浄苑について
　請求原因2㈠の事実は当事者間に争いがない。請求原因2㈡⑴のうち、松島清浄苑の着工、竣工、操業開始の各日時及び地下浸透方式の細目を除いては当事者間に争いがない。事務組合組合長作成部分はその方式及び趣旨により公務員が職務上作成したものと認められるから真正な公文書と推定すべきであり、〔証拠略〕によれば、松島清浄苑は、昭和四〇年二月二二日に着工され、昭和四一年二月二八日竣工、そのころから試験操業を始め、昭和四一年一二月二三日ころ本格操業を開始したものと認められる。

〔証拠略〕によれば、松島清浄苑から延長約四〇〇メートルのパイプを敷設し、その先に面積約五〇〇平方メートルの井戸を掘り、そこから排水を地下に浸透させるようにしたこと、さらに面積約二〇平方メートルの第二放流池も設けられたこと、地下浸透方式は前記本格操業開始時から実施されたことが認められる。
三　松島清浄苑のし尿排水と青さのりの減収との因果関係（一（請求の原因）1㈣、同2㈡⑵ないし⑷、同2㈢、同3㈡、二（請求の原因に対する認否）、三（被告らの主張）1㈠、四（被告らの主張に対する原告の認否及び反論）1、五（原告の主張）、六（原告の主張に対する認否及び反論））について検討する。
証拠等によれば、次の事実が認められる（認定に供した証拠等は原則として、認定した事実の後に掲げる。）。
1㈠　原告が養殖した青さのりは概ね二種類あり、学名は、ヒトエグサ及びヒロハノヒトエグサである。これは、海苔佃煮の原料として用いられる。板海苔等に用いられるクロノリ（アマノリ属）とは異なる。
〔証拠略〕
㈡　青さのりの養殖一般につき、請求原因3㈡⑴(イ)ないし(ニ)の事実は、概ね争いがない。
2　本件漁場の青さのりに生じた現象（請求原因3㈡⑵）
㈠　本件漁場における青さのりの種付けは、昭和五四年度まで、養殖網約二〇〇〇枚全部について可能であった。昭和五五年度以降も、高知県下田漁業協同組合（以下「下田漁協」という。）の関係者が相当量の種付けを行い（種付けの事実は当事者間に争いがない。）、種付けができている。〔証拠略〕
㈡　収穫量が落ちた昭和四四年度ころ、本張り後の青さのりは、速く成長するが柔らかく切れやすくなり、収穫できる大きさになる前に網からちぎれてしまった。湾口側（沖側）より湾奥側（陸側）の方が、ちぎれてなくなるものが多かった。

昭和五〇年四月ころ、珪藻類や雑菌類が養殖網に付着し、青さのりの葉体が萎縮して成長しなかつたものがみられた。

昭和五三年四月二二日、蓮乗寺川河口付近の養殖網では成長した青さのりがほとんどなく、僧都川河口付近の網の青さのりもかなり下に落ちていた。昭和五六年春も、ほぼ同様の状況であり、のりの芽は養殖網にかなり付いているが、養殖網にらん藻も付着しており、青さのり本体も、その他の付着物がかなりあつて、細胞が変形していた。昭和五八年度、同五九年度の養殖試験でも、沖寄りの一部を除き、僧都川寄りでも蓮乗寺川寄りでもほとんど収穫はなかつた。但し、収穫があつた箇所も、年度により量にかなりの変動があつた。

原告は、昭和五五年秋（昭和五六年度）、同五八年度、同五九年度に蓮乗寺水門の前に試験網を張つたが、青さのりは最初速く成長するものの、どろどろになつて根こそぎ網から離れ、収穫できる大きさになるものはなかつた。

昭和五六年度、本件漁場で種付けした網を下田漁場（高知県中村市）及び岩松漁場（愛媛県津島町）に、下田漁場及び岩松漁場で種付けしたものを本件漁場に、それぞれ本張りする実験が行われた。御荘産の種網を他の漁場に移すと、他の漁場で種付けして本張りしたものと同じように青さのりが成長し、他の漁場で種付けした網を本件漁場で本張りすると、本件漁場で種付けしたものと同じく、青さのりが充分に育たなかつた。昭和五八年度及び同五九年度にも同様に本件漁場の種網を下田漁場で本張りして、収穫を得た。

〔証拠略〕

3　し尿処理場の水の一般的な有害性

㈠　し尿及び処理排水の成分

し尿には、アンモニア態窒素やリン酸などの栄養塩が含まれている。し尿に含まれる窒素や燐は、酸化処理方式では除去できない。また、し尿処理排水には、有機物や浮遊物質も含まれている。

処理水の水質につき、昭和五三年八月二二日の酸態窒素及びたん白性窒素は、午前七時ころは合計約一〇ＰＰＭであつたが、午前一一時及び午後四時ころにそれぞれ合計二〇ＰＰＭを若干越えていた。うち、アンモニア態窒素は、午前七時が七・二八ＰＰＭ、午前一一時に一三・五八ＰＰＭ、午後四時に一三・八二ＰＰＭであつた。昭和五〇年一月から同五三年七月までの間毎月一回計測した結果は、被告ら主張三２㈠㈥所掲の放流水試験結果表記載のとおりであつて、ＣＤＯの最高値が六九・〇ＰＰＭ、最低値が七・〇ＰＰＭであり、ＳＳの最高値が五三・七ＰＰＭ、最低値が二・〇ＰＰＭであつた。

昭和五〇年五月二三日には、ろ過池に入る前の処理水のＳＳが一六・四ＰＰＭ、ろ過池経由後は六六・八ＰＰＭであつた。

〔証拠略〕

(二)　し尿処理排水の有害性

一般に、栄養塩は、植物の成育にとつて必要であるが、増えすぎると有害である（当事者間に争いがない。）。

これらが過剰になると、青さのり自体は育ち、色が濃くなるが、柔らかく、ちぎれやすくなる。らん藻類がついて青さのりの成育を妨げ、結局青さのりは充分に育たなくなる。また、珪藻類がついて細菌も繁殖し青さのりが腐るという、ドタ腐れを生じることもある。

有機物が多いところ（CODは有機物量の尺度である。）では、青さのりがよく育たない。溶存酸素が不足している場所でも、有機物や病原菌の多いことから、青さのりの成育に適しない。

水中の浮遊物質が多いと、青さのりの葉体に付着し、青さのりの成育を妨げる。但し、単なる泥水の場合には、青さのりの成長にさほど影響しないこともある。

〔証拠略〕

4　松島清浄苑によるし尿処理水の放流方式及び経路（請求の原因2(二)(2)ないし(4)項）

(一)　試運転時のし尿処理水の放流方式

本格操業開始前の試運転時、処理水は、僧都川河口に放流していた。

なお、松島清浄苑のし尿処理方式は後記四2認定のとおりであり、また本格操業後のし尿排水の処理方式は前記二に認定したとおりである。

〔証拠略〕

(二)　協定違反放流について

(1)　違反放流の放流方式

遅くとも後記昭和四四年一一月中旬ころから、松島清浄苑の処理水が、御荘漁協との協定に反して、設置されたパイプを通じ、僧都川河口南側に設けられた水門を経由し、直接海に流し込まれていた。

〔証拠略〕

この点につき、被告らは、排水を直接に流したものではなく、海や海への水門を有する沼とはつながつていない閉鎖性の沼に放流したのみであると主張する。そして、右主張に沿う証拠も存在する〔証拠略〕。

しかしながら、役場の厚生課長で、事務組合の事務局長であつた前記濱本証人は、タンクにとつた処理水を地下を通して流した。海に一切出さないはずのものを海に出した旨、明確に証言するものであり、タンクの位置や排水経路の指摘はないけれども、ある程度の具体性をもつた供述であり、当時の地位をも考えると、相当の信用性があるというべきである。また、昭和四五年七月四日事務組合側が御荘漁協側に謝罪したこと、その後松島清浄苑の操業が一時停止されたことは、当事者間に争いがないが、原告本人尋問の結果は、この事実とも符号し、その過程が不自然であるともいえない。なお、佐々木証人は、違反放流した沼の面積は七〇〇平方メートルであると証言する（二回八丁表）ところ、同証人の尋問調書末尾に添付された図面（縮尺は、前記証言により、五〇〇分の一と認められる。）に表示された沼は、図面の範囲から七〇〇平方メートルもないうえ、この沼地と水門の口につながる沼とはさほど距離がないことなどから、閉鎖性の沼であるとの佐々木証言には不自然な点がある。以上の点から、処理水を海に流し込んだのではないとする被告らの主張は、採用することができない。

(2) 違反放流の開始時期

昭和四四年一一月一四日に違反放流のための配管工事が行われ、このころ違反放流が始められた。

〔証拠略〕

これに対し、原告は、違反放流の開始時期はそれより前であると主張し、〔証拠略〕にもこれに沿う部分が存在する。しかしながら、佐々木証人は、松島清浄苑の当時の日誌中、配管工事について記したものは乙第三九号証のみと証言し、第三九号証の内容につき証言する部分も、パイプの直径や来歴など、一応の説明はされており、不自然とまではいえない。反面、この点については、原告主張に沿う証拠はすべて伝聞である。したがつて、原告主張に沿う証拠は、前記認定に供した証拠と対比し、採用しない。

(3) 違反放流前のし尿処理水の経路

協定違反放流前に、処理水が溢れて付近の農業用水路に流れ出し、海に流れ込んでいた。

〔証拠略〕

前記佐々木証人は、これを否定する（一回一三丁表）。しかしながら、処理水の放流方式については、松島清浄苑の本格操業前に御荘漁協側と事務組合側とで厳しい主張の対立があつたことは後記認定のとおりであるから、違反放流をして発見されれば大問題になることは、容易に予測できたはずである。それをあえて行うのであるから、地下浸透の実施につき、深刻な事情があつた可能性が高いというべきである。また、請求原因2㈡(2)の事実のうち、排水タンクの場所が水田の跡地であつたことは当事者間に争いがないが、これも、地下浸透がうまくいかなかつたことを裏付けこそすれ、これと矛盾するものではない。このようにみてくると、前記佐々木証言は採用しがたいというべきである。

㈢ 違反放流発覚後の放流方式

請求原因2㈡⑷の事実のうち、少なくとも昭和四六年五月以降現在に至るまで、処理水がろ過池を経由し、農業用水路を通じて放流されている事実は、当事者間に争いがない。このような方式が採用された時期は、その方式及び趣旨から公務員が職務上作成したものと認められるから真正な公文書と推認すべき〔証拠略〕によると、昭和四五年八月二六日と認められる。なお、具体的な放流経路は、〔証拠略〕によると、ろ過池から蓮乗寺川と平行して走っている農業用水路を西進し、海岸沿いに細長くのびる沼（潮溜りと呼ばれている。）に至り、そこから蓮乗寺川河口付近の水門（以下「蓮乗寺水門」という。）を経由して海に至るものと認められる。

5　本件漁場付近における処理水及び河川水と海水の混合並びに潮流（一（請求の原因）2㈢⑵、二（請求の原因に対する認否））

蓮乗寺水門は、潮が引くと潮溜りの水圧で開き、潮が満ちてくるとその圧力で閉じる。本件漁場付近は、干潮時、かなりの部分が干潟となるが、潮がある程度引くと、蓮乗寺水門から流れる水と蓮乗寺川の水とは干潟で仕切られ、排水口前では混ざらず、処理水は蓮乗寺川河口北側のみお筋を、河川水は河口南側のみお筋を経由する。そして、本件漁場の中央部付近に向けて勢いよく流入してくる僧都川の支流と合流のうえ、大島の南側海域を貫流して湾口部に向かう。

もつとも、右潮溜りの水位はし尿排水量のみでなく、降雨量や農業用水の使用状況などによつて異なるので、蓮乗寺水門からのし尿排水は増水期には退潮時早期からの、また渇水期には退潮がかなり進行して蓮乗寺川の水位が著しく降下した時初めて本件漁場に流入するようになる。したがつて、し尿排水への流入開始時期、その継続時間、海水と淡水との混合の有無、時期、程度等は季節によつて変動があるし、また農業用水の使用状況などによつても影響を受けるものと考えられる。

そして、干潮時に湾口部に向かつた本件漁場付近の水は、潮汐による海水の往復運動によつて満潮時に湾外へ出ないままその全部または一部が湾奥に戻つてくることになる。河川水の動きにつき、一般に、海水と淡水とでは、淡水の比重が小さいが、僧都川の水は、概ね湾内の表層を大島北部に向けて拡散しないで流れており、満潮時にも、表層では、河口から大島方面に向かつて流れることがある。満潮時の僧都川河口付近では、表面の塩分濃度は低いが、ゼロではない。蓮乗寺川は、流量が僧都川よりも少ない。蓮乗寺川河口南側付近は、満潮時、表面でも比較的塩分濃度が高いが、底の水に比べると低く、淡水と海水が僧都川河口よりもよく混ざつてはいるが、完全ではないと推認される。

そして、本件漁場には前記のとおり比較的大きな二河川の水が流入しているうえ、当該漁場付近は、地盤が平坦でないため、潮汐による海水の往復運動も加わつて水の動きが複雑である。

なお、原告は、地盤からの高さ約三〇センチメートル程度の位置に網を本張りしていた。

〔証拠略〕

以上の事実によると、蓮乗寺水門を経由する以前の処理水の流路については認めるに足りる証拠がないが、蓮乗寺水門を経由する処理水は、僧都川の河川水が拡散しないで海の表層を流れていることから推察して、概ね干潮時に、それほど拡散しないで、沖に向かって流れていくものと推認すべきである。但し、青さのりは、原告が養殖網を張ったところが干潮時に干潟となること、約一〇ないし二〇センチメートルに成長すると収穫されてしまうこと（1㈡項）から、渇水期の干潮時には処理水にさほど接触しないと推認すべきである。しかし、満潮時あるいは増水期の干潮時には網が水没し、海水と充分に混ざらない淡水（処理水も含む）がのりに接触するものと推認でき、僧都川寄りは、僧都川の河川水の勢いが強いが、水の流れが複雑であることから、蓮乗寺川寄りの水が僧都川寄りにあまり流れないとは断定できないというべきである。

6　本件漁場付近の水質及び底質について（一（請求の原因）1㈣、二（請求の原因に対する認否）1、三（被告らの主張）、四（被告らの主張に対する原告の認否及び反論）

㈠　アンモニア態窒素、亜硝酸態窒素、硝酸態窒素、ＤＯ（容存酸素）、ＣＯＤ（化学的酸素要求量）、ＳＳ（浮遊物質）、につき、一般に、のりの養殖に影響を及ぼす、あるいは望ましいとされる数値は、次のとおりである。但し、ヒトエグサの関係では充分に研究が出揃わず、データの蓄積も少ないから、どの程度で影響が出るかにつき、確実な数値を認めることはできない。なお、アンモニア態窒素、亜硝酸態窒素、硝酸態窒素については、これらをそれぞれ分別して測定することが難しいので、三種類を合計し酸態窒素として計測するのが正確である。

酸態窒素　二〇〇マイクログラム・バー・リッター程度必要といわれる。

リン　一二から四六マイクログラム・バー・リッターくらいが望ましい。

ＤＯ　五ＰＰＭ以上必要である。

ＣＯＤ　三ＰＰＭを越えると障害がおこる。

ＳＳ　三ＰＰＭ以下が望ましく、一〇ＰＰＭを越えると障害がおこる。

〔証拠略〕

㈡　本件漁場及びその付近（蓮乗寺水門前を含む。）の水質及び底質

本件漁場付近の水質につき、昭和四〇年一一月一三日から同月一五日及び同五三年八月四日、別表二記載の地点で測定された水質は、同表記載のとおりであり、昭和五〇年二月二

四日、同年三月一八日、昭和五一年六月一日及び同年一〇月二三日、図1及び図2の地点につき測定された水質は、別表一記載のとおりである。

そのほか、昭和五〇年四月一六日、同年五月二三日、昭和五五年秋から同五六年春にも水質が測定された。

原告が昭和五〇年度まで養殖網を張った場所について、これらの値は、酸態窒素、リン酸態リン、COD、DO、SSとも、一部の地域を除いて、概ねのりの養殖にとって有害とされる数値には達していない。CODについては、昭和四〇年一一月の数値ともそれほど変わらない。他の漁場に比べても、やや悪いが、さほどではない。しかし、排水口前は、それぞれの値が本件漁場に比べかなり高く、その近くでも、かなり値は減るが、それでも高い。

〔証拠略〕

㈢　底質について

昭和五六年五月に訴外今井嘉彦によって、また同五七年から五八年には訴外丸山俊朗によって底質が測定されたがその内容は後記のとおりであり、なお、昭和五八年三月に試料を採取したのは、訴外三浦昭雄の指示を受けた原告である。

底質についても、原告が昭和五〇年度まで網を張った箇所では、有機物の堆積を示す強熱減量（I・L）が一般に汚染の目安とされる一〇パーセントを超えないなど、重篤な汚染状態とはいえない。しかし、蓮乗寺川河口南側付近で糞尿臭を発する箇所があった。また、干潮時に蓮乗寺水門からの水が経由するみお筋に、黒い沈殿物があり、硫化物が発生した箇所があったが、これは下田漁場や岩松漁場ではみられないものである。排水口前は、各項目の値が周囲より高く、昭和五八年三月には強熱減量が一〇パーセントを若干越え、蓮乗寺川の上流寄りに行くと値が低くなってくる。また、排水口前は、黒い泥が溜り、腐敗臭があった。

以上の点について若干補足しておくと、底質は水質のある程度長期的経過を示しているとみられるので、本件漁場の蓮乗寺水門（排水口）、濡筋及び杭配置などを考慮して二三点を設定して、昭和五八年三月採泥し、これを同年五月に分析した強熱減量硫化物及び全有機炭素は、別紙同項目分布図記載のとおりである。これによれば、強熱減量、全有機態炭素及び硫化物の分布はいずれも潮溜りと排水口近傍と干潮時に現れる排水流路（濡筋）に集中していることが明らかである。

このような集中化は排水口近傍が停滞水域である外、淡水中のコロイドが海水を混合して凝集沈殿するためである。また、排水口から上流底泥の悪化は潮汐による海水の往復運動によるものと考えられる。排水口近傍の底質の色が著しい黒色であったことは前示のとおりである。一方、有機物によって嫌気性分解が進み硫化物が蓄積されていることが注目される。ヒトエグサにとつて、嫌気的条件が望ましくないことの外、一度沈殿したコロイド性の物質も分解されて窒素やリンの溶出を容易にし海域全体を富栄養化させた可能性が高いからである。前記図面の記載では白丸の地点がとくに他の地点に比べて汚染の高いことを示している。これによれば、強熱減量、硫化物及び全有機炭素のいずれもが排水口を中心に悪化していることを示している。

〔証拠略〕

7　昭和二〇年代半ばから同三〇年代半ばまでの養殖の実績と本件漁場の自然条件による減収の可能性

㈠　昭和二六年秋から昭和三六年まで、御荘湾の奥では、のりの養殖が行われていた。最初の二年は、クロノリが養殖されたが、実績が芳しくなかつたので、その後は青さのりが養殖された。原告は、この当時海産物商を営んでいたが、昭和三〇年ころから、養殖された青さのりを御荘漁協より買い入れ、商社に卸していた。青さのりの養殖が行われなくなつた主たる原因は、真珠養殖のほうが収入がよく、養殖を行う者がそちらに転業したからである。

〔証拠略〕

㈡　養殖青さのりの収穫量は、養殖が始まつてから昭和三〇年代半ばまでの数年間、相当量の収穫があり、一網あたりの収穫量が激減することはなかつた。のり養殖が真珠養殖にすべて転換した後、原告は、相当量の天然の青さのりやイトノリなどを採取した。

〔証拠略〕

訴外小野山直喜は、〔証拠略〕において、昭和二六年から海苔の養殖を始めたところ、収穫がよかつたのは養殖が始まつてから三年くらいで、以後収穫が減つたので昭和三一年から施肥を行つたと述べ、〔証拠略〕の聴取報告書中では、小野山直喜を含む三名が、のりの収穫減を廃業の理由としてあげている。しかしながら、〔証拠略〕は、三七名の聴取報告書の内容を集めたものであり、その中には、青さのりは収量があつたとするもの、生産過剰だとするものさえある。小野山直喜自身も、〔証拠略〕においては、青さのりの養殖が終了した原因の第一に真珠養殖のほうが有利であること、第二に昭和三五年のチリ津波による養殖施設の廃業をあげており、収穫減には触れていない。そして、青さのりの養殖が昭和三六年まで続いた事実、青さのりの養殖が行われなくなつた昭和三〇年代後半に原告が天然ののりを大量に採取したことについて、反対の証拠がないことをも考慮すると、収穫減を強調する前記各証拠は採用できない。

なお、方式及び趣旨により公務員が職務上作成したものと認められるから真正な公文書と推認すべき〔証拠略〕によれば、〔証拠略〕記載の収穫量は、厳密な記録に基づくものではないと認められる。しかしながら、養殖網一枚あたりの板のりの収穫枚数を〔証拠略〕と対比しても矛盾はなく、ほかに〔証拠略〕の収穫量がまったく虚構であることを疑うに足りる証拠はないから、〔証拠略〕は、前記認定を左右するものとはいえない。

(三) 連作による漁場の老化の主張

〔証拠略〕によれば、一般に、毎年のりを養殖していると、収穫が自然に減少するものと認められる。しかしながら、本件の収穫の減少は、さきに認めたところにより、試験養殖を含めて三回目の漁期となる昭和四三年度が、網一枚あたり約六・〇キログラムであり、前年（約七・三キログラム）の約二〇パーセント減、昭和四四年度に昭和四三年度の約三分の一と激減し、以後最高でも昭和四七年度の約二・四キログラムと低迷を続けている。〔証拠略〕及び右(二)で認定した昭和三〇年代半ばまでの養殖実績に照らすと、収穫が養殖開始後四年目にして激減というような老化があるとは考えられず、漁場の自然老化では、本件の収穫減を充分説明できないというべきである。

(四) 本件漁場付近の風波等の自然条件が、もともと青さのりの養殖に適しないかどうか。

〔証拠略〕によれば、昭和五五年一二月、御壮内湾内で最大風速約二五メートルの風があり、〔証拠略〕によれば、その他の年にも季節風による風波の強かつたことが認められる。

また、浮泥など浮遊物質の多い箇所はのり養殖にあまり適しないとされるところ、本件漁場は、海底が平坦でないため海水の流動が複雑であり（5項）、地盤が粘土質の箇所あり、そこでは泥が巻き上げられる可能性が多いと認められる（〔証拠略〕）。

しかし、本件漁場における日照、海水の流動等、その他の自然条件が青さのりの養殖に適しないとの証拠はなく、右に認めた事実も、昭和三〇年代半ば以前や昭和四〇年代初頭の養殖の実績及び〔証拠略〕と対比すれば、御壮湾の自然条件がのりの養殖に不適であることを推認させるものとはいえない。従つて、本件漁場の自然条件がもともと青さのりの養殖に適しないとする被告の主張は、採用することができない。

8　養殖技術について（三（被告らの主張）一(6)、四（被告らの主張に対する原告の認否及び反論）、五（原告の主張）7(1)、(2)及び(4)）

(一) 種網の洗浄について

原告は、種付けのときに網を洗浄せず、収穫が終了して網を撤去した後に洗浄するのみであるが、岩松漁場などでは種付け中にも洗浄している。しかし、原告が本件漁場で種付け時に洗わなかつた種網を岩松で本張りしたところ、充分な収穫が得られ、御壮で種付けをしている下田漁場の漁民は、種網を放置しているが、それを下田で本張りして充分な収穫を得ている。西条市の禎瑞漁場でも、種付け中の網を洗っていない。洗浄を要しないとの見解もある。

〔証拠略〕

そうすると、種網を洗わないでもほかの漁場で収穫が得られたというのであるから、種網の段階では特に問題がないことが推認され、網を洗わないことが減収に寄与したとはいえない。

㈡ 網の高さ

網の高さについて、地盤から六〇センチメートル、あるいはそれ以上の高さを推奨する見解、また、その前後の高さで状況により網の高さを変えるべきとする見解があり、網の高さを重視する説もある。原告が網を張つた高さは、地盤が平坦でないため一様にはならないが、他の漁場に比べて低めである。

しかし、原告は、収穫が減少してから、網の高さを上げたり下げたりしたが、収穫はもとに戻らなかつた。昭和五五年秋から、三浦昭雄の指導により養殖実験を行つたときにも、網の高さをさまざまに変えてみたが、結果は変わらなかつた。

〔証拠略〕

そうすると、原告が網を張る高さが減収に大きく寄与しているとは認められない。

㈢ 密殖

一般に、網の面積が漁場面積の三分の一から四分の一くらいを超えると、収穫が減るとされる。

これを本件についてみると、本件漁場で用いられた網の大きさは、一枚が縦約一・二メートル、長さ約一八メートル、面積約二一・六平方メートルであり、約二〇〇〇枚で約四万三二〇〇平方メートルとなる。他方、本件漁業権が設定された漁場の面積は、約六〇万二六一二平方メートルである。

また、伊雑浦では、昭和四〇年代初頭からかなり密殖状態となつたが、それからも相当の収穫をあげていた。

〔証拠略〕

そうすると、本件漁場は密殖状態とはいえず、また密殖気味でも収穫のあがるところもあるから、密殖により収穫が減つたものとは認められない。

㈣ 杭の放置について

多くの漁場では、養殖の季節が終わると、杭を抜いて洗浄し、次の養殖まで保管している。これは、杭にフジツボなどが発生し、そこに浮泥などが多く付き、ひいては青のりに付くのを防ぐためである。原告は、漁協から、収穫期後杭を抜くよう指導されたことはない。しかし、原告は、杭を漁場に差したままにしている。

〔証拠略〕

右のような他の漁場の例や学者の見解からすると、原告が杭を放置していることが減収に若干の寄与をしていることは推認できる。しかし、相当の養殖実績を持つ御荘漁協が、特に指導もしなかつたというのであるから、杭を抜くことが収穫維持の極めて重要な要素であるとまでは認められず、原告が杭を放置したことが減収に大きく寄与したとまでは認められない。

㈤　養殖網の管理

約二〇〇〇枚の養殖網の管理が不可能との被告主張については、その前提となる種網の洗浄や網の上げ下げ等の必要性が認められないうえ、原告は相当数の従業員を使用して養殖に当たつてきたことが前提各証拠上認められるから、右主張は採用できない。

以上検討したところによれば、養殖技術の巧拙を強調する被告の主張は、採用することができない。

9　他の汚染源

㈠　工事による浮泥

〔証拠略〕によれば、昭和二八年度から五一年度までの間、僧都川の河川改修工事が行われたことが認められる。そして、〔証拠略〕によれば、その工事終了ころに河口付近の水が澄んだことが認められ、これによると、右工事によつて本件漁場の浮遊物の全部を発生させたと推認することはできないが、河川改修工事が原因となつて、相当程度の浮遊物質が生じたものと認められる。

しかしながら、河川工事が始まつた当初、先に認めたとおり、青さのりの養殖が行われ相当の実績を上げていたこと、前記2の㈡で認めたとおり、その後の養殖実験でも収穫が認められないことを考慮すると、河川工事による浮泥がのりの被害に大きく関与したとは推認しがたい。

㈡　でんぷん工場

〔証拠略〕によれば、蓮乗寺川河口近くに、芋からでんぷんを抽出するための工場があり、この場所で昭和三〇年ころから同四二年ころまで操業していたこと、同工場の排水は相当の浮遊物質、有機物等を含んでいたことが認められる。

しかしながら、さきに認めたとおり、でんぷん工場がすでに稼働していた昭和三五年ころまで、青さのり養殖が相当程度の実績をあげていたのであり、またこのでんぷん製造はある季節に限り行われたことも認められる〔証拠略〕から、このでんぷん工場の排水のみでは、養殖のりの被害を説明できないというべきである。

㈢　株式会社御荘生コンの作業場

商業登記簿謄本部分は成立に争いがなく、御荘町役場総務課長名義の部分は方式及び趣旨から公務員が職務上作成したと認められるから真正な公文書と推定すべきであり、〔証拠略〕によれば、蓮乗寺川河口付近に株式会社御荘生コンの工場があり、生コンクリートのトラックミキサーを洗浄する施設を有すること、洗浄した排水及びその他若干の排水を蓮乗寺川に放流すること、昭和四九年四月から本格操業を始めたことが認められる。

しかしながら、同号証によれば、通常は排水の上澄を再度利用して洗浄を行うため、排水を放流するのは降雨時等に限られること、排水のPH値を高いが中和剤で中和されることが認められ、さらに、その他の排水を含め、窒素等を含んでいることを認めるに足りる証拠はない。以上の事実及び操業開始時期が原告の収穫が得られなくなつたあとのことであることに照らすと、この排水がのり養殖の被害に大きく関与したとは考え難い。

㈣ 水産加工場等

〔証拠略〕によれば、御荘町平城四四六七番ほか二筆を利用した養鰻場が昭和四七年ころから、同所四一六五番地ほか二筆を利用した水産加工場が昭和五〇年ころから、それぞれ開設されたと認められる。また、前記証拠により、水産加工場の排水量が一日あたり五〇立方メートルであることが認められる。

しかしながら、これらの排水の成分については不明であり、操業開始時期等をも考慮すると、のり養殖の被害との因果関係は不明と考えられる。

㈤ 生活排水等

昭和三〇年代半ばまでと昭和四〇年頃以後を比較した場合、生活水準が向上したことは当裁判所に顕著であり、生活排水がある程度増加し、昭和三〇年代と四〇年以降で水質等の環境が変わってくることは推認できる。しかしながら、僧都川及び蓮乗寺川流域の人口が急増し、生活排水の水質が極端に変化したことまで認めるに足りる証拠はない。

そのほかにも、青さのりの養殖に重大な影響を与える水源が発生したことを認めるに足りる証拠はない。

判断

以上検討したところによると、本件漁場の青さのりに生じた現象（2項）は、一般にし尿又はその処理水に含まれている酸態窒素や浮遊物質などの過剰が青さのりに与える影響と符号すること（3項）、網一枚あたりの収穫量が激減した昭和四四年に比較的近い時期に、御荘漁協との協定に違反し、処理水が農業用水路を経由あるいはパイプを通じ直接海に流れ込んでいたこと（4項）、処理水が直接青さのりにあたつたことを否定できず、また蓮乗寺川から流入した処理水が僧都川寄りに流れないとも断定できないこと（5項）、蓮乗寺水門前の水質及び底質が付近に比べ悪化していること（6項）、本件漁場はもともと青さのりの養殖の適地であったところ（7項）、他の地域で種付けした青さのりが本件漁場で育たず、本件漁場で種付けしたそれが他の漁場では成長したこと（2項）、漁場の自然老化によっても収穫の減少を説明できないこと（7項）を総合すると、本件被害は、青さのり養殖の適地であった本件漁場において、松島清浄苑の処理水が流れ込んだことが少なくとも一因となって原告が養殖網を設置した区域の全域にわたり、養殖に適しない環境に変わったため生じたものと説明することが可能である。もっとも、原告が養殖網を張った箇所の水質及び底質を検査すると、のりにとって有害とされる値が検出されないこと、CODは、昭和四〇年一一月と同五〇年以降とであまり変わらないこと、他の漁場の水質と比べてもさほど悪くはないことなど、環境が悪化したとの認定を妨げるかのような事実も存在する（6項）。

しかしながら、〔証拠略〕及び複雑な水の流動があること（5項）等を考慮すると、ある時点でのCODなどの水質測定値が必ずその当時の水質を反映するとは断定できない。また、環境そのものが悪化していないのであれば、減収の原因として考えられるのは原告の養殖技術であるが、8項でみたとおり、収穫期後に杭を抜かないことを除いては特に収穫減に寄与しているとは認められず、杭を抜かないことが減収に大きく寄与していることも認められない。そうすると、本件の収穫減は、やはり本件漁場の環境の悪化にその原因を求めざるをえない。そして、他に、昭和四四年以後継続した被害、特に昭和四五年ころの収穫減を説明できる汚染源は見当たらないのである（9項）。

このようにみてくると、松島清浄苑の処理水以外の要因だけでは本件被害は生じなかったと推認することができ、松島清浄苑の排水と養殖青さのりの被害との間に、相当因果関係を認めることができるというべきである（〔証拠略〕）。なお、鑑定人による鑑定の結果参照）。なお、〔証拠略〕中には、この因果関係につき疑問を呈するかのような部分がある（二回一五丁裏）が、同証人も、単純にし尿処理場に近いところが悪いからし尿処理の影響があるとは断定できないと述べるにとどまり、そのほかの間接事実を考えた場合どうかということについては触れておらず、し尿処理場の影響を明確に否定するわけではない（二回一六丁裏から一七丁）から、前記証言は、右の因果関係の認定を左右するものではない。

四　松島清浄苑の設置及び管理に瑕疵があったかどうかについて、判断する。

国家賠償法二条にいう設置管理の瑕疵は、当該営造物の構造、用法、場所的環境、さらには結果に対する予見可能性及び回避可能性の有無及びその程度等、諸般の事情を総合考慮して、具体的、個別的に判断すべきものと解される。なお、相当因果関係、違法性等につき主張された事実も、関連性を有するので、これらを併せて検討することとする。

本件については、後記の証拠等により、次の事実が認められる。

1　し尿処理の技術水準について（三（被告らの主張）3㈠、四（被告らの主張に対する原告の認否及び反論）3）

松島清浄苑が計画、建設された昭和三九、四〇年ころ、窒素、リンを除去する第三次処理技術は、まだ開発されていなかった。松島清浄苑で用いられた活性汚泥による酸化処理方式のし尿処理機構は、その当時では進んだものであった。第三次処理の技術が確立されたのは、昭和四八年から五〇年ころである。しかし、四国四県では、昭和六二年になつても、第三次処理施設を採用する処理場が半数に満たず、充分普及していない状況にあつた。

〔証拠略〕

2　松島清浄苑における第二次処理

松島清浄苑では、第二次処理において、曝気槽を二個設け、二回曝気する。

し尿処理方式について補足しておく。

本件し尿処理施設は酸化処理方式であり、そのし尿処理工程は次のとおりである。即ち、

バキューム車により収集されたし尿は、松島清浄苑の投入口から投入される。右し尿は、小石等が取り除かれたうえ、解砕機によつて破砕され、貯留曝気槽に入り、更にし尿ポンプにより遠心分離機に送られる。遠心分離機内では、し尿は固形物と液体に分離され、固形物はスクリューコンベアにより運搬されて焼却炉に至り焼却される。

一方、分離液は、自然流下により分離液貯槽に入り、ここで二四時間曝気が行われ、スカムの防止脱臭及び酸化を行う。そして、分離液貯槽からポンプアップされて稀釈調整槽に送られ、稀釈調整槽で二〇倍の清水によつて稀釈調整された後、第一曝気槽に送られる。

稀釈された分離液は、第一曝気槽内で八時間連続的に曝気され、同液中の有機物の酸化分解が行われる。この分解した有機物と液中の浮遊物質及び微生物群が凝集し、吸着性の活性汚泥となる。右の処理を行った処理液は第一沈澱池に送られ上澄液と活性汚泥とに分離される。

右上澄液は更にこれを第二曝気槽及び第二沈澱池に送り、前記の処理をくり返し行つて、上澄液のみを取り出しこれを塩素滅菌したうえ、処理水として放流することになる。なお、活性汚泥は濃縮槽より汚泥引抜ポンプにより汚泥脱水機に送られ、右脱水機によつて脱水された汚泥ケーキとしてこれをベルトコンベアで焼却炉に運び、前記固形物と一緒に焼却する。

〔証拠略〕

3　松島清浄苑における法令の遵守状況（三（被告らの主張）2㈠⑴）

昭和五〇年一月から五三年七月までの松島清浄苑の処理水の

水質は、三3㈠項で認めたとおりである。これは、概ね水質汚濁防止法、廃棄物の処理及び清掃に関する法律、愛媛県公害防止条例（昭和五一年七月一日から適用）の定める基準を守っているが、違反したことも複数回ある。

4　し尿処理場設置の必要性（三（被告らの主張）2㈠⑵イ）

昭和二〇年代から三〇年代前半ころまでは、農家が肥料としてし尿を用いていたため、し尿処理場の必要はなかった。しかし、昭和三〇年代に化学肥料が普及し、し尿の需要が減る一方、家庭から排出されるし尿の量は増加した。このため、昭和三四年ころ、し尿を貯蔵するための貯溜槽が増設されたが、これも満杯となりその対応に窮するとともに、降水量の多い時期には田畑へ溢れ出ることがあった。このため稲熱病の発生を招きこれに対する苦情や周辺住民からの悪臭に関する苦情が絶えなかった。このような事態を解決するためには、し尿処理場を建設してこれに当るしか方法はなく、その建設が焦眉の急となり、被告両町は、昭和三九年一月、事務組合を設立し、し尿処理施設を建設して共同でし尿処理を行うことを決定したうえ、これに関する事務等を同組合に行わせることになった。

〔証拠略〕

5　し尿処理場設置場所及び放流場所、方法の決定課程及び時期（三（被告らの主張）2㈠⑵ロ）

当初処理場を陸側、山手側に建設する案もあったが、予定地の近隣又は下流となる住民から強い反対が出て実現できなかった。そこで、結局人家から離れた河口付近に建設することとなり、昭和三九年五月、現在の場所に建設することになった。その当時、付近住民から反対が出たが、説得の結果、了承が得られ、さきに認めたとおり、昭和四〇年二月に着工された。

また、排水の放流方法について、御荘漁協側が海への放流に強く反対し、衛生組合と長い間話し合った末、両者間で一旦合意に達していた陸側への放流または地下浸透方式は、具体的な設置場所を巡り、水源池などの関係で、御荘漁協側と衛生組合側との間に右合意が実現しなかった。そこで、さらに協議した結果、前記二で認めた位置で、地下浸透方式を採用することになった。

〔証拠略〕

6　場所的環境

昭和三六年以後、昭和四〇年秋に原告が試験養殖を始めるまで、青さのりを養殖していた業者はなかった。但し、蓮乗寺川河口と僧都川河口との間に存在した種付場において、高知県の下田漁業協同組合に属する養殖業者が、種付けのみ行っていた。御荘漁協関係者にも、し尿処理場の設置場所が決定した当時、真珠貝への影響を懸念しており、のり養殖への影響は問題としていなかった。昭和四一年二月八日に行われたし尿処理施設放流水説明会において、問題となったのは、真珠貝への影響である。真珠貝の養殖いかだは、大島よりも湾口側に配置され、松島清浄苑とは距離を置いていた。

〔証拠略〕

7　昭和四〇年九月以後の原告の養殖事業について

(一)　原告が養殖を開始した事情（一（請求の原因）3(一)(1)ないし(3)、二（請求の原因に対する認否）3、三（被告らの主張）1(二)(3)、同2(一)(3)）

原告は、昭和三〇年代半ばから、本件漁場で天然に発生するのりを採取していたが、これは、御荘漁協の承諾を得て行われていたものであった。昭和四〇年ころ、原告は、当時御荘漁協の組合長であった小野山直喜から、のりの養殖を勧められ、昭和四〇年九月から翌年春まで試験養殖をしたところ、成績がよかったので、訴外長田昭一から御荘町長崎四八三番地の土地を買い受け、採取した青さのりの乾燥等のための機械設備を購入し、本格的に養殖を始めることとした。原告は、養殖の具体的な方法について、御荘漁協側からかなり指導を受けた。

〔証拠略〕

原告は、取得した用地はもと管理組合が水田化したもので（〔証拠略〕により認められる。）、これを購入するに際して御荘町の仲介があったと主張し、それに沿うかのような証拠も存在する（〔証拠略〕）。しかしながら、土地の前主である訴外長田昭一が御荘町の公的な地位にあったとの証拠はないうえ、前記本人尋問の結果中にも、御荘町の関係者の関与について具体的な供述はない。よって、前記証拠は採用できず、原告が前記土地を取得するにあたり、御荘町の仲介を受けたと認めることはできない。

(二)　原告は、し尿又はその処理水が青さのりの養殖に有益と考え、し尿を生のままで海に流すよう衛生組合に申し出たものか（一（請求の原因）3(一)(4)及び(5)、二（請求の原因に対する認否）3、三（被告の主張）1(二)(3)、同2(一)(3)、四（被告らの主張に対する原告の反論及び認否）2(一)(3)）

被告は、右のように主張し、これに沿う証拠としては、〔証拠略〕がある。そして、のりの成育には、酸態窒素等栄養塩が必要であること（〔証拠略〕により認められる。）、青さのりに肥料を与える漁場もあり、本件漁場もかつてはそうしていたこと（〔証拠略〕により認められる。）、原告が青さのりの養殖を始める前から松島清浄苑が建設中であることを知っていたこと（〔証拠略〕により認められる。）、養殖の開始と松島清浄苑の竣工がほぼ同時期であることは、右主張に沿うかのようである。原告が、本件被害を被りながら速やかに衛生組合に苦情を申し入れたり本訴を提起したわけではない（弁論の全趣旨により認められる。）ことも、原告がし尿の有益性を信じたことの裏付けたりうる事実である。当時青さのりの養殖業者は原告のみであり、前項のとおり、御荘漁協は真珠養殖への危惧を抱いていたがのりについては何も問題にしていなかったから、原告が御荘漁協とは別に、自ら被告主張のような要請をする可能性は否定できない。

しかしながら、右事実を否定する証拠として、〔証拠略〕が存在する。右供述は、し尿処理場がのりの養殖に悪影響をもつものではないかとの話を聞き、漁協に問い合わせにいったところ、地下浸透方式をとるから影響はないといわれ、特に支障はないと考えたというものであり、やや一貫しない部分はあるが、全く不自然とはいえない。さらに、さきに認めたとおり、原告は、ヒトエグサの養殖を始めた昭和四〇年秋、網は五〇〇枚とし、毎年五〇〇枚増加させながら、昭和四三年秋以降二〇〇〇枚に増やしており、かなり慎重であって、この事実は、処理水が無害か有害か分からなかったという供述に沿うともいえる。なお、佐々木証言と濱本証言とでは、原告とし尿の放流の話をした場所や状況が違っており、濱本証人は、原告の来訪を受けたとの記録をとっていないと認められる〔証拠略〕から、被告主張に沿う供述に確たる裏付けがあるともいえない。

以上のとおり、原告がし尿を生のままで海に流すよう衛生組合に申し出たことを証明する証拠が存在するものの、右各供述証拠は重要な点で食違いが存するうえ、確実な裏付けまでは存在しないし、右事実を否定する相当の証拠もあるから、右事実を認めることはできない。

8　原告が御荘漁協の漁業権を行使する資格について（三（被告の主張）2㈡イ、四（被告らの主張に対する原告の認否及び反論）2㈡）

原告は、昭和四一年一〇月一三日、御荘漁協に対し出資し、組合員資格を取得した。その後、漁業権使用料を支払い続けた。

ところが、御荘漁協は、原告の試験養殖開始（昭和四〇年九月）により前から、本件漁場等について有する漁業権を組合員に行使させるにあたり、漁業権行使規則を定め、漁業権を行使する資格を正組合員に限っていた。そして、定款上、正組合員は御荘町内に居住する者に限られていたところ、原告が御荘町内に住居を移したのは昭和四九年のことであり、先に認めたとおり（一2項）、准組合員から正組合員となったのは昭和五〇年一月三〇日である。

但し、原告は、前記漁業権行使規則に基づき青さのり養殖の停止や過怠金の支払を命じられたことはない。

〔証拠略〕

9　予見可能性及び予見の難易について

昭和三八年一一月愛媛県新居浜市において、し尿処理場の排水がのりの養殖に影響するのではないかが問題とされた。

広島市の内海水産研究所で調査した結果、昭和三九年三月、し尿が正常に処理されれば、排水を放流しても、三〇〇メートル以上離れたのり漁場には影響ないであろうとの報告が行われた。昭和三九年秋にも、新居浜市及び西条市の禎瑞において、し尿処理排水ののり養殖への影響が問題とされ、前記内海水産研究所で調査した結果、昭和四〇年六月、新居浜市については水質は問題なく、のりの育成そのものへの悪影響は考えられないとの報告がなされた。右報告は、付着直後ののり網に対して粘塊状らん藻類が網糸上に増殖し、のりの黒化を招いたと考えられ、排水の影響を受ける部分では育成漁場としてのみ用いるべきである、排水は、水の交換のよい水域に放流することが必要であると指摘している。

一方、昭和四〇年一二月一日、海苔養殖読本の著者である殖田三郎が、海苔タイムス（業界新聞）の紙上に、し尿処理場の排水は、海水による一〇〇倍以上の希釈を加えなければのり養殖に害を与える可能性が大きい旨の記事を発表した。

〔証拠略〕

そうすると、本件漁場は、昭和三〇年代にのり養殖の実績があり漁業権も設定され、松島清浄苑の着工時には種付けが行われていたところ、昭和三八、三九年ころ、愛媛県内においてし尿排水ののり養殖に対する影響が問題とされ、昭和四〇年六月、養殖網へのらん藻類の付着など、一定の影響らしきものが報告され、さらに同年一二月の海苔タイムスにおいて、排水の有害性についての論稿が発表されたというのであるから、少なくとも昭和四〇年末ころには、排水ののり養殖に対する影響を予見することは不可能ではなかったと認められる。しかしながら、新居浜や禎瑞の報告は、むしろ処理場の排水はのり養殖そのものに対しての影響は考えられないとしているし、先に定めたとおり、のりに下肥を施す漁場があったこと（7㈡項）、昭和五五年以後の時点でもヒトエグサの養殖に関する研究が充分出揃っておらず（三6㈠項）、まして昭和四〇年ころにし尿排水ののりへの影響について一致した見解が確立していたとは到底認められないことからすると、予見可能性は、かなり低いものであったというべきである。また、さきに認定したとおり、昭和三〇年代半ばころから原告が養殖を始めるまで、のり養殖（種付けは除く）を行う者はなく、御荘漁協は、松島清浄苑の本格操業に至るまで、真珠養殖への影響のみを問題としていた。さらに、御荘町が原告の用地取得を仲介した事実は認められず（7㈠項）、他に、原告が青さのりの養殖を始めること、それも御荘漁協の准組合員として行うことを、衛生組合や県が知っていたとの証拠はない。したがって、昭和四〇年秋より前に、衛生組合や県に対してのり養殖への影響につき予見を求めることは、かなり困難であるというべきである。

10　回避可能性及びその難易

回避措置としては、し尿処理場自体を別の場所に設置することがまず考えられる。

しかしながら、前記のとおり、し尿処理施設の必要性が高まる一方、松島清浄苑の設置場所の決定が難航したこと、昭和四〇年秋までのり養殖をする者がいなかったことから、本件漁場でののり養殖を想定して他の場所に松島清浄苑を設置することを求めるのは困難であったというべきである。

また、松島清浄苑の排水を他の場所に排出することは、付近の海域に多数の漁業権が存在し、（〔証拠略〕により認められる。）、それとの調整が必要があると考えられること、経費面の負担も大きいこと（〔証拠略〕により認められる。）から、現実には困難であると認められる。

さらに、し尿処理場の排水は、生物に対して量のいかんを問わず有害なものを含むものではないと認められる。（〔証拠略〕）から第三次処理により脱窒ができなくても、淡水及び海水により充分稀釈すれば、のりへの被害を防止できるものと推認できる。（〔証拠略〕）

しかしながら、さきに認めたとおり、し尿処理排水ののり養殖に対する影響については確立された見解がないのであるから、排水ののりへの影響の判断及び稀釈等回避措置の決定などにも、困難が多いと考えられる。また、特定の業者に対する関係のみで、施設の改造等に多額の費用を費やすのを期待することにも無理がある。

このようにみてくると、本件の被害を回避することは、もともと極めて困難であったというべきである。

11　設置管理の瑕疵の判定

これまで認めたとおり、松島清浄苑には、第三次処理施設がないこと、協定違反の放流が行われたこと（三4項）、処理水中のCOD等の値が法律及び条例の基準を満たさなかったときがあること（三3(一)及び四3項）など、施設の運用に問題があったというべき事情が存在する。ことに、法律及び条例の基準は、排水そのものに対してではないにせよ、昭和四〇年に水産用水基準として農産物等との関係で厳しい基準が提唱されている事実（〔証拠略〕）及び弁論の全趣旨から、厳格なものとまではいえないのであり、それが全体からみれば小さい割合であるにせよ遵守されなかった事実は、軽視することができない。また、本件被害を予見、回避することが不可能とはいえなかったのであり（9、10項）、先に認めたとおり、御荘湾は外洋からの海水の出入りが少ないのであるが、交換のよい水域への放流を提唱する乙第五六号証の一、二の報告に照らすと、このような地域に処理水を排出することは、問題がないとはいえない。これらの事実は、設置及び管理の瑕疵を肯定する方向に働く事実である。

更に、原告が処理水を積極的に利用しようとした事実は認められないし（7(2)項）、また御荘漁協に漁場使用料を支払い、漁協側から差し止められることなく養殖に従事してきたのであるから、実質は正当な権利の行使に近いということができ、漁業権行使規則の要件を満たさなかつたという一事から即座に保護を否定されると解すべきではない（8項）。

しかしながら、松島清浄苑が建設された昭和四〇年代初頭には、第三次処理施設そのものがなく、愛媛県をはじめ四国においてはその後も充分普及していないのであるから、松島清浄苑がこれを設置しなかつたこともやむをえないし（1項）、松島清浄苑には、当時としては進んだ設備を用い、曝気槽を二個設けるなど、し尿処理の水準をあげるように努めていること（2項）、排水が常時法令の基準に違反したわけではなく（三3項、3項）、本件漁場において、複数回の水質検査の結果、のりに対して明らかに有害と思われる数値を示すところまでは汚染が進んでいないこと（三6項）など、施設の設置、運用面で問題がないと思われる事情も多い。そして、昭和三〇年代の御荘、城辺町では、し尿の貯溜槽を増設してもし尿が頻繁に溢れることがあつたというのであるから、し尿処理施設の設置には強い必要性があり、まさに住民の日常生活の維持存続に不可欠なものというべきであること（4項）、原告がのり養殖を始めたのが、松島清浄苑の着工から半年後であり、衛生組合側からみれば、青さのりの養殖に対する影響の予見が困難であつたこと（9項）、設置場所の選定にあたつてさまざまな問題があり、ほかの場所に設置することが難しかつたと推認され、本件被害の回避が困難であつたと思われること（5、10項）など、松島清浄苑が現在の場所に設置され、付近に排水を放流するのもまことにやむをえないものと考えられる。

もとより国家賠償法二条に基づく損害賠償請求は、差止請求とは異なる事後的なものであり、刑事責任を追及するものでもないから、被害の原因となつた行為が公共の利益を増進する場合であり、或は具体的な予見可能性や実現可能な回避措置が相当程度困難な場合であつても、特定人にのみ犠牲を強いて公平に反する結果を招いた場合には、損害賠償責任を肯定する余地があるというべきであり、本件のように、公共団体の積極的な作為が少なくとも一因となつて被害を引き起こした場合には、被害者自身や自然力が被害の主たる原因であり公共団体がこれを防止できなかつたような事例に比べて、損害賠償責任を肯定されることが多いものと解される。

しかしながら、原告も御荘町に居住または現存する者として、し尿処理サービスの恩恵を受けているというべきこと、本件で主張されているのが財産的な被害にとどまること、原告は松島清浄苑が設置される以前から、御荘町に居住していたわけではなく、また本件漁場で操業していたものでもないから、衛生組合の行為によってその生活基盤を奪われたという関係にはないことなどをも考慮し、右記のような施設の運用状況や必要性、予見・回避可能性の困難さにも鑑みれば、特定人に犠牲を強いて公平に反する結果を招いたものとまではいうことができない。したがって、設置及び管理の瑕疵を肯定することはできない。

よって、事務組合は、国家賠償法二条に基づく責任を負わない。

五　事務組合の職員が原告に対し、故意または過失に基づき、違法に損害を与えたものかどうかについて判断する。

事務組合の職員が、青さのり養殖に被害を与えることを認識して松島清浄苑を設置、操業したことを認めるに足る証拠はない。過失について、さきに検討したとおり、予見可能性及び回避可能性が極めて少ないのであるから、予見、回避義務を課することにはかなり無理があり、過失を認めることは困難である。また、違法性についても、さきに検討したとおり、し尿処理設置の必要性、現在の場所に決められた事情、運用状況等、原告側の損害の性質、漁業権行使資格等を考慮すると、処理水の水質が法律及び条例の基準を満たさなかったことがあること等に問題はあるにせよ、侵害行為の態様が格段に悪質とも、被侵害利益が特に厚い保護に値するともいいがたい本件においては、結局違法性も肯定し難いというべきである。このように過失、違法性ともに認めるのが困難であるから、国家賠償法一条の責任は肯定できないというべきである。

六　結論

そうすると、原告の被告御荘町及び同城辺町に対する請求は、そのほかの点について判断するまでもなく、理由がない。原告の被告愛媛県に対する請求も、停止すべき違法行為がないこととなるから、その前提を欠き、理由がない。

そこで、原告の被告らに対する請求をいずれも棄却することとし、訴訟費用の負担について民事訴訟法八九条を適用し、主文のとおり判決する。

（自治一〇六号五四頁）

◆10　固定式刺網漁業者が操業違反の取締りに落ち度があったことも一因であるとして国、県に対し行った損害賠償請求が棄却された事例

福島地裁相馬支部、昭和六三年(ワ)第三四号（甲事件）・第三五号（乙事件）

平五・七・二七判決、棄却

原告　岩佐富十郎

被告（甲事件）福島県ほか四名（乙事件）国ほか一四名

関係条文　漁業法七四条、海上保安庁法二条一項、一五条、国家賠償法一条

【要　旨】

固定式刺網漁業を営む者が、仕掛けた刺網を底曳網漁船に破られ、漁獲がなくなる損害を繰り返し被ったのは、県及び国の操業違反の取締りに落ち度があったこともその一因であるとして、県及び国に対し、損害賠償を求めた事案につき、底曳網漁船による漁網破損の事実についての立証はなく、また、県の漁業監督吏員及び国の海上保安部所属の海上保安官らが違法操業を黙認放置していた事実を認めるに足りる証拠もないので原告の請求については理由がない。

（註）判例は、「二八六頁51」参照

◆11　漁業協同組合総会決議取消請求却下決定等の取消請求及び損害賠償請求が棄却された事例

熊本地裁、平成四年(行ウ)第四号
平五・一二・六判決、棄却
原告　矢野泉
被告　国、農林水産大臣、熊本県
関係条文　水協法一二五条一項、国家賠償法一条一項・二条一項

【要　旨】

水協法一二五条一項が総会の招集手続、議決の方法又は選挙が法令、法令に基づいてする行政庁の処分又は定款若しくは規約に違反することを理由とする場合に総会決議の取消しを請求できると規定している趣旨は、その瑕疵が内容にわたらない形式的違法の場合には、日常的に組合の監督に当たりその実際上の運営その他諸般の情勢に精通している監督行政庁に取消権を認めて早期に合目的的にこれを確定させる方が瑕疵ある組合の管理運営を迅速に治癒できるとする意図によるものであり、同条に基づく取消請求は、総会の招集手続、議決の方法又は選挙が法令等に違反する場合にのみ認められ、それ以外の決議内容の瑕疵等を理由とする場合には許されないとした上、原告主張の決議の瑕疵はすべてその内容について法令、定款及び公序良俗違反をいうものであるから、取消事由に該当しない。また、審理の経緯に照らして農林水産大臣が原告の審査請求を違法に放置していたものとは認められない。

（註）判例は、「四四四頁20」参照

◆12　沖合底びき網漁業及び小型底びき網漁業の不許可処分に対する損害賠償の訴えが棄却された事例

福島地裁民、平成五年(ワ)第四三号
平六・一・三一判決、棄却
原告　岩佐富十郎
被告　国、福島県知事
関係条文　漁業法五二条一項・六六条一項、国家賠償法一条一項・二条一項

【要　旨】
沖合底びき網漁業及び小型底びき網漁業の各許可申請に対し、農林水産大臣及び福島県知事が意を通じ、経済的制裁を加える目的で原告を差別して扱い、いずれも許可を与えなかったとする損害賠償の訴えに対し、原告を差別して取り扱ったものであることを認めるに足りる証拠はない。

（註）判例は、「二〇一頁36」参照

◆13　知事による定置漁業の不免許処分が違法とされ、慰謝料請求が認容された事例

札幌地裁民、昭和六二年(行ウ)第一一号
平六・八・二九判決、一部認容・確定
原告　渡邊清壽　外一名
被告　北海道
関係条文　漁業法一〇条・一六条、国家賠償法一条一項・三条一項、民法七一〇条

【要　旨】
漁業法一六条の優先順位を誤った判断のもとで行った不免許処分は違法であって、被告は、国家賠償法一条一項、三条一項に基づき、原告らが本件不免許処分によって被った損害を賠償すべき責任がある。

（註）判例は、「一五〇頁26」参照

◆14　無許可漁業者の漁業は法的保護に値しないとして、その湖水汚濁等を理由とする損害賠償請求が認められなかった事例

大津地裁民、昭和四五年(ワ)第一〇七号
昭五四・八・一三判決、棄却（確定）
原告　虎姫漁業協同組合
被告　長浜市
関係条文　国家賠償法一条、民法七〇九条、漁業法六五条、水産資源保護法四条、滋賀県漁業調整規則六条・一〇条・一一条・六一条

【要　旨】

滋賀県漁業調整規則により、犯罪を犯した者として六月以下の懲役もしくは一万円以下の罰金に処せられ、またはこれを併科されることとなるのみならず、右は犯罪にかかる漁獲物、その製品、漁船及び漁具で犯人が所有するものは、没収することができるものとされているとともに右犯行時犯人所有の右物件で右による没収できないものは、その価額を追徴することができるものとされているのであるから、追さで網漁業の無許可経営をする者が右漁業の経営について有する経営主体としての利益は、法的保護に価するものとみることはできず、したがつて右利益が侵害されたからといつて、そのことだけでただちに右侵害行為が違法のものということはできない。

（註）判例は、「二五二頁42」参照

第三章　公有水面埋立法

第一節　埋立の免許又は承認

第二条　埋立ヲ為サントスル者ハ都道府県知事ノ免許ヲ受クヘシ

（二・三項略）

（註）判例は、「三一頁7」参照

◆15　公有水面埋立免許処分等取消請求が棄却された事例

最高裁三小民、昭和五七年(行ツ)第一四九号
昭六〇・一二・一七判決、棄却
上告人（原告）　佐々木弘外一名
被上告人（被告）　北海道知事
参加人　北海道電力株式会社
一審　札幌地裁　二審　札幌高裁
関係条文　公有水面埋立法（昭和四八年法律第八四号による改正前のもの）二条、四条、二二条、漁業法八条三項、五項、行訴法九条

【要　旨】
公有水面埋立法（昭和四八年法律第八四号による改正前のもの）二条の埋立免許及び同法二二条の竣功認可の取消訴訟につき、当該公有水面の周辺の水面において漁業を営む権利を有するにすぎない者は原告適格を有しない。

第二節　権利者の同意

第四条　都道府県知事ハ埋立ノ免許ノ出願左ノ各号ニ適合スト認ムル場合ヲ除クノ外埋立ノ免許ヲ為スコトヲ得ス

（中略）

③　都道府県知事ハ埋立ニ関スル工事ノ施行区域内ニ於ケル公有水面ニ関シ権利ヲ有スル者アルトキハ第一項ノ規定ニ依ルノ外左ノ一ニ該当スル場合ニ非ザレバ埋立ノ免許ヲ為スコトヲ得ス

一　其ノ公有水面ニ関シ権利ヲ有スル者埋立ニ同意シタルトキ

二　其ノ埋立ニ因リテ生スル利益ノ程度カ損害ノ程度ヲ著シク超過スルトキ

三　其ノ埋立カ法令ニ依リ土地ヲ収用又ハ使用スルコトヲ得ル事業ノ為必要ナルトキ

〈昭和四八年法律第八四号による改正前のもの〉

第四条　地方長官ハ埋立ニ関スル工事ノ施行区域内ニ於ケル公有水面ニ関シ権利ヲ有スル者アルトキハ左ノ一ニ該当スル場合ヲ除クノ外埋立ノ免許ヲ為スコトヲ得ス

一　其ノ公有水面ニ関シ権利ヲ有スル者埋立ニ同意シタルトキ

二　其ノ埋立ニ因リテ生スル利益ノ程度カ損害ノ程度ヲ著シク超過スルトキ

三　其ノ埋立カ法令ニ依リ土地ヲ収容又ハ使用スルコトヲ得ル事業ノ為必要ナルトキ

◆16　漁業協同組合が改正前の公有水面埋立法第四条第一号に定める同意をするに当たつては、水協法第五〇条による総会の特別決議があれば足り、そのほかに漁業法第八条所定の手続を経ることは必要でない

最高裁三小民、昭和五七年(行ツ)第一四九号

昭六〇・一二・一七判決、棄却

上告人（原告）　佐々木弘外一名

被上告人（被告）　北海道知事

参加人　北海道電力株式会社

一審　札幌地裁　二審　札幌高裁

関係条文　公有水面埋立法（昭和四八年法律第八四条による改正前のもの）二条、四条、二二条、漁業法八条三項、五項、行訴法九条

【要　旨】

漁業協同組合の有する特定区画漁業権又は第一種共同漁業を内容とする共同漁業権について漁業権行使規則を定め、又は変更も

しくは廃止しようとするときは、水産業協同組合法の規定による総会の議決前に、その組合員のうち、当該漁業権に係る漁業の免許の際においては当該漁業権の内容たる漁業を営む者であって地元地区又は関係地区の区域内に住所を有する者の三分の二以上の書面による同意を得なければならない旨規定する漁業法八条三項及び五項は、漁業権の変更の場合に適用又は類推適用すべきものではない。

（註）判例は、「三一頁7」参照

◆17　公有水面埋立法第四条第一項に基づく同意と漁業権の消滅との関係

福岡高裁民、昭和六二年(行コ)第三号
昭六二・六・一二判決棄却
控訴人（原告）　若松與吉外九名
被控訴人（被告）　波見港港湾管理者の長鹿児島県知事
一審　鹿児島地裁
関係条文　行訴法九条、公有水面埋立法二条、四条、五条、六条、七条、漁業法八条一項、一四条八号、二二条、水協法四八条、五〇条

【要旨】

一　漁業協同組合は、総会において、本件公有水面に関し共同漁業権の一部放棄の特別決議を行ったものであるから、これにより右共同漁業権及びこれから派生する権利である漁業を営む権利も本件公有水面につき消滅することとなる。

二　漁業協同組合は、公有水面埋立完成による漁業権の事実上の消滅に同意したに過ぎず、埋立完成までは漁業権は消滅しないのであるから、それ以前の段階で漁業権変更につき、都道府県知事の免許を受くべき必要性を見出すことはできず、したがって控訴人らからは、変更免許の有無にかかわらず、本件埋立免許処分の取消を求めるにつき法律上の利益がない。

（註）判例は、「三七頁9」参照

◆18　漁業補償金返還等請求訴訟が棄却された事例

和歌山地裁民、昭和五七年(行ウ)第四号
昭五九・一〇・三一判決、棄却（確定）
原告　串上良知ほか七名
被告　田辺市長、田辺漁業協同組合
関係条文　公有水面埋立法第四条一項、三項、六条一項、地方自治法九六条一項一一号、二四二

【要　旨】

市と漁業協同組合との間で締結された漁業補償契約がその締結経緯からして地方自治法九六条一項一一号の「和解」に該当するとし、事後的ながら市議会の議決を経ており有効な契約であり、これに基づく公金の支出は適法である。

○理　由

三　前記認定事実のもとにおいては、田辺市においては、企画室が本件埋立工事に関する職務を分掌しており、本件埋立工事について被告漁協の同意を得る必要上、これに基づいて同室長であつた西尾企画室長らが被告漁協と交渉の結果、右同意と見返りに漁業補償に関して一応の合意に達したので、西尾企画室長において、覚書を作成したものであり、当時、本件埋立については未だ免許申請前であり、漁業補償にあてる埋立地の位置、範囲等については未確定の段階で、しかも市有財産の処分に関する市議会の議決を得られようもなく、野見市長においても本件埋立工事による埋立地を有効に処分し得る権限を有しないものであるから、前記覚書は、将来締結されるであろう漁業補償契約の内容を有利に推進すべく交渉中、その担当者との間で形成された合意を書き留めたものに過ぎず、これをもつて田辺市と被告漁協との間に漁業補償契約が成立したとの証拠には供することができないものであるが、本件埋立工事完了後、被告水野としては、田辺市長として被告漁協に対し本件埋立により受ける漁業被害の補償をなすべき義務を負うところ、右覚書の効力について田辺市と被告漁協との間で意見が対立し、本件補償に関し補償額、その塡補の方法等をめぐつて法的争いがあつたためその紛争を止めるべく、前記認定の経緯で、右覚書の内容をも考慮して、被告漁協との間で、同市が補償金として一億円を支払う旨の和解契約を締結したものであるといわねばならない。

ところで、右和解契約は、地方自治法九六条一項一一号にいう「和解」に該当し、市議会の議決を得なければならないが、事後的ではあるが、その議決が得られており、現段階においては、右議決を経ない本件公金支出の瑕疵は治癒され、本件公金支出は適法となり、原告ら主張のように違法であるものとは言い得ない。

なお、前記認定のとおり、被告漁協は本件埋立地付近でえび、シラス等の漁を操業しており、本件埋立によつてその被害を蒙り、その被害の代替としての土地の代わりに、一平方メートル五万四〇〇〇円位の金銭に換算した金額をもとに交渉した結果一億円にまとまつたものであつて、右の金額が根拠に欠けるというものではないし、本件埋立に対する被告漁協の同意を得て埋立事業を円滑に執行するため必要な補償額であつた（しかも最終的には前記覚書の補償内容をかなり圧縮した）ことをあわせ考えると、本件公金支出が違法であるとも言い難い。

（自治九号七三頁）

◆19　公有水面埋立漁業損失補償金支出違法訴訟が棄却された事例

高松地裁民、昭和五二年(行ウ)第四号
昭六〇・一〇・一三判決、棄却
原告　新開武ほか一名
被告　番正辰雄（坂出市長）ほか一七名
関係条文　公有水面埋立法二条・四条・六条、地方自治法二四二条の二第一項四号

【要　旨】

市の港湾整備事業の一還である公有海面埋立て等を内容とする土地造成事業に伴う漁業損失に関する補償として、市長が漁業協同組合に支払を約した補償金につき、裁量権の範囲を逸脱し、あるいは架空かつ過大なものであるとは認められない。

○概　要

坂出市は、坂出港港湾整備事業の一還として公有海面の埋立て等を内容とする林田・阿河地区土地造成事業を計画していたところ、被告Y^1は、同市長として、本件同被告である二六の各漁業協同組合との間で、右事業に伴う漁業損失に係る補償として補償金（合計四八億三二五〇万円）を支払う旨の契約をそれぞれ締結した上、同市収入役の被告Y^2に対し、右補償金の支出を命じ、同被告は、これを当該各組合に支払った。

原告らは、同市住民であるが、右契約は損失補償ないし損失補償として全く根拠のない組合会議費及び利子相当金の支払をも約し、あるいは補償の対象である漁業の実態に基づかずに算出された架空かつ過大な補償金の支払を約したものであって、Y^1が市に対して負担する誠実義務に違反する等と主張して、Y^1及びY^2に対し、原告らの主張する正当な補償額（二六二〇万円）との差額相当額の損害補償を求めるとともに、右組合に対しても、共同不法行為による損害補償（予備的に不当利得返還）を求める本件住民訴訟を提議した。

本判決は、右会議費及び利子相当金につき、市が当然に負担しなければならない性質のものではないが、市が負担するとしても特に不合理であるとはいえず、その他右金員を市が負担するに至った経緯、特にその目的が本件事業の円滑な執行を図ることにあったものと解されること、支給決定された金額等を考慮すると、Y^1が右金員の支払を約したことは地方公共団体の長として有する裁量権の範囲を逸脱したとまでは認められないので、原告らの主張を排斥し、また、右契約における漁業損失に対する補償額についても、証拠上、これが架空、過大なものであると認めることはできないので、原告らの請求を棄却する。

（自治三八号八〇頁）

◆20 県知事が火力発電所建設用地造成のため電力会社に与えた公有水面埋立免許処分につき、周辺海域に漁業権を有する漁業協同組合の組合員及び付近住民は右処分の取消しを求める原告適格を有しないとし却下された事例

熊本地裁民、昭和五九年(行ウ)第六号
昭六三・七・七判決、却下（確定）
原告　高戸勇ほか七五名
被告　熊本県知事
関係条文　公有水面埋立法四条一項一号・二号、行訴法九条

【要　旨】
公有水面埋立法上の各規定は、一般的、公共的の見地から環境保全について配慮すべきことを定めたに止まり、原告らの主張する権利利益を保護するために行政権の行使に制約を加えたものではなく、したがつて、原告らは、公有水面埋立法によつて保護された権利利益を有せず、本件埋立処分によつて右権利利益を必然的に侵害される立場にもないから、本件埋立免許処分の取消しを求める法律上の利益を有しない。そうすると、原告らは、本件取消訴訟において、行訴法九条をいうところの原告適格を欠くものである。

○理　由

一　本件公有水面埋立免許処分がなされたことは当事者間に争いがない。

二　そこでまず、原告らが本件公有水面埋立免許処分の取消を求めるにつき原告適格を有するか否かについて検討する。

1　行訴法九条は、処分の取消の訴えは、行政処分の取消を求めるにつき法律上の利益を有する者に限り、提起することができると規定しているが、右「法律上の利益を有する者」とは、当該処分により自己の権利もしくは法律上保護された利益を侵害されまたは必然的に侵害されるおそれのある者をいい、右にいう法律上保護された利益とは、当該処分の根拠となつた行政法規が私人等権利主体の個人的利益を保護することを目的として行政権の行使に制約を課していることにより保障されている利益であつて、それは、当該行政法規が他の目的、特に公益の実現を目的として行政権の行使に制約を課している結果たまたま一定の者が受けることとなる反射的利益とは区別されるべきものである（最高裁判所昭和五三年三月一四日第三小法廷判決、民集三二巻二号二一一頁参照）。そして、右にいう行政法規による行政権行使の制約とは、明文の規定により制約に限られるものではなく、直接明文の規定はなくとも、法律の合理的解釈により当然に導かれる制約を含むものである（最高裁判所昭和六〇年一二月一七日第三小法廷判決、判例時報一一七九号五六

頁参照）。

2　これを本件について見るに、原告らは、本件埋立予定地周辺の海域において操業する漁民、周辺地域に居住する農業従事者、じん肺患者、その他の住民であり、本件埋立が実施され、さらにその埋立地上に計画されている苓北火電が建設され稼働することによつて、その生命、健康に危険が生じ、農業及び漁業活動が阻害され、良好な自然環境を奪われる立場にあるとして、本件埋立免許処分の取消を求めている。そこで、本件埋立免許処分の根拠法規である公水法が、原告らの個人的利益を保護することを目的として行政権の行使に制約を加えているか否かについて検討する。

㈠　公水法は「公有水面に関し権利を有する者」として、「法令により公有水面占用の許可を受けた者」、「漁業権者または入漁権者」、「法令により公有水面により引水を為し、または公有水面に排水を為す許可を受けた者」、「慣習により公有水面より引水を為しまたは公有水面に排水を為す者」を挙げ（公水法五条）、公有水面の埋立については右権利者の同意を得ることとし（同法四条三項一号）、かつ、埋立の免許を受けた者は、右権利者に対して、損害の補償または損害防止の施設をなすべき旨定めており（同法六条一項）、同法が右に列挙の権利者らの個人的利益を保護することを目的として行政権の行使に制約を加えていることは明らかである。そして、同法に基づく公有水面の埋立免許は、一定の範囲の公有水面の埋立てを排他的に行つて土地を造成すべき権利を付与する処分であるから、当該公有水面に関し権利利益を有する者は、右埋立免許処分によつて当該権利利益を必然的に侵害されるおそれのある者であり、したがつて、その処分の取消を求め得るものといえる。

しかるに、原告らのうち、別紙原告目録54、62、72の原告ら三名は、本件埋立予定地周辺の海域に共同漁業権を有する訴外苓北町漁業協同組合の組合員であり、現に本件埋立予定地周辺の海域において漁業を営み生計を立てている者、同目録2、3、6、7、9、10、20、22ないし34、36ないし41、43、52、53、55ないし61、63ないし65、73、74、76の原告ら四二名は、本件埋立予定地のある苓北町ならびにこれに隣接する五和町において農業を営み生計をたてている者、同目録1、5、19、21、48ないし51、66、75の原告ら一〇名は、じん肺法に基づき、熊本県労働基準局長から要治療と認定されたじん肺患者、右以外の原告ら二一名は、苓北町及びこれに隣接する天草町、五和町、本渡市に居住する自治体議員、公務員、教師、医師、小売商及び主婦等であることは原告ら自ら陳述するところであり、右原告らの主張自体によつても、原告らが、右「公有水面に関し同法所定の権利を有する者」とは到底考えられず、本件埋立免許処分により直接に法律上の影響を受ける立場にないことは明らかである。他方、同法上、原告らの主張する利益を保護することを目的として行政権の行使に制約を課している明文の規定はなく、また、同法の解釈からそのような制約を導くことも困難である。

(二) この点につき原告らは、公水法四条が、埋立免許の基準として「その埋立が環境保全及び災害防止に十分配慮せられたるものとなること」(同条一項二号)、「埋立地の用途が土地利用または環境保全に関する国または地方公共団体(港湾局を含む)の法律に基づく計画に違背せざること」(同条一項三号)を挙げていること、さらに、埋立免許の出願に際しては「埋立地の用途」を記載した願書を提出すべきこと(同法二条二項三号)、主務大臣の認可に際し、環境保全上の観点からする環境庁長官の意見を求めるべきこと(同法四七条二項)等の法条及びこれらに関する施行令の規定を根拠に、本件埋立及び埋立地に設置されるべき苓北火電の建設・稼働によつて被害を受くべき原告ら主張の利益も同法によつて保護された利益である旨主張している。

しかし、埋立免許の基準として挙げられた環境保全に関する右諸条項は、なるほど、国民共通の課題・理念である環境の浄化、維持を推し進める一環として規定されたものではあるが、一方、そこで保全されるべき対象ないし範囲については、同法第五条に比して極めて抽象的かつ一般的な形でしか定められておらず、したがつて、これによれば、立法の沿革を含む合理的解釈によるも、当該諸条項は、右の課題・理念の達成という一般的な公益の保護を目的として行政権の行使に指針を与えているにすぎないと解されるのであり、反面原告らの主張する利益を個別的、具体的に保護した規定とまで解するのは困難である。しかも、埋立地の用途に従つて設置される苓北火電の稼働については、これによる環境保全の問題は電気事業法、公害規制諸法で、同じく災害防止の問題は消防法、建築基準法等でそれぞれ審査・規制されることとなつており、また仮に、同火電の稼働によつて、現実に原告らに被害が発生し、あるいは発生するおそれがある場合には、民事訴訟においてその稼働の差止を求めることも手続上は可能であつて、これからみると、同火電の稼働に伴う被害発生の可能性については、法解釈上公水法の規制する範囲外の問題であるといえる。

してみると、原告らが右に主張する公水法上の各規定は、一般的、公益的な見地から環境保全について配慮すべきことを定めたに止まり、原告らの主張する権利利益を保護するために行政権の行使に制約を加えたものではなく、前記各規定によつて原告らの利益が保護されるとしても、それは反射的利益にすぎないと解するのが相当である。

3 したがつて、原告らは、公水法によつて保護された権利利益を有せず、本件埋立処分によって右権利利益を必然的に侵害される立場にもないから、本件埋立免許処分の取消を求める法律上の利益を有しない。そうすると、原告らは、本件取消訴訟において、行訴法九条にいうところの原告適格を欠くものといわざるを得ない。

三　よって、原告らの請求は、その余の点につき判断するまでもなく、いずれも不適法であるから却下し、訴訟費用の負担につき行訴法七条、民訴法八九条、九三条、九四条を適用して主文のとおり判決する。（自治五二号四二頁）

◆21　**共同漁業権を放棄した漁業協同組合の組合員は、同処分の無効確認又は取消しを求める法律上の利益がなく、原告適格を欠くとされた事例**

和歌山地裁民、平成元年(行ウ)第二号
平五・三・三一判決、却下（確定）
原告　梅本廣史
被告　和歌山県知事
関係条文　漁業法八条・一四条八項、水協法五〇条四号、公有水面埋立法四条三項・五条、行訴法九条・三六条

【要　旨】

一　共同漁業権は漁業協同組合等に帰属し、各組合員に総有的に帰属すると解することはできず、各組合員は、当該漁業協同組合の有する共同漁業権の範囲内で、協同組合の制定した漁業権行使規則に従って漁業権を行使する地位を有するにすぎないから、漁業権者である漁業協同組合について埋立免許処分の無効確認又は取消を求める法律上の利益が消滅すれば、組合員についても右の利益は消滅する。

二　共同漁業権を有する漁業協同組合の組合員の当該公有水面に係る埋立免許処分の無効確認又は取消しを求める訴えは、主位的請求及び予備的請求のいずれも原告適格を欠く不適法な訴えである。

〇理　由

一　原告らの原告適格について

1　原告らが、その所属する箕島町漁業協同組合の組合員としてその漁業協同組合が有する第一種ないし第三種の共同漁業権を行使してきたものであること、原告らが所属する箕島町漁業協同組合においてはその総会の特別決議をもって、本件公有水面の埋立についての公有水面埋立法上の同意をなしたことは当事者間に争いはない。

2　共同漁業権の帰属

現行漁業法上、漁業権とは、定置漁業権、区画漁業権、共同漁業権のことをいい（同法六条一項）、このうち、本件で問題となっている共同漁業権とは共同漁業を営む権利をいい（同法六条二項）、共同漁業とは一定の水面を共同に利用して営むものをいい、これには、第一種から第五種まである（同法六条五項）。

そして、漁業権の設定は、都道府県知事の免許によってなされ（同法一〇条以下）、共同漁業権の場合に、免許を受けられる資格を有するものは漁業協同組合もしくは漁業協同組合を会員とする漁業協同組合連合会に限られる（同法一四条八項）。

それ故に、同法八条は、組合員はその所属する漁業協同組合の共同漁業権の範囲内で漁業を営む権利を有すると定める。

したがって、現行法上、共同漁業権は漁業協同組合に帰属していると解される。

3　共同漁業権の帰属形態

次いで、その漁業協同組合に帰属する漁業権の帰属形態が問題となる。

この点について、原告は、沿革上も現行法上も共同漁業権は入会的な権利としてとらえるべきであるから、共同漁業権はそれを有する漁業協同組合の各組合員に総有的に帰属し、共同漁業権の放棄には全組合員の同意が必要と主張する。

現行漁業法の定める共同漁業権は、沿革的には入会的権利と解されていた地先専用漁業権ないし慣行専用漁業権にその淵源を有するものである。

しかしながら、共同漁業権は前述のように知事の免許によって設定されるもので、都道府県知事は海区漁業調整委員会の意見をきき水面の総合的利用、漁業生産力の維持発展を図る見地から予め漁場計画を定めて公示し、免許を希望する者のうちから適格性のある者に定められた優先順位に従って免許を与える（同法一三条ないし一九条）のであり、その期間も一〇年と法定され、期間の更新は認められず、期間満了によって漁業権は消滅するとされていること（同法二一条）、個人が有資格者となる可能性もある定置漁業権又は区画漁業権については漁業権が物権とされ、民法の適用が必ずしも排除されてないのに、法人たる漁業協同組合のみが有資格者である共同漁業権については物権とはされるものの民法の担保物権の規定の適用が排除されていること（同法二三条二項）、漁業権については、その譲渡性が制限され（同法二六条一項）、貸付の目的となることも禁止されていること（同法三〇条）、共同漁業権は漁業協同組合又は漁業協同組合連合会に限定して免許を与えるものとする（同法一三条）一方、漁業協同組合の組合員（漁業者又は漁業従事者である者に限る。）であって、当該漁業協同組合等がその有する共同漁業権ごとに制定する漁業権行使規制で規定する資格に該当する者は、その共同漁業権の範囲内で漁業を営む権利を有するものとし（同法八条一項）、組合員ではあっても漁業権行使規則に定める資格要件を充たさないものは漁業の「行使権」を有しないことを明らかにしていること、漁業協同組合に法人格を付与する水産業協同組合法によれば、組合員たる資格要件（同法一八条）を備える者の加入を制限することはできず（同法二五条）、脱退も自由とされ、又一定の組合は、組合員の三分の二以上の書面による同意があるときは自ら漁業を営むことができるものとされていること（同法一七条）、漁業権又はこれに関する物権の設定、得喪、変更は漁業協同組合の総会の特別決議に委ねられており、全員一致が必要とはされていないこと（同法四八条、五〇条）、などの現行法上の関連規定を総合的に解釈するならば、現行漁業法制定前の経緯はどうであれ、現行法上の共同漁業権は、古来の入会漁業権とは全く性質を異にするものであり、法人たる漁業協同組合が管理権を組合員を構成員とする入会集団が収益権能を分有する関係にあると解することはできず、水産業協同組合法五条によって法人格を付与された法人たる漁業協同組合に帰属し、各組合員はその所属する漁業協同組合が制定した漁業権行使規則に従って、漁業権を行使できるという地位（一種の社員権的な権利）を有するに過ぎず、共同漁業権そのものを有するとまではいえないと解するのが相当である（最高裁判所平成元年七月一三日判決民集四三巻七号六六頁参照）。このことは、漁業法八条から昭和三七年の改正（昭和三七年法律一五六号）で「各自」という文言が削除された点からも明白である。

なお、漁業法に共同漁業権の放棄の規定がないのは、漁業権の放棄を認めない趣旨ではなく、共同漁業権が法人たる漁業協同組合に帰属する以上、その点に付いての定めは法人格を付与する水産業協同組合法に委ねた趣旨と解するのが相当であって、同法は、前述のように漁業権の得喪について、法人たる漁業協同組合の総会の特別決議に委ねており、漁業権の放棄について全員一致を要するとはされていない。

したがって、現行法上、共同漁業権は漁業協同組合等に帰属し、各組合員に総有的に帰属すると解することはできず、各組合員は、当該漁業協同組合の有する共同漁業権の範囲内で、同組合の制定した漁業権行使規則に従って漁業権を行使する地位を有するにすぎないと解される。

4　原告らの所属する箕島町漁協において、本件公有水面㈠、㈡について共同漁業権の放棄が水産業協同組合法五〇条に基づく特別決議によりなされたことは当事者間に争いがなく、〔証拠略〕によれば、箕島町漁協は右決議に基づいて昭和六二年一〇月三一日付で本件公有水面㈠、㈡の埋立に同意したことが認められる。

ところで、公有水面埋立法四条三項一号、五条二号が、漁業権者の同意を埋立免許の要件としたのは、右免許が付与されて埋立工事が行われると、当該水面における漁業権の目的である漁業の遂行が事実上阻害され、また、埋立により水面が陸地になると、権利の性質上漁業権が消滅することから、漁業権者の同意を要件とすることにより、漁業権者に自己の利益を擁護する機会を与え、漁業権者らの権利を保護し、権利侵害を救済するためであると解される。漁業権者は、公有水面の埋立に同意するについて、当該公有水面についての漁業権を放棄する必要はないが、埋立免許出願者との関係で予め右同意によつて法が間接的に保障しようとした漁業権者の社会的経済的利益（埋立によつて生じるべき損害賠償請求権等）を放棄することも可能というべきであり、これが放棄されたときには、漁業権者が埋立免許処分の無効確認又は取消を求める法律上の利益は消滅すると解するのが相当である。漁業協同組合の組合員は、漁業協同組合という団体の構成員としての地位に基づき、組合の制定する漁業権行使規則の定めるところに従つて漁業を営む権利を有するに過ぎないから、漁業権者である漁業協同組合について埋立免許処分の無効確認又は取消を求める法律上の利益が消滅すれば、組合員についても右の利益は消滅するといわなければならない。

本件では、原告らの属する箕島町漁協は、本件公有水面㈠、㈡について共同漁業権を放棄する旨の特別決議をしているところ、右共同漁業権放棄の決議は、本件埋立免許について本件埋立免許出願者である和歌山県及び有田市土地開発公社との関係で法が保障しようとした漁業権者としての社会的経済的利益を予め放棄したものとみることができるから、箕島町漁協の本件埋立免許処分の無効確認又は取消を求める法律上の利益は消滅したといわなければならない。したがつて、箕輪町漁協の組合員としての地位に基づいて漁業を営む権利を有するに過ぎない原告らについても本件埋立免許処分の無効確認又は取消を求める法律上の利益は消滅した。

5　なお、原告らは、本件共同漁業権の放棄について漁業法三二条が適用される旨主張するが、右規定は、漁業権を共有している場合における持分の処分に関する規定であるところ、共同漁業権は前示のとおり、譲渡性・担保性が認められていない（漁業法二三条二項、二六条）ので、持分の処分ができないとされており、本件共同漁業権の放棄は、埋立によつて生じるべき損害賠償請求権等の社会的経済的利益の事前の放棄とみるべきであるから、漁業法三二条の適用はなく、これを前提とする原告の主張も採用することはできない。

6　したがつて、原告らの本件訴えは主位的請求及び予備的請求のいずれも原告適格を欠く不適法な訴えであるといわざるを得ない。

二　よつて、本件請求は、主位的請求及び予備的請求のいずれも不適法であるので、これを却下することとし、訴訟費用の負担について行政事件訴訟法七条、民事訴訟法八九条を適用して、主文の通り判決する。（自治一一二三号八四頁）

◆22 公有水面埋立免許処分の効力停止申立が棄却された事例

福岡高裁民、平成五年(行ス)第三号
平五・六・二五決定、棄却
申立人　中村勝彦ほか六二名
被申立人　佐賀県知事
一審　佐賀地裁
関係条文　公有水面埋立法四条、行訴法二五条二項

【要　旨】
埋立地付近に居住する者及び埋立地を含む海域において養殖業を営む者らが公有水面埋立免許処分の効力停止を求めたのに対し、埋立によって申立人らの生命、身体、重要な財産に重大な影響を及ぼすおそれがあるとは認められないから申立人らは埋立地周辺住民として申立人適格を有するとはいえず、また、申立人らの営む養殖業について埋立工事による回復困難な損害を避けるため、右処分の効力を停止する緊急の必要性もないので申立てを棄却する。

○主　文

本件各抗告を棄却する。
抗告費用は抗告人らの負担とする。

○理　由

一　抗告人らの抗告の趣旨及び理由は別紙即時抗告理由書記載のとおりである。

二　当裁判所も、抗告人らの本件執行停止の申立ては、いずれも不適法又は理由がないものとして却下を免れないものと判断する。その理由は、原決定二枚目表末行の「唐津港湾管理者」を「唐津港港湾管理者」と改め、同五枚目表八行目から同九行目の末尾にかけて「これを認めるに足りる資料はない。」とあるのを、「これらの主張の限りでは一般的公益として保護すれば足りるものであって、抗告人らの個別的利益として保護するまでもない程度のものと判断される。」と、同五枚目裏九行目の「以上によれば、」から同六枚目表二行目末尾までを、「以上によれば、本件埋立てが抗告人らの生命、身体、重要な財産に重大な被害を及ぼすおそれがあるとは認められず、抗告人らが本件処分の取消訴訟の原告適格を有することを基礎づけることはできないから，本件申立てについても抗告人らは本件埋立地の周辺住民として、申立人適格を有するとはいえない。」と改めるほか原決定の理由の「第四　当裁判所の判断」に示すところと同じであるからこれを引用する。

三　抗告人らは

1　抗告の理由第一点として、本件埋立地周辺住民としての申立人適格は「生命、身体、重要な財産に重大な被害を及ぼすおそれがあるとき」に限定されるべきではない旨主張する。しかし、公有水面埋立法（以下「法」という。）四条一項二号、三項、同法五条を総合的に考慮すると、都道府県知事が埋立ての免許をするにあたり、埋立工事施行区域内の公有水面に関し権利を有する者並びに権利を有しないが、周辺住民で、環境保全及び災害防止につき十分な配慮がなされていない埋立てにより、生命、身体、重要な財産に重大な被害を受けるおそれがある者以外の者については、法四条一項二号の「埋立ガ環境保全及災害防止ニ付十分配慮セラレタルモノナルコト」についての判断によってその保護を図っているものというべく、即ち、これらの者の利益は、一般的公益として保護するにとどめているものと解されるのであるから、抗告人の右主張は採用できない。また、抗告人らは、「重要な財産に重大な被害」というとき、災害防止だけを念頭においたものであり、法四条一項二号が「災害防止」だけではなく「環境保全」についても十分な配慮を必要とした趣旨を没却するもので不当であるとも主張する。しかし、環境保全の措置が講じられていない場合にあっても、「周辺住民の生命、身体、重要な財産に重大な被害」が発生することがありうることは、災害予防についての配慮が十分なされていない場合と同様であるから、災害防止だけを念頭において環境保全に十分配慮していないとの抗告人らの右主張は失当である。

2　抗告の理由第二、三点として、本件埋立ては佐志川の氾濫の危険性を高め、抗告人坂口らが営む養殖漁業の壊滅的打撃を与えるものであるとして、当審において疎明資料を追加提出しているが、これらの資料を参酌しても、右の点についての原決定の認定判断を左右するに足りない。しかも、原決定認定のとおり、本件埋立工事は、平成五年三月までに基礎工、本体工、裏込及び裏埋工が予定どおり施行されて外周護岸が概成しており、同年五月以降は埋立土砂の搬入と平行し、外周護岸の上部工が六か月間程施行され、その後は埋立土砂の搬入と整地が予定されるだけであって、埋立土砂を搬入する際の余水排水等に伴うわずかの懸濁物質の発生が考えられるが、海生生物へ及ぼす影響はないと認められるから、本件埋立工事を続行することによって、抗告人坂口らが埋立工事により回復困難な損害を被ることはなく、また、本件埋立工事を停止する緊急の必要性がないことも更に明らかとなったものといわざるをえない。

3　抗告の理由第四点として、本件埋立工事の必要性の高低との相関関係で「回復困難な損害」の有無を認定すべきであるところ、もともと本件埋立工事は必要性がないものであり、しかも唐津港港湾計画の大前提である「西暦二〇〇〇年に九三万人」という人口予測に全く現実性がないことから、本件埋立工事の約五八パーセントをも占める住宅関連用地の確保の必要性もないと主張する。しかし、疎甲第二二号証、疎乙第一九号証によれば、本件埋立ては、唐津港港湾管理者が昭和六三年八月に改訂した唐津港港湾計画にしたがい道路整備、河川改修等の公共事業を実施する際に移転を必要とする家屋の代替用地のほか臨港道路用地、市民のレクリエーションの場としての公園、緑地用地、廃棄物処理用地等を確保する必要性から埋立てが計画されたものであることが認められ、抗告人らが主張するように必要性がないとか、人口予測に異同が生ずれば埋立ての必要性も自ずから消滅するようなものではないから、抗告人らの右主張も理由がない。

4　抗告の理由第五点として、抗告人宮崎盛夫、同宮崎義晴、同宮崎久美子らが本件埋立工事によって回復の困難な損害を受けることが明らかと主張するが、当審において提出された疎明資料によっても、同抗告人らが本件埋立工事によって回復困難な損害を受けることは認められない。

四　よって、抗告人らの本件申立てをいずれも不適法ないし理由がないものとして却下した原決定は相当であって、本件各抗告はいずれも理由がないからこれを棄却し、抗告費用は抗告人らに負担させることとして主文のとおり決定する。

一審判決の理由

○理　由

第四　当裁判所の判断

一　本件各疎明資料によれば、以下の事実が一応認められる。

1　申立人らは唐津市に居住する者である。

2　申立人坂口登、同吉田久之及び同稲葉和廣の三名（以下「申立人坂口ら」という。）は、佐賀県唐津市佐志浜町地先の別紙埋立区域目録記載の公有水面一七万九〇〇〇・五〇平方メートル（以下「本件公有水面」又は「本件埋立地」という。）を含む海域において共同漁業権（松共第五号）及び区画漁業権（松区第一二〇三号、一三〇三号）を有する唐房漁業協同組合の組合員であり、同組合の制定した漁業権行使規則の定めるところにより、右区画漁業権（松区第一三〇三号）に基づく漁業を営む権利に基づくとして、本件公有水面から約一五〇メートル離れた場所で鯛の養殖（孵化、稚魚育成）を現実に営んでいる者である。

3　申立人熊本光佑、同熊本幸代、同原田照雄、同原田真佐子、同宮崎盛夫、同宮崎久美子及び同宮崎義晴の七名（以下「申立人熊本ら」という。）は、本件埋立地付近に居住し、家庭廃水を排水している者である。

4　被申立人は、唐津港港湾管理者の長であって、港湾法五八条二項によって公有水面埋立法（以下「法」という。）による埋立の免許の権限を有する者である。

5　昭和六三年八月唐津港港湾管理者である佐賀県は唐津港港湾計画を改定した。右計画によれば、昭和七五年（平成一二年）

を目標として、

(1) 東港地区においては、観光の基盤施設として旅客船ふ頭を整備する。

(2) 新大島地区においては、新たに公共ふ頭を整備し集約化を図るとともに、小型船だまりを整備する。

(3) 佐志地区においては、廃棄物処理用地を確保する、

ことなどが計画された。

佐志地区における本件公有水面の埋立て（以下「本件埋立て」という。）は、右港湾計画にしたがって、唐津港港湾整備等で発生する浚渫土砂や産業廃棄物を用材として埋め立て、埋立地を住宅関連用地、道路用地、緑地として利用しようとするものである。

6 被申立人は、平成三年三月七日、佐賀県に対し、法二条第一項に基づき、本件公有水面の埋立てを免許する旨の処分（以下「本件処分」という。）をし、同月二二日、法一一条に基づき、佐賀県告示第一六九号をもって同処分を告示した。

7 佐賀県は、同年五月一四日から本件公有水面の外周護岸工事を開始し、予定どおり工事を進行させており、平成五年三月までに外周護岸（別紙図面記載のA、B、Cの各護岸）を概成させ、同年五月から埋立土砂を搬入させつつ、外周護岸の上部工を施行し、平成一〇年五月までに埋立工事を終了させる予定である。

8 申立人らは、平成三年、被申立人を被告として、本件処分の取消請求訴訟（平成三年行ウ第五号）を提起した。

二 申立人適格について

1 行政事件訴訟法二五条二項所定の執行停止申立事件について申立人適格を有するのは、処分の取消しを求める本案訴訟において原告適格（同法九条）を有する者、即ち、執行停止を求める当該処分により自己の権利若しくは法律上保護された利益を侵害され又は必然的に侵害されるおそれのある者であり、当該処分を定めた行政法規が、不特定多数者の具体的利益を専ら一般的公益の中に吸収解消させるにとどめず、それが帰属する個々人の個別的利益としてもこれを保護すべきものとする趣旨を含むものと解される場合には、かかる利益も右にいう法律上保護された利益に当たり、当該処分によりこれを侵害され又は必然的に侵害されるおそれのある者は、当該処分の取消訴訟における原告適格を有するものというべきである。そして、当該行政法規が、不特定多数者の具体的利益をそれが帰属する個々人の個別的利益としても保護すべきものとする趣旨を含むか否かは、当該行政法規の趣旨・目的、当該行政法規が当該処分を通して保護しようとしている利益の内容・性質等を考慮して判断すべきである（最高裁平成四年九月二二日第三小法廷判決・判例時報一四三七号二九頁参照）。

2 そこで、右のような見地に立って、法二条に基づく埋立免許

処分につき、周辺住民にその取消しを求める原告適格があるか否かを検討するに、法四条には、埋立免許の基準の一つとして「埋立ガ環境保全及災害防止ニ付十分配慮セラレタルモノナルコト」（同条一項二号）が定められているところ、右条項は、環境保全及び災害防止につき十分な配慮がなされていない埋立てにより周辺住宅の生命、身体、重要な財産に重大な被害を及ぼすおそれがあるときには、これらの利益を、単に一般的公益として保護しようというにとどまらず、個々人の個別的利益としても保護すべきものとする趣旨を含むものと解するのが相当である。

3　申立人らは、①本件埋立予定地の佐志浜の付近で長年にわたって生活し、佐志浜及びその付近の海面で海水浴をしたり、散歩したり、魚介類を採取したりしてこれを利用し、かつ、佐志浜の景観美を享有してきたが、本件埋立工事によって、これらの利用や利益を受けることが妨害される、②産業廃棄物を用いて埋め立てる計画であるが、これが流出したり、埋立地が住宅地としても利用されることにより生活雑排水が増加して環境が破壊される、③埋立工事による海水の汚濁や騒音、振動、大気汚染、更には陸上海上の交通渋滞も予測され地域住民である申立人らの生活環境が悪化する、④本件埋立計画では佐志川の河口の形状が、海から陸に向かってかたかなの「ハ」の字型に完成するようになっているが、これでは海水が河口周辺部で氾濫する危険が高く、氾濫による家屋、家財道具の損壊や生命の危険を招く恐れがある、と主張する。

しかしながら、右①ないし③については、それが申立人らの生命、身体、重要な財産に具体的にいかなる被害を及ぼすものか明らかではなく、これを認めるに足りる資料もない。

次に、右④の点について検討するに、一般的には、河口部における埋立ての場合、直接侵入波と反射波が合成されるとき、河道内の波高が増大することがあるが、本件埋立計画にあっては、埋立護岸によって波が侵入しにくくなるため、新日本気象海洋株式会社等の波浪推算によると、佐志川の河口付近では、埋立てによって河道内に侵入していく波高は、現況より若干小さくなると予測されているのであって（疎乙二五）、これと反対趣旨の、逆八の字型の護岸のため台風接近時に河口へ押し寄せる波が増大することを前提として河口周辺部が氾濫し易くなるとする唐津市議会議員増本享作成の調査報告書（疎甲五八）は採用しがたい。そして、他に本件埋立てが佐志川の氾濫の危険性を高めることを認めるに足りる資料はない。

4　以上によれば、申立人らが、本件埋立地の周辺住民として、本件処分の取消訴訟の原告適格を有することを基礎づける、本件埋立てが申立人らの生命、身体、重要な財産に重大な被害を及ぼすおそれがあることを認めるに足りる資料がないから、申立人らは、本件埋立地の周辺住民として、本件申立ての申立人適格を有するとはいえない。

三　回復困難な損害について

1　申立人坂口らは、本件埋立工事によって海面に汚濁やコンクリート灰汁が発生し、それが右申立人らが漁業を営む別紙図面記載の養殖場まで拡散し、また、埋立工事に伴う振動や騒音の発生及び汚濁防止膜の設置による潮流の遮断により養殖魚の成育阻害をきたし、更に、埋立地の形成により潮流の変化が生じ、埋立てに用いられた産業廃棄物が海面へ流出することなどにより、漁獲の減少等の被害が現に発生し、今後も発生する恐れがあるから、右申立人らはこれにより生計の資を失い回復の困難な損害を受けることになる旨主張する。

申立人坂口ら作成の申入書（疎乙二八）及び申立人吉田久之作成の陳述書（疎甲六三）には、申立人坂口らは、昭和六一年から、唐房漁業協同組合の区画漁業権松区第一三〇三号に基づいて鯛の養殖（孵化、稚魚育成）を開始し、年々生産尾数、販売金額とも増え、平成二年には、稚魚生産尾数三五万尾、販売尾数二二万尾、販売金額一一八三万円であったところ、本件埋立工事が始まった平成三年には、生産尾数一二万尾、販売尾数一〇万五〇〇〇尾、販売金額五八七万五〇〇〇円に減少したが、生産尾数の減少は、平成三年五月に始まった護岸工事の海底掘削、投石、砂の投入工事による振動や騒音が激しく、これが稚魚にストレスを与えたことと、養殖場から四五メートル離れたところに設置されたオイルフェンスが干潮時には海底に届いて潮流の流れを遮り海水が澱んだため、稚魚の発育遅れや病気の多発が生じ、稚魚の歩留りが悪くなったことが原因である旨の記載がある。

しかしながら、佐賀県唐津港管理事務所及び新日本気象海洋株式会社作成の報告書（疎乙二四）によれば、平成三年五月から同年九月までの本件埋立工事による水質汚濁、水中騒音及び潮流が申立人坂口らの営む養殖業に与えた影響は軽微であるとされており、右護岸工事の影響で右申立人らが営む養殖業の業績が悪化したことを疎明するに足る資料はない。

ところで、本件埋立工事については、平成四年七月において外周護岸の約七割が既成しており、平成五年三月までには、基礎工（地盤改良、床堀、基礎捨石投入）、本体工（方塊及び直立消波ブロックの据え付け）、裏込及び裏埋工（裏込石の投入等）が完了して外周護岸が概成する予定であり、平成五年五月ころから、埋立土砂の搬入と併行し、外周護岸の上部工（A護岸においては、コンクリートミキサー船で本体工の上部にコンクリートを打設する。B護岸においては、コンクリートミキサー船で本体工の上部にコンクリートを打設するのと並行して本体工前面に基礎の洗掘を防ぐため被覆石設置工事を施行する。）が六か月間程施行され、平成一〇年五月までには埋立土砂の搬入、整地を終えて埋立工事が終了する予定であることが認められるのであって（疎甲二六、乙二六、二七）、今後行われる予定の上部工によっては、その工事内容に鑑みると、これまでのような振動、水中騒音が発生するとは認められず、また、外周護岸の概成後、埋立土砂を搬入する際に余水排水等に伴う懸濁物質の発生が考えられるが、海生生物へ及ぼす影響はないとされている（疎甲二三）。

次に、潮流について検討するに、前記のとおり平成五年三月には外周護岸が概成し、護岸が海面上に達していることが認められるので、今後埋立工事を続行したとしても、潮流が変化することは考えられない。

以上によれば、仮にこれまでの本件埋立工事により右申立人らが営む養殖業の業績が悪化したとしても、今後の本件埋立工事の続行によって、右申立人らが将来にわたり漁業を営むことを不可能にするほどの壊滅的な打撃を受けるおそれがあるとは認めることができず、右申立人らが、本件埋立工事によりある程度の業績の悪化が生じて損害を被ることがあったとしても、右損害は金銭賠償により償うことができる性質の損害であるということができる。

そうすると、申立人坂口らには、回復困難な損害を避けるため本件処分の効力を停止する緊急の必要があるとはいえない。

2　申立人熊本らは、本件公有水面に長年にわたって生活雑排水をなしてきた者で、法五条四号にいう慣習排水権者であるとして、本件埋立工事によって海への排水を絶たれることになり、回復困難な損害を受ける旨主張する。

本件疎明資料〔証拠略〕によれば、申立人宮崎盛夫、同宮崎義晴及び同宮崎久美子は、家庭廃水は南側市道側溝に排水しており、本件埋立てにより直接影響を受けるものではないこと、申立人熊本光佑、同熊本幸代、同原田照雄及び同原田真佐子は、家庭廃水を海岸保全施設側溝に流し、その側溝から本件公有水面に排水していること、本件埋立てにより右海岸保全施設は用途廃止される予定であるが、本件埋立計画においては、本件埋立地及びその付近に排水路が設置されることとされており、右申立人らの住居はいずれもこの排水路設置区域内にあることが一応認められる。

右事実によれば、右申立人らは、本件埋立てによって排水の面で回復困難な損害を受けるとはいえない。

四　以上によれば、その余の点について判断するまでもなく、申立人らの本件申立ては、いずれも不適法又は理由がないから、これを却下することとし、主文のとおり決定する。

佐賀地裁民、平成四年(行ク)第一号、平成五年四月八日判決、却下

（自治一一五号六一頁）

◆23　公有水面埋立工事差止請求仮処分控訴を棄却した事例

福岡高裁民、昭和六二年(行ワ)第四号
平元・五・一五判決　棄却
控訴人（原告）　若松與吉外一名
被控訴人（被告）　鹿児島県
一審　鹿児島地裁
関係条文　公有水面埋立法二条・四条・六条、漁業法六条、七条、八条一項、一四条八号、二二条、水協法四八条、五〇条

【要　旨】
漁業権者が埋立権者に対し埋立工事につき漁業権に基づく物上請求権の放棄を約したときは、漁業権者及び漁業を営む権利を有する者は、漁業権の消滅の効果ではなく右合意の効果として、埋立権者との関係で埋立工事につきこれらの権利に基づく物上請求権を行使できなくなるのであるから、右権利行使の禁止の効果は漁業権の変更免許の有無とは関係なく発生するものである。したがつて、前示の事実関係のもとでは、変更免許の有無にかかわらず控訴人らの本件被保全権利は存在しないものといわなければならない。

（註）判例は、「一一六三頁30」参照

◆24　むつ小川原港の建設に伴う漁業補償住民訴訟控訴が棄却された事例

仙台高裁民、昭和六〇年(行コ)第八号
昭和六二・九・二八判決、棄却
控訴人（一審原告）　米内山義一郎ほか八名
被控訴人（一審被告）　北村正哉（青森県知事）
一審　青森地裁
関係条文　公有水面埋立法二条・四条・六条、漁業法三九条、地方自治法第一三八条の二、二四二条の二第一項第四号

【要　旨】
公共用地の取得に伴う損失補償基準により算定した漁業権消滅の補償に漁業協同組合が応じないため、知事が、政策的配慮を優先させて加算した漁業補償額をもつて漁業補償協定を締結し、これに基づき漁業補償金を支出したことが地方自治法第一三八条の二に違反するとはいえない。

○理　由

二　そこで被控訴人が右のような漁業補償協定を締結のうえ漁業補償を支払つたことが、控訴人ら主張のごとく、地方自治法一三八

条の二に違反する違法のものであるか否かについて判断する。

1　〔証拠略〕によれば次の事実が認められ、右認定を左右するに足りる証拠はない。

㈠　青森県は、被控訴人が知事に就任した昭和五四年二月二六日の以前である昭和四四年頃から、雇傭の安定、労働力の定着及び県民所得の向上を目的として、農漁業との調和を崩さない状態で工業を開発、誘致するため、むつ小川原開発計画を推進しており、昭和四七年六月には第一次基本計画を、同五〇年一二月には第二次基本計画を作成して国に提出した。右むつ小川原開発計画については、内閣も、関係各省庁で構成されるむつ小川原開発会議の議を経た後、昭和四七年九月一四日及び同五二年八月三〇日に、関係各省庁はこの事業の推進を図り、このため必要な施策等について適切な措置を講ずる旨の口頭による閣議了解を行つている。

そして右第二次基本計画によれば、六ケ所村鷹架沼及び尾駮沼周辺から三沢市北部に至る臨海部の約五二八〇ヘクタールを工業開発地区とし、石油関連工業等の工業用地として立地すること、鷹架沼、尾駮沼及び前面海域を利用して、右地域開発の中核となるむつ小川原港を新設し、立地企業の専用施設とともに周辺地域の開発に伴う輸送需要に対応する公共港湾施設を整備すること等が定められていた。

㈡　右むつ小川原港の建設は、国による直轄事業及び青森県による国庫補助事業として施工されることとなつたが、同港の建設のためには、前記第一項記載の海水漁協及び村漁協等の漁業権等を消滅させることが必要であり、右漁業補償については、青森県だけでなく、国及びむつ小川原開発株式会社もこれを分担することとなつていた。

㈢　青森県は、昭和五三年一月一四日青森県訓令甲第四号青森県むつ小川原港漁業補償対策会議規程を公布し、これに基づいて、漁業補償の諸問題を早期に解決することを目的とし、当時副知事であつた被控訴人を議長とし（但し、被控訴人は知事選挙立候補のため同年七月二六日辞職したため、以後別の副知事が議長となつた。）、土木部長を副議長、水産部長及びむつ小川原開発室長を委員とする漁業補償対策会議を設置した。そして、同対策会議における漁業補償額算定の資料とするため、土木部港湾課が中心となり、同年五月頃から約二か月をかけて、庭先販売分、自家消費分を含む漁獲量、魚価、漁船、漁具、経費関係等の調査項目について、右両漁協及びその全組合員、魚市場等に対する実態調査を行ない、右実態調査の結果、平年漁獲量を海水漁協につき二六七四トン、村漁協につき四九三トンとし、海水漁協に対する補償額を六一億七二〇〇万円、村漁協に対する補償額を四億四三〇〇万円として、同年八月一八日両漁協に対して提示した。

その後一〇数回にわたる交渉のなかで、海水漁協の側からは、一七八億五九〇〇万円の要求があり、対策会議は七三億八〇〇〇万円を提示するなどした後、同年一二月二七日対策会議は海水漁協の平年漁獲量を三八八〇トンに増加せしめるなどして算出した補償額一一八億円を提示したところ、海水漁協もこれを了承し、一応の合意が成立し、海水漁協が同五四年一月一六日臨時総会を開催して右補償額を承認し、同月一七日青森県と海水漁協は漁業補償額を一一八億円とする「漁業補償に関する覚書」を取りかわした。

村漁協の側からは二〇億円以上の補償額の要求がなされ、その後の交渉の後、同五四年三月二一日対策会議は同漁協の平年漁獲量を七三一トンに増加せしめるなどして算出した補償額一五億円を提示し、同漁協もこれを了承し、一応の合意が成立し、同年三月三〇日青森県と村漁協は漁業補償額を一五億円とする「漁業補償に関する覚書」を取りかわした。

右漁業補償交渉の過程で、対策会議が右両漁協の平年漁獲量を増加せしめるなどして補償額を加算していくに際し、漁獲量の調査をしなおしたり、漁協側の主張する漁獲量の裏付け調査をなすなどしたことはなかつた。

また右最終妥結額の算出根拠とされた両漁協の半年漁獲量合計四六一一トンは、青森農林水産統計年報に示されている両漁協合計の昭和四八年から同五二年までの間の平年漁獲量二四六九トンの一・八六倍となつている。

なお、右最終妥結額の算出根拠とされた両漁協の平年漁獲量、半年漁獲金額は、両漁協が通常総会で承認した事業報告書の販売実績による漁獲量、漁獲金額をも著しく上まわっているが、右販売実績による漁獲量、漁獲金額には、自家消費分、庭先販売分や、他の魚市場に入荷されたものの一部が含まれていないものとみられるため、これらを考慮した厳密な対比は困難である。

㈣　被控訴人は、昭和五四年二月二六日青森県知事に就任したが、右のとおり締結された各覚書を受けて、同年五月三〇日県議会に右漁業補償の支出を含む港湾整備事業特別会計補正予算案を提出した。

同議会における審議では、一部議員から右漁業補償は水増しされた漁獲量等をもとに算出されたもので適正な根拠を欠くものではないか等の質疑がなされたのに対し、副知事や被控訴人は、右増額の理由として、青森県の行った漁獲量等の実態調査には調査漏れがあり、また自家消費分、庭先販売分を関係者の意見を取り入れて修正し、依存度率等も修正した旨説明し、当初提示額と最終妥結額とで、その算定の基礎とされた平年漁獲量、依存度率等がどのように変更されたかを示す「漁業補償額集計票」なる書面（甲第一号証）を配付した。

ところで青森県は、かねてよりむつ小川原港新設に伴う漁業補償は、国の「公共用地の取得に伴う損失補償基準」（運輸省訓令二七号）により適正に行う旨一般に説明していたが、右県議会の審議において、知事である被控訴人は、交渉によって進められるという漁業補償の性格からして、必ずしも算定基準を用いることなく金額を提示しているというようなことになっていることは認めざるを得ない等の答弁もしている。

右のような審議を経た後、同議会において同年六月一一日右予算案が可決された。

これに基づいて、被控訴人は前記第一項のとおり昭和五四年六月一四日に右両漁協と漁業補償協定を締結し、同月二〇日海水漁協に対し一一八億円、村漁協に対し一五億円を支払ったものである。

㈤　前記のとおり、むつ小川原港の建設は、国の直轄事業及び青森県の施行による国の国庫補助事業として行なわれたため、青森県の支払った右漁業補償の一部は国直轄事業負担金及び国庫補助金として国が負担することとなっており、結局右二漁協に対する漁業補償分としては、昭和五五年一〇月から同五七年五月までの間に合計一三億九六一七万円余が国庫から補填された。

また青森県は、むつ小川原開発株式会社（同社は、むつ小川原地域の大規模工業基地開発に寄与することを目的として、土地の取得、造成、分譲、調査、設計等を行うため、昭和四六年に設立された会社であり、青森県もその一六・六八パーセントの株式を保有している。）との間で、昭和五四年二月口頭で、次いで同年一一月一六日付協定書をもって、右漁業補償額のうち国から償還される額を差し引いた残額の八五・四パーセントは同会社が負担する旨約しており、これに基づいて昭和五五年五月から同五七年五月にかけて右二漁協に対する漁業補償分として合計九六億四二二五万円余が同会社から青森県に支払われた。

被控訴人による右漁業補償協定の締結、県議会による予算案の可決等は、いずれも右のように漁業補償について国及びむつ小川原開発株式会社による補填のなされることを前提としてなされたものである。

2　右認定の経緯、とりわけ青森県において右両漁協及びその組合員全員、魚市場等に対して庭先販売分、自家消費分も含めた漁獲量、漁価、漁船、漁具、経費関係等について網羅的な実態調査を行ない、右両漁協及びその全組合員の言い分も聞いて算定した平年漁獲量を、その後の再調査、裏付け調査もないまま、相手方漁協の言い分に基づき、調査漏れがあった等の理由で大幅に増やすなどすることにより、補償額の巨額の増額をしていること、その結果補償額算定の根拠とされた両漁協の平年漁獲量は、青森農林水産統計年報の両漁協合計の平年漁獲量ともかけはなれたものとなつていること、後記のとおり、右巨額の増額の理由について、漁業補償対策会議の幹事であつた千葉良美、日下部元慰智は、被控訴人らのいう調査漏れ等とは全くくいちがう説明をしていること、従前青森県においては、むつ小川原港新設に伴う漁業補償は国の「公共用地の取得に伴う損失補償基準」により適正に行う旨説明していたが、県議会において被控訴人は、交渉によつて進められるという漁業補償の性格からして必ずしも算定基準を用いることなく金額を提示したことを認める趣旨の答弁をしていること、本訴においても被控訴人は補償金額が客観的に妥当な金額であることを主張しない旨釈明していること等に照らすと、被控訴人その他青森県の担当職員らは、両漁協の実際の漁獲量その他漁業の実態に基づき、漁業権の消滅によつて漁業権者の被る損害について適正な漁業補償をなすとの配慮よりは、早期に漁協側の合意を得て漁業権等を放棄せしめ、むつ小川原港の施工に着手するとの政策的配慮を優先させて、前記適正な補償という観点からは必ずしも根拠の明確でない加算も一部行つた結果、本件漁業補償協定の締結、漁業補償の支払に至つたものとみる余地は否定できない。

この点に関し、当審における〔証拠略〕中には、漁業補償対策会議としては、当初から資源の将来性等を考慮すると最終妥結額が相当な補償額であると考えていたが、交渉のテクニックとして、まず資源の将来性等を加味しない補償額を提示し、最終的にこれを加味した相当な額で妥結したものである旨の供述部分があり、原審〔証拠略〕中にも同趣旨にとれる供述部分がある。しかし、右の点についての〔証拠略〕にはあいまいな点が多々みられるだけでなく、右各証言によれば、資源の将来性というのは、将来漁獲量が増加する見込みがあることをいうというのであるが、そのような将来の見込み等は幾分の加算の根拠とはなり得ても、前記のような補償額の著しい増額を根拠づけ得るものとは容易に考えられないうえ、もしそのような資源の将来性が第三者に対しても説明可能なほどに確たる根拠に基づく正当なものであるならば、何故被控訴人らが県議会において、補償額増額の理由としてその旨を説明せず、漁獲量に調査漏れがあつた等の説明をしたのか不可解というべきである。これらの点からすると、右供述部分は直ちに採用することができず、かえつて本件漁業補償のなかには、漁業の実態に基づく適正な補償という観点のみからは説明困難なものが含まれていることを窺わせるものである。（なお、当審における〔証拠略〕中には、青森県統計年鑑には、両漁協の漁業区域内で大量にとれるはずのないマグロ、ウニ、アワビ等の魚価の高いものが昭和五一、二年に突如大量にとれたことになつているなど補償を目的とした統計の水増しがあり、青森農林水産統計年報にも類似の水増しがあり、この点からも本件漁業補償の支出の違法性が根拠づけられる旨の供述部分がある。しかし、右両統計が本件漁業補償算定の根拠とされたことを認めるに足る証拠はなく、かえって原審〔証拠略〕によれば、右各統計は漁協ごとの漁獲量の値がないことなどから、本件漁業補償算定の基礎とはされなかつたものと認められるから、仮に控訴人主張のように右統計が水増しされた漁獲量をもとに作成されていたとしても、直ちに本件漁業補償の違法性が根拠づけられるものではない。）

3　ところで前記のとおり、むつ小川原開発は、雇傭の安定、労働力の定着及び県民所得の向上を目的として、農漁業との調和を崩さない状態で工業を開発、誘致するため、青森県が国と提携して行なつていた大事業であるところ、その遂行のためにはむつ小川原港の新設が欠くことのできないものであり、同港の建設のためには、まず右両漁協等の漁業権を消滅させることが必要不可欠であつたこと、漁業補償協定が私法上の契約であって、青森県側において如何に適正な金額を提示しても、相手方たる漁協において同意しない限りは漁業権を放棄せしめることはできず、かかる場合に開発事業の著しい遅延を甘受するか、又は相手方の要求を受け入れても事業の早期円滑な推進を計るかはすべて政策的な判断にかかわる事項であり、被控訴人において後者の選択をしたからといつて、直ちに違法の問題を生じるものとはいえないこと、また右のようにして定められた漁業補償額が前記損失補償基準から乖離していたとしても、右損失補償基準は行政庁内部の方針を定める訓令であって、対外的な拘束力をもたないものであり、その違反をもって直ちに違法の問題が生じるものではないこと、被控訴人によってなされた漁業補償協定の締結及びこれに基づく漁業補償の支出は、県議会による予算案の可決という形で承認がなされており、これに基づいてなされたものであること、なお右支出の大半の部分については国及びむつ小川原開発株式会社による補塡が予定されており、実際にも事後に右補塡がなされていることにも照らすと、本件漁業補償のなかに、前記のような政策的配慮を優先させたために加算された額が含まれていたとしても、被控訴人のした漁業補償協定の締結及びこれに基づく漁業補償の支出が、控訴人ら主張のごとく、県知事に誠実な事務の執行を義務づけた地方自治法一三八条の二に違反する違法のものであり、これにより青森県に損害を与えたものとは断じ難いところである。

なお漁業法三九条によれば、公益上の必要のため漁業権を消滅させるには、必ずしも漁業協同組合との間の協定により漁業権を放棄させる方法だけでなく、都道府県知事において一方的に取消すことも認められている。しかし知事において右方法をとるか否かは、そのような一方的取消によって漁民が生活の基盤としている漁業権を消滅させることの当否、これが漁民等の生活や事業の円滑な進行に与える影響の度合、右のような一方的取消によらずに合意によって漁業権を放棄せしめたるための交渉の難易や妥結補償額の見込み等一切の事情を総合考慮して判断すべき事柄であり、知事の裁量に委ねられたところが大であつて、前認定の事実関係のもとで被控訴人が右取消の方法をとらなかつたことをもつて直ちに裁量の逸脱があり、前記漁業補償の支出が違法となるものとは解することができない。

（自治四三号七二頁）

第三節　水面に関する権利者

第五条　前条第三項ニ於テ公有水面ニ関シ権利ヲ有スル者ト称スルハ左ノ各号ノ一ニ該当スル者ヲ謂フ
一　法令ニ依リ公有水面占用ノ許可ヲ受ケタル者
二　漁業権者又ハ入漁権者
三　法令ニ依リ公有水面ヨリ引水ヲ為シ又ハ公有水面ニ排水ヲ為ス許可ヲ受ケタル者
四　慣習ニ依リ公有水面ヨリ引水ヲ為シ又ハ公有水面ニ排水ヲ為ス者

◆25　公有水面埋立法第二条第一項に基づく公有水面埋立免許処分の取消しを求める訴えにつき、当該埋立て周辺住民、漁民等は同法第五条第四号にいう慣習により公有水面に排水をなす者には当たらないとした事例

佐賀地裁民、平成三年(行ウ)第五号
平一〇・三・二〇判決、却下・確定
原告　中村勝彦　外一二四名
被告　佐賀県知事
関係条文　公有水面埋立法二条・五条・四七条二項、
行訴法九条

【要　旨】
その利用が社会的に正当な利益として保護され、その利用が妨げられると業務上又は日常生活上著しい支障が生ずるなど、特定人の公物の利用が特定の権利又は法律上の利益に基づくものであると認めるべき特段の事情がない限り、公有水面に関し慣習法上の権利を有するものであるとはいえない。

〇主　文

一　本件訴えを却下する。
二　訴訟費用は原告らの負担とする。

〇事実及び理由

第一　原告らの請求
被告が平成三年三月七日付けで佐賀県に対してした別紙埋立区域記載の公有水面埋立を免許する旨の処分はこれを取り消す。
第二　事案の概要
本件は、被告が平成三年三月七日付けで佐賀県に対してした別紙埋立区域記載の公有水面埋立を免許する旨の処分（以下、右埋立を「本件埋立」といい、右処分を「本件埋立免許処分」という。）が違法であるとして、周辺に居住する住民などの原告らがその取消しを求めた事案である。
一　争いのない事実等

1　当事者

㈠　原告らは、いずれも佐賀県唐津市及び佐賀県に居住する者である。

㈡　原告のうち、原告吉田久之、同坂口登及び同稲葉和廣は、佐賀県唐津市佐志浜町地先の別紙埋立区域記載の埋立区域（以下「本件埋立地」という。）を含む海域において松共第五号共同漁業権及びワカメ養殖業を内容とする特定区画漁業権たる松区第一二〇三号区画漁業権を、本件埋立地の周辺において松区第一三〇三号区画漁業権を有する唐房漁業協同組合（以下「唐房漁協」という。）の組合員であり、松区第一三〇三号区画漁業権に基づくとして、本件埋立地から約一五〇メートル離れた場所で鯛の養殖を現に営んでいる者である。

㈢　原告のうち、原告熊本光佑、同熊本幸代、同髙田拓実、同髙田みず枝、同原田真佐子、同原田照雄、同宮﨑盛夫、同織田勉、同織田香代子、同西村キミエ、同三ツ井紘子、同山﨑久美子、同山﨑雅敏、同宮﨑久美子（ただし、別紙当事者目録の番号17）、同宮﨑義晴、同日髙又助、同中村英世、同中村玲子、同岸田六郎、同岸田メヅル、同熊本慎介、同熊本千江子、同熊本ちさ子は、本件埋立地周辺の佐賀県唐津市佐志浜町あるいは同市佐志中通りに居住し、各家屋から生活雑排水や雨水を排出している者であり、原告中山博は、同市佐志中通り所在の、本件埋立地に接する海岸護岸壁に至る排水管をもつ建物を所有する者である（以下、右原告ら二四名を「原告熊本光佑ら二四名」という。）。

㈣　被告は、唐津港港湾管理者の長であって、港湾法五八条二項に基づき、本件埋立に関し、公有水面埋立法による免許の権限を有する者である。

2　本件処分に至る経緯及び本件処分

㈠　佐賀県唐津市は、昭和六一年三月、唐津市総合計画を策定して、生活環境・都市基盤の整備を重点的に取り組むこととし、唐津港港湾管理者は、昭和六三年八月、唐津港港湾計画を改訂し、円滑な交通を確保するため臨港交通大系の充実を図り、また、地域環境の保全を図るため佐志地区において廃棄物処理用地を確保するなどの基本方針を立てた。さらに、佐賀県は、同年一一月、佐賀県長期構想を策定して、港湾・住宅・都市計画道路等の整備を積極的に進めることとしたが、これらを背景に、都市開発に伴う家屋の移転用地としての住宅関連用地、レクリエーション空間としての緑地及び物資の円滑な輸送を図るための臨港道路用地を確保するため、唐津港佐志地区地先の海域を埋立てることを計画した。

㈡　佐賀県は、平成元年五月一日、唐房漁協に対し、本件埋立地に設定された松共第五号共同漁業権及び松区第一二〇三号区画漁業権の変更、すなわち右漁業権につき本件埋立地に係る部分を消滅させること、及び本件埋立に対する同意を要請した。

唐房漁協は、右要請を受け、水産業協同組合法四八条一項及び五〇条の規定に基づき、平成二年五月一九日に開催された平成二年度（第四一期）通常総会において、組合員二一五名のうち一九八名の無記名投票の結果、賛成一五七票、反対三七票、無効四票、出席者三分の二以上の賛成をもつて、右漁業権に係る漁場の区域から本件埋立地の公有水面を除く旨の漁業権の変更を決議した（以下「本件漁業権放棄決議」という。）。

右決議に基づき、唐房漁協は、平成二年七月三〇日、本件埋立に同意した。

㈢　他方、佐賀県は、現地調査を行つて本件埋立地の公有水面に直接出ている配水管を確認し、当該配水管の所有者を公有水面埋立法五条四号に規定する慣習排水権者と推定して、本件埋立についての同意書を、⑴道路管理者としての佐賀県知事から平成二年八月七日に、⑵海岸管理者としての佐賀県知事から同年七月三〇日に、⑶下水溝管理者の唐津市長から同年八月七日に、⑷宮嵜正彦から同年七月二七日に、⑸原告宮﨑盛夫から同日に、それぞれ取つた。

㈣　以上の経過を経て、佐賀県は、公有水面埋立法二条二項に基づき、平成二年八月一〇日、被告に対し、本件埋立の免許を出願した。出願を受理した被告は、同法三条一項の規定に基づき、地元唐津市長の意見を徴するなどしたうえ、同年一一月二八日、同法施行令三二条に基づき、運輸大臣に対し、本件埋立の免許に係る認可申請を行い、平成三年三月六日、運輸大臣の認可を受け、同月七日、同法二条一項に基づき、佐賀県に対し、本件埋立免許処分をなし、同月二二日、同法一一条に基づき、佐賀県告示第一六九号をもつて右処分を告示した。

㈤　本件埋立免許処分を受けた佐賀県は、平成三年五月一四日、本件埋立工事に着工した。

二　争点及びこれに関する当事者の主張

1　原告らが、本件埋立免許処分の取消しを求めるについて法律上の利益を有する者（行政事件訴訟法九条）に該当するか否か。

（原告らの主張）

㈠　取消訴訟の法律上の利益の判断基準・その1

国民主権と民主主義、基本的人権の尊重、法律による行政の原理の要請、司法権の優位といった憲法の下においては、原告適格の拡大によって取消訴訟を客観訴訟化し、その行政統制機能を強化することが公権力に対する人民の適正な地位の保障を実効ならしめ、人権尊重ならびに民主国家、社会（福祉）国家、裁判国家の精神に即応する。したがって、当該行政処分によって許認可が与えられた事実行為により、保護ないし法的救済に値するような実質的な不利益を受け又は受けるおそれがあるとき、すなわち、行政庁の違法な処分によって環境の破壊ないし汚染が生じ又は生じるおそれがあるときは、これによる悪環境を受ける住民にはそれがなお具体的被害といえなくても、処分の違法を争って取消訴訟を提訴する「法律上の利益」が広く認められるというべきである（いわゆる「法的保護に値する利益救済説」）。

右の見地に立脚すれば、原告らは、いずれも、本件埋立地の周辺住民、砂浜の利用者、周辺漁民のいずれかに該当する者であり、本件埋立により自然環境や生活環境の破壊にさらされる不利益を受ける者であるから、本件埋立免許処分の取消しを求める原告適格を有するというべきである。

㈡　取消訴訟の法律上の利益の判断基準・その2

仮に、前記㈠の見地に立脚せず、いわゆる「法律上保護された利益救済説」に立ったとしても、以下のとおり、本件埋立免許処分を定めた公有水面埋立法は、埋立地の周辺住民や周辺漁民等の具体的利益を専ら一般的公益の中に吸収解消させるにとどめず、それが帰属する個々人の個別的利益としても保護すべきものとする趣旨を含むと解されるので、原告らは、いずれも原告適格を有する。

(1)　行政事件訴訟法九条にいう「法律上の利益を有する者」とは、当該処分により法律上保護された利益を侵害され又は侵害されるおそれのある者をいうとしても、当該処分を定めた行政法規が、不特定多数者の具体的利益を専ら一般的公益の中に吸収解消させるにとどめず、それが帰属する個々人の個別的利益としてもこれを保護すべきものとする趣旨を含むと解される場合には、かかる利益も法律上保護された利益に当たり、当該処分によりこれを侵害され又は必然的に侵害されるおそれのある者は当該処分の取消訴訟における原告適格を有するというべきである。そして、当該行政法規が、不特定多数者の具体的利益をそれが帰属する個々人の個別的利益としても保護すべきものとする趣旨を含むか否かは、当該行政法規及びそれと目的を共通にする関連法規によって形成される法体系の中において、当該処分の根拠規定が、当該処分を通して右のような個々人の個別的利益をも保護すべきものとして位置づけられているとみることができるかどうかによって決すべきであり、当該利益の内容は、ひとり当該法条だけに照らして形式的に判断するのではなく、関連法規すべてを配慮して、法体系全体の中で総合的に保護すべきものかどうか判断すべきである。

(2)　右の見地に立ってみると、公有水面埋立法五条に列挙された埋立に関する工事の施行区域内における公有水面に関し権利を有する者は、当然、公有水面埋立免許処分の取消しを求める原告適格を有するが、さらに、昭和四八年の同法改正の趣旨等に鑑みれば、右権利者以外の者についても、同法は、広く利害関係人の具体的利益を一般的公益の中に吸収解消されない個別的利益としても保護すべきものとする趣旨を含むと解すべきであり、周辺住民、周辺漁民等も原告適格を有するというべきである。

すなわち、昭和四八年の改正は、社会経済環境の変化に伴い、埋立をとりまく諸問題について、環境保全、埋立地利用の適正化、利害関係人との調整等の見地から旧法の不備を補うことにより、懸案の問題を解決し、各方面の指摘、要望に対処する必要が生じたために行われたものである。右改正に当たり、特に自然環境の保全、公害防止等の問題点が取り上げられ、さらに、埋立規模の拡大、公有水面利用のふくそう化とあいまって、同法五条列挙の権利者以外の、たとえば、周辺に居住する者、埋立区域外において漁業を営む者、レクリエーションの場として埋立予定地を利用している者等、埋立に利害関係を有する者の意見を反映させる必要性が検討された。その結果、右改正法は、利害関係人との調整を強化し、その意見を反映させるため、①免許権者は、埋立免許の申請があったときは、それを告示するとともに、三週間出願事項を公衆の縦覧に供し（三条一項）、かつ関係都道府県知事に通知しなければならない（三条二項）、②関係都道府県知事は、地域住民に周知させるように努めることとしなければならない（施行令四条）、③埋立に関し利害関係を有する者は、縦覧期間満了の日までに、都道府県知事に意見書を提出することができ（三条三項）、都道府県知事は免許に公益上又は利害関係人の保護に関し必要と認める条件を付すことができる（施行令六条）、との規定を定めた。右意見書を提出できる利害関係人の中には、公有水面に関し権利を有する者のほか、周辺住民、砂浜の利用者、周辺漁民等も含まれているとみるべきであり、同法が、公益上の観点だけでなく、これら利害関係人という特定の個人の利益保護のためにも条件を付すことを認めていることの意味を重視すべきである。

したがって、同法は、同法五条列挙の埋立に関する工事の施工区域内の公有水面に関し権利を有する者はもちろんのこと、当該区域の内外を問わず、埋立によって影響を受ける水面に漁業権を有する者、埋立により営業上または生活環境の面から影響を受ける者等の特定の個人の利益をも具体的に保護しようとしているとみるべきである。

さらに、右法改正において、環境の保全を図るため、①高度経済成長期における埋立及び埋立地の利用による公害の発生増加に対し環境の悪化を防止するために免許基準が法定されたこと（四条）、②主務大臣の認可に当たり環境保全の専門的知識を有している環境庁長官に対し、環境保全の観点からの意見を聞かなければならないとされたこと（四七条二項）、③免許申請に当たり環境保全に関し講じる措置を記載した図書を添付しなければならないとしたこと（施行規則三条八号）などからすると、同法が、行政庁に対し環境保全に、抽象的な配慮で足りるとしていると理解するのは誤りである。

したがつて、同法は、同法五条列挙者以外の利害関係人も視野に入れて、同人らの享受する環境の保全を図ることを企図し、行政庁に対しそのことを要請しているのであり、埋立地周辺住民等が埋め立てられることによつて、あるいは埋立工事によつて著しい障害を受けないという利益をこれら個々人の個別的利益としても保護すべきとする趣旨を含むものと解すべきである。そして、埋立免許に係る事業が行われる結果、埋立工事の規模や護岸の構造や配置からして、生活環境の破壊、例えば、佐志川の氾濫、生活雑排水の増加、海水の汚濁、騒音、振動、交通渋滞、排水施設亡失等により、社会通念上著しい障害を受けることとなる周辺住民、あるいは周辺において漁業を営む者等は、原告適格が認められてしかるべきである。

㈢　原告らの原告適格

(1)　以上によれば、本件埋立地周辺に居住する住民、本件埋立地内にある佐志浜の砂浜をリクリエーションの場として利用している者、本件埋立地周辺において漁業を営む者のいずれかに該当する原告らは、いずれも、本件埋立に関し利害関係を有する者であるから、本件埋立免許処分の取消しを求める原告適格を有する。

(2)　また、原告らのうち、佐賀県唐津市内の佐志川ないし本件埋立地周辺に居住する原告らは、本件埋立免許処分により埋め立てられる予定の佐志浜の周辺で長年にわたつて生活し、その間、佐志浜及び浜付近の海面で海水浴をしたり魚介類を採取したりしてこれを利用し、かつ、佐志浜の景観美を享有している者であるが、本件埋立工事によつて、これらの利用や利益を受けることを妨害されるばかりか、本件埋立竣功後の埋立地の形状からすれば、佐志川の氾濫の危険があり、その氾濫によつて生命や家屋、家財道具といった財産を失うおそれがあり、原告らがこれまで享受してきた生命、身体、財産権、環境権、入浜権といった諸権利を著しく侵害される。すなわち、本件埋立地の外周護岸により、佐志川河口の形状が海から陸に向かってかたかなの「ハ」の字型になるが、これでは、たとえば、昭和二六年一〇月一四日に襲来したルース台風のように、潮位の上昇する津波、高潮が押し寄せてきた場合、「ハ」の字型湾の奥の狭い方向に向かって潮流が進んで来れば、当然水位は上昇することから、河口周辺部で氾濫する危険が高く、周辺住民に家屋や家財道具の損壊、生命・身体の危機を招くおそれがある。

したがって、これらの原告は、原告適格を認められてしかるべきである。

(3)　さらに、原告吉田久之、同坂口登及び同稲葉和廣ら三名は、松区第一三〇三号区画漁業権を有する唐房漁協の組合員として漁業を営む権利を有し、本件埋立地の外周護岸から約一五〇メートル離れた養殖場で、鯛の稚魚生産を営んでいる者であるが、本件埋立工事により、海面に汚濁ないしコンクリート灰汁が発生して右養殖場にも拡散し、また、埋立工事の伴う振動や騒音の発生及びオイルフェンスの設置による潮流の遮断により、養殖魚の生育阻害をきたし、漁獲の減少等の被害を現に発生し、かつ、今後も発生するおそれがある。また、埋立竣功後、潮流の変化が生じ、かつ、埋立に用いる産業廃棄物の海面への流出により漁獲の減少等の被害が発生するおそれもある。

したがって、右原告三名は、本件埋立免許処分によって、右漁業を営む権利が侵害され、著しい障害を受けるものであるから、この点からしても、原告適格を有するというべきである。

㈣　原告吉田久之、同坂口登及び同稲葉和廣の原告適格

(1)　漁業権ないし漁業を営む権利

原告吉田久之は、同坂口登及び同稲葉和廣は、本件埋立地の海域に設定された松共第五号共同漁業権及び松区第一二〇三号区画漁業権を有する唐房漁協の組合員であるところ、漁業権は入会的権利であって、部落漁民集団の総有に属するものであるから、右原告三名は、右漁業権の総有権者であるし、そうではなくて、仮に、漁業権を社員権的権利と捉えて漁業協同組合に属すると解するのが相当であるとしても、組合員として漁業を営む権利を有している。

したがって、右原告三名は、本件埋立地内に設定された漁業権者、あるいは漁業を営む権利を有する者であっ

て、公有水面埋立法五条二号所定の公有水面に関し権利を有する者であるから、本件埋立免許処分の取消しを求める原告適格を有することは明らかである。

(2) なお、本件漁業権放棄決議がなされているが、右決議は、以下のとおり無効であるというべきであるから、右原告三名が原告適格を有することに変わりない。

① 本件漁業権放棄決議の無効原因・その1

共同漁業権と特定区画漁業権は、沿革的に入会的権利であり、漁業協同組合は単なる免許の形式的主体にすぎず、実質的な漁業権は部落漁民集団、すなわち組合員全員に総有的に帰属するものというべきであって、昭和三七年の漁業法の改正によっても、この入会漁業権の帰属関係には実質的な変化はない。したがって、漁業権の放棄は、部落漁民全員の一致した意思によるべきであって、組合員全員の同意が必要である。

しかるに、本件で一部放棄された漁業権は共同漁業権と特定区画漁業権であるところ、本件漁業権放棄決議において、唐房漁協の組合員全員が漁業権放棄に賛成しているわけではないから、右決議は無効である。

② 本件漁業権放棄決議の無効原因・その2

仮に、現行漁業法下の漁業権は、法人としての漁業協同組合に帰属し、組合員の漁業を営む権利は、漁業協同組合の構成員としての地位に基づき、組合員に認められた社員権的権利と解するのが相当であるとしても、漁業権の放棄には、漁業法八条五項、三項所定の書面同意の手続が必要不可欠であるというべきである。

すなわち、漁業法八条五項、三項によれば、第一種共同漁業を内容とする共同漁業権と特定区画漁業権について、漁業権行使規則の制定・変更・廃止のためには、組合の総会決議(水産業協同組合法五〇条五号)の前に、組合員のうち当該漁業権の内容たる漁業を営む者であって、当該漁業権に係る地元地区・関係地区の区域内に住所を有する者の三分の二以上の書面による同意が必要であるとされている。この趣旨は、漁業権は漁業協同組合に免許されるものであるという面と、現実に漁業を営む組合員の少数者たる「漁業を営む権利」を有する組合員の地位が不当におびやかされることを防止するにある。このように多数者の意思によって少数者の利益が害される可能性は、漁業権行使規則の制定・変更・廃止の場合についてのみ存するわけではなく、漁業権の放棄の場合にあっても同様である。したがって、漁業権放棄の場合、漁業法八条五項、三項が適用あるいは類推適用されると解するのが相当であり、この書面同意の手続が必要である。

しかるに、本件漁業権放棄決議の前に、唐房漁協において、松共第五号共同漁業権、松区第一二〇三号区画漁業権を現実に行使して漁業を営んでいる組合員に対し、漁業法八条の書面同意を求めた形跡は全くなく、決議後に書面同意がなされた事実も存しない。

したがって、本件漁業権放棄は、漁業法八条に定める手続を履践していないから無効である。

③　本件漁業権放棄決議の無効原因・その3
本件埋立免許処分に先立って行われた環境影響評価は、過去の埋立による影響を度外視し、周辺住民や周辺漁民の意見の聴取を十分に行わないなど環境保全に配慮されていない杜撰なものであるところ、本件漁業権放棄決議は、その決議に賛成した漁民が、杜撰ともいうべき環境影響評価によって漁業への影響は軽微であると誤信した結果、決議に賛成したものである。

したがって、その成立過程に重大な瑕疵があるから、右総会決議は無効である。

④　本件漁業権放棄決議の無効原因・その4
本件漁業権放棄決議がなされた際、正組合員として議決権を行使した者は二一五名（委任状による者も含む。）であり、その投票結果は、賛成票数一五七、反対票数三七、無効・棄権票数は二一であるところ、以下のとおり、多数の無資格者が参加し議決権を行使したものである。

水産業協同組合法五〇条四号、唐房漁協定款四四条四号は、漁業権またはこれに関する物権の設定、得喪または変更については、正組合員の二分の一以上が出席し、その議決権の三分の二以上の多数による議決を必要とする旨を定め、右定款八条一項一号は、自然人たる正組合員資格を「この組合の地区内に住所を有し、かつ一年を通じて一二〇日を越えて漁業を営み、またはこれに従事する漁民」と規定している。

唐房漁協は、市町村その他一定の地域を漁業の地区とし、「その地区内における各種の漁業」を営みまたは従事する者を正組合員とする、いわゆる沿海地区組合であり、その正組合員資格は、漁業の地区の地先・沿海において、漁業を営み又は従事する者に限定され、地先・沿海漁業と全く無関係の漁業者は、せいぜい准組合員として、あるいは員外者として、漁業協同組合の行う各種事業を利用し得るにすぎないというべきである。このことは、漁業協同組合の歴史的沿革やその本質からして当然のことであり、地先・沿海漁業と全く無関係の漁業者に対し漁業協同組合による漁業管理面における何らかの権限を認めることは、地先・沿海漁業により生計を立てている漁業者の利益を害するという不都合をもたらすことになる。

しかるに、本件漁業権放棄決議の際、少なくとも沖合延縄漁業者四八名、沖合一本釣漁業者一五名が正組合員として参加して議決権を行使しており、右六三名は、唐房漁協の地区に居住していても、地先・沿海で漁業をすることが全くない者であって、正組合員資格を有せず、本来、総会に参加して議決権を行使することはできないものである。

さらに、議決権を行使した者のうち、転職者が一二名、漁業経営・従事の実績のないことが明らかである者が一六名、漁業経営・従事日数が不足する者（一二〇日を越えて漁業を営み又は従事していないことが明らかである者）が七名、住所要件が欠落した長崎市に居住する者が一名いたが、少なくともこれら三六名も、正組合員資格要件を満たさず、本来、正組合員として議決権を行使することはできないものである。

以上のとおり、本件漁業権放棄決議の際、正組合員として議決権を行使した者二一五名のうち、実に合計九九名が正組合員資格を有しなかったのであり、右決議の成立過程には極めて重大な瑕疵があるので、当然に無効というべきである。

⑤　本件漁業権放棄決議の無効原因・その5

唐房漁協の組合長以下理事らは、本件漁業権放棄決議がなされた総会の開催に先立ち、正組合員無資格者ないし、本件漁業権放棄によって全く影響を受けることのない遠洋・沖合漁業者らに対し、当該漁業権を行使しているか否かを問わず、世帯の最初の正組合員一名につき漁業補償金一〇〇万円を一律に分配し、二人目以下の正組合員にも一定の割合で一律に補償金を分配する旨説明して、総会へ参加し、本件漁業権放棄決議に賛成するよう慫慂し、同組合を指導・監督すべき立場にあった佐賀県も同組合に対する指導・是正の措置を何ら取ることなく、賛成投票を慫慂し、当該組合員らは、本来受け得ない補償金の配分を受けることを前提として、すなわち、補償金を得ることのみを目的として、本件漁業権放棄決議に賛成票を投じた。

しかしながら、正組合員の資格を要しない者はもちろん、漁業に従事している者であっても、現実には当該漁業権を全く行使しておらず、その消滅によって影響を受けることのない組合員は、たとえ正組合員として有資格者であっても補償金の分配を受けることはできない。すなわち、漁業権の消滅により、現実に被害を被るのは、当該漁業権を行使していた漁民であり、漁業権の消滅に伴う補償金は、当然、漁業権の消滅によつて漁業をなし得なくなる漁民に対して配分されるべきものであり、当該漁業権の消滅に具体的利害を有しない者に配分することは違法である。

したがつて、仮に、正組合員資格を有するとしても、法律上、漁業権の放棄によつても漁業補償を受け得ない漁業者多数が、理事らから、あたかも、現実に当該漁業を営む権利を行使していた漁民と同じ立場で一律に補償金を受け得るかのような説明を受けて議決権を行使した本件漁業権放棄決議は、その成立過程には、到底看過し得ない重大な瑕疵があり、当然に無効である。

㈤　原告熊本光佑ら二四名の原告適格

原告熊本光佑ら二四名は、長年にわたり継続的に、本件埋立地の公有水面に生活雑排水や雨水を排出してきた者であり、公有水面埋立法五条四号所定の慣習排水権者、すなわち公有水面に関し権利を有する者であるから、本件埋立免許処分の取消しを求める原告適格を有することは明らかである。

右規定の慣習排水権者とは、特定地域の住居者が公有水面に対し排他的に長期かつ継続的に排水をなし、かつ、排水をなすことが重大な意義を有し、また排水をなしていることの正当性が社会的に承認されていることをいい、埋立によつて排水が困難または不能になるおそれのある排水権者はすべて含まれ、公有水面に直接排水をなしているか否かは要件とはならないと解するべきである。

仮に、公有水面に直接排水をなしていることが必要であるとしても、原告熊本光佑、同熊本幸代、同原田真佐子、同原田照雄、同宮﨑盛夫、同宮﨑久美子（ただし別紙当事者目録の番号17）、同宮﨑義晴及び同中山博は、本件埋立予定の佐志浜の地先の海域に長年にわたつて生活雑排水を排出してきた者であり、本件埋立によつてこれまで使用してきた排水施設が用をなさず佐志浜への排水が絶たれることになり、その権利が著しく侵害されるものであつて、当然、同法五条四号所定の慣習排水権者に該当する。

㈥　よつて、原告らは、本件埋立免許処分の取消しを求める原告適格を有する。

（被告の主張）

㈠　行政処分取消しを求める原告適格

行政事件訴訟法九条にいう「処分の取消しを求めるにつき法律上の利益を有する者」とは、当該処分により自己の権利若しくは法律上保護された利益を侵害され又は必然的に侵害されるおそれのある者をいい、そこにいう「法律上の保護された利益」は、当該行政処分の根拠となつた法規が、私人等の個人的利益を個別的、具体的に保護することを目的として、行政権の行使に制約を課していることにより保障される利益をいうのであつて、それが明文によつて個々人の個別的利益として保護されるべきことが定められている場合にその存在が肯定されることはもちろんであるが、そればかりではなく、当該処分を定めた行政法規が公益保護を目的としている場合であつても、それと同時に不特定多数者の具体的利益を、それが帰属する個々人の個別的利益としても保護すべき趣旨を含む場合があり、そのような利益も右にいう法律上保護された利益に当たる。しかし、当該行政法規が、専ら公益の実現を目的として行政権の行使に制約を課した結果、たまたま一定の者が受けることになる利益は、単なる反射的利益又は事実上の利益にすぎず、法律上の保護された利益とは区別されるべきものである。もつとも、公益の保護は、究極的には個々人の利益の保護につながるものであるから、当該法規が、専ら公益の実現を目的としているのか、それともそれに併せて不特定多数者の具体的利益をそれが帰属する個々人の個別的利益としても保護すべきものとする趣旨を含むのかを判別するに当たつては、当該行政法規の趣旨・目的、当該行政法規が当該処分を通して保護しようとしている利益の内容・性質等を考慮して判断すべきこととなる。

㈡　公有水面埋立免許処分の取消しを求める原告適格

右見解に立つて公有水面埋立法についてみると、同法四条三項一号において、埋立免許の要件の一つとして、埋立に関する工事の施工区域内における公有水面に関し権利を有する者が埋立に同意したときを挙げ、同法五条各号において、公有水面に関し権利を有する者として一定の者を列挙し、同法六条一項において、埋立の免許を受けた者は右権利者に損害を補償し又は損害の防止の施設をなすべき旨規定し、さらに、その施行令六条において、埋立免許に際して公益上又は利害関係人の保護に関し条件を付し得る旨規定している。したがつて、同法は、埋立免許について、同法五条各号に列挙した公有水面に関し権利を有する者の利益を個別的に保護することを目的として、行政権の行使に制約を加えているということができる。

しかしながら、同法のその他の規定、同法施行令及び同法施行規則の各規定をみると、右権利者の他に周辺に居住する住民、周辺海域で漁業を営む漁民、埋立地及びその周辺地の利用者等の個人的利益を個別的、具体的に保護する趣旨のものと認め得る規定はない。

同法四条一項は、公有水面の埋立免許基準について、その埋立が環境保全及び災害防止につき十分配慮されたものであり（同項二号）、埋立地の用途が土地利用又は環境保全に関する国又は地方公共団体（港湾局を含む）の法律に基づく計画に違背しないこと（同項三号）などを定めている。しかし、同項二号が規定する免許基準は、極めて抽象的に規定するにとどまり、環境保全の具体的基準を明示しておらず、行政庁に対して一般的、抽象的に環境保全に対する配慮を求めているにすぎないのであって、これにより周辺住民が環境悪化を受けないという利益は、右規定が目的とする公益保護の結果として生ずる反射的利益にすぎない。また、同項三号が規定する環境保全に関する計画とは、公害対策基本法に定める基準ないし計画をいうものと解されるところ、右は行政の努力目標を定めるものであって、同号の規定は、周辺住民に対して環境悪化を受けないという利益を個別的に保障した規定ではない。したがって、これらの規定は、環境保全、土地利用の適正化、利権化の防止という一般的な公益を図る趣旨で定められた極めて抽象的な規定であって、公益を図る趣旨と同時に、周辺住民、周辺漁民等の個別的、具体的利益を保護するため、埋立免許に制約を課した趣旨を含んでいるものと解することはできず、これにより周辺住民、周辺漁民等が環境悪化を受けないという利益等は、右規定が目的とする公益保護の結果として生ずる反射的利益にすぎないというべきである。

また、同法三条は、埋立免許出願の際に、都道府県知事が出願事項を縦覧に供し、埋立に関し利害関係を有する者が右縦覧期間内に都道府県知事に意見書を提出することができると定めているが、この趣旨は、免許権者が埋立免許の付与をする際、埋立にまつわる各種の事情を広く収集し、適正かつ合理的な判断を行うことを担保するためのものであって、提出された意見が免許権者の裁量を法律上拘束するものではないし、意見書を提出した者に不服を申し立てる手続も法定されていないことなどからすれば、右規定を根拠に同法が周辺住民等の環境上の利益を個別、具体的に保障するために免許権者に制約を課したものと解するのは困難である。

さらに、同法四七条二項は、主務大臣が埋立免許の認可をする際に、環境保全上の観点よりする環境庁長官の意見を求めなければならないと定めているが、ここにいう環境庁長官の意見も、免許権者が十分審査し得ない大規模なものなどについて、環境保全上の観点からの意見を聞くためのものにすぎない。

したがって、同法五条各号に列挙する権利者は、埋立免許処分の取消しを求める原告適格を有するといえるが、同法が埋立免許処分についての第三者の個別的、具体的利益保護を考慮しているのは、同法五条が列挙する権利者のみであり、右権利者に当たらない周辺住民、周辺漁民等は原告適格を有しないというべきである。

㈢　原告らの原告適格

原告らは、いずれも、本件埋立地の周辺に居住する住民、本件埋立地の砂浜をレクリエーションの場として利用している者、あるいは周辺海域で漁業を営む者のいずれかに該当し、本件埋立によって、自然環境や生活環境が破壊され、かつ災害発生の危険が生じ、環境権等が侵害され、あるいは、漁業を営む権利が侵害されるなどと主張する者である。

しかしながら、前記のとおり、公有水面埋立法五条に列挙された権利者以外の周辺住民、周辺漁民等に埋立免許処分の取消しを求める原告適格は有しないと解するべきであるから、原告らが同法五条に列挙された権利者でない以上、原告適格は有しないというべきである。

仮に、埋立免許に関する法規定が、これらの規定に反した埋立により周辺住民等の生命、身体等に重大な被害を及ぼすおそれがあるときに、周辺住民等のこのような利益を単に一般的公益としてだけでなく、個々人の個別的利益としても保障する趣旨を含むものと解するのが相当であるとしても、原告適格を有する住民の範囲は、埋立地周辺に居住し、根拠規定の定める免許基準などの審査に過誤があった場合に生じるおそれがある災害などによって直接的で重大な被害を受けるものと想定される周辺住民等に限定されるというべきである。

原告らが主張する利益又は被害は、生命、身体等に重大な被害を受ける可能性があるというものではなく、また、その被害の内容について何ら具体的な立証をしていないのであるから、いずれにしても、原告らは原告適格を有しないというべきである。

㈣　原告坂口登、同吉田久之及び同稲葉和廣の原告適格

(1)　右原告三名は、本件埋立予定の佐志浜の地先の海域において、共同漁業権及び区画漁業権を有する唐房漁協の組合員であって、公有水面埋立法五条二号所定の公有水面に関する権利を有する者であると主張する者である。

しかしながら、本件漁業権放棄決議により、本件埋立地の海域内における漁業権は消滅しているのであるから、右原告三名が本件埋立地の公有水面に関して有していた漁業を営む権利も消滅し、したがって、もはや本件埋立免許処分の取消しを求める原告適格を有しない。

(2)　右原告三名は、本件漁業権放棄決議は無効であるから、いまだ本件埋立地の公有水面に関し漁業を営む権利を有し、原告適格を有する旨主張するが、以下のとおり、右決議に無効原因となる瑕疵は存在せず、右決議は有効である。

①　漁業協同組合の総会決議に手続違背がある場合でも、決議の瑕疵がその性質、程度からみて軽微で決議の結果に影響を及ぼさないと認められるときは、その決議は無効とはいえないと解するのが相当であるし、そうでない場合でも、その違背を知りながら異議なく決議に加わつた組合員はその無効を主張することができず、これを知らなかつた組合員も、決議を知つてから相当の期間を経過した後は、手続規定によつて保護された利益を放棄したものと認められる結果、その瑕疵は治癒され、その無効を主張することができないというべきである。

右原告三名は、いずれも本件漁業権放棄決議がなされた総会に出席しており、その瑕疵として主張している事由が存在していることを十分知つていたものと推定される。しかるに、右原告らが決議の瑕疵を主張したのは早くとも決議から一年近くを経過した本件訴訟の提起によつてであり、かつ、右原告らは唐房漁協を相手方として決議の効力を争う訴訟は提起していない。したがつて、そもそも、右原告らは、手続違背を主張して本件漁業権放棄決議の効力を争うことはできないというべきである。

②　組合員全員の同意の必要性の有無

現行漁業法のもとにおける漁業権は、古来の入会権漁業とはその性質を全く異にするものであつて、組合員の漁業を営む権利は、漁業協同組合という団体の構成員としての地位に基づき、組合の制定する漁業権行使規則の定めるところに従つて行使することのできる権利であるから、漁業権の放棄に組合員全員の同意は必要ではない。

したがつて、唐房漁業協同組合の組合員全員の同意を取らずに本件漁業権放棄決議がなされた点について、何ら手続上の瑕疵はない。

③　書面同意の必要性有無

漁業法八条五項、三項所定の書面による同意が必要とされるのは、特定区画漁業権及び第一種共同漁業権に係る漁業権行使規則の変更又は廃止についてであつて、漁業権の変更又は放棄については必要とされるものではなく、漁業権の放棄については、漁業法八条五項、三項の規定は適用ないし類推適用されず、水産業協同組合法五〇条所定の総会特別決議があれば足りるというべきである。

したがつて、漁業法八条五項、三項所定の書面による同意を取らずに本件漁業権放棄決議がなされた点について、何ら手続上の瑕疵はない。

④　無資格者の総会参加の有無

右原告三名は、本件漁業権放棄決議に正組合員の資格を持たない者が多数参加し、議決権を行使している旨主張する。

水産業協同組合法一八条一項では、漁協の地区内に住所を有し、かつ漁業に従事する日数が一年を通じて九〇日から一二〇日までの間で定款で定める日数を超える漁民は、漁協の組合員たる資格を有すると規定し、唐房漁協の定款は、正組合員資格を組合の地区内に住所を有しかつ一年を通じて一二〇日を超えて漁業を営みまたはこれに従事する漁民と定めているにすぎず、漁協の地区の地先・沿海において、漁業を営みまたは従事する者であることは正組合員の資格要件として、定款中に何ら規定されていない。

したがつて、地先・沿海の漁場を遠く離れた東シナ海、沖縄近海等における漁業を営みまたはこれに従事する者であつても正組合員たり得るのである。

また、水産業協同組合法一八条一項所定の漁業を営みまたはこれに従事する日数の計算については、過去の実績を判断の基準として尊重すべきことはいうまでもないが、過去の実績のみに基づいて判断すべきではなく、現在及び将来におけるその意思及び能力、その他客観的状況をも勘案し、その者が何日程度漁業を営み又はこれに従事するような者であるかを総合的に判断すべきであるから、過去の実績のみから無資格者であるとする右原告らの主張は失当であるし、右原告らが主張の根拠とする無資格者の名簿も、客観性に乏しく、信用性に乏しいものである。

したがつて、本件漁業権放棄決議に無資格者が多数参加した事実は認められないというべきである。

仮に、無資格者が総会及び決議に参加していたとしても、そのような事由は、水産業協同組合法一二五条所定の議決方法の瑕疵として同条による決議の取消原因とはなり得ても、右決議が右取消をまたず、当然無効になるものではない。

また、仮に、無資格者が総会及び決議に参加していたとしても、右原告三名が正組合員ではないと主張する三四名を投票数及び賛成者数から差し引いても、水産業協同組合法五〇条所定の特別決議の要件を満たしている。したがつて、これは投票の結果に影響を及ぼさない程度の軽微な瑕疵であり、本件決議が当然無効とするような重大かつ明白な瑕疵とはいえない。

⑤　漁業補償金の配分方法と決議の瑕疵

唐房漁業協同組合の理事らが、組合員に対し、本件漁業権放棄決議の前に、漁業補償金の具体的な配分方法について説明し、右決議に賛成するように言ったこと、右理事らの言動が佐賀県の指導の下に行われたこと、組合員らが漁業補償金を得ることのみを目的として右決議に賛成したことについては、いずれもそのような事実は認められないというべきである。

仮に、右の各事実があって、錯誤に基づいて議決権を行使した者がいたとしても、本件漁業権放棄決議のごとき合同行為には、民法の錯誤の規定を適用することはできない。すなわち、投票は表示主義により、その表示に従って投票者の意思と責任とを確認するものであって、たとえ投票者の錯誤によってなされた場合であっても、その投票の効力に影響を及ぼすものとは解されない。したがって、仮に錯誤に基づく決議権行使により本件漁業権放棄決議がなされたとしても、右決議が無効となるわけではないというべきである。

しかも、本件の漁業補償金の配分に関する手続と本件漁業権放棄決議とは、性質上全く異なるものであるうえ、手続上も両決議は全く別個に行われている。すなわち、本件漁業権放棄決議は、平成二年五月一九日、唐房漁業協同組合の平成元年度通常総会において議決され、その約一年後の平成三年五月一一日、平成二年度通常総会において、初めて組合員に対して漁業補償金の配分に関する説明が行われ、その際に具体的な配分額につき総会決議により配分委員会に一任されてたのである。したがって、本件漁業補償金の配分に関する手続及び内容が、本件漁業権放棄決議の効力に何らかの影響を及ぼすものとは到底いえないのであって、本件漁業補償金の配分に関する手続及び内容が違法、無効であることを理由に、本件漁業権放棄決議が違法、無効となるわけではないというべきである。

また、そもそも、本件漁業補償金の配分決議は適法というべきであり、少なくとも、決議の内容がこれを無効にするような著しく不合理な内容を含むものとは到底いえないのであって、有効であるから、本件漁業権放棄決議の成立過程に重大な瑕疵があるということもできない。

⑥　以上のとおり、本件漁業権放棄決議に無効事由となり得る瑕疵はなく、有効である。

(五)　原告熊本光佑ら二四名の原告適格

原告熊本光佑ら二四名は、本件埋立区域である佐志浜に排水をなしている者であって、公有水面埋立法五条四号所定の公有水面に関する権利を有する者、すなわち、慣習排水権者であると主張する者であるが、次のとおり、いずれも、右権利を有する者ではない。

同法五条四号にいう慣習排水権者とは、公有水面に対し、排他的に長期かつ継続的に排水をなし、慣習法上の排水権を有する者をいい、右の排水は、公有水面に直接排水されるものに限られると解すべきであり、慣習法上の権利と評するに至らない場合や道路側溝等を通じて公有水面に間接的に排水している者は含まないというべきである。

右原告二四名は、いずれも、市道陸側側溝、国道陸側側溝あるいは海岸保全施設側溝等に生活雑排水をなしている者である。また、原告宮﨑盛夫の自宅、同宮﨑久美子（ただし別紙当事者目録の原告番号17）及び同宮﨑義晴の自宅並びに同中山博所有の建物からは、それぞれ本件埋立地の佐志浜に直接つながる排水路、配水管等も存在するが、それら排水路、配水管等は、破損していたり、土砂等が詰まつていたりして、現時点でその排水の機能を果たしていない。

したがつて、右原告二四名は、いずれも、現在本件埋立区域に直接排水をなしている者ではなく、同法五条四号所定の慣習排水権者に当たらないというべきであるから、本件埋立免許処分の取消しを求める原告適格を有しない。

仮に、右原告二四名が慣習排水権者であるとしても、本件埋立は、埋立竣功後も右原告らの排水が可能となるよう計画されているのであつて、本件埋立により右原告らの従前の生活雑排水の排出状態が阻害されることはないから、右原告らは本件埋立免許処分の取消しを求める利益を有しない。

㈥　よつて、原告らは、いずれも、本件埋立免許処分の取消しを求める原告適格を有しないから、原告らに対する本件訴えはいずれも却下されるべきである。

2　本件埋立免許処分が違法であるか否か。

(原告らの主張)

㈠　憲法一一条、一三条、二五条違反

原告らは、健康で快適な自然環境や生活環境を享受する権利を有するところ（憲法一一条、一三条、二五条）、本件埋立免許処分は、原告らの有する環境権、入浜権、財産権等を侵害する違法なものである。

(1)　自然環境や自然景観の破壊

本件埋立は、自然海浜の佐志浜の砂丘を消失させ、自然環境や自然景観を到命的に破壊する。

(2)　生活環境等の破壊

本件埋立により、生活雑排水が増加して環境が破壊され、本件埋立工事により、生活環境が悪化し、さらに、本件埋立により佐志川の河口の形状が、海から陸に向かつて「ハ」の字型となつているため、河口周辺部で氾濫する危険が高く、周辺住民の家屋や家財道具の損壊や生命身体の危険を招くおそれがある。

㈡　公有水面埋立法四条一項一号違反

公有水面埋立法四条一項一号は、国土利用上適正かつ合理的なことが埋立免許基準であると規定しているが、本件埋立免許処分はこの基準を充たしていない違法なものである。

右基準は埋立を免許することのできる最小限度の要件であり、右基準の適合性の判断には右埋立の必要性がまず検討されなければならないところ、本件埋立計画で埋立の必要な理由とされている点は、いずれもその必要とする前提事実にまやかしや不合理な点がある。すなわち、本件埋立計画を含む唐津港港湾計画は、その計画内容に合理性がなく、計画の予測と推計に確たる根拠がない杜撰なものであり、また、住宅関連用地の確保の必要性や埋立による道路用地の確保の必要性等は全く認められない。

㈢　公有水面埋立法四条一項二号違反

公有水面埋立法四条一項二号は、環境保全及び災害防止につき十分配慮せられたることが埋立免許基準であると規定するが、本件埋立はこの基準を充たしていない違法なものである。

本件埋立によって自然環境や生活環境が破壊され、かつ災害の発生の危険があることは、前記㈠のとおりである。また、本件埋立に先立って行われた環境影響評価は、過去の埋立による影響を度外視したものであり、周辺住民や周辺漁民の意見の聴取が十分になされないままに行われたものであるから、環境保全に十分配慮されているとは到底言えない。

㈣　公有水面埋立法四条三項一号違反

公有水面埋立法四条三項一号は、漁業権者（同法五条二号）や慣習排水権者（同法五条四号）の同意をとりつけることが埋立免許基準である旨規定するが、本件埋立免許処分は、右基準を充たしていない違法なものである。

(1)　漁業権者の同意の欠缺

唐房漁協は、平成二年五月一九日の本件漁業権放棄決議をもって本件埋立地内の公有水面に設定された松共第五号共同漁業権と松区第一二〇三号区画漁業権を各一部放棄し、これに基づいて、同年七月三〇日、本件埋立に同意したとされるが、前記二の1の（原告らの主張）の㈣の(2)のとおり、本件漁業権放棄決議は違法無効なものであるから、右埋立同意は無効というべきである。

(2)　慣習排水権者の同意の欠缺

原告熊本光佑ら二四名は、前記二の1の（原告らの主張）の㈤のとおり、公有水面埋立法五条四号に定める慣習排水権者であるというべきである。

　原告宮﨑盛夫は、平成二年七月二七日付け同意書に署名捺印したことがある。しかしながら、右原告は、佐賀県職員から、県道の下を通つて佐志浜へ流出すべく配管された排水路をこれまでどおり使用することを県にお願いする趣旨の文書に署名押印を求められたものの、埋立の件の説明を受けなかつたため、埋立に同意する文書であるとの認識がないまま差し出された文書に署名押印したものであるから、右原告には埋立に同意する意思はなかつたというべきである。仮にそうでないとしても、佐賀県職員が、埋立同意の趣旨の文書であるのにそれを言葉巧みに隠し、右原告をして、既存の排水路を維持するためのお願いの文書と誤信させたものであるから、詐欺による同意の意思表示と評価でき、右原告は、平成三年一月、佐賀県知事に対し、右同意の意思を取り消す旨通知した。したがつて、右原告の同意は無効である。

　さらに、原告熊本光佑ら二四名のうち原告宮﨑盛夫を除く二三名から、本件埋立について同意をとりつけた事実はない。

㈤　よつて、本件埋立免許処分は違法無効であり、取り消されるべきである。


（被告の主張）

㈠　埋立免許の適法性判断基準について
　公有水面埋立法の規定をみると、同法三条及び四条以外に免許要件に関する規定は置かれていないところ、公有水面の埋立が、国土利用上適正かつ合理的なものであるか否か（同法四条一項一号）、あるいは、環境保全及び災害防止につき十分配慮されたものであるか否か（同二号）については、当該埋立の内容・方法・規模・必要性、公共性、埋立区域の地形、自然的条件、埋立時及びその後における埋立区域及びその周辺の環境への影響・災害発生のおそれなどの諸般の事情について、政策的見地あるいは技術的・専門的知見をふまえて、多角的かつ総合的に判断する必要がある。
　右各免許基準がいずれも一般的・抽象的に示すにとどまつていることも併せ考えると、右基準の適合性の判断は、免許権者の広範な政策的あるいは技術的・専門的な裁量に委ねられているところであり、したがつて、免許権者の判断の過程に看過し難い過誤、欠落があるために、その判断が合理性を欠くことになるような場合でない限り、その裁量の逸脱・濫用はなく、右免許基準に違反しないと解するのが相当である。
㈡　公有水面埋立法四条一項一号について
　本件埋立計画は、唐津市総合計画及び佐賀県長期構想の施策に沿うものであり、唐津港港湾計画に適合するものである。唐津港港湾計画は、唐津港港湾管理者がその策定過程において関係機関等と調整のうえ、地方港湾審議会及び運輸省港湾審議会における審議、答申を経て、十分に内容を検討したうえで改定したものであって、その内容に杜撰な点はない。

また、本件埋立は、①都市開発に伴う家屋移転用地の確保、②地域住民のレクリエーション緑地の確保、③臨港道路妙見線の用地の確保、④港湾整備に伴う浚渫土砂及び公共事業に伴う安定型産業廃棄物の処分場の確保が必要であることから策定されたものであり、必要性、公共性に適ったものである。

したがって、本件埋立免許処分は、公有水面埋立法四条一項一号の「国土利用上適正かつ合理的なものであること」との免許基準を充たすものである。

㈢　公有水面埋立法四条一項二号について

本件埋立は、埋立区域の現況及び埋立による影響に関する問題点を的確に把握したうえで、これに対する措置が十分講じられているのであって、環境保全及び災害防止につき十分配慮して計画、実施されたものであり、公有水面埋立法四条一項二号の免許基準を充たすものである。

㈣　公有水面埋立法四条三項一号について

前記1の（被告の主張）の㈣の⑵のとおり、本件漁業権放棄決議に無効事由となり得る瑕疵はないというべきであるから、唐房漁協がなした埋立同意は有効であるし、前記1の（被告の主張）の㈤のとおり、原告熊本光佑ら二四名は、公有水面埋立法五条四号所定の慣習排水権者には当たらないというべきであるから、右原告らから埋立同意をとりつける必要はない。

また、本件埋立免許において、本件埋立地内の公有水面に関し権利を有する者（同法五条）の全ての者から埋立同意をとりつけており、同法四条三項一号の免許基準を充たすものである。

㈤　よって、本件埋立免許処分は、免許要件を充たしたものであり、公有水面埋立法に準拠して適法になされたものである。

第三　争点に対する判断

一　争点1（原告適格）について

1　行政事件訴訟法九条は、取消訴訟の原告適格について規定しているが、同条にいう当該処分の取消しを求めるにつき「法律上の利益を有する者」とは、当該処分により自己の権利若しくは法律上保護された利益を侵害され又は必然的に侵害されるおそれのある者をいうと解すべきである。そして、右にいう法律上保護された利益とは、行政法規が私人等権利主体の個人的利益を保護することを目的として行政権の行使に制約を課していることにより保障されている利益であって、それは、行政法規が他の目的、特に公益の実現を目的として行政権の行使に制約を課している結果たまたま一定の者が受けることとなる反射的利益とは区別されるべきものである。したがつて、当該処分を定めた行政法規が個々人の個別的、具体的利益を保護する趣旨のものと解し得る場合には、当該処分により右利益を侵害された者は、法律上保護された利益を侵害された者として、当該処分の取消訴訟における原告適格を有するが、行政法規が一般的な公益を保護する趣旨のものと解される場合には、右公益に包含される不特定多数者の利益に対する当該処分による侵害は、単なる法の反射的利益の侵害にとどまるから、かかる利益の侵害を受けたにすぎない者は、当該処分の取消訴訟における原告適格を有しないというべきである。しかしながら、他方、当該処分を定めた行政法規が、不特定多数者の具体的利益を専ら一般的公益の中に吸収解消させるにとどめず、それが帰属する個々人の個別的利益としてもこれを保護すべきものとする趣旨を含むと解される場合には、かかる利益も右にいう法律上保護された利益に当たり、当該処分によりこれを侵害され又は必然的に侵害されるおそれのある者は、当該処分の取消訴訟における原告適格を有するものというべきである。そして、当該行政法規が、不特定多数者の具体的利益をそれが帰属する個々人の個別的利益としても保護すべきものとする趣旨を含むか否かは、当該行政法規の趣旨・目的、当該行政法規が当該処分を通して保護しようとしている利益の内容・性質等を考慮して判断すべきである（最高裁昭和四九年(行ツ)第九九号同五三年三月一四日第三小法廷判決・民集三二巻二号二一一頁、最高裁昭和五二年(行ツ)第五六号同五七年九月九日第一小法廷判決・民集三六巻九号一六七九頁、最高裁昭和五七年(行ツ)第四六号平成元年二月一七日第二小法廷判決・民集四三巻二号五六頁、最高裁平成元年(行ツ)第一三〇号同四年九月二二日第三小法廷判決・民集四六巻六号五七一頁、最高裁平成六年(行ツ)第一八九号同九年一月二八日第三小法廷判決・民集五一巻一号二五〇頁参照）。これに反する原告らの原告適格に関する見解は採用できない。

2　以下、右のような見地に立つて、原告らが公有水面埋立法二条に基づく本件埋立免許処分の取消しを求める原告適格を有するか否かについて判断する。

㈠　本件埋立免許処分は、公有水面埋立法二条一項に基づくものであり、一定の公有水面の埋立を排他的に行つて土地を造成する権利を付与する処分であるところ、原告らは、昭和四八年の同法改正の趣旨等に鑑みれば、同法五条において列挙する埋立に関する工事の施工区域内における公有水面に関し権利を有する者以外の者であっても、同法は、広く利害関係人の具体的利益を専ら一般的公益の中に吸収解消させるにとどめず、これと並んで個別的利益としても保護すべきものとする趣旨を含むと解すべきであり、本件埋立地の周辺住民、周辺漁民等である原告らは、いずれも、本件埋立免許処分により、生命、身体、財産権、環境権等の諸権利を著しく侵害されるおそれがあるから、右処分の取消しを求める原告適格を有する旨主張する。

(1)　確かに、昭和四八年法律第八四号による同法改正の趣旨は、近年における埋立を取り巻く社会経済環境の変化に即応し、公有水面の適正かつ合理的な利用に資するため、特に自然環境の保全、公害の防止、埋立地の権利処分及び利用の適正化等の見地から一部改正を行ったものであり、主要な改正点は、環境の保全や埋立地の利用の適正化を図り、また、利害関係人との調整を強化するため、埋立免許の基準を法定し、免許基準を明確にしたこと、都道府県知事は、埋立免許の出願事項を公衆の縦覧に供するとともに、関係都道府県知事に通知するなど、埋立に利害関係を有する者の意見を反映させる措置を拡充したこと、及び大規模な埋立等について、環境保全上の観点からの調整を図るため、主務大臣がこれを認可しようとするときには、環境庁長官の意見を求めなければならないとしたことなどである。すなわち、同法は、その四条一項において、公有水面の埋立の免許権者は、「国土利用上適正かつ合理的なものであること」（同項一号）、「その埋立が環境保全及び災害防止について十分配慮されたものであること」（同項二号）、「埋立地の用途が土地利用又は環境保全に関する国又は地方公共団体（港湾局を含む）の法律に基づく計画に違背しないこと」（同項三号）、等の基準に適合すると認める場合でなければ埋立の免許をすることはできない旨規定し、同法四七条二項において、大規模な埋立等政令で定める埋立に関し、主務大臣が認可をするときは、環境保全上の観点から専門的知識を有する環境庁長官の意見を求めなければならない旨規定し、同法三条において、都道府県知事は、埋立の免許の出願があったときは、それを告示するとともに、三週間公衆の縦覧に供し（同条一項）、かつ、関係都道府県知事に通知しなければならず（同条二項）、埋立に関し利害関係を有する者は、縦覧期間満了の日までに都道府県知事に意見書を提出することができる（同条三項）旨規定する。そして、右利害関係を有する者とは、特に限定的に解する理由はなく、埋立に関する工事の施工区域内の公有水面に関し権利を有する者はもちろんのこと、埋立地周辺の海域で漁業を営む者や埋立により生活環境が影響を受ける地域住民等も含まれるというべきである。

(2) しかしながら、同法四条三項、五条の規定が具体的に定められているのに対し、同法四条一項一号の規定は、およそ埋立の可否の判断の基本となる一般理念を示した極めて抽象的な規定であるとし、同項二号が規定する環境保全に関する基準は、埋立行為そのものに特有の配慮事項として、環境問題及び災害問題につき、一般的、公益的な見地から、現況及び影響を的確に把握したうえで、これに対する措置を適正に講ずることを免許基準としたものであり、一定水準以上の環境、安全性を確保するという行政目的達成のための一般的、抽象的基準であって、環境保全等の具体的基準を明示していない。同項三号の規定は、埋立地の用途について、埋立地周辺等における土地利用上での整合性を求めたものであり、右規定により、環境保全に関しては、環境への影響が環境基本法（同法が施行された平成五年一一月一九日以前は公害対策基本法）により定められた環境基準や公害防止計画等の許容基準を超えてはならないことが要求されることになるが、右は、人の健康を保護し、生活環境を保全する上で維持されることが望ましい基準であって、行政の努力目標を示す指標にすぎないものである。また、同法四七条二項は、埋立に環境保全上の配慮を加えるための規定であるところ、環境庁長官の意見は十分に尊重されなければならないものであるとしても、右意見は、認可、免許自体の効力を左右するものではない。さらに、同法三条は、埋立免許出願事項の告示縦覧、利害関係人の意見書提出等について定めており、この規定は、行政の正当性を担保するため国民の行政参加の一環として利害関係人の意見等を反映させるものであるが、提出されたちの意見書の取扱については、何ら明文による規律がなされておらず、免許権者は、これら意見に直ちに拘束されるものではないし、意見に対して回答すべき法律上の義務を負うものでもない。

そうすると、これらの規定は、専ら一般的な公益を保護する趣旨のものと解するのが相当であり（ただし、同法四条一項二号の規定は、後述するとおり、一定の範囲で個々人の個別的利益としても保護する趣旨を含む。）、周辺住民、周辺漁民等の有する生活上又は営業上の環境利益、あるいは周辺漁民の有する漁業を営む権利を一般的公益の中に吸収解消されない個別的利益としても具体的に保護すべきものとする趣旨を含むものと解することは到底困難である。そして、他に、公有水面埋立法の趣旨、目的に照らして、周辺住民、周辺漁民等の右利益を個々人の個別的利益として保護すべきものとする趣旨を含むと解することのできる理由は見当たらない。

(3)　したがって、同法が周辺住民、周辺漁民等が有する健康で快適な自然環境や生活環境を享受する権利、周辺海域で漁業を営む権利等を個別的利益として保護すべきものとする趣旨を含むことを理由に、本件埋立地の周辺に居住する住民、本件埋立地内にある佐志浜を利用している者、周辺において漁業を営む者である原告らが本件埋立免許処分の取消しを求める原告適格を有する旨の原告らの主張は、採用することができない。

(4)　ところで、原告らのうち佐志川ないし本件埋立地周辺に居住する者らは、本件埋立により、東側にある佐志川の河口周辺で氾濫等が発生する危険があり、それによって生命、身体の安全等に著しい障害を受けることになるから、本件埋立免許処分の取消しを求める原告適格を有する旨主張する。環境保全と共に災害防止について規定する同法四条一項二号は、埋立地そのものの安全性を確保し、さらには埋立に伴い他に与える災害を防止することをも目的とするものであるところ、前記のとおり、右は抽象的、一般的な規定であって、一般的な公益を保護する趣旨のものと解され、また、埋立地はそれ自体必ずしも周辺住民等の生命、身体等に直接的かつ重大な被害をもたらす危険性を有するものではないが、他方、災害防止につき十分な配慮がなされない結果、埋立地及びその周辺地域において、護岸の破壊、高潮、津波、河川の氾濫等の災害が発生する場合もあり得るのであって、その場合には、一定地域に居住する住民の生命、身体等に直接的かつ重大な被害を与えることになる。したがって、右規定は、そのような災害発生のおそれがあることに鑑み、そのような災害を防止するために、災害防止に十分配慮されている場合にのみ免許することとしているものと解される。そうすると、右規定は、不特定多数者の生命、身体等の安全を一般的公益として保護しようとするにとどまらず、一般的公益の中に吸収解消し得ないものとして、これら住民の生命、身体の安全等を個々人の個別的利益としても保護する趣旨を含むと解するのが相当である。以上のとおり、災害防止につき十分な配慮がなされない結果、埋立地及びその周辺地域において、護岸の破壊、高潮、津波、河川の氾濫等の災害が発生する蓋然性が高いと認められる場合に限り、一定範囲の地域に居住する住民は、埋立免許処分により、生命、身体の安全等を必然的に侵害されるおそれのある者として、右処分の取消しを求める原告適格を有すると解するのが相当である。

そこで、本件埋立により、佐志川の氾濫等の災害が発生する蓋然性が高くなると認められるか否かについて判断する。

原告らは、本件埋立地東側の外周護岸の形状により、佐志川の河口が海から陸に向かつて「ハ」の字型に広がることになり、このことにより河口周辺部が氾濫する危険性が高くなる旨主張し、原告増本亨作成の調査報告書、原告中村勝彦及び同増本亨作成の意見書、原告吉田久之作成の陳述書、元九州大学工学部教授内田一郎作成の書簡並びに証人内田一郎の証言及び原告増本亨の供述は、原告らの右主張に沿うものである。すなわち、「佐志川の河口周辺から下流域は、これまで度々浸水被害が発生した地域であるところ、護岸埋立工事によつて、佐志浜の消波・遊水機能がなくなるばかりか、沖合に向かつて「ハ」の字型に広がる護岸によつて、台風襲来時には、高潮時に押し寄せる潮を増大させ、上流からの大雨と重なつて、河口周辺から下流域に壊滅的な浸水被害を及ぼすおそれがある。」「右護岸の構造は一応消波機能を備えたものではあるが、大潮の満潮時の潮位二二〇センチメートルを超えると、その消波構造は水没してしまい、消波機能は働かなくなる。」「昭和二六年にこの地方を襲つたルース台風のような異常気象現象を考慮に入れて設計すべきである。」などと指摘するものである。

しかしながら、これらは、依拠する客観的・科学的データに乏しいものであるばかりか、本件埋立により佐志川の氾濫の危険性が高まることについて、その具体的可能性を示すものではない（土木工学の専門家である証人内田一郎は、埋立護岸の形状・構造等の安全性を検討するに当たつては、異常気象時の現象も考慮に入れるべきであるとするものの、本件護岸工事によつて、以前より高潮の被害が大きくなるといえるかどうかに関しては、はつきりとしたことは分からない旨証言している。）。かえつて、佐賀県唐津港管理事務所作成の唐津港廃棄物埋立護岸基本設計委託・報告書及び唐津港佐志浜地区埋立地による影響検討調査・報告書によれば、本件埋立により佐志川河口付近での波高増大は認められないとされており、また、佐賀県土木港湾課作成の「潮位と佐志川河口部の波高について」と題する報告書によれば、消波構造の本件護岸は、既往最高潮位の場合にも消波機能を有するとされている。なお、原告増本亨及び証人内田一郎は、佐賀県作成のこれら報告書は、最近の短期間の資料に基づくものであり、昭和二六年に唐津地方に来襲して大災害を及ぼしたルース台風のような異常気象現象を検討の対象としたものではないから、安全性を保障するものではない旨批判するが、右各報告書は、過去約三〇年間の気象資料に基づいたものであって、港湾施設の施設の技術上の基準に関する運輸省通達に適合しており、十分判断資料となり得るものであり、逆に、それを超えた異常気象を予測していないとしても、そのことから右各報告書が、本件埋立の護岸工事が原因となって、高潮、津波、河口の氾濫等の災害が発生する蓋然性が高くなるという根拠となるものではない。

そして、他に本件埋立が佐志川の氾濫の危険性を高めることを認めるに足りる証拠は存しない。

以上によれば、本件埋立により、佐志川河口部から下流域において、高潮、津波、河川の氾濫等の災害が発生する蓋然性が高いとは認められず、したがって、原告らの原告適格を有する旨の前記主張は、理由がないといわざるを得ない。

㈡　同法五条は、埋立に関する工事の施工区域内における公有水面に関し権利を有する者として、「漁業権者」（同条二号）、「慣習により公有水面に排水をなす者」（同条四号）等を具体的に挙げ、同法四条三項一号は、右権利者らの同意があることを埋立免許の要件とする旨定め、同法六条一項において、埋立免許を受けた者は、右権利者らに対して、損害を補償し又は損害の防止の施設をなすべき旨定めていることによれば、同法が、右権利者らの個人的利益を個別的、具体的に保護することを目的として行政権の行使に制約を課していることは明らかである。したがって、埋立に関する工事の施工区域内における公有水面に関し権利を有するこれらの者は、埋立免許処分の取消しを求める原告適格を有する。

㈢　原告坂口登、同吉田久之及び同稲葉和廣は、本件埋立地の海域に設定された漁業権を有する唐房漁協の組合員であって、右漁業権から派生する漁業を営む権利を有する者であるところ、右原告三名は、本件漁業権放棄決議は無効であるから、公有水面埋立法五条二号所定の権利者として、本件埋立免許処分の取消しを求める原告適格を有する旨主張する。そこで、以下、本件漁業権放棄決議が無効であるか否かについて判断する。

(1)　漁業協同組合の開催する総会決議について、決議の内容又は成立過程に看過し得ない重大な瑕疵が存する場合は、右決議は当然に無効になると解するのが相当である。（なお、本件漁業権放棄決議がなされた後に施行された平成五年法律第二三号により改正された水産業協同組合法は、総会決議の取消し又は無効事由等につき商法の株主総会に関する規定を準用する（水産業協同組合法五一条、商法二四七条ないし二五二条）。）

(2) 右原告三名は、共同漁業権と特定区画漁業権は入会的権利であり、漁業協同組合に属する漁民に総有的に帰属するものであるから、その権利の放棄には部落漁民全員一致の意思による必要があるのに、本件においては、組合員全員の同意がないから、本件漁業権放棄決議は無効である旨主張する。

しかしながら、現行漁業法のもとにおける漁業権は、古来の入会漁業権とはその性質を全く異にするものであつて、法人たる漁業協同組合が管理権を、組合員を構成員とする入会集団が収益権能を分有する関係にあるとは到底解することができず、共同漁業権及び特定区画漁業権が法人としての漁業協同組合に帰属するのは、法人が物を所有する場合と全く同一であり、組合員の漁業を営む権利は、漁業協同組合という団体の構成員としての地位に基づき、組合の制定する漁業権行使規則の定めるところに従つて行使することのできる権利であると解するのが相当である（最高裁昭和六〇年(オ)第七八一号平成元年七月一三日第一小法廷判決・民集四三巻七号八六六頁参照）。

したがつて、右原告三名の右主張は、採用できない。

(3) 右原告三名は、漁業権の放棄には漁業法八条五項、三項所定の書面同意の手続が必要であるのに、本件においては、右書面同意がなされていないから、本件漁業権放棄決議は無効である旨主張する。

確かに、昭和三七年法律第一五五号により改正された水産業協同組合法は、漁業権行使規則の制定、変更及び廃止は、准組合員を除く総組合員の半数以上が出席しその議決権の三分の二以上の多数による議決を要する総会の特別決議事項と定め（同法四八条一項九号、五〇条五号）、右の同時に同年法律第一五六号により改正された漁業法は、特定区画漁業権及び第一種共同漁業権について漁業権行使規則の制定、変更及び廃止については、右議決の前に、地元地区又は関係地区内に住所を有する一定資格の組合員の三分の二以上の書面による同意を得なければならないものと定めている（同法八条三項、五項）。しかしながら、漁業法は、漁業権の帰属と漁業を営む権利とを明確に区別して規定し（同法一四条八項、八条一項）、水産業協同組合法も漁業権の設定、得喪又は変更と漁業権行使規則の制定、変更及び廃止とを明確に区別して規定していること（同法五〇条四号、五号）、漁業法八条五項、三項の規定は、その文言上、漁業権行使規則の制定、変更又は廃止の場合についてのみ、所定の書面同意を要する旨定めていること、漁業権は、漁業協同組合又はその連合会に帰属し、その構成員たる個々の組合員の漁業を営む権利は、組合の制定する漁業権行使規則の定めるところに従って行使できる権利であって、漁業権そのものではなく、漁業権から派生した権利であることを考慮すると、漁業権の得喪又は変更、すなわち漁業権の放棄につき漁業法八条五項、三項の規定の適用、類推適用はないと解するのが相当である。

したがって、右原告三名の右主張は、採用できない。

(4)　右原告三名は、漁民らが本件埋立による漁業への影響が軽微であると誤信して決議に参加したものであるから、右決議は無効である旨主張する。

しかしながら、右事実を認めるに足る証拠は存しないし、右事実をもってその瑕疵が看過し得ない程重大なものであるとはいえず、決議無効事由にはなり得ないというべきである。

したがって、右原告三名の右主張は、採用できない。

(5)　右原告三名は、沖合延縄漁業者及び沖合一本釣漁業者は唐房漁協の正組合員資格を有しないのに、これら無資格者が多数決議に参加したことから、本件漁業権放棄決議は無効である旨主張する。

しかしながら、議決権を有する正組合員の資格については、水産業協同組合法においてその範囲を規定しているところ、同法一八条一項一号は、「当該組合の地区内に住所を有し、かつ、漁業を営み又はこれに従事する日数が一年を通じて九十日から百二十日までの間で定款で定める日数を超える漁民」と規定し、その文言上明らかに住所要件と漁業を営み又は従事する日数要件とを定めた上、定款で漁業日数を一定範囲内で任意に選択できるとするのみであって、組合の地区内に住所を有する漁民は、漁業日数の要件を充たせば正組合員資格を有することになっている。さらに、仮に、一定の地域をその地区とする漁業協同組合において、沖合延縄及び沖合一本釣の漁民が正組合員たり得ず、せいぜい准組合員にすぎないものとすると、これら漁民は議決権等を有しないことになるが（同法二一条一項）、それでは、漁業権管理に関する事項のみならず、漁業協同組合の行う事業に係る事項についても広く総会の議決事項とされているため（同法四八条一項）、漁業協同組合はその行う事業によってその組合員のために直接の奉仕をすることを目的とする（同法四条）法の趣旨に反することになりかねないことに鑑みれば、沖合延縄及び沖合一本釣の漁民らも正組合員資格を有すると解するのが相当である。

したがって、右原告三名の右主張は、採用できない。

(6)　右原告三名は、唐房漁協定款に定める正組合員資格要件の日数・住所要件を欠落する無資格者が多数決議に参加したことから、本件漁業権放棄決議は無効である旨主張する。

唐房漁協定款は、正組合員資格として、「この組合の地区内に住所を有しかつ一年を通じて一二〇日を越えて漁業を営みまたはこれに従事する漁民」と定め（八条一項一号）、組合の地区について、「佐賀県唐津市八幡町、佐志浜町、唐房および浦、鳩川の区域とする。」と定めている（四条）ところ、児島強の戸籍の附票によれば、同人は、本件漁業権放棄決議がなされた当時、長崎市に住所を有し唐房漁協の正組合員資格の住所要件を欠いていたことが認められ、平成三年二月八日付け「佐志浜補償金配分案」と題する書面によれば、平成三年二月当時、唐房漁協が正組合員二一三名の内一一名の者を漁業とは関係のない職業に転職した者と把握していたことは窺われる。また、原告吉田久之作成の陳述書、平成五年組合員名簿等及び原告吉田久之の供述は、日数要件の欠く無資格者が多数決議に参加した旨の右原告三名の主張に沿うものとなつている。

しかしながら、正組合員資格の日数要件の判断に当たつては、その者の漁業を営み又はこれに従事した過去の実績をまず判断基準として尊重すべきではあるが、過去の実績のみに基づいて判断すべきではなく、現在及び将来におけるその意思及び能力その他客観的状況をも勘案し、その者が何日程度漁業を営み又はこれに従事するような者であるかを社会通念に従つて総合的に判断すべきであるところ、原告吉田久之作成の陳述書及び同人の供述は、過去の実績のみを基準としているものであるうえ、原告吉田久之の記憶に基づくものであつて、その大部分は本件漁業権放棄決議当時における実績の有無に関し確たる裏付けがあるわけではなく、客観性に乏しいものであることから、直ちに採用することはできない。

そして、他に、決議の無効事由となり得る看過し難い重大な瑕疵が存する程度に、本件漁業権放棄決議に多数の無資格者が参加したと認めるに足る証拠は存しない。

したがつて、右原告三名の右主張は、理由がないといわざるを得ない。

(7) 右原告三名は、組合理事らが漁民に対し漁業補償金の違法な配分を前提に漁業権放棄の決議に賛成するよう慫慂したことから、本件漁業権放棄決議は無効である旨主張する。

確かに、漁業権消滅の対価として支払われる補償金は、現実に漁業を営むことができなくなることによつて損失を被る組合員に配分されるべきものであり、その配分は、漁業補償の内容、漁業権行使の状況ないし操業の実態、組合員等の被害損失の程度・内容等の事情を十分考慮したうえで公平になされるべきものである。したがつて、具体的な配分が右各事情を十分考慮しない、恣意的ないし著しく不公平なものであるときは、それがなされた配分決議が、その内容に看過し難い重大な瑕疵があるものとして無効になる場合もあり得ると考えられる。

しかしながら、漁業権と漁業を営む権利とを峻別している現行漁業法のもとにおいては、漁業権放棄と組合員の有する収益権の喪失を補償する目的で支払われる漁業補償金の配分とは別個に取り扱われるべき事柄であつて、補償金の配分に関する決議の瑕疵が漁業権放棄決議の内容の瑕疵には直ちには結びつかないと解される。したがつて、仮に、著しい不公平な配分がなされることを前提にして漁業権放棄決議がなされたとしても、総会出席者が投票・議決に当たり動機において錯誤に陥つていたということであつて、その決議の内容が看過し難い重大な瑕疵が存するとして当然に無効となるものではないと解するのが相当である。

したがつて、右原告三名の右主張は、採用できない。

(8)　以上のとおり、本件漁業権放棄決議は無効であるとの右原告三名の主張は、いずれも採用し難く、結局、右原告三名の原告適格を基礎づける事実を認めることはできない。

㈣　原告熊本光佑ら二四名は、公有水面埋立法五条四号所定の慣習排水権者であるから、本件埋立免許処分の取消しを求める原告適格を有する旨主張する。

公有水面埋立法五条四号にいう慣習により公有水面に排水をなす者とは、公有水面に対し排他的に長期かつ継続的に排水をなし、慣習法上、排水をなす権利を有するに至つた者をいう。

右原告ら二四名のうち、原告宮﨑盛夫については、公有水面へ直接排水している配水管に至るまでの排水路が破壊されていることは、当事者間に争いはなく、同宮﨑久美子（ただし、別紙当事者目録の番号17）及び同宮﨑義晴については、同人らの排水管が詰まつていることは、当事者間に争いはなく、同中山博については、《証拠略》によれば、同人所有の建物から佐志浜の護岸壁を通じ公有水面に至る排水管が土砂で完全に詰まつており、いずれも、現に排出の機能を有していないことが認められる。したがつて、右原告らは、継続的に排水をなしていると認めることはできないから、公有水面埋立法五条四号所定の慣習排水権者には当たらない。

さらに、公有水面に対し、長期かつ継続的に排水をなしていても、それがもともと排水をなす権利を有するとはいえない場合は、右に当たらないというべきである。そして、一般公衆が公物たる公有水面を使用することによつて享受する利益は、公物が一般公衆に供用されたことの反射的利益であつて、原則として、権利としての使用権が与えられるものではなく、そのことは公物たる公有水面を長期かつ継続的に、他人の利用を排して排他的に利用する場合であつても異ならず、その利用が社会的に正当な利益として保護され、その利用が妨げられると業務上又は日常生活上著しい支障が生ずるなど、特定人の公物の利用が特定の権利又は法律上の利益に基づくものであると認めるべき特段の事情がない限り、公有水面に関し慣習法上の権利を有するものであるとはいえないというべきである。

原告熊本光佑ら二四名は、いずれもその居住する建物あるいは工場・倉庫（原告中山博につき）から、生活雑排水・雨水を排出していると主張する者であるところ、生活排水についての国民の責務等を定めた水質汚濁防止法や下水道整備を定めた下水道法等の各種規制に鑑みると、そもそも生活雑排水を公有水面にそのまま排出してそれを排他的に利用する利益は、社会的に正当な利益として保護されるべきものとはいえず、前記特段の事情を認めることはできないから、たとえ長期かつ継続的に排水をなしてきたとしても、慣習法上の権利とはなり得ないと解するのが相当である。

したがつて、原告熊本光佑ら二四名は、公有水面埋立法五条四号所定の慣習排水権者に当たらないというべきであるから、右原告らの原告適格を有するとする右主張は、採用できない。

3　以上によれば、原告らは、いずれも本件埋立免許処分の取消しを求める原告適格を有しないというべきである。

二　よつて、その余の争点について判断するまでもなく、原告らの本件訴えは原告適格を欠き不適法であるからこれを却下することとし、訴訟費用の負担につき、行政事件訴訟法七条、民事訴訟法六一条、六五条を適用して、主文のとおり判決する。

（時報一六八三号八一頁）

【ゆ】

【よ】

【り】

【る】

索　引

索引

（巻末よりご利用下さい。）

〈編者略歴〉 金田《かねだ》禎之《よしゆき》

昭和23年農林省入省，秋田県水産課長，水産庁漁業調整課長，沖合課長，瀬戸内海漁業調整事務局長，日本原子力船研究開発事業団相談役，㈳日本水産資源保護協会専務理事等を経て全国釣船業協同組合連合会会長，㈳全国遊漁船業協会副会長

〈主な著書〉

「都道府県漁業調整規則の解説」	新水産新聞社
「実用漁業法詳解」	成山堂書店
「日本漁具漁法図説」	〃
「定置漁業者のための漁業制度解説」	水産グラフ社
「漁業紛争の戦後史」	成山堂書店
「漁業関係判例総覧」	大成出版社
「総合水産辞典」	成山堂書店
「漁業法のここが知りたい」	〃
「日本の漁業と漁法（和文・英文）」	〃
「漁業関係の判決要旨370例」	大成出版社
「漁業関係判例要旨総覧」	〃

漁業関係判例総覧・続巻〔増補改訂版〕

2001年7月11日 第1版第1刷発行

編 者 金 田 禎 之

発行者 松 林 久 行

発行所 株式会社大成出版社

東京都世田谷区羽根木1－7－11

〒156－0042 電話 03(3321) 4131(代)

印刷 亜細亜印刷

ISBN4－8028－5984－8

●関連書籍のご案内●

漁業関係判例総覧
［増補改訂版］

編者●金田禎之
A５判・上製・1,400頁
定価16,800円（本体16,000円）
図書コード5718

漁業関係判例要旨総覧

編著●金田禎之
A５判・350頁
定価4,935円（本体4,700円）
図書コード5983

漁業制度例規集

監修●水産庁
A５判・上製函入・950頁
定価18,900円（本体18,000円）
図書コード5867

［改訂］
海区漁業調整委員会の機能と選挙

編著●漁業法研究会
A５判・490頁
定価3,570円（本体3,400円）
図書コード5957

国連海洋法条約関連水産関係法令の解説

監修●水産庁漁政部企画課
編著●海洋法令研究会
A５判・390頁
定価3,780円（本体3,600円）
図書コード5865